U0163732

《中国工程物理研究院科技丛书》 第 081 号

复杂介质动理学
Complex Media Kinetics

许爱国　张玉东　著

科学出版社

北　京

内 容 简 介

本书介绍复杂介质的非平衡动理学：建模、模拟与分析。复杂介质动理学研究，除了实验，主要依赖数值模拟。物理建模和算法设计是数值模拟研究的两个重要环节，物理建模层面的不足无法通过算法精度的提高来弥补。物理建模包括粒子(离散)描述、连续介质描述，以及连接粒子描述与连续介质描述的统计物理描述。另外，不管使用什么物理模型和数值算法，复杂介质动态响应模拟研究面对的都是海量数据、各种复杂构型和物理场。如何从这些数据中有效地提取信息，得出正确的物理规律，是一个极具挑战性又躲不开的课题！由于这些结构的特征往往是缺乏周期性、对称性、空间均匀性和明显的关联性等，因此在模拟研究中对它们的识别和分析一直是个薄弱环节，多年来进展缓慢，本书简要介绍复杂物理场分析方面的思路和进展。

本书可供从事物理、力学相关研究的科技人员参考，也可供相关专业的研究生作为参考书使用。

图书在版编目(CIP)数据

复杂介质动理学/许爱国，张玉东著. —北京：科学出版社，2022.11
(中国工程物理研究院科技丛书；第 081 号)
ISBN 978-7-03-073831-8

I. ①复… II. ①许… ②张… III. ①计算物理学–研究 IV. ①O411.1

中国版本图书馆 CIP 数据核字(2022) 第 220792 号

责任编辑：周 涵 杨 探 / 责任校对：杨聪敏
责任印制：吴兆东 / 封面设计：陈 敬

科 学 出 版 社 出版
北京东黄城根北街 16 号
邮政编码：100717
http://www.sciencep.com
北京中科印刷有限公司 印刷
科学出版社发行 各地新华书店经销

*

2022 年 11 月第 一 版 开本：787×1092 1/16
2023 年 10 月第二次印刷 印张：28
字数：660 000
定价：248.00 元
(如有印装质量问题，我社负责调换)

《中国工程物理研究院科技丛书》
出 版 说 明

中国工程物理研究院建院 50 年来，坚持理论研究、科学实验和工程设计密切结合的科研方向，完成了国家下达的各项国防科技任务。通过完成任务，在许多专业领域里，不论是在基础理论方面，还是在实验测试技术和工程应用技术方面，都有重要发展和创新，积累了丰富的知识经验，造就了一大批优秀科技人才。

为了扩大科技交流与合作，促进我院事业的继承与发展，系统地总结我院 50 年来在各个专业领域里集体积累起来的经验，吸收国内外最新科技成果，形成一套系列科技丛书，无疑是一件十分有意义的事情。

这套丛书将部分地反映中国工程物理研究院科技工作的成果，内容涉及本院过去开设过的 20 几个主要学科。现在和今后开设的新学科，也将编著出书，续入本丛书中。

这套丛书自 1989 年开始出版，在今后一段时期还将继续编辑出版。我院早些年零散编著出版的专业书籍，经编委会审定后，也纳入本丛书系列。

谨以这套丛书献给 50 年来为我国国防现代化而献身的人们！

《中国工程物理研究院科技丛书》

编 审 委 员 会

2008 年 5 月 8 日修改

《中国工程物理研究院科技丛书》
公开出版书目

前　言

复杂介质动态响应研究工程应用背景强,不仅是武器实验室,还是众多民用工业领域重点关注的研究内容。这些介质有流态的,也有固态的,其内部一系列中间尺度结构的存在与演化使得材料动态响应过程中可能出现无法预料的结果。因其动理学行为极其复杂,目前对其仍然缺乏科学层面上的系统认识。对于这类复杂问题,实验研究往往受限于设备、资金等客观条件,某些甚至还具有危险性;理论研究往往又非常困难;而数值模拟则具有成本低、重复性好的特点,可以方便地开展不同材料、不同工况以及不同初值和边界条件的模拟研究,因此正在获得越来越广泛的应用。由于这一领域研究内容覆盖面极广,因此对其相对全面的介绍需要一系列丛书。本书只能在其中选择一条主线,在一个相对较窄的范围内介绍其中一部分作者相对熟悉的内容。本书的主要内容将始终围绕"微介观"、"非平衡"、"多尺度"或"跨尺度"、"复杂物理场"等几个主题词,复杂介质动态响应中的微介观结构与非平衡行为是本书关注的重点。因为如果有的规律是独立于具体材料的,那么这条规律往往包含着深刻的物理意义,所以本书所介绍的研究工作尤其注意独立于具体材料的普适规律的归纳和提炼。

这部分内容,尽管涉及较多的技术细节,但了解相关学科的发展简史,理解相关物理问题的来龙去脉、视角和基本研究思路无疑还是最重要的。物理学是研究自然规律和物质结构的,其研究对象非常广泛,从我们肉眼看不见的一些基本粒子 (例如夸克、电子、中微子) 一直到广袤无垠的宇宙,以及这些物质的相互作用及运动所导致的千奇百怪的自然现象。物理学研究问题的思路大体上有两类:一类基于还原论;一类基于演生论。还原论和演生论又称物理学研究的两种范式。还原论的思路是自然界的一切都由其最基本的组成单元和规律所决定,知道了基本结构和基本规律,就能知道自然界的一切规律。长久以来,物理学家都在按还原论的范式,寻找构成世界的那些最基本的"积木"以及它们所遵循的规律,也取得了辉煌的成就。过去的经典物理、原子分子物理、核物理、粒子物理的研究思路主要是基于还原论。还原论的成功曾经一度让人们感觉到达到了物理学的顶峰,即物理学"大厦"已经完成,余下的工作就是"修修补补"和"装修"了。然而,知道基本粒子和基本相互作用就能知道一切了吗?答案是否定的。演生论的观点与此不同,它认为客观世界的变化无穷无尽,是分层次的,每个层次都有自己的规律。凝聚态物理、热力学、统计物理的研究思路主要是基于演生论。演生论研究大量粒子组成的系统的规律。多粒子复杂系统往往会呈现出出人意料的特征、机制和规律,其原因是粒子间或子系统之间具有非线性相互作用。从 20 世纪中叶开始,演生论逐渐由一个配角变成现代物理学研究的一个主角。**复杂介质动态响应研究的推进需要还原论和演生论这两类研究范式的有机结合。**

传统的物理学包括理论物理与实验物理两大分支。理论物理从一系列基本原理出发,构建物理模型,采用传统的数学分析方法,求解相应物理模型的数学方程,得到解析解,由此作出结论，并与实验结果相比较，去解释已知的自然现象，或者预测未来的发展。实验物理则以实验和观测为手段去发现新的物理现象，为理论物理提供新的数据，用以检验理论物理的推论，应用已知规律或发现新的规律。然而，自然界的现象是变化万千、非常复杂的，绝大多数问题的计算超出了现有解析求解的能力范围。计算物理学是随着电子计算机的出现和发展而迅速发展起来的一门新兴边缘学科。它以计算机为工具，应用各种数学方法去求解物理学中的问题，是物理学、数学和计算机科学三者相结合的产物。用计算机处理物理问题，都要建立相应问题的物理模型，选用合理的数值算法和适宜的算法语言，编写程序。它所使用的数值算法大多数在计算数学中都可以找到借鉴，但它们又不尽相同。它吸收了计算数学的许多优秀成果，同时又结合物理问题本身的特点和需要而另具特点。

在复杂介质动态响应研究方面，20 世纪 90 年代以来，随着计算机技术的快速发展，计算机模拟在现代科学研究中已扮演起重要角色。根据所研究或关心问题的时间和空间尺度，建模与模拟方法各不相同，例如，基于电子层次的第一性原理方法，基于分子 (或原子) 层次的分子动力学方法，基于中间尺度 (又称介观或细观尺度) 组织结构的位错动力学、离散元、相场等模拟方法，基于连续介质假设的有限元、有限差分和物质点等方法。因为复杂问题往往需要多层次、多视角研究，所以在第 5 章介绍多相流动、多孔材料的冲击压缩与拉伸断裂等问题时会看到，**一些中间 (介观) 尺度行为的研究也需要微观建模、介观建模和宏观建模相结合；某些求解连续介质控制方程的粒子方法便于在模拟中适时地呈现介观结构的形态和演化**。因为统计物理学是联系微观与宏观的桥梁，所以**复杂系统研究，往往离不开统计物理学的思路和方法；基于统计物理学，有望构建具有一定程度跨尺度自适应描述能力的物理模型**。本书从计算物理学视角简要介绍复杂介质的非平衡动理学：建模、模拟与分析。

本书介绍复杂介质动态响应研究的思路是：从微观、介观到宏观，复杂系统多尺度描述的主要途径是逐级递增的粗粒化建模；各个尺度上的相似性参数、不变量以及慢变量是本构建模的自变量，在粗粒化建模过程中必须保证这些物理量的动力学行为保持不变。根据作用强度与材料强度的相对强弱，对所研究的系统分别采用固体和流体模型；根据体系的相对离散或非平衡程度，分别采用微观粒子描述、连续介质描述和基于非平衡统计物理学的离散玻尔兹曼描述。流变学、形态学及时空关联等统计描述方法的引入，使得许多以前无法提取的信息得以分层次研究、定量化描述。在工作中着重寻找不同材料、不同冲击强度条件下，不同时空尺度动力学行为之间的相似性、不变量和慢变量；这些信息和规律隐藏在系统内部的复杂结构和物理场中。针对这些复杂结构和物理场分析给出一些新的方法和思路。

鉴于微观分子动力学和宏观连续介质力学的参考书已经较多，在本书中固体介质的模拟研究主要介绍便于局域非均匀描述的物质点方法 (material point method, MPM)，研究孔洞等介观结构的演变规律及其与材料整体响应之间的关联。流动介质的模拟研究主要介绍离散玻尔兹曼方法 (discrete Boltzmann method, DBM) 及其在不同形式复杂流动研究方面的应用。DBM 主要是针对宏观流体建模合理性或物理功能遇到挑战，而微观分子动力学方法又由于适用尺度受限而无能为力的两难情形而发展的"介尺度"动理学建模方法。DBM 的研究策略和主要思路是：将复杂系统分解研究；选取一个视角，研究系统的一组动理学性质, 因而要求描述这组性质的动理学矩在模型简化中保值 (计算结果保持不变); 使用 $f - f^{eq}$ (f 和 f^{eq} 分别为分布函数和对应的平衡态分布函数) 的非守恒矩独立分量为基, 构建相空间, 使用该相空间及其子空间来描述系统状态和行为。在该相空间中, 坐标原点对应热力学平衡态, 其余任何一个点对应一个具体的热力学非平衡态, 系统行为演化对应一条时间曲线; 状态点在每个坐标轴上的投影都在从自己的视角描述系统偏离热力学平衡的方式和幅度。进一步的描述方法包括: 借助状态点到原点的距离来描述系统的非平衡强度; 借助两点间距离来描述两个状态的差异, 借助其倒数来描述这两个状态的相似度; 借助一段时间内两点间距离的平均值来描述两个过程的差异, 借助其倒数来描述这两个过程的相似度; 等等。研究视角和建模精度根据研究进展和实际需求而调整。作为统计物理学非平衡行为描述方法在离散玻尔兹曼方程形式下的进一步发展, 同时作为基于相空间的建模和描述方法的一种, DBM 不仅关注模拟之前针对系统的抓主要矛盾、粗粒化建模, 也关注模拟之后针对数据的复杂物理场分析 (复杂物理场分析, 也需要通过建模来提取更多有价值的信息)。它本身自带一套复杂物理场分析方法或技术。随着离散程度、非平衡程度提升, 系统行为的复杂度急剧上升。其典型表现之一就是在更多的层面、更多的角度呈现出值得关注的行为, 使用 (系统行为变复杂) 之前的方法和变量可能已不足以把握该系统的主要特征, 因而复杂行为研究需要多层次、多视角的方法和认识。同时, 同一系统不同视角的行为必然是关联的、相互影响的, 不同视角行为之间的关联是系统行为把握的重要依据。在动理学理论及基于动理学理论的 DBM 中, 这些行为特征可由分布函数的动理学矩来描述。基于相关非守恒动理学矩等行为特征量的相空间描述为这些复杂行为提供了直观的几何对应; 相空间内各类 (加权) "距离" 概念的引入为特征差异、相似等的粗粒化描述提供了方便的直观图像。这些方法和概念的提出, 使得一些以前不便提取的信息得以分层次、定量化研究。DBM 与示踪粒子的耦合建模, 使得在单流体模型框架下即可实现混合区域物质粒子来源的甄别与追踪; 对于随着混合加深物质界面变得模糊的情形, 可以提供清晰的物质界面。作为动理学直接建模方法的一种, DBM 为连续介质建模失效或物理功能不足, 而分子动力学方法又无法企及的 "介尺度" 情形提供了一条方便、有效的研究途径; 已在形式各异的复杂流动研究方面带来一系列全新的认识。

不管使用什么物理模型和数值算法, 复杂介质动态响应模拟研究面对的都是海量数据、各种复杂构型和物理场。如何从这些数据中有效地提取信息, 得出正确的物理规律, 是一个极具挑战性又躲不开的课题! 由于这些结构的特征往往是缺乏周期性、对称性、空间均匀性和明显的关联性等, 在模拟研究中对它们的识别和分析一直是个薄弱环节, 多年来进展缓慢, 本书简要介绍复杂物理场分析方面的思考和进展。在多相流流场特征分析基础上, 将形态学描述引入冲击波物理, 用于描述系统内高温区域、高密区域、粒子速度较大区域等特征结构的特征与演化, 进而寻找不同材料强度、不同孔隙度、不同冲击强度等情形下的一系列动力学相似性。这些相似性体现微介观结构演化 (例如孔洞塌缩、射流、涡旋) 过程中的能量转化及耗散行为的相似性与共性。针对固体中的微观临界行为 (弹性-塑性转变、剪切变形-体积变形转变、相变), 采用分子动力学方法进行模拟研究; 着重研究相关微结构 (位错、微孔洞、新相畴) 的产生机理、演化规则及其对材料力学性能的影响。在数值模拟中, 作为研究基础, 为有效管理任意形状的空间物体和实现任意需求的快速查找, 处理复杂空间结构的甄别问题，介绍新近发展起来的一套针对空间物体统一管理和通用索引的快速方法，即空间对象的通用索引 (GISO)；在此基础上给出一套团簇识别与追踪技术。模拟研究发现，在外应力或能量作用下，较低能量的微缺陷通过自组织形成更大尺寸的微结构；在小尺度微结构集结形成较大尺度微结构的所有可能中，系统选择使能量降低的情形进行演化。

需要指出的是，复杂介质动态响应是一个非常大的研究领域，需要不同领域的科学家共同努力。教育经历、知识结构、研究背景和目的的不同，有可能使得计算物理工作者和计算数学工作者在看到同一个"概念"、同一个"表述"时所想到的内容并不 (完全) 一致。形式相同，但内涵不一致，这些现实存在的隐形的"重名"问题可能也是导致研究过程中一些互不理解甚至争议的重要原因。本书从计算物理学的角度介绍近年来复杂介质动态响应的部分研究成果，与计算数学关注的问题和角度有所不同。而这些不同，实际上恰恰是互补，是魅力之所在。计算物理学与计算数学，就像行驶在不同轨道上的两列火车，时而近，时而远，有些区段使用的或许还是同一轨道 (错时通过)。将计算物理学与计算数学研究的不同与互补进行简单归纳，可能对于阅读本书的内容以及从事相关的物理问题研究有所帮助。

① 计算物理从物理问题出发，以与已知实验、理论或模拟数据的对比为结果，以新的物理结论为结果；而计算数学则是从数学方程出发，以求解方程的数值解 (近似解) 而告终。计算物理工作者在选用计算方法时要考虑算法和计算结果的物理意义，这在第 2、3 章介绍离散玻尔兹曼建模时有所体现；而计算数学工作者最感兴趣的是算法的逼近解、计算精度和稳定性等问题。所以，两者对某个算法的评价和欣赏的观点并不总是一致的。比如，在常微分方程的数值解法中，欧拉折线法是最原始的低阶方法，龙格-库塔法和汉明方法则是高阶的精确算法。从计算数学的角度来看，自然欣赏后者，而认为前者用处不大。但从计算物理的角度来说，由于实际物理问题中的未知函数，并不总存在高阶导数 (如火箭发射问题)，利用高阶方法计算往往得不到正确的结果，更不用说精确了；而原始的欧拉算法，却有明确的物理意义，结果反而更可靠，也便于分析，便于寻求规律性。② 复杂介质动态响应一般是非线性过程，非线性系统中"蝴蝶效应"的存在，使得长时间模拟后某些"精细"结果的可靠性和意义大打折扣，但这些结果往往蕴含着重要信息。例如，在炸药爆炸过程的研究中，准确知道某个具体分子在某个时刻到达哪个具体位置这样的精细信息既不可能，也无必要；人们更加关注的往往是一些整体、统计特征，而很多统计特征对数值解法的精度是不敏感的。因此，有经验的计算物理学家常常宁愿采用低阶的欧拉算法，而不用高阶算法；或者在采用低阶算法取得一定的规律后，才采用高阶方法做些比较性的校验。这在第 5 章介绍复杂介质动态响应模拟研究时有所体现。③ 计算物理研究的任务是寻求物理规律，解决物理问题。因此，它可不拘于一定程式 (法式、规格、准则) 的数学方法，而独具特点。例如，通过物理建模获得微分方程后，计算数学工作者是从微分方程出发，变微分方程为离散的差分方程，然后设计计算方法，编制程序，上机计算。但是，由物理问题到微分方程这一步，实际上是由原始的差分关系取极限得来的。从计算物理学视角来看，原始差分关系中的每一项可能都有明确的物理意义，未必需要把它变为微分方程，然后再人为地离散化为差分方程；可以直接越过"构造微分方程"和"人为差分方程"两阶段，直接

由原始差分关系过渡到编程和上机计算。这种根据基本原理,"从头算"的方法,有人称其为"天然差分法",以区别于由微分方程离散化而人为构造的差分方法。第 2 章中所介绍的"格子气"、"元胞自动机"方法就属于这一类。④ 在计算物理的算法中,边界条件实际也是实际问题的粗粒化物理建模,对系统行为的描述具有重要甚至决定性的作用。边界条件的处理,极大地影响着模拟结果的准确程度。这在第 3 章介绍离散玻尔兹曼边界条件时有所体现。而在计算数学中,由于边界条件已被抽象成理想的数学表达式,对其实际物理意义往往考虑较少。⑤ 计算物理方法常常受到物理问题本身的启示,可以利用某些物理现象的直观概念,创造新的计算方法,这些是计算数学当中没有的,但往往可以有效解决问题。第 2 章中"格子气"、"元胞自动机"模型的构建可以体现这一点;在第 3 章介绍离散玻尔兹曼建模时,作为基石的动理学矩关系是根据具体系统非平衡行为描述的需求来截断或者选取,而不是像一般数学处理方法那样去封闭。⑥ 正因为计算物理研究的任务是寻求物理规律,解决物理问题,所以在分析整理大量计算数据的基础上,计算物理工作者非常关心构造和发展近似的解析解,甚至于在数据和近似解析解的启发下得到精确的解析解。从实用的观点看,即使是粗糙的近似公式也比一大堆数据要好用一些。这是计算物理学工作的一大特点。这在第 4 章介绍复杂物理场分析方法时有所体现。⑦ 物理建模研究与数值解法研究,有时出现局部形式相同或相似,但二者的目的不同,构建过程中使用的规则、判据往往会具有根本性的不同。在模拟研究中,数值解法研究的前提是已知控制方程,并假设该控制方程能够足够准确地描述要研究的物理行为,最终目的是为控制方程提供数值解,精度与效率是重点关注的问题。而物理建模研究的前提往往是不知道控制方程,或者原有控制方程物理功能不足,无法满足我们物理问题研究的需求,我们需要 (不得不) 构建新的模型。在已有早期模型情形,物理建模研究重点关注内容自然是原有控制方程描述不了、描述不好的部分。这一点在第 2、3 章介绍物质点方法、离散玻尔兹曼方法时会有体现。

　　复杂介质动态响应模拟研究,不管采用什么样的模型和计算方法,获得的都是海量数据和复杂物理场。计算物理工作者从一开始就需要知道,这些模拟结果中包含各种可能的噪声和误差,如何从这些包含各类噪声和误差的海量数据中,去伪存真,获得可靠的特征、机制和规律是这方面物理问题研究能否深入进行下去的关键。因而,通晓理论物理学的方法,了解相关的实验物理技术,对计算机硬件工作原理有一定认识,是一个计算物理工作者所需要具备的基本素质。

　　在本书即将完稿之时,我们衷心感谢和深切缅怀英年早逝的张广财研究员,衷心感谢课题组这些年来所有的硕士、博士研究生和博士后,特别感谢甘延标 (北华航天工业学院教授)、陈锋 (山东交通学院副教授)、林传栋 (中山大学副教授)、董银峰 (目前为长春大学副教授)、闫铂 (吉林建筑大学副教授)、赖惠林 (福建师范大学副教授)、刘枝朋 (天津城建大学副教授)、庞卫卫 (河北工业大学副教授)、张戈、单奕铭、宋家辉、张德佳、陈铖、刘仲恒 (北京应用物理与计算数学研究所助研)、李志远 (北京应用物理与计算数学研究所助研)、张靖 (北京应用物理与计算数学研究所助研)、朱红伟 (中国航天科工集团第六研究院41 所工程师)、马天宇 (长安汽车股份有限公司电器部件设计资深工程师),等等,他们中的大多数一直是本书所涉及相关研究课题的主要参与人。宋家辉、单奕铭、张戈等帮助绘制了书中的很多图片。陈杰等帮助发现和纠正了一些输入错误。李晗蔚帮助校对了部分科学家姓名。

　　感谢中国工程物理研究院科技委李华研究员，北京应用物理与计算数学研究所陈式刚院士、朱建士院士 (已逝世)、王建国研究员、丁永坤研究员、应阳君研究员、陈军研究员、陈京研究员、张平研究员、张伟研究员、刘杰研究员、傅立斌研究员、许海波研究员、赵英奎研究员、叶文华研究员、蓝可研究员、刘洁研究员、蔡洪波研究员、蔚喜军研究员、刘兴平研究员、崔霞研究员、倪国喜研究员、谷同祥研究员、胡晓棉研究员、王裴研究员、洪滔研究员、于明研究员、田保林研究员、马智博研究员、王立锋研究员、陈大伟研究员、李杰权研究员、沈智军研究员、吕桂霞研究员、向美珍副研究员、卢果副研究员、黄烁老师，中国工程物理研究院流体物理研究所孙承伟院士、赵峰研究员、赵剑衡研究员、王彦平研究员、祝文军研究员、贺红亮研究员、李平研究员、陈其峰研究员、顾云军研究员、姬广富研究员、邹立勇研究员、郑贤旭研究员、刘金宏研究员、廖深飞研究员、傅华研究员、李欣竹研究员、阚明先研究员，中国工程物理研究院总体工程研究所郝志明研究员和尹益辉研究员，中国矿业大学李英骏教授，北京理工大学王成教授、刘彦教授、黄广炎教授、陈小伟教授、谢侃教授、徐远清教授、张庆明教授、邵建立教授、孙远祥教授、薛琨教授、刘金旭教授、聂建新教授、宋卫东教授、马天宝教授、皮爱国教授、王仲琦教授、史庆藩教授、郑宁副教授、谢晶副教授，中国科学院过程工程研究所王利民研究员，中国科学院力学研究所赵亚溥研究员、姜宗林研究员、胡国庆研究员、赵建福研究员和仲峰泉研究员等，中国科学院理论物理研究所周海军研究员，北京师范大学陈晓松教授、涂展春教授、谢柏松教授、晏世伟教授、郭文安教授、吴新天教授、吴金闪教授、魏星教授，中国人民大学王雷教授、魏建华教授，北京大学康炜教授、陈正教授、杨越教授、王健平教授、陶建军教授、乔宾教授、肖左利教授、史一蓬教授，清华大学王兵教授、王沫然教授、罗开红教授、张宇飞教授和刘岩教授，北京工业大学夏国栋教授、王雯宇教授、刘鑫教授，北京航空航天大学刘沛清教授、祝成民教授、杨立军教授、富庆飞教授，南京理工大学陈志华教授，国防科技大学马燕云教授，英国 Strathclyde 大学张勇豪教授、孟剑平老师和吴雷老师，哈佛大学工程与应用科学学院 Sauro Succi 教授，上海大学杨小权副教授，上海交通大学廖世俊教授、魏冬青教授，同济大学陈杰教授、李云云副教授，华东师范大学刘宗华教授，中国计量大学于明州教授、严薇薇教授、苏中地教授、包福兵教授、张洪军教授，厦门大学赵鸿教授、贺达海教授、黄永祥教授、尤延铖教授、邱若凡副教授，中国空气动力研究与发展中心李志辉研究员和石安华研究员，中国空间技术研究院龚自正教授，中国石油大学 (华东) 姚军教授，重庆大学聂百胜教授，西南石油大学李闽教授，西北工业大学钟诚文教授、臧渡洋教授、李建玲教授和卓丛山副教授，浙江大学郑波教授、陈伟芳教授、余钊圣教授和赵文文老师，浙江理工大学窦华书教授、魏义坤教授，苏州大学钱跃竑教授，中国科学技术大学欧阳钟灿院士、汪秉宏教授、杨基明教授、罗喜胜教授、司廷教授、丁航教授，西安交通大学陈黎教授、陈斌教授和刘海湖教授，南京航空航天大学招启军教授和王博老师，南京林业大学陈青老师，华中科技大学黄乘明教授、施保昌教授、郭照立教授、柴振华教授、解德教授，武汉大学程永光教授，武汉工程大学熊伦教授、肖波齐教授、龙恭博副教授，温州大学林振权教授，东南大学孙东科教授，华侨大学郑志刚教授、欧聪杰教授，山东大学王少伟教授、齐海涛教授，南方科技大学余鹏教授，杭州电子科技大学梁宏教授，鲁东大学孔祥木教授，曲阜师范大学王海龙教授，湖南师范大学肖长明教授，河北工业大学李日教授、李银山教授、刘联胜教授、闵春华教授、段润泽教授、陈文义教授、曹文杰教授、田亮教授，吉林大学徐留芳教授、段德芳教授，广西大学梁恩维教授，南京林业大学孙见君教授、李青教授，福建师范大学马昌凤教授，北华航天工业学院刘景旺教授、张博洋教授、钟军教授，昆明理工大学曾春华教授、刘文奇教授、杨建挺教授、陈彩霞老师，等等。近十几年来，本书所涵盖主要内容均全部或部分在他们课题组讲过或跟他们交流过，感谢他们提供的讲座机会、有益讨论与热心帮助！

感谢国家自然科学基金、中国工程物理研究院发展基金和创新发展基金、装备预研重点实验室基金、爆炸科学与技术国家重点实验室基金、理论物理国家重点实验室基金对本书所涉研究内容的资助；感谢中国工程物理研究院科技丛书出版基金的资助；感谢中国工程物理研究院科技丛书编辑部杨蒿老师、刘玉娜老师，科学出版社的编辑等为本书出版所付出的所有心血！

本书在介绍这些内容时，尽量做到有别于以前纯工程型和纯力学、纯物理型，尽量体现统计物理学与凝聚态物理学的紧密结合、科学与工程的紧密结合，以及前者对后者的贡献。内容的选取，无疑会受到作者本人研究经历和兴趣的影响。书中基础知识、物理建模、复杂物理场分析等内容的介绍方式无疑是作者对这一领域研究体会的一种表达。鉴于作者的能力和研究范围有限，书中介绍的只是复杂介质动态响应研究领域很小的一角的内容，但希望能够与其他相关专著有内容上的互补，起到抛砖引玉的作用。

欢迎广大读者对本书提出宝贵意见和进行批评指正。

作　者

2022 年 1 月

目　　录

CONTENTS

第 1 章 基 础 知 识

1.1 引 言

复杂介质形式各异，广泛存在于自然界和工程领域，是军用和民用工业领域重点关注的研究内容 [1,2]。复杂介质之所以复杂，顾名思义，其性质不是显而易见的，有可能出人意料、反常识、出现"异常"现象。当然，所有的"异常"都是假象，都有其内部原因；等原因梳理清楚了，就会发现表象的"异常"其实非常正常，本应如此！从总体上来说，这些异常往往都来源于材料的非均匀、内部结构和外部作用的非线性，材料的整体响应不能用基元的响应简单外推。复杂总是相对于简单而言。相对于含有内部结构的非均匀材料来说，均匀材料相对简单。之所以复杂，往往是因为目前还没有或不容易搞清楚。因为质点力学、刚体力学和连续介质力学 (传统流体力学、固体力学) 发展相对成熟，所以能用质点力学、刚体力学和连续介质力学很好描述的介质，相对简单。然而只有在扰动很小时，材料才会表现出线性响应；一旦扰动变大，非线性效应就可能会出现。非线性系统"蝴蝶效应"的存在，使得质点力学和连续介质力学描述得很好的材料，其长时间响应也不好预测，出现不确定性，从而变得复杂。另外，对于稀薄气体系统，只要系统内部处处均匀，其行为就相对简单，其粒子速度分布就会表现为正态分布。为方便描述，在本书中，我们把均匀介质视为简单介质；即复杂介质泛指内部存在各种不同形式非均匀性的非均匀介质。

复杂介质可能呈现为固态，也可能呈现为流态，当然固态和流态之间也会随着压强、温度等环境因素而相互转变。复杂介质，其力、热、光、电等效应都可能呈现出不同于其对应简单均匀介质的行为。在本书中，我们只讨论非均匀介质的力和热效应，而不讨论光和电等其他效应。

物质是由分子构成的，分子是由原子构成的，原子是由电子和原子核构成的，原子核是由质子和中子构成的，等等；物质世界无限可分，物质在较大尺度上表现出来的性质是较小尺度效应的平均①。在本书中，研究系统行为时微观方面关注的最小粒子是分子，即分子内部结构和原子内的电子云、质子、中子，以及更基本的层次都不再考虑。也就是说，分子以下层次的行为均以平均化的方式体现在分子行为上。在分子及以上层次，量子效应弱到可以忽略不计②。在本书所涉及的动力学行为研究中，所谓的高速，是相对于声速而言的，还远远小于光速，所以相对论效应也弱到可以忽略不计。

人们很早就认识到材料的动态物性不单单由其平均化学成分决定，很大程度上还受到其结构的影响。非均质材料是一种构成组分或性质上不均匀的物质，广泛地存在于自然界和工程领域。事实上，我们日常生活中用到的宏观尺度的几乎所有材料都是非均质的；现

---

① 这是统计物理学的基本原理。

② 只有当粒子的德布罗意波长与我们关注的尺度可比拟时，量子效应才变得显著。

在人们已经知道，即便是在微纳流动系统内部，物质分布、温度分布等也是不均匀的。材料受到外部作用时，必然会出现响应，只有扰动很小时，材料响应才（近似）是线性的；而冲击作用必然引发局域密度、温度、压强等的"突变"，材料响应必然表现出非线性。材料内一系列中间尺度（有时又称为介观或细观尺度）的缺陷、结构等的存在，必然引发一系列中间尺度的动理学模式。所以在冲击作用下，介观结构的形态和分布将在很大程度上影响材料内部的应力和温度场，进而会影响到材料的力学性质，导致相变成核失败，影响相变过程等；在冲击卸载或拉伸过程中，介观结构的形态和分布将在很大程度上影响材料的强度和断裂特性。随着桥梁、飞机等材料意外断裂事故的出现和增多，随着惯性约束等聚变点火相关问题研究的深入，以及随着微流控技术的迅猛发展，近些年，介质非均匀性及其导致的各类非线性、非平衡效应已经引起了工程界和科学界越来越多的关注。这类问题已经成为一个涉及现代力学、物理学和材料学领域的重要跨学科课题。

1.2 冲击波简介

冲击波是指气体、液体和固体介质中应力（或压强）、密度和温度在波阵面上发生突跃变化的压缩波，又称激波。在超声速流动、爆炸等过程中都会出现激波；爆炸时形成的激波又称爆炸波；水管中阀门突然关闭形成的波也是一种激波；在固体介质中，强烈的冲击作用会形成激波；在等离子体中也会形成激波。空化是指液体内局部压力下降至低于饱和蒸气压时产生气泡的现象。空化引起的气泡本质上是不稳定的，一旦压力恢复到蒸气压以上，气泡就会立即坍塌。空化塌陷过程中产生的高能射流作用也会在物质上产生局域高强度激波。

激波可使气体压强和温度突然升高，所以在气体物理学中经常使用激波来产生高温和高压环境，以研究气体在高温高压下的性质。固体中的激波可使压缩过的区域的压强达到几百万大气压，所以可用于研究固体在超高压下的状态。这对解决地球物理学、天体物理学和其他相关领域内的科学问题具有重要意义。对于超声速运动的飞行器，激波的存在会导致很大的飞行阻力；对于超声速风洞、发动机进气道和压气机等内流设备，气流由超声速降为亚声速时出现的激波，会降低风洞和发动机的效率。可见，降低激波强度以减小激波损失是实际工作中的一项重要课题。另外，数十年来，冲击波已广泛用于碎石术、肌肉骨骼疾病治疗、组织学检查，以及冲击波介导的药物传递和癌症治疗的基因转移等。但冲击波应用的关键问题是，在治疗过程中和治疗后通常会发现对健康组织的副作用。因此，如何使治疗对靶标周围健康组织的损害最小化一直是冲击波医学应用领域的重点方向。空化塌陷过程中产生的高能射流经常对许多高速机械（例如水下螺旋桨叶片）造成表面损坏。最近，生物物理研究领域的系列工作集中在生物物理系统中塌陷纳米气泡的损伤机制，特别是针对最脆弱的人类大脑系统。

根据形状划分，常见的激波有球面激波、柱面激波、平面激波（又分为正激波和斜激波）。在超声速来流中，尖头体头部通常形成附体激波，在钝头体前部常形成脱体激波。尽管形状各异，但它们却有共同的特点：在垂直于激波面的方向上，压强、温度、密度、粒子速度会发生突变。在一般情况下，这种变化可以使用跃变来表示（如图 1.1 所示）。这个不连续的跃

变差 (通常用压强差 Δp 来表示) 便称为激波的强度。激波越强，跃变差就越大 [①]。

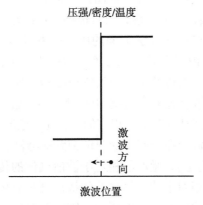

图 1.1 冲击波示意图：冲击波扫过后，压强、密度、温度陡然升高

尽管产生激波的方式多种多样 (图 1.2 给出几个例子。网上也可以找到一些关于冲击波的视频，例如子弹飞行时的冲击波视频[3])，但考虑到运动的相对性，其产生过程可以使用同一个动力学图像来说明，即激波可视为由无穷多的微弱压缩波叠加而成。数学家黎曼

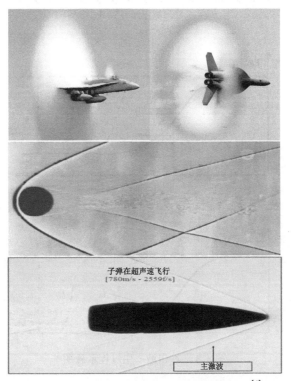

图 1.2 实际过程中的冲击波 (照片来源网络[4])

[①] 如果关心的只是远大于分子自由程的宏观尺度运动，不关心激波区间内部物理量的变化，则可以把该区间近似看作一个数学平面处理。这是计算中常将激波作为没有厚度的强间断面处理的原因。激波的实际厚度随着马赫数的增大而减小。

(Riemann) [①] 在分析管道中气体的非定常运动时发现，原来连续的流动有可能形成不连续的间断面。图 1.3 给出冲击波产生过程示意图。在管的左端用活塞向右推动气体，使气体运动速度由零逐渐增大到 v_B，产生一系列向右传播的压缩波。在 t_1 瞬间，A、B 面之间为压缩区。下方的两图分别给出沿管长 x 方向的压强 p 和速度 v 的分布。由 A 到 B，压强逐渐由 p_A 上升到 p_B，速度由零增大到 v_B。经微小厚度 dx 的一薄层，流体压强升高 dp，这是一道微弱的压缩波，向右的传播速度为气体速度和当地声速之和。整个压缩区 AB 中有无穷多道压缩波，左面的波都比右面传播得快 (因为左边区域压强高)，随着波的向前传播，在以后的各个时刻压缩区越变越窄。相应的压强 p、速度 v 分布曲线如图中虚线所示。最后在时刻 t_n，所有的压缩波合在一起形成一道突跃的激波。经过激波面，压强突然由 p_A 增大到 p_B，流速由零增大到 v_B。激波面相对于波前气体的传播速度是超声速的，激波越强，传播速度越快；激波面相对于波后气体的传播速度是亚声速的。激波宏观上表现为一个高速运动的曲面，穿过该曲面时介质的压力、密度和温度发生突变。利用光线经过密度不同的介质会发生偏转的性质，可用光学方法对激波照相，获得 (彩色) 照片。

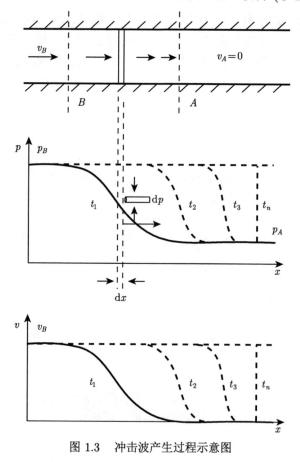

图 1.3   冲击波产生过程示意图

---

① 黎曼不但对纯数学作出了划时代的贡献，他也十分关心物理及数学与物理世界的关系。他写了一些关于热、光、磁、气体理论、流体力学及声学方面的论文。他是对冲击波作数学处理的第一人，他试图将引力与光统一起来，并研究人耳的数学结构。他将物理问题抽象出的常微分方程、偏微分方程进行定论研究，得到一系列丰硕成果。

在实际气体中，激波是有厚度的，在这个厚度区间内各物理量急剧变化，但仍是连续的。在只考虑气体黏性和热传导作用的条件下，由理论计算可知，激波的厚度很小，与气体分子的平均自由程同数量级。对于标准状况下的空气，激波厚度约为 10^{-5} mm。在空气动力学中常把激波当作厚度为零的不连续面，称为强间断面。从连续介质力学的视角看，激波在介质中引入了强间断。介质中物理量跃变前后的值应满足积分形式的流体力学方程组。下面我们选取相对激波波阵面静止的参考系，如图 1.4 所示，考察波前 (介质质点向着波面流动的一侧) 和波后 (介质质点离开波面流动的一侧) 两个状态的参量。压强、密度、温度、流速或声速分别为 p_1, ρ_1, T_1, v_1 或 c_1 以及 p_2, ρ_2, T_2, v_2 或 c_2，则 v_1 和 v_2 分别是相对于冲击波阵面的粒子流速。

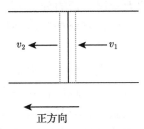

图 1.4 激波前后物质流动示意图

平面一维情形，激波前后的质量守恒、动量守恒和能量守恒方程分别为

$$\begin{cases} \rho_1 v_1 = \rho_2 v_2, \\ p_1 + \rho_1 {v_1}^2 = p_2 + \rho_2 {v_2}^2, \\ e_1 + \dfrac{p_1}{\rho_1} + \dfrac{{v_1}^2}{2} = e_2 + \dfrac{p_2}{\rho_2} + \dfrac{{v_2}^2}{2}. \end{cases} \tag{1.1}$$

该方程组又称冲击绝热方程组或兰金-于戈尼奥 (Rankine-Hugoniot) 关系式。由此，借助状态方程，可进一步获得激波前后密度、速度、温度和压强的关系。如果在实验室坐标系或绝对坐标系中考察，设冲击波速为 D，波前和波后流速分别为 v_A 和 v_B，则将关系式 $v_1 = D - v_A$ 和 $v_2 = D - v_B$ 代入方程组(1.1) 可得实验室坐标系中的冲击绝热方程组。

1.3 多相流简介

根据剪切行为，材料可以分为两类：第一类称为固体；第二类称为流体。固体和流体之间的典型差异是前者能够抵抗一定强度的剪切应力，而流体一旦受到剪切力就会连续变形下去。冲击与爆轰过程中所产生的压强可以达到数十万个大气压，是多数固体材料屈服应力的几十倍。当如此强的冲击波在固体材料 (包括炸药) 内传播时，波后物质基本可视作流体。因此，流体程序 (Hydrocode) 在科学与工程计算领域中具有特别重要的作用[5]。由于实际材料内往往存在着大量的孔隙、杂质、颗粒等局部微介观结构，因此冲击波扫过的区域属于典型的复杂多相流体系统。这一系统的演化涉及时空多尺度和动态物理场特性，动力学和热力学非平衡效应显著，对其准确模拟和分析均具有较强的挑战性。

　　根据一般定义，多相流是指具有两种或两种以上不同相或组分的物质，并具有明显分界面的流体系统。它是从传统能源转化和利用领域逐渐发展起来的新兴交叉学科，在能源动力、核反应堆、油气开采、低温制冷、航空航天、环境保护和生命科学等很多领域，都具有基础性科学的地位，在国防科技和国民经济的发展中具有不可替代的作用[6]。在国防工程领域，燃料在冲击作用下的相分离和相变特性、炸药的起爆机理等都与多相流的研究密切相关。在油气开发中，对于油藏的确定、油藏的分布和变化规律、油气在管道中的输运规律以及开采过程中的两相驱替等都涉及典型的多相流问题。在航空航天方面，发动机的燃烧系统更是涉及复杂的流动、化学反应、多相混合和相变等过程。生物体中的体液循环基本上都是多相流动过程，借助多相流的研究手段可以让我们更好地了解生物系统的运作规律，并由此催替出了生物流体力学这一新的分支[6]。相比于单相流动，多相流动过程往往表现出更加复杂的流动特性，比如经常会伴随组分扩散、界面的产生和运动、两相分离及非平衡相变等现象。

　　事实上我们实际中见到的流动过程大多数都是多相流动，单相流动可以看成是一种物理上的简化模型。而多相流动过程常常会表现出各式各样的非平衡现象和特性。对于非平衡多相流的基础性研究，可以让我们获得各类复杂流动现象背后的一些规律性的认识，从而有助于我们更好地认识和改造周围的世界，对于国民经济和国防科技发展、人体健康、生态与环境的保护、自然资源的可持续发展与利用等方面都具有非常重要的现实意义。

1.4　物理力学简介

　　复杂介质动理学，其研究手段包括实验、理论和计算机模拟。计算机模拟又常称为数值模拟或仿真。伴随着计算机的快速发展，计算物理学作为一门新兴学科逐渐受到学界的广泛关注。简单地说，计算物理学的任务就是运用计算机模拟或数值仿真技术来研究物理问题。它可以借助计算机技术的大存储量和高速计算等优势，将物理学、力学、天文学和工程技术领域中复杂的多因素相互作用过程通过计算机进行模拟试验，将研究进一步推向深入。鉴于它在解决复杂物理问题中的巨大潜力，目前计算物理学已经成为物理学研究的第三支柱，其研究内容涉及物理学的各个领域。实验、理论和计算机模拟三类研究各有所长，相辅相成。实验研究为理论研究提供现象，鉴于理论研究的阶段性和局限性，我们往往需要根据感兴趣的实验现象，抓主要矛盾，构建理论模型，进行理论研究和计算机模拟。理论研究和计算机模拟为实验现象提供解释，并预测可能的新现象，为实验设计和研究提供依据和方向。一方面，计算机模拟提供的数据可用于检验相应理论的正确性；另一方面，复杂系统计算机模拟结果的统计有可能启发和催生新的理论模型。同时计算机模拟中采用的模型也需要接受现有理论和实验的校验。三类研究之间的关系，如图 1.5 所示。

　　物理建模和算法设计是数值模拟研究中的两个重要环节。任何物理模型都有其特定的适用范围，都是对真实系统在 (某个角度) 一定程度上的粗粒化描述，都只能捕捉到实际系统的部分物理特征。物理建模层面的误差是数值实验结果中误差的第一个来源，具体离散格式等算法必然带来的误差是数值实验结果中误差的第二来源。物理建模层面的误差主要是由模型的有效功能和实际问题需求之间的不完全匹配引起的，数值算法精度的提高只能使得计算结果更加忠诚于物理模型所描述的行为特征。物理建模层面的不足或误差无法通过提高算法的精度来弥补。在物理模型有效的前提下，模拟结果的准确程度取决于离散格式等的合理程度。所以，数值模拟研究**首先关心的是选用的物理模型是否具备相应的功能**；在物理功能具备 (解决从 0 到 1 的问题) 的前提下，其次考虑的是如何在现有资源条件下提高离散格式等算法的精度和效率 (解决从 1 到 N 的问题)。物理工作者的选择往往是：在现有的运算资源下，在精度和效率满足需求的前提下，把更多的时间用于物理问题的研究。

图 1.5　实验研究、理论研究与计算机模拟之间的相互促进

　　从实验方面看，由于冲击过程非常快，很难观测到材料内部发生的一系列响应的细节。理论方面，由于涉及强非线性和复杂的物理场，所以对于这类问题的纯理论研究几乎是不可能的。因此，数值模拟对于更好地理解冲击作用下的非均质材料动态响应问题起着不可替代的作用。这类问题通常在宏观尺度上对我们的生活产生影响，但其根源却在微观尺度。这一系列响应的空间尺度跨越了 10^{-10} m 到 1 m，约 10 个数量级。如何在这么宽的尺度内建模和模拟，这一问题长期以来困扰着科学界。工程应用的需要和问题的复杂性引发了人们多角度的思考，其中也包含了不同知识结构、不同研究背景的科技工作者对力学与物理关系的思考。从物理工作者角度，力学、热学、热力学和统计物理学都是物理学的分支，本书所覆盖的内容皆属于物理学的范畴。同时，根据钱学森先生和目前学术界对"物理力学"概念的解释，本书所介绍的内容也可以归入物理力学的范畴。

　　了解学科的发展简史有助于更深刻地理解相应的概念、理论以及更底层的方法论。下面我们快速回顾一下从力学到物理力学概念的提出与发展简史[7]。

　　力学知识最早起源于人们对自然现象的观察和对生产劳动中的经验总结。人们在建筑、灌溉等劳动中逐渐积累起对平衡物体受力情况的认识。古希腊的阿基米德初步奠定了静力学即平衡理论的基础。古代人还从对日、月运行的观察和弓箭、车轮等的使用中，认识了一些简单的运动规律，如匀速的移动和转动。但是，对于力和运动之间的关系，在欧洲文艺复兴之后才逐渐有了正确的认识。16 世纪到 17 世纪期间，力学开始发展为一门独立的、系统的学科。伽利略通过对抛体和落体的研究，在实验研究和理论分析的基础上，最早阐明了自由落体运动的规律，提出加速度的概念，提出惯性定律并用以解释地面上的物体和天体的运动。17 世纪末牛顿继承和发展前人的研究成果 (特别是开普勒的行星运动三定律)，提出力学运动的三条基本定律，使经典力学形成系统的理论。牛顿三定律和万有引力定律帮人们成功地解释了地球上的落体运动规律和行星的运动轨道。因此可以说，伽利略和牛顿奠定了经典动力学的基础。此后，力学的研究对象由单个的自由质点，转向受约束的质点和受约束的质点系。这方面的标志是达朗贝尔提出的达朗贝尔原理和拉格朗日建立的分析力学。其后，欧拉又进一步把牛顿运动定律用于刚体和理想流体的运动方程，这被看作是连续介质力学的开端。运动定律和物性定律两者的结合，促使弹性固体力学基本理论和黏性流体力学基本理论孪生于世，在这方面作出贡献的是纳维、柯西、泊松、斯托克斯等。弹性力学和流体力学基本方程的建立，使得力学具有了一系列相对于传统物理学而独到的特色，逐渐成为一门相对独立的学科。

从牛顿到哈密顿的理论体系组成了物理学中的经典力学。在弹性和流体基本方程建立后，所给出的方程一时难于求解，工程技术中许多应用力学问题还须依靠经验或半经验的方法解决。这使得 19 世纪后半叶，在材料力学、结构力学同弹性力学之间，水力学和水动力学之间一直存在着风格上的显著差别。20 世纪初，随着新的数学理论和方法的出现，力学研究又蓬勃发展起来，创立了许多新的理论，同时也解决了工程技术中大量的关键性问题，如航空工程中的声障问题和航天工程中的热障问题等。这时的先导者是普朗特和卡门，他们在力学研究工作中善于从复杂的现象中洞察事物本质，又能寻找合适的解决问题的数学途径，逐渐形成一套特有的方法。从 20 世纪 60 年代起，计算机的应用日益广泛，力学无论在应用上还是理论上都有了新的进展。

人们在生活与生产过程中，逐步积累经验，把这些经验分析、整理、总结，再用于生产。在此过程中，工艺的改进，是所谓的工程技术；而把经验进行分析、整理和总结就是自然科学的起源。在科学发展的早期，我们并不能区分科学家与工程师。一位物理学家同时也是一位工程师，牛顿就是一个著名的例子。但到了 19 世纪中期，随着科学得到了快速的发展，科学家和工程师的区别就越来越明显了。科学家们忙于建立自然科学的完整体系，而工程师们则忙于将在实际工作中所积累的经验来改进生产方法。社会的发展导致了分工，也必然导致合作。现在，一般来说，科学是指自然科学 (或基础科学)，如数、理、化、生、地、天这些历史悠久的学科；技术通常是指工程技术，如土木工程、水利工程、电机工程、机械工程、化学工程，等等，它有很具体的对象。概括起来说，自然科学的主要任务是认识世界、认识物质世界变化的规律，工程技术一般属于改造世界的性质；而技术科学就是直接应用于物质生产中的技术、工艺性质的科学。既然技术科学是自然科学和工程技术的综合，它自然既不同于自然科学，又不同于工程技术 [8]。1953 年钱学森先生在美国火箭学会杂志上发表了题为 "Physical Mechanics, a New Filed in Engineering Science" 的论文，正式提出把物理力学作为技术科学的一个组成部分[9]。这篇文章及其以后的多次论述中，把物理力学的目标定位为要以物质的原子分子结构和微观知识为出发点，用物理学关于原子分子结构的理论，建立并推导从微观到宏观的联系，以期达到预见工程技术中所需要的工质材料力学性质，提供可依靠的定量数据的目的。值得一提的是，在 1978 年召开的全国力学规划会议上，钱学森在大会邀请报告中提到，力学的微观化是力学发展的大趋势之一 [10]。目前对物理力学的一个普遍解释是：力学的一个新分支，它从物质的微观结构及其运动规律出发，运用近代物理学、物理化学和量子化学等学科的成就，通过分析研究和数值计算，阐明介质和材料的宏观性质，并对介质和材料的宏观现象及其运动规律作出微观解释。

就非均质材料动理学而言，早期研究是基于连续介质力学 (固体力学和流体力学) 的。均匀简单介质热力学性质研究已经相对成熟，研究者主要精力逐渐转向非均匀复杂介质热力学响应的研究中，**物理学还原论范式研究的局限性就显得尤为突出了**：即便是知道基本粒子和基本相互作用，我们也无法经过简单外推，获知系统的整体甚至局部的热力学特征；系统行为很有可能是分层次的，每个层次都有自己的规律。所以，**演生论范式的研究迅速增多**。目前，关于多尺度建模和模拟的研究可以大致分为两类。在第一类中，是将复杂问题分解到不同的尺度，根据特定的尺度和在那个尺度起作用的主要机制选择理论和方法，小尺度模拟得到的统计结果为更大尺度的研究提供本构方程。在第二类中，主要关注的问题是怎样在模拟中实现相邻尺度结果的联接。在本书中，我们主要聚焦第一类问题的研究。

1.5 哈密顿力学简介

宏观上，人们首先关注的是材料的热力学性质，对热力学性质的理解和深入研究需要用到统计物理学。鉴于后面统计力学描述的需要，本节首先对哈密顿力学作简单介绍。

哈密顿力学的特点是结构精美和富有实用性，这种结构对经典和量子体系是通用的。在哈密顿力学和统计力学中，粒子是指组成宏观物质系统的基本单元，粒子运动状态是指它的力学运动状态。在经典描述中，粒子遵从经典力学的运动规律；在量子描述中，粒子遵从量子力学的运动规律。尽管量子力学描述的是更底层的规律，但由于物质在较大尺度上表现出来的性质是较小尺度性质的平均[①]，所以随着关注的粒子尺度的增大，量子效应越来越弱，经典力学越来越成为一种好的近似。

在哈密顿力学中，在任意时刻，系统的性质由 $2s$ 个量来描述。这 $2s$ 个量包括 s 个广义坐标 q_i 和 s 个与之共轭的广义动量 p_i，其中 $i = 1, 2, \cdots, s$。为方便起见，经常采用如下简记：

$$(q, p) \equiv (q_1, q_2, \cdots, q_s; p_1, p_2, \cdots, p_s), \tag{1.2}$$

其中 (q_i, p_i) 的对数 s 称为系统的自由度。从几何上，系统的性质可以使用这 $2s$ 个量

$$(q_1, q_2, \cdots, q_s; p_1, p_2, \cdots, p_s)$$

张开的 $2s$ 维相空间中的一个点来表示。q_i 可以是分子在空间的位置，也可以是更为抽象的量，例如波的振幅，或者表征分子内部自由度的某些数[②]。广义动量 p_i 与 q_i 之间通过哈密顿正则方程 [③]

$$\dot{q}_i = \frac{\partial H(q, p)}{\partial p_i}, \quad \dot{p}_i = -\frac{\partial H(q, p)}{\partial q_i} \tag{1.3}$$

相联系。使用哈密顿正则方程(1.3)，可以马上获知，任意力学函数 $b(q, p)$ 的演化方程可以写为

$$\dot{b} = [b, H]_P. \tag{1.4}$$

---

① 这是后面要介绍的统计物理学的基本观点。在这里我们可以体会一下，物理学各分支学科之间是优美相通的。

② 可见，系统的自由度和组成系统的粒子数是不同的两个概念。举例来说，对于一个 N 粒子组成的系统，如果广义坐标仅仅包括粒子在空间的位置，因为每个粒子在三维空间中的位置有 3 个自由度，所以该系统的自由度 s 就是 $3N$；如果广义坐标中除了粒子位置，还有波的振幅等其他量，这些量又包含 r 个自由度，则 $s = 3N + r$。

③ "正则" (canonical) 的含义是简单、对称 (simple and symmetric)。

这就是**哈密顿力学的最基本方程**。方程(1.4)中引入了泊松括号。对于两个力学函数 $b(q,p)$ 和 $c(q,p)$，泊松括号的定义为

$$[b,c]_P = \sum_{i=1}^{N} \left(\frac{\partial b}{\partial q_i} \frac{\partial c}{\partial p_i} - \frac{\partial b}{\partial p_i} \frac{\partial c}{\partial q_i} \right). \tag{1.5}$$

哈密顿力学既适用于描述单粒子系统，又适用于描述多粒子系统。在多粒子系统的统计力学中，既适用于 μ 相空间系统行为的描述，又适用于 Γ 相空间系统行为的描述。

1.6 热力学简介

热力学在科学与工程研究中的基础性是如此之强，以至于爱因斯坦感慨："一个理论，如果它的前提越简单，而且能说明各种类型的问题越多，应用的范围越广，那么它给人们的印象就越深刻。因此，经典热力学给我留下了深刻的印象。它是唯一具有普适内容的物理学理论，我深信在其基本概念可适用的范围内，它永不会被推翻。"[11, 12]

长期以来，热力学与统计物理学就有各种不同的引入方式。尽管适当了解热力学与统计物理学发展过程中的跌宕起伏，有助于更深刻地理解相关的物理概念和其中的方法论，但鉴于本书的篇幅限制，我们不得不避开那些曲折动人的故事，试图以某种相对简洁的、实用的方式，选择性地介绍阅读后面章节时需要用到的部分内容。

1.6.1 基本概念

热力学 (thermodynamics) 研究热、功和其他形式能量之间的相互转换及转换过程中所遵循的规律，研究各种物理变化和化学变化过程中所发生的能量效应，研究化学变化的方向和限度。它将物质视为连续体，从宏观角度用少数几个能直接感受和可观测的宏观状态量 (诸如温度、压强、体积、浓度等) 描述和确定系统所处的状态；只从宏观角度考虑变化前后的净结果，不考虑物质的微观结构和反应机理。按系统与外界交换的特点，热力学系统包括：孤立系统 (与外界既无物质又无能量交换)、封闭系统 (与外界只有能量交换而无物质交换) 和开放系统 (与外界既有能量交换又有物质交换) [13–23]。目前，发展较成熟的是平衡态热力学。当体系的诸性质不随时间改变时，体系就处于热力学平衡态。热力学平衡态包括如下几个平衡：

(1) **热平衡** (thermal equilibrium)：体系各部分温度相等；

(2) **力平衡** (mechanical equilibrium)：体系各部分的压强相等，边界不再移动；

(3) **相平衡** (phase equilibrium)：多相共存时，各相的组成和数量不随时间而改变；

(4) **化学平衡** (chemical equilibrium)：反应体系中各种组分的数量不随时间而改变。

1.6.2 平衡态热力学

传统热力学以研究平衡态相关性质为主。它在平衡态概念的基础上，定义了描述系统状态所必需的三个态函数：热力学温度 T、内能 U 和熵 S。其中，热力学温度 T 由热平衡定律 (又称热力学第零定律) 引入；内能 U 由热力学第一定律引入；熵 S 由热力学第二

定律引入。热力学第一定律就是能量守恒定律，强调了"热"和"功"作为能量转化不同形式的等价性；而热力学第二定律则揭示了"热和功相互转化"的不等价性。热力学第二定律的核心思想是：自然界一切热现象过程都是不可逆的；不可逆过程所产生的后果，无论用任何方法，都不可能完全恢复原状而不引起其他改变。热力学第三定律则描述了系统的内能 U 和熵 S 在绝对零度附近的性质。下面我们有侧重点地选择介绍。

我们定义系统的一个性质变量 A。如果在状态 1，A 的值为 A_1；而在状态 2，A 的值为 A_2；并且不管从 1 到 2 的路径如何，A 在两态之间的差值 $\mathrm{d}A \equiv A_2 - A_1$，则 A 即为状态函数，其微分即为全微分。热和功之间定量关系的建立是热力学发展的基础。热力学第一定律指出，在任何过程中能量都是守恒的，而热和功仅仅是体系性质之一能量变化的不同量度而已，其数学表达式为

$$\mathrm{d}U = \delta Q + \delta W, \tag{1.6}$$

式中 U、Q、W 分别为系统的内能、热量和环境对系统所做的功。上式中，我们使用了不同的符号来表示内能的增量以及热和功的增量，以强调无限小的增量 δQ 和 δW 并非全微分，它们的数值不仅取决于过程的初态和终态，还与路径有关。所以，**内能可以定义为系统的一个状态函数**，而功和热则不可以，因为后者无法与体系的特定状态绑定。

热力学系统在外界影响下，从一个状态到另一个状态的变化过程，称为热力学过程，简称过程。根据系统从一个平衡态到另一个平衡态经历的中间状态，热力学过程有两类：准静态过程和非静态过程。准静态过程是指所有中间态都无限接近于一个相应的平衡态；非静态过程中则至少包含一个中间态不接近相应的平衡态。根据可逆与否，热力学过程可分为可逆过程和不可逆过程。不可逆过程不是说该过程不能逆向进行，而是说当过程逆向进行时，系统和外界不能同时得到完全复原。**尽管自然界实际发生的一切热现象都是不可逆的，但是可逆过程在传统热力学中占有极其重要的地位**。原因如下：首先，可逆过程可以作为某些实际过程的近似；其次，可逆过程作为理想模型，是研究平衡态性质的有效手段。在这个意义下，它是严格的，没有任何近似的意义。

假设一个系统在循环过程中相继与温度为 $T_1, T_2, \cdots, T_n$ 的 n 个热源接触，从它们所吸收的热量分别为 $Q_1, Q_2, \cdots, Q_n$，对外做功为 W。热力学第二定律的克劳修斯 (Rudolf Julius Emanuel Clausius) 表述可写为

$$\sum_{i=1}^{n} \frac{Q_i}{T_i} \leqslant 0. \tag{1.7}$$

上式称为克劳修斯不等式，其中 "=" 对应可逆循环过程，"<" 对应不可逆循环过程。考虑 $n \to \infty$ 的极限情形，相继的两个热源的温度差都很小，可以看成是连续变化的，系统从温度为 T 的热源吸收热量为 δQ 的微热量。于是有

$$\frac{Q_i}{T_i} \to \frac{\delta Q}{T}, \quad \sum_{i=1}^{n} \to \oint. \tag{1.8}$$

克劳修斯不等式 (1.7) 过渡到积分形式，即

$$\oint \frac{\mathrm{d}Q}{T} \leqslant 0. \tag{1.9}$$

如果将封闭路径分成两段 (如图 1.6 所示): C_1 表示从 P_0 点到 P 点, C_2 表示从 P 点回到 P_0 点, 则由式(1.9) 对可逆过程的表述 (取 "=" 情形) 可得

$$\int_{\substack{P_0 \\ C_1}}^{P} \frac{\delta Q}{\mathrm{d}T} + \int_{\substack{P \\ C_2}}^{P_0} \frac{\delta Q}{\mathrm{d}T} = 0. \tag{1.10}$$

因为过程可逆, 所以

$$\int_{\substack{P_0 \\ C_1}}^{P} \frac{\delta Q}{\mathrm{d}T} = \int_{\substack{P_0 \\ C_2}}^{P} \frac{\delta Q}{\mathrm{d}T}. \tag{1.11}$$

由于所考虑的可逆过程是任意的, 所以式(1.11)表明, 从 P_0 到 P 的积分与路径无关, 只与初态 (P_0) 和终态 (P) 有关。克劳修斯根据这个结果引入一个新的态函数熵 S。它的定义为

$$\mathrm{d}S \equiv S - S_0 = \int_{P_0}^{P} \frac{\delta Q}{T}. \tag{1.12}$$

可见, **热力学第二定律对可逆过程的描述, 证明了系统的平衡态存在一个新的态函数熵**。借助熵的概念, 热力学第二定律又可表示为

$$\mathrm{d}S \equiv S - S_0 \geqslant \int_{P_0}^{P} \frac{\delta Q}{T}. \tag{1.13}$$

熵的概念在热力学理论中占据核心地位。

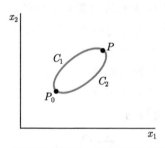

图 1.6　状态空间的任一可逆循环过程示意图

　　关于热力学第三定律, 普朗克 (M. Planck, 1858—1947, 德国) 的表述较为适用。热力学第三定律可表述为 "在热力学温度为零度 (即 $T = 0$ K) 时, 一切完美晶体的熵值等于零"。所谓 "完美晶体" 是指没有任何缺陷的规则晶体。热力学第三定律确定了熵值的计算基准。据此, 利用量热数据, 就可计算出任意物质在各种状态 (物态、温度、压力) 的熵值。这样定出的纯物质的熵值称为量热熵或第三定律熵。热力学第三定律实际上是在说绝对零度不可达到。

　　实际过程往往是复杂的, 为研究问题方便, 经常作为基础或模型使用的热力学过程有四种: 等容过程、等压过程、等温过程和绝热过程。绝热过程是指系统不与外界交换热量的

过程；在绝热过程中系统对外做功全部是以系统内能减少为代价的。与等温压缩相比，在绝热压缩过程中压强增加更快；与等温膨胀相比，在绝热膨胀过程中压强下降更快。为了描述实际过程的多样性，还有一个经常提到的过程叫做多变过程或多方过程，

$$pV^n = C(\text{定值}), \tag{1.14}$$

其中 n 称为多变指数，$n = 0$ 对应等压过程；$n = 1$ 对应等温过程；$n = \gamma$ (即定压摩尔热容 c_p 与定容摩尔热容 c_V 之比) 对应等熵过程；$n = \infty$ 对应 $V = $ 常数，即等容过程。对于一个过程，n 值可以保持不变，不同的过程有不同的 n 值；或一个过程中，在不同的阶段中 n 是变化的。多变指数的确定原则是

$$n = -\frac{\ln(p_2/p_1)}{\ln(V_2/V_1)}, \tag{1.15}$$

其中下角标 "1" 和 "2" 是状态的编号。多变过程的参数关系如下：

$$\frac{p_2}{p_1} = \left(\frac{V_1}{V_2}\right)^n, \quad \frac{T_2}{T_1} = \left(\frac{V_1}{V_2}\right)^{n-1} = \left(\frac{p_2}{p_1}\right)^{(n-1)/n}. \tag{1.16}$$

多变过程中热力学能、焓和熵的增量分别为

$$\Delta U = c_V \Delta T, \quad \Delta H = c_p \Delta T, \quad \Delta S = c_V \ln\frac{p_2}{p_1} + c_p \ln\frac{V_2}{V_1}. \tag{1.17}$$

图 1.7 给出一个关于等温过程、等熵过程和多变过程关系的示意图。从初态 1 压缩到状态 2 的三种过程中，等熵过程压强上升最快 (等熵曲线最陡)，等温过程压强上升最慢 (等温曲线最缓)，多变过程介于二者之间。

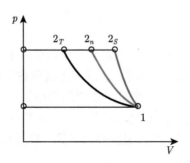

图 1.7   等温、等熵、多变过程关系示意图

下面我们再对等熵过程、绝热过程和可逆过程及其关系做些讨论。**等熵过程又叫可逆绝热过程**。所谓绝热过程是指气体在和外界没有热量交换的条件下进行的热力学过程。当过程进行得很快时，工质与外界还来不及交换热量或是交换的热量很少，则可近似地看作绝热过程。涡轮喷气发动机的压气机内空气的压缩过程，燃气在涡轮内和尾喷管内进行的膨胀过程，都可近似地看作绝热过程。绝热过程也有可逆与不可逆两种情形。等熵过程就

是可逆绝热过程，在等熵过程中，气体的温度、压力、比热容都发生变化，它们之间的变化规律比较复杂。等熵过程中的熵值不变，所以该过程在 T-S 图上是一条与 S 坐标轴相垂直的直线。图 1.8(a) 和 (b) 给出关于等温可逆过程、绝热可逆 (等熵) 过程和绝热不可逆过程的两组例子。在图 1.8(a) 中系统由初态 1 经三种不同的压缩方式到达压强相同的三个状态 $2A$、$2B$ 和 $2C$；在图 1.8(b) 中系统由初态 1 经三种不同的膨胀方式到达体积相同的三个状态 $2A$、$2B$ 和 $2C$。对于封闭体系，只要体积有变化，绝热过程肯定不等温，反之亦然；它们 (等温过程、绝热过程) 与过程可逆与否都没有必然联系。

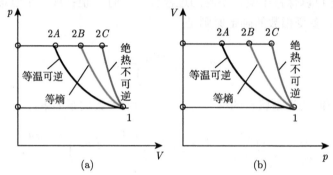

图 1.8   等温可逆、等熵和绝热不可逆过程关系示意图

考虑体系经历等压的变化过程，即 $p_1 = p_2 = p = $ 常数，从外界吸收的热量为 ΔQ。如果体系只做体积功，那么根据热力学第一定律可得

$$\Delta Q = \Delta U + p\Delta V = (U_2 + pV_2) - (U_1 + pV_1). \tag{1.18}$$

因为 U、p、V 都是状态函数，通过不同的状态函数的线性组合构成一个新的状态函数，

$$H = U + pV, \tag{1.19}$$

所以它也是一个态函数。于是，热力学中定义一个新的状态函数——焓 (enthalpy)，用符号 H 表示。简言之，**通过考虑等压过程，发现了系统存在态函数焓**。在材料热力学、激波研究、风洞描述等方面，热力学焓是个极其重要的物理量。

考虑体系经历等温等压的变化过程，即 $T_1 = T_2 = T = $ 常数，$p_1 = p_2 = p = $ 常数，从外界吸收的热量为 $\Delta Q = T\Delta S$，那么根据热力学第一定律可得

$$-p\Delta V = \Delta U - \Delta Q = (U_2 - TS_2) - (U_1 - TS_1). \tag{1.20}$$

因为 U、T、S 都是状态函数，所以

$$F = U - TS, \tag{1.21}$$

也是态函数。于是，热力学中定义一个新的状态函数——亥姆霍兹自由能，用符号 F 表示。简言之，**通过考虑等温等压过程，发现了系统存在态函数亥姆霍兹自由能**。

考虑体系经历等温等容的变化过程，即 $T_1 = T_2 = T = $ 常数，$V_1 = V_2 = V = $ 常数，从外界吸收的热量为 $\Delta Q = T\Delta S$，外界对系统所做的非体积功 $\Delta W = V\Delta p$，那么根据热力学第一定律可得

$$\Delta U = \Delta Q - V\Delta p, \tag{1.22}$$

因而

$$U_2 - TS_2 + p_2 V = U_1 - TS_1 + p_1 V. \tag{1.23}$$

因为 U、T、S、p、V 都是状态函数，所以

$$G = U + pV - TS, \tag{1.24}$$

也是只与初态和终态有关，而与路径无关的态函数。于是，热力学中定义一个新的状态函数——吉布斯函数或吉布斯自由能，用符号 G 表示。简言之，**通过考虑等温等容过程，发现了系统存在态函数吉布斯自由能**[①]。

这些定义式虽然是通过某些热力学过程引入的，但因为是态函数，所以适用于任何热力学体系。在热力学范畴内，人们一般只考虑其相对值而很少涉及其绝对值。虽然根据爱因斯坦的质能关系式 [②]，可以赋予这些函数绝对值，从理论上，系统的能量是可以用其质量来度量的，1 g 相当于 9×10^{13} J，或者大体上 2×10^{10} kcal，但在一般的化学反应中，热效应不会大于几千卡，所对应的质量变化远小于实际测量所能达到的范围，所以在材料研究领域，除非涉及核反应，一般只考虑 U、H、F、G 的相对值，而不涉及其绝对值。从形式上看，在内能 U、焓 H、亥姆霍兹自由能 F 和吉布斯自由能 G 四个热力学函数中，焓 H 是最"大"的 (如图 1.9 所示)。

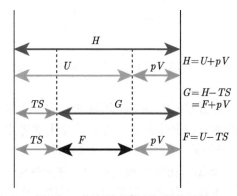

图 1.9 热力学函数之间的关系图

根据前面的定义和热力学第一定律，可以得到如下四个热力学函数基本关系式 (恒等式)：

---

① 1876 年美国著名数学物理学家、数学化学家吉布斯在康涅狄格科学院学报上发表了奠定化学热力学基础的经典之作《论非均相物体的平衡》的第一部分。1878 年他完成了第二部分。这一长达三百余页的论文被认为是化学史上最重要的论文之一，其中提出了吉布斯自由能、化学势等概念，阐明了化学平衡、相平衡、表面吸附等现象的本质。

② $E = mc^2$，其中 E 代表能量，m 代表物质的质量，c 代表光速。

$$
\begin{cases}
\mathrm{d}U = T\mathrm{d}S - p\mathrm{d}V, \\
\mathrm{d}H = T\mathrm{d}S + V\mathrm{d}p, \\
\mathrm{d}F = -S\mathrm{d}T - p\mathrm{d}V, \\
\mathrm{d}G = -S\mathrm{d}T + V\mathrm{d}p.
\end{cases}
\tag{1.25}
$$

到这里，我们可以梳理一下焓和亥姆霍兹自由能的物理意义。在等压过程中，焓 H 的增量为系统从外界吸收的热量，所以又经常称为热函；在等温过程中，亥姆霍兹自由能 F 的增量为外界对系统所做的体积功。结合热力学第二定律的熵表达式(1.13)，可得对于一般过程，上述四个基本热力学关系中的"$=$"均应变为"$\leqslant$"。在等压过程中，焓 H 的最大增量为系统从外界吸收的热量；在等温过程中，亥姆霍兹自由能 F 的最大增量为外界对系统所做的体积功。

如果考虑 r 种粒子组成的开放系统的可逆过程，在 S、V 不变条件下，假想各组元含量均为无穷多，此时加入 1 mol 组元 i 所引起的系统内能增量即化学势 μ_i，相应组元的摩尔数增量为 $\mathrm{d}n_i$，则上述四个基本热力学关系(1.25)修正为单相系可变组元的吉布斯关系式：

$$
\begin{cases}
\mathrm{d}U = T\mathrm{d}S - p\mathrm{d}V + \displaystyle\sum_{i=1}^{r} \mu_i \mathrm{d}n_i, \\[2mm]
\mathrm{d}H = T\mathrm{d}S + V\mathrm{d}p + \displaystyle\sum_{i=1}^{r} \mu_i \mathrm{d}n_i, \\[2mm]
\mathrm{d}F = -S\mathrm{d}T - p\mathrm{d}V + \displaystyle\sum_{i=1}^{r} \mu_i \mathrm{d}n_i, \\[2mm]
\mathrm{d}G = -S\mathrm{d}T + V\mathrm{d}p + \displaystyle\sum_{i=1}^{r} \mu_i \mathrm{d}n_i.
\end{cases}
\tag{1.26}
$$

结合热力学第二定律的熵表达式(1.13)可得，对于一般过程，上述四个基本热力学关系中的"$=$"均应变为"$\leqslant$"。

热力学第二定律进一步给出 U、H、F、G 增量的最大可能值。等压过程中，焓 H 的最大增量为系统从外界吸收的热量加上体元变化引起的总化学势的增加；在等温过程中，亥姆霍兹自由能 F 的最大增量为外界对系统所做的体积功加上体元变化引起的总化学势的增加；在等温等压过程中，吉布斯自由能的最大增量为体元变化引起的总化学势的增加。体元变化引起的化学势是开放体系热力学中常见的非体积功。亥姆霍兹自由能和吉布斯自由能也可以从热力学过程是否可行这一判据的需求引入[①]。

---

① 用熵增原理来判别一个过程的自发方向及平衡条件时，系统必须是隔离的，否则必须考虑环境的熵变。也就是说，对非隔离系统，要判断一个过程是否能够进行，应该把系统和环境的总体看成一个新的隔离系统，并把系统的熵变和环境的熵变的总和计算出来，才能得到普遍性的熵判据。因为通常反应总是在等温、等温等压或等温等容条件下的封闭系统内进行的，这时利用熵判据来判别过程的方向时，除了考虑系统的熵变，还得考虑环境的熵变，很不方便。为此亥姆霍兹和吉布斯又定义了两个状态函数：亥姆霍兹自由能 $F = U - TS = H - pV - TS$ 和吉布斯自由能。用这两个辅助函数的变化值作判据：在实际演化过程中，它们均逐渐减小；在平衡态时，达到极小值。

对于封闭系统, 由热力学基本关系式(1.25)可得如下麦克斯韦 (Maxwell) 关系式:

$$
\left(\frac{\partial T}{\partial V}\right)_S = -\left(\frac{\partial p}{\partial S}\right)_V,
$$

$$
\left(\frac{\partial T}{\partial p}\right)_S = \left(\frac{\partial V}{\partial S}\right)_P,
$$

$$
\left(\frac{\partial S}{\partial V}\right)_T = \left(\frac{\partial p}{\partial T}\right)_V,
$$

$$
\left(\frac{\partial S}{\partial p}\right)_T = -\left(\frac{\partial V}{\partial T}\right)_P,
$$

(1.27)

和偏导数关系式:

$$
\left(\frac{\partial U}{\partial S}\right)_V = \left(\frac{\partial H}{\partial S}\right)_P = T,
$$

$$
\left(\frac{\partial U}{\partial V}\right)_S = \left(\frac{\partial F}{\partial V}\right)_T = -p,
$$

$$
\left(\frac{\partial F}{\partial T}\right)_V = \left(\frac{\partial G}{\partial T}\right)_p = -S,
$$

$$
\left(\frac{\partial H}{\partial p}\right)_S = \left(\frac{\partial G}{\partial p}\right)_T = V.
$$

(1.28)

因为在等压过程中, 封闭系统焓的增量等于系统从外界吸收的热量, 所以焓又常称为热函。定压比热即定义为

$$
c_p = \frac{\mathrm{d}H}{\mathrm{d}T}\bigg|_p.
$$

(1.29)

熵增定律仅适用于孤立体系, 这是问题的关键。虽然从处理方法上讲, 假定自然界存在孤立过程是可以的。但是从本质上讲, 把某一事物从自然界中孤立出来, 就使理论带上了一定的主观色彩。实际上, 绝对的联系和相对的孤立的综合, 才是事物运动的本来面目。那么, 当系统不再人为地被孤立时, 它就不再是只有熵增, 而是既有熵增, 又有熵减了。如果说熵增是混乱度增加, 而熵减是有序度增加的话, 那么, 真正的过程必然是混乱与有序的综合过程。因而, 系统就必然出现熵增和熵减诸种情况。

经典热力学不追究过程变化的途径和机制, 不含时间变量, 不能回答变化速度的问题, 所以经典热力学又称热静力学。

1.6.3 非平衡态热力学

1.6.3.1 非平衡态热力学概述

经典热力学是以 "可逆过程" 和平衡态的概念为基础的, 然而在自然界中发生的一切实际过程都是处在非平衡态的不可逆过程。例如, 我们遇到的各种输运过程, 诸如热传

导、物质的扩散、动电现象、电极过程以及实际进行的化学反应过程等，随着时间的推移，系统均不断地改变其状态，并且总是自发地从非平衡态趋向于平衡态。人们对这些实际发生的不可逆过程所进行的持续不断的深入研究，促进了热力学从平衡态向非平衡态的发展。

非平衡态热力学也称不可逆过程热力学。从 20 世纪 50 年代开始形成了热力学的新领域，即非平衡态热力学 (thermodynamics of non-equilibrium state)。普利高津 (I. Prigogine) 和昂萨格 (L. Onsager) 对非平衡态热力学的确立和发展作出了重要贡献。普利高津由于其对非平衡态热力学的杰出贡献，而荣获 1977 年诺贝尔化学奖。非平衡态热力学虽然在理论系统上还不够完善和成熟，但目前在一些领域中，如物质扩散、热传导、跨膜输运、动电效应、热电效应、电极过程、化学反应等领域中已获得初步应用，显示出其广阔的发展和应用前景，已成为 21 世纪物理化学发展中一个新的增长点。

系统受到扰动之后的响应过程是一系列非平衡态的集合。根据系统对扰动的响应特性，可以把非平衡态热力学分为线性 (响应) 非平衡态热力学和非线性 (响应) 非平衡态热力学。在非线性响应情形中，如果扰动幅度超过临界点，则系统有可能形成新的有序结构。在非平衡态系统描述中，也经常使用近平衡和远离平衡两种描述。但何为近，何为远？这总是相对而言的。不同领域中的科技工作者在描述 “远” 或者 “近” 时往往有着各自不同的参考或标准。这类概念内涵的漂移和隐形的 “重名”，往往会在交叉学科交流中带来一些困惑。在流体力学领域，纳维-斯托克斯 (Navier-Stokes, NS) 方程组 (开始) 的 “高克努森 (Knudsen) 数”、“远离平衡” 问题，在很多热力学与统计物理学家眼中，那只是近平衡。很多物理学家研究的非平衡系统可以小到只由几个粒子构成，那里的热传导等可能具有一些不同于大家日常经验的 “奇异” 特征。关于**偏离平衡的程度**或者**距离平衡的远近**，我们至少可以有两种方便使用的分类方式。

首先，我们可以**根据线性响应理论是否有效来分类**。如果我们把线性响应理论成立的情形称为近平衡，那么系统响应呈现出非线性特性的所有情形都归入远离平衡。根据扰动是否超过临界点，远离平衡又分为两种情形：① 扰动未超过临界点，不会出现新的结构；② 扰动超过临界点，可能会出现新的结构。其次，我们也可以**根据扰动理论是否有效来分**。扰动论是基于泰勒展开式的，我们以一维单变量情形为例来简单说明，泰勒展开形式如下：

$$f(x) = f(x_0) + \frac{\partial f}{\partial x}\bigg|_{x_0}(x - x_0) + \frac{1}{2}\frac{\partial^2 f}{\partial x^2}\bigg|_{x_0}(x - x_0)^2 + \cdots. \tag{1.30}$$

我们用 $\Delta x = x - x_0$ 代表扰动，$\Delta f = f(x) - f(x_0)$ 代表系统对该扰动的响应。如果扰动的幅度还不足以让泰勒展开式发散，即扰动理论有效，那就意味着如果没有其他作用介入，则系统还能通过弛豫过程回到原来的状态，或者说系统自身演化的趋势还是朝向原始状态的；如果扰动幅度已经大到泰勒展开式发散，即扰动理论失效，那就意味着如果没有其他作用介入，则系统已经无法再通过弛豫过程回到原来的状态，或者说系统自身演化的趋势已经不再指向原始状态。如果我们把扰动理论有效即系统能够通过弛豫过程恢复到原来状态的情形称为近平衡，则扰动理论失效即系统不能通过弛豫过程恢复到原来状态的情形便是远离平衡。因为只有扰动很微弱时，系统响应才表现出线性特征；扰动幅度一旦增大，系统响应便会呈现出非线性。可以恢复到原来状态的情形又可以粗略地划分为线性响应近平衡和非线性响应近平衡。使得扰动理论失效的扰动强度便是上面提到的临界点，**扰动理论的失效意味着可能出现新的结构**。

在热力学中，发展最完善的自然是平衡态热力学。在非平衡态热力学方面，目前得到较充分发展的自然首先是线性响应近平衡态热力学，其次是远离平衡的非线性响应热力学，后者引发了分支理论和一系列非线性科学的蓬勃发展；而夹在这两种情形之间的能够恢复到原来平衡态的非线性响应情形，因难度更大而研究更加薄弱。

在平衡态热力学中，常用到两类热力学状态函数：一类如体积 V、物质的量 n 等，它们可用于任何系统，不管系统内部是否处于平衡；另一类如温度 T、压强 p、熵 S 等，只有在平衡态中有明确意义，用它们去描述非平衡态就有困难。为解决这一难题，非平衡态热力学提出了局域平衡假设 (local equilibrium hypothesis)。**局域平衡假设是非平衡态热力学的中心假设**。应该明确，局域平衡假设的有效范围是偏离平衡不远的扰动理论有效的系统。**非平衡态热力学所讨论的中心问题是熵产生**。

1.6.3.2 线性非平衡态热力学

系统的熵增可写为两部分之和

$$dS = d_i S + d_e S, \tag{1.31}$$

其中 $d_i S$ 是系统内部由于进行不可逆过程而产生的熵，称为熵产生 (entropy production)；对于封闭系统，$d_e S$ 是系统与环境进行热量交换引起的熵流 (entropy flow)；对于开放系统，$d_e S$ 则是系统与环境进行热量和物质交换共同引起的熵流；可以有 $d_e S > 0$、$d_e S < 0$ 或 $d_e S = 0$。熵产生是一切不可逆过程的表征 $(d_i S > 0)$，即可用 $d_i S$ 量度过程的不可逆程度。当系统中存在温度差、浓度差、电势差等推动力时，都会发生不可逆过程而引入熵产生。这些推动力被称为广义推动力 (generalized force)，而在广义推动力下产生的通量，称为广义通量 (generalized flux)。系统总的熵产生速率等于一切广义推动力与广义通量乘积之和，

$$\frac{d_i S}{dt} = \sum_K X_K J_K, \tag{1.32}$$

这是非平衡态热力学中总熵产生速率的基本方程，其中 X_K 和 J_K 分别表示第 K 个广义推动力和相应的广义通量。当系统达到平衡态时，同时有

$$X_K = 0, \ J_K = 0, \ \frac{d_i S}{dt} = 0. \tag{1.33}$$

当系统临近平衡态 (或离平衡态不远时) 并且只有单一很弱的推动力时，从许多实验规律得出，广义通量和广义推动力间呈线性关系：

$$J_K = \sum_i L_{K,i} X_{K,i} \quad \text{或} \quad \boldsymbol{J} = \boldsymbol{L} \boldsymbol{X}. \tag{1.34}$$

我们所熟知的一些经验定律，如傅里叶热传导定律、牛顿黏度定律、菲克 (Fick) 第一扩散定律和欧姆电导定律，它们的数学表达式均可用式 $\boldsymbol{J} = \boldsymbol{L}\boldsymbol{X}$ 这种线性关系所包容。上式中的比例系数 $\boldsymbol{L}$ 称作唯象系数 (phenomenological coefficient)，可由实验测得，对于以上几个经验定律，唯象系数分别对应热导率、黏度、扩散系数和电导率。满足线性关系的非平衡态热力学称为线性非平衡态热力学 (thermodynamics of no-equalibrium state of linear)。唯象系数会受到如下各种限制。

(1) **第二定律限制**：$L_{k,k} \geqslant 0$，例如，导热系数、扩散系数、导电系数等总是正的；耦合效应 (如热扩散等) 系数则可能正也可能负。

(2) **空间对称性限制 (居里原理)**：居里首先提出物理学上的对称性原理 (在各向同性的介质中，宏观原因总比它所产生的效应具有较少的对称元素)；普利高津把居里对称原理延伸到热力学体系 (体系中的热力学力是过程的宏观原因，热力学流是由宏观原因所产生的效应。根据居里原理，热力学力不能比与之耦合的热力学流具有更强的对称性)。可简单地表述为：力不能比与之耦合的流具有更强的对称性。空间对称限制原理对非平衡体系中的各不可逆过程之间的耦合效应给出了一定的限制。普利高津认为：非平衡体系中不是所有的不可逆过程之间均能发生耦合，在各向同性的介质中，不同对称特性的流与力之间不存在耦合。不可逆过程可分为完全不同的两种类型，即矢量现象 (例如扩散和热传导) 和标量现象 (例如化学反应)。化学反应与扩散或热传导之间不存在耦合。空间对称性限制也称居里-普利高津原理。

(3) **时间对称性限制 (昂萨格倒易关系)**：

$$L_{k,i} = L_{i,k}. \tag{1.35}$$

物理意义是：当第 k 个不可逆过程的流 J_k 受到第 i 个不可逆过程的力 X_i 影响时，第 i 个不可逆过程的流 J_i 也必定受到第 k 个不可逆过程的力 X_k 的影响，并且，这种相互影响的耦合系数相等。这个倒易关系是昂萨格于 1931 年确立的。

在运用昂萨格倒易关系时应注意力和流的量纲的选择，应使流与力的乘积具有熵 S 的量纲。昂萨格倒易关系是非平衡态热力学的重要成果，为许多实验事实所证实。但是，这里所定义的广义推动力和广义通量，只有同时满足熵产生速率方程和唯象方程时，倒易关系才成立，才具有普遍性，而与系统的本性及广义推动力的本性无关。

一个热力学孤立体系，不论其初始状态如何，最终总会达到平衡态。达到平衡态后，体系的熵为极大值，可以引起熵增的所有热力学流和热力学力均为零。但若是非孤立体系，环境对体系施加某种限制，例如保持一定的温度差或浓度差等，这时体系就不可能达到热力学平衡态。但如果外界施加的条件是固定的，例如一定的温度差或一定的浓度差，那么体系开始会因外界的限制条件而发生变化，但最后会达到一种定态。这种定态不是热力学平衡态，而是一种相对稳定的状态。但只要外界施加的限制条件不发生变化，这种稳定状态就可以一直维持下去。这种状态称为非平衡定态。

如果用小写的 s 表示单位体积内的熵，即熵密度，则熵平衡方程如下：

$$\frac{\partial s}{\partial t} = -\nabla \boldsymbol{J}_s + \theta, \tag{1.36}$$

其中第一项

$$-\nabla \boldsymbol{J}_s = \frac{\partial s_e}{\partial t}, \tag{1.37}$$

表示小体元从周围吸收热量引起的熵增率, 第二项

$$\theta = \frac{\partial s_i}{\partial t}, \tag{1.38}$$

表示系统内的熵产生率, 有时也称为熵源强度。可以证明: 在恒定的外界条件下, 非平衡定态是使熵产生率最小的态; 而且, 非平衡定态对于小的扰动是稳定的。这就是普利高津于 1945 年提出的最小熵增原理。

1.6.3.3 非线性非平衡态热力学

对于化学反应, 通量和推动力的线性关系只有在反应亲和力很小的情况下才会成立; 而人们实际关心的大部分化学反应并不满足这样的条件。当系统远离平衡态时, 即热力学推动力很大时, 通量和推动力就不再呈线性关系。若将通量和推动力的函数关系以平衡态为参考态, 作泰勒 (Taylor) 级数展开, 得到

$$J_k = J_k(0) + \sum_i \left(\frac{\partial J_k}{\partial X_i} \right)_0 X_i + \frac{1}{2} \sum_{i,j} \left(\frac{\partial^2 J_k}{\partial X_i X_j} \right)_0 X_i X_j + \cdots, \tag{1.39}$$

其中, 第二项为某一单独推动力的作用而导致的通量; 第三项以后, 为多种推动力共同作用导致的通量。此式表明通量和推动力的非线性关系。符合这种非线性关系的非平衡态叫非平衡态的非线性区。研究非平衡态非线性区的热力学叫非线性非平衡态热力学。显然, 处在非线性区, 线性唯象方程和昂萨格倒易关系均不复存在, 当然最小熵增原理也不会成立。处理远离平衡态的过程, 单纯用非平衡态热力学方法已无能为力, 还必须同时研究远离平衡态的非线性动力学行为。

综上所述, 热力学的发展可概括为以下三个阶段: 第一个阶段是平衡态热力学, 在这种情形, 熵产生及推动力和通量均为零; 第二个阶段是线性非平衡态热力学, 在非平衡态的线性区, 推动力是弱的, 通量与推动力呈线性关系; 第三个阶段是非线性非平衡态热力学, 在非平衡态的非线性区, 通量是推动力的更复杂的函数。

进入非线性区之后, 系统状态有可能返回原来的定态 (扰动理论有效), 也有可能继续偏离即失稳 (扰动理论失效), 而进入到另一较稳定的状态, 这取决于唯象关系式中非线性项的具体形式, 即决定于系统的内部动力学行为。这里一个重要的概念是耗散结构, 它是一个非平衡有序结构。具体来说, 耗散结构是指一个进入非线性区、远离平衡的开放系统, 在不断与外界交换物质和能量的过程中, 通过内部非线性动力学机理, 自动从无序状态形成并维持的, 在时间上、空间上或功能上的有序结构状态。耗散结构遍及宇宙中各种系统, 如贝纳尔对流、激光、云街、化学振荡、生物结构, 乃至城市、国家等。耗散结构, 实质上就是非平衡系统中的自组织状态。耗散结构理论是非线性非平衡态热力学, 其基本思想是认为非平衡是有序之源, 涨落是非平衡相变的触发器。系统开放性、远离平衡态、非线性作用及微观过程协同性是出现耗散结构的必要条件。耗散结构理论由普利高津提出, 已

引起物理学、化学、生物学、医学、材料科学、经济学等多种学科的广泛注意。普利高津因此而荣获 1977 年度诺贝尔化学奖。

瑞利-贝纳尔对流是非平衡物理系统中发生自组织现象的一个典型例子。有两块大的平行板，中间有一薄层流体，两板的温度分别为 T_1 和 T_2，当两板的温差超过某个临界值时，流体的静止状态突然被打破，在整个液层内出现非常有序的对流图案，如图 1.10 所示。

图 1.10　瑞利-贝纳尔对流中自组织现象 (来自网络[24])

苏联化学家贝洛索夫 (Belousov) 在 1958 年发现用铈离子催化柠檬酸的溴酸氧化反应，控制反应物的浓度比例，容器内混合物的颜色会出现周期性变化。后来查布廷斯基 (Zhabotinsky) 用丙二酸代替柠檬酸，不仅观察到颜色周期性变化，还看到反应系统中形成了漂亮的图案，如图 1.11 所示。以上反应通常简称为 B-Z 反应。图 1.11 (a) 是反应系统中某组分的浓度随时间有规则周期性变化，称为化学振荡。图 1.11 (b) 是反应系统中某组分在空间上呈周期性分布，称为空间形态现象。如果二者同时出现，则称为时空有序结构，又称化学波。

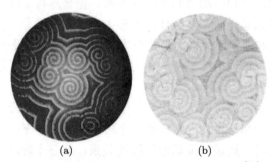

(a)　　　　　　　　　　(b)

图 1.11　B-Z 反应中的自组织现象 (来自网络[25])

在远离热力学平衡的某些种类系统中可能出现导致耗散结构的跃迁现象，这个事实使得自组织问题处于一个很特殊的地位。一方面，对这些跃迁现象的分析需要求解非线性唯象控制方程，这就提出了分歧理论中一些很有趣的问题。非平衡跃迁现象第二个迷人的地方与分歧点附近的涨落行为有关。通过提出有序的微观起源问题，扩大了分歧理论的唯象框架。这些问题的提出迅速引发了一系列非线性科学的蓬勃发展。

热力学以从实验观测得到的基本定律为基础和出发点，应用数学方法，通过逻辑演绎，得出有关物质各种宏观性质之间的关系以及宏观物理过程进行的方向和限度，故它属于唯象理论，由它引出的结论具有高度的可靠性和普遍性。

1.7 统计物理简介

1.7.1 统计物理学概述

统计物理学 (statistical physics) 是根据对物质微观结构及微观粒子相互作用的认识，用概率统计的方法，对由大量粒子组成的宏观物体的物理性质及宏观规律作出微观解释的理论物理学分支，又称统计力学。这里的所谓大量，是以 1 mol 物质所含分子数 (其数量级为 10^{23} 个) 为尺度的。**统计物理学既是物理学理论，又含方法论问题** [26-31]。正因如此，上述描述中的微观粒子除了可以包含诸如气体中的分子、晶体中的原子、激光束中的光子等常规意义上的微观粒子之外，还可以推广至银河系中的星体、公路上的汽车、羊群中的羊、社会群体中的人等。统计物理的主要目的是通过系统组成单元的行为来了解系统整体的行为。显然，整体行为不是各部分行为的简单叠加。每个组成单元的附近只要出现另一组成单元，则它的行为就会有所改变。例如，司机需要实时地根据周围的车辆而调整速度和路线。这是相互作用过程的本质。相互作用的累计效应，使得系统的整体性质可能完全不同于其个别组成单元。在考虑粒子的大系统时，个别粒子运动最基本的对称性可能遭到破坏，其中最典型的例子就是个体粒子运动时间反演不变性在系统整体尺度上的破坏。所以，**统计物理学是一门不以还原论为基本指导思想的学科。**

研究对象从少量个体变为由大量个体组成的群体，导致规律性质和研究方法的根本变化。大量粒子系统所遵循的统计规律是不能归结为一般力学规律的。统计物理是联系微观与宏观的桥梁，它为各种宏观理论提供依据，已经成为气体、液体、固体和等离子体理论的基础，并在化学和生物学的研究中发挥作用。气体动理论 (曾称气体分子运动论) 是早期的统计理论。它揭示了气体的压强、温度、内能等宏观量的微观本质，并给出了它们与相应的微观量平均值之间的关系。平均自由程公式的推导，气体分子速率或速度分布律的建立，能量均分定理的给出，以及有关数据的得出，使人们对平衡态下理想气体分子的热运动、碰撞、能量分配等有了清晰的物理图像和定量的了解，同时也显示了概率、统计分布等对统计理论的特殊重要性。

鉴于像公路上的汽车、羊群中的羊等，这类"粒子"之间的相互作用及其运动规律目前尚未研究清楚，我们只简单评述遵从哈密顿力学的粒子所组成系统的统计力学，即系统中的粒子行为均可以使用经典或量子力学定律进行很好的描述。

日常生活中的木块、河流、小提琴、磁铁、内燃机等宏观物体，曾经因为其尺度跟我们自身在同一量级，易于感知，而首先成为人们的研究对象。直到 18 世纪末，宏观物体一直是物理学仅有的研究对象。作为直觉的抽象，物质和能量被认为是连续的。然而，从 19 世纪到 20 世纪的 100 年时间里，原子论的出现和证实让物理学的认识发生了深刻的变化：**物质和能量的连续性只不过是一种错觉**，在 10^{-9} m 和更小的尺度范围内，我们就只能看到大量离散粒子构成的集体在相互作用力的影响下运动着。微观物理学的描述方法是使用多体力学，其中每个物体可理想化为点粒子或具有少数自由度的微小物体。它们的运动基本上是受量子力学定律支配的，不过在许多问题描述方面经典力学是个足以令人满意的近似。在宏观和微观物理定律都已知的情况下，如何将宏观连续的物理定律解释为微观离散粒子集体演化的结果，就成为当时最为迫切的需求。统计物理学就是基于这种迫切需要而建立起来的理论，它是联系微观和宏观两个层次规律的桥梁。

  需要指出的是，即便是最理想的计算机，可以求解 10^{23} 个粒子的系统的初值问题，这样的解还是无助于回答宏观物理学所提出的问题！其根源在于**微观跟宏观在物质和能量描述方面的根本不同**。例如，在提炼能量密度概念的过程中，考虑围绕点 x 的小体积元内单位体积的能量，并取小体积元趋于 0 的极限。在微观情形，能量密度是单个粒子坐标和动量的函数。由于粒子的运动，在给定点 x 处的能量密度是随时间剧烈而无规则地涨落着的函数[①]。而在宏观连续流体力学描述中，能量密度的概念是从属于小流体元的[②]，它是空间坐标的十分光滑的函数。它的时间变化率只依赖于密度和速度场等少数宏观函数的细节。微观和宏观上的描述方法很不相同，但在这种情形两种方法给出的能量密度必须是相同的。这就要求我们必须设立某种规则，在这种规则下宏观量与每个可能的微观力学函数用唯一的方法联系起来。这种规则不能靠微观力学量本身给出，在这个节骨眼上我们需要一种假设。这种假设就是权重假设——赋予适合于宏观约束条件的所有微观力学状态一定的权重 (例如相等的权重)，把宏观量 (例如能量) 定义为所有微观力学状态相应量的加权平均值。这样，我们就得到了多体系统统计描述的概念。

  为了描述系统状态，统计力学经常使用 μ 和 Γ 两个不同的相空间概念。考虑一个由 N 个力学性质完全相同的粒子组成的系统，假设每个粒子的自由度为 r，即每个粒子的力学状态由 r 个广义坐标 $q_i(i=1,2,\cdots,r)$ 和 r 个共轭的广义动量 p_i 来确定，则系统的状态可用由

$$(q_1,q_2,\cdots,q_r;p_1,p_2,\cdots,p_r)$$

张开的 $2r$ 维相空间中的 N 个点来描述。这个 $2r$ 维相空间称为 μ **空间**。μ 空间的一个点对应一个粒子，描述的是一个粒子的微观运动状态。系统行为演化，在 μ 空间中需要用这 N 个粒子划出的 N 条轨道 (相迹) 来共同描述。系统的状态也可以用由所有 N 个粒子的广义坐标和广义动量

$$(q_1,q_2,\cdots,q_{Nr};p_1,p_2,\cdots,p_{Nr})$$

张开的 $2Nr$ 维相空间中的一个点来描述。这个 $2Nr$ 维相空间称为 Γ **空间**。Γ 空间中的一个点对应系统的一个微观态。一个宏观态可对应于许多不同的微观态，假设总共有 Ω 个，则系统的一个宏观态在 Γ 空间中用这一组 Ω 个点表示。由于粒子间存在相互作用时，μ 空间中代表点的运动将不独立，所以 μ 空间可用于描述 (近) 独立粒子组成的系统。对于

① 早期的科学家既是物理学家，又是数学家，还是哲学家。自从牛顿用微积分将人们带入无穷的世界后，物理学的直观和数学的严谨逐渐拉开了距离。经二三百年时而交织，但更多的是相对独立的各自发展的累积，已难有跨足两边的大师了。物理学者研究真实的世界，视数学为工具，不敷使用时，便凭直观想象，强用公式硬推，大胆到原来不允许或没定义的场合，有时精彩无比，有些荒谬离奇。近三百年来，人们用微积分将世界看成连续不可分的时空和场。近百年前，狄拉克继毕达哥斯派的古风，以形式的美，扩展了许多直观想象的应用。他改造了分析工具，在连续的景象里凸现出分立的个体。他大约是给数学带来最多创意的近代物理学者。他的 δ 函数，便是一个典型。更多精彩介绍见 "狄拉克 δ 函数的数学迷思" (网址为：http://blog.sciencenet.cn/blog-826653-895613.html)。

② 在原子论提出和确认后，人们就开始意识到，连续介质描述中的小体积元与纯数学微积分研究中的小体积元有着明显差别，它是有下限的，它必须包含足够多的原子，以至于其系综平均不至于出现明显的涨落。这里，大家可再一次体会：数学的抽象和逻辑是迷人的；但在很多物理问题描述方面，现有的数学表达式只是物理图像的某种近似，不尽满意，但也方便有效，(在一定时期内) 找不到更好的选择。

粒子间存在相互作用的系统，其状态与演化使用 Γ 空间中的代表点及其运动来描述更加方便。

下面，**我们使用 Γ 空间进行讨论**。Γ 空间中这种有权重的 Ω 个点的集合就叫做**统计系综**，简称系综。吉布斯建议，我们把系统的每一个微观状态假想成一个处于该微观状态下的系统。由此，Ω 个微观状态就对应 Ω 个假想的系统，它们各自处于相应的微观状态。换句话说，系综是假想的、大量的 (Ω 个) 和所研究的系统性质完全相同的、彼此独立的以及各自处于某一微观状态的系统的集合。简单地说，系综就是所研究的系统在一定宏观条件下容许的各种可能的微观状态的"化身"。

宏观量 $B(\boldsymbol{x},t)$ 是物理时空 (即 $(\boldsymbol{x},t)$ 时空) 的场；相应微观力学量 $b(q,p)$ 是相空间坐标 (q,p) 的函数，相空间坐标 (q,p) 或许进一步依赖于物理时空的坐标 $\boldsymbol{x}$ 和 t，所以相应微观力学量应写为 $b(q,p;\boldsymbol{x},t)$。宏观系统力学函数的观测值等于相应微观力学函数的系综平均值。用数学语言表示就是

$$B(\boldsymbol{x},t) = \int \mathrm{d}q\mathrm{d}p\, b(q,p;\boldsymbol{x},t)\, F(q,p). \tag{1.40}$$

如果再要求 $F(q,p)$ 满足归一化条件

$$\int \mathrm{d}q\mathrm{d}p\, F(q,p) = 1, \tag{1.41}$$

和正定条件

$$F(q,p) \geqslant 0. \tag{1.42}$$

则系统在给定时刻的"态"可由 $F(q,p)$ 完全确定，$F(q,p)$ 解释为发现系统出现在相空间点 (q,p) 处的概率密度，所以 $F(q,p)$ 就是**相空间的分布函数**，正比于**在同一时刻，在粒子位置空间 N 个点同时发现这 N 个粒子的联合概率**[①]。系综分布就是概率分布，系综平均就是加权平均。按这种规定得到的宏观量 $B(\boldsymbol{x},t)$ 的值解释为大量全同实验的平均结果。显然，这种理论的正确性或涨落受到且只受到系统大小的限制。对于保守力学体系，哈密顿量等于系统总能量，也等于常数，即

$$H = E = 常数. \tag{1.43}$$

宏观量跟微观量关系的假设 (1.40) **是从力学进入统计物理理论过程中的仅有的力学以外的"统计"假设，所以是统计力学的基本假设**[②]。统计力学基本假设的功效是引入相空间中分布函数的概念。描述系统的演化有两种等价的方式。一种对应量子力学的"海森伯图像"：系统的"态"一旦给定 (分布函数 $F(q,p)$ 给定)，则其演化 $B(\boldsymbol{x},t)$ 就可由力学函数 $b(q,p;\boldsymbol{x},t)$ 随时间的变化来描述。另一种对应量子力学的"薛定谔 (Erwin Schrödinger)

---

① 正比于，但不等同；如果再乘以一个常系数——动量空间的总体积 $V_p = \int \mathrm{d}p$，就可解释为在同一时刻，在粒子位置空间 N 个点同时发现这 N 个粒子的联合概率。在这一常系数不影响理解的情形，使用联合概率解释，对于一些粗粒化建模过程的理解非常重要。

② 基本假设不是可以由某原理推导出来的结论；它是最底层的观点；它是猜测，但它就是出发点；其正确性由实践来检验。

图像"：系统的力学函数 $b(q,p;\boldsymbol{x})$ 一旦给定，则其演化 $B(\boldsymbol{x},t)$ 就可由分布函数 $F(q,p;t)$ 随时间的变化来描述。因为初值问题更为简单，所以统计力学的"薛定谔图像"使用最为广泛。**在统计力学的"薛定谔图像"中，分布函数的初始特征决定着所有平均值以后的演化；统计力学的问题简化为研究单一函数 $F(q,p;t)$ 随时间演化的问题。**

因为相空间中代表点的数目在运动过程中保持不变，所以分布函数 $F(q,p;t)$ 的物质导数为 0，

$$\frac{\mathrm{d}F(q,p;t)}{\mathrm{d}t} = \frac{\partial F}{\partial t} + \sum_{i=1}^{N}\left(\frac{\partial F}{\partial q_i}\frac{\partial q_i}{\partial t} + \frac{\partial F}{\partial p_i}\frac{\partial p_i}{\partial t}\right) = 0. \tag{1.44}$$

再利用式(1.3)和泊松括号的定义，马上可得非平衡统计力学的基本方程**刘维尔 (Liouville) 方程**：

$$\frac{\partial F}{\partial t} = [H,\ F]_P. \tag{1.45}$$

上式又经常写为

$$\frac{\partial F}{\partial t} = LF(t), \tag{1.46}$$

线性算符 L 的定义为

$$LF(t) = [H,\ F]_P. \tag{1.47}$$

刘维尔方程在统计力学中的核心地位犹如牛顿第二定律在经典力学中、薛定谔方程在量子力学中的地位。基本算符 L 叫做系统的刘维尔量。用统计力学的语言来说，刘维尔量与哈密顿力学中的哈密顿量所起的作用相当。在通常的力学中，哈密顿量确定系统的演化规律，即相空间中任意点的运动轨迹。在统计力学中，态由分布函数描述，刘维尔量完全确定系统的演化 (即分布函数 F 的演化规律)。

系统的宏观量有两类：一类是可以表示成以分布函数 F 为权重的力学函数的平均值的力学量 (见式 (1.40))；另一类是不能写成这种形式的热学量 (例如熵)。

经典统计力学研究的系统，其粒子是不太小，量子效应 (例如测不准效应、波动效应等) 可以忽略不计的情形。量子统计力学的最基本方程冯·诺伊曼 (von Neumann) 方程也可以写成刘维尔方程的形式。经典统计力学的刘维尔方程是具有普遍意义的，不需要对哈密顿量和其他力学函数的形式进行任何约束。所以，它等效于完备的分子动力学 (molecular dynamics, MD) 描述，适用于任意 N 粒子构成的系统，考虑了粒子间所有可能的相互作用[①]。

热力学与统计物理学的研究对象相同，都是宏观系统。但热力学把系统当作连续介质，完全不管系统的微观结构；相反，统计物理学一开始就考虑到宏观系统是由大量微观粒子组成的，并从系统的微观组成和结构出发。其目的是从系统的微观性质出发研究和计算宏观性质。因而，统计物理学好比是一座桥梁，把系统的微观性质和宏观性质联系起来。热力学的基础是由经验概括出的三条基本定律，统计物理的基础除了描述微观运动的量子力学之外，还需要统计假设。

---

① 对于由 N 个不小于分子的粒子组成的系统，刘维尔方程和完备的分子动力学描述是普适的，不管系统是离散体还是连续体，不管是流态还是固态。这里强调完备，是因为实际的分子动力学模拟往往是做了简化的，往往需要引进截断半径等近似。这在第 2 章中介绍分子动力学方法时再进行更多讨论。

1.7.2 平衡态统计力学

在统计物理学理论中，平衡态统计理论是发展得最完善的。近独立粒子组成的系统可以使用 μ 空间进行描述。然而，自然界中的实际系统内部粒子间的相互作用大多是不能忽略的。当粒子间相互作用不能忽略时，必须把系统当作一个整体来考虑。这类系统的状态与演化可以借助 Γ 空间中的代表点及其运动来形象地描述。基于 Γ 空间发展起来的系综理论是普适的。它适用于任何宏观体系，不仅包括近独立粒子组成的系统，而且包括粒子间相互作用起重要作用的情形，例如稠密气体、液体、相变和临界现象等。

历史上，统计系综的概念最早由玻尔兹曼 (Boltzmann) 提出，吉布斯建立起完整的经典统计系综理论；泡利、冯·诺伊曼、狄拉克、克拉默斯 (Krammers) 和朗道 (Landau) 等建立起量子统计系综理论。可以证明，经典系综理论是量子系综理论在经典极限下的自然结果。

在吉布斯的系综理论中，系统的宏观量是相应微观量的系综平均 (公式(1.40))，这一基本假设就是统计物理的出发点[①]，**统计物理的任务就是确定系综的相空间分布函数**。在系综理论中，对于能量 E、体积 V 和粒子数 N 固定的孤立系统，采用微正则系综来描述；对于可以和大热源交换能量但粒子数固定的系统 (温度 T、体积 V 和粒子数 N 固定)，采用正则系综来描述；对于可以和大热源交换能量和粒子的系统 (温度 T、体积 V 和化学势 μ 固定)，采用巨正则系综来描述。

由于量子力学对于统计物理学的影响主要体现在量子性和全同性两个方面，所以在满足经典极限条件 (准连续条件和非兼并条件) 下，量子统计就自然过渡到经典统计；在量子情形相空间中的求和可以很好地使用经典情形相空间中的积分来代替。相空间中的体积元和相应量子态数目之间有如下对应关系：

$$\mathrm{d}\Omega \equiv \mathrm{d}q\mathrm{d}p \equiv \prod_{i=1}^{Nr} (\mathrm{d}q_i \mathrm{d}p_i) \Leftrightarrow \frac{\mathrm{d}\Omega}{h^{Nr}} \text{个量子态}, \tag{1.48}$$

其中 h 是普朗克常量，N 是系统内的粒子数，r 是单个粒子的自由度。需要指出的是，只有在两个经典极限条件都满足的情况下，系统的统计性质才能用完全经典的方法来处理，才能得到纯经典统计物理的结果。

其实，微正则分布就是等概率原理，是平衡态统计理论的基本假设。依据等概率原理，孤立系统每个微观态出现的概率为

$$F(q,p) = \frac{1}{\Omega} = C. \tag{1.49}$$

所以，经典系统的分布函数为

$$F(q,p) = \begin{cases} C, & \text{当} E \leqslant H \leqslant E + \Delta E, \\ & \qquad\qquad\qquad\qquad \Delta E \to 0 \\ 0, & \text{当} H < E \text{ 或 } H > E + \Delta E. \end{cases} \tag{1.50}$$

---

① 避开了各态历经学说引发的困扰。这是一种完全不同于玻尔兹曼的观念，隐去了统计物理学建立过程对于纯力学的过度依赖。尽管与现代统计物理学之间的关系已经很弱了，但是作为统计物理学尝试建立早期提出和发展的各态历经假说，已经引发新的研究方向，并取得了巨大进展。

量子系统的分布函数 (处于能量为 E_s 的 s 能级的概率 ρ_s) 为

$$\rho_s = \begin{cases} C, & \text{当 } E_s = E, \\ 0, & \text{当 } E_s \neq E. \end{cases} \tag{1.51}$$

著名的**玻尔兹曼关系**

$$S = k_B \ln \Omega(N, E, V), \tag{1.52}$$

可以视为系统熵的定义。由这个定义出发，可以得到与热力学理论完全一致的结果。玻尔兹曼关系是自然界的一个普遍关系。实际上，不仅是对平衡态，对于非平衡系统，玻尔兹曼关系也是熵的唯一合理的统计定义。原则上，有了微正则系综，平衡态的一切问题都可以解决。不过，微正则系综在实际运用上并不十分方便。

在多数实际应用中，我们需要知道系统在固定温度和粒子数时的热力学性质。这就对应于我们现在要讨论的正则系综。正则系综可以通过让系统与一个大热源接触来导出。我们要研究的系统 (记为系统 1，具有能量 E_1) 和大热源 (记为系统 2，具有能量 E_2) 合在一起构成一个处于平衡态的复合孤立系统。我们的问题就归结为：系统处于一个特定的量子态 s (能量 $E_s = E_1$) 的概率是多少？假设系统与大热源的相互作用能 E_{12} 很小，以至于复合系统的总能量

$$E = E_1 + E_2, \tag{1.53}$$

其中 $E_1 \ll E$。该复合孤立系统的微观态总数

$$\Omega(E) = \Omega_1(E_1)\Omega_2(E_2). \tag{1.54}$$

系统 1 处于某一能级 s 而系统 2 处于任意能级的概率就是我们要求的概率 $\rho_s(E_s)$，所以

$$\rho_s = \frac{\Omega_2(E - E_1)}{\Omega(E)} = \frac{1}{\Omega(E)} \exp\left[\ln \Omega_2(E - E_1)\right]. \tag{1.55}$$

将近似关系式

$$\ln \Omega_2(E - E_1) \approx \ln \Omega_2(E) - \frac{\partial \ln \Omega_2(E)}{\partial E} E_1 \tag{1.56}$$

代入方程(1.55)，就得到**正则系综的分布函数**

$$\rho_s = \frac{1}{Z_N} e^{-\beta E_s}, \tag{1.57}$$

其中

$$\beta = \frac{\partial \ln \Omega_2(E)}{\partial E}, \tag{1.58}$$

只是温度 T 的函数，与系统无关，它需要通过计算一个具体的系统并与实验结果比较才能确定，最后可得

$$\beta = \frac{1}{k_B T}, \tag{1.59}$$

k_B 是玻尔兹曼常量。

$$Z_N = \frac{\Omega(E)}{\Omega_2(E)} \tag{1.60}$$

是一个与 E_s 无关的常数，由归一化条件确定，可得

$$Z_N = \sum_s \exp(-\beta E_s), \tag{1.61}$$

称为**配分函数**。

经典体系分布函数的表达式为

$$F(q,p) = \frac{1}{N! h^{Nr}} \frac{\exp[-\beta H(q,p)]}{Z_N}. \tag{1.62}$$

配分函数为

$$Z_N = \frac{1}{N! h^{Nr}} \iint \exp[-\beta H(q,p)] \mathrm{d}q \mathrm{d}p, \tag{1.63}$$

其中 $H(q,p)$ 是系统的哈密顿量。

配分函数的对数就是亥姆霍兹自由能 (Helmholtz free energy)

$$F = -k_B T \ln Z_N. \tag{1.64}$$

当配分函数 Z_N 计算出以后，平均能量 $\langle E \rangle$ 可以直接从 $\ln Z_N$ 对 β 一阶导数中求得

$$\langle E \rangle = -\frac{\partial \ln Z_N}{\partial \beta}. \tag{1.65}$$

为了得到巨正则分布，我们讨论一个与大热源和大粒子源接触的平衡系统的统计性质。这时系统体积 V 是守恒的。为方便起见，在我们的巨正则系综的讨论中，大热源自身同时也是大粒子源，它给予我们要研究的系统以特定的温度 T 和化学势 μ，所以巨正则系综实际上是 (T, V, μ) 一定。与正则系综的讨论类似，我们考虑由要研究的系统 (系统 1，具有能量 $E_1 = E_s$ 和粒子数 $N_1 = N$) 和大热源粒子源 (系统 2，具有能量 E_2 和粒子数 N_2) 组成的复合系统。假设系统 1 和系统 2 的相互作用能远小于 E_1 和 E_2，以至于复合系统的总能量

$$E = E_1 + E_2, \tag{1.66}$$

总粒子数

$$N = N_1 + N_2. \tag{1.67}$$

该复合孤立系统的微观态总数

$$\Omega(N, E) = \Omega_1(N_1, E_1)\Omega_2(N_2, E_2). \tag{1.68}$$

系统 1 处于某一能级 s 而系统 2 处于任意能级的概率就是我们要求的概率 $\rho_{1s}(N_1, E_s)$。所以

$$\rho_{1s} = \frac{\Omega_2(N - N_1, E - E_1)}{\Omega(N, E)} = \frac{1}{\Omega(N, E)} \exp\left[\ln \Omega_2(N - N_1, E - E_1)\right]. \tag{1.69}$$

将近似关系式

$$\ln \Omega_2(N - N_1, E - E_1) \approx \ln \Omega_2(N, E) - \frac{\partial \ln \Omega_2(N, E)}{\partial N} N_1 - \frac{\partial \ln \Omega_2(N, E)}{\partial E} E_1 \tag{1.70}$$

代入方程(1.69)，得

$$\rho_{1s} = \frac{1}{\Xi} e^{-\alpha N_1 - \beta E_s}, \tag{1.71}$$

其中

$$\alpha = \frac{\partial \ln \Omega_2(N, E)}{\partial N}, \quad \beta = \frac{\partial \ln \Omega_2(N, E)}{\partial E}, \quad \frac{1}{\Xi} = \frac{\Omega_2(N, E)}{\Omega(N, E)}. \tag{1.72}$$

根据与上面类似的讨论，可得

$$\beta = \frac{1}{k_{\mathrm{B}}T}, \quad \alpha = -\frac{\mu}{k_{\mathrm{B}}T} = -\beta\mu. \tag{1.73}$$

我们再将下角标 1 去掉，即得到**巨正则系综的分布函数**

$$\rho_s = \frac{1}{\Xi} e^{-\alpha N - \beta E_s}. \tag{1.74}$$

它描述系统处于粒子数为 N、能量为 E_s 的量子态的概率，其中 N 和 E_s 均为变量；Ξ 是**巨配分函数**，由归一化条件确定，得

$$\Xi = \sum_{N=0}^{\infty} \sum_s e^{-\alpha N - \beta E_s} = \sum_{N=0}^{\infty} e^{-\alpha N} Z_N, \tag{1.75}$$

其中

$$Z_N = \sum_s e^{-\beta E_s} \tag{1.76}$$

是粒子数为 N 的正则系综的配分函数。可见，也可以把巨正则系综理解为许许多多不同粒子数的正则系综组成的集合，但不同粒子数 N 受 $e^{-\alpha N}$ 因子及 Z_N 的影响，对巨配分函数 Ξ 的贡献是不同的。

在经典极限下，巨正则分布函数 $F_N^G(q, p)$ 给出在该系统所对应的 $2rN$ 维相空间的确定位置 (q, p) 找到 N 个粒子的概率密度是

$$F_N^G(q, p) = \frac{1}{N! h^{Nr}} \frac{\exp(\beta\mu N - \beta H_N(q, p))}{\Xi}. \tag{1.77}$$

系综在相空间中的配分函数 Ξ 为

$$\Xi = \sum_N \frac{\exp(\beta\mu N)}{N! h^{Nr}} \iint \mathrm{d}q\mathrm{d}p \exp(-\beta H_N(q,p)), \tag{1.78}$$

其中 $H_N(q,p)$ 是 N 粒子系统的哈密顿量。

量子统计与经典统计的研究对象和研究方法相同，在量子统计中系综概念仍然适用。区别在于量子统计认为微观粒子的运动遵循量子力学规律而不是经典力学规律，微观运动状态具有不连续性，需用量子态而不是相空间来描述。当宏观量的能量和粒子数涨落都非常小时，微正则系综、正则系综和巨正则系综都给出等价的统计描述；用不同系综计算出来的热力学量是一致的，只不过是相当于选取不同的热力学函数。由平衡态的系综分布可以很容易地导出近独立粒子系统的平衡态分布：经典情形的麦克斯韦分布、量子情形的玻色-爱因斯坦分布和费米-狄拉克分布[①]。

在平衡态统计力学理论中，力学的作用是不重要的，主要是统计问题；而在非平衡态统计力学中，二者的相对重要性颠倒过来。可以说，平衡态统计力学主要是关于统计的；而非平衡态统计力学主要是关于力学的。

1.7.3 非平衡态统计力学

物质世界是非平衡的；平衡，只是粗粒化近似。非平衡态统计力学的发展始于 1872 年。这一年，玻尔兹曼提出了现在以他的名字命名的方程。玻尔兹曼方程是描述稀薄气体非平衡现象的重要方程，由它导出的 H 定理给热力学第二定律以统计解释。非平衡态统计力学是建立在力学和必要的统计假设基础之上的，刘维尔方程是基本方程。但迄今为止，尚没有真正解决过有实际物理意义的刘维尔方程。真正的出路是尽可能使物理问题简化，以便保留和突出对具体问题真正有价值的信息。因为在确切的微观描述中，从较大尺度水平考虑必定含有大量多余的信息。也就是说，与其煞费苦心地去做无用的事，倒不如从一开始就先把无关的烦琐部分删除掉。**将复杂问题分解，根据具体问题需求，抓主要矛盾，有所保，有所丢，这就是粗粒化物理建模的思想；要研究的性质不能因为模型的简化而改变，而暂时不研究的部分则可以做相对灵活的处理，这是粗粒化物理建模的原则**。在非平衡态统计力学中，不同的作者采用不同的方法都只是在刘维尔方程的基础上添加不同的统计假设和做不同的近似而已。**相对于微观描述，大系统的对称性破缺，是我们了解宏观物理学的关键**。

非平衡态统计物理内容广泛，是尚在发展、远未成熟的学科。对处于平衡态附近的系统，研究其趋于平衡的弛豫时间及其与温度的依赖关系；对离平衡不太远，维持温度差、浓度差、电势差等而经历各种输运过程的系统，研究其各种线性输运系数，另外，还研究涨

---

① 可借助平衡态的系综分布 (例如微正则系综或等概率原理) 理解量子力学中位置和动量不确定关系的经典极限。考虑不确定量之后的位置和动量分别为 $x = x_0 \pm \Delta x$，$p = p_0 \pm \Delta p$。当位置不确定量 $\Delta x = 0$ 时，动量不确定量 $\Delta p = \infty$，位置 $x = x_0$。这对应着 Γ 空间 (因为是单粒子，所以也是 μ 空间，即 (x,p) 空间) 中 $x = x_0$ 这条直线。当动量不确定量 $\Delta p = 0$ 时，$\Delta x = \infty$，$p = p_0$。这对应着 Γ 空间中 $p = p_0$ 这条直线。直线上的每一点对应 (某时刻) 粒子的一个微观态，直线上没有缝隙。这是经典统计物理中的两种系综分布。其宏观观测结果就是：位置确定时，动量也确定；动量确定时，位置也确定 (宏观观测值是系综平均值，这是统计力学基本假设或原理)。

落现象。弛豫、输运、涨落是平衡态附近的主要非平衡过程。20 世纪 60 年代以来，对远离平衡态的物理现象进行了广泛的研究，其中最重要的是远离平衡的突变，有序结构的出现，建立了耗散结构理论，但尚未形成完整的理论体系。

1.7.3.1 唯象理论

物质世界是复杂的；为了研究复杂世界，我们需要一些 (相对) 简单情形作为参考和基础；简单情形的研究，靠的是 (相对) 方便求解的理想模型。人们的认识是一个由表入深的过程。 非平衡统计物理学早期的唯象理论部分主要研究布朗运动、施勒格尔 (Schlgöl) 反应模型和布鲁塞尔子等典型的非平衡统计力学问题。

布朗粒子的运动方程称为朗之万方程。 以一维情形为例，牛顿第二定律给出

$$M\dot{v} = -\gamma v + F(t), \tag{1.79}$$

其中 M 为粒子质量，v 为速度，γ 为介质的切向黏性系数，(若将布朗粒子视为半径为 r 的小球，则由斯托克斯定理可得 $\gamma = 6\pi r \eta$，其中 η 为介质的切向黏滞系数。) $F(t)$ 为周围分子作用在粒子上的随机力。方便讨论，可化简为

$$\dot{v} = -\varsigma v + A(t), \tag{1.80}$$

其中 $\varsigma = \gamma/M$ 是具有时间倒数的量纲。单位质量承受的随机力 $A(t) = F(t)/M$ 是动荡不定的。考虑 $t = 0$ 时刻，在 $x = 0$ 处注入一束初速度大小固定为 v_0 但方向随机的布朗粒子。对这群布朗粒子的系综求平均，可得到布朗粒子的宏观动力学方程，其中 $\langle A(t) \rangle = 0$。进一步可得布朗粒子的宏观系综平均速度

$$\langle v \rangle = v_0 \mathrm{e}^{-\varsigma t}, \tag{1.81}$$

布朗粒子很快就忘掉自己的初始速度[①]。

布朗运动理论表明，含有随机力的运动方程的解描述的是一种典型的马尔可夫过程[②]。 即使初始条件十分明确，运动的去向也很难用决定论方程描述。马尔可夫过程是统计力学中真正有意义的最简单、最重要的随机过程。

设 y 是我们感兴趣的变量，比如说，y 可能是布朗粒子的速度或位置，也可能是电路中的噪声电压或噪声电流等。如果 y 是一个决定性的量，那么可以建立与时间 t 的函数关系 $y(t)$。描述随机运动概率密度变化的主方程

$$\frac{\partial P_1(y_2, t)}{\partial t} = \int \mathrm{d}y_1 \left[P_1(y_1, t) W_t(y_1, y_2) - P_1(y_2, t) W_t(y_2, y_1) \right] \tag{1.82}$$

---

① 对于浸在水 (切向黏性系数 $\eta \approx 10^{-3}$ Pa·s，密度为 10^3 kg/m^3) 中的密度相近的半径量级为 10^{-7} m、质量约为 10^{-18} kg 的布朗粒子而言，$\varsigma \approx 10^7$ s^{-1}。可见，经过 1 μs 这样短暂的时刻后，布朗粒子的速度就降低为原来的 e^{-10}，即小于两万分之一。这就是黏滞阻力决定布朗运动的马尔可夫性质的原因所在，也就是说，布朗运动的机制对初速度是没有记忆效应的。

② 马尔可夫过程 (Markov process) 是一类随机过程。具有如下特性：在已知目前状态 (现在) 的条件下，它未来的演变 (将来) 不依赖于它以往的演变 (过去)。例如，森林中动物头数的变化构成——马尔可夫过程。在现实世界中，有很多过程都是马尔可夫过程，如传染病受感染的人数、车站的候车人数等，都可视为马尔可夫过程。转移概率 $W_2(y_1, t_1 | y_2, t_2) = W_2(y_1 | y_2, t_2 - t_1)$，只取决于时间间隔 $t_2 - t_1$ 的马尔可夫过程称为平稳马尔可夫过程。

表明，概率密度 $P_1(y_2, t)$ 的时间变化率由两部分构成：从其他所有可能状态 y_1 转变到 y_2(右边第一项) 和从 y_2 转变到其他所有可能状态 y_1(右边第二项)。主方程是描述马尔可夫过程概率密度守恒的方程。如果达到定态，则概率密度 $P_1(y_2, t)$ 不再与时间有关。主方程的定态解给出概率守恒条件——**细致平衡原理**：

$$P_1(y_1, t) W_t(y_1, y_2) = P_1(y_2, t) W_t(y_2, y_1),\qquad(1.83)$$

即单位时间里一切状态转入和转出的概率是相等的。

针对平稳马尔可夫这种随机过程，我们可以导出福克尔-普朗克 (Fokker-Planck) 方程。记 $\tau = t_2 - t_1$，并假设 $\Delta\tau = t_3 - t_2 \ll \tau$，则

$$W_2(y_1, t_2 | y_3, t_3) = W_2(y_1 | y_3, t_3 - t_1) = W_2(y_1 | y_3, \tau + \Delta\tau).\qquad(1.84)$$

将上式对 τ 求导，使用查普曼-科尔莫戈罗夫 (Chapman-Kolmogorov) 方程[1]，同时引入任意正函数 $R(y)$，并将 $R(y_3)$ 在 y_2 处进行泰勒展开，然后引入跃变矩 $A(y)$ 和 $B(y)$：

$$\lim_{\Delta\tau \to 0} \frac{1}{\Delta\tau} \int dy_3 (y_3 - y_2) W_2(y_2 | y_3, \Delta\tau) = A(y_2)\Delta\tau + o\left[(\Delta\tau)^2\right],\qquad(1.85)$$

$$\lim_{\Delta\tau \to 0} \frac{1}{\Delta\tau} \int dy_3 (y_3 - y_2)^2 W_2(y_2 | y_3, \Delta\tau) = B(y_2)\Delta\tau + o\left[(\Delta\tau)^2\right],\qquad(1.86)$$

$$\lim_{\Delta\tau \to 0} \frac{1}{\Delta\tau} \int dy_3 (y_3 - y_2)^n W_2(y_2 | y_3, \Delta\tau) \equiv o\left[(\Delta\tau)^2\right], \quad (n \geqslant 3).\qquad(1.87)$$

经过一系列简单运算，可得如下福克尔-普朗克方程

$$\frac{\partial W_2(y_1 | y, t)}{\partial t} = -\frac{\partial}{\partial y}[A(y) W_2(y_1 | y, t)] + \frac{1}{2}\frac{\partial^2}{\partial y^2}[B(y) W_2(y_1 | y, t)].\qquad(1.88)$$

从方程(1.88)出发，可导出概率密度本身满足的福克尔-普朗克方程。从跃迁概率的定义出发，对时间 t 求导，可得

$$\frac{\partial P_1(y, t)}{\partial t} = \int dy_1 P_1(y, t_0) \frac{\partial}{\partial t} W_2(y_1, t_0 | y, t).\qquad(1.89)$$

将方程(1.88)代入方程(1.89)可得

$$\frac{\partial P_1(y, t)}{\partial t} = -\frac{\partial}{\partial y}[A(y) P_1(y, t)] + \frac{1}{2}\frac{\partial^2}{\partial y^2}[B(y) P_1(y, t)].\qquad(1.90)$$

这个方程在物理上极其有用。这里的 $A(y)$、$B(y)$ 可分别称为摩擦阻力和扩散系数[2]。所以，**福克尔-普朗克方程是随机理论中描述平稳马尔可夫随机过程概率密度在摩擦和扩散两种效应联合作用下的方程。**

---

[1] 马尔可夫过程中，两个相继步骤的转移概率等于一切可能的单步转移概率的总和。

[2] 福克尔-普朗克方程(1.88)和(1.90)保留着泰勒级数的痕迹；在做泰勒展开时，忽略掉三级及以上高阶小量。一阶矩 $A(y)$、二阶矩 $B(y)$ 的位置刚好是摩擦系数和扩散系数的位置。在描述同时存在摩擦和扩散两种效应的平稳马尔可夫随机过程时，主方程成为福克尔-普朗克方程(1.88)。

作为应用实例, 我们考虑布朗运动情形。布朗粒子的速度 v 和位置 x 都是随机变量 y 的特例。我们先看随机变量 y 是粒子速度 v 的情形。考察 $v - v_0$ 和 $(v - v_0)^2$ 的系综平均, 与由朗之万方程出发得到的结果做比较[1], 可得

$$A(v) = -\varsigma v, \tag{1.91}$$

是布朗粒子单位质量所承受的阻力,

$$B(v) = \frac{2k_{\mathrm{B}}T\varsigma}{M}, \tag{1.92}$$

是布朗粒子速度的涨落强度。将 $A(v)$、$B(v)$ 代入方程(1.90), 得到布朗粒子的速度分布函数 $P(v,t)$ 满足的福克尔-普朗克方程:

$$\frac{\partial P(v,t)}{\partial t} = \varsigma \frac{\partial}{\partial v}\left[vP(v,t)\right] + \varsigma \frac{k_{\mathrm{B}}T}{M}\frac{\partial^2}{\partial v^2}P(v,t). \tag{1.93}$$

我们再看随机变量 y 是粒子位置 x 的情形。因为 $x_0 = 0$, 所以 x 也是位移。考察 $x - x_0$ 和 $(x - x_0)^2$ 的系综平均, 与由朗之万方程出发得到的结果做比较,

$$A(x) = 0, \tag{1.94}$$

$$B(x) = \frac{2k_{\mathrm{B}}T}{M\varsigma}, \tag{1.95}$$

代入方程(1.90), 得到布朗粒子的位移 x 所满足的福克尔-普朗克方程:

$$\frac{\partial P(x,t)}{\partial t} = D\frac{\partial^2}{\partial v^2}P(x,t), \tag{1.96}$$

其中我们引入了扩散系数

$$D = \frac{k_{\mathrm{B}}T}{M\varsigma} = \frac{k_{\mathrm{B}}T}{6\pi r\eta}. \tag{1.97}$$

从这里可以看到, 在物理实例中 $B(y)$ 通常都是常数。

现在我们可以对福克尔-普朗克方程(1.93)描述的物理机理做如下解读: (如图 1.12 所示) 在起始的 $t = 0$ 时刻, 速度分布函数 $P(v, t = 0)$ 在 $v = v_0$ 处具有尖锐的峰值[2]。随着时间的推移, 由于受到周围流体粒子的摩擦作用, 分布函数的最大值点向较小的速度偏移, 而且在速度空间, 由于扩散的作用峰值逐渐变宽, 从而发生了速度空间的有限弥散。最后, 布朗粒子所满足的与时间无关的分布函数, 正是麦克斯韦分布:

$$P(v, t = \infty) = C\exp\left(-\frac{Mv_2}{2k_{\mathrm{B}}T}\right). \tag{1.98}$$

---

[1] 需要说明的是, 布朗运动的传统理论只是一种半唯象的理论, 最终的平衡并未推出, 而是硬塞到理论中去的。我们在这不展开讨论。

[2] 回想 $t = 0$ 时刻, 在 $x = 0$ 处注入一束初速度大小固定为 v_0 但方向随机的布朗粒子。

容易验证，麦克斯韦分布方程(1.98)使布朗粒子速度的福克尔-普朗克方程(1.93)的右端项恒为0。简言之：**福克尔-普朗克方程表明，布朗粒子的最终速度分布函数是麦克斯韦分布。**

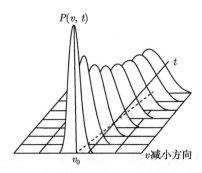

图 1.12　布朗粒子速度分布函数演化示意图

从以上讨论可以看到，用随机理论来处理布朗运动，所得结果与朗之万方程的求解完全一致。然而，福克尔-普朗克方程的处理方式更具普适性。**在朗之万理论中，需要把热平衡的条件"注入"，而在福克尔-普朗克方程描述中，定态解麦克斯韦分布却是系统自然演化的结果。下面还会看到，福克尔-普朗克方程是用单粒子分布函数的封闭方程来描述布朗粒子的速度分布函数的演化方程，福克尔-普朗克方程描述的是摩擦和扩散效应叠加之后的演化方程。**

从求解主方程或福克尔-普朗克方程过程中，又可以得出反应速率方程。反应速率方程是描述二分岔或非平衡相变的重要手段。布鲁塞尔子式反应扩散系统是在远离热力学平衡条件下，由涨落的放大作用而导致非平衡相变的实例。涨落的平均分布和流体力学方程，是系统在偏离平衡不远的特殊情况下，出现输运现象的真实写照。这些描述不可逆现象的唯象理论在非平衡统计理论中具有举足轻重的作用。但唯象理论只负责说明这里发生了什么，不负责回答发生这些现象的底层原因。

1.7.3.2　基本动理学方程

我们现在再回到统计力学的基本方程——刘维尔方程。

在很多实际系统中，人们感兴趣的力学量往往具有一些简单的特征，这使得统计力学理论得以简化。为方便描述，引入简记：

$$x_i \equiv (q_i, p_i). \tag{1.99}$$

我们考虑全同粒子构成的系统，分布函数对于粒子置换是对称的：

$$F(x_1, \cdots, x_i, \cdots, x_j, \cdots, x_N) = F(x_1, \cdots, x_j, \cdots, x_i, \cdots, x_N). \tag{1.100}$$

实际上物理学所关心的力学函数 $b(x_1, x_2, \cdots, x_N)$ 仅仅包含有限个数目的不可约化的函数 $b_0, b_1, \cdots, b_S$，比如说 $S = 2$ 或 3。即当 $s > S$ 时，$b_s \equiv 0$。引入**约化分布函数**的概念会给统计力学中很多问题的描述带来方便。s 粒子约化分布函数 $f_s(x_1, x_2, \cdots, x_s)$ $(s \leqslant N)$ 定义为

$$f_s = \frac{N!}{(N-s)!} \int \mathrm{d}x_{s+1} \cdots \mathrm{d}x_N F(x_1, \cdots, x_s, x_{s+1}, \cdots, x_N), \tag{1.101}$$

其中 s 是 0 到 N 之间的整数。使用相空间分布函数的归一化条件，得

$$f_0 = 1, \tag{1.102}$$

$$f_1 = N \int \mathrm{d}x_2 \cdots \mathrm{d}x_N F(x_1, \cdots, x_s, x_{s+1}, \cdots, x_N), \tag{1.103}$$

以及约化分布函数的归一化：

$$\int \mathrm{d}x_1 \mathrm{d}x_2 \cdots \mathrm{d}x_s f_s(x_1, x_2, \cdots, x_s) = \frac{N!}{(N-s)!}. \tag{1.104}$$

s 粒子约化分布函数可以解释为相空间中 s 点的密度，对应**在同一时刻，在粒子位置空间 s 个点同时发现 s 个粒子的联合概率**[①]。力学函数 b 的平均值可以借助约化分布函数来表示：

$$\langle b \rangle = \sum_{s=0}^{N} (s!)^{-1} \int \mathrm{d}x_1 \mathrm{d}x_2 \cdots \mathrm{d}x_s b_s(x_1, x_2, \cdots, x_s) f_s(x_1, x_2, \cdots, x_s). \tag{1.105}$$

这里，我们约定 $s = 0$ 的项不包含积分。我们可以把所有约化分布函数汇集成一个集合，构成一个**分布函数矢量**：

$$\boldsymbol{f} \equiv \{f_0, f_1(x_1), f_2(x_1, x_2), \cdots, f_N(x_1, x_2, \cdots, x_N)\}. \tag{1.106}$$

把所有对称力学函数汇集成一个集合，构成一个**力学函数矢量**：

$$\boldsymbol{b} \equiv \{b_0, b_1(x_1), b_2(x_1, x_2), \cdots, b_N(x_1, x_2, \cdots, x_N)\}. \tag{1.107}$$

这样，任意力学量的平均值就可以表示为两个矢量 $\boldsymbol{f}$ 和 $\boldsymbol{b}$ 的标积。

$$\langle b \rangle \equiv (\boldsymbol{b}, \boldsymbol{f}) = \sum_{s=0}^{N} (s!)^{-1} \langle b_s \rangle, \tag{1.108}$$

其中

$$\langle b_s \rangle = \int \mathrm{d}x_1 \mathrm{d}x_2 \cdots \mathrm{d}x_s b_s(x_1, x_2, \cdots, x_s) f_s(x_1, x_2, \cdots, x_s). \tag{1.109}$$

分布函数矢量的分量之间存在如下关联：

$$f_r(x_1, x_2, \cdots, x_r) = \frac{(N-s)!}{(N-r)!} \int \mathrm{d}x_{r+1} \cdots \mathrm{d}x_s f_s(x_1, x_2, \cdots, x_s). \tag{1.110}$$

s 越大，f_s 的信息量越大。力学函数矢量的分量之间也存在关联。

---

① 在常系数不影响理解的情形下，可解释为在同一时刻，在粒子位置空间 s 个点同时发现 s 个粒子的联合概率。这一联合概率的解释，可使得一些粗粒化建模过程变得更加容易理解。

现在我们回到 N 个质量为 m 的全同粒子组成的经典系统, 假设系统的体积是有限的。系统的哈密顿量可做如下分解:

$$H_N = \sum_{j=1}^{N} \left(H_j^0 + H_j^F\right) + \sum_{j<n} H_{jn}', \tag{1.111}$$

其中 H_j^0 和 H_j^F 分别是 (粒子间无相互作用时) 第 j 个粒子的动能和 (在外场中的) 势能; H_{jn}' 是粒子 j 和 n 之间的相互作用能:

$$H_j^0 = \frac{(p_j)^2}{2m}, \quad H_j^F = V(q_j), \quad H_{jn}' = U_{jn}(q_j, q_n). \tag{1.112}$$

为了下面叙述的方便, 我们给哈密顿量 H 添加了粒子数 n 作下标。系统的演化受基本的刘维尔方程(1.47)支配。刘维尔量跟哈密顿量呈线性关系。所以, 刘维尔算符可作类似分解:

$$L = \sum_{j=1}^{N} \left(L_j^0 + L_j^F\right) + \sum_{j<n} L_{jn}', \tag{1.113}$$

其中第一项描述 (无相互作用的) 所有粒子, 第二项描述粒子间相互作用。刘维尔方程(1.47)可写为

$$\partial_t F = \sum_{j=1}^{N} \left(L_j^0 + L_j^F\right) F + \sum_{j<n} L_{jn}' F. \tag{1.114}$$

根据系统内粒子数守恒和粒子在分布函数中的对称性, 得

$$\partial_t f_s(x_1, \cdots, x_s; t) = \left[\sum_{j=1}^{s}\left(L_j^0 + L_j^F\right) + \sum_{j<n}^{s} L_{jn}'\right] f_s(x_1, x_2, \cdots, x_s; t)$$
$$+ (N-s)\sum_{j=1}^{s} \int \mathrm{d}x_{s+1} L_{j(s+1)}' f_{s+1}(x_1, \cdots, x_{s+1}; t). \tag{1.115}$$

上式可进一步写为

$$\partial_t f_s(x_1, \cdots, x_s; t) = \left[\sum_{j=1}^{s}\left(L_j^0 + L_j^F\right) + \sum_{j<n}^{s} L_{jn}'\right] f_s(x_1, x_2, \cdots, x_s; t)$$
$$+ (N-s)\sum_{j=1}^{s} \int \mathrm{d}x_{s+1} \frac{\partial U_{j(s+1)}}{\partial q_j} \frac{\partial}{\partial p_j} f_{s+1}(x_1, \cdots, x_{s+1}; t), \tag{1.116}$$

或

$$\partial_t f_s(x_1, \cdots, x_s; t) = [H_s, f_s]_P + (N-s)\sum_{j=1}^{s} \int \mathrm{d}x_{s+1} \frac{\partial U_{j(s+1)}}{\partial q_j} \frac{\partial}{\partial p_j} f_{s+1}(x_1, \cdots, x_{s+1}; t). \tag{1.117}$$

这是一个确定约化分布函数的方程链 (或谱系)，因其作者的名字 (Bogoliubov-Born-Green-Kirkwood-Yvon) 而称为 **BBGKY 谱系**。由于在引入过程中没有作任何近似，所以 **BBGKY 谱系与刘维尔方程完全等价**。但与刘维尔方程(1.47)的封闭不同：BBGKY 谱系有 N 个方程，f_s 的变化率取决于 f_s 自身和较高阶函数 f_{s+1}。可见，不要因为大部分物理上关心的力学函数都有

$$b_s\left(x_1, x_2, \cdots, x_s\right) \equiv 0, \quad \text{如果} s \geqslant 2\text{或}3 \tag{1.118}$$

的性质，就误以为只要知道前两个或三个约化分布函数就可以了。约化分布函数 $f_s(x_1, x_2, \cdots, x_s)$ 不服从闭合方程。更确切地说，精确地确定一个指定的 f_s，需要知道约化分布函数 f_1, f_2, $\cdots$, f_N 的整个集合。但是，我们可以**根据具体问题特点，抓主要矛盾，采用相应的近似方案，删减 f_s 的方程组**。对于这种**粗粒化建模**方案的研究是统计力学的目标之一。

下面我们由 **BBGKY 方程链**推导玻尔兹曼方程。BBGKY 方程链的第一和第二个方程分别为

$$\partial_t f_1 = [H_1, f_1]_P + (N-1) \int \mathrm{d}q_2 \mathrm{d}p_2 \frac{\partial U_{12}}{\partial q_1}\frac{\partial f_2}{\partial p_1}, \tag{1.119}$$

$$\partial_t f_2 = [H_2, f_2]_P + (N-2) \int \mathrm{d}q_3 \mathrm{d}p_3 \left(\frac{\partial U_{13}}{\partial q_1}\frac{\partial f_3}{\partial p_1} + \frac{\partial U_{23}}{\partial q_2}\frac{\partial f_3}{\partial p_2}\right), \tag{1.120}$$

其中

$$[H_1, f_1]_P = \frac{p_1}{m}\frac{\partial f_1}{\partial q_1} - \frac{\partial V(q_1)}{\partial q_1}\frac{\partial f_1}{\partial p_1}, \tag{1.121}$$

$$[H_2, f_2]_P = \frac{p_1}{m}\frac{\partial f_2}{\partial q_1} - \frac{\partial\left[V(q_1) + U_{12}\right]}{\partial q_1}\frac{\partial f_2}{\partial p_1} + \frac{p_2}{m}\frac{\partial f_2}{\partial q_2} - \frac{\partial\left[V(q_2) + U_{12}\right]}{\partial q_2}\frac{\partial f_2}{\partial p_2}. \tag{1.122}$$

下面我们**需要五个假设对所研究的系统进行约束**。

假设一：当 $s \geqslant 3$ 时，约化分布函数 $f_s \equiv 0$[①]。于是，方程(1.120)简化为

$$\partial_t f_2 = [H_2, f_2]_P. \tag{1.123}$$

假设二：三个及以上粒子间相互作用可忽略，两个粒子间相互作用只与它们之间的距离有关[②]，即

$$U_{jn}\left(q_j, q_n\right) = U\left(|q_j - q_n|\right). \tag{1.124}$$

假设三：外场保守假设，即粒子的加速度

---

① 三粒子联合概率 (即在同一时刻在 x_1 处找到粒子1，在 x_2 处找到粒子2，同时在 x_3 处找到粒子3的联合概率) 比二粒子联合概率 (即在同一时刻在 x_1 处找到粒子1，同时在 x_2 处找到粒子2的联合概率) 多出来一个强约束，因而一般要小得多。

② 三个粒子同时碰在一起的概率比其中两个粒子碰在一起的概率一般要小得多。可借此帮助理解。

$$a(q) = -\frac{1}{m}\frac{\partial V(q)}{\partial q}\ . \tag{1.125}$$

假设四：分子混沌假设，即在同一时刻在 x_1 处找到一个粒子而在 x_2 处找到另外一个粒子的联合概率 f_2，简单地等于在 x_1 处找到一个粒子的概率与在 x_2 处找到另外一个粒子的概率的乘积：

$$f_2(x_1, x_2; t) = f_1(x_1, t) f_1(x_2, t)\ . \tag{1.126}$$

假设五：刚球模型和弹性碰撞假设，即分子之间的碰撞用刚球之间的弹性碰撞近似。

第一和第四假设，使得所得到的方程仅对"稀薄气体"适用。根据角动量守恒，碰撞前后两粒子的"瞄准距离"相等，可记为 b；b 又叫"碰撞参数"。用 χ 表示散射角即两粒子碰撞前后相对动量之间的夹角。经过一些分析和推导，最后将 (q_1, p_1) 改为 (q, p)，将 (q_2, p_2) 改为 (q_1, p_1)，将等号右边的 $(N-1)$ 改为 $N(N \gg 1)$，碰撞后两粒子的动量分别用 p' 和 p_1' 表示，得到

$$\left[\frac{\partial}{\partial t} + \frac{p}{m}\frac{\partial}{\partial q} + a(q)\frac{\partial}{\partial p}\right]f_1(q, p; t)$$

$$= N\int\left[f_1(q, p')f_1(q, p_1') - f_1(q, p)f_1(q, p_1)\right]|p_1 - p|\,b\mathrm{d}b\mathrm{d}\chi\mathrm{d}p_1. \tag{1.127}$$

方程式(1.127)就是著名的玻尔兹曼方程[①]。可以证明，$|p_1 - p|\,b\mathrm{d}b\mathrm{d}\chi$ 这一因子在对 χ 积分后仅仅是 $|p_1 - p|$ 的函数，可记为 $F^D(|p_1 - p|)$。于是方程(1.127)又可改写为

$$\left[\frac{\partial}{\partial t} + \frac{p}{m}\frac{\partial}{\partial q} + a(q)\frac{\partial}{\partial p}\right]f_1(q, p; t)$$

$$= N\int\left[f_1(q, p')f_1(q, p_1') - f_1(q, p)f_1(q, p_1)\right]F^D(|p_1 - p|)\,\mathrm{d}p_1. \tag{1.128}$$

1.7.3.3 非平衡方程与流体力学描述

非平衡态分布函数及其演化方程的建立，不仅成为输运过程微观统计理论的基础，而且由它定义的 H 函数及其遵循的 H 定理对理解宏观过程的不可逆性及趋于平衡的过程起着重要作用。熵的统计意义的阐明，熵增加原理的微观统计解释，表明统计理论已从平衡态向非平衡态发展，已经从对某些宏观概念和宏观规律的微观统计解释，发展到对热力学第二定律这样的普遍规律作出微观统计解释。但是，气体动理论以分子为统计个体，需对分子的结构以及分子间的作用作出并无根据的猜测或假设，这是它进一步发展的根本困难和限制。以吉布斯为主发展的系综统计理论避开了这些困难。由玻尔兹曼方程经过粗粒化物理建模，可得到包含不同阶次非平衡行为的流体力学方程组。这部分留给第 2 章做更多介绍。

---

① 单粒子 (或单体) 分布函数是约化分布函数的特例，是定义在相空间的，跟气体动力学中常用的粒子速度分布函数相差一个常系数。

　　统计力学的思想和方法是复杂系统研究中跨越不同层次和尺度的基本思想及方法。非平衡态统计力学至今还有很多工作有待于进一步研究，其中包括普遍理论对具体特殊问题的应用，以及有待数学家找出严格的统计力学数学工具等。除了需要数学家做的工作之外，待研究的具体问题的多样性也说明，非平衡态统计力学始终是开放的，因而是生气勃勃的。

　　本书的其余部分安排如下。第 2 章概括介绍不同的物理模型和模拟方法；第 3 章单独介绍离散玻尔兹曼方法；第 4 章介绍复杂物理场分析方法；第 5 章是复杂介质动态响应：模拟研究，给出一些模拟结果和分析；第 6 章总结全书并给出展望；最后给出部分附录。

第 2 章　物理模型和模拟方法

2.1　粗粒化物理建模概述

物质世界是复杂的, 物质存在的形态与运动形式是多样的。出于方便或无奈, 我们的研究往往需要借助一系列的理想化模型。这些理想化模型描述的是系统在不同粗粒化程度下的物质形态或运动图像。这些理想化模型可能是基于不同视角的, 也可能是基于不同层次 (不同时间、空间尺度) 的。这些不同视角和不同层次的研究结果合在一起, 构成对系统的一个相对更加完整的认识[32]。关于不同视角观测结果不同的问题, 比较容易理解, 盲人摸象的故事就是很生动的例子。图 2.1 和图 2.2 是大家可以从互联网上找到的同样形象、深刻的两个例子。

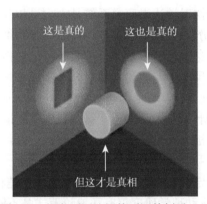

图 2.1　视角不同认识就不同的例子 (1)

图 2.2　视角不同认识就不同的例子 (2)

在经典力学研究范畴内, 研究的系统通常可以粗略地分为离散体系统和连续介质系统。针对研究对象所建立的模型, 离散体系统主要包括质点、质点系、刚体、刚体系; 连续介质通常分为固体和流体，固体包括弹性体和塑性体。连续介质假设是传统流体力学或固体力学研究的基本假设之一。它认为流体或固体"微元"在空间是连续而无空隙地分布的，且微元具有宏观物理量如质量、速度、压强、温度等，都是空间和时间的连续函数，满足一定的物理定律 (如质量守恒定律、牛顿运动定律、能量守恒定律、热力学定律等)。质点和刚体是理想模型。质点可以看作是一种只有质量而没有形状与大小的理想物体。适用条件如下：① 物体不变形、不转动 (或变形、转动行为不重要，可以不考虑)；② 物体本身的限度和它的活动范围相比小得多。刚体是指在运动中和受力作用后，其形状和大小不变，而且内部各点的相对位置不变的物体。适用条件是：变形的程度相对于物体本身几何尺寸来说极为微小，以至于在研究物体运动时变形就可以忽略不计。刚体在空间的位置，必须根据刚体中任一点的空间位置和刚体绕该点转动的角度来确定，所以刚体在空间有六个自由度。在有些情形，把固体材料视为刚体，所得到的结果在工程上也可以达到足够的准确度。但要研究应力和应变，则须考虑变形。在变形很小时，往往可先将物体当作刚体，用理论力学的方法求得加给它的各未知力，然后再用变形体力学，包括材料力学、弹性力学、塑性力学等理论和方法进行研究。

学科划分依据的是系统自身的性质和研究的层次及视角。各个学科是从不同的方面阐述知识和理论体系的。统计物理学认为研究系统是由大量相互作用着的"微观粒子"构成的。由于物质世界是无限可分的，所以微观、介观 (有时又称细观) 和宏观的界定是相对的。如果把我们所关心的系统本身的尺度以及与系统大小可以比拟的尺度视为宏观，把我们在研究过程中作为基本单元的尺度称为微观，那么介于微观和宏观之间的所有中间尺度都可以称为介观。所以，所谓介观，一般不是指一个特定的尺度，而是指一系列的中间尺度。不同学科之间是关联的。在统计物理学研究中，"微观粒子"的描述，经常需要根据具体情况，将其视为质点；当粒子间距相对于关注的尺度很小时，可以将系统的局部或整体视为连续介质；刚体相当于粒子间作用力无穷大时的极限情形。

统计物理学是联系微观与宏观的桥梁。统计物理学不仅是物理学理论，还是方法论。统计物理学告诉我们，复杂介质动理学研究仅有还原论范式是不够的，还需要演生论范式。统计物理提供至少三种粗粒化物理建模思路。无论哪种思路，粗粒化处理不是出于方便，就是出于无奈。

下面我们结合 BBGKY 方程链简单讨论一下**粗粒化物理建模**思路的问题。

(1) 第一类粗粒化建模：系统性质的选择。

在这里，有两个数字有必要区分一下：一个是系统性质的个数，等于其宏观观测量的个数，等于其相应的微观力学量的个数；另外一个是粒子数 N。作为一个封闭系统，它的**粒子数 N 是有限的，但其性质的个数却是无限的**[①]。**掌握了 N 粒子分布函数，跟掌握了系统所有的宏观观测量是等价的。**研究分布函数的目的是研究其宏观观测量，研究系统性质往往需要以研究分布函数为手段。抓主要矛盾，有所保，有所丢，就是我们必须选定一些要研究的宏观观测量，其余的暂且不管，以后再说。

---

① 或者可以说，因为微观力学量有 (可以构造) 无穷多个，所以作为其系综平均值的宏观观测量有无穷多个，即系统的性质有无穷多个。

BBGKY 方程链 f_s 演化方程：

$$\partial_t f_s = [H_s, f_s]_P + (N-s) \sum_{j=1}^{s} \int \mathrm{d}x_{s+1} \frac{\partial U_{j(s+1)}}{\partial q_j} \frac{\partial}{\partial p_j} f_{s+1}. \tag{2.1}$$

可写为

$$\partial_t f_s = [H_s, f_s]_P + \Delta\left(f_{s+1}, \cdots, f_N\right), \tag{2.2}$$

其中右侧第二项描述的是 f_s 演化对所有更高阶约化分布函数的依赖。随着 s 从 N 减小到 1，方程式(2.2)也构成一个方程链。改写之后，物理图像可做如下等价但角度略有不同的解释。

s 粒子子系统的演化方程由两部分构成：第一部分是该子系统对应的刘维尔方程；方程另外一部分即另外 $N-s$ 个粒子的贡献通过修正项的形式对控制方程产生影响，参与演化。在 s 从 N 逐渐减小的每一步，都使用这个方式去解释。这使得我们总可以**将系统分成本体和环境两部分，从不同尺度 (粒子数层次) 上去考察系统。**

在每个尺度 (粒子数层次) 上，系统的性质 (宏观观测量)

$$B_s \equiv \langle b_s \rangle = \int \mathrm{d}x_1 \mathrm{d}x_2 \cdots \mathrm{d}x_s b_s f_s \tag{2.3}$$

都有无穷多 (即 B_s 实际上也是一个由无穷多元素构成的集合)。但我们总可以根据某种需要，先选择一个研究视角，从一部分性质 (集合 B_s 的部分元素) 入手，进行研究。进而就可以**根据相应性质研究需求，对"环境"表达式进行简化。其要求是：我们选定研究的这部分性质** (即宏观量集合 B_s 这部分元素的结果) **不能因为模型的简化而改变，暂不研究的性质可灵活处理，以方便模型简化。**

尽管从学科发展史的角度，连续介质力学 (传统流体力学和固体力学) 并不是从统计力学发展而来的，但从目前观点来看，相对于刘维尔方程描述，连续介质力学理论是这类粗粒化物理建模的典型例子。大家已经熟知，从玻尔兹曼方程描述出发，在 (下面要介绍的) 查普曼-恩斯库格 (Chapman-Enskog) 多尺度分析中，如果只关注一阶非平衡行为 (克努森数的一次方项)，且只研究系统的密度、动量和能量，就可简化为流体力学的纳维-斯托克斯 (Navier-Stokes, NS) 方程组。从刘维尔方程到固体力学方程组的简化过程，不那么显然，只是简化过程中，"粒子间相互作用只与粒子间距离有关"这样的约束还能不能引入，需要具体问题具体分析。固态物质可分为晶体和非晶体。晶体具有一定的晶格结构，分子之间的相互作用不仅与距离有关，还与方位有关。非晶体形式各异，不能一概而论。

满足相应性质研究需求的理论简化模型是 Γ 空间中分布函数演化方程，类似刘维尔方程的修正。除了极少数情形可以解析求解之外，绝大多数情形依赖数值模拟。由于相空间中的点对应的是可能的微观态，q_i 和 p_i 的范围都是 $(-\infty, \infty)$，所以常规位置空间中的一些离散计算方法在这里往往并不适用。具体离散方法，需要具体问题具体分析，但总的原则是：**相应性质研究需要的宏观量，其结果不能因为离散化处理 (例如由积分变求和) 而改**

变。在这个约束下，往往能找到多种满足需求的离散计算方式[①]。

(2) **第二类粗粒化建模：系统尺度的选择。**

刘维尔方程是封闭的、完备的，但我们没有能力求解 N 个粒子分布函数 f_N 的演化方程，我们退而求其次，希望通过 $N-1$ 个粒子分布函数 f_{N-1} 的演化方程来获得系统的近似行为。对于 $N-1$ 个粒子分布函数 f_{N-1} 的演化方程，仍然无能力求解，我们进而希望通过 $N-2$ 个粒子分布函数 f_{N-2} 的演化方程来获得更加粗略一些的系统行为，依此类推。下面要介绍的分子动力学、蒙特卡罗等建模与模拟，可视为这类粗粒化物理建模的典型代表。

每一步"甩掉一个粒子"的操作，都带来一次信息的丢失。信息的丢失，导致简化后的模型无法再保证所有性质均保持不变。我们只能牺牲根据研究需求相对次要、暂不研究的性质，所以，**"环境"或"修正项"的职责就是要保证：要研究的性质不因模型简化而改变。**其实，方程式(2.2)也已经包含了这种图像。

(3) **第三类粗粒化建模：描述精度的选择。**

非平衡系统时空演化研究，往往需要借助局域平衡概念和图像。以做局域系综平均的基本单元的体积 (粒子团簇的大小或团簇内粒子数) 作为该粗粒化物理建模中的单元尺度。我们无法观测该单元体积内部的结构和变化，可等效地认为在该单元体积内部系统性质均匀分布，均为局域系综平均值。该单元体积的尺度决定着观测或描述的精细程度。最低的精度对应将整个系统视为基本单元，这种描述给出的是整个系统行为的全局平均，看不到某性质随空间的变化。最高的精度对应着微观粒子描述。

在绝大多数粗粒化物理建模过程中，自然是系统性质、尺度和描述精度的选择都需要根据现实需求、可行性和方便程度，综合决定。当然，在能力和资源足够的前提下，对希望研究的性质、尺度和精度进行选择，仅仅是出于方便，这样的情形也经常遇到，对此无须多言。

为了下面应用的方便，这里先简单介绍联系动理学理论和流体力学理论的**查普曼-恩斯库格多尺度分析**。我们以一维情形为例，先介绍怎么使用，然后解释原因。

在查普曼-恩斯库格多尺度分析中，将分布函数 f、时间变化率、空间变化率均视为克努森数 ε 的函数[②]，在 ε 较小时，将它们在 $\varepsilon=0$ 点处做泰勒展开，

$$f = f^{(0)} + \varepsilon f^{(1)} + \varepsilon^2 f^{(2)} + \cdots, \tag{2.4a}$$

$$\frac{\partial}{\partial t} = \varepsilon \frac{\partial}{\partial t_1} + \varepsilon^2 \frac{\partial}{\partial t_2} + \cdots, \tag{2.4b}$$

$$\frac{\partial}{\partial x} = \varepsilon \frac{\partial}{\partial x_1} + \varepsilon^2 \frac{\partial}{\partial x_2} + \cdots, \tag{2.4c}$$

其中

$$f^{(0)} \equiv f|_{\varepsilon=0} = f^{(\mathrm{eq})}, \tag{2.5a}$$

---

① 不同离散方法在遇到不同问题时往往表现出不同的优缺点。这方面的研究也充满魅力，但人的精力是有限的，物理学工作者因主要关注点不在这，对此处理的原则往往比较实用：满足需求即可，兼顾代价。

② 在后面会介绍，克努森数为分子的平均自由程与我们关注的宏观尺度之比；对于非平衡流动，又可视为分子碰撞的平均时间间隔与我们关注的流动行为的时间尺度之比，或者，热力学弛豫的时间尺度与我们关注的流动行为的时间尺度之比。

即麦克斯韦分布;

$$\left.\frac{\partial}{\partial t}\right|_{\varepsilon=0} \equiv \frac{\partial}{\partial t_0}, \tag{2.5b}$$

$$\left.\frac{\partial}{\partial x}\right|_{\varepsilon=0} \equiv \frac{\partial}{\partial x_0}. \tag{2.5c}$$

$$f^{(l)} \equiv \frac{1}{l!}\left.\frac{\partial^l f}{\partial \varepsilon^l}\right|_{\varepsilon=0}, \quad l \geqslant 1, \tag{2.6a}$$

$$\frac{\partial}{\partial t_n} \equiv \left[\frac{1}{n!}\frac{\partial^n}{\partial \varepsilon^n}\frac{\partial}{\partial t}\right]_{\varepsilon=0}, \quad n \geqslant 1, \tag{2.6b}$$

$$\frac{\partial}{\partial x_m} \equiv \left[\frac{1}{m!}\frac{\partial^m}{\partial \varepsilon^m}\frac{\partial}{\partial x}\right]_{\varepsilon=0}, \quad m \geqslant 1. \tag{2.6c}$$

将展开式(2.4a)~(2.4c)代入分布函数 f 的演化方程,分别在方程两侧求同样的动理学矩 (密度矩、动量矩和能量矩等)。只要令方程两侧克努森数 ε 同阶 (幂次) 项的系数相等,便可获得该近似下 $f^{(n)}$ 用 $f^{(n-1)}$, $f^{(n-2)}$, $\cdots$, $f^{(0)}$ 表示,最终用 $f^{(0)}$ 表示的关系式,而 $f^{(0)}$ 就是麦克斯韦分布,为已知量。代入相应的密度矩、动量矩和能量矩演化方程,便可得到该近似下的流体方程组 (对应密度守恒、动量守恒和能量守恒)。现有研究已经指出,随着系统非平衡行为程度升高,确定系统状态需要的宏观观测量数目需要增多。这里,系统的性质由分布函数的动理学矩来描述;分布函数的动理学矩有无穷多,即系统的性质有无穷多。选择哪些性质 (动理学矩) 进行研究,属于第一类粗粒化物理建模的范畴。

下面对时间、空间变化率的多尺度展开略微做些理解性分析。首先,由式(2.6b)看到,**$\partial/\partial t_n$ 描述的是在将观测用的时间单元尺度由 t_{n-1} 减小到 t_n 后,在之前基础上多观测到的更高频运动信息**;因为当时间单元为 t_0 即 $n=0$ 时观测到的时间变化率为 0,所以可以想到,t_0 对应的应该是系统行为演化跨越的总时间。对空间变化率的多尺度展开可做类似理解,**$\partial/\partial x_n$ 描述的是在将观测用的空间单元尺度由 x_{n-1} 减小到 x_n 后,在之前基础上多观测到的更细微结构信息**;因为当 x 方向空间单元为 x_0 即 $n=0$ 时观测到的空间变化率为 0,所以可以想到,x_0 对应的应该是系统在空间 x 方向跨越的总尺度,即系统在 x 方向上的大小。需要指出的是,在常出现的查普曼-恩斯库格多尺度分析中,空间变化率一般只取一个有效观测单元尺度 x_1[①]。在本书后面章节的介绍中,也遵从这个习惯。

动理学建模中非平衡行为阶数的选择,属于第三类粗粒化物理建模的范畴。系统最大尺度的选择属于第二类粗粒化物理建模的范畴。在运算资源有限的情况下,系统最大尺度

---

① 在流体动力学中,我们感兴趣的往往是不同时间尺度相竞争产生的行为。例如,当我们关注的宏观流动行为的时间尺度远大于热力学弛豫的时间尺度时,我们就知道,在宏观流动的每一步系统行为都比较靠近热力学平衡态;当化学反应的时间尺度远大于热力学弛豫的时间尺度时,我们就知道,在化学反应的每一步,系统都处于热力学平衡态附近。可以想到,如果反过来,时间变化率只基于一个单元尺度 t_1 进行观测,而空间观测使用多个单元尺度,也可以得到合理的流体方程组,那样得到的流体方程组就更加便于研究不同空间度竞争产生的行为。观测尺度的不同取法可能对应不同形式的流体力学方程组。由于纳维-斯托克斯方程只关注一阶非平衡效应,第二个空间尺度的行为无法进入描述,所以只有当关注二阶及以上非平衡效应时,该差异才可能显现。

的选择自然受限于系统性质和描述精度的选择[①]。

现在，还有个遗留问题：在时间、空间变化率多尺度展开中，相邻尺度之间的定量关系如何？下面就**时间、空间变化率多尺度展开中，相邻尺度之间的定量关系**做些形式说明。我们首先给出一个猜测：

$$t_n = (n\varepsilon)t_{n-1} = \cdots = n!\varepsilon^{n-1}t_1 = n!\varepsilon^n t_0, \tag{2.7a}$$

$$x_n = (n\varepsilon)x_{n-1} = \cdots = n!\varepsilon^{n-1}x_1 = n!\varepsilon^n x_0. \tag{2.7b}$$

然后说明其条件合理性。

为此，先引入一个定理：如果 x, y 是函数 f 的 (独立) 自变量，它们在 f 中仅以 $z = xy$ 的形式出现，且 f 是 z 的线性函数，即 $f = f(x, y) = f(z) = kz + k_0 = kxy + k_0$，其中 k 和 k_0 是与 z，x 和 y 均无关的常数，则

$$\frac{\partial^2 f}{\partial x \partial y} = \frac{\partial}{\partial x}\left(\frac{\partial f}{\partial z}\frac{\partial z}{\partial y}\right) = \frac{\partial}{\partial x}\left(\frac{\partial f}{\partial z}x\right) = \left[\frac{\partial}{\partial x}\left(\frac{\partial f}{\partial z}\right)\right]x + \frac{\partial f}{\partial z} = \frac{\partial f}{\partial z}. \tag{2.8}$$

对于确定的空间位置 x，玻尔兹曼方程可写为

$$\frac{\mathrm{d}f}{\mathrm{d}t} = g \quad (\text{碰撞项}). \tag{2.9}$$

在显式推进计算中，

$$f^{t_0+\mathrm{d}t} = f^{t_0} + g^{t_0}\mathrm{d}t, \tag{2.10}$$

因为 t_0 时刻的值视为已知，所以 f 在 $t = (t_0 + \mathrm{d}t)$ 时刻的值就由 $\mathrm{d}t$ 唯一确定。可见，f 是单元时间 $\mathrm{d}t$ 的线性函数，不管 $\mathrm{d}t$ 的尺度如何。当然，$\mathrm{d}t$ 的尺度影响计算精度。尽管时间积分也有高阶算法，但原则上，只要减小 $\mathrm{d}t$ 就可以使计算结果达到任意需要的精度。

令 $x = \varepsilon$，$y = t_0$，$z = t_1$，则我们现在面对的 (**依次使用不同单元尺度去描述系统状态和变化率**) 正是上面定理所描述的情形，所以使用关系式(2.8) 和 (2.5b)，可得

$$\frac{\partial}{\partial t_1} = \frac{\partial}{\partial \varepsilon}\frac{\partial}{\partial t_0} = \frac{\partial}{\partial \varepsilon}\left[\frac{\partial}{\partial t}\right]_{\varepsilon=0}. \tag{2.11}$$

由定义式(2.6b)得

$$\frac{\partial}{\partial t_1} = \left[\frac{\partial}{\partial \varepsilon}\frac{\partial}{\partial t}\right]_{\varepsilon=0}. \tag{2.12}$$

可见，

$$\left[\frac{\partial}{\partial \varepsilon}\frac{\partial}{\partial t}\right]_{\varepsilon=0} = \frac{\partial}{\partial \varepsilon}\left[\frac{\partial}{\partial t}\right]_{\varepsilon=0} = \frac{\partial}{\partial \varepsilon}\frac{\partial}{\partial t_0}. \tag{2.13}$$

---

① 这里只讨论物理建模层面的精度，即模型精度。在具体数值计算过程中，具体离散格式带来的截断误差、稳定性等讨论，不属于本书讨论范围，请参考数值分析方面的著作。

即对方括号内复合导数的 $\varepsilon = 0$ 操作可直接作用在对 t 的求导上。令 $t = \varepsilon t^*$ 代入式(2.13)，最后再利用式(2.13)，得

$$\left[\frac{\partial}{\partial \varepsilon} \frac{\partial}{\partial (\varepsilon t^*)} \right]_{\varepsilon=0} = \frac{\partial}{\partial \varepsilon} \left[\frac{\partial}{\partial (\varepsilon t^*)} \right]_{\varepsilon=0} = \frac{\partial}{\partial \varepsilon} \left[\frac{\partial}{\partial \varepsilon} \frac{\partial}{\partial t^*} \right]_{\varepsilon=0} = \frac{\partial^2}{\partial \varepsilon^2} \frac{\partial}{\partial t_0}. \tag{2.14}$$

进行同样的代换和推算，得

$$\left[\frac{\partial^n}{\partial \varepsilon^n} \frac{\partial}{\partial t} \right]_{\varepsilon=0} = \frac{\partial^n}{\partial \varepsilon^n} \left[\frac{\partial}{\partial t} \right]_{\varepsilon=0} = \frac{\partial^n}{\partial \varepsilon^n} \frac{\partial}{\partial t_0}. \tag{2.15}$$

关系式(2.15)给出一般结论：**对方括号内复合导数的 $\varepsilon = 0$ 操作可直接作用在对 t 的求导上**。所以，

$$\frac{\partial}{\partial t_n} \equiv \left[\frac{1}{n!} \frac{\partial^n}{\partial \varepsilon^n} \frac{\partial}{\partial t} \right]_{\varepsilon=0} = \frac{1}{n!} \frac{\partial^n}{\partial \varepsilon^n} \frac{\partial}{\partial t_0}. \tag{2.16}$$

至此，我们证明了，在严格满足定理要求的情形下，**相邻时间尺度之间的定量关系**

$$t_n = (n\varepsilon) t_{n-1} \tag{2.17}$$

是时间变化率的多尺度展开式(2.4b)、(2.5b)和(2.6b)的解。

使用同样的办法，可说明我们猜测式(2.7b)的条件合理性。对于确定的时刻 t，玻尔兹曼方程可写为

$$v \frac{\mathrm{d}f}{\mathrm{d}x} = g \quad (\text{碰撞项}). \tag{2.18}$$

在显式推进计算中[1]，

$$f^{x_0+\mathrm{d}x} = f^{x_0} + \frac{1}{v} g^{x_0} \mathrm{d}x, \tag{2.19}$$

因为 x_0 位置的值视为已知，所以 f 在 $x = (x_0 + \mathrm{d}x)$ 位置的值就由 $\mathrm{d}x$ 唯一确定。可见，f 是单元长度 $\mathrm{d}x$ 的线性函数，不管 $\mathrm{d}x$ 的尺度如何。当然，$\mathrm{d}x$ 的尺度影响计算精度。尽管空间积分也有高阶算法，但原则上，只要减小 $\mathrm{d}x$ 就可以使计算结果达到任意需要的精度。下面推证过程与式(2.7a)的推证过程完全类似，只需将时间 t 换为位置 x。最后可知，在严格满足定理要求的情形，**相邻空间尺度之间的定量关系**

$$x_n = (n\varepsilon) x_{n-1} \tag{2.20}$$

是空间变化率的多尺度展开式(2.4c)、(2.5c)和(2.6c)的解。

科学研究离不开各种形式的粗粒化描述。粗粒化描述的不当使用可能导致谬之千里。因而，我们需要对**粗粒化描述背后的假设**有个相对清晰的认识。这些假设给出了，也限定了粗粒化描述适用的情形。下面，针对查普曼-恩斯库格多尺度分析做些强调和说明。

---

① 在玻尔兹曼方程中，对于确定的时间和空间位置，分布函数 f 是粒子速度 v 的函数。在查普曼-恩斯库格多尺度分析中，只讨论时间变化率和空间变化率的多尺度展开问题。为了快速获得展开式(2.6c)的粗粒化物理图像，暂且将 v 视为常数。

① 克努森数 ε 描述的是系统的离散程度和非平衡程度，而 x_m 和 t_n 是测量系统时所使用的单元尺度。严格来说，系统的离散程度 (和非平衡程度) 与观测所用的空间 (和时间) 单元尺度是相关的。作为粗粒化描述，在思考相邻尺度之间的定量关系时，我们忽略了这种关联，即假设这种关联是更高阶小量。② 从玻尔兹曼方程 (2.9) 和 (2.18) 的 (形式) 解析解来看，分布函数 f 并不是时间 t 和空间坐标 x 的线性函数。将 f 视为时间单元 t_n 和空间单元 x_m 的线性函数，借助了显式线性推进的离散求解图像。③ 求导运算在 $\varepsilon = 0$ 处所做的泰勒展开式，其各项还是求导运算，推演过程中等号是否成立取决于被其作用的函数的性质；时间 (空间) 变化率在 $\varepsilon = 0$ 处的 "值" 就是对 $t_0(x_0)$ 求导。可见，**在实际系统中，相邻尺度之间定量关系式 $t_n = (n\varepsilon)t_{n-1}$ 和 $x_n = (n\varepsilon)x_{n-1}$ 可能只是近似成立**，在个别情形或许还相差甚远。④ 克努森数 ε 描述的是两个空间尺度或两个时间尺度的竞争。ε 越小，说明两个尺度 "在力量上" 相差越悬殊，对应着小尺度 (分子的平均间距和分子两次碰撞的时间间隔) 所引起的效应相对越弱。随着 ε 的逐渐增大，两个尺度的 "力量" 悬殊在逐渐缩小；双方力量 (二者效应强弱) 的靠近，使得二者竞争变得更加激烈，于是系统行为变得更加复杂。为了保证对系统性质的总体把握和对相关性质的描述精度，在查普曼-恩斯库格多尺度分析中需要考虑的动理学矩的个数和 ε 的阶数要随之增加。⑤ 还需看到，在借助查普曼-恩斯库格多尺度分析获得的动理学矩演化方程中，分布函数随离散度或非平衡程度 ε 的变化率、随不同时间单元 t_n 的变化率，又耦合在一起了 (在现有查普曼-恩斯库格多尺度分析中，空间变化率只取了一个单元尺度 x_1)。举例了可查看：令方程两侧 ε 平方项系数相等所获关系式、令方程两侧 ε 三次方项系数相等所获关系式，等等。⑥ 在解析解中 (例如对时间或空间) 的非线性依赖关系，在显式推进离散积分计算模式中却可以以线性形式出现。这充分体现了，通过粗粒化处理，可以 "化曲为直"，让问题在图像上变得更加简洁。但需要意识到的是，粗粒化处理也容易带来信息的丢失，将局域结果简单推广到系统整体有可能引发误导。如何做到既要简洁，又要尽可能不丢重要信息，这是在各种粗粒化建模实践中需要各方面兼顾、综合考虑的问题。首先，我们需要记住，**不管非线性有多强，局域线性化近似总是成立的**；但线性化图像也只有在局域才是可靠的，其外推需要慎重。换个角度思考，选用相关但不完全相同的一组或几组性质作为研究对象，分别进行相应的粗粒化物理建模与模拟研究，是个有效途径。

查普曼-恩斯库格多尺度分析的物理解释是清晰的。一般来说，如果只考察当前尺度和前后相邻尺度之间的定量关系，则 $t_n = n\varepsilon t_{n-1}$，$x_n = n\varepsilon x_{n-1}$ 是个很有参考价值的粗粒化评估。但若考察相距较远的两个尺度例如 t_{100} 和 t_0，则 $100!\varepsilon^{100}t_0$ 是否还是 t_{100} 的好的近似，需要具体问题具体分析。幸运的是，在常用的查普曼-恩斯库格多尺度分析中，实际关注的空间尺度往往只有一个 x_1，时间尺度往往也只有相邻的极少数几个：t_1，t_2，有时还有 t_3 等。作为联系统计物理与流体力学的最常用方法之一，**查普曼-恩斯库格多尺度分析方法充分体现了物理学研究中还原论范式与演生论范式的有机结合。实际问题研究往往需要在理想化模型中注入更靠近实际的信息，但借助理想模型获得的粗粒化图像，可以使我们在身处纷繁复杂的细节中时，不至于过度迷失。**

如果在玻尔兹曼方程 (2.9) 中再引入一个粗粒化碰撞模型，即 Bhatanger-Gross-Krook (BGK) 近似，

$$\frac{\mathrm{d}f}{\mathrm{d}t} = -\frac{1}{\tau}(f - f^0) \quad \text{(BGK 碰撞模型)}. \tag{2.21}$$

假设系统初始时刻对平衡态的偏离为 $f - f^0$，则方程(2.21)告诉我们，当 $\tau > 0$ 时，系统会逐渐趋于平衡，随着 τ 的增大，系统趋于平衡的速度呈指数降低；当 $\tau \to \infty$ 时，碰撞项功能逐渐消失，系统离开平衡的状态将逐渐保持不变。在原始 BGK 模型中，弛豫时间 τ 正比于两次分子碰撞的平均时间间隔，所以肯定大于或等于 0。借助数学进一步延伸，当 $\tau < 0$ 时，系统离开平衡的程度会随着时间逐渐增大；随着 τ 绝对值的增大，系统离开平衡的速度呈指数增加。

从数学角度看，方程(2.21)所做的正是对系统平衡态 f^0 的线性稳定性分析，$-1/\tau$ 就是李雅普诺夫指数。如果我们简单地令 $f^0 = 0$ 表示平衡态，f 表示系统当前状态，$\lambda = -1/\tau$，则方程(2.21) 简化为 $\mathrm{d}f/\mathrm{d}t = \lambda f$, $f = Ce^{\lambda t}$。另外，仅从数学上看，这里系统行为由趋于平衡逐渐转为远离平衡，竟然是通过弛豫时间 τ 趋于无穷，等于无穷，然后变成小于 0 来实现的。$\tau = \infty$ 成了 $\tau > 0$ 和 $\tau < 0$ 两种物理情形转换的临界点。注意到，系统行为在 $\tau = +\infty$ 和 $\tau = -\infty$ 时是一致的，系统达到了 $\tau = +\infty$ 的状态，即是达到了 $\tau = -\infty$ 的状态；从系统行为描述来看，自变量 τ 的轴是循环的、封闭的，系统行为在"两极"是统一的。所以 $\tau = \pm\infty$ 成了 $\tau > 0$ 和 $\tau < 0$ 两种物理情形的临界点。热力学第二定律告诉我们，对于孤立系统 (必定会趋于平衡)，不会出现 $\tau < 0$ 的情形。要出现 $\tau < 0$ 的情形，必须有外部负热力学熵的注入。在外部负热力学熵的注入下，系统有可能出现"耗散结构"，从而使得本要趋于"死寂"(熵最大) 的系统转而在另一点上呈现出勃勃生机[1]。

查普曼-恩斯库格多尺度分析，相对简洁的是基于 BGK 模型展开的。从扰动论角度看，在查普曼-恩斯库格多尺度分析中，ε 对应的是施加给系统的扰动；查普曼-恩斯库格多尺度展开收敛的情形对应系统可以回到平衡态的情形；如果扰动过强，导致泰勒展开式发散，则意味着该扰动有可能引发新的结构或模式。研究已发现，在系统尺度很小 (粒子数很少) 时，热传导等表现出一些"奇异"(不同于日常认识但合理的) 行为。对此，我们在 1.6.3 节"非平衡态热力学"已经有所讨论。

2.2 分子动力学理论与方法

分子动力学是一门结合物理、数学和化学的综合方法，其出发点是物理系统的确定的微观描述 (哈密顿描述方程、拉格朗日方程或者牛顿运动方程)；是一套分子模拟方法，在原子、分子水平上根据运动方程来计算多体或者少体系统的性质；得到的结果中既包含系统的静态特性，也包含动态特性。分子动力学的具体做法是通过适当的格式对运动方程进行近似，在计算机上求解运动方程的数值解。其实质是计算一组分子的相空间轨道，其中每个分子都各自服从牛顿经典运动定律。这里的系统不仅是点粒子系统，也包括具有内部结构的粒子组成的系统。从统计学的角度看，分子动力学的工作思路是从由分子体系不同状态构成的系统中抽取样本，从而计算体系的构型积分，并以构型积分的结果为基础进一步计算体系的热力学量和获得其他宏观性质。

---

[1] 请注意，小于 0 时的 τ 已经抛开了与两次分子碰撞平均时间间隔的对应。

分子动力学描述粒子 (分子或原子) 在 N 体相互作用背景下的物理运动，其中 N 是系统的粒子数。在最常见的分子动力学模拟中，通过数值求解牛顿的相互作用粒子系统的运动方程来跟踪粒子的轨迹，其中粒子间的力由分子力学力场 (或原子间相互作用势) 确定。分子动力学方法最初由理论物理学家在 20 世纪 50 年代末提出，现在已广泛应用在化学物理、材料科学和生物分子建模等。由于系统中有大量粒子，分子动力学方法采用数值模拟。分子动力学发展史上的几个重要进展如下：1957 年和 1959 年，Alder 和 Wainwright 给出了基于刚球势的分子动力学方法 [33,34]；1964 年，Rahman 利用伦纳德-琼斯 (Lennard-Jones) 势函数法对液态氩的性质进行了模拟研究 [35]；1971 年，Rahman 和 Stillinger 模拟了具有分子团簇行为的水的性质 [36]；1977 年，Ryckaert、Ciccotti、Berendsen、van Gunsteren 提出了约束动力学方法 [37,38]；1980 年，Andersen[39]、Parrinello 和 Rahman[40] 分别给出了恒压条件下分子动力学的两种算法，前者常被称为 Andersen 方法，后者常被称为 Parrinello-Rahman 方法；1983 年，Gillan 和 Dixon 克服了零波矢极限问题，使得非平衡态分子动力学方法获得重要进展 [41]；不应忽视的是在此之前，Ashurst 和 Hoover[42]、Evans 等的工作对非平衡态分子动力学方法的发展做出了基础性贡献[43-46]。1984 年和 1985 年，Berendsen 等[47]、Nose[48] 和 Hoover[49] 分别发展了恒温条件下的两种动力学方法；1985 年，Car 和 Parrinello 发展了第一原理分子动力学法 [50,51]；1991 年，Cagin 和 Pettitt 发展了巨正则系综的分子动力学方法 [52]。

为了解分子动力学模拟的最基本思路，图 2.3中给出了一个最基本的流程图。在实际分子动力学模拟中，还有如下问题需要考虑。

(1) 物理模型选取。

在进行分子动力学模拟之前，首要任务是根据具体问题和研究需求选取合适的作用势模型。

(2) 初始条件设置。

初始条件设置分为分子位置的初始化和分子速度的初始化两部分。分子位置的初始化，通常有两种方式来实现：一是采用实验数据；二是借助各种理论模型采用量子化学计算得到分子结构的几何参数，如面心立方 (face central cubic，FCC) 模型等。需要说明的是：① 无论采取哪种方法，给定分子结构的空间坐标都不一定处在分子力场最稳定的位置，即各分子并非处在平衡态，这时体系的能量相对较高，不稳定。② 要进行一个不施加载荷的弛豫过程，使得系统达到稳定的平衡状态 (常用方法有共轭梯度方法等)。③ 在这个过程中，系统从人为设定的初始构型逐渐转变为真实初始构型，势能逐渐减小至最低，系统达到稳定状态。④ 初始条件最好与真实构型 (例如面心立方或体心立方 (body centered cubic，BCC)) 类似。气体系统影响较小，但固体系统影响较大。下面简单介绍分子速度的初始化。为了使模拟尽快达到平衡，分子速度的分布设置应该尽量接近真实情形。一般来说，采用近似的麦克斯韦-玻尔兹曼 (Maxwell-Boltzmann) 统计分布来赋予分子初始速度是比较合理的，能够使得系统尽快弛豫到平衡态。几点说明如下：① 在满足给定温度的条件下，必须保证系统的净总动量为零；② 另一种获得初始条件的方法是选取模拟过程中某一时刻的分子坐标和速度，这适用于分子动力学模拟分成不同物理阶段进行的情形。

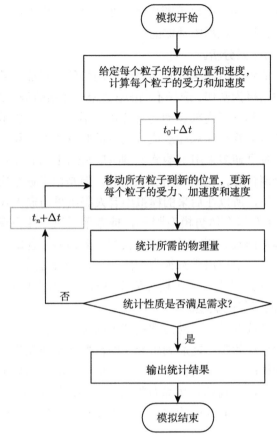

图 2.3 分子动力学模拟的最基本流程

(3) 边界条件设置。

在分子动力学模拟中，材料宏观性质的准确描述要求粒子的数量足够多。为了减小计算规模，人们往往根据具体情形引入周期性、固定、全反射等边界条件。目前常用的边界条件包括周期边界、对称边界和固壁边界等。在很多情形 (例如溶液中沉淀的分子团簇、蛋白质分子、病毒分子、材料的表面分子等) 中，可以根据分子体系所处的外界环境对非周期边界上的粒子施加一定的限制。例如，将边界上的分子设定为位置固定的，就可以形成刚性边界 (在模拟过程中，分子位置始终不动)；对边界上的原子施加一定载荷或者考虑边界上分子与外界环境之间的作用力，就可以形成阻尼边界。

(4) 趋于平衡的模拟计算。

由第 (3) 步确定的分子确定平衡相，在确定平衡相的时候需要对构型、温度等参数加以监控。

(5) 演化过程检测。

开始演化之后，体系中的分子和分子中的原子开始根据初始速度运动。可以想象，其间会发生吸引、排斥乃至碰撞。这时，就根据牛顿力学和预先给定的粒子间相互作用势来对各个粒子的运动轨迹进行计算。在这个过程中，体系总能量不变，但分子内部势能和动能不断相互转化，从而体系的温度也不断变化。在整个过程中，体系会遍历势能面上的各个点，计算的样本正是在这个过程中抽取的。

(6) **宏观量的计算与结果分析。**

用抽样所得的体系的各个状态来计算体系当时的势能，进而计算构型积分。作用势的选择与动力学计算的关系极为密切。选择不同的作用势，体系的势能面会有不同的形状，动力学计算所得的分子运动和分子内部运动的轨迹也会不同，进而影响到抽样的结果和抽样结果的势能计算。在计算宏观体积和微观成分关系的时候主要采用刚球模型的二体势；计算系统能量、熵等关系时早期多采用伦纳德-琼斯 (Lennard-Jones) 势、莫尔斯 (Morse) 势等双体势模型；对于金属计算，主要采用莫尔斯势。但是由于通过实验拟合的势模型容易导致柯西关系与实验不符，所以在后来的模拟中有人提出采用嵌入式原子方法 (embedded atom method, EAM) 来获得多体势模型[53,54]，或者采用第一性原理的计算结果通过一定的物理方法来拟合二体势函数。相对于二体势模型，多体势往往缺乏明确的表达式，参量很多，模拟收敛速度很慢，给应用带来很大的困难。在一般应用中，通过第一性原理的计算结果拟合势函数的伦纳德-琼斯、莫尔斯等势模型的应用仍然非常广泛。

(7) **时间步长、截断半径的调整。**

时间步长和截断半径选取是分子动力学模拟中的技术关键。分子动力学模拟的基本思想是赋予分子体系初始运动状态，之后利用分子的自然运动在相空间中抽取样本进行统计计算。时间步长就是抽样的间隔，所以时间步长的选取对动力学模拟非常重要。太长的时间步长会造成分子间的长时间碰撞，体系数据可能溢出；太短的时间步长会降低模拟过程搜索相空间的能力。所以，一般选取的时间步长为体系各个自由度中最短运动周期的十分之一。

在通常情况下，体系各自由度中运动周期最短的是各个化学键的振动，而这种运动对计算某些宏观性质并不产生影响，所以就产生了屏蔽分子内部振动或其他无关运动的约束动力学方法。约束动力学方法可以有效地增长分子动力学模拟的时间步长，提高搜索相空间的能力。

在分子动力学模拟中，出于运算量的考虑，力场的截断是必须的，即假定只有在某一范围内力场是有效的。常用的方法有势函数直接截断和力场连续的势函数截断等。原则上，一个分子受到周围其余所有分子的影响。幸运的是，相互作用强度随着分子间距离的增大快速降低。因此，在分子动力学模拟中第二个重要的步骤是对分子间相互作用势进行截断。截断半径越小，计算代价越小。截断位置的有效性是由已知材料参数的模拟结果确定的。

(8) **近邻搜索问题。**

需要指出的是，尽管引入了截断半径的概念，然而计算分子间的距离需要耗费大量的CPU(中央处理器) 时间。设想研究对象为 N 个分子构成的粒子系统，由于要计算每个分子与其余分子之间的距离，因此需要计算 $N(N-1)$ 次分子间距，计算量随系统规模的增大而呈几何级数增大。这种逐个搜索对于一个超过 100 万个原子的系统来说是不可承受的。所以，实际分子动力学模拟中，往往还需建立近邻表以降低运算量。常用的近邻表有 Verlet 近邻表和网格近邻表。

(9) 无量纲化处理。

在模拟中往往涉及很多浮点和指数等相对耗时的运算。为了提高计算效率,往往将温度、密度、压强等物理量表示成无量纲的形式。例如,对于分子间作用势为伦纳德-琼斯势

$$\phi(r_{ij}) = 4\varepsilon \left[\left(\frac{\sigma}{r_{ij}} \right)^{12} - \left(\frac{\sigma}{r_{ij}} \right)^6 \right] \tag{2.22}$$

的情形 (其中 σ 是平衡常数, ε 是势阱常数),如果选定如下三个基本单位:长度单位 σ、能量单位 ε、质量单位 m(体系中的原子质量),则可以获得无量纲的位移 $r^* = r/\sigma$,能量 $E^* = E/\varepsilon$,时间 $t^* = \frac{t}{\sigma}\sqrt{\frac{\varepsilon}{m}}$,温度 $T^* = k_{\mathrm{B}} T/\varepsilon$,速率 $v^* = v\sqrt{\frac{m}{\varepsilon}}$,作用力 $f^* = f\sigma/\varepsilon$,热导率 $k^* = k\frac{\sigma^2}{k_{\mathrm{B}}}\sqrt{\frac{m}{\varepsilon}}$,体积 $V^* = V/\sigma^3$,等等。

(10) 系综问题。

平衡分子动力学模拟,总是在一定的系综下进行的,所涉及的系综有微正则系综、正则系综、等温等压系综和等压等焓系综。微正则系综对应的是孤立系统,与外界没有物质和能量交换,分子数 N、体积 V 和能量 E 保持不变,又称 NVE 系综。在微正则系综下,给定能量的精确初始条件是无法得到的;能量的调整通过对速度的标度来实现,但这种标度可能使系统失去平衡,需要迭代弛豫达到平衡。正则系综对应于与无穷大热浴充分接触的系统,与外界无物质交换,但有能量交换,系统分子数 N、体积 V 和温度 T 保持不变,且总动量保持不变,又称 NVT 系综。在等温等压系综情形,粒子数 N、压强 P、温度 T 保持不变,简称 NPT 系综。在等压等焓系综情形,粒子数 N、压强 P、焓值 $H = E + PV$ 保持不变,简称 NPH 系综。NPH 系综在分子动力学模拟中较少出现。

NVT 和 NPT 系综的模拟中需要用到温控技术。温度调控机制使系统的温度维持在某一给定值,也可以根据外界环境的温度使系统温度发生涨落。一个合理的温控机制能够产生正确的统计系综,即调控后各个粒子的构型发生的概率可以满足相应的统计力学法则。常用的温控机制有直接速度标定法、Berendsen 温控机制、Gaussian 温控机制、Nose-Hoover 温控机制,等等。NPT 和 NPH 系综的模拟中需要用到压控技术。系统的压力可以通过改变体积来调节,常用的方法有直接体积标定法、Berendsen 压控机制、Anderson 压控机制,等等[①]。

分子动力学算法是拉氏的,但结果分析使用的物理图像却 (一般) 是欧氏的。微正则、正则、巨正则统计是平衡态统计。但系综和分布函数的概念是普适的,适用于均匀平衡态,也适用于非均匀非平衡态。非均匀非平衡系统热力学研究离不开局域平衡的概念和图像。平衡态系综统计的概念在局域平衡的图像下理解和使用。

原则上,分子动力学方法适用的物理体系并没有什么限制。这个方法适用的体系既可以是少体系统,也可以是多体系统;既可以是点粒子系统,也可以是具有内部结构的体系;处理的客体既可以是分子,也可以是其他粒子。从 20 世纪 50 年代开始,分子动力学方法

---

① 作为实例,位错在自相互作用下的力学行为以及位错迁移与温度的关系是位错动力学建模的基础。在研究金属材料铜内给定温度下的位错环时,零温情形采用 NVE 系综,其余有限温度情形采用 NVT 系综[55]。

得到了广泛的应用。它与蒙特卡罗方法一起成为计算机模拟的重要方法。应用分子动力学方法取得了许多重要成果，例如气体或液体的状态方程、相变问题、吸附问题等；在本书中分子动力学方法主要用于研究金属材料内的位错形成和演化等非平衡过程。更细节的介绍可参阅相关文献。

实际上，分子动力学模拟方法和随机模拟方法一样，都面临着两个基本限制：一个是有限观测时间的限制；另一个是有限系统大小的限制。通常人们感兴趣的是体系在热力学极限下 (即粒子数目趋于无穷多时) 的性质。但是计算机模拟允许的体系大小远小于热力学极限要求，因此可能会出现有限尺寸虚假效应。为了减小有限尺寸效应，人们往往根据具体问题引入一些相对合理的边界条件 (例如周期性、全反射、漫反射等边界条件)。当然，边界条件的引入也会影响体系的某些性质。

现在可以对分子动力学模拟金属材料的规模做一粗略评估。在目前的一些研究论文中，分子动力学模拟中使用的分子数一般少于 10^7。也就是说一个维度上的分子数仅仅为 10^2 量级。对于一般的固体材料，两个相邻原子之间的距离大约是 10^{-10} m。很显然，对于这些分子动力学模拟，一个维度上的最大尺度小于 0.1 μm。由于时间步长的尺度大约是飞秒量级，即 10^{-15} s，模拟的持续时间一般只能是皮秒量级，即 10^{-12} s。与此同时，从理论角度来看，长时间的分子动力学模拟在数学上是不合适的。在数值积分中产生的累积误差，可以通过选择适当的算法和参数来尽量减小，但不能完全消除。

2.3 连续介质理论与方法：固体力学

连续介质力学是以连续介质假设为基础的众多力学学科的总称，例如，流体力学、水利学、固体力学、弹性力学、塑性力学、爆炸力学，等等。连续介质力学用场的概念去描述物体的几何点，而不区分构成该物体的粒子之间的个体差异 [56,57]。如果一个物体的质量密度、动量密度和能量密度在连续数学描述的意义上存在，那么该物质就是连续介质。附加条件是，物质体元需要始终保持含有足够多的粒子，以至于极限值存在且不发生突变。连续介质力学的控制方程，若写为矢量形式有三个，分别是质量守恒方程、动量守恒方程和能量守恒方程。控制方程的封闭还需要状态方程和本构方程。本构方程又经常称为本构关系。

本构关系是反映物质宏观性质的数学模型。最熟知的反映纯力学性质的本构关系有胡克定律、牛顿内摩擦定律 (牛顿黏性定律)、圣维南理想塑性定律等；反映热力学性质的有克拉珀龙理想气体状态方程、傅里叶热传导方程等。把本构关系写成具体的数学表达形式就是本构方程。当本构方程与状态方程放在一起时，本构方程则退化为状态方程以外的本构关系式。

在连续介质力学中，无论是应力还是应变都可以分解为一个球张量与一个偏张量的和。本构方程主要是指应力-应变或应力-应变率关系。在固体力学中，习惯上把描述两个球张量之间的关系 (体应力-体应变关系) 的方程称为状态方程；所以 (狭义的) 本构方程通常是指两个偏张量之间的关系 (偏应力-偏应变关系)。根据切应变对等原则，应力有九个分量，但只有六个是独立的。应力可以叠加和分解、存在三个主轴 (主方向) 和三个主值 (主应力)，以及三个独立的应力张量不变量 (根据应力的幂次，又称一次、二次、三次不变量)。三个主应力和三个主方向完全描述一点的应力状态。应变也具有类似性质。偏应力第一不变量表达了产生体积不变条件的原因；第二不变量可以作为变形体由弹性向塑性状态过渡的判据；第三不变量的意义目前尚不清楚。

固体与流体都有本构方程和状态方程，区别在于固体的本构方程是应力-应变关系，流体本构方程是应力-应变率关系，原因在于流体不能承受剪力。另外，固体在冲击高压状态下也表现为流体特征，原因在于高压状态下，体应力是偏应力的数倍，相对来说偏应力基本可以忽略了。本构方程是各种介质相互区别的标志，是在相同环境中，物体具有不同运动状态的原因。力学性质与方向无关的材料称为各向同性材料。

固体力学是物理学、力学和数学的一个分支，是连续介质力学组成部分之一，研究可变形固体在外界因素作用下其内部各个质点所产生的位移、运动、应力、应变和破坏等。固体力学形成较早，应用也较广。一般包括材料力学、弹性力学、塑性力学等部分。固体力学广泛地应用张量来描述应力、应变以及它们之间的关系[58-60]。

固体力学研究的内容既有弹性问题，又有塑性问题；既有线性问题，又有非线性问题。在早期研究中，一般多假设物体是均匀连续介质，但近年来发展起来的复合材料力学和断裂力学等扩大了其研究范围。复合材料力学研究非均匀连续体，断裂力学研究含有裂纹的非连续体。在固体力学中，线性材料模型的应用是最为广泛的；随着新材料的应用及原有材料达到和超过线性模型应用的极限，非线性模型的应用愈加广泛。

自然界中存在着大至天体，小至微观粒子的固体力学问题。人所共知的山崩地裂、沧海桑田等都与固体力学有关。在现代工业生产和日常生活中，无论是飞行器、船舶、坦克、原子反应堆，还是房屋、桥梁、水坝以及各种日用家具，其结构设计和计算都应用了固体力学的基本原理与计算方法。

固体力学使用实验、数学和数值模拟相结合的方法进行力学分析。实验方法是用机械的、电的、光的或其他手段在实物上或模型上测量所需要的量，或将测量结果再经过换算而得到固体力学问题中所需求的量。许多复杂而难于计算的问题往往是用实验方法研究的。数学方法就是在一定的初始条件和边界条件下求解固体力学的基本方程，得到问题的解。固体力学的基本方程是根据力学平衡原理或运动、变形规律以及材料的本构关系而建立的代数方程或微分方程。对于一些不太复杂的问题，可以对控制方程进行精确求解。更多的问题需要借助数值模拟的办法进行研究，常用的数值方法有变分法、有限差分法、有限元法等。这些方法需要借助计算机，随着计算机硬件和计算方法的快速发展，数值模拟已得到广泛的应用。

工程范围的不断扩大和科学技术的迅速发展成为固体力学继续迅速发展的外在驱动力。一方面要继承传统的合理的经典理论，另一方面又需要为适应各类现代工程的需求而建立新的理论和方法。

固体力学问题的研究往往需要借助于形式各异的理想模型。理想模型是为了便于研究而建立的一种高度抽象的理想客体。尽管实际的物体都是具有多种属性的(例如固体具有一定的形状、体积和内部结构，具有一定的质量等)，但是当我们针对某种目的，从某个角度对某一物体进行研究时，有许多对研究问题没有直接或主要关系的属性和作用可以暂时忽略不计。

固体材料有很多唯象物理模型，作为实例之一，本节介绍冯·米泽斯(von Mises)塑性模型和线性动理学各向同性硬化模型[61]。

2.3.1　物理模型

考虑如下简单情形：材料应力-应变呈现出线性、各向同性、弹性关系，体积塑性应变为零，从而"偏-体"解耦，即偏差应力 s 可以从体积应力 (球应力)$-PI$ 中分离出来，偏差应变 e 可以从体积应变 $\theta I/3$ 中分离出来，其中 P 和 θ 为标量，s 和 e 是张量。那么，应力张量 σ 和应变张量 ε 可以写成

$$\sigma = s - PI, \ P = -\frac{1}{3}\mathrm{Tr}(\sigma), \tag{2.23a}$$

$$\varepsilon = e + \frac{1}{3}\theta I, \ \theta = \mathrm{Tr}(\varepsilon), \tag{2.23b}$$

其中式(2.23a)和式(2.23b)的第二式分别给出体积应力和正应力、体积应变和正应变 (线应变) 的关系[①]。一般来说，应变 e 可以分解为 $e = e^e + e^p$，其中 e^e 和 e^p 分别是无迹弹性分量和塑性分量。在达到冯·米泽斯屈服准则

$$\sqrt{\frac{3}{2}}\|s\| = \sigma_Y \tag{2.24}$$

之前，材料表现出线性弹性响应。式中 σ_Y 为塑性屈服应力，其随着应变张量的第二个不变量 (塑性应变张量 e^p) 线性增加，即

$$\sigma_Y = \sigma_{Y0} + E_{\mathrm{tan}}\|e^p\|, \tag{2.25}$$

这里 σ_{Y0} 为初始屈服应力，E_{tan} 为切向模量。偏应力 s 通过 $s = [E/(1+\nu)]e^e$ 计算得到，其中 E 为杨氏模量，ν 为泊松比。压力 P 由如下 Mie-Grüneissen 状态方程计算得到

$$P - P_H = \frac{\gamma(V)}{V}[E - E_H(V_H)], \tag{2.26}$$

式中 P_H、V_H 和 E_H 分别是于戈尼奥曲线上的压力、比体积和内能。P_H 和 V_H 的关系可以通过实验来估计，可以写作

$$P_H = \begin{cases} \dfrac{\rho_0 c_0^2\left(1 - \dfrac{V_H}{V_0}\right)}{(\lambda-1)^2\left(\dfrac{\lambda}{\lambda-1}\times\dfrac{V_H}{V_0} - 1\right)^2}, & V_H \leqslant V_0, \\[4ex] \rho_0 c_0^2\left(\dfrac{V_H}{V_0} - 1\right), & V_H > V_0. \end{cases} \tag{2.27}$$

假设初始物质密度和声速分别为 ρ_0 和 c_0，冲击波速度 U_s 和波后的粒子速度 U_p 服从一个线性关系，

$$U_s = c_0 + \lambda U_p,$$

---

① 在进行应力、应变分析时，将一点的应力张量和应变张量分解为球张量和偏 (差) 张量是有明确物理意义的，即物体的体积改变是由球应力引起的 (在弹性情形成正比)，与偏应力无关；物体形状的改变是由偏应力引起的 (在弹性情形成正比)，与球应力无关。该结论在研究塑性变形过程中的应力-应变关系时非常重要。

其中 λ 是物质的特征系数。冲击压缩和塑性功 W_p 都导致温度的增加。冲击压缩引起的温度增加通过下式计算：

$$\frac{\mathrm{d}T_H}{\mathrm{d}V_H} = \frac{c_0^2 \cdot \lambda(V_0 - V_H)^2}{c_v\big[(\lambda-1)V_0 - \lambda V_H\big]^3} - \frac{\gamma(V)}{V_H}T_H, \tag{2.28}$$

其中 c_v 为比热。式 (2.28) 可以由热方程和 Mie-Grüneissen 状态方程得到。塑性功导致的温度增加通过下式计算得到

$$\mathrm{d}T_p = \frac{\mathrm{d}W_p}{c_v}. \tag{2.29}$$

方程 (2.28) 和 (2.29) 也可以写成增量的形式。

2.3.2 物质点方法

固体力学的模拟方法也有很多，鉴于各类传统方法已有较多论著，作为实例之一，本节主要介绍近年来迅速发展起来的物质点方法 (material point method, MPM) [62-70]。

物质点方法是一种粒子模拟方法，采用质点来离散材料区域，使用背景网格来计算空间导数和求解动量方程，从而避免了网格畸变和对流项处理问题。它兼具拉格朗日和欧拉算法的优势，非常适合模拟涉及材料特大变形和断裂破碎的问题。物质点法由质点网格法 (particle in cell, PIC) 发展而来，它最初是由 Harlow 等引入流体力学[63]，后来由 Burgess 等扩展到固体力学[64]，然后经历了众多研究团队 (包括本书作者团队 [65-70]) 的进一步发展。国内张雄教授团队在物质点发展方面做出了杰出贡献 [62]。

下面我们简单介绍其主要思想：将连续体离散为 N_p 个物质粒子，其中 p 为粒子的编号。每个物质粒子携带质量 m_p、密度 ρ_p、位置 $\boldsymbol{x}_p$、速度 $\boldsymbol{v}_p$、应变张量 $\boldsymbol{\varepsilon}_p$、应力张量 $\boldsymbol{\sigma}_p$ 和本构模型所需的所有其他内部状态变量的信息。在物质点模拟中，每一步的计算可分为两部分：拉格朗日部分和对流部分。首先，计算网格随物体变形。它用于确定应变增量和后续应力。然后，计算一个新的位置选择网格。特别是，它可以是前面正在用的那个。将速度场从粒子映射到网格节点。节点速度是通过计算粒子和计算网格的动量等效来确定的。该算法不仅充分利用了拉格朗日算法和欧拉算法的优点，而且避免了它们的缺点。

在每一步中，将材料粒子的质量和速度映射到背景计算网格上。结点 i 处的映射动量为

$$m_i \boldsymbol{v}_i = \sum_p m_p \boldsymbol{v}_p N_i(\boldsymbol{x}_p),$$

其中 N_i 是有限元形函数，而结点质量 m_i 由下式获得

$$m_i = \sum_p m_p N_i(\boldsymbol{x}_p).$$

在三维模拟中，背景网格可采用 8 结点六面体网格。这时，线性形函数可以写为如下形式：

$$N_i = \frac{1}{8}(1 + \xi\xi_i)(1 + \eta\eta_i)(1 + \varsigma\varsigma_i), \tag{2.30}$$

.58. 第 2 章 物理模型和模拟方法

其中 ξ、η 和 ς 分别是物质粒子在 x、y 和 z 方向的自然坐标；ξ_i、η_i 和 ς_i 取自然坐标中的结点值 ± 1。每个粒子的质量都是固定的，所以质量守恒方程

$$\mathrm{d}\rho/\mathrm{d}t + \rho\nabla\cdot\boldsymbol{v} = 0$$

自动满足。动量方程如下：

$$\rho\mathrm{d}\boldsymbol{v}/\mathrm{d}t = \nabla\cdot\boldsymbol{\sigma} + \rho\boldsymbol{b}, \tag{2.31}$$

其中 ρ 是质量密度，$\boldsymbol{v}$ 是速度，$\boldsymbol{\sigma}$ 是应力张量，$\boldsymbol{b}$ 是单位质量的体力。动量方程 (2.31) 的弱形式为

$$\int_\Omega \rho\delta\boldsymbol{v}\cdot\frac{\mathrm{d}\boldsymbol{v}}{\mathrm{d}t}\mathrm{d}\Omega + \int_\Omega \delta(\boldsymbol{v}\nabla)\cdot\boldsymbol{\sigma}\mathrm{d}\Omega - \int_{\Gamma_t} \delta\boldsymbol{v}\cdot\boldsymbol{t}\mathrm{d}\Gamma$$
$$- \int_\Omega \rho\delta\boldsymbol{v}\cdot\boldsymbol{b}\mathrm{d}\Omega = 0. \tag{2.32}$$

物质点法将连续体离散为一系列质点，它们携带了密度、速度、应力等各种物理量，并根据内力 (物质间的相互作用) 和外力 (体力或外载荷) 在背景网格中运动。由于每个物质点携带的质量固定，因此质量密度可表示为

$$\rho(\boldsymbol{x}) = \sum_{p=1}^{N_p} m_p\delta(\boldsymbol{x}-\boldsymbol{x}_p),$$

其中 δ 是狄拉克函数，其量纲为体积的倒数。将 $\rho(\boldsymbol{x})$ 代入动量方程的弱形式，可得到

$$m_i\mathrm{d}\boldsymbol{v}_i/\mathrm{d}t = (\boldsymbol{f}_i)^{\mathrm{int}} + (\boldsymbol{f}_i)^{\mathrm{ext}}, \tag{2.33}$$

其中内力由下式确定：

$$\boldsymbol{f}_i^{\mathrm{int}} = -\sum_p^{N_p} m_p\boldsymbol{\sigma}_p\cdot(\nabla N_i)/\rho_p,$$

外力由下式确定：

$$\boldsymbol{f}_i^{\mathrm{ext}} = \sum_{p=1}^{N_p} N_i\boldsymbol{b}_p + \boldsymbol{f}_i^c,$$

式中 $\boldsymbol{f}_i^c$ 是两个物体的接触力。如果相互接触的物体是由同种材料构成的，那么 $\boldsymbol{f}_i^c$ 就可以采用跟内力相同的处理方式。

采用时间显式积分对方程 (2.33) 进行积分，可以得到结点下一步的加速度。为了使数值模拟稳定，时间步长 Δt 应当小于如下临界值：

$$\Delta t_C = \frac{\Delta x_{\min}}{\max(c_p + |\boldsymbol{v}_p|)},$$

其中 $\Delta x_{\min}$ 是最小的网格大小，c_p 是粒子 p 上的声速。一旦在结点上完成动量方程的积分，就可以使用更新后的结点加速度来更新物质粒子的速度；然后再利用背景网格上形函数得到物质点上的物理量，根据本构关系在物质点上更新应力[69,70]。

尽管从纯算法角度看，物质点方法的早期目的是求解连续介质力学的控制方程组 (对应质量、动量和能量守恒)，但其介观 (包含足够多的分子) 粒子描述属性使得材料内的一些介观结构 (例如孔洞、裂纹等) 容易设置和适时跟踪，并可以方便地观测其形态变化及其对周围介质的影响；颗粒间接触力设计的灵活性使得一些作为粗粒化近似的、更加贴近实际的非连续 "接触力" 可以方便地进入模拟体系；因为方便在孔洞、裂纹等空间内填充其他材料的质点，所以物质点方法也可以发展为多物质混合材料的介观粗粒化模型。从这一点上，物质点方法的发展就至少可以有两条优势互补的方向：**一是继续作为固体力学连续介质控制方程的求解方法，精度与效率是关注重点；二是作为复杂介质内 "颗粒" (同种或不同种物质点团簇) 变形、破碎，以及与其他 "颗粒" 相互作用等研究的一种介观建模方法**。发展方向二关注的自然是原始连续介质模型所无法描述的材料性质和动理学行为。

物质点方法方便根据需求加入非连续元素，可以发展成为多物质混合材料的介观粗粒化建模方法，以弥补连续介质损伤力学 (采用流体或固体描述加上损伤建模) 中损伤建模仅依靠内变量来描述的不足。这也是本书选择介绍物质点方法的原因之一。

光滑粒子动力学 (smooth particle hydrodynamics, SPH) 方法也是目前应用较多的基于连续介质理论的粒子模拟方法之一。与物质点方法不同，它是纯粹的无网格方法[71,72]。离散元法 (discrete element method, DEM)[73-75] 是模拟颗粒材料等不连续介质常用的一种介观模拟方法。鉴于二者均有较多的参考资料，本书不作展开介绍。

2.4 连续介质理论与方法：流体力学

流体是物质的一种重要的存在形式。流体的流动是自然界最基本的现象之一。流体力学主要研究在各种力的作用下，流体本身的静止状态和运动状态，以及流体和固体界壁间有相对运动时的相互作用和流动规律。它是在人类同自然界作斗争和在生产实践中逐步发展起来的。流体是气体和液体的总称。流体的连续介质模型是流体力学的基础，在此假设的基础上引出了理想流体与实际流体、可压缩流体与不可压缩流体、牛顿流体与非牛顿流体的概念。流动性是区别流体和固体的力学特征。所谓流动性是指流体在微小切力作用下，连续变形的特性。只要切力存在，流动就持续进行。流体的主要物理性质指：惯性、黏性、压缩性、膨胀性。流体与固体在摩擦规律上是完全不同的[76-79]。

对流体力学学科的形成作出贡献的首先是古希腊的阿基米德。他建立了包括物体浮力定理和浮体稳定性在内的液体平衡理论，奠定了流体静力学的基础。此后千余年间，流体力学没有重大发展。15 世纪，意大利的科学家达·芬奇的著作才谈到水波、管流、水力机械、鸟的飞翔原理等问题。17 世纪，帕斯卡阐明了静止流体中压力的概念。但流体力学尤其是流体动力学作为一门严密的科学，却是随着经典力学建立了速度、加速度、力、流场等概念，以及质量、动量、能量三个守恒定律的奠定之后才逐步形成的。

17 世纪的重要发展包括牛顿黏性定律的提出、测量流速的皮托管的发明、达朗贝尔发现阻力同物体运动速度之间的平方关系、基于连续介质概念描述无黏流体的欧拉方程和描述定常运动下的流速、压力、管道高程之间关系的伯努利 (Bernoulli) 方程的建立。欧拉方程和伯努利方程的建立，是流体动力学作为一个分支学科建立的标志，从此开始了用微分方程和实验测量进行流体运动定量研究的阶段。从 18 世纪起，位势流理论有了很大进展，在水波、潮汐、涡旋运动、声学等方面都阐明了很多规律。法国 J. L. 拉格朗日对于无旋运动，德国亥姆霍兹对于涡旋运动作了不少研究。上述的研究中，流体的黏性并不起重要作用，即所考虑的是无黏流体，所以这种理论阐明不了流体中黏性的效应。

将黏性考虑在内的流体运动方程则是法国纳维于 1821 年和英国 G. G. 斯托克斯于 1845 年分别建立的，后得名为纳维-斯托克斯方程，它是流体动力学的理论基础。与流体动力学平行发展的是水力学。普朗特学派从 1904 年到 1921 年逐步将纳维-斯托克斯方程作了简化，从推理、数学论证和实验测量等各个角度，建立了边界层理论，能实际计算简单情形下，边界层内流动状态和流体同固体间的黏滞力。同时普朗特又提出了许多新概念，并广泛地应用到飞机和汽轮机的设计中。这一理论既明确了理想流体的适用范围，又能计算物体运动时遇到的摩擦阻力。使上述 (理想流体与黏性流体) 两种理论得到了统一。

20 世纪初，飞机的出现极大地促进了空气动力学的发展。机翼理论和边界层理论的建立及发展是流体力学的一次重大进展，它使无黏流体理论同黏性流体的边界层理论很好地结合起来。20 世纪 40 年代以后，由于喷气推进和火箭技术的应用，飞行器速度超过声速，进而实现了航天飞行，使气体高速流动的研究进展迅速，形成了气体动力学、物理-化学流体动力学等分支学科。从 20 世纪 60 年代起，流体力学开始了流体力学和其他学科的互相交叉渗透，形成新的交叉学科或边缘学科；原来基本上只是定性描述的问题，逐步得到定量的研究。20 世纪 40 年代，针对炸药或天然气等介质中发生的爆轰波又形成了新的理论；为研究原子弹、炸药等起爆后，激波在空气或水中的传播，发展了爆炸波理论。此后，流体力学又发展了许多分支，如高超声速空气动力学、超声速空气动力学、稀薄空气动力学、电磁流体力学、计算流体力学、两相 (气液、气固或液固) 流，等等。

这些巨大进展与采用各种数学分析方法，以及建立大型、精密的实验设备和仪器等研究手段分不开的。从 20 世纪 50 年代起，电子计算机不断完善，使原来用分析方法难以进行研究的课题，可以用数值计算方法来进行，出现了计算流体力学这一新的分支学科。与此同时，由于民用和军用生产的需要，液体动力学等学科也有很大进展。20 世纪 60 年代，根据结构力学和固体力学的需要，出现了计算弹性力学问题的有限元法。经过十多年的发展，有限元分析这个新的计算方法又开始在流体力学中应用，尤其是在低速流和流体边界形状甚为复杂的问题中，优越性更加显著。21 世纪以来又开始了用有限元方法研究高速流的问题，也出现了有限元方法和差分方法的互相渗透和融合。

分析流场中任意流体微团的运动是研究流场运动的基础。流体运动要比刚体运动复杂得多。流体微团基本运动形式有平移、旋转、线变形和角变形等。实际运动也可能只有其中的某几种。当流体微团无限小而变成质点时，其运动也是由平动、线变形、角变形及旋转四种基本形式所组成的。设流体微团各点共有速度，即平移速度为 $\boldsymbol{u} = (u_x, u_y, u_z)^{\mathrm{T}}$，则流体微团的线变形速度为

$$\boldsymbol{u}_l = (\partial_x u_x, \partial_y u_y, \partial_z u_z)^{\mathrm{T}}, \tag{2.34}$$

旋转角速度为

$$\boldsymbol{\omega} = \begin{bmatrix} \omega_x \\ \omega_y \\ \omega_z \end{bmatrix} = \frac{1}{2} \begin{bmatrix} \partial_y u_z - \partial_z u_y \\ \partial_z u_x - \partial_x u_z \\ \partial_x u_y - \partial_y u_x \end{bmatrix}, \tag{2.35}$$

角变形速度为

$$\boldsymbol{\theta} = \begin{bmatrix} \theta_x \\ \theta_y \\ \theta_z \end{bmatrix} = \frac{1}{2} \begin{bmatrix} \partial_y u_z + \partial_z u_y \\ \partial_z u_x + \partial_x u_z \\ \partial_x u_y + \partial_y u_x \end{bmatrix}. \tag{2.36}$$

传统流体力学及传统计算流体力学，均有大量文献和专著可供参考，这里只介绍几个后面经常用到的概念和图像。

(1) **可压与不可压流体**：根据连续性方程可知，对于不可压流体，

$$\partial_x u_x + \partial_y u_y + \partial_z u_z = 0. \tag{2.37}$$

绝对不可压的物质是不存在的，"不可压"的含义是近似不可压①。

(2) **牛顿流体与非牛顿流体**：分子间作用力的存在使得运动着的流体内部相邻两流层之间存在始终与相对运动相反的相互作用力，称为黏滞力、剪切力或者内摩擦力。单位面积上的剪切力称为剪切应力，剪切应力与速度梯度成正比，即

$$\sigma = \mu \frac{\mathrm{d}u}{\mathrm{d}y} \tag{2.38}$$

的情形 (如图 2.4所示) 是由牛顿在 1686 年提出假说，1841 年由普阿节尔实验证实的。方程式(2.38) 描述的规律称为牛顿黏性定律。符合牛顿黏性定律的流体称为牛顿流体。其中，μ 称为动力黏度 (dynamic viscosity)，国际单位制单位是 Pa·s(N·s/m²)。为对比研究动量传递和质量传递，经常使用运动黏度 (kinetic viscosity)，

$$\nu = \frac{\mu}{\rho}. \tag{2.39}$$

其国际单位制单位是 m²/s，其中 ρ 为流体密度。黏性系数不是常数的流体，统称为非牛顿流体。对于非牛顿流体，

$$\sigma = \mu_a \frac{\mathrm{d}u}{\mathrm{d}y}, \tag{2.40}$$

μ_a 称为表观黏度，不是纯物性参数，是剪切应力或速度梯度的函数。根据表观黏度的特点，常见的非牛顿流体 (如图 2.5 所示) 有：① 假塑性 (又称剪切变稀 (shear thinning)) 流体，表观黏度随着速度梯度的增大而减小，几乎所有高分子溶液或者溶体都属于假塑性流

---

① 这里可以再次体验，在很多时候，所选用数学表达式仅仅是某物理图像的一个近似描述，虽然不尽满意，但也方便有效，而且 (在一定时期内) 也别无更好的选择。

体；② 胀塑性 (又称剪切变稠 (shear thickening)) 流体，表观黏度随着速度梯度的增大而增大，淀粉、硅酸盐等悬浮液属于胀塑性流体；③ 黏塑性 (visco-plastic) 流体，当应力低于临界值 (屈服应力)μ_c 时不流动，当应力超过 μ_c 时流动特征同牛顿流体，纸浆、牙膏、污水泥浆等是常见的例子；④ 触变性流体，表观黏度随着时间的延长而减小，如油漆等；⑤ 黏弹性 (visco-elastic) 流体，既有黏性，又有弹性，当从大容器口挤出时，挤出物会自动胀大，塑料和纤维的生产过程中都存在这种现象。

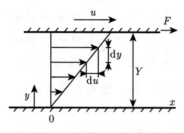

图 2.4   牛顿黏性定律示意图

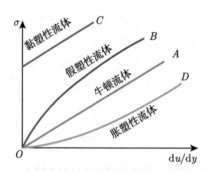

图 2.5   牛顿流体与非牛顿流体的主要特征示意图

(3) **纳维-斯托克斯方程**: 早期的纳维-斯托克斯方程 (Navier-Stokes equation) 是描述黏性不可压缩流体动量守恒的运动方程，简称 NS 方程。此方程是法国科学家纳维于 1821 年和英国物理学家斯托克斯于 1845 年分别建立的，故命名为纳维-斯托克斯方程。它的矢量形式为

$$\rho \left(\frac{\partial \boldsymbol{u}}{\partial t} + \boldsymbol{u} \cdot \nabla \boldsymbol{u} \right) = -\nabla p + \rho \boldsymbol{a} + \mu \Delta \boldsymbol{u}, \tag{2.41}$$

上式中 Δ 是拉普拉斯算子；$\boldsymbol{a}$ 是加速度，即作用在单位质量流体上的外力 (例如重力)；μ 是动力黏度 (当时考虑的是不可压牛顿流体，为常数)。在可压性不可忽略时，μ 也是坐标和时间的函数。

黏性可压缩流体 x 方向运动方程的完整形式为

$$\rho \frac{\mathrm{d}u_x}{\mathrm{d}t} = \rho a_x - \frac{\partial p}{\partial x} + 2 \frac{\partial}{\partial x} \left(\mu \frac{\partial u_x}{\partial x} \right) + 2 \left[\frac{\partial (\mu \theta_z)}{\partial y} + \frac{\partial (\mu \theta_y)}{\partial z} \right] - \frac{2}{3} \frac{\partial}{\partial x} \left(\mu \nabla \cdot \boldsymbol{u} \right). \tag{2.42}$$

上式中使用了全微分或物质导数

$$\frac{\mathrm{d}u_x}{\mathrm{d}t} = \frac{\partial u_x}{\partial t} + u_x\frac{\partial u_x}{\partial x} + u_y\frac{\partial u_x}{\partial y} + u_z\frac{\partial u_x}{\partial z}. \tag{2.43}$$

方括号中的项

$$\frac{\partial(\mu\theta_z)}{\partial y} + \frac{\partial(\mu\theta_y)}{\partial z} \equiv f_x^\theta \tag{2.44}$$

描述的是角变形效应，即角变形引发的作用在流体微团上 x 方向的力。将代表坐标分量的下标进行一次轮换：x 换成 y，y 换成 z，z 换成 x，则得到 y 方向的运动方程：

$$\rho\frac{\mathrm{d}u_y}{\mathrm{d}t} = \rho a_y - \frac{\partial p}{\partial y} + 2\frac{\partial}{\partial y}\left(\mu\frac{\partial u_y}{\partial y}\right) + 2\left[\frac{\partial(\mu\theta_x)}{\partial z} + \frac{\partial(\mu\theta_z)}{\partial x}\right] - \frac{2}{3}\frac{\partial}{\partial y}(\mu\nabla\cdot\boldsymbol{u}), \tag{2.45}$$

再做一次轮换，得到 z 方向的运动方程：

$$\rho\frac{\mathrm{d}u_z}{\mathrm{d}t} = \rho a_z - \frac{\partial p}{\partial z} + 2\frac{\partial}{\partial z}\left(\mu\frac{\partial u_z}{\partial z}\right) + 2\left[\frac{\partial(\mu\theta_y)}{\partial x} + \frac{\partial(\mu\theta_x)}{\partial y}\right] - \frac{2}{3}\frac{\partial}{\partial z}(\mu\nabla\cdot\boldsymbol{u}). \tag{2.46}$$

将纳维-斯托克斯动量方程沿流线积分，可得到描述黏性流体能量守恒的伯努利方程。

在后期研究中，经常将描述流体运动过程中质量、动量和能量守恒的方程组称为纳维-斯托克斯方程组。在黏滞系数 $\mu = 0$ 的情形，纳维-斯托克斯方程回到欧拉方程；若在方程 (2.42)、(2.45) 和 (2.46) 中使用不可压条件 (2.38)，将黏滞系数 μ 视为常数，则可回到 (近似) 不可压流体的纳维-斯托克斯方程 (2.41) 的分量形式。

需要强调一下的是，纳维-斯托克斯方程 (组) 的建立基于以下两个假设：① 流体是连续的，这强调它不包含形成内部的空隙，例如溶解的气体气泡，而且它不包含雾状粒子的聚合[①]；② 所有涉及的场全部是可微的，例如压强、速度、密度、温度等。另外，必须考虑一个有限的任意体积，称为控制体积，在其上质量守恒、动量守恒和能量守恒这些基本原理很容易应用。该控制体积可以在空间中固定，也可能随着流体运动。

(4) **无量纲参数**：由于流体运动的复杂性，为了比较两种相竞争因素的相对强弱，流体力学中引入了很多无量纲参数。其中，在本书下面部分用得较多的有如下几个。

(i) 克努森数 (Knudsen number, Kn)。

克努森数定义为

$$Kn = \lambda/L, \tag{2.47}$$

式中 λ 是流体分子平均自由程，L 是我们关注的流动行为的长度尺度。L 可以是系统的尺度，也可以是局域的特征尺度。当 L 是系统的尺度时，Kn 描述的是系统的整体平均特征，通过它看不到系统内部结构信息；当 L 为局域特征尺度时，Kn 描述的就是系统局域的行为特征。**任意一个物理量的梯度都提供一个局域的特征尺度。** 其中，密度梯度提供的特征尺度

$$L = \rho/(\mathrm{d}\rho/\mathrm{d}x) \tag{2.48}$$

---

① 很显然，纳维-斯托克斯方程 (组) 不适用于这些效应不能忽略时的情形。

是常用的局域特征尺度。

因为分子的平均自由程与分子的平均间距成正相关，可视为重新标度的平均分子间距，所以 Kn 可视为一个再次重新标度的平均分子间距，描述的是系统的离散程度，其倒数描述的是系统的连续程度。Kn 越小，连续假设越合理[①]。根据 Kn，可以将流动行为进行划分。钱学森最先根据 Kn 将流动行为粗略地划分为连续流 ($Kn \leqslant 0.01$)、滑移流 ($0.01 < Kn \leqslant 0.1$)、过渡流 ($0.1 < Kn \leqslant 10$) 和自由分子流 ($Kn > 10$)。在不同背景下，不同流动行为的边界 Kn 有所不同。例如，在钱学森先生最初的文献中，认为当 $Kn \leqslant 0.01$ 时，即可使用连续假设；而在更多其他课题组的工作中，认为只有当 $Kn \leqslant 0.001$ 时，连续假设才是可以接受的。显然，后者对物理建模的精度要求更高。

对于非平衡流动，Kn 又可理解为分子两次碰撞的时间间隔和我们关注的流动行为的时间尺度之比，或者热力学弛豫的时间尺度与我们关注的流动行为的时间尺度之比。**任意一个物理量的时间变化率都提供一个特征时间。**Kn 越小，则说明在我们关注的流动过程中，系统越有充足的时间回到热力学平衡态；Kn 大，则说明系统的热力学非平衡程度越高。所以，可将 Kn 理解为热力学非平衡程度。$Kn = 0$ 对应热力学平衡态。

一般来说，如果 Kn 趋近于零，可采用欧拉方程来描述流体；Kn 小于 0.001 时，可以用无滑移边界条件的纳维-斯托克斯方程描述流体；Kn 介于 0.001 和 0.1 之间时，可以用有滑移边界条件的纳维-斯托克斯方程描述流体；而 Kn 介于 0.1 和 10 之间时，属于过渡区；Kn 大于 10 时，可采用分子假设，直接用玻尔兹曼方程或分子动力学来描述流体。

在本书中，对流体行为进行多尺度分析时，为了书写方便和突出 Kn 是小量，Kn 也经常用字母 ε 来表示。

(ii) 普朗特数 (Prandtl number, Pr)。

普朗特数是流体力学中表征流体流动中动量交换与热交换相对重要性的一个无量纲参数，表明温度边界层和流动边界层的关系，反映流体物理性质对对流传热过程的影响。在考虑传热的黏性流动问题中，流动控制方程 (如动量方程和能量方程) 中包含着有关传输动量、能量的输运系数，即动力黏性系数 μ、热导率 k，以及表征热力学性质的参量定压比热 C_p。通常将它们组合成无量纲的普朗特数来表示，

$$Pr = \frac{\nu}{\alpha} = \frac{\mu C_p}{k}, \tag{2.49}$$

其中 ν 是运动黏性系数，α 是热扩散系数；它们分别描述分子传递过程中动量传递和热量传递的性能。

(iii) 马赫数 (Mach number, Ma)。

马赫数是流速 u 与当地声速 c 之比，

$$Ma = \frac{u}{c}. \tag{2.50}$$

---

① 从离散描述到连续描述或者反过来的问题，涉及连续介质理论的边界问题，不仅流体系统研究中要面对，固体系统研究中也要面对。为了统一地描述固体和流体系统连续假设的合理性，我们经常将 Kn 理解为分子的平均间距与我们关注的结构或行为的尺度之比。

而声速

$$c = \sqrt{\gamma \frac{\mathrm{d}p}{\mathrm{d}\rho}}. \tag{2.51}$$

所以，流体的可压缩性

$$\beta = -\frac{1}{V}\frac{\mathrm{d}V}{\mathrm{d}p} = \frac{1}{\rho}\frac{\mathrm{d}\rho}{\mathrm{d}p} = \frac{\gamma}{\rho c^2} = \frac{\gamma Ma^2}{\rho u^2}. \tag{2.52}$$

其单位是压强的倒数，与马赫数的平方成正比。一般来讲，当 $Ma > 0.3$ 时，可压效应便不能忽略。

(iv) 雷诺数 (Reynolds number, Re)。

雷诺数是流体惯性力与黏滞力比值的量度，定义为

$$Re = \frac{\rho v L}{\mu} = \frac{v L}{\nu}. \tag{2.53}$$

雷诺数较小时，黏滞力对流场的影响大于惯性力，流场中流速的扰动会因黏滞力而衰减，流体流动稳定，为层流；反之，雷诺数较大时，惯性力对流场的影响大于黏滞力，流体流动较不稳定，流速的微小变化容易发展、增强，形成紊乱、不规则的紊流流场。

一般来说，对于理想气体系统

$$Kn = 1.26\sqrt{\gamma}Ma/Re. \tag{2.54}$$

流动相似要求 Ma，Re 和 Kn 三个参数中任意两个相同。对于航空航天领域的高速流动而言，仅有 Kn 和 Ma 的相似是不够的。高速的 (或者有时称为高焓的) 反应流动的相似准则是双体碰撞模拟律 (binary collision modeling law)，即当两种流动的静温相同，且 U_∞ 和 $\rho_\infty L$ 也相同时，流动行为相似。双体碰撞模拟律也经常称为双尺度律 (binary scaling law)。

(v) 韦伯数 (Webber number, We)。

韦伯数代表惯性力和表面张力效应之比，

$$We = \frac{\rho v^2 l}{\sigma}, \tag{2.55}$$

其中 l 为特征长度，σ 是流体的表面张力系数。韦伯数越小，代表表面张力效应越重要，譬如毛细管现象、肥皂泡、表面张力波等小尺度问题。一般而言，大尺度问题，韦伯数远大于 1.0，表面张力效应便可以忽略。

为了理解韦伯数，我们从三个角度理解一下表面张力。从力定义，表面张力是作用在单位长度表面上的表面收缩力；从功定义，表面张力是增加单位表面所做的表面功；从能量定义，表面张力是单位表面所具有的表面能。

(vi) 斯托克斯数 (Stokes number, Stk)。

斯托克斯数定义为颗粒松弛时间和流体特征时间的比，它描述悬浮颗粒在流体中的行为。

$$Stk = \frac{u_0 \tau_p}{l_0}, \tag{2.56}$$

其中 u_0 是当地的流速，l_0 是特征长度 (通常可取颗粒的直径)，τ_p 是颗粒的特征弛豫时间。当 $Stk > 1$，流线绕过障碍物时，颗粒会依然按直线行驶，直至撞上障碍物。当 $Stk \ll 1$ 时，颗粒会紧紧随着流线行驶。斯托克斯数的物理意义：表征颗粒惯性作用和扩散作用的比值，它的值越小，颗粒惯性越小，越容易跟随流体运动，其扩散作用就越明显；反之，值越大，颗粒惯性越大，颗粒运动的跟随性越不明显。

(vii) 阿特伍德数 (Atwood number, At)。

阿特伍德数描述两种流体密度的差异程度，定义如下

$$At = \frac{\rho_1 - \rho_2}{\rho_1 + \rho_2}, \tag{2.57}$$

其中 ρ_1 表示重流体的密度，ρ_2 表示轻流体的密度。阿特伍德数在流体不稳定性、多相流等问题研究中是个经常使用的参数。

(viii) 施特鲁哈尔数 (Strouhal number, St)。

在考虑具有特征频率的圆周运动时经常使用施特鲁哈尔数。

$$St = \frac{fL}{V}, \tag{2.58}$$

其中 f 是漩涡分离频率，L 是特征长度 (例如水柱的直径)，V 是流体速度。

(ix) 理查森数 (Richardson number, Ri)。

以 Lewis Fry Richardson(1881 — 1953) 命名的无量纲数，表示浮力项与流动剪切力项的比值。在物理学上，理查森数用来表示势能和动能的比值。在物理海洋学中，理查森数被用来研究海洋湍流，海洋混合。在大气上，理查森数表示大气静力稳定度与垂直风切变的比值，它既考虑了大气的热力性质，又考虑了风切变的影响，是判断中尺度对称不稳定的近似判据。在分层的海洋中，理查森数用来判断动能和密度层化的相对重要性。公式为

$$Ri = \frac{g\nabla\rho}{\rho(\nabla u)^2}, \tag{2.59}$$

其中 g 是重力加速度，ρ 是密度，u 是一个具有代表性的流速。当考虑温度和密度差很小的流动时，可使用布西内斯克 (Boussinesq) 近似[①]。此时，在大气或海洋流量研究中通常使用约化重力加速度 g^*，相关参数是密度计量 (densimetric) 的理查森数，

$$Ri = \frac{g^*\nabla\rho}{\rho(\nabla u)^2}. \tag{2.60}$$

如果理查森数远小于 1，则浮力在流动中是不重要的。如果它远大于 1，则浮力是主导的 (在这种意义上，动能不足以使流体均匀化)。如果理查森数是 1 的量级，则流动可能是浮

①布西内斯克近似曾是求解非等温流动的常用方法，特别是在早些时候，运用这种方法求解的计算成本较低，并且容易实现收敛；通过布西内斯克近似，无须计算纳维-斯托克斯方程的完全可压缩公式，即可求解非等温流动中的自然对流问题。在密度变化不明显的情况下，通过这种近似可以降低问题的非线性程度。这种近似方法假设密度变化对流场没有影响，在计算时只需考虑对浮力产生的影响。从实际角度来看，这种近似方法通常用来模拟室温下的液体、建筑自然通风或工业设备中的稠密气体扩散等流体流动。https://cn.comsol.com/multiphysics/boussinesq-approximation。

力驱动的，流动的能量起源于系统内的势能。在航空领域，理查森数用作预期空气湍流的粗略尺度。较低的值表示较高的湍流程度：值范围为 10 到 0.1 是典型的，值低于 1 表示明显的湍流。

2.5 从元胞自动机到离散玻尔兹曼

通过简单模型掌握深刻规律是物理学研究的主线条之一。本节针对复杂流动动理学研究过程，简要介绍从元胞自动机到格子玻尔兹曼，再到离散玻尔兹曼的发展历程[80-84]。均匀流体在处于力学平衡时会保持静止状态或匀速直线运动；我们日常生活和工业生产中接触到的流动几乎都是非平衡流动。非平衡流动形式各异，随着偏离热动平衡程度的增加，其复杂性急剧上升。对于这类复杂流动，我们只能逐步展开研究，逐步增加认识。根据具体问题的研究需求，通过粗粒化物理建模，抓住主要矛盾，提炼简单模型，然后通过简单模型掌握深刻规律是流体物理学研究的主线条之一。

2.5.1 元胞自动机

元胞自动机 (cellular automata) 是一个粗粒化模型，又称为格子气 (元胞) 自动机 (lattice gas (cellular) automata，LG(C)A 或格子气模型 (lattice gas model，LGM)。

在统计物理学研究中使用格子气模型有着悠久的历史。统计物理学中一些最重要的问题都是通过位于网格格点上的一些 "粒子" 来定义的，二维网格可以是正方形、三角形或六边形等；三维网格可以是简单的立方、面心立方、体心立方等；通常，这些模型要么使用一个类似 "泡利不相容原理" 的规则，禁止多个粒子占据同一格点；要么在每个格点上都定义一个变量，该变量只能取不重复的离散数值 [85]。基于格子气模型的早期工作的一个例子是李政道和杨振宁于 1952 年在《物理评论》上发表的《状态方程和相变的统计理论 (二)：格子气和乙辛模型》[86]。

长期以来，描述自然现象的数学模型为微分方程。从 20 世纪 60 年代开始，人们开始设想一种称之为 "格子气" 或 "元胞自动机" 的离散模型。其基本思路如下：真实流体是由大量粒子组成的，但是流体力学微分方程的形式并不依赖于微观过程的细节，而仅仅决定于微观守恒律和对称性 (只有一些输运系数 (如黏滞性) 依赖于微观的细致情况)。基于这一设想，人们开始使用较简单的离散模型来作为连续流体系统的理想化模型。这类模型通常由一个背景网格、分布在网格结点上的一群 "虚拟粒子" 和一套简单作用规则三部分构成。其中，① 背景网格提供空间的粗粒化坐标；② 分布在网格结点上的每个粒子都具有相同的质量，且只具有少数与网格点绑定的运动方向和速度大小；③ 常用简单规则是在一个时间步内，粒子只能由当前格点沿着格点连线方向运动到相邻的格点上，这一过程称为 "传播"。当来自不同方向的粒子在某一格点上相遇时，它们发生 "碰撞"。碰撞规则的设计要保证碰撞前后系统局域的质量守恒、动量守恒和能量守恒。为能模拟连续流体系统，特别是为了让在微观层次上破缺的对称性在宏观上得到恢复，格子气模型的构建必须满足一定的条件——对称性约束。历史上曾经出现过形式各异、妙趣横生且富含启发性的格子气模型。从 20 世纪 80 年代后期开始，格子气模型得到了广泛的研究和快速的发展[87,88]。其中，以 1986 年出现的 Frisch-Hasslacher-Pomeau (FHP) 模型为典型代表[89]。

　　具有不同知识结构和不同需求的人看到同一个现象或行为, 获得的启发往往有所不同。格子气模型物理图像简单、直观、易于编程, 在粗略模拟流体行为 (特别是复杂流体行为) 方面发挥着重要作用。格子气模型自身的灵活性孕育了它未来的两个发展方向: 纳维-斯托克斯等偏微分方程的数值解法和非平衡复杂流动的粗粒化物理建模。这两类格子气模型因为目标不同, 所以构建规则不同, 使用的判据不同。

2.5.2　格子玻尔兹曼

　　格子玻尔兹曼方法 (lattice Boltzmann method, LBM) 是在元胞自动机模型的基础上经过几个主要的演变发展而来的。格子气模型的简单离散规则也使得它与以欧拉方程和纳维-斯托克斯方程为代表的连续模型描述的流体行为之间出现差异。因为连续模型在其适用范围内的可靠性是经过大量实践检验的, 所以为了减小模拟误差, 人们对格子气模型的合理构造展开了广泛的研究。在随后短短几年时间里, 在经历了局域分布函数、线性化碰撞算符、单弛豫时间模型引入等环节, 格子气模型逐渐发展成了现在文献中普遍使用的格子玻尔兹曼模型的形式。随后人们发现, 格子玻尔兹曼方程可以看作是单弛豫时间线性化玻尔兹曼方程在时间、空间和粒子速度空间的一种巧妙的离散化形式。随后, 多弛豫时间模型也得到了广泛研究。由于玻尔兹曼方程的输运项也可以根据需要采用更加灵活的方式进行计算, 于是出现了有限差分格子玻尔兹曼、有限体积格子玻尔兹曼、有限元格子玻尔兹曼, 等等。相应地, 由格子气模型发展而来的、继承了 "传播 + 碰撞" 这一简单演化规则的格子玻尔兹曼模型常称为标准格子玻尔兹曼模型 [90-94]。

　　由格子气模型发展而来的格子玻尔兹曼方法, 在众多领域内引起了广泛的兴趣。研究背景不同、知识结构不同的研究人员都结合自己的研究兴趣和需求对格子玻尔兹曼方法进行了广泛的推广与发展。总体来讲, 人们对格子玻尔兹曼方法的期待分为两类: ① 纳维-斯托克斯等偏微分方程的全新数值求解方法; ② 非平衡复杂流动的动理学建模方法。

　　我们先介绍作为偏微分方程数值解法的格子玻尔兹曼方法。在现有文献中, 多数格子玻尔兹曼方法的功能是从一个全新的角度来求解流体方程或其他偏微分方程的。这种解法与传统解法存在明显的不同: 在传统流体模拟中, 控制方程是离散的流体方程 (包括质量守恒方程、动量守恒方程和能量守恒方程等); 在格子玻尔兹曼模拟中, 控制方程是离散玻尔兹曼方程; 格子玻尔兹曼方法的模拟结果在数值误差范围内与需要求解的流体方程相符。格子玻尔兹曼方法有效的理论依据是: 根据查普曼-恩斯库格多尺度分析, 在连续极限下格子玻尔兹曼方程可以恢复到流体动力学方程组。

　　从数学角度看, 查普曼-恩斯库格多尺度分析实际上就是将分布函数 f、时间导数和空间导数都看作是克努森数 (Kn) 的函数, 将它们在 $Kn = 0$ 处做泰勒展开, 代入玻尔兹曼方程, 然后分别求密度、动量和能量三个动理学矩, 以此来获得流体动力学方程组。当克努森数较小, 其三阶及以上小量都可以忽略时, 玻尔兹曼方程的零阶、一阶、二阶能量动理学矩刚好就是伯内特 (Burnett) 方程组的质量、动量和能量方程; 当克努森数减小到其二阶及以上小量都可以忽略时, 玻尔兹曼方程的零阶、一阶、二阶能量动理学矩刚好就是纳维-斯托克斯方程组的质量、动量和能量方程; 当克努森数进一步减小, 以至于其一阶及以上小量都可以忽略时, 玻尔兹曼方程的零阶、一阶、二阶能量动理学矩刚好就是欧拉方程组的质量、动量和能量方程。

早期的格子玻尔兹曼方法主要用于求解不可压纳维-斯托克斯方程组, 即在克努森数较小的情形, 格子玻尔兹曼方法可以在数值误差范围内给出与不可压纳维-斯托克斯方程组一致的结果。很快人们发现, 只要能找到一个模拟中的可控量, 让其与克努森数相对应, 再将分布函数和动理学矩的概念根据需要求解的方程进行合理的延伸 (例如, 所有离散 "分布函数" 之和等于某个需要求解的量), 就可以通过在格子 "玻尔兹曼方程" 中添加合适的修正项来求解其他一些偏微分方程。于是, 其他一些偏微分方程的格子 "玻尔兹曼" 解法也引起了人们广泛的兴趣。需要指出的是: ① 概念延伸后的 "分布函数" 和 "动理学矩" 可能已经不再具有统计力学中分布函数和动理学矩的物理含义; 相应地, 概念延伸后的 "玻尔兹曼方程" 可能也不再是非平衡统计力学中非平衡行为描述的玻尔兹曼方程, 即它们只是形式上的 "分布函数"、"动理学矩"、"玻尔兹曼方程", 只是一种叫法的延续。② 相对于下面要介绍的粗粒化物理建模而言, 作为偏微分方程数值解法出现的格子玻尔兹曼, 其算法设计可以不拘泥于严格的物理对应, 这可以看作是解法研究相对于物理建模研究所具有的灵活性。从复杂系统物理建模的角度, 元胞自动机模型、格子玻尔兹曼方法本身就是一种粗粒化物理模型; 除了连续流体系统, 它同样适用于微介观与非平衡效应显著的非连续流体系统。尽管如此, 但在过去几十年的时间里, 格子玻尔兹曼方法在微介观与非平衡效应描述和建模方面并没有得到同样快速的发展。在现有的文献中, 绝大多数"格子玻尔兹曼方法" 都是作为某些偏微分方程的数值解法出现的, 所以 "格子玻尔兹曼方法" 已经被普遍接受为一种全新的偏微分方程的数值解法, 并且往往是标准格子玻尔兹曼方法的代称。作为非平衡流动动理学建模出现的版本又有两类: 一类主要关注密度、动量和能量三个守恒动理学矩及其演化; 另一类则兼顾三个守恒矩和部分密切相关的非守恒矩, 其中非平衡状态描述和非平衡行为研究是核心 (例如, 通过非守恒矩与其相应平衡态值的差异研究熵增等不可逆机制, 研究当前非平衡状态对下一步流动行为的影响等)。为了与作为偏微分方程数值解法出现的格子玻尔兹曼方法相区别, 同时, 第二类作为非平衡流动动理学建模出现的模型一般不再使用 "传播 + 碰撞" 这一由 "格子气" 模型继承来的简单图像。"格子" 称谓已经失去了原有的含义。因其仍然使用离散的玻尔兹曼方程, 所以在近期的文献中逐渐简称为离散玻尔兹曼模型或建模方法 (discrete Boltzmann model/modeling or modeling method), 简称 DBM, 这里对空间导数的离散和控制方程的时间积分方法不做特别约束, 可根据具体情况合理选取; 这里的"离散"特指分子速度空间的离散 [80-84,94,95]。

值得一提的是, 也有人尝试使用元胞自动机模型、格子玻尔兹曼方法来模拟固体材料的某些动态响应过程 [88,96-99]。

2.5.3 离散玻尔兹曼

下面介绍非平衡流动的离散玻尔兹曼动理学建模方法 [81-84]。物质世界是无限可分的, 微观、介观、宏观的界定是相对的。在流体系统的描述中, 微观描述一般是指基于分子动力学的描述。模拟工具自然是分子动力学模拟; 分子间相互作用势的建立是模型构建的关键; 有效作用半径的截取是模拟计算的关键。宏观描述一般是指基于欧拉方程组、纳维-斯托克斯方程组等连续介质建模的描述。在这个层面上，人们关注的系统行为通过密度、流速、温度、压强、应力、热流等物理量表征，其控制方程是代表质量、动量和能量守恒的流体演化方程组。其本构关系往往是经验或唯象给出的。因为非平衡统计物理学可以联系微观分子描述和宏观连续描述，所以经常称作介观描述。其中，使用比较多的是基于玻尔兹曼方程的描述。在这类描述中，描述的起点是理想气体模型；恩斯库格方程可以看作是玻尔兹曼方程的推广；可以根据具体的系统引入合适的分子间作用力或势。

从物理学角度看，克努森数定义为分子的平均自由程 λ 与我们关注的流动行为的特征尺度 L 之比，反映的是流体系统相对的连续程度或离散程度。人们根据克努森数从小到大，将流体划分为连续流、滑移流、过渡流、自由分子流。原则上，上述四种流态均可以使用玻尔兹曼方程进行描述。从这个意义上来看，玻尔兹曼方程对非平衡流动具有物理描述上的跨尺度自适应性。这里的尺度指的是无量纲的克努森数。如果特征尺度 L 取为系统的尺度，那么这个克努森数反映的是流体系统平均的连续或离散程度，可以称为整体克努森数；通过它，看不到关于系统内部结构的信息。如果关注系统内部结构，那么我们需要使用局域克努森数，即特征尺度 L 应选为相应结构的特征尺度，这个特征尺度经常使用密度界面来定义。对于一个非平衡流动系统，克努森数又可定义为流体系统趋于热动平衡的弛豫时间 τ 与我们关注的流动行为的时间尺度之比。所以，它又经常用于描述流体系统相对的非平衡程度。

查普曼-恩斯库格多尺度分析实际上就是将分布函数 f、时间导数和空间导数都看作是非平衡程度克努森数的函数，将它们在热动平衡态处做泰勒展开，代入玻尔兹曼方程，然后分别求密度、动量和能量三个动理学矩，以此来获得流体动力学方程组。如果系统时刻处于局域热动平衡态，那么玻尔兹曼方程对应的宏观流体方程组是欧拉方程组；如果系统时刻处于热动平衡态附近，二阶及以上非平衡效应很弱以至于可以忽略，只需考虑一阶非平衡效应，那么玻尔兹曼方程对应的宏观流体方程组是纳维-斯托克斯方程组；如果系统偏离热动平衡程度增加，需要考虑二阶非平衡效应，但三阶及以上非平衡效应仍然是小量以至于可以忽略，那么玻尔兹曼方程对应的宏观流体方程组是伯内特方程组。如果系统偏离热动平衡程度再增加，需要考虑更高阶的非平衡效应，那么玻尔兹曼方程对应的宏观流体方程组是超伯内特方程组。

从分子动力学到玻尔兹曼方程，再到伯内特、纳维-斯托克斯和欧拉方程组，是一个物理描述逐步粗粒化、所含物理信息量逐步减少的过程。模型的逐级转换对应的是所描述的系统越来越靠近热动平衡，系统的行为越来越简单，越来越可以使用更少的参量来确定。对于一个确定的非平衡流体系统，往往也需要使用不同的模型进行研究。模型的逐级转换对应的是我们观测所用的时间-空间尺度逐渐增大，越来越多的 (空间) 小结构和 (动理学) 快模式被忽略，所得到的是越来越大的结构和越来越慢的模式。复杂流体的描述需要粗粒化程度不同的模型分工协作。

粗粒化物理建模是一个"有所丢，有所保"的过程：我们研究物理问题所要依赖的物理量，其计算结果不能因为模型的简化而改变。这些不因模型简化而改变的物理量就是粗粒化物理建模过程中要保的不变量。在流体描述方面，要保的不变量均是分布函数的不同阶次的动理学矩。从玻尔兹曼方程描述到目前版本离散玻尔兹曼模型的建立，对于远离壁面的内部流动需要经过两次粗粒化物理建模 (碰撞算符线性化和分子速度空间离散化)，外加非平衡状态描述和非平衡信息提取方案的确立。尽管相对于刘维尔方程，玻尔兹曼方程已经是个高度粗粒化的模型，但其碰撞项仍然足够复杂，以至于在绝大多数情形仍然不方便处理，所以不得不进行简化。简化方式之一就是引入一个形式上的局域目标分布函数 f^*，将原来的碰撞项写成一个线性化碰撞算符的形式：$(f^* - f)/\tau$。其含义是：分子碰撞的效果是使得分布函数 f 趋于 f^*，其快慢由弛豫时间 τ 来控制。根据要保的不变量不同，f^* 所要取的形式不同。其中，f^* 取为局域平衡态分布函数 f^{eq} 即麦克斯韦分布时的 BGK 模型，因其简单而获得了最为广泛的应用。在分子速度空间离散化方面，因为要保的不变量是分布函数的某些动理学矩，所以需要做的只是将要保的动理学矩由积分形式转化为求和进行计算。如果流体系统内不同动理学模式趋于热动平衡的速率相差较大，那么单弛豫时间模型不再能够满足需求，这时需要构建多弛豫时间模型。为了使得各弛豫时间具有明确的物理含义，多弛豫时间离散玻尔兹曼模型的碰撞项计算一般首先在动理学矩空间完成，然后再转置回离散速度空间。需要指出的是：模型简化带来的结果往往是适用范围的减小或者细节控制能力的下降。相对于原始的玻尔兹曼方程，上述形式的 (单弛豫时间和多弛豫时间) 线性化模型仅适用于 (流体分子的相对稀薄程度不太高) 分子碰撞作用足以使得分布函数 f 趋于局域目标分布函数 f^* 的情形；相对于线性化玻尔兹曼方程，上述 (根据研究需求，抓主要矛盾) 只保少数不变量的简化过程使得未保的动理学行为存在不确定性。

在实际应用过程中，可以根据具体问题研究需求，确定要保的不变量，构建满足需求的最简洁的离散玻尔兹曼模型。更好的非平衡状态描述，以及非平衡效应检测、提取和分析是离散玻尔兹曼建模的目标。这样，对于远离壁面的内部流动离散玻尔兹曼建模包含三个步骤：① 碰撞算符简约化；② 粒子速度空间离散化；③ 非平衡状态描述与非平衡信息提取。如图 2.6 所示，前两步是基础，第三步是核心。2012 年借助 $f - f^{\mathrm{eq}}$ 的非守恒动理学矩来描述系统偏离热力学平衡的具体状态和效应，这一方案的提出成为 DBM 后续一系列非平衡状态描述、非平衡信息提取技术的基础[94]。鉴于壁面处非平衡流动的机制往往与系统内部呈现出较大的差异，所以对于近壁流动，离散玻尔兹曼建模尚需额外增加一步：动理学边界条件的建立。

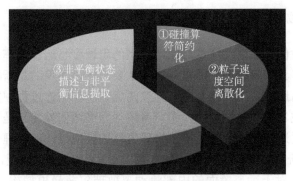

图 2.6 DBM 建模框架流程图

除了 (密度、流速、温度、压强等) 宏观量梯度，离散玻尔兹曼方法为非平衡流动提供两套非平衡行为描述工具：一套是直接比较分布函数 f 与局域平衡态分布函数 f^{eq} 的非守恒动理学矩；一套是使用查普曼-恩斯库格多尺度分析得到的黏性应力和热流。前者描述的是具体的非平衡状态，后者描述的是当前非平衡状态对系统宏观演化行为的影响；前者描述是相对细致的，后者描述是相对粗粒化的。非平衡行为特征的研究有助于理解宏观流体描述中的线性和非线性本构关系。在实际研究过程中，可根据需要，建立前者提供的非平衡量与感兴趣的物理量 (例如熵) 之间的关系式，或者进一步定义两个非平衡状态甚至流动过程之间的相关性、相似性，等等。在关心熵的情形，可以来研究引起熵增的主要机制及其相对的重要性。物理建模与算法设计是数值实验研究中缺一不可的两个环节。物理建模层面的误差是无法通过算法精度提高来弥补的。宏观流动层面的非平衡行为通常使用对应质量守恒、动量守恒和能量守恒的流体动力学方程组来描述。流体动力学模型的物理精度在很大程度上取决于本构关系的合理程度。非线性本构关系动理学机理的理解，要求研究与宏观流动关系最密切的热动非平衡行为。从数学建模角度来看，离散玻尔兹曼模型与传统流体模型的典型差异就是使用离散玻尔兹曼方程取代原来的纳维-斯托克斯方程组。但从物理建模角度来看，这一取代是有"增益"的：一个离散玻尔兹曼模型相当于一个连续流体模型外加一个相关热动非平衡行为的粗粒化模型；该连续流体模型可以是纳维-斯托克斯方程组也可以超越于纳维-斯托克斯方程组。在非平衡流动过程描述方面，离散玻尔兹曼模型具有一定程度的跨尺度自适应性。通过离散玻尔兹曼模型，可以方便地研究复杂流动过程中不同自由度内能之间的不平衡和相互转换等纳维-斯托克斯模型无法模拟的动理学过程、引起熵增的主要机制及其相对重要性 [100,101]。离散玻尔兹曼模型所提供的非平衡行为特征已经用于目标区域真实分布函数主要特征的恢复 [102-104]、系统内各种不同界面的物理甄别与追踪技术设计 [105]；在相变动理学研究中作为划分"亚稳相分解"和"相畴融合增长"两个阶段的物理判据 [106,107]；在流体不稳定性研究中作为划分不同阶段和主要作用机制与效应的物理判据，帮助理解演化过程中的物质混合、能量混合、各类关联与可压效应 [108-114]；在液滴碰撞动力学研究中，用于区分碰撞类型和不同阶段 [115]；在激波动理学研究中用于区别普通流体与等离子体中的激波 [116]，等等。除了更准确地刻画复杂流动过程中的非平衡行为特征，离散玻尔兹曼模型所获认识可以直接推动相应物理系统宏观模型的改进。

2.5.4 数值解法与物理建模

格子玻尔兹曼数值解法研究注重对原始模型的忠诚度与运算效率；离散玻尔兹曼物理建模研究主要是根据具体问题研究需求，抓住主要矛盾，注重的是新模型在物理描述能力方面超越原始模型的地方。研究目的不同导致两类方法在构建过程中需要遵循的原则也就不同。在基于格子玻尔兹曼解法的研究中，系统行为描述依赖的还是原始模型，即研究的起点是原始模型，通过格子玻尔兹曼模拟来研究原始模型描述的物理行为；而基于离散玻尔兹曼建模方法的研究，系统行为描述依赖的是离散玻尔兹曼模型，在模拟中数值离散格式根据需要选取。对于远离壁面的内部流动离散玻尔兹曼模型构建主要包含三个步骤：① 碰撞算符简约化；② 粒子速度空间离散化；③ 非平衡状态描述与非平衡信息提取。其中第三步的存在不仅是前两步的进一步延伸，而且对整个建模过程提出了更严格的物理要求：所有控制方程和矩关系都必须与非平衡统计物理学理论相一致，而不能像有些格子玻尔兹曼解法那样根据算法设计需求人为构造物理上不存在的"矩关系"。

对于复杂介质动态响应问题，在可以预见的将来，很难出现一种既普适又方便有效的理论和方法。将复杂问题进行分解，根据研究需求抓主要矛盾 (即粗粒化物理建模) 是物理学研究的传统思路；这样，复杂系统的物理模型就可能包含不止一个模块，不同的模块可能基于不同的理论。

第 3 章 离散玻尔兹曼方法

3.1 现实问题与必要性

物质世界是无限可分的。微观、介观、宏观的界定是相对的。在流体系统的物理描述中，微观描述一般是指基于分子动力学的描述，模拟工具自然是分子动力学方法；分子间相互作用势的建立是模型构建的关键；有效作用半径的截取是模拟计算的关键。宏观描述一般是指基于欧拉方程、纳维-斯托克斯 (Navier-Stokes, NS) 方程等连续介质建模的描述。在这个层面上，人们关注的系统行为通过密度、流速、温度、压强、应力、热流等物理量表征，其控制方程是代表质量、动量和能量守恒的流体动力学演化方程。在传统建模中其本构关系是由经验或唯象给出的。介观描述一般是指基于非平衡统计力学中气体动理学理论的描述，所以又称动理学描述。其中，使用较普遍的是基于玻尔兹曼 (Boltzmann) 方程的描述。描述的起点是理想气体模型；恩斯库格 (Enskog) 方程可以看作是玻尔兹曼方程在硬球模型下的推广；可根据具体系统引入分子间作用力。由于人们通常把从玻尔兹曼方程出发，经过查普曼-恩斯库格 (Chapman-Enskog) 多尺度分析，只考虑一阶非平衡效应 (克努森数的一次方项) 得到的宏观流体方程组也称为纳维-斯托克斯方程组，所以宏观流体力学方程组也有两种获得方式：一种是传统流体力学教科书中介绍的那种，基于连续介质假设，其本构关系由经验或唯象理论给出；另外一种是基于动理学理论，经查普曼-恩斯库格多尺度分析获得。为方便描述，在本书中我们把前者称为传统或工程型建模，把后者称为动理学建模。

下面我们以流体不稳定性系统为例，引出纳维-斯托克斯方程组物理描述能力的不足和建立新模型的必要性。流体不稳定性与物质混合现象广泛存在于自然界和工程技术领域，在诸如天体物理、能源动力、航空航天、化工与新材料等的研究与发展中占有基础性的地位，如图 3.1 和图 3.2 所示。一方面，流体不稳定性能够加速物质混合，有利于内燃机、航空发动机、超声速冲压发动机中液体燃料的混合与燃烧，对炸药起爆等起着重要作用；另一方面，流体界面的不稳定性也是严重影响惯性约束核聚变 (ICF) 点火成功和武器性能的关键因素。有效利用和抑制的前提是对其发生、发展过程中各个阶段的特征、机制和规律有清楚的认识。这些系统具有如下特点：其本身可能是宏观尺度的，但其内部存在大量的中间尺度的空间结构和动理学模式；这些结构和模式的存在与演化极大地影响着系统的物理性能和功能。这类系统内部往往具有大量的界面，包括物质界面和力学界面 (例如冲击波、稀疏波、爆轰波等)；系统内部的受力和响应过程非常复杂。这些系统的研究面临如下一些问题：大尺度缓变行为可以使用纳维-斯托克斯方程组很好地描述，但在一些锐利的界面 (例如冲击波、爆轰波等) 和快变模式描述方面，纳维-斯托克斯方程组却不能满足需求：举例来说，首先，纳维-斯托克斯方程组给出的密度、温度、流速、压强等宏观量本身不够准确；其次，纳维-斯托克斯方程组不能提供冲击波和爆轰波等锐利界面的精细物理结构，且其提供的黏性应力和热流也不够准确。因而，这类系统内部各类非平衡行为之间的时间关联、空间关联、时空关联、合作与竞争等远未获得充分理解。另外，纳维-斯托克斯描述在下列一些情形中也遇到了挑战：① 在航空航天领域，在空天飞行器的发射和回收过程中都要经历一个空气稀薄区，在稀薄区随着高度增加，它给出的流体行为与实验偏差越来越大，即便是在同一高度，同一飞行器的不同部位的流态描述，其结果的合理程度也不尽相同；② 在微孔隙渗流、微流控领域，流体在微通道内的传热、传质、相变等行为与其描述的宏观情形往往表现出显著的差异；③ 射流雾化、冲击作用下气泡的塌缩与液滴的破碎等复杂流动过程的描述，挑战其建模的合理性；④ 燃烧环境中的液气相变与混合、激光烧蚀作用下的液滴气化、激光烧蚀推进等相关的复杂流动过程描述，挑战其建模的合理性；⑤ 等离子体系统内部非平衡现象极其丰富、复杂，流体动力学描述是研究等离子体行为的重要手段，但其中强非平衡行为的深入研究挑战着其描述的合理性和有效性。

 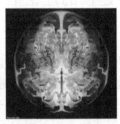 

图 3.1   流体不稳定性在自然界中存在的广泛性

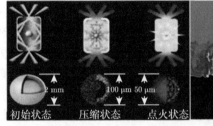 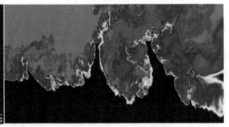

初始状态   压缩状态   点火状态

图 3.2   流体不稳定性在工程技术领域存在的广泛性

在上述研究中遇到的是物理建模层面的问题，单纯地提高算法精度于事无补。从非平衡统计物理角度看，纳维-斯托克斯建模遇到挑战的物理原因是在系统整体或某些局域结构附近，平均分子间距相对我们关注的结构的尺度而言，不再是可以忽略的小量，即连续性差，离散性强；或者由于关注的流动模式变化很快，以至于在流动过程中系统没有足够的时间回到热力学平衡态，从而热力学非平衡程度较高。即便是在纳维-斯托克斯有效的近平衡情形，黏性应力和热流也仅仅是对系统极其复杂的非平衡行为特征的一种高度粗粒化的描述，很多我们在物理上感兴趣的具体的非平衡状态、特征、机制和规律在纳维-斯托克斯描述中是无法获知的。

要研究这些强离散和强非平衡行为，人们自然会想到分子动力学 (MD) 和直接模拟蒙特卡罗 (direct simulation Monte Carlo, DSMC) 方法。但这两个方法都有个共同的特点：运算量极大，对计算机内存的要求极高，所以在绝大多数情形，它们能够模拟的系统大小和时间尺度都远远不能满足需求。这个现状，从 Kn 数轴上来看，就是当 Kn 很小时，连续介质假设合理度很高，所以传统流体力学模型可以很好地描述；当 Kn 很大时，系统的离散性很高，在我们关注的尺度内粒子数少到一定程度时，就可以使用 MD 或 DSMC 来进行模拟研究。困难就发生在介于这两端之间的中间情形，传统连续模型不再合理，而 MD 和 DSMC 都因适用的时空尺度受限而无能为力！因为原则上，玻尔兹曼方程 (几乎) 适用于任意 Kn 流动行为的描述，所以我们将借助玻尔兹曼方程来构建动理学模型，以联系宏观描述与微观描述。离散玻尔兹曼建模方法 (discrete Boltzmann modeling method, DBM) 就是应这种需求而产生的。

本章更加详细地介绍离散玻尔兹曼建模的思路和主要过程。该方法是非平衡统计力学粗粒化建模思路在流体力学领域的具体应用之一[80-84]。

3.2　DBM 建模的理论框架

3.2.1　DBM 建模引言

在第 2 章已经提到，查普曼-恩斯库格多尺度分析实际上就是将分布函数 f、时间导数和空间导数都看作非平衡程度 Kn 的函数，将它们在热动平衡态处做泰勒展开，代入玻尔兹曼方程，然后分别求密度、动量和能量三个动理学矩，以此来获得流体动力学方程组。如果系统时刻处于局域热动平衡态，那么玻尔兹曼方程对应的宏观流体方程组是欧拉方程组；如果系统时刻处于热动平衡态附近，二阶及以上非平衡效应很弱以至于可以忽略，只需考虑一阶非平衡效应，那么玻尔兹曼方程对应的宏观流体方程组是纳维-斯托克斯方程组；如果系统偏离热动平衡程度增加，需要考虑二阶非平衡效应，但三阶及以上非平衡效应仍然是小量以至于可以忽略，那么玻尔兹曼方程对应的宏观流体方程组是伯内特方程组；如果系统偏离热动平衡程度再增加，需要考虑更高阶的非平衡效应，那么玻尔兹曼方程对应的宏观流体方程组是超伯内特 (super burnett) 方程组。我们约定，将基于动理学理论获得宏观流体方程组的这种途径称为动理学宏观建模 (kinetic macro modeling, KMM)。

初看起来，沿着动理学宏观建模与模拟的思路，随着非平衡程度加深，只要推导出伯内特和超伯内特方程组，用它们来取代纳维-斯托克斯方程组，然后根据方程的特点设计算法，进行模拟即可。首先，应该肯定这是一种研究思路。但需要意识到的是：从动理学宏观建模角度，跟纳维-斯托克斯方程组一样，伯内特和超伯内特方程组关注的是分布函数 f 的守恒动理学矩 (质量、动量和能量) 及其演化。由于纳维-斯托克斯方程组只包含一阶非平衡效应 (Kn 的一次方项)，所以在单流体理论[①] 框架下，查普曼-恩斯库格多尺度分析的结果是唯一确定的；但到了二介质情形，查普曼-恩斯库格多尺度分析的结果就不再唯一了。到多介质伯内特和超伯内特情形，情况变得更加复杂。查普曼-恩斯库格多尺度分析围绕的"中心点"和所取的近似不同，则对应的物理图像便不完全相同[117,118]。目前，从物理学角度，针对中间过程取法多样性的研究仍然较少。另外，从数值解法角度，因为相对于纳维-斯托克斯方程组，伯内特方程组非线性程度更高，非线性项的数目大幅度增多，所以其数值求

[①] 不管系统实际上由多少种介质构成，均忽略介质差异，将其视为只由一种介质构成，只使用一套流体力学量或一个分布函数来描述的理论。

解复杂程度远远超过纳维-斯托克斯方程组本身；超伯内特方程组数值求解的复杂程度更是进一步快速提升。从流体行为描述角度，随着非平衡程度加深，系统行为的复杂程度急剧提升，因而只靠密度、动量和能量的描述越来越不足以确定系统的实际状态和行为；要获得更准确的描述，需要考虑密度、动量和能量之外的部分更高阶动理学矩。目前，部分宏观动理学建模与模拟的工作已注意到这一点[119]。为方便表述，我们把不仅考虑分布函数守恒矩演化，而且考虑最密切相关的非守恒矩演化的宏观流体力学方程组称为扩展流体力学方程组。

与宏观动理学建模不同，DBM 建模属于动理学直接建模。在建模理论适用的范围内，它原则上无须推导出最终的宏观流体方程组；它同时关注三个守恒动理学矩和与这些守恒矩关系最密切的非守恒矩及其演化。沿着 DBM 建模思路，非平衡程度加深带来的额外任务只是在建模过程中多考虑少数几个更高阶的动理学矩关系，相应地，所需离散速度的数目会有少量增加，但与离散求解逐级递增的物理功能相同的扩展宏观流体力学方程组相比，DBM 运算量随着非平衡程度增加的速度较慢[81-84,118]。这些在后续章节会有更多的讨论。

3.2.2 玻尔兹曼方程简介

在第 2 章已经从 BBGKY 方程链出发，经过一系列粗粒化物理建模，获得了玻尔兹曼方程。这里我们换个视角，更多地了解一下玻尔兹曼方程。

3.2.2.1 分子动理学理论

人们很早就提出了物质是由微小粒子组成的假说，认为粒子是处于不停的快速运动中，物质在宏观上的不同性质是粒子种类和运动的不同导致的。1662 年，英国化学家玻意耳 (Boyle) 根据实验结果提出了玻意耳定律，即在密闭容器中，恒温下气体的压强与体积成反比。1738 年瑞士科学家丹尼尔·伯努利 (Daniel Bernoulli) 从分子碰撞的角度解释了玻意耳定律，由此定量地论证了分子动理论。1857 年，克劳修斯引入了分子平均自由程的概念。1859 年，麦克斯韦基于分子平均自由程和速度分布函数，得到了气体宏观上的输运系数，包括黏性系数、热传导系数和扩散系数。此外，他还推导出了局域平衡态的粒子分布函数形式，也就是后来的麦克斯韦分布函数。1879 年，玻尔兹曼提出并证明了 H 定理，给出一种新的麦克斯韦分布函数证明方法，并建立了分子速度分布函数的演化方程，即玻尔兹曼方程。克劳修斯、麦克斯韦和玻尔兹曼的工作为分子动理论的发展奠定了坚实的基础[120]。之后，查普曼 (Chapman) 和恩斯库格分别在 1916 年和 1917 年，通过不同的推导独立地从玻尔兹曼方程得到了宏观上输运系数的精确表达式。基于他们提出的查普曼-恩斯库格多尺度展开方法，可以由介观的玻尔兹曼方程得到宏观上的流体力学方程组，这就建立起了介观尺度的统计力学与宏观的流体力学之间的联系[121]。

1. 气体分子碰撞模型

前面已经提到，物质在宏观上的性质是由微观粒子种类和粒子运动的形式决定的，这里首先对气态物质的微观分子运动进行分析。气体的宏观性质主要受到气体分子之间的相互碰撞以及气体分子与壁面的碰撞影响。对于气体分子，两分子之间发生碰撞的概率远大于三个分子同时碰撞的概率。因此，我们首先从简单情形出发，对分子两体碰撞的情形进行分析，对于更复杂的问题则可以在两体碰撞的基础上进行修正。

一般来说对于气体分子，分子平均间隙是远大于分子直径的，因此可以忽略分子体积，将分子看成质点。对于两个分子之间的碰撞，简单的情形是弹性碰撞，这种情形下不存在动能和内能的交换，满足机械能守恒和动量守恒。假设两分子质量分别为 m_1 和 m_2，发生碰撞前的速度分别为 $\boldsymbol{v}_1$ 和 $\boldsymbol{v}_2$，发生碰撞之后的速度分别记为 $\boldsymbol{v}_1^*$ 和 $\boldsymbol{v}_2^*$。根据动量守恒定律和能量守恒定律可以得到

$$m_1\boldsymbol{v}_1 + m_2\boldsymbol{v}_2 = m_1\boldsymbol{v}_1^* + m_2\boldsymbol{v}_2^* = (m_1 + m_2)\boldsymbol{v}_m, \tag{3.1}$$

$$m_1\boldsymbol{v}_1^2 + m_2\boldsymbol{v}_2^2 = m_1\boldsymbol{v}_1^{*2} + m_2\boldsymbol{v}_2^{*2}, \tag{3.2}$$

其中式(3.1)中 $\boldsymbol{v}_m$ 称为分子对的质心速度，其表达式为

$$\boldsymbol{v}_m = \frac{m_1\boldsymbol{v}_1 + m_2\boldsymbol{v}_2}{m_1 + m_2} = \frac{m_1\boldsymbol{v}_1^* + m_2\boldsymbol{v}_2^*}{m_1 + m_2}. \tag{3.3}$$

由于碰撞前后动量守恒，因此质心速度 $\boldsymbol{v}_m$ 在碰撞过程中保持不变。两分子在碰撞前后的相对速度分别为 $\boldsymbol{v}_r = \boldsymbol{v}_1 - \boldsymbol{v}_2$ 和 $\boldsymbol{v}_r^* = \boldsymbol{v}_1^* - \boldsymbol{v}_2^*$，那么碰撞前后两分子的速度都可以用相对速度和质心速度表示出来，即

$$\boldsymbol{v}_1 = \boldsymbol{v}_m + \frac{m_2}{m_1 + m_2}\boldsymbol{v}_r, \tag{3.4}$$

$$\boldsymbol{v}_2 = \boldsymbol{v}_m - \frac{m_1}{m_1 + m_2}\boldsymbol{v}_r, \tag{3.5}$$

$$\boldsymbol{v}_1^* = \boldsymbol{v}_m + \frac{m_2}{m_1 + m_2}\boldsymbol{v}_r^*, \tag{3.6}$$

$$\boldsymbol{v}_2^* = \boldsymbol{v}_m - \frac{m_1}{m_1 + m_2}\boldsymbol{v}_r^*. \tag{3.7}$$

可以看出在质心坐标系中，碰撞前两分子速度 $\boldsymbol{v}_1 - \boldsymbol{v}_m$ 和 $\boldsymbol{v}_2 - \boldsymbol{v}_m$ 的方向是平行且相反的。同样，碰撞后两分子的速度 $\boldsymbol{v}_1^* - \boldsymbol{v}_m$ 和 $\boldsymbol{v}_2^* - \boldsymbol{v}_m$ 的方向也是平行且相反的。

将质心速度和相对速度代入动能方程的表达式中得到

$$m_1\boldsymbol{v}_1^2 + m_2\boldsymbol{v}_2^2 = (m_1 + m_2)\boldsymbol{v}_m^2 + m_r\boldsymbol{v}_r^2, \tag{3.8}$$

$$m_1\boldsymbol{v}_1^{*2} + m_2\boldsymbol{v}_2^{*2} = (m_1 + m_2)\boldsymbol{v}_m^2 + m_r\boldsymbol{v}_r^{*2}, \tag{3.9}$$

其中 m_r 表示折合质量

$$m_r = \frac{m_1 m_2}{m_1 + m_2}. \tag{3.10}$$

由式(3.8)和(3.9)结合能量守恒方程(3.2)可以得到，碰撞前后两分子的相对速度的值保持不变，即 $v_r = v_r^*$。

两分子发生碰撞后运动轨迹会发生偏转，因此要完全确定两分子碰撞后各自的速度 (大小和方向)，除了以上关系，还需知道分子间相互作用势，以及描述两分子间几何关系的两个命中参数：瞄准距离 b 和碰撞平面与某一参考平面的交角 ε。图 3.3 给出了在碰撞平面内两分子发生弹性碰撞的运动轨迹示意图。

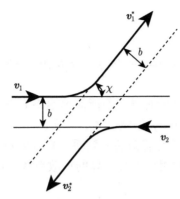

图 3.3 两分子发生弹性碰撞的运动轨迹示意图

由于分子间存在相互作用势，因此分子间的碰撞并不仅仅是接触碰撞，还包括非接触碰撞的情况。两分子间的瞄准距离 b 描述的就是在尚未受到分子间作用力时两分子轨道的距离，b 越小，两个分子碰撞效果越明显，当 b 为零时对应于正面碰撞。以两个分子组成的整体来看，碰撞前两分子整体角动量为 $m_r v_r b$，碰撞后整体角动量应为 $m_r v_r^* b^*$，其中 b^* 表示碰撞后两分子轨道的距离。根据整体角动量守恒得到 $v_r b = v_r^* b^*$，再加上前面已经推导出碰撞前后分子的相对运动速度 $v_r = v_r^*$，因此碰撞后两分子轨道的距离与碰撞前相等，即有 $b^* = b$。碰撞之后分子轨道发生偏转的角度 χ 由分子间的相互作用势决定。

2. 碰撞截面与输运系数

下面我们在三维情形中来看分子碰撞之后发生散射的统计特征。对于相对速度为 v_r 的两个分子之间发生的碰撞，考察分子通过微分截面 $b\mathrm{d}b\mathrm{d}\varepsilon$ 之后的相对速度偏转情况，如图 3.4 所示。假设通过左边圆环上截面 $b\mathrm{d}b\mathrm{d}\varepsilon$ 的分子在碰撞之后散射到 v_r^* 附近的立体角 $\mathrm{d}\Omega$ 内，其中 $\mathrm{d}\Omega = \dfrac{R\sin\chi\mathrm{d}\varepsilon R\mathrm{d}\chi}{R^2} = \sin\chi\mathrm{d}\chi\mathrm{d}\varepsilon$。这里引入一个微分碰撞截面 σ 的概念，它定义为单位立体角 Ω 所对应的截面积，即

$$\sigma\mathrm{d}\Omega = b\mathrm{d}b\mathrm{d}\varepsilon. \tag{3.11}$$

从而有

$$\sigma = \frac{b\mathrm{d}b\mathrm{d}\varepsilon}{\mathrm{d}\Omega} = \frac{b}{\sin\chi}\frac{\mathrm{d}b}{\mathrm{d}\chi}. \tag{3.12}$$

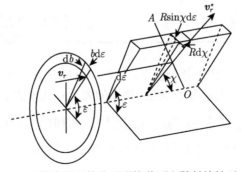

图 3.4 三维情形下的分子碰撞截面和散射特性示意图

另外总碰撞截面 σ_T 为

$$\sigma_T = \int_0^{4\pi} \sigma \mathrm{d}\Omega = 2\pi \int_0^{\pi} \sigma \sin\chi \mathrm{d}\chi = 2\pi \int b\mathrm{d}b. \tag{3.13}$$

需要注意的是，这里求碰撞截面的时候，不能简单地将 b 看作几何坐标积分，而是只有结合特定的分子间作用模型，σ 和 σ_T 的定义才有意义。

碰撞截面与气体的输运性质有着密切的联系，黏性碰撞截面 σ_μ 决定着气体的黏性系数，扩散碰撞截面 σ_D 决定着双组分混合气体的扩散系数，他们的表达式分别为

$$\sigma_\mu = \int_0^{4\pi} \sin^2\chi \sigma \mathrm{d}\Omega = 2\pi \int_0^{\pi} \sigma \sin^3\chi \mathrm{d}\chi = 2\pi \int \sin^2\chi b\mathrm{d}b, \tag{3.14}$$

$$\sigma_D = \int_0^{4\pi} (1-\cos\chi)\sigma \mathrm{d}\Omega = 2\pi \int_0^{\pi} \sigma(1-\cos\chi)\sin\chi \mathrm{d}\chi = 2\pi \int (1-\cos\chi)b\mathrm{d}b. \tag{3.15}$$

查普曼-恩斯库格输运理论给出的黏性系数 μ 与黏性碰撞截面的关系为[120]

$$\mu = \frac{(5/8)(\pi m kT)^{1/2}}{[m/(4kT)]^4 \int_0^\infty v_r^7 \sigma_\mu \exp[-mv_r^2/(4kT)]\mathrm{d}\boldsymbol{v}_r}. \tag{3.16}$$

基于不同的分子模型，可以对应得到不同的碰撞截面和宏观上不同的扩散系数的形式。表 3.1 给出了几种常见的分子模型所对应的黏性系数表达式[122]。

表 3.1　几种不同分子模型对应的黏性系数表达式

分子模型	黏性系数表达式
硬球分子模型	$\mu = \dfrac{5}{16d^2}(mkT/\pi)^{1/2}$
逆幂率分子模型	$\mu = \dfrac{5m\sqrt{RT/\pi}(2mRT/k)^{2/(\eta-1)}}{8A_2(\eta)\Gamma[4-2/(\eta-1)]}$
麦克斯韦分子模型	$\mu = \dfrac{2kT}{3\pi A_2(5)}\sqrt{\dfrac{m}{2k}}$
变径硬球模型	$\mu = \dfrac{15}{8}\dfrac{\sqrt{\pi mk}(4k/m)^\xi T^{1/(2+\xi)}}{\Gamma(4-\xi)\sigma_{T,\mathrm{ref}}c_{r,\mathrm{ref}}^{2\xi}}$
变径软球模型	$\mu = \dfrac{5(\alpha+1)(\alpha+2)\sqrt{\pi mk}(4k/m)^\xi T^{1/(2+\xi)}}{16\alpha\Gamma(4-\xi)\sigma_{T,\mathrm{ref}}c_{r,\mathrm{ref}}^{2\xi}}$

对于硬球 (hard sphere, HS) 分子模型，有 $b = d\cos(\chi/2)$ [122]，其中 d 表示两分子的半径之和，对于同种分子 d 即表示分子直径。将 b 的表达式代入式 (3.13) 可以得到 $\sigma_T = \pi d^2$，代入式(3.14) 可以得到 $\sigma_\mu = \dfrac{2}{3}\sigma_T$，再将 σ_μ 代入式 (3.16) 即可得到硬球模型的黏性系数表达式。对于逆幂率分子模型，其分子间相互作用势的表达式为

$$\phi = k/\left[(\eta-1)r^{\eta-1}\right], \tag{3.17}$$

式中 k 表示作用力强度系数; η 为逆幂指数, $\eta > 5$ 时称为硬势, $\eta < 5$ 时称为软势, $\eta = 5$ 时对应于麦克斯韦分子模型, $\eta = 2$ 时对应于库仑势[123]。对于幂率分子模型的碰撞截面和相应的黏性系数推导可参考文献 [122,124]。此外, 逆幂率分子模型对应的黏性系数表达式中分母上 $A_2(\eta)$ 和伽马函数 $\Gamma(j)$ 的表达式分别为

$$A_2(\eta) = \int_0^\infty \sin^2\chi W_0 \mathrm{d}W_0, \tag{3.18}$$

$$\Gamma(j) = \int_0^\infty x^{j-1} \exp(-x)\mathrm{d}x, \tag{3.19}$$

其中 W_0 为无量纲化后的瞄准距离 $W_0 = b(m_r \boldsymbol{v}_r^2/k)^{1/(\eta-1)}$。从表中硬球模型的黏性系数的表达式可以看出, 气体分子直径与黏性系数是一一对应的, 因此可以由真实气体测出的黏性系数反推气体分子的直径。然而实际气体的黏性系数随温度的变化并不是硬球模型中 1/2 的幂次关系。在硬球分子模型中, 碰撞截面是固定的, 而真实的分子碰撞截面随相对速度的增加而减小, 为了表征真实分子碰撞特性, Bird 提出一种变径硬球 (variable hard sphere, VHS) 模型[124]。在这种模型中分子既具有均匀的散射概率 (类似硬球模型), 同时其碰撞截面又是分子间相对速度的函数 (类似逆幂率分子模型)。对于 VHS 模型有

$$\sigma_T/\sigma_{T,\mathrm{ref}} = (d/d_{\mathrm{ref}})^2 = (c_r/c_{r,\mathrm{ref}})^{-2\xi}, \tag{3.20}$$

其中 $\sigma_{T,\mathrm{ref}}$、d_{ref} 和 $c_{r,\mathrm{ref}}$ 分别表示总碰撞截面、分子直径和相对速度的参考值。将 σ_T 表示成 $(c_r/c_{r,\mathrm{ref}})^{-2\xi}\sigma_{T,\mathrm{ref}}$, 并将 $\sigma_\mu = \dfrac{2}{3}\sigma_T$ 代入式(3.16)就得到了表 3.1 中 VHS 模型的黏性系数表达式。

在 HS 模型和 VHS 模型中黏性碰撞截面 σ_μ 和扩散碰撞截面 σ_D 的比值是固定的, 根据式(3.14)和(3.15)得到 $\sigma_\mu/\sigma_D = 2/3$。在考虑多组分气体扩散效应时, VHS 模型给出的结果会与实际情况存在较大偏离。为了克服 VHS 模型这一缺陷, Koura 和 Matsumoto 后来又提出了一种所谓变径软球 (variable soft sphere, VSS) 模型[125]。对于 VSS 模型, 其分子散射规律为 $b = d\cos^\alpha(\chi/2)$, 对于实际气体 $\alpha > 1$。将 b 的表达式代入式 (3.13)、(3.14) 和 (3.15)分别得到碰撞截面

$$\sigma_T = \pi d^2, \quad \sigma_\mu = \frac{6\alpha}{(\alpha+1)(\alpha+2)}\frac{2}{3}\sigma_T, \quad \sigma_D = \frac{2}{\alpha+1}\sigma_T. \tag{3.21}$$

则对于 VSS 模型, $\sigma_\mu/\sigma_D = 2/(\alpha+1)$, 当 $\alpha = 1$ 时就恢复到 VHS 模型。将 σ_μ 的表达式代入式(3.16)就得到了表 3.1 中 VSS 模型对应的黏性系数表达式。

3.2.2.2 玻尔兹曼方程

玻尔兹曼方程描述 N 个理想气体分子组成的系统, 使用单粒子 (约化) 分布函数描述系统行为。在第 1 章中, 公式 (1.103) 和 (1.104) 已经给出单粒子分布函数的定义

$$f_1(q_1,p_1,t) = N\int \mathrm{d}q_2\mathrm{d}p_2\cdots\mathrm{d}q_N\mathrm{d}p_N F(q_1,\cdots,q_N;p_1,\cdots,p_N;t), \tag{3.22}$$

及其归一化:

$$\int \mathrm{d}q_1 \mathrm{d}p_1 f_1(q_1, p_1, t) = N. \tag{3.23}$$

单粒子分布函数 $f_1(q_1, p_1, t)$ 可以解释为 t 时刻相空间中一点 (q_1, p_1) 的密度。

在气体动理学理论中，习惯使用的粒子速度分布函数 $f(\boldsymbol{r}, \boldsymbol{v}, t)$ 与上述定义的单粒子分布函数 $f_1(q_1, p_1, t)$ 相差一个常系数。对 $f(\boldsymbol{r}, \boldsymbol{v}, t)$ 在速度空间积分即得到 t 时刻位置空间中 $\boldsymbol{r}$ 处的分子数密度 n, 即

$$n = \int f(\boldsymbol{r}, \boldsymbol{v}, t) \mathrm{d}\boldsymbol{v}. \tag{3.24}$$

另外分布函数在速度空间的一阶矩和二阶缩并矩分别对应于 t 时刻 $\boldsymbol{r}$ 处对应的动量和能量, 即

$$n\boldsymbol{u} = \int f(\boldsymbol{r}, \boldsymbol{v}, t)\boldsymbol{v}\mathrm{d}\boldsymbol{v}, \tag{3.25}$$

$$\frac{3}{2}nkT = \int \frac{m}{2} f(\boldsymbol{r}, \boldsymbol{v}, t)(\boldsymbol{v} - \boldsymbol{u})^2 \mathrm{d}\boldsymbol{v}, \tag{3.26}$$

其中 $\boldsymbol{u}$ 和 T 分别表示宏观速度和温度, m 表示分子质量, k 表示玻尔兹曼常量。对于任一分子, 假设其 t 时刻在相空间的位置为 $(\boldsymbol{r}, \boldsymbol{v})$, 经过 $\mathrm{d}t$ 的时间间隔移动到了 $(\boldsymbol{r}+\mathrm{d}\boldsymbol{r}, \boldsymbol{v}+\boldsymbol{a}\mathrm{d}t)$, 其中 $\boldsymbol{a}$ 表示粒子受到外力时产生的加速度。首先, 不考虑与其他分子发生碰撞的情形, 则 t 时刻在 $(\boldsymbol{r}, \boldsymbol{v})$ 附近相体积 $\mathrm{d}\boldsymbol{v}\mathrm{d}\boldsymbol{r}$ 内的分子全部迁移到 $(\boldsymbol{r}+\mathrm{d}\boldsymbol{r}, \boldsymbol{v}+\boldsymbol{a}\mathrm{d}t)$ 附近的相体积 $\mathrm{d}\boldsymbol{v}\mathrm{d}\boldsymbol{r}$ 内, 有

$$f(\boldsymbol{r}+\mathrm{d}\boldsymbol{r}, \boldsymbol{v}+\boldsymbol{a}\mathrm{d}t, t+\mathrm{d}t)\mathrm{d}\boldsymbol{r}\mathrm{d}\boldsymbol{v} = f(\boldsymbol{r}, \boldsymbol{v}, t)\mathrm{d}\boldsymbol{r}\mathrm{d}\boldsymbol{v}, \tag{3.27}$$

对方程左端进行泰勒展开可以得到

$$\frac{\partial f}{\partial t} + \boldsymbol{v} \cdot \frac{\partial f}{\partial \boldsymbol{r}} + \boldsymbol{a} \cdot \frac{\partial f}{\partial \boldsymbol{v}} = 0, \tag{3.28}$$

式中的 f 均为 t 时刻在位置 $(\boldsymbol{r}, \boldsymbol{v})$ 处的分子速度分布函数, 方程 (3.28) 给出了无碰撞时分布函数 $f(\boldsymbol{r}, \boldsymbol{v}, t)$ 随时间的演化, 如果考虑碰撞项的作用则演化方程变成

$$\frac{\partial f}{\partial t} + \boldsymbol{v} \cdot \frac{\partial f}{\partial \boldsymbol{r}} + \boldsymbol{a} \cdot \frac{\partial f}{\partial \boldsymbol{v}} = \left(\frac{\partial f}{\partial t}\right)_c, \tag{3.29}$$

其中方程右端表示分子间碰撞引起的分布函数的变化, 下面就来导出碰撞项的具体形式。

考察在 $\mathrm{d}\boldsymbol{r}$ 的空间体积内, 速度为 $\boldsymbol{v}$ 的分子与一个速度为 $\boldsymbol{v}_1$ 的分子碰撞, 碰撞之后它们的速度分别为 $\boldsymbol{v}^*$ 和 $\boldsymbol{v}_1^*$, 两分子碰撞之前的速度分布函数分别为 f 和 f_1, 碰撞之后的速度分布函数分别为 f^* 和 f_1^*。以速度为 $\boldsymbol{v}_1$ 的分子为参考, 速度为 $\boldsymbol{v}$ 的分子相对于 $\boldsymbol{v}_1$ 分子的运动速度为 $\boldsymbol{v}_r$, 则根据 3.2.2.1 节中对于碰撞截面的分析可知, $\mathrm{d}t$ 时间内速度为 $\boldsymbol{v}$ 的分子扫过的体积为 $v_r\sigma\mathrm{d}\Omega\mathrm{d}t$。由于速度为 $\boldsymbol{v}_1$ 分子的数密度为 $f_1\mathrm{d}\boldsymbol{v}_1$, 那么在 $\mathrm{d}t$ 时间内一个速度为 $\boldsymbol{v}$ 的分子和速度为 $\boldsymbol{v}_1$ 的分子的碰撞次数为 $v_r f_1 \sigma \mathrm{d}\Omega\mathrm{d}\boldsymbol{v}_1\mathrm{d}t$。另外, 考虑到体积 $\mathrm{d}\boldsymbol{r}\mathrm{d}\boldsymbol{v}$ 内速度为 $\boldsymbol{v}$ 的分子的数目为 $f\mathrm{d}\boldsymbol{v}\mathrm{d}\boldsymbol{r}$, 因此在 $\mathrm{d}t$ 时间内体积 $\mathrm{d}\boldsymbol{r}\mathrm{d}\boldsymbol{v}$ 中速度为 $\boldsymbol{v}$ 的分

子和速度为 $\boldsymbol{v}_1$ 的分子的碰撞次数为 $v_r f f_1 \sigma \mathrm{d}\Omega \mathrm{d}\boldsymbol{v} \mathrm{d}\boldsymbol{v}_1 \mathrm{d}\boldsymbol{r} \mathrm{d}t$。类似地，还存在一类碰撞，碰撞前两分子速度分别为 $\boldsymbol{v}^*$ 和 $\boldsymbol{v}_1^*$，碰撞后分子速度分别变成 $\boldsymbol{v}$ 和 $\boldsymbol{v}_1$，可以称之为上述碰撞过程的逆碰撞。根据对称性，发生逆碰撞的次数应为 $v_r^* f^* f_1^* (\sigma \mathrm{d}\Omega)^* \mathrm{d}\boldsymbol{v}^* \mathrm{d}\boldsymbol{v}_1^* \mathrm{d}\boldsymbol{r} \mathrm{d}t$，其中 v_r^* 为碰撞后两分子的相对速度的大小，根据前面的推导知道 $v_r^* = v_r$，同时根据对称性有 $|(\sigma \mathrm{d}\Omega) \mathrm{d}\boldsymbol{v} \mathrm{d}\boldsymbol{v}_1| = |(\sigma \mathrm{d}\Omega)^* \mathrm{d}\boldsymbol{v}^* \mathrm{d}\boldsymbol{v}_1^*|$，从而发生逆碰撞的次数可以写成 $v_r f^* f_1^* \sigma \mathrm{d}\Omega \mathrm{d}\boldsymbol{v} \mathrm{d}\boldsymbol{v}_1 \mathrm{d}\boldsymbol{r} \mathrm{d}t$。正碰撞导致速度为 $\boldsymbol{v}$ 的分子数减少，而逆碰撞增加速度为 $\boldsymbol{v}$ 的分子数，那么在相空间与 $\boldsymbol{v}_1$ 分子碰撞导致的 $\boldsymbol{v}$ 分子数的变化量为 $(f^* f_1^* - f f_1) v_r \sigma \mathrm{d}\Omega \mathrm{d}\boldsymbol{v} \mathrm{d}\boldsymbol{v}_1 \mathrm{d}\boldsymbol{r} \mathrm{d}t$。从而在 $\mathrm{d}t$ 时间内体积 $\mathrm{d}\boldsymbol{r} \mathrm{d}\boldsymbol{v}$ 内速度为 $\boldsymbol{v}$ 的分子碰撞导致的分子数变化量为

$$\left(\frac{\partial f}{\partial t}\right)_c \mathrm{d}\boldsymbol{v} \mathrm{d}\boldsymbol{r} \mathrm{d}t = \left[\int_{-\infty}^{\infty} \int_0^{4\pi} (f^* f_1^* - f f_1) v_r \sigma \mathrm{d}\Omega \mathrm{d}\boldsymbol{v}_1\right] \mathrm{d}\boldsymbol{v} \mathrm{d}\boldsymbol{r} \mathrm{d}t. \tag{3.30}$$

将碰撞项的形式代入式(3.29)即得到完整的玻尔兹曼方程

$$\frac{\partial f}{\partial t} + \boldsymbol{v} \cdot \frac{\partial f}{\partial \boldsymbol{r}} + \boldsymbol{a} \cdot \frac{\partial f}{\partial \boldsymbol{v}} = \int_{-\infty}^{\infty} \int_0^{4\pi} (f^* f_1^* - f f_1) v_r \sigma \mathrm{d}\Omega \mathrm{d}\boldsymbol{v}_1. \tag{3.31}$$

由于式(3.31)右端碰撞项的形式过于复杂，人们提出了一系列线性化的简化碰撞模型，其中使用最为广泛的是由 Bhatnagar、Gross 和 Krook 提出的 BGK 模型[126]。其物理意义是：在近平衡情形，分子碰撞的效果是使得速度分布趋向于局域平衡态分布，即麦克斯韦分布；而趋于平衡态的速率可以用弛豫时间 τ 来表示，弛豫时间等价于分子碰撞频率的倒数。碰撞项用 BGK 模型代替的玻尔兹曼方程一般称为玻尔兹曼-BGK 方程，其形式为

$$\frac{\partial f}{\partial t} + \boldsymbol{v} \cdot \frac{\partial f}{\partial \boldsymbol{r}} + \boldsymbol{a} \cdot \frac{\partial f}{\partial \boldsymbol{v}} = -\frac{1}{\tau} (f - f^{\mathrm{eq}}), \tag{3.32}$$

其中 f^{eq} 是局域平衡态分布函数，其形式为

$$f^{\mathrm{eq}} = n \frac{1}{(2\pi RT)^{3/2}} \exp \left[-\frac{(\boldsymbol{v} - \boldsymbol{u})^2}{2RT}\right], \tag{3.33}$$

其中 R 表示气体常量，它与玻尔兹曼常量 k 之间的关系为 $R = k/m$，m 表示分子的质量。由式 (3.32) 中分子速度分布函数的演化方程，结合查普曼-恩斯库格多尺度展开，还可以得到宏观上的流体动力学方程组。

3.2.3 动理学宏观建模

在传统流体力学中，欧拉方程与纳维-斯托克斯方程是基于连续介质假设和唯象理论得到的。前者是后者忽略热传导和黏性时的特殊情形。后来，人们发现，从玻尔兹曼方程出发，经过查普曼-恩斯库格多尺度分析方法也可以得出描述不同离散程度和非平衡程度 (由 Kn 描述) 的流体动力学方程组。因为系统始终处于局域热力学平衡态的理想情形，不存在黏性和热传导，所以对应欧拉方程描述的情形。在这一系列描述不同离散程度和非平衡程度的流体动力学方程中，存在黏性和热传导，且最连续的情形 (即 Kn 最小情形，只需考虑一阶非平衡效应情形)，便应该对应纳维-斯托克斯方程。当离散程度和非平衡程度 (由 Kn

描述) 高到需要考虑二阶非平衡效应时，对应的流体动力学方程组为伯内特方程组。这里，介绍基于 BGK 模型的查普曼-恩斯库格多尺度分析。

首先，将速度分布函数 f 在局域平衡态分布 f^{eq} 附近泰勒展开得到

$$f = f^{\mathrm{eq}} + \varepsilon f^{(1)} + \varepsilon^2 f^{(2)} + \cdots, \tag{3.34a}$$

其中 $\varepsilon^n f^{(n)}$ 表示速度分布函数对于局域平衡态分布的 n 阶偏离，ε 是克努森数。ε 越小对应于系统越靠近局域平衡态。其次，将时间和空间导数做多尺度展开得到

$$\frac{\partial}{\partial t} = \varepsilon \frac{\partial}{\partial t_1} + \varepsilon^2 \frac{\partial}{\partial t_2} + \cdots, \tag{3.34b}$$

$$\frac{\partial}{\partial r_\alpha} = \varepsilon \frac{\partial}{\partial r_{1\alpha}} + \varepsilon^2 \frac{\partial}{\partial r_{2\alpha}} + \cdots. \tag{3.34c}$$

然后，将式(3.34a)～(3.34c)代入式 (3.32) 中的玻尔兹曼-BGK 方程，并暂时忽略外力项得到

$$
\begin{aligned}
&\varepsilon \frac{\partial \left(f^{\mathrm{eq}} + \varepsilon f^{(1)} + \varepsilon^2 f^{(2)} + \cdots \right)}{\partial t_1} + \varepsilon^2 \frac{\partial \left(f^{\mathrm{eq}} + \varepsilon f^{(1)} + \varepsilon^2 f^{(2)} + \cdots \right)}{\partial t_2} + \cdots \\
&+ v_\alpha \varepsilon \frac{\partial \left(f^{\mathrm{eq}} + \varepsilon f^{(1)} + \varepsilon^2 f^{(2)} + \cdots \right)}{\partial r_{1\alpha}} + v_\alpha \varepsilon^2 \frac{\partial \left(f^{\mathrm{eq}} + \varepsilon f^{(1)} + \varepsilon^2 f^{(2)} + \cdots \right)}{\partial r_{2\alpha}} + \cdots \\
&= -\frac{1}{\tau} \left(\varepsilon f^{(1)} + \varepsilon^2 f^{(2)} + \cdots \right).
\end{aligned} \tag{3.35}
$$

对上式分别保留到 ε 阶、ε^2 阶和 ε^3 阶，令 ε 同阶项的系数相等，推导速度分布函数 f 的密度、动量和能量三个动理学矩的演化方程，就可以对应得到局域平衡条件下的、包含各阶非平衡效应的流体动力学方程组。

3.2.3.1　欧拉方程组

在方程(3.35)中保留到 ε 阶得到

$$\varepsilon \frac{\partial f^{\mathrm{eq}}}{\partial t_1} + \varepsilon v_\alpha \frac{\partial f^{\mathrm{eq}}}{\partial r_{1\alpha}} = -\frac{1}{\tau} \varepsilon f^{(1)}. \tag{3.36}$$

对方程两边同时求零阶、一阶和二阶缩并矩得到

$$\varepsilon \frac{\partial n}{\partial t_1} + \varepsilon \frac{\partial n u_\alpha}{\partial r_{1\alpha}} = 0, \tag{3.37a}$$

$$\varepsilon \frac{\partial n u_\alpha}{\partial t_1} + \varepsilon \frac{\partial \left(n u_\alpha u_\beta + n R T \delta_{\alpha\beta} \right)}{\partial r_{1\beta}} = 0, \tag{3.37b}$$

$$\varepsilon \frac{\partial n E}{\partial t_1} + \varepsilon \frac{\partial \left(n E u_\alpha + n R T u_\alpha \right)}{\partial r_{1\alpha}} = 0, \tag{3.37c}$$

其中 $\delta_{\alpha\beta}$ 表示单位张量；E 为总的能量密度，$E = e + \frac{1}{2}\boldsymbol{u}^2$，$e$ 为内能密度，$e = \frac{3}{2}RT$。这里可以得到两类信息，一是宏观量在时间尺度 t_1 上的时间导数：

$$\frac{\partial n}{\partial t_1} = -n\frac{\partial u_\alpha}{\partial r_{1\alpha}} - u_\alpha\frac{\partial n}{\partial r_{1\alpha}}, \tag{3.38a}$$

$$\frac{\partial u_\alpha}{\partial t_1} = -\frac{T}{n}\frac{\partial n}{\partial r_{1\alpha}} - \frac{\partial T}{\partial r_{1\alpha}} - u_\beta\frac{\partial u_\alpha}{\partial r_{1\beta}}, \tag{3.38b}$$

$$\frac{\partial T}{\partial t_1} = -u_\alpha\frac{\partial T}{\partial r_{1\alpha}} - \frac{2}{3}T\frac{\partial u_\alpha}{\partial r_{1\alpha}}. \tag{3.38c}$$

二是可以得到由 f^{eq} 表示出的 $f^{(1)}$ 的表达式：

$$f^{(1)} = -\tau\left(\frac{\partial f^{\mathrm{eq}}}{\partial t_1} + v_\alpha\frac{\partial f^{\mathrm{eq}}}{\partial r_{1\alpha}}\right). \tag{3.39}$$

在欧拉层次上，只关注一个时间尺度和一个空间尺度上的变化率，有

$$\frac{\partial}{\partial t} = \varepsilon\frac{\partial}{\partial t_1}, \quad \frac{\partial}{\partial r} = \varepsilon\frac{\partial}{\partial r_{1\alpha}}. \tag{3.40}$$

对于具体的气体，方程(3.37a)~(3.37c)两边同时乘以气体分子质量 m 就得到欧拉层次的流体力学方程组：

$$\frac{\partial \rho}{\partial t} + \frac{\partial \rho u_\alpha}{\partial r_\alpha} = 0, \tag{3.41a}$$

$$\frac{\partial \rho u_\alpha}{\partial t} + \frac{\partial\left(\rho u_\alpha u_\beta + P\delta_{\alpha\beta}\right)}{\partial r_\beta} = 0, \tag{3.41b}$$

$$\frac{\partial \rho E}{\partial t} + \frac{\partial\left(\rho E u_\alpha + P u_\alpha\right)}{\partial r_\alpha} = 0, \tag{3.41c}$$

其中 P 为气体压强。对于理想气体系统，$P = \rho RT$。

3.2.3.2 纳维-斯托克斯方程组

一旦需要考虑二阶非平衡效应，则空间导数多尺度计算中第二个尺度的效应便可能显现。目前这一部分的研究还不完善。在本书中，我们仍然遵从文献中的一般做法，只取一个尺度。

在方程(3.35)中保留到 ε^2 阶项得到

$$\varepsilon^2\frac{\partial f^{\mathrm{eq}}}{\partial t_2} + \varepsilon^2\frac{\partial f^{(1)}}{\partial t_1} + \varepsilon^2 v_\alpha\frac{\partial f^{(1)}}{\partial r_{1\alpha}} = -\varepsilon^2\frac{1}{\tau}f^{(2)}. \tag{3.42}$$

对方程两边同时求零阶、一阶和二阶缩并矩得到

$$\varepsilon^2\frac{\partial n}{\partial t_2} = 0, \tag{3.43a}$$

$$\varepsilon^2 \frac{\partial n u_\alpha}{\partial t_2} + \varepsilon^2 \frac{\partial M_{2,\alpha\beta}(f^{(1)})}{\partial r_{1\beta}} = 0, \tag{3.43b}$$

$$\varepsilon^2 \frac{\partial n E}{\partial t_2} + \varepsilon^2 \frac{\partial M_{3,1,\alpha}(f^{(1)})}{\partial r_{1\alpha}} = 0, \tag{3.43c}$$

其中 $M_{2,\alpha\beta}(f^{(1)}) = \int f^{(1)} v_\alpha v_\beta \mathrm{d}\boldsymbol{v}$, $M_{3,1,\alpha}(f^{(1)}) = \int f^{(1)} \frac{1}{2} \boldsymbol{v}^2 v_\alpha \mathrm{d}\boldsymbol{v}$。将式(3.39)中 $f^{(1)}$ 的表达式代入 $M_{2,\alpha\beta}(f^{(1)})$ 和 $M_{3,1,\alpha}(f^{(1)})$ 中分别得到

$$M_{2,\alpha\beta}(f^{(1)}) = -\tau \left(\frac{\partial M_{2,\alpha\beta}\left(f^{\mathrm{eq}}\right)}{\partial t_1} + \frac{\partial M_{3,\alpha\beta\gamma}\left(f^{\mathrm{eq}}\right)}{\partial r_{1\gamma}} \right), \tag{3.44a}$$

$$M_{3,1,\alpha}(f^{(1)}) = -\tau \left(\frac{\partial M_{3,1,\alpha}\left(f^{\mathrm{eq}}\right)}{\partial t_1} + \frac{\partial M_{4,2,\alpha\beta}\left(f^{\mathrm{eq}}\right)}{\partial r_{1\beta}} \right). \tag{3.44b}$$

对式(3.33)中的麦克斯韦分布函数 f^{eq} 在速度空间求各阶矩可以得到

$$M_{2,\alpha\beta}(f^{\mathrm{eq}}) = \int f^{\mathrm{eq}} v_\alpha v_\beta \mathrm{d}\boldsymbol{v} = n u_\alpha u_\beta + n R T \delta_{\alpha\beta}, \tag{3.45a}$$

$$M_{3,\alpha\beta\gamma}(f^{\mathrm{eq}}) = \int f^{\mathrm{eq}} v_\alpha v_\beta v_\gamma \mathrm{d}\boldsymbol{v} = n \left[R T (u_\alpha \delta_{\beta\gamma} + u_\beta \delta_{\alpha\gamma} + u_\gamma \delta_{\alpha\beta}) + u_\alpha u_\beta u_\gamma \right], \tag{3.45b}$$

$$M_{3,1,\alpha}(f^{\mathrm{eq}}) = \int f^{\mathrm{eq}} \frac{1}{2} \boldsymbol{v}^2 v_\alpha \mathrm{d}\boldsymbol{v} = n u_\alpha \left(\frac{5}{2} R T + \frac{1}{2} \boldsymbol{u}^2 \right), \tag{3.45c}$$

$$M_{4,2,\alpha\beta}(f^{\mathrm{eq}}) = \int f^{\mathrm{eq}} \frac{1}{2} \boldsymbol{v}^2 v_\alpha v_\beta \mathrm{d}\boldsymbol{v} = n R T \left(\frac{5}{2} R T + \frac{\boldsymbol{u}^2}{2} \right) \delta_{\alpha\beta} + n u_\alpha u_\beta \left(\frac{7}{2} R T + \frac{\boldsymbol{u}^2}{2} \right). \tag{3.45d}$$

将 $M_{2,\alpha\beta}(f^{\mathrm{eq}})$、$M_{3,\alpha\beta\gamma}(f^{\mathrm{eq}})$、$M_{3,1,\alpha}(f^{\mathrm{eq}})$ 和 $M_{4,2,\alpha\beta}(f^{\mathrm{eq}})$ 的表达式代入式(3.44a)和(3.44b)中,并将结果中宏观量关于 $\frac{\partial}{\partial t_1}$ 的时间导数用式 (3.38a)~(3.38c)转化成空间导数, 化简后得到

$$M_{2,\alpha\beta}(f^{(1)}) = -\tau \rho R T \left(\frac{\partial u_\alpha}{\partial r_{1\beta}} + \frac{\partial u_\beta}{\partial r_{1\alpha}} - \frac{2}{3} \frac{\partial u_\gamma}{\partial r_{1\gamma}} \delta_{\alpha\beta} \right), \tag{3.46a}$$

$$M_{3,1,\alpha}(f^{(1)}) = -c_p \tau \rho R T \frac{\partial T}{\partial r_{1\alpha}} + u_\beta M_{2,\alpha\beta}(f^{(1)}). \tag{3.46b}$$

这里也可以得到两类信息, 一是宏观量在时间尺度 t_2 上的时间导数:

$$\frac{\partial n}{\partial t_2} = 0, \tag{3.47a}$$

$$\frac{\partial u_\alpha}{\partial t_2} = -\frac{1}{n} \frac{\partial M_{2,\alpha\beta}(f^{(1)})}{\partial r_{1\beta}}, \tag{3.47b}$$

$$\frac{\partial T}{\partial t_2} = -\frac{2}{3}\frac{1}{n}\frac{\partial M_{3,1,\alpha}(f^{(1)})}{\partial r_{1\alpha}} - \frac{2}{3}\frac{1}{n}\frac{\partial u_\beta}{\partial r_{1\alpha}}M_{2,\alpha\beta}(f^{(1)}). \tag{3.47c}$$

二是可以得到由 f^{eq} 和 $f^{(1)}$ 表示出的 $f^{(2)}$ 的表达式：

$$f^{(2)} = -\tau\left(\frac{\partial f^{\text{eq}}}{\partial t_2} + \frac{\partial f^{(1)}}{\partial t_1} + v_\alpha\frac{\partial f^{(1)}}{\partial r_{1\alpha}}\right). \tag{3.48}$$

在 NS 层次上，考察两个时间尺度上和一个空间尺度上的变化率，有

$$\frac{\partial}{\partial t} = \varepsilon\frac{\partial}{\partial t_1} + \varepsilon^2\frac{\partial}{\partial t_2}, \quad \frac{\partial}{\partial r} = \varepsilon\frac{\partial}{\partial r_{1\alpha}}. \tag{3.49}$$

方程组(3.43a)~(3.43c) 结合方程组 (3.37a)~(3.37c) 就可以得到 NS 层次的流体力学方程组。对于特定气体，方程两边同时乘以气体分子质量 m，分子数密度 n 就变成气体密度 ρ，即得到方程组：

$$\frac{\partial \rho}{\partial t} + \frac{\partial \rho u_\alpha}{\partial r_\alpha} = 0, \tag{3.50a}$$

$$\frac{\partial \rho u_\alpha}{\partial t} + \frac{\partial\left(\rho u_\alpha u_\beta + P\delta_{\alpha\beta}\right)}{\partial r_\beta} - \frac{\partial}{\partial r_\beta}\left[\mu\left(\frac{\partial u_\alpha}{\partial r_\beta} + \frac{\partial u_\beta}{\partial r_\alpha} - \frac{2}{3}\frac{\partial u_\gamma}{\partial r_\gamma}\delta_{\alpha\beta}\right)\right] = 0, \tag{3.50b}$$

$$\frac{\partial \rho E}{\partial t} + \frac{\partial\left(\rho E u_\alpha + P u_\alpha\right)}{\partial r_\alpha} - \frac{\partial}{\partial r_\alpha}\left[\mu\left(\frac{\partial u_\alpha}{\partial r_\beta} + \frac{\partial u_\beta}{\partial r_\alpha} - \frac{2}{3}\frac{\partial u_\gamma}{\partial r_\gamma}\delta_{\alpha\beta}\right)u_\beta + \kappa\frac{\partial T}{\partial r_\alpha}\right] = 0, \tag{3.50c}$$

式中 μ 为黏性系数，$\mu = \tau P$；κ 为热传导系数，$\kappa = c_p\tau P$，c_p 为定压比热，$c_p = \frac{5}{2}R$。在 BGK 模型中，普朗特数固定为 1。这是 BGK 模型的一个固有缺陷，在后面的章节中还会介绍克服这一缺陷的方法。

3.2.3.3 伯内特方程组

在方程(3.35)中保留到 ε^3 阶项得到

$$\varepsilon^3\frac{\partial f^{\text{eq}}}{\partial t_3} + \varepsilon^3\frac{\partial f^{(1)}}{\partial t_2} + \varepsilon^3 v_\alpha\frac{\partial f^{(2)}}{\partial r_{1\alpha}} = -\varepsilon^3\frac{1}{\tau}f^{(3)}. \tag{3.51}$$

对方程两边同时求零阶、一阶和二阶缩并矩得到

$$\varepsilon^3\frac{\partial n}{\partial t_3} = 0, \tag{3.52a}$$

$$\varepsilon^3\frac{\partial n u_\alpha}{\partial t_3} + \varepsilon^3\frac{\partial M_{2,\alpha\beta}\left(f^{(2)}\right)}{\partial r_{1\beta}} = 0, \tag{3.52b}$$

$$\varepsilon^3\frac{\partial n E}{\partial t_3} + \varepsilon^3\frac{\partial M_{3,1,\alpha}\left(f^{(2)}\right)}{\partial r_{1\alpha}} = 0, \tag{3.52c}$$

其中 $M_{2,\alpha\beta}(f^{(2)}) = \int f^{(2)}v_\alpha v_\beta \mathrm{d}\boldsymbol{v}$, $M_{3,1,\alpha}(f^{(2)}) = \int f^{(2)}\frac{1}{2}\boldsymbol{v}^2 v_\alpha \mathrm{d}\boldsymbol{v}$。将式(3.48)中 $f^{(2)}$ 的表达式代入 $M_{2,\alpha\beta}(f^{(2)})$ 和 $M_{3,1,\alpha}(f^{(2)})$ 中分别得到

$$M_{2,\alpha\beta}(f^{(2)}) = -\tau\left(\frac{\partial M_{2,\alpha\beta}\left(f^{\mathrm{eq}}\right)}{\partial t_2} + \frac{\partial M_{2,\alpha\beta}\left(f^{(1)}\right)}{\partial t_1} + \frac{\partial M_{3,\alpha\beta\gamma}\left(f^{(1)}\right)}{\partial r_{1\gamma}}\right), \tag{3.53a}$$

$$M_{3,1,\alpha}\left(f^{(2)}\right) = -\tau\left(\frac{\partial M_{3,1,\alpha}\left(f^{\mathrm{eq}}\right)}{\partial t_2} + \frac{\partial M_{3,1,\alpha}\left(f^{(1)}\right)}{\partial t_1} + \frac{\partial M_{4,2,\alpha\beta}\left(f^{(1)}\right)}{\partial r_{1\beta}}\right). \tag{3.53b}$$

再将式(3.39)中 $f^{(1)}$ 的表达代入式(3.53a)和 (3.53b)分别得到

$$M_{2,\alpha\beta}(f^{(2)}) = -\tau\left\{\frac{\partial M_{2,\alpha\beta}\left(f^{\mathrm{eq}}\right)}{\partial t_2} + \frac{\partial}{\partial t_1}\left[-\tau\left(\frac{\partial M_{2,\alpha\beta}\left(f^{\mathrm{eq}}\right)}{\partial t_1} + \frac{\partial M_{3,\alpha\beta\gamma}\left(f^{\mathrm{eq}}\right)}{\partial r_{1\gamma}}\right)\right]\right.$$
$$\left. + \frac{\partial}{\partial r_{1\gamma}}\left[-\tau\left(\frac{\partial M_{3,\alpha\beta\gamma}\left(f^{\mathrm{eq}}\right)}{\partial t_1} + \frac{\partial M_{4,\alpha\beta\gamma\chi}\left(f^{\mathrm{eq}}\right)}{\partial r_{1\chi}}\right)\right]\right\}, \tag{3.54a}$$

$$M_{3,1,\alpha}(f^{(2)}) = -\tau\left\{\frac{\partial M_{3,1,\alpha}\left(f^{\mathrm{eq}}\right)}{\partial t_2} + \frac{\partial}{\partial t_1}\left[-\tau\left(\frac{\partial M_{3,1,\alpha}\left(f^{\mathrm{eq}}\right)}{\partial t_1} + \frac{\partial M_{4,2,\alpha\beta}\left(f^{\mathrm{eq}}\right)}{\partial r_{1\beta}}\right)\right]\right.$$
$$\left. + \frac{\partial}{\partial r_{1\beta}}\left[-\tau\left(\frac{\partial M_{4,2,\alpha\beta}\left(f^{\mathrm{eq}}\right)}{\partial t_1} + \frac{\partial M_{5,3,\alpha\beta\gamma}\left(f^{\mathrm{eq}}\right)}{\partial r_{1\gamma}}\right)\right]\right\}. \tag{3.54b}$$

对式(3.33)中的麦克斯韦分布函数 f^{eq} 继续在速度空间求高阶矩得到

$$M_{4,\alpha\beta\gamma\chi}\left(f^{\mathrm{eq}}\right) = \int f^{\mathrm{eq}}v_\alpha v_\beta v_\gamma v_\chi \mathrm{d}\boldsymbol{v}$$
$$= n\left[(RT)^2\delta_{\alpha\beta\gamma\chi} + RT(u^2\delta)_{\alpha\beta\gamma\chi} + u_\alpha u_\beta u_\gamma u_\chi\right], \tag{3.55a}$$

$$M_{5,\alpha\beta\gamma\chi\xi}\left(f^{\mathrm{eq}}\right) = \int f^{\mathrm{eq}}v_\alpha v_\beta v_\gamma v_\chi v_\xi \mathrm{d}\boldsymbol{v}$$
$$= n\left[(RT)^2(u\delta^2)_{\alpha\beta\gamma\chi\xi} + RT(u^3\delta)_{\alpha\beta\gamma\chi\xi} + u_\alpha u_\beta u_\gamma u_\chi u_\xi\right], \tag{3.55b}$$

$$M_{5,3,\alpha\beta\gamma}\left(f^{\mathrm{eq}}\right) = \int f^{\mathrm{eq}}\frac{1}{2}\boldsymbol{v}^2 v_\alpha v_\beta v_\gamma \mathrm{d}\boldsymbol{v} = \frac{1}{2}M_{5,\alpha\beta\gamma\chi\chi}\left(f^{\mathrm{eq}}\right), \tag{3.55c}$$

其中

$$\delta_{\alpha\beta\gamma\chi} = \delta_{\alpha\beta}\delta_{\gamma\chi} + \delta_{\alpha\gamma}\delta_{\beta\chi} + \delta_{\alpha\chi}\delta_{\beta\gamma}, \tag{3.56a}$$

$$(u^2\delta)_{\alpha\beta\gamma\chi} = u_\alpha u_\beta \delta_{\gamma\chi} + u_\alpha u_\chi \delta_{\beta\gamma} + u_\alpha u_\gamma \delta_{\beta\chi} + u_\beta u_\chi \delta_{\alpha\gamma} + u_\beta u_\gamma \delta_{\alpha\chi} + u_\gamma u_\chi \delta_{\alpha\beta}, \tag{3.56b}$$

$$(u^3\delta)_{\alpha\beta\gamma\chi\xi} = u_\alpha u_\beta u_\gamma \delta_{\chi\xi} + u_\alpha u_\beta u_\chi \delta_{\gamma\xi} + u_\alpha u_\beta u_\xi \delta_{\gamma\chi} + u_\alpha u_\gamma u_\chi \delta_{\beta\xi}$$
$$+ u_\alpha u_\gamma u_\xi \delta_{\beta\chi} + u_\alpha u_\chi u_\xi \delta_{\beta\gamma} + u_\beta u_\gamma u_\chi \delta_{\alpha\xi}$$

$$+ u_\beta u_\gamma u_\xi \delta_{\alpha\chi} + u_\beta u_\chi u_\xi \delta_{\alpha\gamma} + u_\gamma u_\chi u_\xi \delta_{\alpha\beta}, \tag{3.56c}$$

$$(u\delta^2)_{\alpha\beta\gamma\chi\xi} = u_\alpha \delta_{\beta\gamma\chi\xi} + u_\beta \delta_{\alpha\gamma\chi\xi} + u_\gamma \delta_{\alpha\beta\chi\xi} + u_\chi \delta_{\alpha\beta\gamma\xi} + u_\xi \delta_{\alpha\beta\gamma\chi}. \tag{3.56d}$$

这里，考虑黏性系数 μ 随温度的变化关系为

$$\mu = \mu_0 (T/T_0)^\beta, \tag{3.57}$$

其中 μ_0 为参考温度 T_0 时的黏性系数，指数 β 取正数，对于大多数的单原子气体 $\beta \approx 0.8$。根据前面在 NS 层次推导的黏性系数与弛豫时间之间的关系 $\mu = \tau\rho RT$ 得到，相应的弛豫时间 τ 随温度变化关系应为

$$\tau = \tau_0/(\rho T^{1-\beta}), \tag{3.58}$$

其中 $\tau_0 = \mu_0/(RT_0^\beta)$。将 $M_{4,\alpha\beta\gamma\chi}(f^{\text{eq}})$、$M_{5,3,\alpha\beta\gamma}(f^{\text{eq}})$ 和式(3.58)中 τ 的表达式以及前面求得的 $M_{2,\alpha\beta}(f^{\text{eq}})$、$M_{3,\alpha\beta\gamma}(f^{\text{eq}})$、$M_{3,1,\alpha}(f^{\text{eq}})$ 和 $M_{4,2,\alpha\beta}(f^{\text{eq}})$ 的表达式代入式 (3.54a)和(3.54b) 中，并将结果中宏观量关于 $\frac{\partial}{\partial t_1}$ 的时间导数用式 (3.38a)~(3.38c)转化成空间导数，将结果中宏观量关于 $\frac{\partial}{\partial t_2}$ 的时间导数用式 (3.47a)~(3.47c) 转化成空间导数，化简后可以得到

$$M_{2,\alpha\beta}(f^{(2)}) = \tau^2$$
$$\times \left[-2R^2T^2 \frac{\partial^2 n}{\partial r_{1\langle\alpha}\partial r_{1\beta\rangle}} + \frac{2R^2T^2}{n}\frac{\partial n}{\partial r_{1\langle\alpha}}\frac{\partial n}{\partial r_{1\beta\rangle}} - 2R^2T\frac{\partial T}{\partial r_{1\langle\alpha}}\frac{\partial n}{\partial r_{1\beta\rangle}} \right.$$
$$\left. + 2nRT\frac{\partial u_{\langle\alpha}}{\partial r_{1\gamma}}\frac{\partial u_{\beta\rangle}}{\partial r_{1\gamma}} + \frac{2-4\beta}{3}nRT\frac{\partial u_{\langle\alpha}}{\partial r_{1\beta\rangle}}\frac{\partial u_\gamma}{\partial r_{1\gamma}} + 2\beta nR^2\frac{\partial T}{\partial r_{1\langle\alpha}}\frac{\partial T}{\partial r_{1\beta\rangle}} \right], \tag{3.59a}$$

$$M_{3,1,\alpha}(f^{(2)}) = \tau^2$$
$$\times \left[-\frac{4}{3}n(RT)^2\frac{\partial^2 u_\beta}{\partial r_{1\alpha}\partial r_{1\beta}} + n(RT)^2\frac{\partial^2 u_\alpha}{\partial r_{1\beta}\partial r_{1\beta}} - 2R^2T^2\frac{\partial u_{\langle\beta}}{\partial r_{1\alpha\rangle}}\frac{\partial n}{\partial r_{1\beta}} \right.$$
$$+ (6+\beta)nR^2T\frac{\partial u_\alpha}{\partial r_{1\beta}}\frac{\partial T}{\partial r_{1\beta}} + (1+\beta)nR^2T\frac{\partial u_\beta}{\partial r_{1\alpha}}\frac{\partial T}{\partial r_{1\beta}}$$
$$\left. + \frac{1-14\beta}{6}nR^2T\frac{\partial u_\beta}{\partial r_{1\beta}}\frac{\partial T}{\partial r_{1\alpha}} \right] + u_\beta M_{2,\alpha\beta}(f^{(2)}). \tag{3.59b}$$

式中下标带角括号的表示无迹张量，其中

$$\frac{\partial^2 \rho}{\partial r_{1\langle\alpha}\partial r_{1\beta\rangle}} = \frac{\partial^2 \rho}{\partial r_{1\alpha}\partial r_{1\beta}} - \frac{1}{3}\frac{\partial^2 \rho}{\partial r_{1\gamma}\partial r_{1\gamma}}\delta_{\alpha\beta}, \tag{3.60a}$$

$$\frac{\partial u_{\langle\alpha}}{\partial r_{1\gamma}}\frac{\partial u_{\beta\rangle}}{\partial r_{1\gamma}} = \frac{\partial u_\alpha}{\partial r_{1\gamma}}\frac{\partial u_\beta}{\partial r_{1\gamma}} - \frac{1}{3}\frac{\partial u_\chi}{\partial r_{1\gamma}}\frac{\partial u_\chi}{\partial r_{1\gamma}}\delta_{\alpha\beta}, \tag{3.60b}$$

$$\frac{\partial u_{\langle 1\alpha}}{\partial r_{1\beta\rangle}} = \frac{1}{2}\left(\frac{\partial u_{1\alpha}}{\partial r_{1\beta}} + \frac{\partial u_{1\beta}}{\partial r_{1\alpha}}\right) - \frac{1}{3}\frac{\partial u_{1\gamma}}{\partial r_{1\gamma}}\delta_{\alpha\beta}. \tag{3.60c}$$

其他无迹张量的表达式可以类比得到。

在伯内特层次上，关注三个时间尺度上和一个空间尺度上的变化率，有

$$\frac{\partial}{\partial t} = \varepsilon\frac{\partial}{\partial t_1} + \varepsilon^2\frac{\partial}{\partial t_2} + \varepsilon^3\frac{\partial}{\partial t_3}, \tag{3.61a}$$

$$\frac{\partial}{\partial r} = \varepsilon\frac{\partial}{\partial r_{1\alpha}}, \tag{3.61b}$$

方程组(3.52a)~(3.52c)结合方程组 (3.43a)~(3.43c)和方程组(3.37a)~(3.37c)就可以得到伯内特层次的流体力学方程组。对于特定的气体，方程两边同时乘以气体分子质量 m，分子数密度 n 就变成气体密度 ρ，即得到方程组：

$$\frac{\partial \rho}{\partial t} + \frac{\partial \rho u_\alpha}{\partial r_\alpha} = 0, \tag{3.62a}$$

$$\begin{aligned}
&\frac{\partial \rho u_\alpha}{\partial t} + \frac{\partial\left(\rho u_\alpha u_\beta + P\delta_{\alpha\beta}\right)}{\partial r_\beta} - \frac{\partial}{\partial r_\beta}\left[\mu\left(\frac{\partial u_\alpha}{\partial r_\beta} + \frac{\partial u_\beta}{\partial r_\alpha} - \frac{2}{3}\frac{\partial u_\gamma}{\partial r_\gamma}\delta_{\alpha\beta}\right)\right] \\
&- \frac{\partial}{\partial r_\beta}\left\{\mu^2\left[\frac{2}{\rho^2}\frac{\partial^2\rho}{\partial r_{\langle\alpha}\partial r_{\beta\rangle}} - \frac{2}{\rho^3}\frac{\partial\rho}{\partial r_{\langle\alpha}}\frac{\partial\rho}{\partial r_{\beta\rangle}} + \frac{2}{\rho^2 T}\frac{\partial T}{\partial r_{\langle\alpha}}\frac{\partial\rho}{\partial r_{\beta\rangle}}\right.\right. \\
&\left.\left. - \frac{2}{P}\frac{\partial u_{\langle\alpha}}{\partial r_\gamma}\frac{\partial u_{\beta\rangle}}{\partial r_\gamma} - \frac{2-4\beta}{3}\frac{1}{P}\frac{\partial u_{\langle\alpha}}{\partial r_{\beta\rangle}}\frac{\partial u_\gamma}{\partial r_\gamma} - 2\beta\frac{1}{\rho T^2}\frac{\partial T}{\partial r_{\langle\alpha}}\frac{\partial T}{\partial r_{\beta\rangle}}\right]\right\} = 0,
\end{aligned} \tag{3.62b}$$

$$\begin{aligned}
&\frac{\partial \rho E}{\partial t} + \frac{\partial\left(\rho E u_\alpha + P u_\alpha\right)}{\partial r_\alpha} - \frac{\partial}{\partial r_\alpha}\left[\mu\left(\frac{\partial u_\alpha}{\partial r_\beta} + \frac{\partial u_\beta}{\partial r_\alpha} - \frac{2}{3}\frac{\partial u_\gamma}{\partial r_\gamma}\delta_{\alpha\beta}\right)u_\beta\right] \\
&- \frac{\partial}{\partial r_\alpha}\left\{\mu^2\left[\frac{2}{\rho^2}\frac{\partial^2\rho}{\partial r_{\langle\alpha}\partial r_{\beta\rangle}} - \frac{2}{\rho^3}\frac{\partial\rho}{\partial r_{\langle\alpha}}\frac{\partial\rho}{\partial r_{\beta\rangle}} + \frac{2}{\rho T}\frac{\partial T}{\partial r_{1\langle\alpha}}\frac{\partial\rho}{\partial r_{1\beta\rangle}} - \frac{2}{P}\frac{\partial u_{\langle\alpha}}{\partial r_\gamma}\frac{\partial u_{\beta\rangle}}{\partial r_\gamma}\right.\right. \\
&\left. - \frac{2-4\beta}{3}\frac{1}{P}\frac{\partial u_{\langle\alpha}}{\partial r_{\beta\rangle}}\frac{\partial u_\gamma}{\partial r_{1\gamma}} - 2\beta\frac{1}{\rho T^2}\frac{\partial T}{\partial r_{\langle\alpha}}\frac{\partial T}{\partial r_{\beta\rangle}}\right]u_\beta\right\} - \frac{\partial}{\partial r_\alpha}\left(\kappa\frac{\partial T}{\partial r_{1\alpha}}\right) \\
&- \frac{\partial}{\partial r_\alpha}\left\{\frac{\kappa^2}{c_p^2}\left[\frac{4}{3}\frac{1}{\rho}\frac{\partial^2 u_\beta}{\partial r_\alpha\partial r_\beta} - \frac{1}{\rho}\frac{\partial^2 u_\alpha}{\partial r_\beta\partial r_\beta} + \frac{2}{\rho^2}\frac{\partial u_{\langle\beta}}{\partial r_{1\alpha\rangle}}\frac{\partial\rho}{\partial r_\beta} - (6+\beta)\frac{1}{\rho T}\frac{\partial u_\alpha}{\partial r_\beta}\frac{\partial T}{\partial r_\beta}\right.\right. \\
&\left.\left. - (1+\beta)\frac{1}{\rho T}\frac{\partial u_\beta}{\partial r_\alpha}\frac{\partial T}{\partial r_\beta} - \frac{1-14\beta}{6}\frac{1}{\rho T}\frac{\partial u_\beta}{\partial r_\beta}\frac{\partial T}{\partial r_\alpha}\right]\right\} = 0.
\end{aligned} \tag{3.62c}$$

这样就得到了玻尔兹曼-BGK 方程对应的伯内特方程组。基于类似的思路，还可以进一步得到更高阶的流体动力学方程组 (超伯内特方程组)。但由于其黏性应力和热流项的形式过于复杂，这里不再进一步推导。

可见，**在直接求解玻尔兹曼方程有困难或没有必要的情形，查普曼-恩斯库格多尺度分析为获得玻尔兹曼方程满足一定条件的近似解析解提供了一个很有帮助的思路。**欧拉、纳维-斯托克斯、伯内特等逐级递增的宏观流体力学方程组可视为玻尔兹曼方程描述的泰勒展

开截断, 是玻尔兹曼方程精度逐步递增的近似解析解。获得了宏观流体力学方程组之后, 就可以借助传统计算流体力学的各种技术进行模拟计算。但需意识到, 玻尔兹曼方程对应分布函数所有动理学矩的演化方程, 而宏观流体力学方程组只是密度、动量和能量这三个守恒动理学矩的演化方程, 只是系统部分动理学性质的精度逐步递增的近似描述。同时也看到了, 在推导包含二阶及以上非平衡效应的宏观流体动力学方程组时, 空间导数计算使用的尺度数目不同, 以及推导过程中所选取的 "参考 (平衡) 态" 不同, 所得到的宏观流体方程组是有所差异的。在需要考虑三阶或以上非平衡效应时, 通过查普曼-恩斯库格多尺度分析获取宏观流体方程组的做法复杂到几乎不可取的程度 (一些特殊、简单个例除外)。这使得动理学宏观建模与模拟这一方案难以推广应用于强非平衡流动问题。

下面将要介绍的离散玻尔兹曼建模方法是一种与动理学宏观建模不同, 根据系统性质研究需求直接建模的方法。在这种建模方式中, 我们只是根据系统性质研究需求, 借助某种方式 (例如查普曼-恩斯库格多尺度分析的物理图像) 快速确定建模过程中要保持不变的底层动理学矩关系, (原则上) 无须经过烦琐的理论推导获得最终的宏观流体动力学方程组。DBM 模型对应的宏观流体动力学方程组可以是后知的结果, 而不必是 DBM 建模与模拟的前提; 同时, DBM 自动提供部分关系最密切的非平衡动理学矩及其演化, 自动弥补宏观流体动力学方程组在非平衡效应描述方面的功能不足。 在借助查普曼-恩斯库格多尺度分析物理图像的情形, 查普曼-恩斯库格多尺度分析理论是这类建模思路合理的理论依据。

3.2.4 动理学直接建模: DBM

非平衡统计力学是联系微观与宏观的桥梁, 因而我们希望借助非平衡统计力学建立某种动理学模型, 以联系粒子描述和连续描述。对于新模型, 我们有如下期望或要求: 从物理建模角度, 它应当近似等效于一个连续流体模型外加一个关于热动非平衡行为的粗粒化模型; 在纳维-斯托克斯有效的区域, 它相当于一个纳维-斯托克斯外加一个关于热动非平衡效应的粗粒化模型; 在纳维-斯托克斯失效的情形, 它相当于一个修正的纳维-斯托克斯外加一个关于热动非平衡效应的粗粒化模型。前者相当于质量、动量和能量演化及守恒方程, 后者相当于相应的非守恒矩演化方程; 后者用于部分弥补前者在非平衡行为特征捕获、描述方面的不足。

尽管相对于刘维尔方程, 玻尔兹曼方程已经是个高度粗粒化的模型, 但其碰撞项仍然是如此复杂, 以至于在绝大多数情形仍然不方便求解。为了进行有效的使用, 我们不得不根据具体情形, 继续对其进行简化 (抓主要矛盾, 有所保, 有所丢)。

为了更好地描述非平衡行为, 对于远离壁面的内部流动。从玻尔兹曼方程描述到 DBM 的建立, 包括三个步骤: ① 碰撞算符的简约化; ② 粒子速度空间的离散化; ③ 非平衡状态描述与非平衡信息提取。(如图 2.6 所示。) 其中, 前两步是粗粒化物理建模, 第三步是 DBM 建模的目的和核心。

3.2.4.1 碰撞算符的简约化

玻尔兹曼方程极其复杂的碰撞项在很多情形下给其使用带来了不便。为了能够方便有效使用, 需要对其进行合理简化, 方法之一就是通过引入一个局域平衡态分布函数 f^{eq} 来将原来复杂的碰撞项用一个线性化模型来取代, 例如:

$$\frac{\partial f}{\partial t} + \boldsymbol{v} \cdot \frac{\partial f}{\partial \boldsymbol{r}} + \boldsymbol{a} \cdot \frac{\partial f}{\partial \boldsymbol{v}} = -\frac{1}{\tau}(f - f^{\mathrm{eq}}). \tag{3.63}$$

这个线性化碰撞算符的物理含义是：分子的碰撞使得局域分布函数 f 朝着其对应的热动平衡态分布函数 f^{eq} 演化，演化的快慢由弛豫时间 τ 来控制。这个线性化碰撞模型最早是由 Bhatnagar-Gross-Krook (BGK) 在 1954 年发表在《物理评论》的一篇文章[126] 中提出。大家自然可以想到，尽管在方程(3.31)和(3.63) 中，分布函数都用同一个字母 f 来表示，但这两个分布函数是不同的，因为模型简化是个丢信息的过程。这两个分布函数尽管不同，但它们给出的某些性质和特征必须是相同的。这些线性化碰撞算符构造的基本要求是：我们所关心的物理量 (f 的动理学矩) 使用简化前和简化后的模型计算，结果必须一致，即

$$\int -\frac{1}{\tau}(f - f^{\mathrm{eq}})\Psi \mathrm{d}\boldsymbol{v} = \int Q(f,f)\Psi \mathrm{d}\boldsymbol{v}, \tag{3.64}$$

其中 $Q(f,f)$ 代表方程(3.31)右侧的碰撞项，$\Psi = [1, \boldsymbol{v}, \boldsymbol{vv}, \boldsymbol{vvv}, \cdots]^{\mathrm{T}}$ 对应的动理学矩代表我们研究系统所要使用的物理量。这些不因简化而改变的物理量就是粗粒化建模过程中要保的不变量。

对于这个线性化模型的使用范围还需做如下说明：① 如果系统内粒子数密度太低，以至于粒子碰撞的效果不足以使得分布函数 f 趋于 f^{eq}，那么这个模型自然失效，即这个模型不适用于局域 Kn 很高的情形；② 流体系统内往往具有各种不同的动理学模式 (每个非守恒动理学矩的演化对应一种动理学模式)，而该模型只使用一个特征时间来描述弛豫过程，所以该模型只适用于各种不同的动理学模式趋于平衡的速率相差不大的情形。如果系统内各种不同的动理学模式趋于平衡的速率相差较大，我们则不得不构建多弛豫时间模型。多弛豫时间模型的构建方法，后面再介绍。从这里，我们再一次体会到，模型简化所依赖的假设实际上是约束，约束的是模型的适用范围。模型简化后，适用范围一般会缩小。这里，碰撞算符的线性化把玻尔兹曼方程适用的范围从任意非平衡情形约束到了局域热动平衡态附近，粒子的碰撞足以使得 f 趋于 f^{eq} 的情形；单弛豫时间的引入进一步使得模型适用范围收缩到系统内不同动理学模式 (不同非守恒矩) 趋于平衡的速率基本一致的特殊情形。

单弛豫时间 BGK 模型的一个直接局限就是普朗特数固定为 1。为了模拟不同非守恒矩趋于平衡的速率显著不同的情形，可以构建多弛豫时间 (multiple relaxation time，MRT) 碰撞模型。为了使得各个弛豫时间具有明显的物理对应，多弛豫时间碰撞模型一般先在动理学矩空间进行计算，然后转置回粒子速度空间。尽管从数学角度，不同非守恒矩的弛豫时间可以任意调节，但从物理学角度，这些非守恒矩从不同角度描述同一个动理学弛豫过程，因而不同非守恒矩的弛豫过程之间是存在耦合的，建模过程中需要充分考虑这些客观存在的耦合。

要保的不变量不同，即 Ψ 的具体形式不同，f^{eq} 的具体形式也不同。除了 f^{eq} 取麦克斯韦分布时的原始 BGK 模型，文献中常用的线性化碰撞模型还有椭球统计-BGK (ellipsoidal statistical BGK, ES-BGK) 模型[127]、Shakhov 模型 (适用于单原子气体)[128]、Rykov 模型 (适用于双原子气体)[129]、Liu 模型[130]，等等①。这些模型的基本思想在后续用到部分再分别介绍。

---

① 这里，在概念上实际有点跳跃，我们权且从形式上接受，把更多讨论放在 3.2.4.5 节。

3.2.4.2 粒子速度空间的离散化

我们先考虑没有外力项的简单情形。离散玻尔兹曼方程可表示为

$$\frac{\partial f_i}{\partial t} + v_{i\alpha}\frac{\partial f_i}{\partial r_\alpha} = -\frac{1}{\tau}\left(f_i - f_i^{\text{eq}}\right),\tag{3.65}$$

其中 i 是离散速度的序号。相对于位置空间和时间，粒子速度空间的离散具有特殊性。因为我们研究的系统是有限尺寸的，所以只要在空间划足够密的网格，那么空间步长就足够小，小到一定程度，我们就可以使用差分近似取代微分；因为我们关注的系统行为演化是有一定时间跨度的，所以只要我们在时间轴上取足够多的网格点，那么时间步长就足够小，小到一定程度，就可以使用求和取代积分；另外，计算数学针对各种不同情形为我们提供了丰富的离散格式。但分子运动的速度空间就不同了，由于分子运动可以朝向任何方向，且其数值都是 $(-\infty, \infty)$，所以常规的时间、位置空间离散方式对分子运动的速度空间根本不适用。也就是说，想让 f_i 具有确定的物理含义 (代表速度为 $\boldsymbol{v}_i$ 的概率)，很难办到。鉴于此，我们分析系统时所使用的并不是 f_i 的具体数值，而是分布函数 f 的动理学矩。这些动理学矩原本是对分子速度的积分，分子速度空间离散化之后，积分就变成了求和。所以，我们只需保证求和计算得到的结果和原来积分计算得到的结果相同，即

$$\int f\,\Psi'\left(\boldsymbol{v}\right)\mathrm{d}\boldsymbol{v} = \sum_i f_i\,\Psi'\left(\boldsymbol{v}_i\right),\tag{3.66}$$

就能满足我们物理问题研究的需求。根据查普曼-恩斯库格分析，f 动理学矩的计算最终可以归结为 f^{eq} 动理学矩的计算。所以，只要 f^{eq} 相关的动理学矩能够转为求和进行计算，而结果保持不变，即

$$\int f^{\text{eq}}\,\Psi''\left(\boldsymbol{v}\right)\mathrm{d}\boldsymbol{v} = \sum_i f_i^{\text{eq}}\Psi''\left(\boldsymbol{v}_i\right),\tag{3.67}$$

就能满足我们物理问题研究的需求。方程(3.67)给出了分子速度空间离散化所要遵守的约束。方程(3.67)实际上是一个关于 f_i^{eq} 的线性方程组，可以写成如下矩阵方程的形式：

$$\hat{\boldsymbol{f}}^{\text{eq}} = \boldsymbol{M}\cdot\boldsymbol{f}^{\text{eq}},\tag{3.68}$$

其中 $\hat{\boldsymbol{f}}^{\text{eq}} \equiv [\hat{f}_k^{\text{eq}}]$，$\boldsymbol{f}^{\text{eq}} \equiv [f_i^{\text{eq}}]$，$\boldsymbol{M} \equiv [m_{ki}]$；$\hat{f}_k^{\text{eq}}$ 是 $\boldsymbol{f}^{\text{eq}}$ 的第 k 个动理学矩；矩阵元 m_{ki} 由离散速度确定。也就是说，离散速度 $\boldsymbol{v}_i$ 的选取只要能够满足方程(3.67)，就能从物理上满足我们研究问题的需求。在式(3.67)或(3.68)的约束下，分子速度空间的离散化方式灵活性还是比较高的。离散速度的最少数目是式(3.67)或(3.68)中独立方程的个数。如果使用最少数目的离散速度，则可以首先使用 Matlab 等数学软件获得矩阵 $\boldsymbol{M}$ 的逆，然后通过

$$\boldsymbol{f}^{\text{eq}} = \boldsymbol{M}^{-1}\hat{\boldsymbol{f}}^{\text{eq}}\tag{3.69}$$

来获得离散的平衡态分布函数 $\boldsymbol{f}^{\text{eq}}$。离散平衡态分布函数 $\boldsymbol{f}^{\text{eq}}$ 也可以通过其他方式来获得，这在后面还要介绍。由于分子运动速度空间的离散必然带来对称性的破缺，不同的离散方

式能保的对称性是不同的，所以在实际数值实验中，离散速度的具体取法取决于要保的不变量、基本的守恒性和必要的对称性。图 3.5 给出了几种典型的离散速度模型示意图。

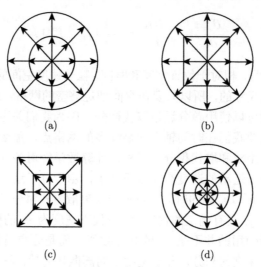

(a)　　　　　　　　　　　(b)

(c)　　　　　　　　　　　(d)

图 3.5　几种典型的离散速度取模型示意图

前面已经提到，单弛豫时间模型只适用于各种不同的动理学模式趋于平衡的速率相差不大的情形；如果不同的动理学模式趋于平衡的速率相差较大，我们则不得不构建多弛豫时间模型。最容易想到的做法就是，在式(3.65)中将 τ 改写为 τ_i，即

$$\frac{\partial f_i}{\partial t} + v_{i\alpha}\frac{\partial f_i}{\partial r_\alpha} = -\frac{1}{\tau_i}\left(f_i - f_i^{\mathrm{eq}}\right). \tag{3.70}$$

问题是，f_i 本身的数值都不具备清晰的物理含义，τ_i 的物理含义也就更加不好解释；带来的结果是，模拟结果的物理含义不好解释。为避开这个问题，多弛豫时间碰撞模型一般都在动理学矩空间进行构建和计算，计算完毕后，再转置回离散速度空间，如下式所示：

$$\frac{\partial f_i}{\partial t} + v_{i\alpha}\frac{\partial f_i}{\partial r_\alpha} = -M_{il}^{-1}\left[\hat{R}_{lk}\left(\hat{f}_k - \hat{f}_k^{\mathrm{eq}}\right) + \hat{A}_l\right], \tag{3.71}$$

其中 $M_{il}^{-1} = [\boldsymbol{M}^{-1}]_{il}$，$\hat{f}_k = M_{ki}f_i$，$\hat{f}_k^{\mathrm{eq}} = M_{ki}f_i^{*\mathrm{eq}}$，$\hat{\boldsymbol{R}} = \boldsymbol{M}\boldsymbol{R}\boldsymbol{M}^{-1} = \mathrm{diag}\left[R_1, R_2, \cdots, R_N\right]$，$\hat{\boldsymbol{R}}$ 为 $\hat{R}_{lk}$ 的矢量形式。在动理学矩空间中，每个弛豫时间 ($\hat{R}_{lk}$ 的倒数) 描述的就是相应的非守恒动理学矩 $\hat{f}_k$ 趋于其平衡态值 $\hat{f}_k^{\mathrm{eq}}$ 的快慢。为了使得不同动理学模式之间的耦合不丢失，碰撞算符中一般需要根据物理需求添加修正项 $\hat{A}_l$，将丢失的关联找回来。

查普曼-恩斯库格多尺度分析借助的是量级评估的思想，是常用的粗粒化物理建模方法。可以想到，**DBM** 建模过程中是否需要考虑更高阶克努森数的项，不仅取决于克努森数自身的绝对大小，还取决于前后两阶非平衡效应项的相对强弱[118]。

3.2.4.3　非平衡状态描述与信息提取

复杂流动系统非平衡行为的复杂性 (横看成岭侧成峰，远近高低各不同) 决定了非平衡状态和程度描述的多角度性。克努森数、黏性、热传导、宏观量 (密度 ρ、流速 $\boldsymbol{u}$、温度 T、

压强 P 等) 的梯度等都是常用的非平衡程度表征量, 它们都从各自的角度来描述系统的非平衡程度。但它们也都是将某些信息高度浓缩的、平均化、粗粒化描述, 很多物理上感兴趣的关于非平衡状态的具体信息 (例如, 不同自由度上的内能、黏性应力、热流或更高阶非守恒矩的具体数值, 以及它们各独立分量的具体搭配等), 通过它们是看不到、无法直接研究的。因而, 除此之外, 我们还需要更加细粒化的描述。在这方面, $f - f^{\mathrm{eq}}$ 的非守恒动力学矩可满足 (或部分满足) 上述需求, 用于复杂流动系统非平衡行为的更细致描述。这些非守恒矩的每个分量都从自己角度描述系统离开平衡的方式和程度。所以, DBM 借助分布函数 $f - f^{\mathrm{eq}}$ 的非守恒动理学矩来描述流体系统的非平衡状态、非平衡特征、非平衡行为, 提取非平衡信息与效应。这里, 我们使用 $\boldsymbol{M}_n = \boldsymbol{M}_n(f)$ 来表示分布函数 f 关于粒子速度 $\boldsymbol{v}$ 的 n 阶动理学矩, 令 $\boldsymbol{M}_n^{\mathrm{eq}} = \boldsymbol{M}_n(f^{\mathrm{eq}})$, 使用 $\boldsymbol{M}_{m,n}$ 表示由 m 阶张量缩并成的 n 阶张量。就只考虑一阶非平衡效应的 DBM 而言, 建模过程中需要保证平衡态分布函数 f^{eq} 下述 7 个动理学矩可以转化为求和, 进行计算:

$$\boldsymbol{M}_0^{\mathrm{eq}} = \sum_i f_i^{\mathrm{eq}} = \rho, \tag{3.72a}$$

$$\boldsymbol{M}_1^{\mathrm{eq}} = \sum_i f_i^{\mathrm{eq}} \boldsymbol{v}_i = \rho \boldsymbol{u}, \tag{3.72b}$$

$$\boldsymbol{M}_{2,0}^{\mathrm{eq}} = \sum_i \frac{1}{2} f_i^{\mathrm{eq}} \boldsymbol{v}_i \cdot \boldsymbol{v}_i = \rho \left(T + \frac{u^2}{2} \right), \tag{3.72c}$$

$$\boldsymbol{M}_2^{\mathrm{eq}} = \sum_i f_i^{\mathrm{eq}} \boldsymbol{v}_i \boldsymbol{v}_i = \rho(T\boldsymbol{I} + \boldsymbol{u}\boldsymbol{u}), \tag{3.72d}$$

$$\boldsymbol{M}_3^{\mathrm{eq}} = \sum_i f_i^{\mathrm{eq}} \boldsymbol{v}_i \boldsymbol{v}_i \boldsymbol{v}_i = \rho[T(\boldsymbol{u}_\alpha \boldsymbol{e}_\beta \boldsymbol{e}_\gamma \delta_{\beta\gamma} + \boldsymbol{e}_\alpha \boldsymbol{u}_\beta \boldsymbol{e}_\gamma \delta_{\alpha\gamma}$$
$$+ \boldsymbol{e}_\alpha \boldsymbol{e}_\beta \boldsymbol{u}_\gamma \delta_{\alpha\beta}) + \boldsymbol{u}\boldsymbol{u}\boldsymbol{u}], \tag{3.72e}$$

$$\boldsymbol{M}_{3,1}^{\mathrm{eq}} = \sum_i \frac{1}{2} f_i^{\mathrm{eq}} \boldsymbol{v}_i \cdot \boldsymbol{v}_i \boldsymbol{v}_i = \rho \boldsymbol{u} \left(2T + \frac{1}{2} \boldsymbol{u} \cdot \boldsymbol{u} \right), \tag{3.72f}$$

$$\boldsymbol{M}_{4,2}^{\mathrm{eq}} = \sum_i \frac{1}{2} f_i^{\mathrm{eq}} \boldsymbol{v}_i \cdot \boldsymbol{v}_i \boldsymbol{v}_i \boldsymbol{v}_i = \rho \left[\left(2T + \frac{\boldsymbol{u} \cdot \boldsymbol{u}}{2} \right) T\boldsymbol{I} + \boldsymbol{u}\boldsymbol{u} \left(3T + \frac{\boldsymbol{u} \cdot \boldsymbol{u}}{2} \right) \right]. \tag{3.72g}$$

这里是以二维情形为例, 在这 7 个动理学矩中, 只有前三个 (密度、动量和能量) 是守恒矩, 在系统趋于平衡或离开平衡的过程中保持不变; 其余的动理学矩都是非守恒的。所以,

$$\boldsymbol{\Delta}_n = \boldsymbol{M}_n(f_i) - \boldsymbol{M}_n(f_i^{\mathrm{eq}}), \tag{3.73}$$

描述的就是流体系统偏离平衡态的具体细节。动理学矩 $\boldsymbol{M}_n$ 和非平衡特征量 $\boldsymbol{\Delta}_n$ 中同时包含了流体分子的整体平均行为 (即流体动力学行为 (hydrodynamic behavior)) 和纯粹的热涨落行为 (即热力学行为 (thermodynamic behavior))。所以, 我们称非平衡特征量 $\boldsymbol{\Delta}_n$ 为热动非平衡 (thermo-hydrodynamic non-equilibrium, THNE) 特征量。我们使用 $\boldsymbol{M}_n^*$ 描述

分布函数 f 关于粒子涨落速度 $(\boldsymbol{v} - \boldsymbol{u})$ 的 n 阶动理学矩，即中心矩；令 $\boldsymbol{M}_n^{*\mathrm{eq}} = \boldsymbol{M}_n^*(f^{\mathrm{eq}})$，则由中心矩定义的非平衡特征量为

$$\boldsymbol{\Delta}_n^* = \boldsymbol{M}_n^*(f_i) - \boldsymbol{M}_n^*(f_i^{\mathrm{eq}}). \tag{3.74}$$

我们称非平衡特征量 $\boldsymbol{\Delta}_n^*$ 为热力学非平衡 (thermodynamic non-equilibrium, TNE) 特征量。

这些非守恒矩 (或非平衡特征量) 都是张量，都由若干分量构成，其中只有部分分量是独立的。这些张量构成一个集合，其中的独立分量也构成一个集合。我们可以使用非平衡特征量集合 $\boldsymbol{\Delta}_n$ 或 $\boldsymbol{\Delta}_n^*$ 的独立分量张开一个高维相空间。在这个相空间中，坐标原点对应热动 (或热力学) 平衡态，其余任何一点都对应一个具体的热动 (热力学) 非平衡态。图 3.6(a) 展示的是由热力学非平衡特征量 $\boldsymbol{\Delta}_n^*$ 的独立分量张开的热力学非平衡相空间示意图 (以 $\boldsymbol{\Delta}_n^*$ 具有三个独立分量为例)。通过这个相空间，我们可以清楚地研究系统从热力学非平衡态 1 (thermodynamic non-equilibrium state 1) 到热力学非平衡态 2 (thermodynamic non-equilibrium state 2) 的演化过程。

除了可以通过这些非平衡量研究系统的熵增，进而通过熵增研究物质混合，研究系统内不同非平衡行为特征之间的空间关联、时间关联、时空关联、竞争与协作等之外，借助非平衡量相空间到原点距离的概念又可定义高度粗粒化的非平衡程度或强度，如图 3.6(b) 所示，线段 D^* 的长度描述状态 1 的非平衡程度。在这个描述下，只要在一个球面上，非平衡强度就相同，所以非平衡强度相同的非平衡状态有无穷多。借助非平衡量相空间两点间距离的概念可以定义两个非平衡状态之间的相似度，借助非平衡量相空间到原点距离的概念又可定义高度粗粒化的非平衡程度或强度。如图 3.6(c) 所示，线段 d 长度的倒数 $S = 1/d$ 描述状态 1 和状态 2 在非平衡行为特征方面的相似度。如果两点间距离 $d = 0$，即两点重合，则相似度 S 为无穷高，其含义是在模型可识别的范围内，两状态离开平衡的方式和幅度完全相同。如果这两个状态都随时间演化，如图 3.6(d) 所示，那么我们可计算在某段时间内两点间距离的平均值，通过其倒数定义这两个动理学过程之间的相似度，等等。

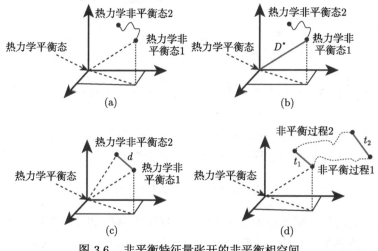

图 3.6 非平衡特征量张开的非平衡相空间

实际问题的研究不断地对复杂物理场分析提出新的要求。新的思路、新的方法会随着

时间不断地出现。这些不同视角的描述相辅相成,它们合在一起,构成一个更加完备的描述。

在强冲击作用下,如果冲击波的强度远高于材料自身的强度,以至于材料本身可以视为分子间作用力能忽略不计的流体,那么流动非平衡 (hydrodynamic non-equilibrium, HNE) 和热力学非平衡 (thermadynamic non-equilibrium, TNE) 均由密度、流速、温度、压强等宏观量的梯度引起,即这些宏观量的梯度力构成流动非平衡和热力学非平衡的驱动力。在分子间作用力不能忽略的情形,分子间作用力与梯度力合在一起,构成非平衡驱动力。

我们关注的流体力学量均是分布函数 f 的动理学矩。根据查普曼-恩斯库格多尺度分析,这些动理学矩的计算最终均可以归结为局域平衡态分布函数 f^{eq} 的 (更高阶) 动理学矩的计算。DBM 构建过程中,考虑要保的动理学矩时需要兼顾非平衡特征量 $\boldsymbol{\Delta}_n$ 或 $\boldsymbol{\Delta}_n^*$ 的精度要求。

因为分布函数 f 有无穷多个动理学矩,而在 DBM 建模过程中只保了有限个动理学矩,所以 DBM 建模与模拟捕捉到的只是一部分非平衡行为特征,但大家也不用太担心,因为它捕捉到的正是与我们关注的宏观流动行为关系最密切的那一部分。

另外,需要说明的是:鉴于原始玻尔兹曼方程是基于理想气体图像的,而在多数复杂流动研究中分子间作用势的效应是不能忽略的,所以实际应用中的 DBM 建模往往是从修正后的玻尔兹曼方程开始的 (即作为模型构建起点的不同形式的线性化玻尔兹曼方程可视为修正后的玻尔兹曼方程),是动理学理论与平均场理论的有机结合。

3.2.4.4　非平衡特征的不变量

前面我们已经不加讨论地使用过矢量和张量的概念。为方便下面的讨论,这里我们做一下简单梳理。

只需一个实数就可以表示出来的简单物理量称为标量,例如距离、时间、能量、密度、压强和温度等。需要用空间坐标系中的三个分量来表示的物理量称为矢量,例如位移、速度、力,等等。对于更加复杂的物理量,例如应力状态、应变状态等,需要用空间坐标系中的三个矢量 (也即九个分量) 才能完整地表示出来,这就是二阶张量。二阶张量可视为两个矢量并在一起。有些更加复杂的物理量,例如动理学矩,可以由更多的矢量并在一起来构成。由 N 个矢量并在一起构成的张量就是 N 阶张量,在 D $(D = 1, 2, 3)$ 维情形有 D^N 个分量。矢量实际上就是一阶张量,标量则是零阶张量。写成分量形式时,N 阶张量需要 N 个下角标。例如,P_{ij} 是二阶张量,P_{ijk} 是三阶张量。跟矢量一样,张量一般用黑体字母表示,例如张量 $\boldsymbol{P}$,其展开形式需要用矩阵来表示,$\boldsymbol{P} = [P_{ij\cdots k}]$。

张量存在不变量。张量的分量一定可以组成某些函数 $f = f(P_{ij\cdots k})$,其值与坐标轴的选择无关,即不随坐标而改变,这样的函数称为张量的不变量。对于三维空间中的二阶张量,其三个不变量分别为其矩阵的迹、矩阵的二阶主子式之和、矩阵的行列式。

张量可分为对称张量 $(P_{ij} = P_{ji})$、非对称张量 $(P_{ij} \neq P_{ji})$、反对称张量 $(P_{ij} = -P_{ji})$。二阶对称张量存在三个主轴和三个主值。如果取主轴为坐标轴,那么两个下角标不同的分量都将为零 $(P_{i \neq j} = 0)$,只留下两个下角标相同的三个分量 (P_{ii}),称为主值。

二阶以上的非守恒量均是张量。非平衡特征不变量的研究是系统非平衡状态、行为和效应研究的一种有效方式。

3.2.4.5　BGK 等线性化模型的再讨论

本节,我们简单讨论一下不同背景下 BGK 等线性化模型的物理内涵与适用范围。BGK 近似

$$\frac{\mathrm{d}f}{\mathrm{d}t} = -\frac{1}{\tau}(f - f^{\mathrm{eq}}) \tag{3.75}$$

的原始出发点是: 在单弛豫时间约束下, ① 碰撞不变量只包含分布函数 f 的守恒矩; ② 满足 H 定理。方程(3.75)左侧是分布函数 f 的全导数或物质导数。

从单弛豫时间视角分析, 比较由原始玻尔兹曼方程出发和由玻尔兹曼-BGK 方程出发, 通过查普曼-恩斯库格多尺度分析得出的一系列流体力学方程组, 就会发现, ① 即便是只保留一阶热力学非平衡效应 (Kn 一阶项) 的纳维-斯托克斯方程, 其输运系数 (黏性系数和热传导系数) 也不相同; ② 只有在 $Kn \ll 1$, Kn 一阶项也可以忽略的情形 (即欧拉方程情形), 二者给出的流体力学方程组才严格相同。这应该就是原始 BGK 的适用范围。(与简化过程只保守恒矩不变自洽!)

尽管 $Kn \ll 1$, $f \approx f^{\mathrm{eq}}$, 但模型方程又不能写成

$$\frac{\mathrm{d}f^{\mathrm{eq}}}{\mathrm{d}t} = -\frac{1}{\tau}(f^{\mathrm{eq}} - f^{\mathrm{eq}}) \tag{3.76}$$

的形式。这正是欧拉方程对应的情形, 对应的是热力学和统计物理学中的"准静态"、"准平衡"。在适用范围方面, 原始 BGK 在玻尔兹曼方程适用范围内占比很低。如果是从原始玻尔兹曼方程出发, 即假设系统内分子间的相互作用严格遵循原始玻尔兹曼方程所要求的物理假设, 则 BGK 近似的引入进一步增加了物理约束: 系统始终处于准平衡状态。这实际上已让 BGK 失去了研究热力学非平衡的能力!

而目前有一系列动理学方法, 基于 BGK 研究热力学非平衡, 这又该作如何解释?

如果目标是研究玻尔兹曼方程足以描述的系统行为中满足条件 $Kn \ll 1$, $f \approx f^{\mathrm{eq}}$ 那一部分, 则接下来的模型构建过程便不能偏离该约束。然而, 绝大多数情形, 系统内分子间的关联远非玻尔兹曼方程所要求的那样微弱和简单。同时, 密度、流速、温度等任一物理量的大梯度或快变行为都驱使系统偏离原始 BGK 所要求的"准平衡"条件。基于如下现实: ① 分子间作用势远非玻尔兹曼方程所要求的那样微弱和简单; ② 关注的非平衡程度可能远超 BGK 要求的"准平衡", 绝大多数系统的动理学行为研究, 无法只靠基于原始 BGK 的动理学理论来进行, 实际使用的 BGK 是基于平均场理论思路修正后的版本。平均场理论的职责主要有二: ① 补充描述玻尔兹曼方程遗漏的分子间作用势效应; ② 修正 BGK 适用范围, 使其可以向更高的非平衡程度延伸。

非平衡复杂流动研究中使用的 BGK 等各类线性化模型 (包括单弛豫时间模型和多弛豫时间模型), 并不是玻尔兹曼方程在相应严苛条件下的对应简单描述, 而是动理学理论与平均场理论相结合的修正之后的动理学模型, 如图 3.7 所示。其中, 动理学理论和平均场理论, 功能互补, 描述的是对方遗漏的作用和效应。当然, 修正后的模型仍然只是粗粒化描述, 有所保有所丢。复杂的流动研究, 经常依赖这种杂化模型, 其正确性需接受实验或其他可靠结果的检验。DBM 中的 BGK 等各类线性化模型属于这一类[131]。

图 3.7　动理学模型适用范围示意图

3.3　滑移流动的 DBM 建模

3.3.1　滑移流简介

1 mol 气体所包含的分子数是固定的,即等于阿伏伽德罗常量 $N_A = 6.02 \times 10^{23}$。在标准状态下,1 mol 气体的体积也是固定的,约为 $V_0 = 22.4$ L。由此可以得到,标准状态下气体分子的数密度 n_0 约为

$$n_0 = N_A/V \approx 2.69 \times 10^{25} \text{ m}^{-3}. \tag{3.77}$$

如果这些分子均匀分布在空间里,那么标准状态下分子平均间距 δ_0 约为

$$\delta_0 = n_0^{-1/3} \approx 3.34 \times 10^{-9} \text{ m}. \tag{3.78}$$

而标准状态下典型气体分子的直径约为 10^{-10} m,因此对于气体来说分子的平均间距远大于分子直径,一般来说两分子间的碰撞起主要作用,这也说明了分子动理论两体碰撞假设的合理性。

气体分子处于不停的运动中,分子发生两次碰撞之间所运动的距离称为分子间的平均自由程 λ。对于硬球分子气体,其分子间平均自由程 λ 为

$$\lambda = \frac{1}{\sqrt{2}n\pi d^2}, \tag{3.79}$$

式中 n 为分子数密度,d 为分子直径。标准状态下气体分子平均自由程约为 10^{-8} m 量级。在第 2 章中我们给出了 Kn 的定义,根据无量纲的 Kn 可以将流动机制分为连续流区、滑移流区、过渡流区和自由分子流区。在微机电系统 (MEMS) 和纳米技术中,器件的特征尺度处于微米和纳米尺度时,气体流动不再处于连续流区,而是会进入滑移流区和过渡流区。图 3.8 给出了 MEMS 和纳米技术中所涉及的一些器件中气体流动所处的区域[132]。从图中可以看到,大部分器件中气体流动处于滑移流区,而硬盘驱动器和部分微喷管及微阀、微泵等中的流动有时会处于过渡流区。本节首先对滑移流区的流动特性进行研究。

在连续流,一般认为流体紧贴壁面处的流动速度与壁面速度相同,而当流动处于滑移流区时 $(0.01 < Kn < 0.1)$,流体在壁面附近的速度与壁面速度存在一个差,这个差值称为流体相对于壁面的滑移速度。同时在壁面附近存在一个所谓克努森层,其宽度约为几个分

子平均自由程。在克努森层内，速度分布特性不再服从牛顿黏性定律，而在远离壁面的主流区，速度分布还可以近似用牛顿黏性定律来描述。

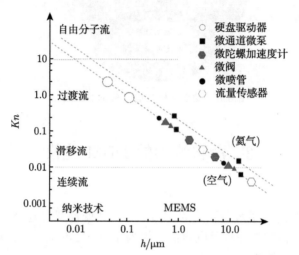

图 3.8   MEMS 和纳米技术中涉及的一些器件中气体流动所处的区域

图 3.9 给出了速度滑移和克努森层示意图。这里考虑两个平行放置的平板，中间充满气体。两平板间距为 $2L$，在保持相对距离不变的同时两平板沿着长度方向以 v_w 的速度向相反方向运动，进而带动中间的气体运动。当系统达到稳态时根据对称性可知，在两平板中间的对称轴线上流体速度应为零，从对称轴线到平板的垂直方向上，速度逐渐增加，在靠近平板处流体速度达到最大，从图 3.9 中可以看出，从对称轴线到平板的垂直方向上的速度分布。在连续流情形，从对称轴线到平板处的速度分布应该是线性的，且在平板附近流体速度等于平板速度。而在滑移流情形，远离壁面处速度的分布还可以看成是线性的 (如图中的 AB 段)，而在靠近平板区域处速度的分布不再是线性的 (图中 BD 段)，且平板附近的流体速度 v_D 小于平板的速度 v_w。

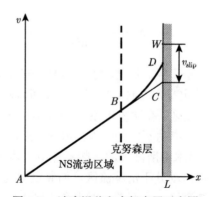

图 3.9   速度滑移和克努森层示意图

一般工程中主要关心主流区 (即图 3.9 中 AB 段) 的流动特性，因为主流区对通道内整体流量的大小起主导作用。这时可以通过对 NS 方程进行滑移边界修正，使得主流区的速度分布得以准确描述。对图中 AB 的线段作延长,使其与壁面交于 C 点,则如果在 NS 方程中将平板附近的流体速度,即边界速度设为 v_C,那么根据 NS 方程计算得到的速度分布就可以用 AC 线段来表示,此时主流区 AB 段的速度分布就与实际相符了。一般将 v_C 与壁面速度 v_w 的差值称为滑移速度 v_{slip},即

$$v_{\mathrm{slip}} = v_w - v_C. \tag{3.80}$$

将 AC 线段继续延长,直到其纵坐标达到实际的壁面速度 v_w,记为 S 点。它对应于无滑移情形下,主流区 AB 段速度分布对应的平板位置。S 点超出壁面的距离 L_s 称为滑移长度。滑移长度与滑移速度有以下关系:

$$v_{\mathrm{slip}} = L_s \left. \frac{\mathrm{d}v}{\mathrm{d}r} \right|_{\mathrm{wall}}, \tag{3.81}$$

其中 $\left. \dfrac{\mathrm{d}v}{\mathrm{d}r} \right|_{\mathrm{wall}}$ 表示流体在壁面处的速度梯度。

从以上分析可以看出,对于 NS 方程修正的边界速度实质上只是为了得到正确的主流区速度分布,v_C 并不是真实的壁面附近流体速度,真实的壁面附近流体速度应为 v_D。同时 NS 方程加滑移修正也不能给出真实的速度分布,克努森层内实际的速度分布应为曲线 BD,而 NS 方程加滑移修正给出的是直线段 BC。为了捕捉到克努森层的速度分布特征,可以通过引入壁面函数对流体的黏性系数进行修正[133],其物理解释是由于受到壁面作用系统中所有分子的平均自由程要比实际值低,且空间中实际的分子间平均自由程随到壁面的距离而变化[134],从而宏观上黏性系数也应当依赖于到壁面的距离。文献 [133] 中给出了一个几何依赖黏性系数,得到了一个扩展的 NS 方程本构模型。在本节的以下内容中可以看到,基于离散玻尔兹曼方法结合动理学的速度反射边界条件,在滑移流区可以自动捕捉到速度滑移和克努森层的速度非线性分布。

3.3.2 克努森数的含义

微观上 Kn 与分子间平均自由程有关,而分子间平均自由程又可以与宏观上的黏性系数建立关系,因而在宏观上 Kn 是与黏性系数相关的。黏性系数越大,对应的 Kn 也越大。第 2 章的分子动理论中,给出了几种不同的分子碰撞模型,对于这些不同模型,在微观上对于 Kn 的定义有不同的方法。比如,硬球模型是基于分子数密度和分子直径定义的,而麦克斯韦分子模型 (或 BGK 模型) 是基于分子碰撞频率来定义的。为了方便对不同模型的计算结果进行比较,必须要有一个对应的换算关系。这里就给出在宏观上对应相同黏性系数情形下,不同分子模型定义的 Kn 之间的换算关系。

由于 Kn 定义为 $Kn = \lambda/L$,在本章中将特征长度都取为单位 1,因此 Kn 在数值上就等于 λ。对于直径为 d 的硬球分子,其分子平均自由程 λ_{HS} 为

$$\lambda_{\mathrm{HS}} = \frac{1}{\sqrt{2}n\pi d^2}. \tag{3.82}$$

3.2.2.1 节给出的硬球模型黏性系数表达式为

$$\mu = \frac{5}{16} \frac{\sqrt{mkT/\pi}}{d^2}. \tag{3.83}$$

结合状态方程 $P = nkT$，就可以得到硬球分子平均自由程 $\lambda_{\rm HS}$ 与黏性系数的关系为

$$\lambda_{\rm HS} = \frac{4}{5}\frac{\mu}{P}\sqrt{\frac{8RT}{\pi}}. \tag{3.84}$$

对于 BGK 模型，分子间平均自由程 $\lambda_{\rm BGK}$ 定义为

$$\lambda_{\rm BGK} = \tau\bar{c}, \tag{3.85}$$

其中 $\bar{c}$ 为平均热运动速度[122]，其表达式为

$$\bar{c} = \sqrt{\frac{8RT}{\pi}}. \tag{3.86}$$

根据前面的查普曼-恩斯库格多尺度展开可知，τ 与黏性系数的关系为

$$\mu = \tau P. \tag{3.87}$$

于是可以得到 BGK 分子平均自由程与黏性系数的关系：

$$\lambda_{\rm BGK} = \frac{\mu}{P}\sqrt{\frac{8RT}{\pi}}. \tag{3.88}$$

结合式(3.84)和式(3.88)可知在相同黏性系数情形下，硬球模型和 BGK 模型两种分子间平均自由程的定义具有以下关系：

$$\lambda_{\rm HS} = \frac{4}{5}\lambda_{\rm BGK}. \tag{3.89}$$

3.3.3 DBM 建模

考虑外力作用的三维离散玻尔兹曼方程为

$$\frac{\partial f_{ki}}{\partial t} + v_{ki\alpha}\frac{\partial f_{ki}}{\partial r_\alpha} - \frac{a_\alpha(v_{ki\alpha} - u_\alpha)}{RT}f_{ki}^{\rm eq} = -\frac{1}{\tau}(f_{ki} - f_{ki}^{\rm eq}), \tag{3.90}$$

其中 f_{ki} 表示离散速度 v_{ki} 所对应的离散速度分布函数，下角标中 k 表示速度大小为 c_k 的离散速度组，i 代表离散速度的方向，a_α 表示外力项产生的加速度，$f_{ki}^{\rm eq}$ 为离散速度 v_{ki} 所对应的离散局域平衡态分布函数。为了可以恢复到 NS 层次的流体动力学方程组，局域平衡态分布函数的泰勒展开需要保留到流速的四阶项[135]。包含流速四阶张量的离散平衡态分布函数形式为

$$\begin{aligned}
f_{ki}^{\rm eq} = \rho F_k\Bigg[&\left(1 - \frac{u^2}{2T} + \frac{u^4}{8T^2}\right) + \frac{1}{T}\left(1 - \frac{u^2}{2T}\right)v_{ki\xi}u_\xi\\
&+ \frac{1}{2T^2}\left(1 - \frac{u^2}{2T}\right)v_{ki\xi}v_{ki\eta}u_\xi u_\eta\\
&+ \frac{1}{6T^3}v_{ki\xi}v_{ki\eta}v_{ki\tau}u_\xi u_\eta u_\tau
\end{aligned}$$

$$+\frac{1}{24T^4}v_{ki\xi}v_{ki\eta}v_{ki\tau}v_{ki\chi}u_\xi u_\eta u_\tau u_\chi\Bigg],\tag{3.91}$$

离散速度模型中包含一个零速度和 32 个方向的非零速度, 每个方向上的速度有 4 种值。其中的非零速度 $\boldsymbol{v}_{ki}$ 可以由表 3.2 给出的单位向量乘以不同的速度值 c_k 得到[136]。表中 $\lambda = 1/\sqrt{3}$, $\varphi = (1+\sqrt{5})/2$, $\phi = \sqrt{2}/\sqrt{5+\sqrt{5}}$。

表 3.2 离散速度模型

离散速度序号	单位矢量 (v_{ix}, v_{iy}, v_{iz})
$i = 1 \sim 8$	$\lambda(\pm1, \pm1, \pm1)$
$i = 9 \sim 12$	$\lambda(0, \pm\varphi^{-1}, \pm\varphi)$
$i = 13 \sim 16$	$\lambda(\pm\varphi, 0, \pm\varphi^{-1})$
$i = 17 \sim 20$	$\lambda(\pm\varphi^{-1}, \pm\varphi, 0)$
$i = 21 \sim 24$	$\phi(0, \pm\varphi, \pm1)$
$i = 25 \sim 28$	$\phi(\pm1, 0, \pm\varphi)$
$i = 29 \sim 32$	$\phi(\pm\varphi, \pm1, 0)$

式(3.91)中权重系数 F_k 由具体离散速度的大小 c_k 确定, 其关系为

$$F_0 = 1 - 32(F_1 + F_2 + F_3 + F_4),\tag{3.92a}$$

$$
\begin{aligned}
F_1 = &\frac{1}{c_1^2(c_1^2 - c_2^2)(c_1^2 - c_3^2)(c_1^2 - c_4^2)} \\
&\times \Bigg[\frac{945}{32}T^4 - \frac{105}{32}(c_2^2 + c_3^2 + c_4^2)T^3 \\
&+ \frac{15}{32}(c_2^2 c_3^2 + c_3^2 c_4^2 + c_4^2 c_2^2)T^2 - \frac{3}{32}c_2^2 c_3^2 c_4^2 T\Bigg],
\end{aligned}\tag{3.92b}
$$

$$
\begin{aligned}
F_2 = &\frac{1}{c_2^2(c_2^2 - c_3^2)(c_2^2 - c_4^2)(c_2^2 - c_1^2)} \\
&\times \Bigg[\frac{945}{32}T^4 - \frac{105}{32}(c_3^2 + c_4^2 + c_1^2)T^3 \\
&+ \frac{15}{32}(c_3^2 c_4^2 + c_4^2 c_1^2 + c_1^2 c_3^2)T^2 - \frac{3}{32}c_3^2 c_4^2 c_1^2 T\Bigg],
\end{aligned}\tag{3.92c}
$$

$$
\begin{aligned}
F_3 = &\frac{1}{c_3^2(c_3^2 - c_4^2)(c_3^2 - c_1^2)(c_3^2 - c_2^2)} \\
&\times \Bigg[\frac{945}{32}T^4 - \frac{105}{32}(c_4^2 + c_1^2 + c_2^2)T^3 \\
&+ \frac{15}{32}(c_4^2 c_1^2 + c_1^2 c_2^2 + c_2^2 c_4^2)T^2 - \frac{3}{32}c_4^2 c_1^2 c_2^2 T\Bigg],
\end{aligned}\tag{3.92d}
$$

$$
\begin{aligned}
F_4 = &\frac{1}{c_4^2(c_4^2 - c_1^2)(c_4^2 - c_2^2)(c_4^2 - c_3^2)} \\
&\times \Bigg[\frac{945}{32}T^4 - \frac{105}{32}(c_1^2 + c_2^2 + c_3^2)T^3
\end{aligned}
$$

$$+\frac{15}{32}(c_1^2 c_2^2 + c_2^2 c_3^2 + c_3^2 c_1^2)T^2 - \frac{3}{32}c_1^2 c_2^2 c_3^2 T\Big]. \tag{3.92e}$$

求出了 F_k 的值，将此值代入式 (3.91) 就可以得到离散平衡态分布函数 f_{ki}^{eq} 的值。可以看出 f_{ki}^{eq} 的具体取值，会受到离散速度的取值 c_k 的影响。但在 NS 层面对于查普曼-恩斯库格展开过程中用到的平衡态分布函数动理学矩的信息，所有 f_{ki}^{eq} 求和所得的结果与 f^{eq} 积分的结果是完全一致的，即不受 c_k 取值的影响。在实际的数值模拟中，可以通过改变 c_k 的值来改善计算的数值稳定性。

3.3.4　边界条件

任何一个粗粒化模型都是根据具体问题需求，抓主要矛盾，有所保有所丢。保的是有限个性质，丢的却是无穷多 (有无穷多细节跟实际不一致)。边界条件设置需要考虑：哪个是本次研究要保的主要行为特征？相对于传统流体建模，DBM 从物理上更具包容性，但边界设置细节也需要具体问题具体分析。

要想求解方程(3.90)，还需要用到有限差分格式来求解时间导数和空间导数。这里空间导数的求解采用二阶迎风格式，时间导数的求解采用一阶向前差分。DBM 的时间推进演化方程为

$$f_{ki}^{t+\Delta t} = f_{ki}^{t} - v_{ki\alpha}\frac{\partial f_{ki}}{\partial r_\alpha}\Delta t - \frac{1}{\tau}(f_{ki} - f_{ki}^{\mathrm{eq}})\Delta t + \frac{a_\alpha(v_{ki\alpha} - u_\alpha)}{T}f_{ki}^{\mathrm{eq}}\Delta t. \tag{3.93}$$

其中空间 I 点处 (如图 3.10 所示) 的导数 $\dfrac{\partial f_{ki}}{\partial r_\alpha}$ 采用二阶迎风格式求解，其形式为

$$\frac{\partial f_{ki}}{\partial r_\alpha} = \begin{cases} \dfrac{3f_{ki,I} - 4f_{ki,I-1} + f_{ki,I-2}}{2\Delta r_\alpha}, & v_{ki\alpha} \geqslant 0, \\[3mm] \dfrac{3f_{ki,I} - 4f_{ki,I+1} + f_{ki,I+2}}{-2\Delta r_\alpha}, & v_{ki\alpha} < 0. \end{cases} \tag{3.94}$$

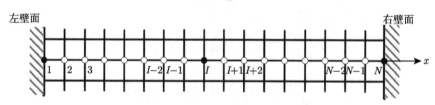

图 3.10　某一方向上的空间网格示意图

对于 $v_{ki\alpha} \geqslant 0$ 的情形，式(3.94)的迎风格式适用于从 $I = 3$ 到右壁面的所有点。而在 $I = 2$ 处，由于其左侧只有一个点，此时二阶迎风格式不再适用，在这一点需要采用一阶迎风格式，即

$$\frac{\partial f_{ki}}{\partial r_\alpha} = \frac{f_{ki,2} - f_{ki,1}}{\Delta r_\alpha}. \tag{3.95}$$

对于 $v_{ki\alpha} < 0$ 的情形，式(3.94)的迎风格式适用于从左壁面到 $I = N - 2$ 的所有点。类似地，在 $I = N - 1$ 处也需要采用一阶迎风格式，即

$$\frac{\partial f_{ki}}{\partial r_\alpha} = \frac{f_{ki,N-1} - f_{ki,N}}{-\Delta r_\alpha}. \tag{3.96}$$

为了求解 $v_{ki\alpha} > 0$ 时左壁面处流体的分布函数和 $v_{ki\alpha} < 0$ 时右壁面处流体的分布函数，需要用到边界模型。这里介绍三种类型的边界模型：漫反射边界、镜面反射边界和麦克斯韦类型边界。

首先，完全的漫反射模型假定分子与壁面碰撞之后，离开壁面的速度分布服从局域平衡态分布，而与碰撞之前的速度无关。这样壁面上的分布函数为

$$f_{ki,N} = f_{ki}^{\text{eq}}(\rho_w^R, u_w^R, T_w^R), \quad v_{ki\alpha} < 0, \tag{3.97a}$$

$$f_{ki,1} = f_{ki}^{\text{eq}}(\rho_w^L, u_w^L, T_w^L), \quad v_{ki\alpha} > 0, \tag{3.97b}$$

其中平衡态分布函数 $f_{ki}^{\text{eq}}(\rho_w^R, u_w^R, T_w^R)$ 和 $f_{ki}^{\text{eq}}(\rho_w^L, u_w^L, T_w^L)$ 由壁面的状态来确定。根据在垂直于壁面方向上的零质量流量性质 [136]，ρ_w^R 和 ρ_w^L 可以分别由下列两方程求出：

$$\rho_w^R = -\frac{\sum_{v_{ki\alpha} > 0} f_{ki,N} v_{ki\alpha}}{\sum_{v_{ki\alpha} < 0} f_{ki}^{\text{eq}}(1.0, u_w^R, T_w^R) v_{ki\alpha}}, \tag{3.98a}$$

$$\rho_w^L = -\frac{\sum_{v_{ki\alpha} < 0} f_{ki,1} v_{ki\alpha}}{\sum_{v_{ki\alpha} > 0} f_{ki}^{\text{eq}}(1.0, u_w^L, T_w^L) v_{ki\alpha}}. \tag{3.98b}$$

镜面反射模型认为入射分子在壁面上的反射行为类似于光滑弹性球与光滑弹性表面碰撞后的反射。碰撞后在垂直于壁面方向上，入射分子相对壁面速度发生反向；在平行于壁面方向上的速度保持不变。例如，如果垂直于壁面方向是平行于 x 轴的，那么分子离开壁面的速度分布函数为

$$f_{ki,N}(v_{kix}, v_{kiy}, v_{kiz}) = f_{ki,N}(-v_{kix}, v_{kiy}, v_{kiz}), \quad v_{ki\alpha} < 0, \tag{3.99a}$$

$$f_{ki,1}(v_{kix}, v_{kiy}, v_{kiz}) = f_{ki,1}(-v_{kix}, v_{kiy}, v_{kiz}), \quad v_{ki\alpha} > 0. \tag{3.99b}$$

当 $v_{ki\alpha} < 0$ 时，$I = N$ 处的速度分布函数 $f_{ki,N}(-v_{kix}, v_{kiy}, v_{kiz})$ 可以由方程(3.93) 和 (3.94) 得到；同样地，当 $v_{ki\alpha} > 0$ 时，$I = 1$ 处的速度分布函数 $f_{ki,1}(-v_{kix}, v_{kiy}, v_{kiz})$ 也可以由方程(3.93)和(3.94)得到。

实验中发现，完全的漫反射和完全的镜面反射都不能很好地描述分子真实的反射特性。麦克斯韦提出可以将两种反射模型进行组合，形成一种新的反射模型，这种边界模型一般称为麦克斯韦类型的反射边界 [137]。麦克斯韦类型边界通过引入一个切向动量协调系数 (TMAC) 来表征发生漫反射分子的比例，即认为分子与壁面碰撞后有 α 部分的分子发生完全的漫反射，而 $1 - \alpha$ 部分的分子发生完全的镜面反射。切向动量协调系数表征了反射分子对壁面切向动量的适应程度，即

$$\alpha = \frac{\tau_i - \tau_r}{\tau_i - \tau_w}, \tag{3.100}$$

其中 τ_i 和 τ_r 分别为入射分子和反射分子动量通量的切向分量，τ_w 为壁面的切向动量通量。$\alpha = 1$ 表示分子对于壁面切向动量完全适应，对应于完全漫反射情形；$\alpha = 0$ 表示分子完

全不适应壁面切向动量，入射时的切向动量等于反射时的切向动量 $\tau_i = \tau_r$，对应于镜面反射的情形。在麦克斯韦类型边界条件下，当 $v_{ki\alpha} < 0$ 时右壁面的分布函数为

$$f_{ki,N}(v_{kix}, v_{kiy}, v_{kiz}) = \alpha f_{ki}^{\text{eq}}(\rho_w^R, u_w^R, T_w^R) + (1-\alpha) f_{ki,N}(-v_{kix}, v_{kiy}, v_{kiz}), \quad v_{ki\alpha} < 0.$$
(3.101a)

当 $v_{ki\alpha} > 0$ 时左壁面的分布函数为

$$f_{ki,1}(v_{kix}, v_{kiy}, v_{kiz}) = \alpha f_{ki}^{\text{eq}}(\rho_w^L, u_w^L, T_w^L) + (1-\alpha) f_{ki,1}(-v_{kix}, v_{kiy}, v_{kiz}), \quad v_{ki\alpha} > 0.$$
(3.101b)

麦克斯韦类型边界中引入的切向动量协调系数可以用来反映不同壁面的反射特性。DBM 结合以上介绍的速度反射边界条件就可以自动捕捉到滑移流情形下的速度滑移和克努森层内速度非线性分布特征。

3.3.5　模拟结果与分析

下面通过两个经典滑移流的算例来检验模型对于速度滑移和克努森层内速度非线性分布的描述能力。

1. 滑移 Couette 流

考虑两个平行放置的平板，位置分别在 $x = -L$ 和 $x = L$ 处，中间充满气体。平板温度固定为 T_0，运动速度分别为 $(0, -v, 0)$ 和 $(0, v, 0)$，即只在 y 方向上有速度，且两平板运动速度大小相等方向相反。随着 Kn 的增大 (对应于平板间距离的减小或气体分子平均自由程的增大)，气体流动在边界附近的速度滑移越来越显著。将系统的特征尺度取为 L，并取 L 为 1，考虑完全的漫反射情况下，Sone 基于玻尔兹曼方程解析解给出了边界上的滑移速度 v_{slip} 与分子平均自由程之间的关系[138]。对于硬球模型：

$$v_{\text{slip}} = 1.2540 \frac{\sqrt{\pi}}{2} \lambda_{\text{HS}} \frac{\mathrm{d}v}{\mathrm{d}x}.$$
(3.102)

对于 BGK 模型：

$$v_{\text{slip}} = 1.0162 \frac{\sqrt{\pi}}{2} \lambda_{\text{BGK}} \frac{\mathrm{d}v}{\mathrm{d}x}.$$
(3.103)

以上两式中的系数也间接证明了前面推导得到的 λ_{HS} 和 λ_{BGK} 的关系。

滑移情形下 Couette 流在稳态时的速度分布曲线可以用图 3.9 中的 AD 曲线来表征。在主流区 (AB 段) 速度分布可以近似看成线性的，而在克努森层内 (BD) 速度分布的非线性特征显著。越靠近壁面，曲线 AD 与直线 AC 之间的差值越大，这里将曲线 AD 与直线 AC 的差值在 x 方向上的分布称为克努森层曲线 $\Delta v(x)$。在 Sone 的专著[138] 中也给出了 $\Delta v(x)$ 与分子间平均自由程 λ 之间的关系：

$$\Delta v(x) = Y_0(\eta) \frac{\sqrt{\pi}}{2} \lambda \frac{\mathrm{d}v}{\mathrm{d}x},$$
(3.104)

其中 $Y_0(\eta)$ 为克努森层函数，变量 η 由 x 坐标通过以下变换得到

$$\eta = \frac{x - L}{(\sqrt{\pi}/2)\lambda}.$$
(3.105)

图 3.11 中画出了文献中给出的硬球模型和 BGK 模型的克努森层函数，分别记为 $Y_0^{\mathrm{HS}}(\eta)$ 和 $Y_0^{\mathrm{BGK}}(\eta)$。同时根据式 (3.89)中 λ_{HS} 和 λ_{BGK} 的关系，可以画出修正的 $Y_0^{\mathrm{HS}}(\eta)$ 函数曲线，即对硬球模型的克努森层函数乘以系数 5/4。从图中可以看出，修正的 $Y_0^{\mathrm{HS}}(\eta)$ 函数与 $Y_0^{\mathrm{BGK}}(\eta)$ 符合较好，这再一次说明了在对硬球模型和 BGK 模型的结果进行对比分析时，需要根据考虑式 (3.89) 的关系。

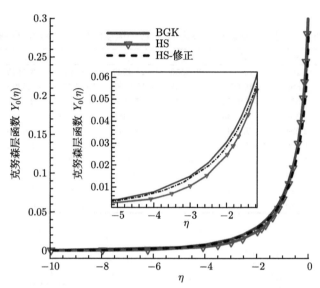

图 3.11　不同分子模型对应的克努森层函数曲线

考虑到麦克斯韦类型的反射边界，Onishi 基于玻尔兹曼-BGK 方程解析给出了包含切向动量协调系数 α 的速度滑移和克努森层函数的表达式[139]

$$v_{\mathrm{slip}} = k_s \frac{\sqrt{\pi}}{2} \lambda \frac{\mathrm{d}v}{\mathrm{d}x}, \tag{3.106}$$

$$Y_0^{(\alpha)}(\eta) = \sum_{i=0}^{N} A_i J_i(\eta), \tag{3.107}$$

其中 $J_i(\eta) = \int_0^\infty x^n \exp(-x^2 - \eta/x)\mathrm{d}x$，$A_i$ 和 k_s 通过一种矩方法计算得到[139]。在 Onishi 的文章[139] 中指出 $N = 7$ 时式(3.107) 给出的结果已经具有足够高的精度，这里直接给出了文献中计算得到的不同 α 值对应的 A_i 和 k_s 结果，如表 3.3 所示。当 $\alpha = 1$ 时，$Y_0^{(\alpha)}(\eta)$ 就对应于图 3.11 中 $Y_0^{\mathrm{BGK}}(\eta)$ 曲线。

下面就采用前面介绍的 DBM 对不同 Kn 下的 Couette 流问题进行模拟计算。平板在 y 方向的运动速度设置为 $v = 0.01$，图 3.12 给出了完全漫反射边界条件下不同 Kn 情形的 DBM 模拟结果，不同 Kn 是根据式(3.85)中的关系通过改变弛豫时间 τ 来实现的。从图 3.12 (a) 中可以看出，随着 Kn 的增加速度滑移越来越明显。在这里滑移速度 v_{slip} 通过主流区的速度梯度 $\mathrm{d}v/\mathrm{d}x$ 来标准化。图 3.12 (b) 中给出了标准化的滑移速度 $v_{\mathrm{slip}}/(\mathrm{d}v/\mathrm{d}x)$

随 Kn 的变化特性，并与 Sone 给出的解析解对比。可以看出 DBM 模拟结果与式(3.103)中的解析解非常一致，说明在滑移流区 DBM 可以准确地描述速度滑移特性。此外，DBM 还可以准确捕捉到克努森层的速度非线性分布。图 3.13 给出了 DBM 计算得到的并通过 $(\sqrt{\pi}/2)\lambda(\mathrm{d}v/\mathrm{d}x)$ 标准化后的克努森层曲线 Δv。由于 Kn 较小时克努森层不明显，图中给出了 Kn 为 0.1 和 0.05 两种情形，可以看出 DBM 模拟结果与式(3.104)中的解析解符合较好。

表 3.3　　不同切向动量协调系数 α 对应的速度滑移和克努森层曲线参数

α	A_0	A_1	A_2	A_3	A_4	A_5	A_6	A_7	k_s
0.1	−0.9287	3.1640	−11.1812	20.9556	−21.4947	11.6901	−3.2145	0.3380	17.1031
0.2	−0.8601	2.8585	−10.0275	18.7261	−19.2088	10.4579	−2.8826	0.3036	8.2248
0.3	−0.7942	2.5722	−8.9526	16.6546	−17.0852	9.3125	−2.5737	0.2716	5.2551
0.4	−0.7308	2.3043	−7.9533	14.7343	−15.1169	8.2502	−2.2867	0.2418	3.7626
0.5	−0.6698	2.0540	−7.0263	12.9588	−13.2973	7.2675	−2.0206	0.2141	2.8612
0.6	−0.6112	1.8207	−6.1687	11.3218	−11.6198	6.3607	−1.7746	0.1885	2.2554
0.7	−0.5549	1.6036	−5.3775	9.8174	−10.0783	5.5266	−1.5478	0.1648	1.8187
0.8	−0.5008	1.4022	−4.6499	8.4399	−8.6668	4.7619	−1.3393	0.1431	1.4877
0.9	−0.4488	1.2158	−3.9833	7.1837	−7.3795	4.0637	−1.1482	0.1230	1.2272
1.0	−0.3989	1.0437	−3.3750	6.0435	−6.2111	3.4289	−0.9740	0.1047	1.0162

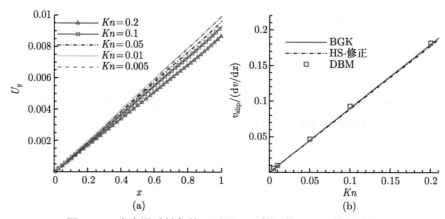

图 3.12　完全漫反射条件下不同 Kn 情形的 DBM 模拟结果

考虑不同切向动量协调系数 α 情形下的速度滑移特性和克努森层曲线，DBM 模拟中可以采用前面介绍的麦克斯韦类型边界条件。图 3.14 给出了几种不同 α 情形下的 DBM 模拟结果，从图 3.14 (a) 中可以看出随着 α 值的减小，速度滑移越来越显著，从嵌入图中可以看到随着 α 值的减小，速度曲线也越来越偏离线性分布。图 3.14 (b) 给出了不同 α 值情形下标准化的滑移速度随着 Kn 的变化，可以看出几种不同 α 值对应的标准化滑移速度值与解析解相符，且 α 值越接近于零，模拟结果与解析解偏差越大，说明这里的 DBM 更适合计算漫反射占主导的情形。图 3.15 给出了在几种不同切向动量协调系数 α 情形下 DBM 计算得到的克努森层曲线，并与式(3.107) 给出的解析解对比。从图中可以看出 DBM 计算得到的克努森层曲线与解析解符合较好，说明 DBM 可以准确捕捉到克努森层的速度非线性分布特征。

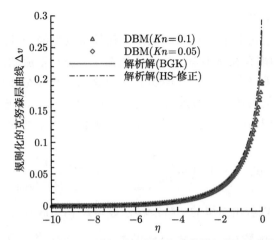

图 3.13　DBM 计算得到的克努森层曲线与解析解对比

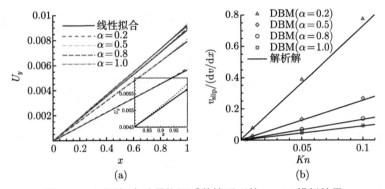

图 3.14　不同切向动量协调系数情形下的 DBM 模拟结果

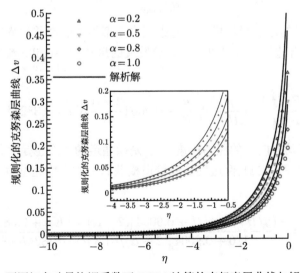

图 3.15　不同切向动量协调系数下 DBM 计算的克努森层曲线与解析解对比

2. 滑移 Poiseuille 流

压力驱动的 Poiseuille 流也是微机电系统的器件中常见的一种流动形态，这一问题中壁面是固定的，管道两端存在压力差，中心流体在压力驱动下流动，流体运动速度由中心到边界逐渐减小。在滑移流情形下，Poiseuille 流稳态时的速度分布可以用 NS 方程加滑移边界条件来描述，滑移边界中滑移系数对于模型的准确性有着显著的影响[140]。二阶滑移模型最初是由 Cercignani 提出的，他基于 BGK 近似解析得到壁面处流体速度值与速度梯度的关系：

$$u|_{\text{wall}} = 1.016\theta \left.\frac{\partial u}{\partial y}\right|_{\text{wall}} - 0.7667\theta^2 \left.\frac{\partial^2 u}{\partial y^2}\right|_{\text{wall}}, \tag{3.108}$$

其中 $\theta = \dfrac{\mu}{P}\sqrt{2RT}$。可以看出这里的一阶滑移系数与式 (3.103)中是一致的，二阶滑移修正在 Kn 较小时对结果影响较小，而随着 Kn 的增加二阶滑移修正项的作用越来越显著。之后，Hadjiconstantinou 基于硬球模型并考虑了克努森层效应提出了一个新的二阶速度滑移模型，在他的工作中将硬球模型的分子间平均自由程定义为 $\lambda = \dfrac{\mu}{P}\sqrt{\dfrac{\pi RT}{2}}$，他得到的壁面处流体速度值与速度梯度的关系为[140]

$$u|_{\text{wall}} = 1.1466\lambda \left.\frac{\partial u}{\partial y}\right|_{\text{wall}} - 0.31\lambda^2 \left.\frac{\partial^2 u}{\partial y^2}\right|_{\text{wall}}. \tag{3.109}$$

由于在我们的模型中分子间平均自由程的定义为 $\lambda = \dfrac{\mu}{P}\sqrt{\dfrac{8RT}{\pi}}$，因此这里需要对一阶滑移系数和二阶滑移系数分别用 $\pi/4$ 和 $(\pi/4)^2$ 比例缩小，得到与 DBM 模型一致的速度滑移边界条件为[137]

$$u|_{\text{wall}} = 0.9004\lambda \left.\frac{\partial u}{\partial y}\right|_{\text{wall}} - 0.1912\lambda^2 \left.\frac{\partial^2 u}{\partial y^2}\right|_{\text{wall}}. \tag{3.110}$$

以上是完全漫反射时的速度滑移模型，考虑麦克斯韦类型的滑移边界需要对一阶滑移系数乘以 $(2-\alpha)/\alpha$。结合边界条件可以得到充分发展的滑移 Poiseuille 流在垂直壁面方向上的速度分布为

$$u(y) = -\frac{\mathrm{d}P}{\mathrm{d}x}\frac{H^2}{2\mu}\left[-\left(\frac{y}{H}\right)^2 + \frac{y}{H} + 0.9004\frac{2-\alpha}{\alpha}Kn + 0.3824Kn^2\right], \tag{3.111}$$

其中 $\mathrm{d}P/\mathrm{d}x$ 表示流动方向上的压力梯度；H 是微通道的宽度也是系统的特征尺度，在模拟中取 $H = 1$。对方程(3.111)两边同除以管道横截面上的平均速度 $\bar{u}$，就可以得到标准化的速度分布为

$$U(y) = \frac{u(y)}{\bar{u}} = \frac{-(y/H)^2 + y/H + 0.9004\left[(2-\alpha)/\alpha\right]Kn + 0.3824Kn^2}{1/6 + 0.9004\left[(2-\alpha)/\alpha\right]Kn + 0.3824Kn^2}, \tag{3.112}$$

其中 $\bar{u} = \dfrac{1}{H}\displaystyle\int_0^H u(y)\mathrm{d}y$。可以看到在标准化的速度分布 $U(y)$ 中压力梯度和黏性系数都不再出现。

图 3.16 首先给出了几种不同 Kn 和不同切向动量协调系数情形下，充分发展的滑移 Poiseuille 流横截面上标准化速度分布曲线。图 3.16 (a) 中是完全漫反射情形下，不同 Kn 对应的速度分布。从图中可以看出随着 Kn 的增加，速度滑移效应越来越明显。对于越小的 Kn，速度的最大值越大。图 3.16 (a) 同时给出了 DBM 模拟结果和式(3.112)的解析解，可以看到模拟结果与解析解具有较好的一致性。图 3.16 (b) 给出了同一种 Kn 下不同情形的无量纲速度分布，可以看出随着 α 的减小，速度滑移效应越来越明显。同时 α 越小，速度的最大值越小。图 3.16 (b) 也同时给出了 DBM 模拟结果和式(3.112)的解析解，可以看到模拟结果与解析解符合较好，说明 DBM 能够准确描述不同 Kn 和不同切向动量协调系数情形下，压力驱动流的速度滑移特性。

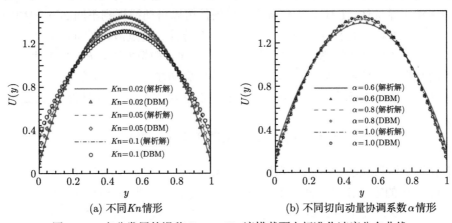

(a) 不同 Kn 情形　　　　　　　　(b) 不同切向动量协调系数 α 情形

图 3.16　充分发展的滑移 Poiseuille 流横截面上标准化速度分布曲线

近期，我们基于本节介绍的动理学边界模型对滑移流的传热和传质非平衡特性进行了研究[141]。图 3.17 给出了微管道内气体质量流率与管道出口处 Kn 的关系，其中纵坐标采用了折合质量流率的倒数，这是为了方便与之前文献中的实验数据对比。图中同时给出了 NS 方程结合一阶滑移边界条件和 DBM 两种建模情形下的计算结果以及实验测量数据，

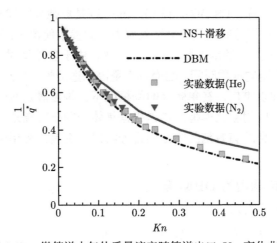

图 3.17　微管道内气体质量流率随管道出口 Kn 变化曲线

其中实验数据来自 Colin 等对氦气 (He) 和氮气 (N₂) 两种情形的测量结果[142]。从图中可以看到,当 $Kn < 0.1$ 时, NS 方程结合滑移边界条件尚可以准确描述实际的微管道内质量流量;当 $Kn > 0.1$ 之后, NS 方程结合滑移边界条件的计算结果逐渐偏离实验值,而 DBM 计算结果直到 Kn 接近 0.5 都与实验数据较为一致,这就体现出了 DBM 在描述较高 Kn 滑移流时的优势。

3.3.6 小结

本节介绍了微机电系统 (MEMS) 器件中经常涉及的滑移流问题,给出了滑移流情形壁面附近的滑移速度和克努森层曲线特性,推导得到了硬球分子和 BGK 分子两种模型下定义的分子平均自由程在宏观黏性系数层面的对应关系。基于三维 DBM,发展了麦克斯韦类型的动理学边界条件, DBM 结合新的边界条件可以自动捕捉到不同 Kn 和切向动量协调系数下的速度滑移及克努森层内速度非线性分布特性。通过滑移 Couette 流和压力驱动 Poiseuille 流两个经典算例,验证了模型的准确性。通过模拟发现, Kn 的增大和切向动量协调系数的减小都会导致边界附近的速度滑移效应更加显著[137];随着 Kn 的增加, NS 方程结合滑移边界条件逐渐偏离实验数据,而 DBM 直到 $Kn = 0.5$ 均和实验数据符合较好。

3.4 过渡流动的 DBM 建模

前面介绍了滑移流的 DBM,其建模的关键是选择合适的速度反射边界条件,而在主流区 DBM 对应的宏观模型仍然是纳维-斯托克斯方程组。当系统的 Kn 进一步增大,达到过渡流区时,这时在主流区纳维-斯托克斯方程组中的线性本构模型 (牛顿黏性定律和傅里叶导热定律) 也不再成立,宏观上需要考虑包含非线性本构模型的高阶流体动力学方程组,比如伯内特方程组。另外,前面介绍的 DBM 基于 BGK 模型,在 BGK 模型中,黏性系数和热传导系数是绑定的, Pr 固定为 1。**解决 Pr 固定为 1 的问题,至少有两条思路:一条思路是"目标分布函数"不变,使用多弛豫时间模型 (应力和热流的弛豫时间可以不同);另一条思路是在单弛豫时间框架下,修正"目标分布函数"(在"目标分布函数"中引入应力或热流控制参数)。**本章将介绍基于 ES-BGK[127] 和 Shakhov[128] 模型的离散玻尔兹曼建模。跟 BGK 一样, ES-BGK 和 Shakhov 都是单弛豫时间模型;与 BGK 不同的是, ES-BGK 通过在"目标分布函数"中引入应力控制参数使得 Pr 可调; Shakhov 通过在"目标分布函数"中引入热流控制参数使得 Pr 可调。**由于多弛豫时间模型,除了应力和热流,还涉及其他非守恒矩的弛豫时间,因而具有更高的适应性。当然,也可以将 ES-BGK 和 Shakhov 的思路加以推广,在单弛豫时间框架下,构建满足其他需求的碰撞模型。**正如本书反复强调的,这些粗粒化模型,均是根据具体问题研究需求,抓主要矛盾,有所保有所丢的结果,均在各自的有效范围内给出合理结果。在具体应用中,可根据需求、功能和方便程度灵活选取。

3.4.1 基于 ES-BGK 模型的 DBM 建模

3.4.1.1 ES-BGK 模型的引入

这里, ES-BKG 模型是椭球统计-BGK 模型的简称,在二维情形下也称椭圆统计 BGK 模型,是 Holway 于 1966 年提出的[127]。

ES-BKG 模型的引入需要用到信息熵的概念。所以，这里先对信息熵作一简单介绍。信息是个很抽象的概念。人们常常说信息量很大，或者信息较少，但却很难说清楚信息到底有多少。比如，一本一百万字的中文著作所包含的信息量到底有多大？直到 1948 年，香农 (C. E. Shannon) 提出了"信息熵"的概念，才解决了对信息的量化度量问题。信息熵这个词是香农从热力学中借用过来的。热力学中的热熵表示的是分子运动状态的混乱程度。香农用信息熵的概念来描述信源的不确定度。

关于信息熵的快速理解：假设有两个不相关的事件 x 和 y，观测到两个事件同时发生所获信息 $h(x, y)$ 等于观测到两个事件各自发生时所获信息之和，即 $h(x, y) = h(x) + h(y)$。而两个不相关事件同时发生的概率 $p(x, y)$ 等于两个事件各自发生概率的乘积，即 $p(x, y) = p(x)p(y)$。容易看出，信息量 $h(x)$ 一定与概率 $p(x)$ 的对数有关，所以可定义为 $h(x) = -\ln p(x)$。定义中加负号是为了保证信息量大于或等于 0。下面正式引出信息熵：信息量 h 度量的是一个具体事件发生了所带来的信息，而信息熵 S 则是在结果出来之前对可能产生的信息量 h 的期望值 (即加权平均值)：

$$S = -\sum_i p(x_i) \ln p(x_i). \tag{3.113}$$

其对应的积分形式为

$$S = -\int p(x) \ln p(x) \mathrm{d}x. \tag{3.114}$$

对于单组分气体，原始的玻尔兹曼方程形式为

$$\frac{\partial f}{\partial t} + \boldsymbol{v} \cdot \frac{\partial f}{\partial \boldsymbol{r}} + \boldsymbol{a} \cdot \frac{\partial f}{\partial \boldsymbol{v}} = \left(\frac{\partial f}{\partial t}\right)_c, \tag{3.115}$$

其中 $\boldsymbol{a}$ 表示外力引起的加速度项，$\left(\dfrac{\partial f}{\partial t}\right)_c$ 是碰撞积分项，其形式为

$$\left(\frac{\partial f}{\partial t}\right)_c = \int_{-\infty}^{\infty} \int_0^{4\pi} (f^* f_1^* - f f_1) \, v_r \sigma \mathrm{d}\Omega \mathrm{d}\boldsymbol{v}_1, \tag{3.116}$$

其中 f 和 f_1 分别表示碰撞前速度为 $\boldsymbol{v}$ 和 $\boldsymbol{v}_1$ 的分子的速度分布函数，f^* 和 f_1^* 分别表示碰撞之后速度为 $\boldsymbol{v}$ 和 $\boldsymbol{v}_1$ 的分子的速度分布函数，$v_r = |\boldsymbol{v}_1 - \boldsymbol{v}|$ 是碰撞前两种类型分子的相对速度值，σ 表示碰撞截面。

为了简化碰撞积分项，这里首先引入一个函数 $K(f)$，其形式为

$$K(f) = \int_{-\infty}^{\infty} \int_0^{4\pi} f_1^* v_r \sigma \mathrm{d}\Omega \mathrm{d}\boldsymbol{v}_1. \tag{3.117}$$

这样式 (3.116) 的碰撞积分就可以写成

$$\left(\frac{\partial f}{\partial t}\right)_c = -K(f) \left[f - \psi(f)\right], \tag{3.118}$$

其中 $\psi(f)$ 是关于 f 的函数，其具体形式将在后面确定。事实上，$-K(f)f(\boldsymbol{v})\mathrm{d}\boldsymbol{v}\mathrm{d}\boldsymbol{r}$ 的物理意义是单位时间内在相空间 $(\boldsymbol{v},\boldsymbol{r})$ 点附近的 $\mathrm{d}\boldsymbol{v}\mathrm{d}\boldsymbol{r}$ 体积内因碰撞而减少的粒子数，而 $K(f)\psi(f)\mathrm{d}\boldsymbol{v}\mathrm{d}\boldsymbol{r}$ 表示因碰撞而增加的粒子数。碰撞项需要满足质量、动量和能量守恒，即

$$\int_{-\infty}^{\infty}\left(\frac{\partial f}{\partial t}\right)_c \theta(\boldsymbol{v})\mathrm{d}\boldsymbol{v}=0, \tag{3.119}$$

其中 $\theta(\boldsymbol{v})$ 取 1、$\boldsymbol{v}$ 和 $\boldsymbol{v}\cdot\boldsymbol{v}$。如果假设 $K(f)$ 不依赖于分子速度，在三维情形，以上方程等价于：

$$\int_{-\infty}^{\infty}\psi(\boldsymbol{v})\mathrm{d}\boldsymbol{v}=\rho, \tag{3.120a}$$

$$\int_{-\infty}^{\infty}\psi(\boldsymbol{v})\boldsymbol{v}\mathrm{d}\boldsymbol{v}=\rho\boldsymbol{u}, \tag{3.120b}$$

$$\int_{-\infty}^{\infty}\psi(\boldsymbol{v})(\boldsymbol{v}-\boldsymbol{u})\cdot(\boldsymbol{v}-\boldsymbol{u})\mathrm{d}\boldsymbol{v}=3\rho RT. \tag{3.120c}$$

要在满足以上三个方程的条件下确定 $\psi(\boldsymbol{v})$ 的形式，需要引入表征总体不确定度的信息熵 S[①]，它定义为

$$S=-\int\psi(\boldsymbol{v})\ln\psi(\boldsymbol{v})\mathrm{d}\boldsymbol{v}. \tag{3.121}$$

如果没有更多关于 $\psi(\boldsymbol{v})$ 的信息，那么 $\psi(\boldsymbol{v})$ 最可能的形式需要满足在方程 (3.120a)~(3.120c) 的约束下，S 能达到极大值。

采用求函数极大值的拉格朗日乘子算法，可以得到 S 取极大值时对应的 $\psi(\boldsymbol{v})$ 的形式就是麦克斯韦分布：

$$\psi(\boldsymbol{v})=\rho\frac{1}{(2\pi RT)^{3/2}}\exp\left[-\frac{(\boldsymbol{v}-\boldsymbol{u})^2}{2RT}\right]. \tag{3.122}$$

这样式 (3.118) 就对应于前面介绍的玻尔兹曼-BGK 碰撞模型，同时 $K(f)$ 对应于碰撞频率，也就是弛豫时间 τ 的倒数。

如果对 $\psi(\boldsymbol{v})$ 增加新的约束：

$$\int_{-\infty}^{\infty}\psi(\boldsymbol{v})(v_\alpha-u_\alpha)(v_\beta-u_\beta)\mathrm{d}\boldsymbol{v}=\rho\lambda_{\alpha\beta}. \tag{3.123}$$

这里先假设二阶张量 $\lambda_{\alpha\beta}$ 是已知的，关于 $\lambda_{\alpha\beta}$ 的具体形式将在后面确定。那么，在满足方程 (3.120a)、(3.120b) 和 (3.123) 的条件下，使得 S 取极大值时对应的 $\psi(\boldsymbol{v})$ 的形式为

$$\psi(\boldsymbol{v})=\rho\frac{1}{(2\pi)^{3/2}|\lambda_{\alpha\beta}|}\exp\left[-\frac{1}{2}\lambda_{\alpha\beta}^{-1}(v_\alpha-u_\alpha)(v_\beta-u_\beta)\right], \tag{3.124}$$

---

① 这里，$\psi(\boldsymbol{v})$ 对应概率 $p(x)$。

其中 $|\lambda_{\alpha\beta}|$ 表示 $\lambda_{\alpha\beta}$ 的行列式值，$\lambda_{\alpha\beta}^{-1}$ 表示 $\lambda_{\alpha\beta}$ 的逆矩阵，式 (3.124) 中 $\psi(\boldsymbol{v})$ 的形式就称为椭球统计分布，因为 $\psi(\boldsymbol{v})$ 在速度空间的分布是椭球形的，二维情形下则称椭圆分布。下面来确定 $\lambda_{\alpha\beta}$ 的具体形式。首先，由于要满足式 (3.120c) 中的能量守恒定律，因此 $\lambda_{\alpha\beta}$ 的迹需要满足：

$$\lambda_{\gamma\gamma} = 3RT = \frac{1}{\rho}M_{\gamma\gamma}^*. \tag{3.125}$$

为了方便起见，$\lambda_{\alpha\beta}$ 可以取为分布函数 f 二阶矩的线性函数[127]：

$$\lambda_{\alpha\beta} = \frac{1}{\rho}G_{\alpha\beta\gamma\lambda}M_{\gamma\lambda}^*, \tag{3.126}$$

其中 $M_{\alpha\beta}^* = \int_{-\infty}^{\infty} f(\boldsymbol{v})(v_\alpha - u_\alpha)(v_\beta - u_\beta)\mathrm{d}\boldsymbol{v}$ 表示 f 的二阶中心矩。由于碰撞积分是一个各向同性算子，因此系数 $G_{\alpha\beta\gamma\lambda}$ 必须是一个各向同性张量，对于四阶各向同性张量最一般的形式为[127]

$$G_{\alpha\beta\gamma\lambda} = a_1\delta_{\alpha\beta}\delta_{\gamma\lambda} + a_2\delta_{\alpha\gamma}\delta_{\beta\lambda} + a_3\delta_{\alpha\lambda}\delta_{\beta\gamma}. \tag{3.127}$$

由于 $M_{\alpha\beta}^*$ 是对称的，方程 (3.126) 就变成

$$\lambda_{\alpha\beta} = \frac{1}{\rho}(a_1 M_{\gamma\gamma}^*\delta_{\alpha\beta} + bM_{\alpha\beta}^*), \tag{3.128}$$

其中 $b = a_2 + a_3$。结合式 (3.125) 可以得到 $a_1 = \frac{1-b}{3}$，这样就可以得到 $\lambda_{\alpha\beta}$ 的表达式为

$$\lambda_{\alpha\beta} = (1-b)RT\delta_{\alpha\beta} + \frac{b}{\rho}M_{\alpha\beta}^* = RT\delta_{\alpha\beta} + \frac{b}{\rho}\tilde{M}_{\alpha\beta}^*, \tag{3.129}$$

其中 $\tilde{M}_{\alpha\beta}^*$ 表示张量 $M_{\alpha\beta}^*$ 的无迹形式 $\tilde{M}_{\alpha\beta}^* = M_{\alpha\beta}^* - \frac{1}{3}M_{\gamma\gamma}\delta_{\alpha\beta}$，结合第 2 章关于非平衡量的定义可知，这里的 $\tilde{M}_{\alpha\beta}^*$ 等价于非平衡量 $\Delta_{2,\alpha\beta}^*$，这样椭球分布 (3.124) 的形式就可以确定了。原始的碰撞积分项用 (3.118) 来代替，同时 $\psi(\boldsymbol{v})$ 取椭球分布，这种形式的玻尔兹曼方程称为椭球统计 BGK 模型，二维情形下一般也称椭圆统计 BGK 模型[104]，简记为 ES-BGK 模型。式 (3.129) 中的参数 b 可以通过对 ES-BGK 模型作查普曼-恩斯库格多尺度展开，并与宏观流体动力学方程中的输运系数对比来确定。可见，**ES-BGK 模型是在单弛豫时间框架下，通过在"目标分布函数"中引入应力控制参数来实现 Pr 可调的**。

3.4.1.2 动理学宏观建模

在前面章节中我们介绍了玻尔兹曼-BGK 方程的查普曼-恩斯库格多尺度展开，并得到了欧拉、纳维-斯托克斯和伯内特层次的流体动力学方程组的形式。本节基于类似的步骤，对 ES-BGK 模型作多尺度展开。

这里将前面推导得到的椭球统计 BGK 模型重写如下：

$$\frac{\partial f}{\partial t} + \boldsymbol{v}\cdot\frac{\partial f}{\partial \boldsymbol{r}} + \boldsymbol{a}\cdot\frac{\partial f}{\partial \boldsymbol{v}} = -\frac{1}{\tau}\left(f - f^{\mathrm{ES}}\right), \tag{3.130}$$

其中 f^{ES} 表示椭球统计分布，其形式为

$$f^{\mathrm{ES}} = \rho \frac{1}{(2\pi)^{3/2}|\lambda_{\alpha\beta}|} \exp\left[-\frac{1}{2}\lambda_{\alpha\beta}^{-1}(v_\alpha - u_\alpha)(v_\beta - u_\beta)\right], \tag{3.131}$$

其中 $\lambda_{\alpha\beta} = RT\delta_{\alpha\beta} + \dfrac{b}{\rho}\Delta_{2,\alpha\beta}^*$。

首先，将速度分布函数 f 在局域平衡态分布 f^{eq} 附近泰勒展开，得到

$$f = f^{\mathrm{eq}} + \varepsilon f^{(1)} + \varepsilon^2 f^{(2)} + \cdots, \tag{3.132}$$

其中 $\varepsilon^n f^{(n)}$ 表示速度分布函数对于局域平衡态分布的 n 阶偏离，ε 是一个与 Kn 有关的小量，ε 越小系统越靠近于局域平衡态。$\lambda_{\alpha\beta}$ 可以写成

$$\lambda_{\alpha\beta} = RT\delta_{\alpha\beta} + \frac{b}{\rho}\varepsilon\Delta_{2,\alpha\beta}^{*(1)} + \frac{b}{\rho}\varepsilon^2\Delta_{2,\alpha\beta}^{*(2)} + \cdots, \tag{3.133}$$

其中 $\Delta_{2,\alpha\beta}^{*(n)} = \displaystyle\int f^{(n)}(v_\alpha - u_\alpha)(v_\beta - u_\beta)\mathrm{d}\boldsymbol{v}$。那么，椭球统计分布 f^{ES} 可以写成

$$f^{\mathrm{ES}} = f^{\mathrm{eq}} + \varepsilon f^{\mathrm{ES}(1)} + \varepsilon^2 f^{\mathrm{ES}(2)} + \cdots. \tag{3.134}$$

$\varepsilon^n f^{\mathrm{ES}(n)}$ 表示 f^{ES} 对于局域平衡态分布的 n 阶偏离，这里我们不关注 $f^{\mathrm{ES}(n)}$ 的具体形式，而只需知道其动理学矩，则有如下关系：

$$M_{2,\alpha\beta}\left(f^{\mathrm{ES}(n)}\right) = b\Delta_{2,\alpha\beta}^{*(n)}, \tag{3.135a}$$

$$M_{3,1,\alpha}\left(f^{\mathrm{ES}(n)}\right) = \Delta_{3,1,\alpha}^{*(n)} + bu_\beta\Delta_{2,\alpha\beta}^{*(n)}. \tag{3.135b}$$

其次，将时间和空间导数做多尺度展开得到

$$\frac{\partial}{\partial t} = \varepsilon\frac{\partial}{\partial t_1} + \varepsilon^2\frac{\partial}{\partial t_2} + \cdots, \tag{3.136a}$$

$$\frac{\partial}{\partial r_\alpha} = \varepsilon\frac{\partial}{\partial r_{1\alpha}}. \tag{3.136b}$$

将式 (3.132)、(3.134)、(3.136a) 和 (3.136b) 代入式 (3.130) 的 ES-BGK 演化方程，并暂时忽略外力项可以得到

$$\varepsilon\frac{\partial\left(f^{\mathrm{eq}} + \varepsilon f^{(1)} + \varepsilon^2 f^{(2)} + \cdots\right)}{\partial t_1} + \varepsilon^2\frac{\partial\left(f^{\mathrm{eq}} + \varepsilon f^{(1)} + \varepsilon^2 f^{(2)} + \cdots\right)}{\partial t_2}$$

$$+ \cdots + v_\alpha\varepsilon\frac{\partial\left(f^{\mathrm{eq}} + \varepsilon f^{(1)} + \varepsilon^2 f^{(2)} + \cdots\right)}{\partial r_{1\alpha}}$$

$$= -\frac{1}{\tau}\left(\varepsilon f^{(1)} + \varepsilon^2 f^{(2)} + \cdots\right) + \frac{1}{\tau}\left(\varepsilon f^{\mathrm{ES}(1)} + \varepsilon^2 f^{\mathrm{ES}(2)} + \cdots\right). \tag{3.137}$$

对上式分别保留到 ε 阶、ε^2 阶和 ε^3 阶，并对速度分布函数求各阶动理学矩就可以对应得到欧拉层次、纳维-斯托克斯层次和伯内特层次的流体动力学方程组。

1. 欧拉层次

在方程 (3.137) 中保留到 ε 阶得到

$$\varepsilon\frac{\partial f^{\mathrm{eq}}}{\partial t_1} + \varepsilon v_\alpha\frac{\partial f^{\mathrm{eq}}}{\partial r_{1\alpha}} = -\frac{1}{\tau}\varepsilon f^{(1)} + \frac{1}{\tau}\varepsilon f^{\mathrm{ES}(1)}. \tag{3.138}$$

对方程两边同时求零阶、一阶和二阶缩并矩得到

$$\varepsilon\frac{\partial\rho}{\partial t_1} + \varepsilon\frac{\partial\rho u_\alpha}{\partial r_{1\alpha}} = 0, \tag{3.139a}$$

$$\varepsilon\frac{\partial\rho u_\alpha}{\partial t_1} + \varepsilon\frac{\partial\left(\rho u_\alpha u_\beta + \rho RT\delta_{\alpha\beta}\right)}{\partial r_{1\beta}} = 0, \tag{3.139b}$$

$$\varepsilon\frac{\partial\rho E}{\partial t_1} + \varepsilon\frac{\partial\left(\rho Eu_\alpha + \rho RTu_\alpha\right)}{\partial r_{1\alpha}} = 0, \tag{3.139c}$$

其中 $\delta_{\alpha\beta}$ 表示单位张量；E 表示总能量密度，$E = e + \dfrac{1}{2}\boldsymbol{u}^2$，$e$ 为内能密度，$e = \dfrac{3}{2}RT$。从这里可以得到两类信息，一是宏观量在时间尺度 t_1 上的时间导数：

$$\frac{\partial\rho}{\partial t_1} = -\rho\frac{\partial u_\alpha}{\partial r_{1\alpha}} - u_\alpha\frac{\partial\rho}{\partial r_{1\alpha}}, \tag{3.140a}$$

$$\frac{\partial u_\alpha}{\partial t_1} = -\frac{T}{\rho}\frac{\partial\rho}{\partial r_{1\alpha}} - \frac{\partial T}{\partial r_{1\alpha}} - u_\beta\frac{\partial u_\alpha}{\partial r_{1\beta}}, \tag{3.140b}$$

$$\frac{\partial T}{\partial t_1} = -u_\alpha\frac{\partial T}{\partial r_{1\alpha}} - \frac{2}{3}T\frac{\partial u_\alpha}{\partial r_{1\alpha}}. \tag{3.140c}$$

二是可以得到由 f^{eq} 表示出的 $f^{(1)}$ 的表达式：

$$f^{(1)} = -\tau\left(\frac{\partial f^{\mathrm{eq}}}{\partial t_1} + v_\alpha\frac{\partial f^{\mathrm{eq}}}{\partial r_{1\alpha}}\right) + f^{\mathrm{ES}(1)}. \tag{3.141}$$

在欧拉层次上有

$$\frac{\partial}{\partial t} = \varepsilon\frac{\partial}{\partial t_1}, \tag{3.142a}$$

$$\frac{\partial}{\partial r} = \varepsilon\frac{\partial}{\partial r_{1\alpha}}. \tag{3.142b}$$

这样就得到欧拉层次的流体动力学方程组为

$$\frac{\partial\rho}{\partial t} + \frac{\partial\rho u_\alpha}{\partial r_\alpha} = 0, \tag{3.143a}$$

$$\frac{\partial \rho u_\alpha}{\partial t} + \frac{\partial \left(\rho u_\alpha u_\beta + P\delta_{\alpha\beta}\right)}{\partial r_\beta} = 0, \tag{3.143b}$$

$$\frac{\partial \rho E}{\partial t} + \frac{\partial \left(\rho E u_\alpha + P u_\alpha\right)}{\partial r_\alpha} = 0, \tag{3.143c}$$

其中 P 为气体压强, 有 $P = \rho RT$。

2. 纳维-斯托克斯层次

在方程(3.137)中保留到 ε^2 阶项可以得到

$$\varepsilon^2 \frac{\partial f^{\text{eq}}}{\partial t_2} + \varepsilon^2 \frac{\partial f^{(1)}}{\partial t_1} + \varepsilon^2 v_\alpha \frac{\partial f^{(1)}}{\partial r_{1\alpha}} = -\varepsilon^2 \frac{1}{\tau} f^{(2)} + \varepsilon^2 \frac{1}{\tau} f^{\text{ES}(2)}. \tag{3.144}$$

对方程两边同时求零阶、一阶和二阶缩并矩得到

$$\varepsilon^2 \frac{\partial \rho}{\partial t_2} = 0, \tag{3.145a}$$

$$\varepsilon^2 \frac{\partial \rho u_\alpha}{\partial t_2} + \varepsilon^2 \frac{\partial M_{2,\alpha\beta}(f^{(1)})}{\partial r_{1\beta}} = 0, \tag{3.145b}$$

$$\varepsilon^2 \frac{\partial \rho E}{\partial t_2} + \varepsilon^2 \frac{\partial M_{3,1,\alpha}(f^{(1)})}{\partial r_{1\alpha}} = 0, \tag{3.145c}$$

其中

$$M_{2,\alpha\beta}(f^{(1)}) = \int f^{(1)} v_\alpha v_\beta \mathrm{d}\boldsymbol{v}, \tag{3.146a}$$

$$M_{3,1,\alpha}(f^{(1)}) = \int f^{(1)} \frac{1}{2}\boldsymbol{v}^2 v_\alpha \mathrm{d}\boldsymbol{v}. \tag{3.146b}$$

将式 (3.141) 中 $f^{(1)}$ 的表达式代入 $M_{2,\alpha\beta}(f^{(1)})$ 和 $M_{3,1,\alpha}(f^{(1)})$ 中分别得到

$$M_{2,\alpha\beta}(f^{(1)}) = -\tau \left(\frac{\partial M_{2,\alpha\beta}\left(f^{\text{eq}}\right)}{\partial t_1} + \frac{\partial M_{3,\alpha\beta\gamma}\left(f^{\text{eq}}\right)}{\partial r_{1\gamma}} \right) + M_{2,\alpha\beta}\left(f^{\text{ES}(1)}\right), \tag{3.147a}$$

$$M_{3,1,\alpha}(f^{(1)}) = -\tau \left(\frac{\partial M_{3,1,\alpha}\left(f^{\text{eq}}\right)}{\partial t_1} + \frac{\partial M_{4,2,\alpha\beta}\left(f^{\text{eq}}\right)}{\partial r_{1\beta}} \right) + M_{3,1,\alpha}\left(f^{\text{ES}(1)}\right). \tag{3.147b}$$

并将结果中宏观量关于 $\dfrac{\partial}{\partial t_1}$ 的时间导数用式 (3.140a)$\sim$(3.140c) 转化成空间导数, 化简后得到

$$M_{2,\alpha\beta}(f^{(1)}) = -\frac{1}{1-b}\tau \rho RT \left(\frac{\partial u_\alpha}{\partial r_{1\beta}} + \frac{\partial u_\beta}{\partial r_{1\alpha}} - \frac{2}{3}\frac{\partial u_\gamma}{\partial r_{1\gamma}}\delta_{\alpha\beta} \right), \tag{3.148a}$$

$$M_{3,1,\alpha}(f^{(1)}) = -c_p \tau \rho RT \frac{\partial T}{\partial r_{1\alpha}} + u_\beta M_{2,\alpha\beta}(f^{(1)}). \tag{3.148b}$$

这里也可以得到两类信息, 一是宏观量在时间尺度 t_2 上的时间导数:

$$\frac{\partial \rho}{\partial t_2} = 0, \tag{3.149a}$$

$$\frac{\partial u_\alpha}{\partial t_2} = -\frac{1}{\rho} \frac{\partial M_{2,\alpha\beta}(f^{(1)})}{\partial r_{1\beta}}, \tag{3.149b}$$

$$\frac{\partial T}{\partial t_2} = -\frac{2}{3} \frac{1}{\rho} \frac{\partial M_{3,1,\alpha}(f^{(1)})}{\partial r_{1\alpha}} - \frac{2}{3} \frac{1}{\rho} \frac{\partial u_\beta}{\partial r_{1\alpha}} M_{2,\alpha\beta}(f^{(1)}). \tag{3.149c}$$

二是可以得到由 f^{eq} 和 $f^{(1)}$ 表示出的 $f^{(2)}$ 的表达式:

$$f^{(2)} = -\tau \left(\frac{\partial f^{\mathrm{eq}}}{\partial t_2} + \frac{\partial f^{(1)}}{\partial t_1} + v_\alpha \frac{\partial f^{(1)}}{\partial r_{1\alpha}} \right) + f^{\mathrm{ES}(2)}. \tag{3.150}$$

在纳维-斯托克斯层次上有

$$\frac{\partial}{\partial t} = \varepsilon \frac{\partial}{\partial t_1} + \varepsilon^2 \frac{\partial}{\partial t_2}, \tag{3.151a}$$

$$\frac{\partial}{\partial r} = \varepsilon \frac{\partial}{\partial r_{1\alpha}}. \tag{3.151b}$$

方程组 (3.145a)~(3.145c) 结合欧拉层次的方程组 (3.139a)~(3.139c) 就可以得到纳维-斯托克斯层次的流体力学方程组:

$$\frac{\partial \rho}{\partial t} + \frac{\partial \rho u_\alpha}{\partial r_\alpha} = 0, \tag{3.152a}$$

$$\frac{\partial \rho u_\alpha}{\partial t} + \frac{\partial (\rho u_\alpha u_\beta + P\delta_{\alpha\beta})}{\partial r_\beta} - \frac{\partial}{\partial r_\beta} \left[\mu \left(\frac{\partial u_\alpha}{\partial r_\beta} + \frac{\partial u_\beta}{\partial r_\alpha} - \frac{2}{3} \frac{\partial u_\gamma}{\partial r_\gamma} \delta_{\alpha\beta} \right) \right] = 0, \tag{3.152b}$$

$$\frac{\partial \rho E}{\partial t} + \frac{\partial (\rho E u_\alpha + P u_\alpha)}{\partial r_\alpha} - \frac{\partial}{\partial r_\alpha} \left[\mu \left(\frac{\partial u_\alpha}{\partial r_\beta} + \frac{\partial u_\beta}{\partial r_\alpha} - \frac{2}{3} \frac{\partial u_\gamma}{\partial r_\gamma} \delta_{\alpha\beta} \right) u_\beta + \kappa \frac{\partial T}{\partial r_\alpha} \right] = 0, \tag{3.152c}$$

式中 μ 为黏性系数, $\mu = \frac{1}{1-b} \tau P$; κ 为热传导系数, $\kappa = c_p \tau P$, c_p 为定压比热, $c_p = \frac{5}{2}R$。描述动量输运和能量输运关系的 Pr 为

$$Pr = \frac{c_p \mu}{\kappa} = \frac{1}{1-b}. \tag{3.153}$$

可以看出, ES-BGK 模型中的参数 b 是与 Pr 有关的。ES-BGK 模型所对应的宏观流体方程其 Pr 是可调的, 这可以通过改变式 (3.129) 中的参数 b 实现, 这样就突破了 BGK 模型中 Pr 固定为 1 的限制。很明显, 当 $b = 0$ 时 ES-BGK 模型可以恢复到 BGK 模型的形式。

3. 伯内特层次

在方程(3.137)中保留到 ε^3 阶项可以得到

$$\varepsilon^3 \frac{\partial f^{\mathrm{eq}}}{\partial t_3} + \varepsilon^3 \frac{\partial f^{(1)}}{\partial t_2} + \varepsilon^3 v_\alpha \frac{\partial f^{(2)}}{\partial r_{1\alpha}} = -\varepsilon^3 \frac{1}{\tau} f^{(3)} + \varepsilon^3 \frac{1}{\tau} f^{\mathrm{ES}(3)}. \tag{3.154}$$

对方程两边同时求零阶、一阶和二阶缩并矩得到

$$\varepsilon^3 \frac{\partial \rho}{\partial t_3} = 0, \tag{3.155a}$$

$$\varepsilon^3 \frac{\partial \rho u_\alpha}{\partial t_3} + \varepsilon^3 \frac{\partial M_{2,\alpha\beta}\left(f^{(2)}\right)}{\partial r_{1\beta}} = 0, \tag{3.155b}$$

$$\varepsilon^3 \frac{\partial \rho E}{\partial t_3} + \varepsilon^3 \frac{\partial M_{3,1,\alpha}\left(f^{(2)}\right)}{\partial r_{1\alpha}} = 0, \tag{3.155c}$$

其中

$$M_{2,\alpha\beta}(f^{(2)}) = \int f^{(2)} v_\alpha v_\beta \mathrm{d}\boldsymbol{v}, \tag{3.156a}$$

$$M_{3,1,\alpha}(f^{(2)}) = \int f^{(2)} \frac{1}{2} \boldsymbol{v}^2 v_\alpha \mathrm{d}\boldsymbol{v}. \tag{3.156b}$$

将式 (3.150) 中 $f^{(2)}$ 的表达式代入 $M_{2,\alpha\beta}(f^{(2)})$ 和 $M_{3,1,\alpha}(f^{(2)})$ 中分别得到

$$M_{2,\alpha\beta}(f^{(2)}) = -\tau \left(\frac{\partial M_{2,\alpha\beta}\left(f^{\mathrm{eq}}\right)}{\partial t_2} + \frac{\partial M_{2,\alpha\beta}\left(f^{(1)}\right)}{\partial t_1} + \frac{\partial M_{3,\alpha\beta\gamma}\left(f^{(1)}\right)}{\partial r_{1\gamma}} \right), \tag{3.157a}$$

$$M_{3,1,\alpha}\left(f^{(2)}\right) = -\tau \left(\frac{\partial M_{3,1,\alpha}\left(f^{\mathrm{eq}}\right)}{\partial t_2} + \frac{\partial M_{3,1,\alpha}\left(f^{(1)}\right)}{\partial t_1} + \frac{\partial M_{4,2,\alpha\beta}\left(f^{(1)}\right)}{\partial r_{1\beta}} \right). \tag{3.157b}$$

再将式 (3.141) 中 $f^{(1)}$ 的表达式代入式 (3.157a) 和 (3.157b) 分别得到

$$\begin{aligned}
M_{2,\alpha\beta}(f^{(2)}) = -\tau \Bigg\{ &\frac{\partial M_{2,\alpha\beta}\left(f^{\mathrm{eq}}\right)}{\partial t_2} + \frac{\partial}{\partial t_1}\left[-\tau\left(\frac{\partial M_{2,\alpha\beta}\left(f^{\mathrm{eq}}\right)}{\partial t_1} + \frac{\partial M_{3,\alpha\beta\gamma}\left(f^{\mathrm{eq}}\right)}{\partial r_{1\gamma}} \right) \right] \\
&+ \frac{\partial M_{2,\alpha\beta}\left(f^{\mathrm{ES}(1)}\right)}{\partial t_1} + \frac{\partial}{\partial r_{1\gamma}}\left[-\tau\left(\frac{\partial M_{3,\alpha\beta\gamma}\left(f^{\mathrm{eq}}\right)}{\partial t_1} + \frac{\partial M_{4,\alpha\beta\gamma\chi}\left(f^{\mathrm{eq}}\right)}{\partial r_{1\chi}} \right) \right] \\
&+ \frac{\partial M_{3,\alpha\beta\gamma}\left(f^{\mathrm{ES}(1)}\right)}{\partial r_{1\gamma}} \Bigg\} + M_{2,\alpha\beta}\left(f^{\mathrm{ES}(2)}\right),
\end{aligned} \tag{3.158a}$$

$$\begin{aligned}
M_{3,1,\alpha}(f^{(2)}) = -\tau \Bigg\{ &\frac{\partial M_{3,1,\alpha}\left(f^{\mathrm{eq}}\right)}{\partial t_2} + \frac{\partial}{\partial t_1}\left[-\tau\left(\frac{\partial M_{3,1,\alpha}\left(f^{\mathrm{eq}}\right)}{\partial t_1} + \frac{\partial M_{4,2,\alpha\beta}\left(f^{\mathrm{eq}}\right)}{\partial r_{1\beta}} \right) \right] \\
&+ \frac{\partial}{\partial t_1} M_{3,1,\alpha}\left(f^{\mathrm{ES}(1)}\right) + \frac{\partial}{\partial r_{1\beta}}\left[-\tau\left(\frac{\partial M_{4,2,\alpha\beta}\left(f^{\mathrm{eq}}\right)}{\partial t_1} + \frac{\partial M_{5,3,\alpha\beta\gamma}\left(f^{\mathrm{eq}}\right)}{\partial r_{1\gamma}} \right) \right] \\
&+ \frac{\partial M_{4,2,\alpha\beta}\left(f^{\mathrm{ES}(1)}\right)}{\partial r_{1\beta}} \Bigg\} + M_{3,1,\alpha}\left(f^{\mathrm{ES}(2)}\right).
\end{aligned} \tag{3.158b}$$

这里考虑黏性系数 μ 随温度的变化关系

$$\mu = \mu_0 (T/T_0)^\beta, \tag{3.159}$$

其中 μ_0 为参考温度 T_0 对应的黏性系数。根据前面在纳维-斯托克斯层次推导的黏性系数与弛豫时间之间的关系 $\mu = \dfrac{1}{1-b}\tau\rho RT$，得到弛豫时间随温度变化的关系

$$\tau = \tau_0/(\rho T^{1-\beta}), \tag{3.160}$$

其中 $\tau_0 = \mu_0/(RT_0^\beta)$ 为参考温度 T_0 时的弛豫时间。将式 (3.158a) 和 (3.158b) 中宏观量关于 $\dfrac{\partial}{\partial t_1}$ 的时间导数用式 (3.140a)~(3.140c) 转化成空间导数，将宏观量关于 $\dfrac{\partial}{\partial t_2}$ 的时间导数用式 (3.149a)~(3.149c) 转化成空间导数，化简后可以得到

$$
\begin{aligned}
M_{2,\alpha\beta}(f^{(2)}) = \frac{\tau^2}{(1-b)^2}&\left[-2R^2T^2\frac{\partial^2\rho}{\partial r_{1\langle\alpha}\partial r_{1\beta\rangle}} - 2b\rho R^2 T\frac{\partial^2 T}{\partial r_{1\langle\alpha}\partial r_{1\beta\rangle}}\right.\\
&+\frac{2R^2T^2}{\rho}\frac{\partial\rho}{\partial r_{1\langle\alpha}}\frac{\partial\rho}{\partial r_{1\beta\rangle}} - 2R^2T\frac{\partial T}{\partial r_{1\langle\alpha}}\frac{\partial\rho}{\partial r_{1\beta\rangle}} + 2\rho RT\frac{\partial u_{\langle\alpha}}{\partial r_{1\gamma}}\frac{\partial u_{\beta\rangle}}{\partial r_{1\gamma}}\\
&\left.+\frac{2-4\beta}{3}\rho RT\frac{\partial u_{\langle\alpha}}{\partial r_{1\beta\rangle}}\frac{\partial u_\gamma}{\partial r_{1\gamma}} + 2\beta(1-b)\rho R^2\frac{\partial T}{\partial r_{1\langle\alpha}}\frac{\partial T}{\partial r_{1\beta\rangle}}\right],
\end{aligned}\tag{3.161a}
$$

$$
\begin{aligned}
M_{3,1,\alpha}(f^{(2)}) = \frac{\tau^2}{(1-b)}&\left[\frac{5b-4}{3}\rho(RT)^2\frac{\partial^2 u_\beta}{\partial r_{1\alpha}\partial r_{1\beta}} + \rho(RT)^2\frac{\partial^2 u_\alpha}{\partial r_{1\beta}\partial r_{1\beta}} - 2R^2T^2\frac{\partial u_{\langle\beta}}{\partial r_{1\alpha\rangle}}\frac{\partial\rho}{\partial r_{1\beta}}\right.\\
&+\left(6+\beta-\frac{1}{2}b\right)\rho R^2 T\frac{\partial u_\alpha}{\partial r_{1\beta}}\frac{\partial T}{\partial r_{1\beta}} + \left(1+\beta+\frac{3}{2}b\right)\rho R^2 T\frac{\partial u_\beta}{\partial r_{1\alpha}}\frac{\partial T}{\partial r_{1\beta}}\\
&\left.+\frac{(-13-b)+(14-10b)(1-\beta)}{6}\rho R^2 T\frac{\partial u_\beta}{\partial r_{1\beta}}\frac{\partial T}{\partial r_{1\alpha}}\right] + u_\beta M_{2,\alpha\beta}(f^{(2)}).
\end{aligned}\tag{3.161b}
$$

式中下角标带角括号的表示无迹对称张量，关于无迹张量的详细定义可以参考文献 [143] 中的附录 A 2.2。

在伯内特层次上有

$$\frac{\partial}{\partial t} = \varepsilon\frac{\partial}{\partial t_1} + \varepsilon^2\frac{\partial}{\partial t_2} + \varepsilon^3\frac{\partial}{\partial t_3}, \tag{3.162a}$$

$$\frac{\partial}{\partial r} = \varepsilon\frac{\partial}{\partial r_{1\alpha}}. \tag{3.162b}$$

方程组 (3.155a)~(3.155c) 结合方程组 (3.145a)~(3.145c) 和欧拉层次的方程组 (3.139a)~(3.139c) 就可以得到伯内特层次的流体力学方程组为

$$\frac{\partial\rho}{\partial t} + \frac{\partial\rho u_\alpha}{\partial r_\alpha} = 0, \tag{3.163a}$$

$$\frac{\partial\rho u_\alpha}{\partial t} + \frac{\partial(\rho u_\alpha u_\beta + P\delta_{\alpha\beta})}{\partial r_\beta} - \frac{\partial}{\partial r_\beta}\left[\mu\left(\frac{\partial u_\alpha}{\partial r_\beta} + \frac{\partial u_\beta}{\partial r_\alpha} - \frac{2}{3}\frac{\partial u_\gamma}{\partial r_\gamma}\delta_{\alpha\beta}\right) + \Pi^{(2)}_{\alpha\beta}\right] = 0, \tag{3.163b}$$

$$\frac{\partial\rho E}{\partial t} + \frac{\partial(\rho E u_\alpha + P u_\alpha)}{\partial r_\alpha} - \frac{\partial}{\partial r_\alpha}\left[\mu\left(\frac{\partial u_\alpha}{\partial r_\beta} + \frac{\partial u_\beta}{\partial r_\alpha} - \frac{2}{3}\frac{\partial u_\gamma}{\partial r_\gamma}\delta_{\alpha\beta}\right)u_\beta + \Pi^{(2)}_{\alpha\beta}u_\beta\right]$$

$$-\frac{\partial}{\partial r_\alpha}\left(\kappa\frac{\partial T}{\partial r_{1\alpha}}+J_\alpha^{(2)}\right)=0, \tag{3.163c}$$

其中

$$\Pi_{\alpha\beta}^{(2)}=\frac{\tau^2P^2}{(1-b)^2}\left[\frac{2}{\rho^2}\frac{\partial^2\rho}{\partial r_{\langle\alpha}\partial r_{\beta\rangle}}+2b\frac{1}{\rho T}\frac{\partial^2 T}{\partial r_{\langle\alpha}\partial r_{\beta\rangle}}-\frac{2}{\rho^3}\frac{\partial\rho}{\partial r_{\langle\alpha}}\frac{\partial\rho}{\partial r_{\beta\rangle}}+\frac{2}{\rho^2T}\frac{\partial T}{\partial r_{\langle\alpha}}\frac{\partial\rho}{\partial r_{\beta\rangle}}\right.$$
$$\left.-\frac{2}{P}\frac{\partial u_{\langle\alpha}}{\partial r_\gamma}\frac{\partial u_{\beta\rangle}}{\partial r_\gamma}-\frac{2-4\beta}{3}\frac{1}{P}\frac{\partial u_{\langle\alpha}}{\partial r_{\beta\rangle}}\frac{\partial u_\gamma}{\partial r_\gamma}-2\beta(1-b)\frac{1}{\rho T^2}\frac{\partial T}{\partial r_{\langle\alpha}}\frac{\partial T}{\partial r_{\beta\rangle}}\right], \tag{3.164a}$$

$$J_\alpha^{(2)}=\frac{\tau^2P^2}{(1-b)}\left[-\frac{5b-4}{3}\frac{1}{\rho}\frac{\partial^2 u_\beta}{\partial r_{1\alpha}\partial r_{1\beta}}-\frac{1}{\rho}\frac{\partial^2 u_\alpha}{\partial r_{1\beta}\partial r_{1\beta}}+\frac{2}{\rho^2}\frac{\partial u_{\langle\beta}}{\partial r_{1\alpha\rangle}}\frac{\partial\rho}{\partial r_{1\beta}}\right.$$
$$-\left(6+\beta-\frac{1}{2}b\right)\frac{1}{\rho T}\frac{\partial u_\alpha}{\partial r_{1\beta}}\frac{\partial T}{\partial r_{1\beta}}-\left(1+\beta+\frac{3}{2}b\right)\frac{1}{\rho T}\frac{\partial u_\beta}{\partial r_{1\alpha}}\frac{\partial T}{\partial r_{1\beta}}$$
$$\left.-\frac{(-13-b)+(14-10b)(1-\beta)}{6}\frac{1}{\rho T}\frac{\partial u_\beta}{\partial r_{1\beta}}\frac{\partial T}{\partial r_{1\alpha}}\right]. \tag{3.164b}$$

这样就得到了 ES-BGK 模型经查普曼-恩斯库格多尺度展开恢复到的伯内特方程组, 其形式与文献 [144] 中一致。基于类似的思路还可以进一步得到更高阶的流体动力学方程组 (超伯内特), 但由于其黏性应力和热流项的形式过于复杂, 这里不再进一步推导。

3.4.1.3　离散玻尔兹曼建模

对于前面介绍的 ES-BGK 模型, 用有限个离散速度代表速度空间, 就得到了离散的玻尔兹曼模型。分子的速度分布函数 $f(\boldsymbol{v},\boldsymbol{r},t)$ 用离散的速度分布函数 $f_i(\boldsymbol{r},t)$ 代替, 其中下角标 i 表示第 i 个离散速度所对应的分布, 这样就得到基于 ES-BGK 模型的 DBM 演化方程为

$$\frac{\partial f_i}{\partial t}+\boldsymbol{v}_i\cdot\frac{\partial f_i}{\partial\boldsymbol{r}}=-\frac{1}{\tau}\left(f_i-f_i^{\mathrm{ES}}\right), \tag{3.165}$$

其中 f_i^{ES} 表示离散的 ES-BGK 分布函数, 这里建模的关键就是确定离散速度模型和离散 ES-BGK 分布函数的形式。

通过前面的查普曼-恩斯库格多尺度展开可知, 要恢复到纳维-斯托克斯层次的流体动力学方程组需要用到 f^{eq} 的零到 "4,2" 阶动理学矩和 f^{ES} 的零到 "3,1" 阶动理学矩, 要恢复到伯内特层次的流体动力学方程组需要用到 f^{eq} 的零到 "5,3" 阶动理学矩和 f^{ES} 的零到 "4,2" 阶动理学矩。这说明在速度离散的过程, 只要满足查普曼-恩斯库格展开用到的这些动理学矩不变, 就可以由离散后的 ES-BGK 方程恢复到相应层次的宏观流体动力学方程组。由于 f^{eq} 可以看成是 f^{ES} 在 $b=0$ 的一种特殊形式, 为了统一在这里的建模中使离散速度分布函数 f_i^{eq} 和 f_i^{ES} 的动理学矩都保留到 "5,3" 阶, 这样就可以得到伯内特层次的 DBM。离散分布函数 f_i^{ES} 要满足的动理学矩如下:

$$M_0^{\mathrm{ES}}=\sum_{i=1}^N f_i^{\mathrm{ES}}=\rho, \tag{3.166a}$$

$$M_{1,\alpha}^{\mathrm{ES}} = \sum_{i=1}^{N} f_i^{\mathrm{ES}} v_{i\alpha} = \rho u_\alpha, \tag{3.166b}$$

$$M_{2,\alpha\beta}^{\mathrm{ES}} = \sum_{i=1}^{N} f_i^{\mathrm{ES}} v_{i\alpha} v_{i\beta} = \rho \left(J_{\alpha\beta} + u_\alpha u_\beta \right), \tag{3.166c}$$

$$M_{3,\alpha\beta\gamma}^{\mathrm{ES}} = \sum_{i=1}^{N} f_i^{\mathrm{ES}} v_{i\alpha} v_{i\beta} v_{i\gamma} = \rho \left[(uJ)_{\alpha\beta\gamma} + u_\alpha u_\beta u_\gamma \right], \tag{3.166d}$$

$$M_{4,\alpha\beta\gamma\chi}^{\mathrm{ES}} = \sum_{i=1}^{N} f_i^{\mathrm{ES}} v_{i\alpha} v_{i\beta} v_{i\gamma} v_{i\chi} = \rho \left[J_{\alpha\beta\gamma\chi} + (u^2 J)_{\alpha\beta\gamma\chi} + u_\alpha u_\beta u_\gamma u_\chi \right], \tag{3.166e}$$

$$M_{5,3,\alpha\beta\gamma}^{\mathrm{ES}} = \sum_{i=1}^{N} f_i^{\mathrm{ES}} \frac{v_i^2}{2} v_{i\alpha} v_{i\beta} v_{i\gamma} = \frac{1}{2} M_{5,\alpha\beta\gamma\chi\chi}^{\mathrm{ES}}, \tag{3.166f}$$

其中

$$J_{\alpha\beta} = RT\delta_{\alpha\beta} + \frac{b}{\rho} \Delta_{2,\alpha\beta}^*, \tag{3.167a}$$

$$J_{\alpha\beta\gamma\chi} = J_{\alpha\beta} J_{\gamma\chi} + J_{\alpha\gamma} J_{\beta\chi} + J_{\alpha\chi} J_{\beta\gamma}. \tag{3.167b}$$

另外，最后一个动理学中的三阶张量 $M_{5,3,\alpha\beta\gamma}^{\mathrm{ES}}$ 是由五阶张量 $M_{5,\alpha\beta\gamma\chi\xi}^{\mathrm{ES}}$ 缩并得到的，这里的下角标用到了爱因斯坦求和约定记号，其中 $M_{5,\alpha\beta\gamma\chi\xi}^{\mathrm{ES}}$ 的表达式为

$$M_{5,\alpha\beta\gamma\chi\xi}^{\mathrm{ES}} = \rho \left[(uJ^2)_{\alpha\beta\gamma\chi\xi} + (u^3 J)_{\alpha\beta\gamma\chi\xi} + u_\alpha u_\beta u_\gamma u_\chi u_\xi \right]. \tag{3.168}$$

这里还用到了一些简单记法：

$$(uJ)_{\alpha\beta\gamma} = u_\alpha J_{\beta\gamma} + u_\beta J_{\alpha\gamma} + u_\gamma J_{\alpha\beta}, \tag{3.169a}$$

$$\begin{aligned}(u^2 J)_{\alpha\beta\gamma\chi} &= u_\alpha u_\beta J_{\gamma\chi} + u_\alpha u_\chi J_{\beta\gamma} + u_\alpha u_\gamma J_{\beta\chi} + u_\beta u_\chi J_{\alpha\gamma} \\ &\quad + u_\beta u_\gamma J_{\alpha\chi} + u_\gamma u_\chi J_{\alpha\beta}, \end{aligned} \tag{3.169b}$$

$$\begin{aligned}(u^3 J)_{\alpha\beta\gamma\chi\xi} &= u_\alpha u_\beta u_\gamma J_{\chi\xi} + u_\alpha u_\beta u_\chi J_{\gamma\xi} + u_\alpha u_\beta u_\xi J_{\gamma\chi} + u_\alpha u_\gamma u_\chi J_{\beta\xi} \\ &\quad + u_\alpha u_\gamma u_\xi J_{\beta\chi} + u_\alpha u_\chi u_\xi J_{\beta\gamma} + u_\beta u_\gamma u_\chi J_{\alpha\xi} + u_\beta u_\gamma u_\xi J_{\alpha\chi} \\ &\quad + u_\beta u_\chi u_\xi J_{\alpha\gamma} + u_\gamma u_\chi u_\xi J_{\alpha\beta}, \end{aligned} \tag{3.169c}$$

$$(uJ^2)_{\alpha\beta\gamma\chi\xi} = u_\alpha J_{\beta\gamma\chi\xi} + u_\beta J_{\alpha\gamma\chi\xi} + u_\gamma J_{\alpha\beta\chi\xi} + u_\chi J_{\alpha\beta\gamma\xi} + u_\xi J_{\alpha\beta\gamma\chi}. \tag{3.169d}$$

当 $J_{\alpha\beta}$ 中的 $b=0$ 时，式 (3.166a)~(3.166f) 就对应 f_i^{eq} 需要满足的动理学矩。这些矩方程组可以写成一个矢量方程形式：

$$\boldsymbol{C} \cdot \boldsymbol{f}^{\mathrm{ES}} = \boldsymbol{M}^{\mathrm{ES}}, \tag{3.170}$$

式中 $\boldsymbol{C}$ 表示方程组的系数矩阵，其中的元素由离散速度确定；$\boldsymbol{f}^{\mathrm{ES}}$ 表示由离散的椭圆统计分布函数组成的矢量，其分量的个数等于离散速度的数目；$\boldsymbol{M}^{\mathrm{ES}}$ 是由式 (3.166a)~(3.166f) 中相互独立的动理学矩组成的矢量。

可以看出，只要离散速度确定了，系数矩阵 C 就是已知的。当离散速度的数目与独立动理学矩的个数相等时，C 是方阵，否则 C 不是方阵。不管是哪种情况，一旦离散速度是已知的，就可以通过式 (3.149b) 解出离散椭圆统计分布函数 f_i^{ES} 和离散平衡态分布函数 f_i^{eq}。离散速度的选择取决于两方面：一是计算的效率；二是计算中的数值稳定性。离散速度的数目越少，计算的效率越高，但有时为了提高数值稳定性，需要离散速度模型具有较好的对称性，这样就需要通过增加离散速度的数目来实现。

这里对于二维问题，给出了两种离散速度模型，如图 3.18 所示。因为在二维情形下，式 (3.166a)~(3.166f) 中包含的相互独立的动理学矩的个数是 19 个，所以第一种离散速度模型就包含了 19 个离散速度，这种离散速度模型记为 D2V19。在这种离散速度模型下系数矩阵 C 是方阵，这就要求 C 必须是满秩的以保证方程 (3.170) 有解，因此离散速度的模型选用了图 3.18 (a) 的形式，每一个离散速度的具体值在式 (3.171a) 中给出。第二种离散速度模型包含 36 个离散速度，具有较好的对称性，这种离散速度模型记为 D2V36，如图 3.18 (b) 所示，每一个离散速度的具体值在式 (3.171b) 中给出。式中 c 是一个可调参数，可以根据实际模拟的问题改变其取值。

$$
\boldsymbol{v}_i = (v_{ix}, v_{iy}) = \begin{cases} (0,0), & i = 1 \\ c\left(\cos\dfrac{(i-2)\pi}{4}, \sin\dfrac{(i-2)\pi}{4}\right), & i = 2 \sim 9 \\ a\left(\cos\dfrac{(i-9)\pi}{4}, \sin\dfrac{(i-9)\pi}{4}\right), & \begin{cases} a = 2c, & i = 10 \sim 14\, \&\, i \neq 11 \\ a = \dfrac{3}{2}c, & i = 11 \end{cases} \\ a\left(\cos\dfrac{(i-8)\pi}{6}, \sin\dfrac{(i-8)\pi}{6}\right), & \begin{cases} a = 2c, & i = 15 \sim 19\, \&\, i \neq 18 \\ a = \dfrac{3}{2}c, & i = 18 \end{cases} \end{cases},
$$

$$\tag{3.171a}$$

$$
\boldsymbol{v}_i = (v_{ix}, v_{iy}) = \begin{cases} c\left(\cos\dfrac{(i-1)\pi}{6}, \sin\dfrac{(i-1)\pi}{6}\right), & i = 1 \sim 12 \\ 2c\left(\cos\dfrac{(i-13)\pi}{4}, \sin\dfrac{(i-13)\pi}{4}\right), & i = 13 \sim 24 \\ 3c\left(\cos\dfrac{(i-25)\pi}{4}, \sin\dfrac{(i-25)\pi}{4}\right), & i = 25 \sim 36 \end{cases}. \tag{3.171b}
$$

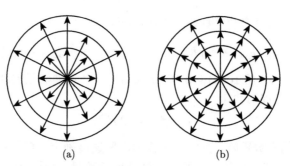

(a)   (b)

图 3.18　两种离散速度模型示意图: (a) D2V19；(b) D2V36

3.4.1.4 模拟结果与分析

下面对基于 ES-BGK 模型的 DBM 进行验证, 模拟算例包括黏性激波管、无滑移热 Couette 流、前台阶的马赫数为 3 的激波风洞和稳定激波结构问题。对于前两个算例, 采用的是 D2V19 离散速度模型, 可以用来验证新模型描述不同 Pr 情形的能力。对于后两个算例, 采用的是 D2V36 模型。存在前台阶的马赫数为 3 的激波风洞问题可以用来验证新模型描述二维激波问题的能力, 对稳定激波结构问题的计算可以看到伯内特层次的黏性应力和热流与非平衡量无组织动量流 (NOMF) 和无组织能量流 (NOEF) 之间的关系。

1. 黏性 Sod 激波管

对于 Sod 激波管问题, 初始状态设置为

$$\begin{cases} (\rho, u_x, u_y, T)_L = (1, 0, 0, 1), \\ (\rho, u_x, u_y, T)_R = (0.125, 0, 0, 0.8). \end{cases} \tag{3.172}$$

计算区域在激波管长度方向上被分成左右两部分, 下角标 "L" 表示左半边区域, 下角标 "R" 表示右半边区域。

采用图 3.18 (a) 所示的离散速度模型并取 $c = 2.0$。计算中的空间步长为 $\Delta x = \Delta y = 1 \times 10^{-3}$, 空间网格数为 $N_x \times N_y = 1000 \times 1$, 时间步长为 $\Delta t = 2 \times 10^{-6}$, 弛豫时间为 $\tau = 2 \times 10^{-4}$。左右边界采用自由流入和流出边界, 也称为无梯度边界。对演化方程 (3.165) 中的空间导数的求解采用的是二阶非振荡非自由耗散 (nonoscillatory and nonfree-parameters dissipative, NND) 格式, 时间导数的求解采用的是一阶向前差分。

模拟中一共计算了五种不同 Pr 的工况, 图 3.19 给出了 $t = 0.18$ 时刻 Sod 激波管的速度和温度分布曲线。为了方便对比, 图中同时给出了 DBM 模拟结果和黎曼解析解的结果。由于黎曼解是基于欧拉方程计算得到的, 没有考虑黏性和热流的效应, 而基于 DBM 的模拟结果是包含黏性和热传导效应的, 因此二者在间断附近存在一些差异。DBM 给出的结果在速度和温度曲线的间断附近存在光滑过渡区, 这正是黏性和热流效应的体现。图 3.20 进一步给出了间断附近黏性应力和热流的分布曲线, 实线表示分别基于牛顿黏性定律和傅里叶导热定律的公式计算得到的黏性应力和热流, 符号表示直接基于分布函数计算

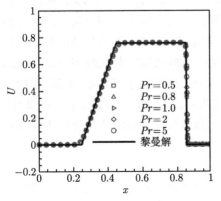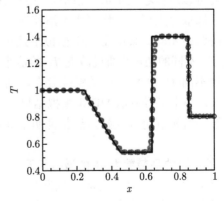

图 3.19　在 $t = 0.18$ 时刻 Sod 激波管的速度和温度分布曲线: (a) 速度分布曲线; (b) 温度分布曲线

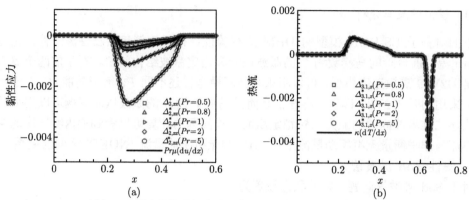

图 3.20　在 $t = 0.18$ 时刻 Sod 激波管的黏性应力和热流分布曲线：(a) 黏性应力分布曲线；(b) 热流分布曲线

的 NOMF 和 NOEF 的结果。从图中可以看出，对于不同 Pr 的情形，黏性应力曲线存在显著差异，而热流曲线基本相同。另外，NOMF 曲线与黏性应力曲线符合较好，Pr 效应已自动包含在了 NOMF 中，NOEF 曲线与热流曲线符合较好。

2. 无滑移热 Couette 流

考虑平行放置的上下两平板，平板间距为 H，中间充满流体。固定下平板，而使上平板以速度 U 沿 x 方向运动，从而带动平板中间的流体流动。上下两平板的温度分别固定为 T_1 和 T_0。当流动达到稳态时，根据不可压缩纳维-斯托克斯方程，可以得到无量纲温度分布的解析解应为[135,145]

$$\frac{T - T_0}{T_1 - T_0} = \frac{y}{H} + \frac{PrEc}{2}\frac{y}{H}\left(1 - \frac{y}{H}\right),\tag{3.173}$$

其中 Ec 表示无量纲的埃克特 (Ecker) 数，其表达式为 $Ec = \dfrac{U^2}{c_p(T_1 - T)}$。

模拟中离散速度采用了图 3.18 (a) 的 D2V19 模型并取 $c = 1.6$。两平板之间的距离为 $H = 1.0$，下平板温度固定为 $T_0 = 1.0$，上平板温度为 $T_1 = 1.001$，运动速度为 $U = 0.2$，此时对应的 $Ec = 20$。初始气体密度设置为 $\rho = 1.0$，流场中的初始速度设置为 $u(y) = yU/H$，流动过程可以近似看成不可压情形。计算网格数为 $N_x = N_y = 1 \times 500$，时间步长根据数值稳定性选取，上下平板均采用无滑移速度边界，空间导数和时间导数的求解与前面 Sod 激波管问题中相同。采用 DBM 模拟了几种不同的 Pr 和 Ec 下的流动情形，并与解析解对比，其中不同的 Ec 是通过改变 T_1 的值来得到，模拟结果如图 3.21 所示。图 3.21 (a) 给出了几种不同 Pr 下稳态时的温度分布，图 3.21 (b) 中给出了几种不同 Ec 对应的稳态时温度分布，图中符号表示 DBM 模拟结果，实线表示式 (3.173) 的解析解。可以看出 DBM 计算结果与解析解符合较好，这就证明了离散的椭圆统计 BGK 模型模拟不同 Pr 流动的能力。

3. 前台阶的马赫数为 3 的激波风洞

前台阶的马赫数为 3 的激波风洞问题最早由 Emery 提出，并广泛用于验证新模型在二维情形下捕捉激波结构的能力[146]。初始时刻一个马赫数为 3 的均匀来流进入管道中，管

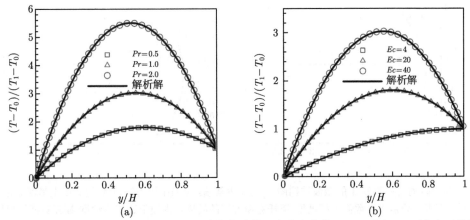

图 3.21 几种不同工况下无滑移热 Couette 流稳态时的温度分布曲线：(a) 不同 Pr 下稳态时的温度分布；(b) 不同 Ec 下稳态时的温度分布

道无量纲长度为 3，宽度为 1。在距离入口 0.6 处有一个高度为 0.2 的台阶。初始时刻风洞充满密度为 $\rho_0 = 2.0$ 的气体，风洞内初始压力为 $P_0 = 1.0$，均匀来流初始流速为 $u_0 = 3.0$。由于二维 DBM 对应的绝热常数为 $\gamma = 2$，因此对应声速为 $c_s = 1$，即初始流速为 3 个马赫数。

前面介绍的两个算例本质上都是一维流动问题，在对二维问题的模拟中离散速度模型的对称性对数值计算的稳定性有着很大的影响。为了保证数值稳定性，这里的计算采用了图 3.18 (b) 中的 D2V36 模型并取 $c = 2.0$。模拟计算中对左右边界分别采用自由流入和自由流出边界，在壁面上采用宏观的速度反弹边界条件。在之前的文献中介绍过，台阶的拐点处是稀疏波的中心，此处会形成一个流动的奇点，因此要得到精确的结果，需要对该点处做一些特殊处理[146]。这里只是作为定性研究，在模拟中暂不对该点处做特殊处理，这样模拟得到的结果也不会影响激波结构的位置[104]。

模拟计算结果如图 3.22 所示，图 3.22 (a) 和 (b) 中分别给出了稳态时的密度和压力等值线图。为了方便对比，图中同时给出了基于离散椭圆统计 BGK 模型和直接数值求解纳维-斯托克斯方程得到的结果[146]。模拟中采用了相同的参数，其中纳维-斯托克斯方程中的黏性系数与 DBM 中的弛豫时间对应，其关系为 $\mu = \tau \rho T$，但在这里主要关心激波结构特征，黏性引起的壁面剪切层等效应这里暂不考虑。另外，空间差分格式的求解均采用了二阶的 NND 格式。图中上半部分是 DBM 模拟结果，下半部分是基于数值求解纳维-斯托克斯方程得到的结果。可以看出基于新模型得到的激波结构与数值求解纳维-斯托克斯方程的结果基本一致，这就证明了本节介绍的 DBM 结合 D2V36 的离散速度模型具有准确模拟二维高速可压缩流动问题的能力。

4. 激波结构与非平衡效应

以上算例验证的都是离散 ES-BGK 模型在纳维-斯托克斯层次上的准确性，事实上本章介绍的 DBM 模型是能够恢复到伯内特层次的流体动力学方程组的。为了验证模型具有描述非线性本构关系的能力，这里模拟一个一维稳定激波问题，并对激波附近的黏性应力

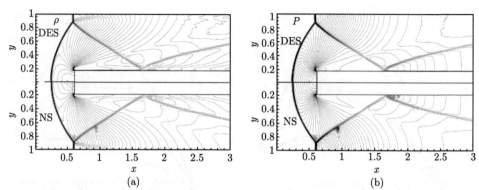

图 3.22　前台阶的马赫数为 3 的激波结构图: (a) 密度等值线；(b) 压力等值线；(其中上半部分是 DBM 计算结果, 下半部分是直接数值求解纳维-斯托克斯方程的结果, 为便于比较将纳维-斯托克斯结果旋转了 180°)

和热流进行分析。初始条件按马赫数为 1.5 激波的 Hugoniot 关系设置为

$$\begin{cases} (\rho, u_x, u_y, T)_L = (1.5882, 0.7857, 0, 1.6790), \\ (\rho, u_x, u_y, T)_R = (1.0, 0, 0, 1.0). \end{cases} \tag{3.174}$$

初始激波位置在 $x = 0.02$ 处, 上式中下角标 "L" 表示波后的状态, 下角标 "R" 表示波前的状态。模拟中离散速度采用图 3.18 (b) 中的 D2V36 模型并取 $c = 1.5$。计算域的网格数为 $N_x \times N_y = 5000 \times 1$, 空间步长为 $\Delta x = \Delta y = 2 \times 10^{-4}$, 时间步长为 $\Delta t = 1 \times 10^{-6}$, 弛豫时间为 $\tau = 1 \times 10^{-3}$, 左右边界采用自由流入和流出边界。

　　这里模拟了几种不同 Pr 情形下的激波结构, 图 3.23 中给出了稳态时激波阵面附近的密度和温度分布。从图中可以看出对于不同 Pr, 波阵面附近的密度和温度曲线都存在差异, Pr 越大波阵面附近的密度和温度分布越平缓。其主要原因是在弛豫时间固定时, 黏性系数与 Pr 是成正比的, Pr 越大对应黏性耗散作用越强。对于三种不同 Pr 的情形, 密度和温度曲线近似在 $x = 0.38$ 处都相交于一点, 在该点之前的区域 ($x < 0.38$), Pr 越小, 密度和温度值越大, 而在该点之后的区域, Pr 越大, 密度和温度值越大。下面进一步对波阵面附近的黏性应力和热流分布进行分析。

　　图 3.24 中给出了纳维-斯托克斯层次的黏性应力与热流、伯内特层次的黏性应力和热流, 以及非平衡量 NOMF 和 NOEF 的对比曲线。从图 3.24 (a) 中可以看到, 当系统在平衡态附近时 (远离波阵面处)NOMF 与纳维-斯托克斯层次黏性应力以及伯内特层次黏性应力均符合较好。而随着系统非平衡效应的增加, 纳维-斯托克斯层次的黏性应力曲线首先偏离 NOMF 曲线, 而伯内特层次的黏性应力曲线仍然与 NOMF 符合较好。当系统非平衡程度进一步增强时, 比如在图中 NOMF 极大值点附近, 伯内特层次的黏性应力曲线也逐渐偏离 NOMF 曲线。在图 3.24 (b) 中热流曲线与 NOEF 曲线的关系具有类似的特性。根据图 3.24 可以看出, 本节介绍的 DBM 是伯内特层次的, 当系统非平衡强度在一定范围内增强时, 伯内特层次的黏性应力和热流值相比于纳维-斯托克斯层次的黏性应力和热流值更接近于 NOMF 和 NOEF 的值。

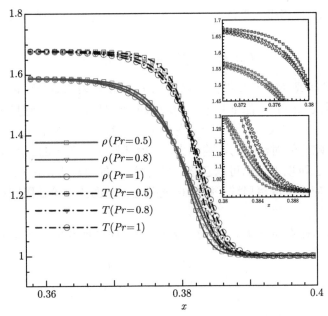

图 3.23 几种不同 Pr 情形下稳态时激波阵面附近的密度和温度分布

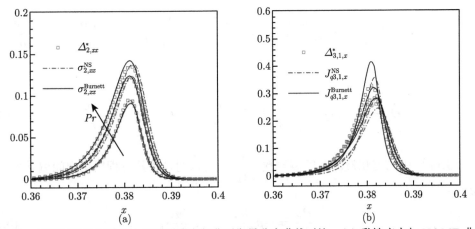

图 3.24 波阵面附近黏性应力和热流分布与非平衡量分布曲线对比：(a) 黏性应力与 NOMF 曲线；(b) 热流与 MOEF 曲线

3.4.1.5 分子速度分布函数的恢复

由于分子速度分布函数也可以用来表征流体系统非平衡的特性，在很多时候需要知道速度分布函数的特征。前面已经介绍了，离散玻尔兹曼建模过程中并没有考虑离散速度分布函数的具体形式，而只关心离散速度分布函数求和所得的各阶动理学矩，以及各阶矩空间的非平衡量信息。尽管如此，基于 DBM 计算得到的结果还是可以在一定程度上恢复得到分子速度分布函数的主要特征。在之前的文献中，通过部分非平衡量 $\boldsymbol{\Delta}_m^*$ 的信息定性得到了实际分子速度分布函数的一些粗略特征[102]。而在最近的工作中，我们又提出了一种定量恢复实际的分子速度分布函数的方法[104]。

　　根据查普曼-恩斯库格多尺度展开可知, 实际的分子速度分布函数可以展开成平衡态附近的泰勒级数:

$$f = f^{\text{eq}} + \varepsilon f^{(1)} + \varepsilon^2 f^{(2)} + \cdots, \tag{3.175}$$

其中 ε 是与弛豫时间或 Kn 正相关的小量。当 $\varepsilon \to 0$ 时表示系统可以在无限小的时间内达到平衡态, 此时式 (3.175) 右端中含 ε 的项都可以忽略, 也就是速度分布函数始终处于局域平衡态。随着 ε 的增大, ε 的一阶项变得不能忽略, 而此时 ε 的二阶项以及更高阶项的效应不明显, 忽略它们对结果的影响不大。ε 继续增大, 则 ε 的二阶项也不再可以忽略, 而 ε 的三阶项及其三阶以上项仍可以忽略。很明显, ε 的值越大, 式 (3.175) 中右端需要保留的项就越多, 对应系统偏离局域平衡态也就越远。下面的讨论还限制在系统偏离平衡态不太远的情形。

　　首先, 在纳维-斯托克斯层次上, 根据查普曼-恩斯库格展开可知 $f = f^{\text{eq}} + \varepsilon f^{(1)}$, 并且有

$$f^{(1)} = -\tau \left(\frac{\partial f^{\text{eq}}}{\partial t_1} + v_\alpha \frac{\partial f^{\text{eq}}}{\partial r_{1\alpha}} \right). \tag{3.176}$$

由于平衡态分布函数 f^{eq} 是关于 ρ, u_α 和 T 的函数, 即 $f^{\text{eq}} = f^{\text{eq}}(\rho, u_\alpha, T)$, 因此关于 f^{eq} 的时间和空间导数可以转化为 ρ, u_α 和 T 的导数, 从而式 (3.176) 变成

$$f^{(1)} = -\tau f^{\text{eq}} \left[D_\rho \left(\frac{\partial \rho}{\partial t_1} + v_\alpha \frac{\partial \rho}{\partial r_{1\alpha}} \right) + D_T \left(\frac{\partial T}{\partial t_1} + v_\alpha \frac{\partial T}{\partial r_{1\alpha}} \right) + D_{u_\beta} \left(\frac{\partial u_\beta}{\partial t_1} + v_\alpha \frac{\partial u_\beta}{\partial r_{1\alpha}} \right) \right], \tag{3.177}$$

其中

$$D_\rho = \frac{1}{\rho}, \quad D_T = \left[-\frac{1}{T} + \frac{(\boldsymbol{v} - \boldsymbol{u})^2}{2RT^2} \right], \quad D_{u_\beta} = -\frac{v_\beta - u_\beta}{RT}. \tag{3.178}$$

另外式 (3.177) 中的宏观量的时间偏导数 $\frac{\partial}{\partial t_1}$ 还可以通过欧拉方程组用空间偏导数表示出来, 即

$$\frac{\partial \rho}{\partial t_1} = -\rho \frac{\partial u_\alpha}{\partial r_{1\alpha}} - u_\alpha \frac{\partial n}{\partial r_{1\alpha}}, \tag{3.179a}$$

$$\frac{\partial u_\alpha}{\partial t_1} = -\frac{T}{\rho} \frac{\partial \rho}{\partial r_{1\alpha}} - \frac{\partial T}{\partial r_{1\alpha}} - u_\beta \frac{\partial u_\alpha}{\partial r_{1\beta}}, \tag{3.179b}$$

$$\frac{\partial T}{\partial t_1} = -u_\alpha \frac{\partial T}{\partial r_{1\alpha}} - T \frac{\partial u_\alpha}{\partial r_{1\alpha}}. \tag{3.179c}$$

综上可以得到实际速度分布函数 f 的一阶近似表达式为

$$f \approx f^{\text{eq}} + \varepsilon f^{(1)} \tag{3.180}$$

$$= f^{\text{eq}} \left[1 - \tau D_\rho \left(\frac{\partial \rho}{\partial t} + v_\alpha \frac{\partial \rho}{\partial r_\alpha} \right) - \tau D_T \left(\frac{\partial T}{\partial t} + v_\alpha \frac{\partial T}{\partial r_\alpha} \right) - \tau D_{u_\beta} \left(\frac{\partial u_\beta}{\partial t} + v_\alpha \frac{\partial u_\beta}{\partial r_\alpha} \right) \right].$$

其中在欧拉层次上的时间和空间多尺度展开有 $\dfrac{\partial}{\partial t} = \varepsilon \dfrac{\partial}{\partial t_1}$ 和 $\dfrac{\partial}{\partial r_\alpha} = \varepsilon \dfrac{\partial}{\partial r_{1\alpha}}$，时间导数又可以用式 (3.179a)~(3.179c) 换成空间导数，这样就可以根据宏观量 ρ，u_α 和 T 的空间导数恢复得到一阶近似的分子速度分布函数。

下面以 3.4.1.4 节中计算的激波阵面上的一点为例，来恢复真实分布函数。选择图 3.23 中 $Pr = 1$ 的情形，在激波阵面上 $x = 0.38$ 点对应的宏观量 ρ，u_α 和 T 及其时间和空间导数值在表 3.4 中给出。将表中的结果代入式 (3.180) 就可以恢复得到真实分子速度分布函数的一阶近似结果，其空间分布图以及相应的二维等值线图在图 3.25 中给出。为了方便对比，在下边同时画出了相应的局域平衡态分布函数的空间分布和等值线图。可以看到图中实际的分布函数在 x 方向上存在两个峰值点，这正是激波阵面分子速度分布函数的典型特征[146]。

表 3.4　激波阵面上一点处宏观量及其时间和空间导数值

ρ	u_x	T	$\dfrac{\partial \rho}{\partial x}$	$\dfrac{\partial u_x}{\partial x}$	$\dfrac{\partial T}{\partial x}$	$\dfrac{\partial \rho}{\partial t}$	$\dfrac{\partial u_x}{\partial t}$	$\dfrac{\partial T}{\partial t}$
1.3190	0.5130	1.4858	−50.50	−61.55	−49.00	107.09	137.46	116.59

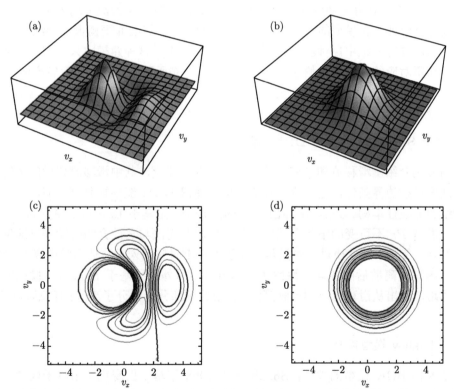

图 3.25　速度分布函数的空间分布以及相应的二维等值线图：(a) 恢复的实际速度分布函数空间分布图；(b) 对应的局域平衡态分布函数空间分布图；(c) 恢复的实际速度分布函数等值线图；(d) 对应的局域平衡态分布函数等值线图

基于类似的思路，还可以得到实际分子速度分布函数的二阶甚至更高阶近似。需要强调的是，对于实际速度分布函数的二阶近似，需要用到宏观量的二阶空间导数，以此类推要恢复到 m 阶近似的实际速度分布函数，需要用到 m 阶的空间导数。当然，前提是相应阶的空间导数的准确性需要得到保证。对于本章介绍的基于 ES-BGK 的 DBM，恢复实际速度分布函数时还需要考虑 f^{ES} 项。此外，这里提出的恢复实际速度分布函数的方法也适用于纳维-斯托克斯方程和伯内特方程计算得到的结果，基于纳维-斯托克斯方程计算的结果可以恢复得到实际速度分布函数的一阶近似，基于伯内特方程计算的结果可以恢复得到实际分布函数的二阶近似。前面章节中所介绍的查普曼-恩斯库格多尺度展开是从介观到宏观的信息转化过程，而本节介绍的实际速度分布函数恢复方法则实现了从宏观量到介观分布函数的信息转化。

3.4.1.6   小结

本节介绍了玻尔兹曼方程的另外一种线性化模型，即椭圆统计-BGK (ES-BGK) 模型。这种模型具有可调的 Pr，之前介绍的 BGK 模型可以看成是该模型的一种特殊情形，当 Pr 为 1 时 ES-BGK 模型可以恢复到 BGK 模型。基于查普曼-恩斯库格多尺度展开，得到了 ES-BGK 模型对应的流体动力学方程组的形式。基于 ES-BGK 模型，发展了过渡流的 DBM，新模型不仅具有可调的 Pr，还可以恢复到伯内特层次的流体动力学方程组。通过几个经典算例验证了新模型的准确性，并对比了 DBM 计算的非平衡量与纳维-斯托克斯和伯内特层次流体方程组中黏性应力和热流项的关系。由于这种建模中只保留了离散速度分布函数求和所对应的动理学矩信息，而离散的速度分布函数本身不再具有特定的物理意义，因此本章最后还提出了一种可以定量恢复分子速度分布函数的思路，通过流场中的宏观量及其梯度分布特征，可以在一定程度上恢复速度分布函数的主要特征。

3.4.2   基于 Shakhov 模型的 DBM 建模

前面分别介绍了滑移流和过渡流的离散玻尔兹曼建模，其中滑移流建模的关键是发展合适的速度反射边界条件，过渡流建模的关键是使得 DBM 能够恢复到相应高阶流体动力学方程组的非线性本构。3.4.1 节介绍的过渡流 DBM，是基于 ES-BGK 模型的，突破了传统 BGK 模型 Pr 不可变的限制，然而这种建模思路无法与之前介绍的动理学速度反射边界模型结合。其原因是建模过程中只是考虑了 DBM 对应的宏观流体力学的高阶本构方程，而没有考虑速度离散后的各向同性性质。本节给出另外一种基于 Shakhov 模型的非平衡流建模思路，给出从滑移流区到过渡流区 (甚至达到部分自由分子流区) 任意阶次的 DBM 框架。

3.4.2.1   Shakhov 模型简介

为了改善 BGK 模型的性能，Shakhov 在 1968 年基于伪麦克斯韦分子模型构造了一种近似玻尔兹曼方程的模型方程[128]，这一模型方程与 BGK 模型的形式很类似，只是把 BGK 模型中的局域平衡态分布函数用 Shakhov 分布函数替代，其形式为

$$\frac{\partial f}{\partial t} + v_\alpha \frac{\partial f}{\partial r_\alpha} = -\frac{1}{\tau}\left(f - f^S\right), \tag{3.181}$$

这里忽略了外力项的作用，其中 v_α 表示 α 方向上的分子速度，τ 表示分子碰撞频率的倒数，f^S 为 Shakhov 分布函数，其形式为

$$f^S = f^{\text{eq}} + f^{\text{eq}} \left\{ (1 - Pr)\, c_\alpha q_\alpha \left[\frac{c^2 + \eta^2}{RT} - (D + n + 2) \right] \middle/ [(D + n + 2)\, PRT] \right\}. \quad (3.182)$$

可以看出 f^S 的表达式中包含了 Pr，对式 (3.181) 作查普曼-恩斯库格多尺度展开得到的 NS 层次流体动力学方程组中的 Pr 与这里是一致的。式中 c_α 表示 α 方向上分子速度的微观涨落部分，即 $c_\alpha = v_\alpha - u_\alpha$，$u_\alpha$ 表示宏观流速；q_α 表示 α 方向上的热流；f^S 实际上是通过热流项对 f^{eq} 进行修正。可见，**Shakhov 模型是在单弛豫时间框架下，通过在"目标分布函数"中引入热流控制参数来实现 Pr 可调的**。$c^2 = c_\gamma c_\gamma$，这里用到了爱因斯坦求和约定记号。η^2 用来表示除分子平动之外其他额外自由度的总能量，D 表示空间维度，n 表示额外自由度的个数。R 是普适气体常量，P 和 T 分别为宏观压力和温度。局域平衡态分布函数 f^{eq} 的表达式为

$$f^{\text{eq}} = \rho \left(\frac{1}{2\pi RT} \right)^{(D+n)/2} \exp\left(-\frac{c^2 + \eta^2}{2RT} \right). \quad (3.183)$$

这里的形式与前面介绍的三维麦克斯韦分布有一些差异：一是这里给出了不同空间维度的一般表达式；二是考虑了分子的额外自由度 (分子的转动和振动等)。当取 $D = 3$，$n = 0$ 时，式 (3.183) 就和前面介绍的三维麦克斯韦分布的形式一致了。

为了消除速度分布函数对额外自由度的依赖，在实际计算中一般使用两个约化的速度分布函数 g 和 h，它们分别定义为

$$g = \int f \mathrm{d}\eta, \quad (3.184\text{a})$$

$$h = \int f \frac{\eta^2}{2} \mathrm{d}\eta. \quad (3.184\text{b})$$

相应地，两个约化的局域平衡态速度分布函数 g^{eq} 和 h^{eq} 分别为

$$g^{\text{eq}} = \int f^{\text{eq}} \mathrm{d}\eta = \rho \left(\frac{1}{2\pi RT} \right)^{D/2} \exp\left(-\frac{c^2}{2RT} \right), \quad (3.185\text{a})$$

$$h^{\text{eq}} = \int f^{\text{eq}} \frac{\eta^2}{2} \mathrm{d}\eta = \frac{nRT}{2} g^{\text{eq}}. \quad (3.185\text{b})$$

类似地，约化的 Shakhov 速度分布函数 g^S 和 h^S 分别为

$$g^S = g^{\text{eq}} + g^{\text{eq}} \left\{ (1 - Pr)\, c_\alpha q_\alpha \left[\frac{c^2}{RT} - (D + 2) \right] \middle/ [(D + n + 2)\, PRT] \right\}, \quad (3.186\text{a})$$

$$h^S = h^{\text{eq}} + h^{\text{eq}} \left\{ (1 - Pr)\, c_\alpha q_\alpha \left(\frac{c^2}{RT} - D \right) \middle/ [(D + n + 2)\, PRT] \right\}. \quad (3.186\text{b})$$

可以看到，约化后的速度分布函数 g 不再含有额外自由度项，额外自由度所对应能量的演化是通过另外一个速度分布函数 h 来体现的。在 g^{eq} 和 g^S 中都不含有额外自由度项，这样在速度空间离散的过程中就不用再考虑额外自由度空间，而 h^{eq} 和 h^S 则分别可以直接由 g^{eq} 和 g^S 得到。

这样式 (3.181) 中分布函数 f 的演化方程就变成了两个约化分布函数的演化，即

$$\frac{\partial}{\partial t}\begin{pmatrix} g \\ h \end{pmatrix} + v_\alpha \frac{\partial}{\partial r_\alpha}\begin{pmatrix} g \\ h \end{pmatrix} = -\frac{1}{\tau}\begin{pmatrix} g - g^S \\ h - h^S \end{pmatrix}. \tag{3.187}$$

宏观上的密度、动量和能量以及黏性应力 $\Pi_{\alpha\beta}$ 和热流 q_α 与约化的分布函数 g 和 h 的关系为

$$\rho = \int g \mathrm{d}\boldsymbol{v}, \tag{3.188a}$$

$$\rho u_\alpha = \int g v_\alpha \mathrm{d}\boldsymbol{v}, \tag{3.188b}$$

$$\frac{D+n}{2}\rho R T = \int \left(g \frac{c^2}{2} + h \right) \mathrm{d}\boldsymbol{v}, \tag{3.188c}$$

$$\Pi_{\alpha\beta} = \int (g - g^{eq}) c_\alpha c_\beta \mathrm{d}\boldsymbol{v}, \tag{3.188d}$$

$$q_\alpha = \int \left[(g - g^{eq}) \frac{c^2}{2} + (h - h^{eq}) \right] c_\alpha \mathrm{d}\boldsymbol{v}. \tag{3.188e}$$

3.4.2.2　埃尔米特多项式展开

为了方便后面对分布函数的速度离散化，这里首先对式 (3.185a) 中的局域平衡态分布函数 g^{eq} 及其对应的动理学矩的性质进行分析。为了简便，首先对如下标准化形式的平衡态分布函数 $\overline{g^{eq}}$ 进行分析，其形式为

$$\overline{g^{eq}} = \frac{1}{(2\pi)^{D/2}} \exp\left(-\frac{v^2}{2}\right) \exp\left(\frac{2v_\gamma u_\gamma - u^2}{2}\right), \tag{3.189}$$

其中第二个指数项可以展开成一系列的关于张量 $u_{\eta_1} u_{\eta_2} \cdots u_{\eta_n}$ 的多项式，即

$$\exp\left(\frac{2v_\gamma u_\gamma - u^2}{2}\right) = \sum_{n=0}^{\infty} \frac{1}{n!} \sum_{\eta_1,\eta_2,\cdots,\eta_n} \mathcal{H}_{\eta_1\eta_2\cdots\eta_n}^{(n)} u_{\eta_1} u_{\eta_2} \cdots u_{\eta_n}, \tag{3.190}$$

其中展开系数 $\mathcal{H}_{\eta_1\eta_2\cdots\eta_n}^{(n)}$ 代表 n 阶埃尔米特 (Hermite) 多项式[①]。这一项前面的部分称为权重函数，记为 $\omega(\boldsymbol{v})$，即

$$\omega(\boldsymbol{v}) = \frac{1}{(2\pi)^{D/2}} \exp\left(-\frac{v^2}{2}\right). \tag{3.191}$$

---

① 埃尔米特多项式 (Hermite Polynomials) 是一组正交的多项式。就如许多其他的以人名命名的数学公式一样，埃尔米特多项式其实也并不是埃尔米特第一个提出的。Laplace 在 1810 年一篇论文中就给出了埃尔米特多项式的系数，Chebyshev 则在 1859 年的一篇论文中详细地讨论了埃尔米特多项式的各种性质。可惜 Chebyshev 的这篇论文并没有引起学术圈应有的重视。埃尔米特在 1864 年的一篇文章中才提到埃尔米特多项式，这已经比 Laplace 最初的研究成果晚了 54 年。由于物理学家的小圈子与数学家的小圈子相对独立，现在有两种定义略有不同的埃尔米特多项式。一种被称为"统计学家的埃尔米特多项式"，另一种的被称为"物理学家的埃尔米特多项式"。这两种埃尔米特多项式的系数是有联系的。"物理学家的埃尔米特多项式"简介可参见网址：https://blog.csdn.net/liyuanbhu/article/details/62904994。

权重函数的各阶速度积分矩具有以下性质:

$$\int \omega(\boldsymbol{v})v_{\eta_1}v_{\eta_2}\cdots v_{\eta_n}\mathrm{d}\boldsymbol{v} = \begin{cases} \delta_{\eta_1\eta_2\cdots\eta_n}^{n/2}, & n \text{ 为偶数时} \\ 0, & n \text{ 为奇数时}. \end{cases} \tag{3.192}$$

其中 $\delta_{\eta_1\eta_2\cdots\eta_n}^{n/2}$ 表示由单位张量 $\delta_{\alpha\beta}$ 组成的 n 阶各向同性张量,当 $n = 2$ 时 $\delta_{\eta_1\eta_2\cdots\eta_n}^{n/2}$ 就是 $\delta_{\alpha\beta}$,另外有

$$\delta_{\eta_1\eta_2\eta_3\eta_4}^2 = \delta_{\eta_1\eta_2}\delta_{\eta_3\eta_4} + \delta_{\eta_1\eta_3}\delta_{\eta_2\eta_4} + \delta_{\eta_1\eta_4}\delta_{\eta_2\eta_3}, \tag{3.193a}$$

$$\begin{aligned} \delta_{\eta_1\eta_2\eta_3\eta_4\eta_5\eta_6}^3 &= \delta_{\eta_1\eta_2}\delta_{\eta_3\eta_4\eta_5\eta_6}^2 + \delta_{\eta_1\eta_3}\delta_{\eta_2\eta_4\eta_5\eta_6}^2 \\ &\quad + \delta_{\eta_1\eta_4}\delta_{\eta_2\eta_3\eta_5\eta_6}^2 + \delta_{\eta_1\eta_5}\delta_{\eta_2\eta_3\eta_4\eta_6}^2 + \delta_{\eta_1\eta_6}\delta_{\eta_2\eta_3\eta_4\eta_5}^2, \end{aligned} \tag{3.193b}$$

$$\begin{aligned} \delta_{\eta_1\eta_2\eta_3\eta_4\eta_5\eta_6\eta_7\eta_8}^4 &= \delta_{\eta_1\eta_2}\delta_{\eta_3\eta_4\eta_5\eta_6\eta_7\eta_8}^3 + \delta_{\eta_1\eta_3}\delta_{\eta_2\eta_4\eta_5\eta_6\eta_7\eta_8}^3 \\ &\quad + \delta_{\eta_1\eta_4}\delta_{\eta_2\eta_3\eta_5\eta_6\eta_7\eta_8}^3 + \delta_{\eta_1\eta_5}\delta_{\eta_2\eta_3\eta_4\eta_6\eta_7\eta_8}^3 \\ &\quad + \delta_{\eta_1\eta_6}\delta_{\eta_2\eta_3\eta_4\eta_5\eta_7\eta_8}^3 + \delta_{\eta_1\eta_7}\delta_{\eta_2\eta_3\eta_4\eta_5\eta_6\eta_8}^3 + \delta_{\eta_1\eta_8}\delta_{\eta_2\eta_3\eta_4\eta_5\eta_6\eta_7}^3. \end{aligned} \tag{3.193c}$$

对于更高阶的 $\delta_{\eta_1\eta_2\cdots\eta_n}^{n/2}$ 的形式可以类似得到,注意这里的下角标 η_n 只是用来标识不同分量的,其作用与 $\delta_{\alpha\beta}$ 中的 α 和 β 是等价的,$\delta_{\alpha\beta}$ 也可以写成 $\delta_{\eta_1\eta_2}$ 二者都表示二阶单位张量。

n 阶埃尔米特多项式 $\mathcal{H}_{\eta_1\eta_2\cdots\eta_n}^{(n)}$ 的一般形式为

$$\begin{aligned} \mathcal{H}_{\eta_1\eta_2\cdots\eta_n}^{(n)} &= \sum_{i=0}^m (-1)^i (\delta^i v^{n-2i})_{\eta_1\eta_2\cdots\eta_n} \\ &= v_{\eta_1}v_{\eta_2}\cdots v_{\eta_n} - (\delta v^{n-2})_{\eta_1\eta_2\cdots\eta_n} + (\delta^2 v^{n-4})_{\eta_1\eta_2\cdots\eta_n} \\ &\quad + \cdots + (-1)^m (\delta^m v^{n-2m})_{\eta_1\eta_2\cdots\eta_n}, \end{aligned} \tag{3.194}$$

其中 $m = [n/2]$,这里的中括号表示向下取整,例如 $[5/2] = 2$。为了便于理解,下面给出式 (3.194) 所表示的前几阶埃尔米特多项式的形式:

$$\mathcal{H}^{(0)} = 1, \tag{3.195a}$$

$$\mathcal{H}_{\eta_1}^{(1)} = v_{\eta_1}, \tag{3.195b}$$

$$\mathcal{H}_{\eta_1\eta_2}^{(2)} = v_{\eta_1}v_{\eta_2} - \delta_{\eta_1\eta_2}, \tag{3.195c}$$

$$\mathcal{H}_{\eta_1\eta_2\eta_3}^{(3)} = v_{\eta_1}v_{\eta_2}v_{\eta_3} - (v\delta)_{\eta_1\eta_2\eta_3}, \tag{3.195d}$$

$$\mathcal{H}_{\eta_1\eta_2\eta_3\eta_4}^{(4)} = v_{\eta_1}v_{\eta_2}v_{\eta_3}v_{\eta_4} - (v^2\delta)_{\eta_1\eta_2\eta_3\eta_4} + \delta_{\eta_1\eta_2\eta_3\eta_4}^2, \tag{3.195e}$$

$$\mathcal{H}_{\eta_1\eta_2\eta_3\eta_4\eta_5}^{(5)} = v_{\eta_1}v_{\eta_2}v_{\eta_3}v_{\eta_4}v_{\eta_5} - (v^3\delta)_{\eta_1\eta_2\eta_3\eta_4\eta_5} + (v\delta^2)_{\eta_1\eta_2\eta_3\eta_4\eta_5}, \tag{3.195f}$$

其中

$$(v\delta)_{\eta_1\eta_2\eta_3} = v_{\eta_1}\delta_{\eta_2\eta_3} + v_{\eta_2}\delta_{\eta_1\eta_3} + v_{\eta_3}\delta_{\eta_1\eta_2}, \tag{3.196a}$$

$$(v^2\delta)_{\eta_1\eta_2\eta_3\eta_4} = v_{\eta_1}v_{\eta_2}\delta_{\eta_3\eta_4} + v_{\eta_1}v_{\eta_3}\delta_{\eta_2\eta_4} + v_{\eta_1}v_{\eta_4}\delta_{\eta_2\eta_3}$$

$$+ v_{\eta_2}v_{\eta_3}\delta_{\eta_1\eta_4} + v_{\eta_2}v_{\eta_4}\delta_{\eta_1\eta_3} + v_{\eta_3}v_{\eta_4}\delta_{\eta_1\eta_2}, \tag{3.196b}$$

$$(v^3\delta)_{\eta_1\eta_2\eta_3\eta_4\eta_5} = v_{\eta_1}v_{\eta_2}v_{\eta_3}\delta_{\eta_4\eta_5} + v_{\eta_1}v_{\eta_2}v_{\eta_4}\delta_{\eta_3\eta_5} + v_{\eta_1}v_{\eta_2}v_{\eta_5}\delta_{\eta_3\eta_4}$$

$$+ v_{\eta_1}v_{\eta_3}v_{\eta_4}\delta_{\eta_2\eta_5} + v_{\eta_1}v_{\eta_3}v_{\eta_5}\delta_{\eta_2\eta_4} + v_{\eta_1}v_{\eta_4}v_{\eta_5}\delta_{\eta_2\eta_3}$$

$$+ v_{\eta_2}v_{\eta_3}v_{\eta_4}\delta_{\eta_1\eta_5} + v_{\eta_2}v_{\eta_3}v_{\eta_5}\delta_{\eta_1\eta_4} + v_{\eta_2}v_{\eta_4}v_{\eta_5}\delta_{\eta_1\eta_3}$$

$$+ v_{\eta_3}v_{\eta_4}v_{\eta_5}\delta_{\eta_1\eta_2}, \tag{3.196c}$$

$$(v\delta^2)_{\eta_1\eta_2\eta_3\eta_4\eta_5} = v_{\eta_1}\delta^2_{\eta_2\eta_3\eta_4\eta_5} + v_{\eta_2}\delta^2_{\eta_1\eta_3\eta_4\eta_5} + v_{\eta_3}\delta^2_{\eta_1\eta_2\eta_4\eta_5}$$

$$+ v_{\eta_4}\delta^2_{\eta_1\eta_2\eta_3\eta_5} + v_{\eta_5}\delta^2_{\eta_1\eta_2\eta_3\eta_4}. \tag{3.196d}$$

埃尔米特多项式具有以下正交性:

$$\int \omega(v)\mathcal{H}^{(m)}_{\eta_1\eta_2\cdots\eta_m}\mathcal{H}^{(n)}_{\alpha_1\alpha_2\cdots\alpha_n}\mathrm{d}v = \begin{cases} \delta^n_{\eta_1\eta_2\cdots\eta_n\alpha_1\alpha_2\cdots\alpha_n}, & m = n, \\ 0, & m \neq n. \end{cases} \tag{3.197}$$

与式 (3.194) 相对应, n 阶张量 $v_{\eta_1}v_{\eta_2}\cdots v_{\eta_n}$ 也可以用一系列的埃尔米特多项式来表示, 即

$$v_{\eta_1}v_{\eta_2}\cdots v_{\eta_n} = \sum_{i=0}^{m}(\delta^i\mathcal{H}^{(n-2i)})_{\eta_1\eta_2\cdots\eta_n}$$

$$= \mathcal{H}^{(n)}_{\eta_1\eta_2\cdots\eta_n} + (\delta\mathcal{H}^{(n-2)})_{\eta_1\eta_2\cdots\eta_n} + (\delta^2\mathcal{H}^{(n-4)})_{\eta_1\eta_2\cdots\eta_n}$$

$$+ \cdots + (\delta^m\mathcal{H}^{(n-2m)})_{\eta_1\eta_2\cdots\eta_n}, \tag{3.198}$$

其中 $m = [n/2]$, 这里的中括号表示向下取整, 前几阶的速度张量为

$$1 = \mathcal{H}^{(0)}, \tag{3.199a}$$

$$v_{\eta_1} = \mathcal{H}^{(1)}_{\eta_1}, \tag{3.199b}$$

$$v_{\eta_1}v_{\eta_2} = \mathcal{H}^{(2)}_{\eta_1\eta_2} + \delta_{\eta_1\eta_2}\mathcal{H}^{(0)}, \tag{3.199c}$$

$$v_{\eta_1}v_{\eta_2}v_{\eta_3} = \mathcal{H}^{(3)}_{\eta_1\eta_2\eta_3} + (\delta\mathcal{H}^{(1)})_{\eta_1\eta_2\eta_3}, \tag{3.199d}$$

$$v_{\eta_1}v_{\eta_2}v_{\eta_3}v_{\eta_4} = \mathcal{H}^{(4)}_{\eta_1\eta_2\eta_3\eta_4} + (\delta\mathcal{H}^{(2)})_{\eta_1\eta_2\eta_3\eta_4} + \delta_{\eta_1\eta_2\eta_3\eta_4}\mathcal{H}^{(0)}, \tag{3.199e}$$

$$v_{\eta_1}v_{\eta_2}v_{\eta_3}v_{\eta_4}v_{\eta_5} = \mathcal{H}^{(5)}_{\eta_1\eta_2\eta_3\eta_4\eta_5} + (\delta\mathcal{H}^{(3)})_{\eta_1\eta_2\eta_3\eta_4\eta_5} + (\delta^2\mathcal{H}^{(1)})_{\eta_1\eta_2\eta_3\eta_4\eta_5}, \tag{3.199f}$$

其中

$$(\delta\mathcal{H}^{(1)})_{\eta_1\eta_2\eta_3} = \delta_{\eta_1\eta_2}\mathcal{H}^{(1)}_{\eta_3} + \delta_{\eta_1\eta_3}\mathcal{H}^{(1)}_{\eta_2} + \delta_{\eta_2\eta_3}\mathcal{H}^{(1)}_{\eta_1}, \tag{3.200a}$$

$$(\delta\mathcal{H}^{(2)})_{\eta_1\eta_2\eta_3\eta_4} = \delta_{\eta_1\eta_2}\mathcal{H}^{(2)}_{\eta_3\eta_4} + \delta_{\eta_1\eta_3}\mathcal{H}^{(2)}_{\eta_2\eta_4} + \delta_{\eta_1\eta_4}\mathcal{H}^{(2)}_{\eta_2\eta_3}$$

$$+ \delta_{\eta_2\eta_3}\mathcal{H}^{(2)}_{\eta_1\eta_4} + \delta_{\eta_2\eta_4}\mathcal{H}^{(2)}_{\eta_1\eta_3} + \delta_{\eta_3\eta_4}\mathcal{H}^{(2)}_{\eta_1\eta_2}, \tag{3.200b}$$

$$(\delta \mathcal{H}^{(3)})_{\eta_1 \eta_2 \eta_3 \eta_4 \eta_5} = \delta_{\eta_1 \eta_2} \mathcal{H}^{(3)}_{\eta_3 \eta_4 \eta_5} + \delta_{\eta_1 \eta_3} \mathcal{H}^{(3)}_{\eta_2 \eta_4 \eta_5} + \delta_{\eta_1 \eta_4} \mathcal{H}^{(3)}_{\eta_2 \eta_3 \eta_5}$$
$$+ \delta_{\eta_1 \eta_5} \mathcal{H}^{(3)}_{\eta_2 \eta_3 \eta_4} + \delta_{\eta_2 \eta_3} \mathcal{H}^{(3)}_{\eta_1 \eta_4 \eta_5} + \delta_{\eta_2 \eta_4} \mathcal{H}^{(3)}_{\eta_1 \eta_3 \eta_5}$$
$$+ \delta_{\eta_2 \eta_5} \mathcal{H}^{(3)}_{\eta_1 \eta_3 \eta_4} + \delta_{\eta_3 \eta_4} \mathcal{H}^{(3)}_{\eta_1 \eta_2 \eta_5} + \delta_{\eta_3 \eta_5} \mathcal{H}^{(3)}_{\eta_1 \eta_2 \eta_4}$$
$$+ \delta_{\eta_4 \eta_5} \mathcal{H}^{(3)}_{\eta_1 \eta_2 \eta_3}, \tag{3.200c}$$

$$(\delta^2 \mathcal{H}^{(1)})_{\eta_1 \eta_2 \eta_3 \eta_4 \eta_5} = \delta^2_{\eta_2 \eta_3 \eta_4 \eta_5} \mathcal{H}^{(1)}_{\eta_1} + \delta^2_{\eta_1 \eta_3 \eta_4 \eta_5} \mathcal{H}^{(1)}_{\eta_2} + \delta^2_{\eta_1 \eta_2 \eta_4 \eta_5} \mathcal{H}^{(1)}_{\eta_3}$$
$$+ \delta^2_{\eta_1 \eta_2 \eta_3 \eta_5} \mathcal{H}^{(1)}_{\eta_4} + \delta^2_{\eta_1 \eta_2 \eta_3 \eta_4} \mathcal{H}^{(1)}_{\eta_5}. \tag{3.200d}$$

标准化平衡态分布函数 $\overline{g^{\text{eq}}}$ 的速度积分矩为

$$M^{(m)}_{\alpha_1 \alpha_2 \cdots \alpha_m} = \int \overline{g^{\text{eq}}} v_{\alpha_1} v_{\alpha_2} \cdots v_{\alpha_m} \mathrm{d}\boldsymbol{v}$$
$$= \int \omega \sum_{n=0}^{\infty} \frac{1}{n!} \sum_{\eta_1, \eta_2, \cdots, \eta_n} \mathcal{H}^{(n)}_{\eta_1 \eta_2 \cdots \eta_n} u_{\eta_1} u_{\eta_2} \cdots u_{\eta_n} v_{\alpha_1} v_{\alpha_2} \cdots v_{\alpha_m} \mathrm{d}\boldsymbol{v}$$
$$= \sum_{n=0}^{\infty} \frac{1}{n!} \sum_{\eta_1, \eta_2, \cdots, \eta_n} u_{\eta_1} u_{\eta_2} \cdots u_{\eta_n} \int \omega \mathcal{H}^{(n)}_{\eta_1 \eta_2 \cdots \eta_n} v_{\alpha_1} v_{\alpha_2} \cdots v_{\alpha_m} \mathrm{d}\boldsymbol{v}. \tag{3.201}$$

将其中的 $v_{\alpha_1} v_{\alpha_2} \cdots v_{\alpha_m}$ 用式 (3.198) 转化成关于埃尔米特多项式, 并利用式 (3.197) 中埃尔米特多项式的正交性得到

$$M^{(m)}_{\alpha_1 \alpha_2 \cdots \alpha_m} = \sum_{n=0}^{\infty} \frac{1}{n!} \sum_{\eta_1, \eta_2, \cdots, \eta_n} u_{\eta_1} u_{\eta_2} \cdots u_{\eta_n} \int \omega \mathcal{H}^{(n)}_{\eta_1 \eta_2 \cdots \eta_n} \sum_{i=0}^{\mu} (\delta^i \mathcal{H}^{(m-2i)})_{\alpha_1 \alpha_2 \cdots \alpha_m} \mathrm{d}\boldsymbol{v}$$
$$= \sum_{i=0}^{\mu} \left(\delta^i \sum_{n=0}^{\infty} \frac{1}{n!} \sum_{\eta_1, \eta_2, \cdots, \eta_n} u_{\eta_1} u_{\eta_2} \cdots u_{\eta_n} \int \omega \mathcal{H}^{(n)}_{\eta_1 \eta_2 \cdots \eta_n} \mathcal{H}^{(m-2i)} \mathrm{d}\boldsymbol{v} \right)_{\alpha_1 \alpha_2 \cdots \alpha_m}$$
$$= u_{\alpha_1} u_{\alpha_2} \cdots u_{\alpha_m} + (\delta u^{m-2})_{\alpha_1 \alpha_2 \cdots \alpha_m} + (\delta^2 u^{m-4})_{\alpha_1 \alpha_2 \cdots \alpha_m}$$
$$+ \cdots + (\delta^{\mu} u^{m-2\mu})_{\alpha_1 \alpha_2 \cdots \alpha_m}, \tag{3.202}$$

其中 $\mu = [m/2]$, 前几阶的积分矩表达式可以写成

$$M^{(0)} = 1, \tag{3.203a}$$

$$M^{(1)}_{\alpha_1} = u_{\alpha_1}, \tag{3.203b}$$

$$M^{(2)}_{\alpha_1 \alpha_2} = u_{\alpha_1} u_{\alpha_2} + \delta_{\alpha_1 \alpha_2}, \tag{3.203c}$$

$$M^{(3)}_{\alpha_1 \alpha_2 \alpha_3} = u_{\alpha_1} u_{\alpha_2} u_{\alpha_3} + (\delta u)_{\alpha_1 \alpha_2 \alpha_3}, \tag{3.203d}$$

$$M^{(4)}_{\alpha_1 \alpha_2 \alpha_3 \alpha_4} = u_{\alpha_1} u_{\alpha_2} u_{\alpha_3} u_{\alpha_4} + (\delta u)_{\alpha_1 \alpha_2 \alpha_3 \alpha_4} + \delta^2_{\alpha_1 \alpha_2 \alpha_3 \alpha_4}, \tag{3.203e}$$

$$M^{(5)}_{\alpha_1 \alpha_2 \alpha_3 \alpha_4 \alpha_5} = u_{\alpha_1} u_{\alpha_2} u_{\alpha_3} u_{\alpha_4} u_{\alpha_5} + (\delta u^3)_{\alpha_1 \alpha_2 \alpha_3 \alpha_4 \alpha_5} + (\delta^2 u)_{\alpha_1 \alpha_2 \alpha_3 \alpha_4 \alpha_5}. \tag{3.203f}$$

下面定义离散速度空间 $v_{i\alpha}$ 的平衡态分布函数为

$$\overline{g_i^{\mathrm{eq}}}(\boldsymbol{v}_i, \boldsymbol{u}) = \omega_i \sum_{n=0}^{Q} \frac{1}{n!} \sum_{\eta_1,\eta_2,\cdots,\eta_n} \mathcal{H}^{(n)}_{\eta_1\eta_2\cdots\eta_n}(\boldsymbol{v}_i) u_{\eta_1} u_{\eta_2} \cdots u_{\eta_n}, \tag{3.204}$$

其中 ω_i 表示权重常数，埃尔米特多项式 $\mathcal{H}^{(n)}_{\eta_1\eta_2\cdots\eta_n}(\boldsymbol{v}_i)$ 与式 (3.194) 具有相同的形式，只是将那里的变量 $\boldsymbol{v}$ 用 $\boldsymbol{v}_i$ 替换，Q 表示埃尔米特多项式的阶数。对于离散的平衡态分布函数速度求和得到矩定义为

$$\bar{M}^{(m)}_{\alpha_1\alpha_2\cdots\alpha_m} = \sum_i \overline{g_i^{\mathrm{eq}}}(\boldsymbol{v}_i,\boldsymbol{u}) v_{i\alpha_1} v_{i\alpha_2} \cdots v_{i\alpha_m}$$

$$= \sum_i \omega_i \sum_{n=0}^{Q} \frac{1}{n!} \sum_{\eta_1,\eta_2,\cdots,\eta_n} \mathcal{H}^{(n)}_{\eta_1\eta_2\cdots\eta_n}(\boldsymbol{v}_i) u_{\eta_1} u_{\eta_2} \cdots u_{\eta_n} v_{i\alpha_1} v_{i\alpha_2} \cdots v_{i\alpha_m}$$

$$= \sum_{n=0}^{Q} \frac{1}{n!} \sum_{\eta_1,\eta_2,\cdots,\eta_n} u_{\eta_1} u_{\eta_2} \cdots u_{\eta_n} \sum_i \omega_i \mathcal{H}^{(n)}_{\eta_1\eta_2\cdots\eta_n}(\boldsymbol{v}_i) v_{i\alpha_1} v_{i\alpha_2} \cdots v_{i\alpha_m}. \tag{3.205}$$

将 $v_{i\alpha_1} v_{i\alpha_2} \cdots v_{i\alpha_m}$ 用式 (3.198) 的关系代入以上 $\bar{M}^{(m)}_{\alpha_1\alpha_2\cdots\alpha_m}$ 的表达式得到

$$\bar{M}^{(m)}_{\alpha_1\alpha_2\cdots\alpha_m} = \sum_{n=0}^{Q} \frac{1}{n!} \sum_{\eta_1,\eta_2,\cdots,\eta_n} u_{\eta_1} u_{\eta_2} \cdots u_{\eta_n} \sum_i \omega_i \mathcal{H}^{(n)}_{\eta_1\eta_2\cdots\eta_n}(\boldsymbol{v}_i)$$

$$\times \left[\mathcal{H}^{(m)}_{\alpha_1\alpha_2\cdots\alpha_m} + (\delta\mathcal{H}^{(n-2)})_{\alpha_1\alpha_2\cdots\alpha_m} + (\delta^2\mathcal{H}^{(n-4)})_{\alpha_1\alpha_2\cdots\alpha_m} \right.$$

$$\left. + \cdots + (\delta^m\mathcal{H}^{(n-2\mu)})_{\alpha_1\alpha_2\cdots\alpha_m} \right]. \tag{3.206}$$

如果对于任意的 m，在 $0 \leqslant m \leqslant N$ 范围内都满足 $\bar{M}^{(m)}_{\alpha_1\alpha_2\cdots\alpha_m} = M^{(m)}_{\alpha_1\alpha_2\cdots\alpha_m}$，则称这样的系统为 N 阶系统。要满足 N 阶系统，首先对于式 (3.205) 中的展开阶数要满足 $Q \geqslant N$，同时关于 $\boldsymbol{v}_i$ 的埃尔米特多项式 $\mathcal{H}^{(n)}_{\eta_1\eta_2\cdots\eta_n}(\boldsymbol{v}_i)$ 还要满足如下的正交关系，即当 $0 \leqslant m,n \leqslant Q$ 时，

$$\sum_i \omega_i \mathcal{H}^{(n)}_{\eta_1\eta_2\cdots\eta_n}(\boldsymbol{v}_i) \mathcal{H}^{(m)}_{\alpha_1\alpha_2\cdots\alpha_n}(\boldsymbol{v}_i) = \begin{cases} \delta^n_{\eta_1\eta_2\cdots\eta_n\alpha_1\alpha_2\cdots\alpha_n}, & m=n, \\ 0, & m \neq n. \end{cases} \tag{3.207}$$

同时，根据埃尔米特多项式的正交性可知，高于 N 阶的展开项对于求 $m \leqslant N$ 的 $\bar{M}^{(m)}_{\alpha_1\alpha_2\cdots\alpha_m}$ 没有贡献，因此要满足 N 阶系统，式(3.205)中的展开阶数只需满足 $Q=N$。

$\mathcal{H}^{(n)}_{\eta_1\eta_2\cdots\eta_n}(\boldsymbol{v}_i)$ 可以由离散速度 $\boldsymbol{v}_i$ 表示出来，要使式 (3.207) 满足，离散速度 $\boldsymbol{v}_i$ 需要满足在 $0 \leqslant n \leqslant 2N$ 范围内有以下关系：

$$\sum_i \omega_i v_{i\eta_1} v_{i\eta_2} \cdots v_{i\eta_n} = \begin{cases} \delta^{n/2}_{\eta_1\eta_2\cdots\eta_n}, & n \text{ 为偶数时}, \\ 0, & n \text{ 为奇数时}. \end{cases} \tag{3.208}$$

前面为了推导方便，一直是基于标准化形式的平衡态分布函数 $\overline{g}^{\mathrm{eq}}$，将 $\rho\overline{g}^{\mathrm{eq}}\mathrm{d}\boldsymbol{v}$ 中的 $\boldsymbol{v}$ 和 $\boldsymbol{u}$ 分别用 $\boldsymbol{v}(RT)^{-1/2}$ 和 $\boldsymbol{u}(RT)^{-1/2}$ 替换就得到了 $g^{\mathrm{eq}}\mathrm{d}\boldsymbol{v}$，其形式为

$$g^{\mathrm{eq}}\mathrm{d}\boldsymbol{v} = \rho\frac{1}{(2\pi RT)^{D/2}}\exp\left[-\frac{(v-u)^2}{2RT}\right]\mathrm{d}\boldsymbol{v}. \tag{3.209}$$

相应地，将 N 阶离散平衡态分布函数变为

$$f_i^{\mathrm{eq}}(\boldsymbol{v}_i, \boldsymbol{u}) = \rho\omega_i\sum_{n=0}^{N}\frac{1}{n!}\sum_{\eta_1,\eta_2,\cdots,\eta_n}\mathcal{H}_{\eta_1\eta_2\cdots\eta_n}^{(n)}(\boldsymbol{v}_i)(RT)^{-n/2}u_{\eta_1}u_{\eta_2}\cdots u_{\eta_n}. \tag{3.210}$$

而埃尔米特多项式 $\mathcal{H}_{\eta_1\eta_2\cdots\eta_n}^{(n)}(\boldsymbol{v}_i)$ 变成

$$\mathcal{H}_{\eta_1\eta_2\cdots\eta_n}^{(n)} = \sum_{i=0}^{[n/2]}(-1)^i(\delta^i v_i^{\,n-2i})_{\eta_1\eta_2\cdots\eta_n}(RT)^{-(n-2i)/2}. \tag{3.211}$$

速度离散后离散平衡态分布函数的 N 阶动理学矩保持不变的充要条件 (3.208) 变成，当 $0 \leqslant n \leqslant 2N$ 时，满足：

$$\sum_i\omega_i(RT)^{-n/2}v_{i\eta_1}v_{i\eta_2}\cdots v_{i\eta_n} = \begin{cases} \delta_{\eta_1\eta_2\cdots\eta_n}^{n/2}, & n \text{ 为偶数时}, \\ 0, & n \text{ 为奇数时}. \end{cases} \tag{3.212}$$

3.4.2.3 节将介绍在离散玻尔兹曼建模中，基于以上分析的埃尔米特多项式展开，如何实现离散后的平衡态分布函数 N 阶动理学矩保持不变。

3.4.2.3 离散玻尔兹曼建模

在式 (3.187) 中速度空间用有限个离散速度代替，连续的速度分布函数 g 和 h 换成离散速度分布函数 g_{ki} 和 h_{ki}，就可以得到 DBM 演化方程为

$$\frac{\partial}{\partial t}\begin{pmatrix} g_{ki} \\ h_{ki} \end{pmatrix} + v_{ki\alpha}\frac{\partial}{\partial r_\alpha}\begin{pmatrix} g_{ki} \\ h_{ki} \end{pmatrix} = -\frac{1}{\tau}\begin{pmatrix} g_{ki} - g_{ki}^S \\ h_{ki} - h_{ki}^S \end{pmatrix}. \tag{3.213}$$

其中离散的 Shakhov 分布可以由离散的局域平衡态分布函数 g_{ki}^{eq} 求出，而 g_{ki}^{eq} 可以用一系列的埃尔米特多项式展开来表示，即

$$\begin{aligned} g_{ki}^{\mathrm{eq}} &= \rho F_k\sum_{n=0}^{N}\frac{1}{n}\sum_{\eta_1\eta_2\cdots\eta_n}\mathcal{H}_{\eta_1\eta_2\cdots\eta_n}^{(n)}T^{-n/2}u_{\eta_1}u_{\eta_2}\cdots u_{\eta_n} \\ &= \rho F_k\left[\mathcal{H}^{(0)} + \frac{1}{1!}T^{-1/2}\sum_{\eta_1}\mathcal{H}_{\eta_1}^{(1)}u_{\eta_1} + \frac{1}{2!}T^{-1}\sum_{\eta_1,\eta_2}\mathcal{H}_{\eta_1\eta_2}^{(2)}u_{\eta_1}u_{\eta_2} + \cdots \right. \\ &\quad\left. + \frac{1}{N!}T^{-N/2}\sum_{\eta_1,\eta_2,\cdots,\eta_N}\mathcal{H}_{\eta_1\eta_2\cdots\eta_N}^{(N)}u_{\eta_1}u_{\eta_2}\cdots u_{\eta_N}\right], \end{aligned} \tag{3.214}$$

其中 F_k 表示权重系数, $\mathcal{H}^{(n)}_{\eta_1\eta_2\cdots\eta_n}$ 表示关于 $v_{ki\eta}$ 的 n 阶埃尔米特多项式, 其表达式在公式 (3.211) 中给出, 其中前几阶的埃尔米特多项式为

$$\mathcal{H}^{(0)} = 1, \tag{3.215a}$$

$$\mathcal{H}^{(1)}_{\eta_1} = T^{-1/2}v_{ki\eta_1}, \tag{3.215b}$$

$$\mathcal{H}^{(2)}_{\eta_1\eta_2} = T^{-1}v_{ki\eta_1}v_{ki\eta_2} - \delta_{\eta_1\eta_2}, \tag{3.215c}$$

$$\mathcal{H}^{(3)}_{\eta_1\eta_2\eta_3} = T^{-3/2}v_{ki\eta_1}v_{ki\eta_2}v_{ki\eta_3} - T^{-1/2}(v_{ki}\delta)_{\eta_1\eta_2\eta_3}, \tag{3.215d}$$

$$\mathcal{H}^{(4)}_{\eta_1\eta_2\eta_3\eta_4} = T^{-2}v_{ki\eta_1}v_{ki\eta_2}v_{ki\eta_3}v_{ki\eta_4} - T^{-1}(v_{ki}^2\delta)_{\eta_1\eta_2\eta_3\eta_4} + \delta^2_{\eta_1\eta_2\eta_3\eta_4}, \tag{3.215e}$$

$$\mathcal{H}^{(5)}_{\eta_1\eta_2\eta_3\eta_4\eta_5} = T^{-5/2}v_{\eta_1}v_{\eta_2}v_{\eta_3}v_{\eta_4}v_{\eta_5} - T^{-3/2}(v_{ki}^3\delta)_{\eta_1\eta_2\eta_3\eta_4\eta_5}$$
$$+ T^{-1/2}(v_{ki}\delta^2)_{\eta_1\eta_2\eta_3\eta_4\eta_5}. \tag{3.215f}$$

可以看出这里使用的埃尔米特多项式形式与之前文献 [147, 148] 中介绍的不同, 主要原因是这里的展开已经考虑了接下来将要使用的离散速度模型, 结合了离散速度模型的各向同性性质, 式 (3.214) 中的权重系数 F_k 正是第 k 组离散速度的值。这里使用的离散速度模型与之前文献中的模型有着显著的差异, 这里的离散速度满足更多高阶的各向同性。

基于 3.4.2.2 节关于埃尔米特多项式展开的性质可知, 对于离散的平衡态分布函数 g_{ki}, 对于任意的 n, 当 $0 \leqslant n \leqslant N$ 时要使以下矩关系满足:

$$\sum_{k,i} g^{\mathrm{eq}}_{ki}v_{ki\eta_1}v_{ki\eta_2}\cdots v_{ki\eta_n} = \int g^{\mathrm{eq}}v_{\eta_1}v_{\eta_2}\cdots v_{\eta_n}\mathrm{d}\boldsymbol{v}, \tag{3.216}$$

则离散速度需要至少满足 $2N$ 阶的各向同性, 也就是当 $0 \leqslant n \leqslant 2N$ 时有

$$\sum_{ki} F_k T^{-n/2}v_{i\eta_1}v_{i\eta_2}\cdots v_{i\eta_n} = \begin{cases} \delta^{n/2}_{\eta_1\eta_2\cdots\eta_n}, & n \text{ 为偶数时}, \\ 0, & n \text{ 为奇数时}. \end{cases} \tag{3.217}$$

离散速度模型选用以下形式:

$$v_{ki\alpha} = v_k e_{i\alpha} \quad (k = 0, 1, \cdots, N), \tag{3.218}$$

其中包含了一个零速度和 k 组非零速度, 每一组内的非零速度大小相同而方向各异, v_0 表示零速度, $v_{k(k\neq 0)}$ 表示第 k 组非零离散速度的大小, $e_{i\alpha}$ 是一个单位向量, 用来指示离散速度 $v_{ki\alpha}$ 的方向, 二维情形其形式为

$$(e_{ix}, e_{iy}) = \left[\cos\left(\frac{i-1}{M}2\pi\right), \sin\left(\frac{i-1}{M}2\pi\right)\right] \quad (i = 1, 2, \cdots, M), \tag{3.219}$$

其中 M 表示每一组离散速度的方向数, 图 3.26 给出了二维离散速度模型的示意图, 由于离散速度具有对称性, 图中只给出了 $1/4$ 部分。式 (3.219) 给出的单位张量, 具有 $M-1$ 阶的各向同性, 也就是对于任意 n, 当 $n \leqslant M-1$ 时有

$$\sum_i e_{i\eta_1}e_{i\eta_2}\cdots e_{i\eta_n} = \begin{cases} A_n\delta^{n/2}_{\eta_1\eta_2\cdots\eta_n}, & n \text{ 为偶数时}, \\ 0, & n \text{ 为奇数时}. \end{cases} \tag{3.220}$$

由于是二维情形，这里的下角标 η_i 只能取 x 或 y，式中 $A_n = \dfrac{M}{n!!}$，$A_0 = M$。

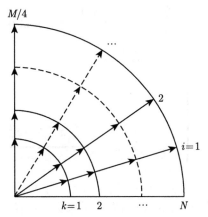

图 3.26   二维离散速度模型示意图 (1/4 部分)

结合式 (3.217) 中的要求可知，要想满足式 (3.216) 中 N 阶系统的要求，首先每一组离散速度方向的数目 M 要不少于 $2N+1$，其次权重系数 F_k 需要满足以下关系：

$$
\begin{cases}
F_0 + \sum_{k=1}^{N} F_k A_0 = 1, \\[2mm]
\sum_{k=1}^{N} F_k v_k^2 A_2 = T, \\[2mm]
\sum_{k=1}^{N} F_k v_k^4 A_4 = T^2, \\[2mm]
\quad\quad\vdots \\[2mm]
\sum_{k=1}^{N} F_k v_k^{2N} A_{2N} = T^N.
\end{cases}
\tag{3.221}
$$

求解以上方程组可以得到 F_k，在之前的文献 [149] 中给出了 $N = 4$、6、8 和 10 时 F_k 的表达式，其一般形式可以记为

$$
F_k = \frac{\sum_{n=1}^{N} B_n G_{N-n}(v_1, v_2, \cdots, v_{k-1}, v_{k+1}, \cdots, v_N)}{v_k^2 \prod_{n=1, n \neq k}^{N} (v_k^2 - v_n^2)},
\tag{3.222}
$$

$$
F_0 = 1 - B_0 \sum_{n=1}^{N} F_n,
\tag{3.223}
$$

其中

$$B_n = \begin{cases} M, & n = 0, \\ (-1)^{n+N}\dfrac{2n!!}{M}T^n, & n \neq 0. \end{cases} \tag{3.224}$$

而包含 $N-1$ 个自变量的函数 G_{N-n} 的表达式为

$$G_{N-n}(x_1, x_2, \cdots, x_{N-1}) = \begin{cases} 1, & n = N, \\ \displaystyle\sum_{m_1 < m_2 < \cdots m_{N-n}} \underbrace{x_{m_1}^2 x_{m_2}^2 \cdots x_{m_{N-n}}^2}_{(N-n)}, & 1 \leqslant n < N. \end{cases} \tag{3.225}$$

例如, 当 $N=4$ 和 $N=5$ 时 $G_{N-n}(x_1, x_2, \cdots, x_{N-1})$ 对应的表达式, 如表 3.5 所示。由式 (3.214) 结合式 (3.222) 和 (3.223) 给出的权重系数 F_k 表达式, 就可以得到离散的平衡态分布函数 g_{ki}^{eq}, 之后 h_{ki}^{eq} 也可以通过下式得到

$$h_{ki}^{eq} = \frac{nT}{2} g_{ki}^{eq}. \tag{3.226}$$

相应地, 离散 Shakhov 分布函数 g_{ki}^S 和 h_{ki}^S 也可以得到, 它们的表达式分别为

$$g_{ki}^S = g_{ki}^{eq} + g_{ki}^{eq}\left\{(1-Pr)c_{ki\alpha}q_\alpha\left[\frac{c_{ki}^2}{T} - (D+2)\right]\bigg/\left[(D+n+2)PT\right]\right\}, \tag{3.227a}$$

$$h_{ki}^S = h_{ki}^{eq} + h_{ki}^{eq}\left\{(1-Pr)c_{ki\alpha}q_\alpha\left(\frac{c_{ki}^2}{T} - D\right)\bigg/\left[(D+n+2)PT\right]\right\}, \tag{3.227b}$$

其中 $c_{ki\alpha} = v_{ki\alpha} - u_\alpha$, $c_{ki}^2 = c_{ki\gamma}c_{ki\gamma}$, 这里的 P 是无量纲化的压强, 根据状态方程有 $P = \rho T$。

表 3.5 $G_{N-n}(x_1, x_2, \cdots, x_{N-1})$ 对应的表达式示例

	$N=4$ 时	$N=5$ 时
$n=1$ 时	$G_3 = x_1^2 x_2^2 x_3^2$	$G_4 = x_1^2 x_2^2 x_3^2 x_4^2$
$n=2$ 时	$G_2 = x_1^2 x_2^2 + x_1^2 x_3^2 + x_2^2 x_3^2$	$G_3 = x_1^2 x_2^2 x_3^2 + x_1^2 x_2^2 x_4^2 + x_1^2 x_3^2 x_4^2 + x_2^2 x_3^2 x_4^2$
$n=3$ 时	$G_1 = x_1^2 + x_2^2 + x_3^2$	$G_2 = x_1^2 x_2^2 + x_1^2 x_3^2 + x_1^2 x_4^2 + x_2^2 x_3^2 + x_2^2 x_4^2 + x_3^2 x_4^2$
$n=4$ 时	—	$G_1 = x_1^2 + x_2^2 + x_3^2 + x_4^2$

在求解 DBM 演化方程中, 空间导数的求解可以采用二阶迎风格式, 边界条件可以采用动理学的漫反射边界或者麦克斯韦类型的边界, 关于边界条件的具体取法滑移流 DBM 部分已有介绍, 这里不再赘述。另外, 为了提高数值稳定性, 传统计算流体力学中使用的高精度格式, 比如加权本质无振荡 (weighted essentially non-oscillatory, WENO) 格式和 NND 格式等也可以在这里使用。例如, 在某些高速可压缩流动问题中, 如冲击波和爆轰波的模拟中, 由于流场中存在着较大的宏观量梯度, 简单的二阶迎风格式经常面临计算中的数值不稳定问题, 而采用 WENO 格式和 NND 格式具有更好的健壮性。但在低速流动问题的模拟中, 一般的二阶迎风格式是可以满足需要的。

3.4.2.4 模拟结果与分析

1. 比热比和 Pr 验证

通过前面的介绍可知，本章介绍的基于 Shakhov 模型的 DBM 同时具有可调的比热比 γ 和 Pr，本节首先通过一些数值算例验证模型给出的 γ 和 Pr 的准确性。

首先模拟两种不同比热比下的 Sod 激波管问题，初始条件设置为

$$\begin{cases} (\rho, u_x, u_y, T)_L = (1, 0, 0, 1), \\ (\rho, u_x, u_y, T)_R = (0.125, 0, 0, 0.8). \end{cases} \tag{3.228}$$

计算区域在激波管长度方向上被分成左右两部分，下角标 "L" 表示左半边区域，下角标 "R" 表示右半边区域。计算区域采用均匀网格划分，空间网格数为 $N_x \times N_y = 1000 \times 1$。空间步长为 $\Delta x = \Delta y = 1 \times 10^{-3}$，时间步长为 $\Delta t = 2 \times 10^{-5}$，弛豫时间为 $\tau = 1 \times 10^{-4}$，Pr 设置为 $Pr = 1$。左右边界均采用无梯度边界条件，即左边界 $f_{-1} = f_0 = f_1$，右边界 $f_{N_x+2} = f_{N_x+1} = f_{N_x}$。离散平衡态分布函数保留到四阶埃尔米特展开，离散速度模型中选用了八个方向，也就是在式 (3.214) 中取 $N = 4$，在式 (3.219) 中取 $M = 8$。为了保证计算中的数值稳定性，这里对 DBM 中对流项的空间导数求解采用的是二阶 NND 格式。

第一个算例比热比为 $\gamma = 5/3$，由于 DBM 中比热比与额外自由的数目相关，即 $\gamma = (D + n + 2)/(D + n)$，其中 n 表示额外自由度的数目，因此对于二维模型取 $n = 1$ 就得到 $\gamma = 5/3$。对于第二个算例，取 $n = 3$ 则对应 $\gamma = 1.4$。因为比热比的不同，初始间断随着时间的演化情况也有所不同。在 $t = 0.2$ 时刻，两种不同比热比情形下的 Sod 激波管问题模拟结果，如图 3.27 所示，左边的 (I) 图对应 $\gamma = 5/3$ 情形，右边的 (II) 图对应 $\gamma = 1.4$ 情形。为了方便比较，图中还同时给出了不同比热比条件下的黎曼解析解的结果。从图中可以看出，DBM 计算结果与解析解符合较好，这就证明了新模型给出的比热比是准确的。

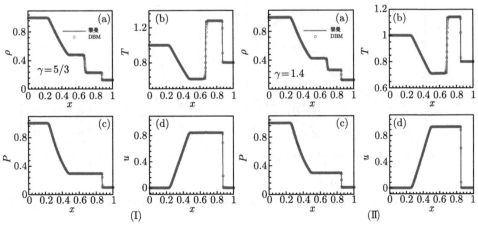

图 3.27 两种不同比热比下 Sod 激波管问题模拟结果：(I) $\gamma = 5/3$；(II) $\gamma = 1.4$

其次模拟了几种不同 Pr 情形下的热 Couette 流问题。考虑充满气体的两个左右平行放置平板，左右平板位置分别在 $x=0$ 和 $x=L$ 处。左平板固定且温度为 T_0，右平板以速度 U 沿 y 方向运动，同时平板温度固定为 T_1。无滑移情况下，右平板的运动会带动平板中心流体的流动，并最终达到稳态。在流速较低时，流动过程可近似看作不可压缩流动，那么基于不可压 NS 方程可以得到稳态时 x 方向上流场的温度分布。标准化的温度分布解析公式为

$$\frac{T-T_0}{T_1-T_0} = \frac{x}{L} + \frac{PrEc}{2}\frac{x}{L}\left(1-\frac{x}{L}\right), \tag{3.229}$$

其中 Ec 表示无量纲的埃克特数，它定义为 $Ec = \dfrac{U^2}{c_p(T_1-T_0)}$。可以看出稳态时温度分布随着 Pr 的不同而变化，因此这一问题可以用来验证不同 Pr 的流动情形。

模拟中取平板距离 $L=1$，右平板运动速度 $U=0.2$，左右平板的温度分别为 $T_0=1.0$ 和 $T_1=1.005$，不同的 Ec 可以通过改变 T_1 的值得到。根据平板运动速度可以推算出流体运动的最大速度约为 0.15 马赫，因此流动过程可以近似看成不可压缩的。模拟计算网格数为 $N_x = N_y = 200 \times 1$，使用的空间步长为 $\Delta x = \Delta y = 5 \times 10^{-3}$，时间步长为 $\Delta t = 2.5 \times 10^{-4}$，弛豫时间为 $\tau = 5 \times 10^{-3}$，左右边界上都使用了无滑移边界条件。离散平衡态分布函数采用了四阶埃尔米特展开来近似，离散速度模型中选用了八个方向，为了保证计算的数值稳定性，DBM 演化方程中对流项的空间导数采用了二阶 NND 格式，模拟计算了几种不同 Pr 和 Ec 下的流动情形。

图 3.28 给出了几种不同工况下热 Couette 稳态时的温度分布曲线，图中符号表示 DBM 的计算结果，实线表示式 (3.229) 给出的解析解。图 3.28 (a) 是 Ec 固定为 3.2 时对应的几种不同 Pr 情形；图 3.28 (b) 是 Pr 固定为 2/3 时几种不同 Ec 情形。从图中可以看出，DBM 计算得到的结果均与解析解符合较好，这就证明了新的 DBM 给出的 Pr 是准确的。

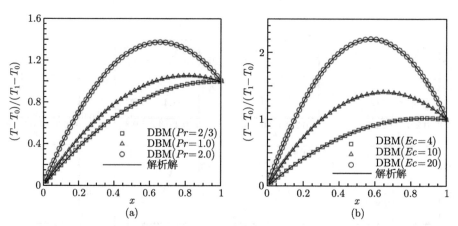

图 3.28　几种不同工况下热 Couette 稳态时的温度分布: (a) 不同 Pr 情形; (b) 不同 Ec 情形

2. 速度滑移和温度跳变
微通道内的气体流动在微机电系统和微流控等领域经常遇到。通道的特征尺度小，导

致系统具有较大的 Kn，因而流动过程会存在明显的稀薄效应，最常见的就是在壁面附近的速度滑移和温度跳变效应。传统基于 NS 方程的方法需要在边界处采用特殊的处理，也就是要考虑到边界附近速度的滑移和温度的跳变，这就涉及速度滑移系数和温度跳变系数的确定，这些系数对于不同的分子模型 (比如 BGK 模型和硬球模型) 是不同的。而基于本章的 DBM 就不需要考虑这种特殊的边界条件，宏观上的速度滑移和温度跳变可以直接通过微观上的分子速度反射自动捕捉到。

本小节采用 DBM 对两种稳态流动，即 Couette 流和 Fourier 流进行模拟，分别对他们在较大 Kn 情形下的速度滑移和温度跳变现象进行分析。模拟中离散平衡态分布函数采用了八阶埃尔米特展开，离散速度模型中方向数目为 24 个，每一组离散速度的大小可以通过文献 [149] 中介绍的方法来确定。不同的 Kn 可以通过改变弛豫时间 τ 来实现，在本节中将 Kn 定义为 $Kn = \tau\sqrt{T}/L$。

首先通过 Couette 流算例来对速度滑移现象进行模拟和分析。考虑左右平行放置的两平板间气体的流动，刚开始中间气体是静止的，左右平板分别以速度 $u_{wl} = -0.1$ 和 $u_{wr} = 0.1$ 运动，从而带动中间的气体流动。在连续流时平板附近流体速度应是连续变化的，并且在平板上流体速度应等于平板速度，是无滑移的。而当 Kn 较高时，平板上流体速度与平板之间不再连续，在平板上存在一个速度的跳变，一般称为速度滑移，通过前面滑移流部分模拟结果的分析可知 Kn 越大速度滑移越明显。两平板温度固定为 $T_w = 1.0$，平板间距为 $L = 1$。模拟区域网格数为 $N_x \times N_y = 200 \times 1$，空间步长为 $\Delta x = \Delta y = 5 \times 10^{-3}$，时间步长为 $\Delta t = 2.5 \times 10^{-4}$，弛豫时间随 Kn 而变。左右边界采用了前面滑移流 DBM 部分介绍的漫反射边界条件。为了与之前 DSMC 基于硬球分子模型的计算结果对比，模拟中的 Pr 设置为 2/3。另外，DBM 中定义的克努森数 (Kn) 与 DSMC 中定义的克努森数 (K_D) 关系如下：

$$K_D = \frac{\sqrt{\pi}}{2}Kn. \tag{3.230}$$

采用 DBM 模拟了三种不同 Kn 情形，并与之前文献中 DSMC 和 Lattice ES-BGK 模型的结果对比[148,150]。

图 3.29 (a) 中给出了几种不同 K_D 下 Couette 流稳态时的速度分布曲线，由于之前的文献中 DSMC 和 Lattice ES-BGK 的结果基本重合，因此这里只保留了 DSMC 的结果来与 DBM 计算结果对比。从图中可以看出，DBM 计算得到的稳态时速度分布曲线与 DSMC 结果符合较好，在边界附近速度滑移与 DSMC 的结果也非常一致。图 3.29 (b) 中又画出了几种不同 K_D 下 Couette 流稳态时黏性应力的分布曲线，为了方便对比图中同时还给出了 DSMC 和 Lattice ES-BGK 的结果。可以看到，当 K_D 较小时，DBM 和 Lattice ES-BGK 的结果都与 DSMC 的结果符合较好，而随着 K_D 的增加 DBM 和 Lattice ES-BGK 的结果都逐渐偏离 DSMC 的结果，但 DBM 和 Lattice ES-BGK 的结果向相反的方向偏离 DSMC 的结果，DBM 计算结果高于 DSMC 的结果而 Lattice ES-BGK 计算结果低于 DSMC 的结果。另外可以很明显地看出，DBM 结果偏离 DSMC 的程度较低，因此相比于 Lattice ES-BGK 模型，DBM 计算的黏性应力结果与 DSMC 的结果更一致。

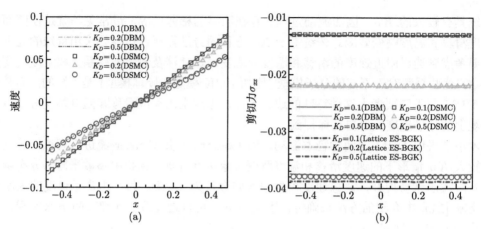

图 3.29　几种不同 K_D 下 Couette 流稳态时的模拟结果：(a) 速度分布曲线；(b) 黏性应力分布曲线

接下来，我们通过 Fourier 流的模拟来分析温度跳变现象。Fourier 流问题与前面介绍的 Couette 流问题类似，但这里两平板是固定不动的，左右平板的温度分别为 $T_{wl} = 1.05$ 和 $T_{wr} = 0.95$，其他模拟条件与前面的 Couette 流相同。在连续流的情形，根据 Fourier 导热定律可知，流体温度从左平板到右平板应该是连续的线性过渡，平板处的流体温度应与平板温度相同。而当系统 K_D 较大时，平板附近的传热会呈现出很强的非平衡特性，其中最典型的就是平板处流体温度与平板温度之间存在一个跳变。图 3.30 (a) 中给出了几种不同 K_D 下 Fourier 流稳态时的温度分布曲线，从图中可以看到壁面附近明显的温度跳变，且随着 K_D 的增加，温度跳变效应越来越显著。图中 DBM 模拟结果与 DSMC 的结果符合较好，说明 DBM 结合漫反射的动理学边界可以准确捕捉到温度跳变效应。图 3.30 (b) 又给出了稳态时的热流分布曲线，图中除了 DBM 结果还同时画出了 DSMC 和 Lattice ES-BGK 模型的计算结果。从图中可以看到，在 K_D 较小时三者的计算结果几乎重合，而随着 K_D 的增加 DBM 和 Lattice ES-BGK 的计算结果都逐渐偏离 DSMC 的结果，二者偏离 DSMC 结果的方向相反，而 DBM 的计算结果更接近于 DSMC 的结果。

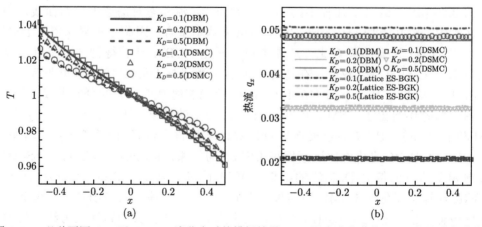

图 3.30　几种不同 K_D 下 Fourier 流稳态时的模拟结果：(a) 温度分布曲线；(b) 热流分布曲线

3. 壁面非稳态加热问题

非稳态加热过程也是微尺度流动中备受关注的一个问题,因为在微机电系统经常遇到边界温度随时间变化的情形,比如微处理器芯片加热和激光产业中超快的温度变化等。Manela 和 Hadjiconstantinou 等对这方面的研究做了一系列的工作,2010 年他们给出了壁面正弦加热在滑移流情形的解析解[150],之后在模拟低速非平衡流动时,为了提高 DSMC 的计算效率,他们还发展了低噪声 DSMC (LVDSMC) 方法[151-153]。这里基于本节介绍的非平衡流 DBM 与之前发展的滑移流的解析解和 LVDSMC 方法对几种不同情形的壁面非稳态加热问题进行对比研究。

在非稳态加热问题中,类似于前面介绍的 Fourier 流问题,两平板是固定不动的,但同时平板上的温度是随时间变化的。这里首先研究温度随时间以正弦函数变化的情形,即两平板的温度均为 $T_w = T_0 + A\sin(\theta t)$,其中 A 表示变化的幅值,θ 表示变化的速率。这里再引入另外一个无量纲施特鲁哈尔数 (St),它定义为

$$St = \frac{\theta L}{\sqrt{T}}. \tag{3.231}$$

St 表征了壁面温度的变化速率。根据之前的研究发现,在相同的 Kn 情形下,随着 St 的增加系统的非平衡效应也越来越显著[150]。前面关于 Kn 的定义都是基于空间尺度的,广义上的 Kn 还可以定义为两个时间尺度的比,即 $Kn = \tau/t_0$,其中 τ 表示系统弛豫时间,t_0 为系统的特征时间。壁面温度变化速率越高,对应系统的特征时间越小,也会导致 Kn 越高。因此,从这个层面上来说,St 越大也可以等价为 Kn 越大。

对于壁面温度以正弦规律变化的问题,在滑移流区用基于 NS 方程的小扰动展开方法,同时考虑壁面附近的速度滑移和温度跳变,可以得到宏观量 (密度、速度、温度和热流) 含时分布的解析表达式分别为

$$\rho(x,t) = \left\{ -\frac{5\mathrm{i}Kn}{2PrSt^2}\left(\frac{1}{St} + \frac{4\mathrm{i}Kn}{3}\right)\left[A_s r_{s_1}^4 \cosh(r_{s_1}x) + B_s r_{s_3}^4 \cosh(r_{s_3}x)\right] \right.$$
$$\left. -\frac{\mathrm{i}}{St}\left(2Kn - \frac{5\mathrm{i}}{2St}\right)\left[A_s r_{s_1}^2 \cosh(r_{s_1}x) + B_s r_{s_3}^2 \cosh(r_{s_3}x)\right] \right\}\exp(\mathrm{i}t), \tag{3.232a}$$

$$u(x,t) = \left\{ -\frac{5Kn}{2PrSt^2}\left(\frac{1}{St} + \frac{4\mathrm{i}Kn}{3}\right)\left[A_s r_{s_1}^3 \sinh(r_{s_1}x) + B_s r_{s_3}^3 \sinh(r_{s_3}x)\right] \right.$$
$$\left. -\frac{1}{St}\left(2Kn - \frac{5\mathrm{i}}{2St}\right)\left[A_s r_{s_1} \sinh(r_{s_1}x) + B_s r_{s_3} \sinh(r_{s_3}x)\right] \right\}\exp(\mathrm{i}t), \tag{3.232b}$$

$$T(x,t) = \left[A_s \cosh(r_{s_1}x) + B_s \cosh(r_{s_3}x)\right]\exp(\mathrm{i}t), \tag{3.232c}$$

$$q(x,t) = -\frac{5Kn}{2Pr}\left[A_s r_{s_1}\sinh(r_{s_1}x) + B_s r_{s_3}\sinh(r_{s_3}x)\right]\exp(\mathrm{i}t), \tag{3.232d}$$

其中 i 表示虚数单位,$\mathrm{i}^2 = -1$。某一确定时刻实际的物理场可以通过上式取实数部分得到,式中的其他参数为

$$r_{s_1} = \sqrt{\frac{PrSt}{2Kn}} \left[(1 + \mathrm{i}) + \frac{KnSt}{5}(-1 + \mathrm{i})\left(\frac{1}{Pr} - \frac{4}{3}\right) \right], \tag{3.233a}$$

$$r_{s_3} = \sqrt{\frac{3}{5}} St \left(\mathrm{i} + \frac{2}{3}KnSt \right), \tag{3.233b}$$

$$A_s = -\mathrm{i}\left\{ -\frac{r_{s_1}(c_{s_1}r_{s_1}^2 - c_{s_2})\sinh(-r_{s_1}/2)}{r_{s_3}(c_{s_1}r_{s_3}^2 - c_{s_2})\sinh(-r_{s_3}/2)} \left[\cosh\left(-\frac{r_{s_3}}{2}\right) - \xi r_{s_3}\sinh\left(-\frac{r_{s_3}}{2}\right) \right] \right.$$
$$\left. + \cosh\left(-\frac{r_{s_1}}{2}\right) - \xi r_{s_1}\sinh\left(-\frac{r_{s_1}}{2}\right) \right\}^{-1}, \tag{3.233c}$$

$$B_s = -\frac{r_{s_1}(c_{s_1}r_{s_1}^2 - c_{s_2})\sinh(-r_{s_1}/2)}{r_{s_3}(c_{s_1}r_{s_3}^2 - c_{s_2})\sinh(-r_{s_3}/2)} A_s, \tag{3.233d}$$

其中 ξ 表示壁面的温度跳变系数 $\xi = \zeta\overline{Kn}$, 对于硬球分子模型 $\zeta = 2.1269$, 对于 BGK 模型 $\zeta = 1.3\sqrt{\pi}/2$, 注意这里的 $\overline{Kn}$ 直接根据分子间平均自由程来定义。它与 DBM 中定义的 Kn 之间的关系, 对于硬球模型为 $Kn = \frac{5\sqrt{2\pi}}{16}\overline{Kn}$, 对于 BGK 模型为 $Kn = \sqrt{\frac{\pi}{8}}\overline{Kn}$。另外 $\sinh(x)$ 和 $\cosh(x)$ 分别表示双曲正弦和双曲余弦函数。以上公式的具体推导过程见文献 [150], 其中式 (3.232d) 中热流分布的表达式的系数应为 $-\frac{5Kn}{2Pr}$ 而不是原文献中的 $-\frac{5PrKn}{2}$, 很明显热流的大小与 Pr 是成反比的, 应该是属于文献中笔误。

首先, 对 $Pr = 1$ 的 BGK 气体进行计算, 这里定义的克努森数与之前文献中定义的 BGK 气体的克努森数 (记为 K_B) 具有以下关系[111]:

$$K_B = \sqrt{\frac{8}{\pi}}Kn. \tag{3.234}$$

基于本节介绍的非平衡流 DBM 计算了 $K_B = 0.025$ 和 $St = \pi\sqrt{2}/4$ 的壁面正弦加热问题。对于该问题, 流场的状态主要是由壁面的温度决定的, 不论流场初始状态如何, 经过一段时间的演化, 流场中宏观量分布最终表现出随时间稳定的周期变化。图 3.31 中给出了 BGK 气体在一个周期内 $\theta t = \pi$, $\theta t = 3\pi/2$ 和 $\theta t = 2\pi$ 三个典型时刻的宏观量空间分布。图中给出的都是标准化的量, 其中密度、温度的扰动 (实际温度减去 T_0) 和热流是用壁面温度变化的幅值 A 来标准化的, 而速度用 ASt 来标准化。图中同时给出了 DBM 模拟结果和式 (3.232a)~(3.232d) 给出的滑移流解析解, 因为在之前的研究中发现当 $K_B = 0.025$ 时, 滑移流解析解与 LVDSMC 的结果符合较好, 因此这里只需比较 DBM 计算结果与滑移流解析解。从图中可以看到, DBM 计算得到的三个不同时刻的四种宏观量分布均与解析解符合较好。

图 3.32 中给出了 BGK 气体在不同 Kn 下速度分布和温度扰动分布。图 3.32 (a) 和 (b) 分别给出了在一个稳定周期内的 $\theta t = 3\pi/2$ 时刻对应的速度分布和温度扰动的分布。同样, 速度用 ASt 来标准化, 温度用 A 标准化。图中同时给出了 DBM 计算结果、式 (3.232a)~(3.232d) 中基于 NS 方程加滑移边界的解析解以及 LVDSMC 模拟的结果。可以看到, 当

$K_B = 0.05$ 时三种方法的结果几乎完全吻合，而随着 K_B 的增加，流动机制逐渐进入过渡区，NS 方程加滑移边界的解析解逐渐偏离了 LVDSMC 的结果，而 DBM 计算结果始终与 LVDSMC 的结果符合较好。这说明 DBM 可以准确描述过渡流区的非平衡特征。

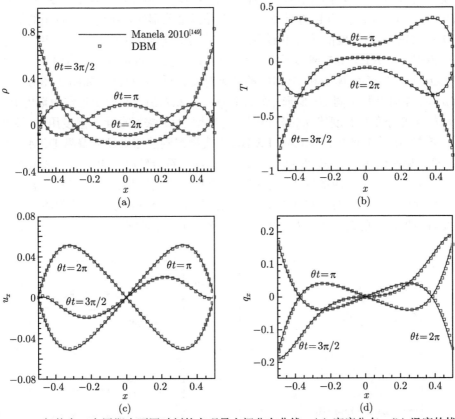

图 3.31 BGK 气体在一个周期内不同时刻的宏观量空间分布曲线：(a) 密度分布；(b) 温度的扰动分布；(c) 速度分布；(d) 热流分布

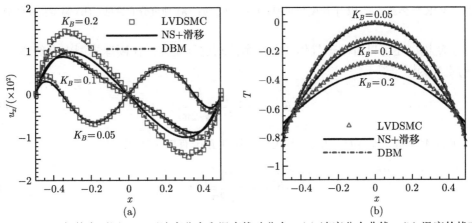

图 3.32 BGK 气体在不同 Kn 下速度分布和温度扰动分布：(a) 速度分布曲线；(b) 温度的扰动分布曲线

　　系统的非平衡特征除了与 Kn 有关外, 还受到 St 的影响, St 越大对应壁面上温度的变化频率越高, 进而导致流体系统的非平衡效应也越明显。在之前的工作中, Meng 等对比了他们提出的 Lattice ES-BGK 模型和 DSMC 在不同 Kn 和不同 St 下的计算结果[148]。他们发现, 当 St 较大时, 两种模型计算的结果存在较大偏差, 特别是在 Kn 较大的情形, 比如 $K_B = 0.5$ 时 St 增大引起的两种模型计算偏差非常显著, 他们在文章中的解释是由于 Lattice ES-BGK 离散速度的数目不够多。这里基于本章介绍的 DBM, 采用 24 个方向的离散速度模型, 对 $K_B = 0.5$ 情形下的几种不同 St 值的壁面非稳态加热问题进行模拟, 并与之前 Lattice ES-BGK 模型和 DSMC 的结果对比分析。计算结果如图 3.33 所示, 图中给出了 $K_B = 0.5$ 时几种不同 St 情形 (图例中 $\phi = \sqrt{2}\pi/16$), 在一个稳定周期内 $\theta t = 3\pi/2$ 时刻对应的速度分布和温度扰动的分布图, 速度用 ASt 来标准化, 温度用 A 标准化。可以看出, 随着 St 值的增加, Lattice ES-BGK 模型得到的结果显著偏离 DSMC 的值, 而 DBM 计算结果即使在较大 St 时仍然与 DSMC 结果符合较好。事实上, 离散玻尔兹曼模型捕捉气体流动非平衡效应的能力不仅仅取决于离散速度的数目, 还需要考虑到离散速度的各向同性性质。此外, 对于可压缩流动, 离散平衡态分布函数的高阶项的作用也是重要的, 但在目前模拟的问题中采用八阶的埃尔米特展开已经足够了。

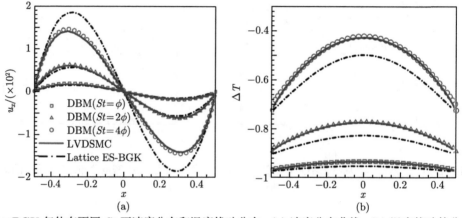

图 3.33　BGK 气体在不同 St 下速度分布和温度扰动分布: (a) 速度分布曲线; (b) 温度扰动的分布曲线

　　基于新模型还可以对硬球气体的非平衡流动进行研究, 在硬球模型中克努森数 (记为 K_H) 的定义为[122, 124]

$$K_H = \frac{16}{5}\frac{\mu}{PL}\sqrt{\frac{T}{2\pi}}. \tag{3.235}$$

由于在 DBM 中有 $\mu = \tau P$, K_H 与 DBM 中的 Kn 有以下关系:

$$K_H = \frac{16}{5\sqrt{2\pi}}Kn. \tag{3.236}$$

在对硬球气体模拟时, Pr 要设置为 $2/3$, 其他模拟条件与前面 BGK 气体中的模拟完全相同。

　　图 3.34 中给出了 $K_H = 0.025$ 和 $St = \sqrt{2}\pi/4$ 时，硬球气体在一个周期内不同时刻的宏观量空间分布。图中密度、温度的扰动 (实际温度减去 T_0) 和热流是用壁面温度变化幅值 A 来标准化的，而速度用 ASt 来标准化。图中同时给出了 DBM 模拟结果和式 (3.232a)~(3.232d) 给出的滑移流解析解，可以看到图中 DBM 计算得到的三个不同时刻的四种宏观量分布均与解析解符合较好。随着 K_H 增加到过渡流区，滑移流解析解不再适用。我们还基于 DBM 模拟了 $K_H = 0.5$ 时，几种不同 St 情形 (图例中 $\phi = \sqrt{2}\pi/16$)，并与之前文献中的 LVDSMC 和 Lattice ES-BGK 模型的结果对比。硬球气体在不同 St 下速度分布和温度扰动分布，如图 3.35 所示。从图中可以看出，Lattice ES-BGK 模型给出的结果与 LVDSMC 结果有较大偏差，而 DBM 计算结果即使在 $St = 4\phi$ 时仍然与 LVDSMC 结果符合较好。尽管 Lattice ES-BGK 模型也指出可以通过增加离散速度的数目来提高计算的精度，但模型精度并不是随离散速度数目的增加而单调增加的。本章介绍的 DBM 模型能够更准确捕捉非平衡效应，不仅仅是因为使用了更多的离散速度，主要原因还是其不同的建模思路，在本章的 DBM 中除了高阶动理学矩，还考虑了更多速度离散过程中的各向同性性质。

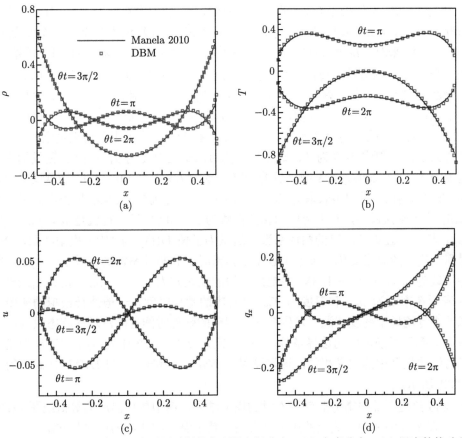

图 3.34　硬球气体在一个周期内不同时刻的宏观量空间分布：(a) 密度分布；(b) 温度的扰动分布；
(c) 速度分布；(d) 热流分布

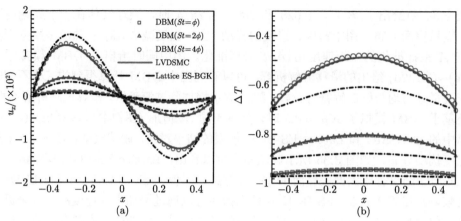

图 3.35   硬球气体在不同 St 下速度分布和温度扰动分布：(a) 速度分布曲线；(b) 温度扰动分布曲线

4. 非平衡方腔流

二维的方腔流也是一种常见的边界驱动流动问题，在非平衡流问题中也经常遇到[154]。尽管在连续流情形中这种流动的特征已有了广泛的研究，并常将其用作计算模型的测试算例[92]，然而关于滑移流和过渡流区的方腔流问题，目前的研究还比较少。对于非平衡的方腔流研究，可行的方法一般是采用 DSMC[155]，但 DSMC 在靠近连续流时计算代价太高，本节将使用 DBM 来对二维滑移区的方腔流进行模拟，并将模拟结果与 DSMC 的结果对比。

在一个 $L \times L$ 的方腔内充满气体，方腔的上壁面以恒定的水平速度 U_w 向右运动，其他三个壁面固定不动。四个壁面上温度都固定为 T_0。对应具体的实际问题，这里选用了单原子的氩气作为方腔内的气体介质，氩原子的质量为 $m = 6.63 \times 10^{-26}$ kg，壁面的温度为 $T_0 = 273$ K，上壁面的运动速度为 $U_w = 50$ m/s。在 DBM 模拟中采用无量纲的量计算，参考温度选为 T_0，参考长度选为 L，则无量纲化后的壁面温度为 $\hat{T}_0 = 1.0$，无量纲化后的上壁面速度为 $\hat{U}_w = 0.2097$，无量纲化后的计算区域为 $\hat{L} \times \hat{L} = 1.0 \times 1.0$。计算域空间划分成 61×61 的均匀网格，时间步长取为 $\Delta t = 5 \times 10^{-4}$。在之前的 DSMC 模拟中采用了变径硬球 (VHS) 分子碰撞模型，其中选用的黏性指数为 $\omega = 0.81$[155]，也就是 $\mu = \mu_{ref}(T/T_{ref})^{\omega}$，其中 μ_{ref} 表示在温度 T_{ref} 时的黏性系数。这里为了使 DBM 与 VHS 模型匹配，DBM 的弛豫时间也需要随温度变化。根据 DBM 中弛豫时间和黏性系数的关系 $\mu = \tau\rho T$，得到对应黏性指数为 $\omega = 0.81$ 的 DBM 中弛豫时间的表达式为 $\tau = \tau_{ref}\rho_{ref}/(\rho(T/T_{ref})^{\omega-1})$，其中 τ_{ref} 表示在密度为 ρ_{ref} 和温度为 T_{ref} 时对应的弛豫时间，一般选择模拟的初始值。随着模拟的进行流场中密度和温度发生变化，相应的弛豫时间也随流场的状态改变。模拟中四个壁面上都采用漫反射的边界条件，Pr 设置为 2/3，比热比为 5/3，VHS 模型中 Kn 的定义与硬球模型中的定义相同，这里设置为 $K_H = 0.075$，它与 DBM 中 Kn 的关系如式 (3.236) 所示。

图 3.36 给出了非平衡方腔流稳态时的模拟结果，图中包含温度的等值线图 (真实物理量纲)、热流流线图和中心线上的速度分布图。其中温度和热流的结果与文献 [155] 的结果只做定性的比较。速度分布图上给出的是用 U_w 无量纲化的速度，并与文献中 Huang 等[156] 的结果定量比较。从图中可以看出，DBM 计算结果与之前文献中给出的结果符合较好[155]。

另外，从图 3.36 (a) 的温度等值线图上可以看出，计算域的左边是低温区域，右边是高温区域。然而再从图 3.36 (b) 可以看到，热流的流线是从左边指向右边的，也就是从低温指向高温，这与之前的研究一致但却不符合 Fourier 导热定律[155,156]，造成这一现象的主要原因是在非平衡特性较强时线性本构方程不再适用，此时热流与温度梯度呈现非线性特征，而且热流不仅仅由温度梯度决定，还与流场中的密度梯度和速度梯度有关，具体可参见前面给出的伯内特层次流体动力学方程组。图 3.36 (c) 和 (d) 分别是垂直中心线上和水平中心线上的无量纲速度分布，可以看出 DBM 计算结果和 Huang 等之前的研究结果符合较好，这就证明了 DBM 对于二维非平衡流问题模拟的准确性。

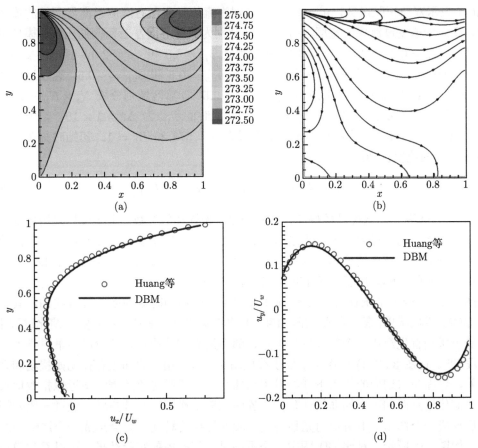

图 3.36 非平衡方腔流稳态时的模拟结果：(a) 温度等值线；(b) 热流流线；(c) 垂直中心线上的水平速度分布；(d) 水平中心线上的垂直速度分布。图中符号是文献 [156] 中的数据，实线为 DBM 模拟结果

5. Kelvin-Helmholtz 界面不稳定性

两层密度不同的流体存在着切向速度差，当流体界面附近存在一个小的初始扰动时，就会引发开尔文-亥姆霍兹 (Kelvin-Helmholtz, KH) 类型的界面不稳定性。KH 不稳定性现象在自然界和工程领域广泛存在，比如超新星爆发、太阳风和地球磁层的相互作用、航空发动机燃烧和惯性约束核聚变等[157–159]。对于 KH 不稳定性的研究不仅是重要的基础科学问题，在实际的工业应用中也占据重要地位。此外，KH 不稳定性也是一种重要的非平衡流

动现象，尤其在流体界面附近系统的非平衡特征非常显著。

本节基于 DBM 对二维情形的 KH 不稳定性问题模拟研究，初始条件设置如下：

$$\begin{cases} \rho(x) = \dfrac{\rho_L + \rho_R}{2} - \dfrac{\rho_L - \rho_R}{2} \tanh\left(\dfrac{x - 0.5L_x}{D_\rho}\right), \\[3mm] u_y(x) = \dfrac{u_{yL} + u_{yR}}{2} - \dfrac{u_{yL} - u_{yR}}{2} \tanh\left(\dfrac{x - 0.5L_x}{D_{u_y}}\right), \\[3mm] P_L = P_R, \end{cases} \tag{3.237}$$

其中 ρ_L 和 ρ_R 分别为流体界面左右两侧远离界面处的流体密度，D_ρ 为密度过渡层的宽度，$\tanh(x)$ 表示双曲正弦函数，u_{yL} 和 u_{yR} 分别为流体界面左右两侧远离界面处的流体切向速度，D_{u_y} 为速度过渡层的宽度，P_L 和 P_R 分别为流体界面左右两侧的压强。模拟中计算域为 $L_x \times L_y = 0.2 \times 0.2$，左右流体初始密度为 $\rho_L = 5.0$ 和 $\rho_R = 2.0$，密度过渡层宽度取为 $D_\rho = 0.008$。左右两侧流体切向速度分别为 $u_{yL} = 0.5$ 和 $u_{yR} = -0.5$，速度过渡层的宽度为 $D_{u_y} = 0.004$，左右两侧压强为 $P_L = P_R = 2.5$。计算区域划分成 $N_x \times N_y = 200 \times 200$ 的均匀网格，空间步长为 $\Delta x = \Delta y = 1 \times 10^{-3}$，时间步长为 $\Delta t = 1 \times 10^{-5}$，弛豫时间为 $\tau = 2 \times 10^{-5}$。另外，比热比和 Pr 分别设置为 $\gamma = 5/3$ 和 $Pr = 1$。初始时刻在界面处存在沿 x 方向的速度扰动：

$$u_x = A \sin(ky) \exp\left[-\left|k(x - 0.5L_x)\right|\right], \tag{3.238}$$

其中 $A = 0.02$ 表示初始扰动的幅值，$k = 2\pi/L_y$ 为扰动的波数。上下边界采用周期边界条件，左右边界采用无梯度边界。为了减少计算时间，离散平衡态分布函数采用了四阶的埃尔米特展开近似，离散速度模型中保留 8 个方向。为了提高计算的稳定性，DBM 演化方程中空间导数的求解采用了二阶 NND 格式。

图 3.37 中给出了 KH 不稳定性演化过程中四个不同时刻的密度等值线图，其中第一行是 DBM 模拟结果，第二行是文献 [160] 中的实验结果。在 KH 不稳定性演化过程中，界面处的小扰动首先经历一个线性增长阶段，随后发展到非线性增长阶段，最后进入湍流混合阶段[161]。在图 3.37 (I) 中图 (a) 处于线性增长阶段，由于界面处存在初始扰动和切向的速度差，界面在剪切力的作用下开始发生扭曲变形，界面幅值随着时间近似指数增长；随后界面演化达到图 (b) 中的非线性阶段，界面在剪切作用下继续扭转，经过一段时间的增长之后形成一个图 (c) 中所示的完整漩涡，漩涡继续旋转变形并会形成一个清晰的螺旋形界面，如图 (d) 所示。对比 (II) 图中几个不同时刻红框内的实验结果，可以看到模拟得到的界面演化特征与实验结果基本一致，这就验证了 DBM 计算结果的可靠性。另外，从图中可以看到连续和光滑的界面发展过程，这说明 DBM 可以很好地捕捉界面的发展和演化过程。下面结合非平衡量进一步分析 KH 不稳定性演化过程中界面附近的非平衡特征。

在第 2 章中我们介绍了基于 DBM 定义的 m 阶矩空间的非平衡量 $\boldsymbol{\Delta}_m^*$，这些非平衡量在研究诸如高速可压缩流动、多相流和相分离、瑞利-泰勒 (Rayleigh-Taylor, RT) 不稳定性、非平衡燃烧与爆轰等问题中都得到了很好的应用，并发现了这些非平衡量与宏观现象的一些关联 [81]。例如，总的非平衡强度可以提供一个划分相分离两阶段的物理判据[106]，$\boldsymbol{\Delta}_{3,1}^*$ 的分量可以用来追踪 RT 稳定性发展过程中的界面位置[105]，建立了非平衡量与宏观不均匀度之间的关联[108]，得到了化学反应流中非平衡量与熵产生率之间的关系，并可以分析化学反应速率对爆轰波阵面附近非平衡效应的影响等[101]。在这里进一步定义 m 阶矩空间的非平衡强度 D_m^*，其表达式为

$$D_m^* = |\boldsymbol{\Delta}_m^*|, \tag{3.239}$$

式中等号左边 D_m^* 是一个标量，等号右边表示 m 阶矩空间的非平衡量 $\boldsymbol{\Delta}_m^*$ 包含的独立分量求平方和再开方。例如，二维情形前几阶的非平衡强度为[111]

$$D_2^* = \sqrt{\left(\Delta_{2,xx}^*\right)^2 + \left(\Delta_{2,xy}^*\right)^2 + \left(\Delta_{2,yy}^*\right)^2}, \tag{3.240a}$$

$$D_{3,1}^* = \sqrt{\left(\Delta_{3,1,x}^*\right)^2 + \left(\Delta_{3,1,y}^*\right)^2}, \tag{3.240b}$$

$$D_3^* = \sqrt{\left(\Delta_{3,xxx}^*\right)^2 + \left(\Delta_{3,xxy}^*\right)^2 + \left(\Delta_{3,xyy}^*\right)^2 + \left(\Delta_{3,yyy}^*\right)^2}, \tag{3.240c}$$

$$D_{4,2}^* = \sqrt{\left(\Delta_{4,2,xx}^*\right)^2 + \left(\Delta_{4,2,xy}^*\right)^2 + \left(\Delta_{4,2,yy}^*\right)^2}. \tag{3.240d}$$

由于 $\boldsymbol{\Delta}_m^*$ 表示一个 m 阶张量，其包含的独立分量可以张成一个"非平衡空间"，每一个独立分量作为一个空间坐标，所有分量的值为零对应的是坐标原点，那么 D_m^* 的意义就是当前非平衡状态到坐标原点的距离。$\boldsymbol{\Delta}_m^*$ 中的每一个分量反映了系统在某一特定方向上偏离平衡态的程度，D_m^* 则反映了 m 阶矩空间的非平衡强度。所有的 $\boldsymbol{\Delta}_m^*$ 中独立分量加上 D_m^* 共同组成了 m 阶矩空间的非平衡度量。在下面将可以看到 D_m^* 在分析非平衡流演化特征方面的优势，特别是对于包含界面的时候，D_m^* 能更好地用来表征界面的演化。

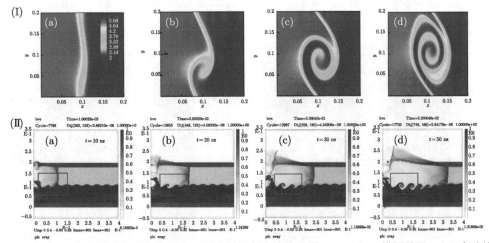

图 3.37　KH 不稳定性演化过程中四个不同时刻的密度等值线图：(I) DBM 模拟结果；(II) 实验结果
(摘自文献 [160])

图 3.38 给出了几种不同量表示的 KH 不稳定演化过程中 $t = 0.9$ 时刻的界面特征。图 3.38 (a) 和 (b) 分别是宏观量密度和温度的等值线图。图 3.38 (c)~(f) 是前面定义的各阶非

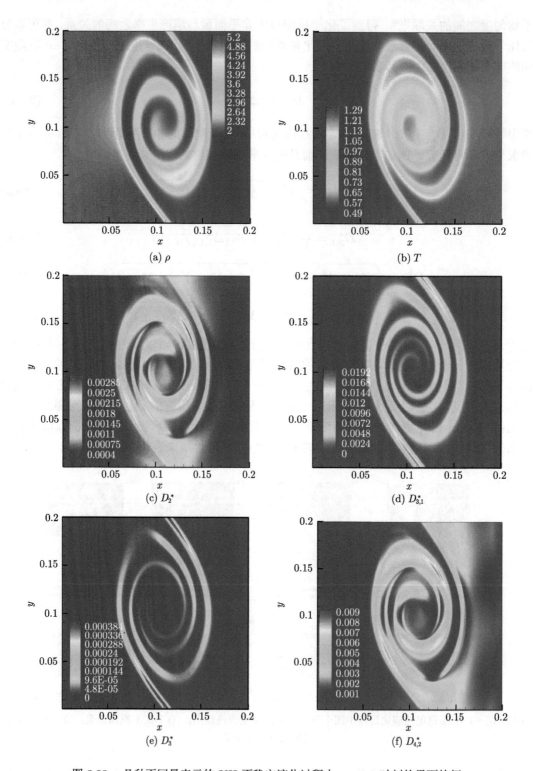

(a) ρ (b) T

(c) D_2^* (d) $D_{3,1}^*$

(e) D_3^* (f) $D_{4,2}^*$

图 3.38 几种不同量表示的 KH 不稳定演化过程中 $t = 0.9$ 时刻的界面特征

平衡强度图。从图中可以看出几种 D_m^* 都可以完整地反映出界面位置，这是单独的某一非平衡分量 Δ_m^* 所不具备的功能。很明显，在界面附近系统的非平衡特征是最显著的，因为此处存在较大的宏观量的梯度。然而，从单个的非平衡分量来看，界面上某些地方可能并不存在非平衡。单个的非平衡分量反映的是系统具体在某一方向上偏离平衡的程度，而非平衡强度量则表征的是系统的整体非平衡特征，因此非平衡强度量比单个的非平衡分量更能代表完整的流体界面。另外，从不同非平衡强度量对比来看，在 KH 不稳定性问题中，相比于 D_2^* 和 $D_{4,2}^*$ 来说 $D_{3,1}^*$ 和 D_3^* 能够提供分辨率更高的界面。从图 3.38 (d) 中 $D_{3,1}^*$ 的分布可以看出，界面其实是具有双螺旋结构的。然而在密度和温度图上，很难发现这一现象。其原因是在密度和温度图中，很容易聚焦于密度或温度值较高的部分，这一部分是一个单螺旋结构。而实际上，高密度与低密度之间是包含着两个界面的，这两个界面其实分别是由初始时上半部分和下半部分的界面演化而来的。从这里可以看出非平衡强度量在表征流体界面方面的优势，非平衡强度的这一应用还可以推广到其他类型的流体界面不稳定性的研究中。

3.4.2.5　小结

本节介绍了基于 Shakhov 模型的非平衡流离散玻尔兹曼建模，主要内容包括：① 对 Shakhov 模型做了简单介绍，该模型其实是将 BGK 模型中的平衡态分布函数换成了 Shakhov 分布，相比于 BGK 模型，Shakhov 模型具有更加灵活的 Pr。这里给出的 Shakhov 分布是包含额外自由度的一般形式，为了解除额外自由度对分布函数的依赖，实际计算中引入了两个约化的分布函数来替换原来的分布函数。② 介绍了埃尔米特多项式展开的一些基本性质，为后面平衡态分布函数的离散和离散速度模型的选择提供理论基础。③ 给出了基于埃尔米特展开的离散玻尔兹曼一般建模框架，这里的 DBM 具有可调的 Pr 和比热比，同时很容易推广到任意阶次，通过模拟几类典型的非平衡流问题，并与滑移解析解和 DSMC 的结果对比验证了模型的准确性。④ 研究了 Kelvin-Helmholtz 类型的流体界面不稳定性问题，定义了 m 阶非平衡强度 D_m^* 的概念，发现非平衡强度在界面表征方面比单个的非平衡分量更有优势，其中 $D_{3,1}^*$ 和 D_3^* 可以提供分辨率更高的界面特征。

3.5　更深程度非平衡流动的 DBM 建模

对于方程的数值求解，一般首先需要对连续的函数进行离散，常见的就是时间和空间的离散。由于玻尔兹曼方程中分子速度分布函数是一个六维空间的函数，除了位置空间之外还包含一个速度空间，而且其速度空间的取值范围是由负无穷到正无穷的，常规的离散方法 (划分网格) 无法直接应用于速度空间的离散。离散玻尔兹曼方法采用一种特殊的速度离散方法来对玻尔兹曼方程进行简化，即采用有限个离散的速度来代替整个速度空间，可以极大地简化模型，提高计算效率。

离散玻尔兹曼建模过程中，伴随着模型的简化和计算效率的提高，必定要丢失大量的物理信息，但同时我们必须确保的是，我们关注的信息不能因为模型的简化而改变。在 3.4 节的推导中可以看到，基于查普曼-恩斯库格多尺度展开由玻尔兹曼方程恢复到宏观流体动力学方程组的过程中，只用到了分布函数的有限个动理学矩。同时，分布函数的非平衡态部分可以用平衡态分布函数表示出来。因此,在查普曼-恩斯库格展开过程中需要用到的分布函数的动理学矩,最终都可以归结为平衡态分布函数的动理学矩。

要得到欧拉层次的流体方程组,查普曼-恩斯库格展开过程中用到的平衡态分布函数的动理学矩包括:$M_0\left(f^{\mathrm{eq}}\right)$、$M_{1,\alpha}\left(f^{\mathrm{eq}}\right)$、$M_{2,0}\left(f^{\mathrm{eq}}\right)$、$M_{2,\alpha\beta}\left(f^{\mathrm{eq}}\right)$ 和 $M_{3,1,\alpha}\left(f^{\mathrm{eq}}\right)$,其中前三个动理学矩的表达式为

$$M_0\left(f^{\mathrm{eq}}\right) = \int f^{\mathrm{eq}}\mathrm{d}\boldsymbol{v} = n, \tag{3.241}$$

$$M_{1,\alpha}\left(f^{\mathrm{eq}}\right) = \int f^{\mathrm{eq}}v_\alpha\mathrm{d}\boldsymbol{v} = nu_\alpha, \tag{3.242}$$

$$M_{2,0}\left(f^{\mathrm{eq}}\right) = \int f^{\mathrm{eq}}\frac{1}{2}\boldsymbol{v}^2\mathrm{d}\boldsymbol{v} = \frac{1}{2}n\boldsymbol{u}^2 + \frac{3}{2}nRT. \tag{3.243}$$

$M_{2,\alpha\beta}(f^{\mathrm{eq}})$ 和 $M_{3,1,\alpha}(f^{\mathrm{eq}})$ 的表达式已在式(3.45a)和式(3.45c)中给出。要得到 NS 层次的流体方程组,查普曼-恩斯库格展开过程中用到的平衡态分布函数的动理学矩除了欧拉层次用到的五个之外,还需要增加 $M_{3,\alpha\beta\gamma}(f^{\mathrm{eq}})$ 和 $M_{4,2,\alpha\beta}(f^{\mathrm{eq}})$,它们的表达式分别在式(3.45b)和式(3.45d)中给出。而要得到伯内特层次的流体方程组,查普曼-恩斯库格展开过程中用到的平衡态分布函数的动理学矩除了 NS 层次用到的七个外,还需要增加 $M_{4,\alpha\beta\gamma\chi}(f^{\mathrm{eq}})$ 和 $M_{5,3,\alpha\beta\gamma}(f^{\mathrm{eq}})$,它们的表达式分别在式(3.55a)和式(3.55c)中给出。如果我们将欧拉层次、NS 层次和伯内特层次的流体动力学方程组分别记为零阶、一阶和二阶方程组,那么在查普曼-恩斯库格多尺度分析合理有效的范围内,要得到任意 n 阶流体方程组,展开过程中用到的平衡态分布函数动理学矩只需比 $n-1$ 阶增加 $\boldsymbol{M}_{n+2}(f^{\mathrm{eq}})$ 和 $\boldsymbol{M}_{n+3,n+1}(f^{\mathrm{eq}})$ 即可。图 3.39 给出了多尺度展开恢复到各阶流体动力学方程组用到的动理学矩,图中的动理学矩指的都是局域平衡态分布函数的矩。

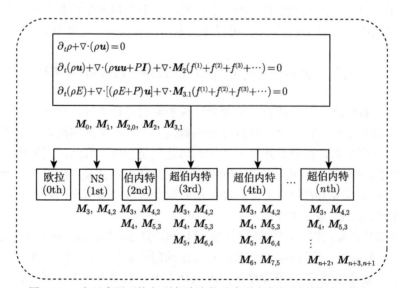

图 3.39　多尺度展开恢复到各阶流体动力学方程组用到的动理学矩

由此可见，在查普曼-恩斯库格多尺度分析理论有效的范围内，如果我们只关注 n 阶流体动力学方程层面的信息，那么在模型简化的过程中，只要保证图 3.39 中所对应的平衡态分布函数的动理学矩的值不因简化而改变即可，而无须保留分布函数的所有信息，甚至不需要知道实际分布函数的具体形式。离散玻尔兹曼建模正是基于这一思路发展起来的。

目前文献中和本文研究的 DBM 建模还都在查普曼-恩斯库格多尺度分析理论框架有效的范围内。但需要指出的是，在 DBM 建模过程中，查普曼-恩斯库格多尺度分析的功能只是帮助确定要保的不变量 (动理学矩)；DBM 的核心是根据具体问题研究需求抓主要矛盾，只要能够通过物理分析确定要保的不变量，即可进行建模和模拟，它本身并不依赖于宏观方程的存在与否；作为一种粗粒化物理建模方法，在一些实际问题研究中，DBM 往往还需要借助或结合一部分唯象模型 (这与实际系统宏观描述往往需要在理想流体模型基础上进行修正是一致的)①，它只是相对于以前的宏观描述增加了部分关系最密切的动理学成分[81-84, 162-164]。

到这里，我们可以看到，**宏观流体模型的构建方式有两种：工程型 (唯象) 建模和动理学建模**。我们可以通过表 3.6 来小结一下目前对工程型建模、动理学建模的理解。从微观到宏观是很多科研人员喜欢走的路，因为从几个粒子的简单模型开始，道理说得清楚。从工程应用角度，较稳妥的做法是：在经过实验验证的唯象理论的基础上，逐步增加动理学成分，走"唯象建模 + 动理学建模"的路线。

表 3.6　宏观建模：工程型建模与动理学建模

	工程型建模	动理学建模
主要做法	主要基于经验公式、函数拟合等。来自数值计算的误差、经验公式、拟合函数等的缺陷，全部通过调整相关参数的数值来抹平 (即一笔糊涂账)	基于动理学理论，通过查普曼-恩斯库格、Sone 等多尺度分析方法推导宏观流体方程组
优点	见效快，可以避开理论研究和算法改进研究中的很多困难	道理说得 (更加) 清楚，有助于清晰地看到传统工程型、唯象宏观建模所隐含的假设，看清传统唯象宏观模型的悬崖边界，知道在哪些情形是可移植使用的
缺点	其模拟所用的参数是包含了经验公式、拟合函数和离散格式等带来的所有误差的！这就导致了：拟合得到的参数不具有可移植性，换个工况就不敢用了；换个更好的数值方法，结果就可能跟实验对不上了	很多科学与工程问题之间的鸿沟是如此之宽：短期，甚至近期内都无法逾越；很多时候，无法满足工程需求

3.6　燃烧系统的 DBM 建模

燃烧，通常是指可燃物和空气中的氧气所发生的一种发热发光的剧烈的氧化反应。有时，不一定要有氧气参加，例如，氢气能在氯气中燃烧。所以，从广义上讲，任何发热、发

---

① 在实际流体系统的物理建模研究中，作为一种粗粒化、理想化模型，理想气体模型和玻尔兹曼方程本身的功能及作用只是建模思考的起点，需要根据实际系统进行合理修正。

光的剧烈化学反应都称燃烧。在本书中提及燃烧时使用的是它的广义概念。

　　燃烧现象与人类生活息息相关。从远古时代人们开始使用火，到第一次科技革命蒸汽机的诞生，再到第二次科技革命内燃机的出现，一直到第三次科技革命火箭的发明与使用，燃烧始终伴随着人类文明的发展与进步。燃烧问题已经深入到自然界和人类社会的方方面面：火力发电、交通运输、家庭生活、航空航天、国防建设、安全生产、消防技术、环境污染、气候变化等。目前，世界总能源中 80% 以上来自于化石燃料，新型替代燃料 (如核能) 的比例依然较少[165]。在可预见的未来，矿物燃料仍将是主要的能源。绝大部分大气污染物和二氧化碳也源于燃烧，而燃烧能源的利用率不高一直是困扰学术界和工程界的难题。同时，作为燃烧的一种特例，爆炸是一个伴有大量能量释放的化学反应传输过程。它经常引发事故和灾难，但受控的爆炸已经成为一门高科技，广泛应用于国防技术与工业生产当中。例如，爆炸喷涂、爆炸清洗、爆炸加工、爆炸推进、爆炸开采、爆炸掘进，等等。爆轰，又称爆震，其反应区前沿可以视为一种以超声速运动的冲击波，称为爆轰波。爆轰波扫过后，介质成为高温高压的爆轰产物。燃烧问题受到社会的广泛关注，对于燃烧现象的研究具有重大意义。由于一些习惯的原因，人们经常并列提及燃烧和爆轰两个概念。这时，燃烧便指爆轰以外的其他燃烧形式。

　　燃烧系统的诸多模拟依托于流体建模，流体建模又分为宏观连续建模、微观分子建模和基于非平衡统计力学的介观动理学建模。

3.6.1　燃烧问题的研究

　　自从人类学会使用火来取暖和烘烤食物以来，人们对燃烧的思考就一直没有停止过。对燃烧现象的认识和解释却经历了漫长而曲折的过程。在 17 世纪，化学家们就使用燃素说解释燃烧及铁锈等氧化现象。燃素说认为燃烧是一种分解作用，物质燃烧时放出一种具有微粒性的火元素"燃素"。燃素说被人们用于解释当时所知的化学现象，使化学有了一个统一的系统，它曾一度在化学领域内占据统治地位。由于受时代背景的制约，燃素说是种错误和受局限的科学理论。在 18 世纪，法国化学家拉瓦锡在氧的发现的基础上提出燃烧的氧化学说。氧化说指出，物质燃烧 (包括金属煅烧) 不是分解反应，而是与空气中氧的化合反应。"燃素"是一种不可捉摸的神秘物，而氧则是具有确定性质、可量度、可采集的气体物质。氧的存在已是无可怀疑的事实，氧化说最终取代了燃素说，这在化学史上被称为"化学革命"。在 19 世纪，燃烧热化学、热力学走上了自然科学的历史舞台。热化学 (Thermochemistry) 是以热力学的观点研究化学，是物理学中热学在化学中的应用。到 20 世纪，化学动力学、连续介质理论等开始发挥作用。

　　鉴于爆炸技术在科学和工程领域的广泛应用，其理论和实验研究很早就引起人们的广泛兴趣。早在 19 世纪末 20 世纪初，Chapman[166] 和 Jouguet[167] 就提出了著名的 Chapman-Jouguet (CJ) 理论。这一理论将爆轰波视为一个强间断，即在爆轰波扫过后化学反应瞬间完成。在 20 世纪初，Zeldovich[168]、冯·诺伊曼[169] 和 Doering[170] 发展了著名的 ZND 模型。这个模型的重要贡献之一在于它指出了：在爆轰波前沿存在一个冯·诺伊曼峰；反应物首先经过冲击波的预压缩，然后在冲击波后紧接着有一个连续的反应区。在反应区内部系统的密度、温度、压强和流速到达最大值。

　　当下，如何提高燃烧设备能量转换效率的问题已经提到了前所未有的高度，成了人们重点思考的课题之一[171]。粗略地说，燃料有两种：核燃料和有机燃料。有机燃料泛指含碳氢化合物的矿物燃料、生物燃料及经过人工合成的相关燃料。为了获得低排放、贫油高速燃烧，以及推进新的燃烧技术，人们提出和发展了一系列新的燃烧概念[171,172]，例如，脉冲和旋转爆震 (pulsed and spinning detonation)[173,174]、微尺度燃烧 (microscale combustion)[175,176]、纳米推进剂 (nano propellant)[177,178]、部分预混和层流燃烧 (partially premixed and stratified combustion)[179]、等离子体助燃 (plasma assisted combustion)[180–182]、冷火焰 (cool flame)[184] 等。围绕着这些新概念，从科学和技术角度仍存在着一系列亟待解决的问题。例如：① 在旋转爆震方面，器壁曲率和预混程度对起爆和传播模式的影响；② 在高压层流燃烧方面，低温下起爆到爆轰的转变问题；③ 在等离子体助燃方面，电子、激发态分子和中性分子之间的高度非平衡能量转换；④ 在冷火焰方面，流体动力学、化学动理学及其相关的输运问题[165,184–186]。可见，所有这些新的燃烧概念均涉及复杂的非平衡流体动理学、化学动理学及输运过程。

长期以来，人们认识燃烧过程的途径是实验和少量理论研究[166–170,187,188]。在最近 50 年里，燃烧问题的数值模拟取得了长足的进展[189–196]。在文献资料中常见的燃烧问题数值模拟一般由如下三个步骤组成：① 根据基本守恒定律和适当的简化构建物理模型；② 将控制方程离散化；③ 数值实验和数据分析。常用的离散格式包括有限差分、有限元、有限体积、有限分析、边界元、积分变换、谱方法等。值得一提的是，近年来，格子玻尔兹曼方法 (LBM)[94,95,197–200] 也被加进了常用离散格式的行列。

从物理建模的角度来说，燃烧系统宏观行为的诸多描述依托于流体模型。所以，我们也可以从微观、介观和宏观三个层面对一个燃烧系统进行描述。

3.6.2 传统模型的 LBM 解法

由于燃烧问题的重要性，燃烧系统的 LBM 模拟很早就引起了人们的关注。但在早期的工作中，LBM 是作为相应燃烧系统控制方程的一种新的模拟方法而出现的。最早的尝试是由 Succi 等在 1997 年完成的[201]。他们在化学反应极快、热量释放率极低的冷火焰假设下就甲烷和空气的层流火焰模拟出一些基本行为。随后，几个典型的 LBM 工作分别来自 Filippova 等[202–204]、Yu 等[205]、Yamamoto 等[206–208]、Lee 等[209]、Chiavazzo 等[210] 和 Chen 等[211–218]。由于在这些工作中，LBM 的作用是模拟原始控制方程，所以与物理建模改进无关；其研究内容自然是基于原始物理建模的，是原始控制方程 (借助于其他的数值离散方法) 也可以做的。并且，由于早期的 LBM 主要是针对等温低速近似不可压流体系统而设计的，所以后来为了能够模拟含温度场的流体系统，部分工作引入了双分布函数 (double distribution function, DDF)-LBM。在这类 LBM 中，一般处理方法是：整个系统的密度和流速用一个分布函数来描述，而温度用另外一个分布函数来描述；有些模型甚至干脆忽略化学反应热对流场的影响。在 2012 年之前出现的所有燃烧问题的 LBM 研究都是将 LBM 视为原始控制方程的一种数值求解方法，并且模拟的都是一些相对简单的情形；高马赫燃烧的 LBM 模拟一直未见报道，爆轰问题的 LBM 建模与模拟更是从未涉及。近年来，Chen 等使用他们所构造的 LBM 就低马赫燃烧问题进行模拟研究，取得一些有意义的结果[211–218]。

尽管爆轰研究已有 100 多年的历史，但时至今日，它仍然是国际热点研究问题之一。到目前为止，几乎所有获得广泛应用的化学反应模型均是唯象的或半唯象的[219]。例如，Ar-rhenius 反应率、森林火灾燃烧模型、两步模型、Cochran 反应率模型[220]、Lee-Tarver 模型[221] 等。在实际应用过程中需要根据具体问题选择合适的化学反应模型。能够发生爆轰的系统可以是气相、液相、固相或气-液、气-固和液-固等混合相组成的系统。本书只涉及流体建模适用的系统。

在相当一部分燃烧过程中，化学反应速率和能量转换率对燃烧过程起着重要影响 (例如，着火、熄灭、火焰传播等均与化学反应动力学过程密切相关)，并且化学反应过程决定了所有燃烧过程中污染物的生成与破坏。实际的燃烧过程涉及广泛的时间和空间尺度。典型的时间尺度从 10^{-13} s 到 10^{-3} s，跨越 10 个数量级，典型的空间尺度涉及从 10^{-10} m 到 1 m，也是跨越 10 个数量级[222]。所以，需要从微观、介观和宏观多个层面来对燃烧问题进行分解与整合研究。

传统流体力学已经用于研究燃烧和爆轰多年，但除了上面提到的几种极端或理想情形之外，以前的 LBM 尚不具备模拟那些既定控制方程的能力，物理模型改进更无从谈起。其中，很重要的原因之一就是以前发展得比较成功的 LBM 均是针对等温低速不可压流体系统的。要模拟高马赫燃烧与爆轰问题，第一个技术瓶颈就是需要将离散玻尔兹曼模拟的范围推广到马赫数大于 1 的可压流体系统。近年来，我们课题组在这方面进行了大量探索，取得了一系列进展，使得冲击与爆轰问题的模拟成为可能[80,94,223-230]。其中，既包含作为高速可压流体方程组数值解法的探索，也包含作为高速可压流体系统微介观动理学建模的探索；既包含单松弛因子模型，又包含多松弛因子模型。所构建的离散玻尔兹曼模型均实现了用同一个分布函数同时描述密度 ρ、温度 T、流速 u 以及相关的高阶动理学矩；既适用于高速可压流体，又适用于低速近似不可压流体。

为了模拟高马赫数燃烧和爆轰问题，下面我们来讨论如何从微介观粗粒化物理建模的角度构建离散玻尔兹曼模型。正如前面所述，与传统流体模型相比，这类模型具有更加坚实的动理学基础，在连续极限下恢复传统流体控制方程仅是其功能之一。

3.6.3 燃烧系统的 DBM 建模：概述

最近 30 年以来爆轰问题的模拟得到了迅速发展。但两个技术问题仍然困扰着宏观物理建模：一是爆轰波阵面的合理描述；二是化学反应放能过程中非平衡效应的描述。就第一个问题，传统方法可以处理间断面，但不易忠实地描述波阵面的精细物理结构。就第二个问题，有些反应放能过程会引发热动非平衡行为，而宏观流体纳维-斯托克斯建模并未充分描述这部分非平衡效应。由于前面已经提到的原因，可以从玻尔兹曼方程出发构建与纳维-斯托克斯相比包含更多微介观动理学信息的介观描述。

2013 年，闫铂等[231] 提出了一个模拟燃烧和爆轰的二维 DBM 模型，模型使用的是 Lee-Tarver 反应率模型，并使用算子分裂的方法对爆轰问题进行了成功模拟。通过定义的非平衡量对冯·诺伊曼峰的精细物理结构、系统偏离热动平衡态所造成的宏观影响进行研究，获得了一系列全新的认识。例如，在冯·诺伊曼峰处，系统不是远离热力学平衡态，而是在热力学平衡态附近；在冯·诺伊曼峰前后，系统的部分动理学行为朝着相反的方向偏离热力学平衡；非平衡特征量 Δ_2^* (对应黏性应力) 和 $\Delta_{4,2}^*$ (对应热流通量) 虽然量纲不同，物理意义不同，但表现出相似的特征，等等。这是 2012 年许爱国等提出"借助 $f - f^{eq}$ 的非守恒矩来描述非平衡状态、提取非平衡信息" 这一思路[94] 之后的第一个具体应用，该模型是基于笛卡儿坐标系的。

2014 年，林传栋等[232] 基于极坐标系构建了一个用于模拟燃烧的 DBM，模拟了典型的内爆和外爆过程，并分析了化学反应热、物质输运、热传导与几何 (汇聚或发散) 效应的合作与竞争。在外爆过程中观测到了与一维爆轰情形不同的、几何效应导致的现象，例如熄爆、双向爆轰、稳定爆轰等。化学反应释放的热量使得系统局域温度升高，而热传导和几何发散效应使得系统局域温度降低。所以，预先起爆区域的大小，影响着释放的热量是否足以克服几何发散效应引发的温度降低。如果之前的化学反应热足够多，则化学反应得以维持；如果热传导和几何发散效应占优势，则会出现熄爆现象。随着爆轰波向外传播，几何发散效应逐渐减弱，发生熄爆的可能性降低。发现在高度对称的系统中，球心处系统始终处于热力学平衡态。2018 年，许爱国等提出一个单弛豫时间球坐标 DBM 模型[233]。在内爆与外爆过程中，几何汇聚与发散效应起到一个 "外场力" 的作用，更多细节讨论参见文献 [233]。

2015 年，许爱国等[103] 提出了一个二维多弛豫时间 DBM。该模型具有可调的比热比及普朗特数，可用于亚声速流动和超声速流动。利用该模型对非稳态和稳态的一维爆轰过程中爆轰波波阵面附近的各种非平衡行为 (包括动力学非平衡之间、热力学非平衡之间，以及动力学非平衡和热力学非平衡之间的各种复杂影响) 进行了初步探索。观测到了在非平衡爆轰过程中，不同自由度内能之间的不平衡和相互转换等 NS 模型无法模拟的动理学过程。在冯·诺伊曼压强峰前后，Chapman-Jouguet (CJ) 理论值、Zeldovich-Neumann-Doering (ZND) 理论值和 DBM 结果的比对呈现出如下特征：三者在冯·诺伊曼压强峰后反应区以外相互验证；但在冯·诺伊曼压强峰前沿表现出差异。因为 CJ 理论没有考虑反应区的厚度，所以没有冯·诺伊曼峰；因为 ZND 理论考虑了反应区的存在，合理描述了冯·诺伊曼压强峰的存在，所以在冯·诺伊曼压强峰后反应区内 DBM 模拟结果与 ZND 结果符合得很好。但 ZND 理论没有考虑冲击波的厚度，所以在冯·诺伊曼压强峰前的压缩阶段，DBM 模拟结果在物理上更加合理。随着黏性和热传导系数的减小，冲击波的厚度逐渐减小，与 ZND 理论的差异逐渐减小。在冲击压缩过程中，相对于其他自由度，压缩波所在自由度 (即爆轰波面的法向方向) 上的内能先增加，因而这一自由度上的内能总是朝着正向偏离其平衡态值，而横向自由度 (即爆轰波面的切向方向) 上的内能总是朝逆向偏离其平衡态值 (所有自由度上内能偏离平衡态值之和为零)。正是在这个工作中，提出使用非守恒矩张开的相空间来描述系统状态，借助状态点到原点的距离提出一个非平衡强度的概念。这是 DBM 朝着相空间描述方法发展过程中的关键一步。在发展过程中进一步受到形态相空间描述方法[32,83,234] 的启发，提出 "借助两点间距离来描述两个非平衡状态的差异，借助其倒数描述这两个状态的相似度；借助一段时间内两点间距离的平均值来粗略描述两个动理学演化过程的差异，借助其倒数来粗略描述这两个过程的相似度" 的思路。

上述 DBM 均为单流体模型，即忽略介质成分差异，只关注其平均行为，产物和反应物所占份额用一个反应进程参数来描述。为了更加细致地描述反应系统，例如可以同时观测反应物和产物的不同流速和温度，2016 年林传栋等[100] 提出一个二流体燃烧

DBM 模型, 在该模型中所有的反应物视为同一种介质 (成分), 所有的产物视为同一种介质 (成分), 反应物和产物分别使用两个不同的分布函数来描述, 用两个相耦合的离散玻尔兹曼方程来描述反应物和产物的演化过程。该模型可用于模拟亚声速和超声速燃烧系统, 比热比可调。相关宏观流体模型 (例如带有化学反应的 NS 方程、Fick 第一和第二定律、Stefan-Maxwell 扩散方程等) 均是该模型的特例, 借助该模型可以很方便地观测和研究与宏观行为相伴随的各种热力学非平衡效应。为了更加细致地描述化学反应系统, 体现反应物内不同介质 (成分)、产物内不同介质 (成分) 之间的差异, 进一步提出一个多流体 DBM。作为应用实例, 模拟研究了丙烷的氧化过程。作为模型验证, 除了密度、流速、温度、压强与理论解进行比对, 定压燃烧的火焰温度与实验结果符合良好[235]。因为不同的反应物得以分别描述, 所以该模型既可以描述预混燃烧, 又可以描述非预混燃烧。随后, 非平衡量与熵增率之间的关系、反应率模型中含负温度系数等情形得到了研究[101,235-239]。

上面 DBM 模型使用的均是单步反应模型。2020 年林传栋等[240] 利用含化学反应的 DBM 研究了考虑非平衡效应的非稳定爆轰现象, 该研究中使用了如下所示的两步链式化学反应模型[241]:

$$\frac{\mathrm{d}\xi}{\mathrm{d}t} = H k_I \exp[E_I(T_S^{-1} - T^{-1})], \tag{3.244}$$

$$\frac{\mathrm{d}\lambda}{\mathrm{d}t} = (1-H)k_R(1-\lambda)\exp(-E_R T^{-1}), \tag{3.245}$$

其中 ξ 是反应进程参数; T_S 是初始冲击温度; E_I 是描述化学诱导过程中温度敏感性的全局活化能; k_I 是点火过程方程中指数前的参数; $H = H(\xi)$ 是阶梯函数, 当 $\xi < 1$ 时, $H = 1$, 当 $\xi \geqslant 1$ 时, $H = 0$; k_R 为反应速率常数; E_R 是活化能, 是放热过程方程中指数前的参数。在该工作中分别研究了扰动振幅、波长, 以及化学反应放热对非稳态爆轰的影响, 发现初始扰动幅度仅影响初始阶段非稳定自持爆轰的形成, 当初始扰动具有较小的波长时, 压强在早期阶段以更高的振荡频率更快地增加, 但之后很快地减小, 并在后期阶段变得更小, 此时全局非平衡强度更大, 但如果波长足够小则全局非平衡强度较小, 在这种情况下, 最大压强则展示出相对小振幅、小平均值以及一个长的振荡周期。并且还发现随着化学反应放热的增加, 压强和它的振幅增大, 非平衡效应也增强, 但振荡周期减小。如果扰动的波长足够小, 则不存在横波或胞格结构, 并且二维非定常爆轰会减弱为一维爆轰。

关于冲击波附近的流体动力学和热力学非平衡效应, 林传栋等[242] 通过定义绝对和相对偏差度来描述流体系统偏离平衡态的程度, 研究了冲击波局部和整体的非平衡效应, 以及无组织能量流及非组织能量流通量, 并对弛豫时间、马赫数、热导率、黏性和比热比对冲击波处非平衡效应的影响进行了研究。2021 年吉雨等[243] 提出了一个含化学反应的三维多弛豫 DBM, 该模型可以自由调节普朗特数和比热比。通过引入 Arrhenius 不可逆、单步化学反应模型, 模拟自由下落过程中的化学反应、Couette 流、一维稳态和非稳态爆轰以及在封闭立方体中的三维球形爆炸, 验证了新模型的正确性。图 3.40 给出该模型的一组模拟结果: 外爆过程中三个不同时刻的等压面。

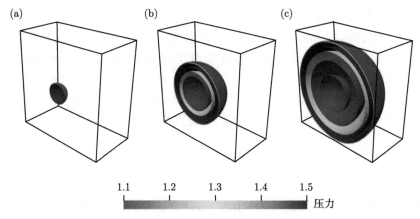

1.1　　1.2　　1.3　　1.4　　1.5

压力

图 3.40　外爆过程中三个不同时刻的等压面

3.6.4　燃烧系统的 DBM 建模：实例

以下面包含化学反应项的玻尔兹曼-BGK 方程

$$\frac{\partial f}{\partial t} + \boldsymbol{v} \cdot \nabla f = -\frac{1}{\tau}(f - f^{\mathrm{eq}}) + C \tag{3.246}$$

为例来讨论燃烧系统的动理学建模问题。其中 f 为分布函数；f^{eq} 为对应的平衡态分布函数；τ 为热力学弛豫时间；$\boldsymbol{v}$ 为粒子速度；C 为化学反应项，描述由于化学反应而引起的分布函数 f 的变化率。考虑如下假设成立的情形：

(1) 系统中只有两种介质：反应物和产物，其密度分别为 ρ_R 和 ρ_P。整个流场可以用一个单粒子分布函数 f 来描述，热力学弛豫时间 τ 对密度和温度的依赖可以暂时忽略。

(2) 热辐射可以忽略。

(3) 化学反应的时间尺度 t_C 远大于分子热力学弛豫的时间尺度 τ (即 $\tau \ll t_C$，例如，常温常压条件下氢气系统的热力学弛豫时间为 10^{-10} s 量级，而氢气爆燃或爆轰的化学反应时间尺度为 10^{-5} s 量级)，以至于可以近似认为：在整个化学反应过程中系统始终处于热动平衡态。这样有

$$C = -\frac{1}{\tau}\left(f^{\mathrm{eq}} - f^{*\mathrm{eq}}\right),$$

$$f^{\mathrm{eq}} = f^{\mathrm{eq}}\left(\rho, \boldsymbol{u}, T\right),$$

$$f^{*\mathrm{eq}} = f^{\mathrm{eq}}\left(\rho, \boldsymbol{u}, T^*\right). \tag{3.247}$$

(4) 化学反应不可逆，反应进程由下面的反应率方程来描述：

$$\frac{\mathrm{d}\lambda}{\mathrm{d}t} = F(\lambda), \tag{3.248}$$

其中 $\lambda = \rho_P/\rho$ 是化学反应进程参数。这样，

$$T^* = T + \tau Q F\left(\lambda\right), \tag{3.249}$$

其中 Q 为单位质量的反应物发生反应后可以释放出的热量。

由关系式 (3.247)~(3.249) 可见，化学反应项 C 的相对强弱不仅取决于化学反应的速率，而且受单位质量反应物燃烧后放出的热量 Q 的影响。即便是化学反应速率很快，但如果 $Q \approx 0$，那么化学反应项 C 的贡献也可能较小。为便于分析，可以将反应热 Q 吸收到反应率方程 $G(\lambda) = QF(\lambda)$ 中去。查普曼-恩斯库格多尺度分析表明，该玻尔兹曼模型在连续极限下的守恒矩演化方程为如下的纳维-斯托克斯模型：

$$\frac{\partial \rho}{\partial t} + \nabla \cdot (\rho \boldsymbol{u}) = 0, \tag{3.250a}$$

$$\frac{\partial (\rho \boldsymbol{u})}{\partial t} + \nabla \cdot (P\boldsymbol{I} + \rho \boldsymbol{u}\boldsymbol{u}) + \nabla \cdot [\mu(\nabla \cdot \boldsymbol{u})\boldsymbol{I} - \mu(\nabla \boldsymbol{u})^{\mathrm{T}} - \mu \nabla \boldsymbol{u}] = \boldsymbol{0}, \tag{3.250b}$$

$$\frac{\partial}{\partial t}\left(\rho E + \frac{1}{2}\rho u^2\right) + \nabla \cdot \left[\rho \boldsymbol{u}\left(E + \frac{1}{2}u^2 + \frac{P}{\rho}\right)\right]$$
$$-\nabla \cdot \left[\kappa \nabla E + \mu \boldsymbol{u} \cdot (\nabla \boldsymbol{u}) - \mu \boldsymbol{u}(\nabla \cdot \boldsymbol{u}) + \frac{1}{2}\mu \nabla u^2\right] = \rho Q F(\lambda), \tag{3.250c}$$

其中 $\mu = P\tau$ 和 $\kappa = 2P\tau$ 分别为黏性和热传导系数。

由于粒子速度 $\boldsymbol{v}$ 空间的连续性，燃烧系统的玻尔兹曼模型仍不便于直接做模拟。与没有化学反应的流体系统一样，方案之一是将玻尔兹曼模型在粒子速度空间中做离散化。由于单松弛因子模型是多松弛因子模型的特例，所以燃烧系统的离散玻尔兹曼模型可以统一用下式描述[103]：

$$\frac{\partial f_i}{\partial t} + v_{i\alpha}\frac{\partial f_i}{\partial r_\alpha} = -M_{il}^{-1}\left[\hat{R}_{lk}\left(\hat{f}_k - \hat{f}_k^{\mathrm{eq}}\right) + \hat{A}_l\right] + C_i, \quad C_i = \left.\frac{\mathrm{d}f_i}{\mathrm{d}t}\right|_C. \tag{3.251}$$

在单松弛因子情形，$R_1 = R_2 = \cdots = R_N = 1/\tau$，修正项 $\hat{A}_l = 0$，$C_i = \frac{1}{\tau}\left(f_i^{*\mathrm{eq}} - f_i^{\mathrm{eq}}\right)$，$f^{*\mathrm{eq}} = f^{*\mathrm{eq}}(\rho, \boldsymbol{u}, T + \tau Q F(\lambda))$，$f^{\mathrm{eq}} = f^{\mathrm{eq}}(\rho, \boldsymbol{u}, T)$。在多松弛因子模型情形，查普曼-恩斯库格多尺度分析按如下方式展开：

$$\begin{cases} f_i = f_i^{(0)} + f_i^{(1)} + f_i^{(2)} + \cdots, \\[2mm] A_i = A_{1i}, \\[2mm] C_i = C_{1i}, \\[2mm] \dfrac{\partial}{\partial t} = \dfrac{\partial}{\partial t_1} + \dfrac{\partial}{\partial t_2} + \cdots, \\[4mm] \dfrac{\partial}{\partial r_\alpha} = \dfrac{\partial}{\partial r_{1\alpha}}. \end{cases} \tag{3.252}$$

修正项 A_i 必须是克努森数 ε 的一阶项，即 $A_{1i} = O(\varepsilon)$。

3.6.4.1 单弛豫时间模型

这里先介绍两个单松弛因子模型。2013 年我们课题组给出燃烧和爆轰系统的第一个离散玻尔兹曼模型[231]。这是一个基于笛卡儿坐标系的简单模型。在该模型中，流体行为使用我们以前发展的一个高速可压流体离散玻尔兹曼模型[224] 描述，化学反应使用目前应用较多的反应率模型——Lee-Tarver 模型[221] 描述。相对于以前的 LBM 燃烧模型，该模型实现了密度 ρ、流速 $\boldsymbol{u}$、温度 T 以及相关的高阶矩皆使用同一个分布函数 f_i 来描述的物理要求，实现了化学反应放能过程与流体动力学过程的自然耦合。Lee-Tarver 反应率模型的表达式为

$$\frac{\mathrm{d}\lambda}{\mathrm{d}t} = I(1-\lambda)^x \eta^r + G(1-\lambda)^x \lambda^y P^z. \tag{3.253}$$

它由两项构成：点火项和成长项。前者多用于研究各种热点的形成和随后的生长。后者多用于描述化学反应的成长过程。其中，$\eta = (V_0/V) - 1$ 为相对压缩度。V_0 和 V 分别为反应前后的比体积，与相应密度 ρ 的关系分别为 $V_0 = 1/\rho_0$, $V = 1/\rho$。I, G, x, y, z, r 为模型参数，其中 G, x, y 描述的是反应率对燃烧面积等的依赖度，参数 G 也依赖于入射冲击波的压力。P^z 描述的是局域压力对反应率的影响方式。

该离散玻尔兹曼模型使用如下形式的离散速度模型：

$$\begin{cases} \boldsymbol{v}_0 = 0, \\ \boldsymbol{v}_{ki} = v_k \left[\cos\left(\frac{i\pi}{4}\right), \sin\left(\frac{i\pi}{4}\right) \right], \quad i = 1, 2, \cdots, 8; k = 1, 2, 3, 4. \end{cases} \tag{3.254}$$

它有 33 个速度分量，下角标 k 和 i 分别表示第 k 层第 i 个方向，如图 3.41 所示。

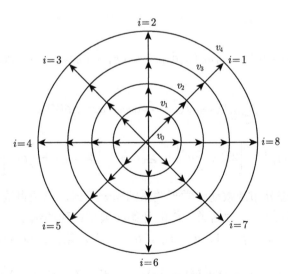

图 3.41 离散速度模型示意图

平衡态分布函数通过如下的泰勒展式来计算：

$$f_{ki}^{\mathrm{eq}} = \rho F_k \left[\left(1 - \frac{u^2}{2T} + \frac{u^4}{8T^2}\right) + \frac{v_{ki\alpha}u_\alpha}{T}\left(1 - \frac{u^2}{2T}\right) + \frac{v_{ki\alpha}v_{ki\beta}u_\alpha u_\beta}{2T^2}\left(1 - \frac{u^2}{2T}\right) \right.$$

$$\left. + \frac{v_{ki\alpha}v_{ki\beta}v_{ki\gamma}u_\alpha u_\beta u_\gamma}{6T^3} + \frac{v_{ki\alpha}v_{ki\beta}v_{ki\gamma}v_{ki\chi}u_\alpha u_\beta u_\gamma u_\chi}{24T^4} \right], \tag{3.255}$$

式中 T 为局域温度, 权重系数 F_k 的计算公式如下

$$F_k = \frac{1}{v_k^2(v_k^2 - v_{k+1}^2)(v_k^2 - v_{k+2}^2)(v_k^2 - v_{k+3}^2)} \Big[48T^4 - 6(v_{k+1}^2 + v_{k+2}^2 + v_{k+3}^2)T^3$$
$$+ (v_{k+1}^2 v_{k+2}^2 + v_{k+2}^2 v_{k+3}^2 + v_{k+3}^2 v_{k+1}^2)T^2 - \frac{v_{k+1}^2 v_{k+2}^2 v_{k+3}^2}{4}T \Big], \quad k = 1, 2, 3, 4. \tag{3.256a}$$

$$\{k + l\} = \begin{cases} k + l, & k + l \leqslant 4, \\ k + l - 4, & k + l > 4. \end{cases} \tag{3.256b}$$

我们选取 $v_0 = 0$ 和四个非零的 $v_k(k = 1, 2, 3, 4)$。这个模型的构建要求: 平衡态分布函数 f 前 7 个动理学矩关系的积分形式可以写为求和形式, 具体如下

$$\sum_{ki} f_{ki}^{\text{eq}} = \rho, \tag{3.257a}$$

$$\sum_{ki} v_{ki\alpha} f_{ki}^{\text{eq}} = \rho u_\alpha, \tag{3.257b}$$

$$\sum_{ki} \frac{1}{2} v_{ki}^2 f_{ki}^{\text{eq}} = e_{\text{therm}} + \frac{1}{2}\rho u^2 = \rho T + \frac{1}{2}\rho u^2 = P + \frac{1}{2}\rho u^2, \tag{3.257c}$$

$$\sum_{ki} v_{ki\alpha} v_{ki\beta} f_{ki}^{\text{eq}} = e_{\text{therm}}\delta_{\alpha\beta} + \rho u_\alpha u_\beta, \tag{3.257d}$$

$$\sum_{ki} v_{ki\alpha} v_{ki\beta} v_{ki\gamma} f_{ki}^{\text{eq}} = e_{\text{therm}}(u_\gamma \delta_{\alpha\beta} + u_\alpha \delta_{\beta\gamma} + u_\beta \delta_{\gamma\alpha}) + \rho u_\alpha u_\beta u_\gamma, \tag{3.257e}$$

$$\sum_{ki} \frac{1}{2} v_k^2 v_{ki\alpha} f_{ki}^{\text{eq}} = 2e_{\text{therm}}u_\alpha + \frac{1}{2}\rho u^2 u_\alpha, \tag{3.257f}$$

$$\sum_{ki} \frac{1}{2} v_k^2 v_{ki\alpha} v_{ki\beta} f_{ki}^{\text{eq}} = \left[2T + \frac{1}{2}u^2\right]e_{\text{therm}}\delta_{\alpha\beta} + \left[3e_{\text{therm}} + \frac{1}{2}\rho u^2\right]u_\alpha u_\beta, \tag{3.257g}$$

式中等号右边为平衡态分布函数动理学矩关系的积分形式, 已经直接表示为宏观量的表达式; e_{therm} 为热力学内能。作为这类工作的开始和模型构建的例子, 这里只考虑了最简单情形的反应率模型: 令 $x = y = 1$, $a = I\eta^r$, $b = GP^z$。这样, Lee-Tarver 模型简化为

$$\frac{\mathrm{d}\lambda}{\mathrm{d}t} = \begin{cases} a(1 - \lambda) + b(1 - \lambda)\lambda, & \text{当 } T \geqslant T_{\text{th}} \text{ 且 } 0 \leqslant \lambda \leqslant 1, \\ 0, & \text{其余情形,} \end{cases} \tag{3.258}$$

其中 T_{th} 为燃烧发生的临界温度。由于化学反应的速率比流动过程要快得多, 所以成功模拟的一个关键技术为分裂算子思想的使用。

从物理上, 可将上述反应率方程理解为, 反应产物所占份额的变化有两方面原因: ① 局域流动导致的变化; ② 化学反应导致的变化。即在满足反应条件 $(T \geqslant T_{\mathrm{th}})$ 时,

$$\begin{cases} \dfrac{\partial \lambda}{\partial t} + u \nabla \lambda = 0, \\[2mm] \dfrac{\partial \lambda}{\partial t} = a(1 - \lambda) + b(1 - \lambda)\lambda. \end{cases} \tag{3.259}$$

局域流动导致的变化使用一阶迎风格式计算:

$$\frac{\lambda_j^{n+1} - \lambda_j^n}{\Delta t} = - \begin{cases} \dfrac{u(\lambda_j^n - \lambda_{j-1}^n)}{\Delta x} & u \geqslant 0, \\[3mm] \dfrac{u(\lambda_{j+1}^n - \lambda_j^n)}{\Delta x} & u < 0. \end{cases} \tag{3.260}$$

化学反应导致的变化使用解析解:

$$\lambda = \frac{e^{(a+b)t} + \dfrac{a(\lambda - 1)}{a + b\lambda}}{e^{(a+b)t} + \dfrac{b(1 - \lambda)}{a + b\lambda}}. \tag{3.261}$$

其中下角标 $j - 1$, j, $j + 1$ 为 x 或 y 方向的网格点编号。在实际模拟中, 系统的局域总内能变化率为

$$\dot{e} = \dot{e}_{\mathrm{therm}} + \dot{e}_{\mathrm{chem}}, \quad \dot{e}_{\mathrm{chem}} = R(\lambda)\rho Q, \tag{3.262}$$

其中 $e = \rho E$。化学反应过程跟流动过程的耦合流程如下: 化学反应放热导致局域内能增加, 局域内能增加导致局域压强增大, 局域压强的增大进一步影响局域流场的行为。这样, 放能过程与流动过程实现了自然耦合。在该模型中化学反应的引入并没有引起所需动理学矩关系的增多, 从而所需离散速度数目并没有增多。

模型的有效性通过如下一些典型问题获得验证和确认: ① 黏性爆轰的活塞问题; ② 热起爆问题; ③ 爆轰波与冲击波的碰撞问题; ④ 爆轰波的规则与马赫反射; ⑤ Richtmyer-Meshkov 不稳定性问题; ⑥ 黏性爆轰的相图。作为应用的一个实例, 研究了一维稳定爆轰波问题。为了展现离散玻尔兹曼建模的优势, 我们将注意力集中在反应区及其邻域, 重点研究其中的热动非平衡行为。研究表明: 一般情形下, 化学反应区从冯·诺伊曼压强峰之前开始, 跨越冯·诺伊曼压强峰。在冯·诺伊曼压强峰之前只存在升温机制, 在冯·诺伊曼压强峰之后, 化学反应放热引起的升温与反应产物膨胀引起的降温机制并存。冯·诺伊曼压强峰不是温度的极大值点, 温度的峰值一般在冯·诺伊曼压强峰之后。密度、流速、温度、压强等物理量最大值点 (峰值点) 的不重合是系统在冯·诺伊曼压强峰处无法完全恢复到热动平衡的原因。系统黏性的增大有两个效应: 一是系统在冯·诺伊曼压强峰处更加接近热动平衡态; 二是在冯·诺伊曼压强峰前后系统偏离热动平衡的幅度加大。在化学反应速率极低的情形下, 与纯粹冲击情形的区别是: 从化学反应启动到跨过冯·诺伊曼压强峰, 进一步到化学反应结束之前的这一较宽区域内, 温度一直在升高。温度从上升到最后的稳

定，不存在极大值点。所以，从冲击响应过程开始到化学反应结束，系统始终处在热动非平衡态。在反应速率极高的情形下，在压强上升到冯·诺伊曼峰之前化学反应已经结束。在此情形下，冯·诺伊曼压强峰后不再有升温机制。

　　为了模拟柱状轴向均匀系统的内爆和外爆问题，2014 年我们课题组给出一个基于极坐标的离散玻尔兹曼模型[232]。该模型的离散速度模型和周期边界条件设置，如图 3.42 所示。在这个模型中，使用的是 Cochran 反应率函数[219,220]：

$$R(\lambda) = \omega_1 P^m (1 - \lambda) + \omega_2 P^n \lambda (1 - \lambda), \tag{3.263}$$

其中第一项为热点形成项，第二项为增长项；系数 P^m 和 P^n 描述的是压强对反应率的影响；ω_1，ω_2，m 和 n 是可调参数。点火条件为 $T > T_{th}$。为不失一般性，这里取 $m = n = 1$，$T_{th} = 1.1$。为方便起见，引入参数 $a = \omega_1 P^m$，$b = \omega_2 P^n$，$\lambda = \lambda_{i_r} = \lambda_{i_\theta} = \lambda(i_r, i_\theta, t)$。其中，$i_r$ 和 i_θ 分别为径向和角向的网格点编号。具有一阶精度的 Cochran 反应进程方程为

$$\lambda^{t+\Delta t} = \frac{(a + b\lambda)e^{(a+b)\Delta t} - a(1 - \lambda)}{(a + b\lambda)e^{(a+b)\Delta t} + a(1 - \lambda)} + \lambda_{i_r}^* + \lambda_{i_\theta}^*. \tag{3.264}$$

其中

$$\lambda_{i_r}^* = \begin{cases} -\dfrac{u_r(\lambda_{i_r} - \lambda_{i_r-1})}{\Delta r}\Delta t, & u_r \geqslant 0, \\[4mm] -\dfrac{u_r(\lambda_{i_r+1} - \lambda_{i_r})}{\Delta r}\Delta t, & u_r < 0, \end{cases} \tag{3.265a}$$

$$\lambda_{i_\theta}^* = \begin{cases} -\dfrac{u_\theta(\lambda_{i_\theta} - \lambda_{i_\theta-1})}{r\Delta\theta}\Delta t, & u_\theta \geqslant 0, \\[4mm] -\dfrac{u_\theta(\lambda_{i_\theta+1} - \lambda_{i_\theta})}{r\Delta\theta}\Delta t, & u_\theta < 0. \end{cases} \tag{3.265b}$$

在数值实验中，ρ、$\boldsymbol{u}$、P 可以由分布按函数 f_{ki} 计算得到。同样，这一离散玻尔兹曼模型在连续极限下的守恒矩演化方程就是基于极坐标的传统流体模型，即含化学反应的纳维-斯托克斯方程组。

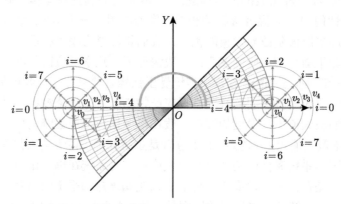

图 3.42　离散速度模型与周期边界条件设置示意图

3.6.4.2 多弛豫时间模型

下面简单介绍我们课题组提出的一个多松弛因子燃烧系统离散玻尔兹曼模型[103]。模型的控制方程由式 (3.251) 描述。在该模型中，$\hat{A}_l$ 是矢量

$$\hat{\boldsymbol{A}} = (0, \cdots, 0, \hat{A}_8, \hat{A}_9, 0, \cdots, 0)^{\mathrm{T}}$$

的第 l 个分量，是对碰撞算符 $\hat{R}_{lk}\left(\hat{f}_k - \hat{f}_k^{\mathrm{eq}}\right)$ 的修正。其中

$$\hat{A}_8 = \rho T \frac{R_5 - R_8}{R_5}\left[4u_x\left(\frac{\partial u_x}{\partial x} - \frac{1}{D+I}\frac{\partial u_x}{\partial x} - \frac{1}{D+I}\frac{\partial u_y}{\partial y}\right) + 2u_y\left(\frac{\partial u_y}{\partial x} + \frac{\partial u_x}{\partial y}\right)\right], \quad (3.266a)$$

$$\hat{A}_9 = \rho T \frac{R_7 - R_9}{R_7}\left[4u_y\left(\frac{\partial u_y}{\partial y} - \frac{1}{D+I}\frac{\partial u_x}{\partial x} - \frac{1}{D+I}\frac{\partial u_y}{\partial y}\right) + 2u_x\left(\frac{\partial u_y}{\partial x} + \frac{\partial u_x}{\partial y}\right)\right]. \quad (3.266b)$$

需要添加该修正的理由如下：尽管从数学角度来说，$\hat{f}_k - \hat{f}_k^{\mathrm{eq}}$ 前的松弛因子 $\hat{R}_{lk}$ 可以独立调节；但从物理角度来说，不同动理学模式之间可能存在耦合。需要通过查普曼-恩斯库格多尺度分析，通过检测所恢复的宏观流体方程的合理性来找回丢失的关联。为方便描述起见，引入 $A_i = M_{il}^{-1}\hat{A}_l$。考虑二维系统 $(D = 2)$，假设粒子质量为单位质量。离散后的平衡态分布函数 f_i^{eq} 满足如下动理学矩关系：

$$\sum f_i^{\mathrm{eq}} = \rho = \sum f_i, \quad (3.267a)$$

$$\sum f_i^{\mathrm{eq}} v_{i\alpha} = \rho u_\alpha = \sum f_i v_{i\alpha}, \quad (3.267b)$$

$$\sum f_i^{\mathrm{eq}}(v_i^2 + \eta_i^2) = \rho[(D+I)T + u^2] = \sum f_i(v_i^2 + \eta_i^2), \quad (3.267c)$$

$$\sum f_i^{\mathrm{eq}} v_{i\alpha} v_{i\beta} = \rho(\delta_{\alpha\beta}T + u_\alpha u_\beta), \quad (3.267d)$$

$$\sum f_i^{\mathrm{eq}}(v_i^2 + \eta_i^2)v_{i\alpha} = \rho u_\alpha[(D+I+2)T + u^2], \quad (3.267e)$$

$$\sum f_i^{\mathrm{eq}} v_{i\alpha} v_{i\beta} v_{i\chi} = \rho(u_\alpha\delta_{\beta\chi} + u_\beta\delta_{\chi\alpha} + u_\chi\delta_{\alpha\beta})T + \rho u_\alpha u_\beta u_\chi, \quad (3.267f)$$

$$\sum f_i^{\mathrm{eq}}(v_i^2 + \eta_i^2)v_{i\alpha} v_{i\beta} = \rho\delta_{\alpha\beta}[(D+I+2)T + u^2]T + \rho u_\alpha u_\beta[(D+I+4)T + u^2]. \quad (3.267g)$$

$$\sum f_i^{\mathrm{eq}}\eta_i^2 v_{i\alpha} v_{i\beta} = \rho\delta_{\alpha\beta}IT^2 + \rho u_\alpha u_\beta IT], \quad (3.267h)$$

$$\sum f_i^{\mathrm{eq}}(v_i^2 + \eta_i^2)\eta_i^2 = \rho IT[u^2 + (D+3I)T], \quad (3.267i)$$

$$\sum f_i^{\mathrm{eq}}(v_i^2 + \eta_i^2)v_i^2 v_{i\alpha} = \rho u_\alpha[u^4 + (D+2)(D+I+4)T^2 + (2D+I+8)u^2T], \quad (3.267j)$$

$$\sum f_i^{\mathrm{eq}}(v_i^2 + \eta_i^2)\eta_i^2 v_{i\alpha} = \rho u_\alpha IT[u^2 + (D+3I+2)T], \quad (3.267k)$$

其中参数 η_i 用于表征分子平动之外的 I 个额外自由度。单位体积的系统内能为 $E' = \rho(D + I)T/2$。上面的矩关系表达式可以统一写为

$$Mf^{\text{eq}} = \widehat{f}^{\text{eq}}, \tag{3.268}$$

其中 $f^{\text{eq}} = (f_1^{\text{eq}}, f_2^{\text{eq}}, \cdots, f_N^{\text{eq}})^{\text{T}}$ 和 $\widehat{f}^{\text{eq}} = (\widehat{f}_1^{\text{eq}}, \widehat{f}_2^{\text{eq}}, \cdots, \widehat{f}_N^{\text{eq}})^{\text{T}}$ 为 N 维列矢量。矩阵 $M = (M_1, M_2, \cdots, M_N)^{\text{T}}$，其中 $M_i = (m_{i1}, m_{i2}, \cdots, m_{iN})$，$m_{1i} = 1$，$m_{2i} = v_{ix}$，$m_{3i} = v_{iy}$，$m_{4i} = v_i^2 + \eta_i^2$，$m_{5i} = v_{ix}^2$，$m_{6i} = v_{ix}v_{iy}$，$m_{7i} = v_{iy}^2$，$m_{8i} = (v_i^2 + \eta_i^2)v_{ix}$，$m_{9i} = (v_i^2 + \eta_i^2)v_{iy}$，$m_{10i} = v_{ix}^3$，$m_{11i} = v_{ix}^2 v_{iy}$，$m_{12i} = v_{ix}v_{iy}^2$，$m_{13i} = v_{iy}^3$，$m_{14i} = (v_i^2 + \eta_i^2)v_{ix}^2$，$m_{15i} = (v_i^2 + \eta_i^2)v_{ix}v_{iy}$，$m_{16i} = (v_i^2 + \eta_i^2)v_{iy}^2$，$m_{17i} = \eta_i^2 v_{ix}^2$，$m_{18i} = \eta_i^2 v_{ix}v_{iy}$，$m_{19i} = \eta_i^2 v_{iy}^2$，$m_{20i} = (v_i^2 + \eta_i^2)\eta_i^2$，$m_{21i} = (v_i^2 + \eta_i^2)v_i^2 v_{ix}$，$m_{22i} = (v_i^2 + \eta_i^2)v_i^2 v_{iy}$，$m_{23i} = (v_i^2 + \eta_i^2)\eta_i^2 v_{ix}$，$m_{24i} = (v_i^2 + \eta_i^2)\eta_i^2 v_{iy}$。相应地，$\widehat{f}_1^{\text{eq}} = \rho$，$\widehat{f}_2^{\text{eq}} = \rho u_x$，$\widehat{f}_3^{\text{eq}} = \rho u_y$，$\widehat{f}_4^{\text{eq}} = \rho[(D + I)T + u^2]$，$\widehat{f}_5^{\text{eq}} = \rho(T + u_x^2)$，$\widehat{f}_6^{\text{eq}} = \rho u_x u_y$，$\widehat{f}_7^{\text{eq}} = \rho(T + u_y^2)$，$\widehat{f}_8^{\text{eq}} = \rho u_x[(D + I + 2)T + u^2]$，$\widehat{f}_9^{\text{eq}} = \rho u_y[(D + I + 2)T + u^2]$，$\widehat{f}_{10}^{\text{eq}} = 3\rho u_x T + \rho u_x^3$，$\widehat{f}_{11}^{\text{eq}} = \rho u_y T + \rho u_x^2 u_y$，$\widehat{f}_{12}^{\text{eq}} = \rho u_x T + \rho u_x u_y^2$，$\widehat{f}_{13}^{\text{eq}} = 3\rho u_y T + \rho u_y^3$，$\widehat{f}_{14}^{\text{eq}} = \rho[(D + I + 2)T + u^2] + \rho u_x^2[(D + I + 4)T + u^2]$，$\widehat{f}_{15}^{\text{eq}} = \rho u_x u_y[(D + I + 4)T + u^2]$，$\widehat{f}_{16}^{\text{eq}} = \rho[(D + I + 2)T + u^2] + \rho u_y^2[(D + I + 4)T + u^2]$，$\widehat{f}_{17}^{\text{eq}} = \rho I T^2 + \rho u_x^2 IT$，$\widehat{f}_{18}^{\text{eq}} = \rho u_x u_y IT$，$\widehat{f}_{19}^{\text{eq}} = \rho I T^2 + \rho u_y^2 IT$，$\widehat{f}_{20}^{\text{eq}} = \rho IT[u^2 + (D + 3I)T]$，$\widehat{f}_{21}^{\text{eq}} = \rho u_x[u^4 + (D + 2)(D + I + 4)T^2 + (2D + I + 8)u^2 T]$，$\widehat{f}_{22}^{\text{eq}} = \rho u_y[u^4 + (D + 2)(D + I + 4)T^2 + (2D + I + 8)u^2 T]$，$\widehat{f}_{23}^{\text{eq}} = \rho u_x IT[u^2 + (D + 3I + 2)T]$，$\widehat{f}_{24}^{\text{eq}} = \rho u_y IT[u^2 + (D + 3I + 2)T]$。

与单松弛因子模型类似，这里也假设松弛因子 R_k $(k = 1, 2, \cdots, N)$ 可以近似取为常数。为了使得该模型的比热比 γ、Pr 灵活可调，考虑了分子内部自由度的贡献。此时，麦克斯韦平衡态分布函数为

$$f^{\text{eq}} = \rho \left(\frac{1}{2\pi T} \right)^{D/2} \left(\frac{1}{2\pi IT} \right)^{1/2} \exp \left[-\frac{(\boldsymbol{v} - \boldsymbol{u})^2}{2T} - \frac{\eta^2}{2IT} \right]. \tag{3.269}$$

再结合关系式 $E' = \rho(D + I)T/2$ 可得化学反应项如下：

$$C_i = f_i^{\text{eq}} Q \frac{-(1 + D)IT + I(\boldsymbol{v}_i - \boldsymbol{u})^2 + \eta_i^2}{I(D + I)T^2} F(\lambda). \tag{3.270}$$

在二维笛卡儿坐标情形，矩关系 (3.267a)~(3.267k) 可以写为 24 个关于 f_i^{eq} $(i = 1, 2, \cdots, 24)$ 的方程，所以该模型需要至少 24 个离散速度。该模型所选用离散速度模型如下：

$$\overline{\boldsymbol{v}}_i = \begin{cases} \text{cyc}: (\pm 1, 0), & 1 \leqslant i \leqslant 4, \\ \text{cyc}: (\pm 1, \pm 1), & 5 \leqslant i \leqslant 8, \end{cases} \tag{3.271a}$$

$$\boldsymbol{v}_i = \begin{cases} v_a \overline{\boldsymbol{v}}_i, & 1 \leqslant i \leqslant 8, \\ v_b \overline{\boldsymbol{v}}_{i-8}, & 9 \leqslant i \leqslant 16, \\ v_c \overline{\boldsymbol{v}}_{i-16}, & 17 \leqslant i \leqslant 24. \end{cases} \tag{3.271b}$$

$$\eta_i = \begin{cases} \eta_a, & 1 \leqslant i \leqslant 8, \\ \eta_b, & 9 \leqslant i \leqslant 16, \\ \eta_c, & 17 \leqslant i \leqslant 24. \end{cases} \tag{3.271c}$$

其中 cyc 表示循环排列,如图 3.43 所示。在本工作中离散玻尔兹曼模型中空间导数的计算采用 NND 有限差分格式。同样地,化学反应进程控制方程中的空间导数也使用 NND 格式求解,而时间演化采用解析求解。矩阵 $\boldsymbol{M}$ 是一个 24×24 的矩阵。在编程模拟之前,可以将离散速度模型的定义式代入,使用软件 Matlab 计算出其逆矩阵 $\boldsymbol{M}^{-1}$ 的解析解。在程序中 $\boldsymbol{M}^{-1}$ 的矩阵元直接使用解析表达式进行计算。需要指出的是,尽管 $\boldsymbol{M}$ 和 $\boldsymbol{M}^{-1}$ 的矩阵元表达式看起来有些复杂,但在实际计算过程中,在进行主循环之前,参数 v_a、v_b、v_c、η_a、η_b、η_c 均被具体数值取代。所以,在进行主循环之前,$\boldsymbol{M}$ 和 $\boldsymbol{M}^{-1}$ 的矩阵元已经被具体的数值所取代,并不存在矩阵 $\boldsymbol{M}$ 数值求逆的问题。

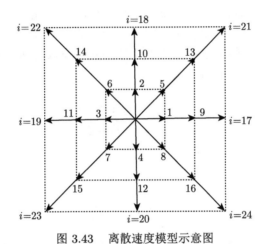

图 3.43　离散速度模型示意图

由查普曼-恩斯库格多尺度分析可知,该模型在连续极限下对应如下的纳维-斯托克斯方程组:

$$\frac{\partial \rho}{\partial t} + \frac{\partial \rho u_x}{\partial x} + \frac{\partial \rho u_y}{\partial y} = 0, \tag{3.272a}$$

$$\begin{aligned} &\frac{\partial \rho u_x}{\partial t} + \frac{\partial (P + \rho u_x^2)}{\partial x} + \frac{\partial \rho u_x u_y}{\partial y} \\ &= \frac{\partial}{\partial x} \left\{ \frac{2\rho T}{R_5} \left[\frac{\partial u_x}{\partial x} - \frac{1}{D+I} \left(\frac{\partial u_x}{\partial x} + \frac{\partial u_y}{\partial y} \right) \right] \right\} + \frac{\partial}{\partial y} \left[\frac{\rho T}{R_6} \left(\frac{\partial u_x}{\partial y} + \frac{\partial u_y}{\partial x} \right) \right], \end{aligned} \tag{3.272b}$$

$$\begin{aligned} &\frac{\partial \rho u_y}{\partial t} + \frac{\partial \rho u_x u_y}{\partial x} + \frac{\partial (P + \rho u_y^2)}{\partial y} \\ &= \frac{\partial}{\partial x} \left[\frac{\rho T}{R_6} \left(\frac{\partial u_x}{\partial y} + \frac{\partial u_y}{\partial x} \right) \right] + \frac{\partial}{\partial y} \left\{ \frac{2\rho T}{R_7} \left[\frac{\partial u_y}{\partial y} - \frac{1}{D+I} \left(\frac{\partial u_x}{\partial x} + \frac{\partial u_y}{\partial y} \right) \right] \right\}, \end{aligned} \tag{3.272c}$$

$$\frac{\partial E_T}{\partial t} + \frac{\partial (E_T + P)u_x}{\partial x} + \frac{\partial (E_T + P)u_y}{\partial y}$$

$$= \frac{\partial}{\partial x} \left\{ c_p \frac{\rho T}{R_8} \frac{\partial T}{\partial x} + \frac{\rho T}{R_5} \left[\left(u_y - \frac{2u_x}{D+I} \right) \left(\frac{\partial u_x}{\partial x} + \frac{\partial u_y}{\partial y} \right) + 2u_x \frac{\partial u_x}{\partial x} \right] \right\}$$

$$+ \frac{\partial}{\partial y} \left\{ c_p \frac{\rho T}{R_9} \frac{\partial T}{\partial y} + \frac{\rho T}{R_7} \left[\left(u_x - \frac{2u_y}{D+I} \right) \left(\frac{\partial u_x}{\partial x} + \frac{\partial u_y}{\partial y} \right) + 2u_y \frac{\partial u_y}{\partial y} \right] \right\}$$

$$+ \rho F(\lambda) Q, \tag{3.272d}$$

这里 $c_p = (D+I+2)/2$ 是定压比热, 定容比热可定义为 $c_v = (D+I)/2$。进一步讨论如下: 系数 $\hat{\pmb{R}}$ 代表的是 $\hat{\pmb{f}}$ 趋于平衡态值 $\hat{\pmb{f}}^{\mathrm{eq}}$ 的快慢。质量、动量、能量守恒定律要求 $\hat{f}_1 = \hat{f}_1^{\mathrm{eq}}$, $\hat{f}_2 = \hat{f}_2^{\mathrm{eq}}$, $\hat{f}_3 = \hat{f}_3^{\mathrm{eq}}$, $\hat{f}_4 = \hat{f}_4^{\mathrm{eq}}$。所以, 系数 R_1、R_2、R_3 和 R_4 的取值对模拟结果没有影响。同时, 系统的动理学输运特征是各向同性的。这就告诉我们, 其余的松弛系数也并不是完全独立的。具体来说, ① R_5、R_6、R_7 描述系统的黏性。当 $R_5 = R_6 = R_7 = R_\mu$ 时, 黏性系数 $\mu = \rho T/R_\mu$。② R_8 和 R_9 描述系统的热传导特性。当 $R_8 = R_9 = R_\kappa$ 时, 热传导系数 $\kappa = c_p \rho T/R_\kappa$。这样, 在能量方程 (3.272d) 中的黏性系数与动量方程 (3.272b)~(3.272c) 中的黏性系数是自洽的。系统的比热比

$$\gamma = \frac{c_p}{c_v} = \frac{D+I+2}{D+I} \tag{3.273}$$

和 Pr

$$Pr = \frac{c_p \mu}{\kappa} = \frac{R_\kappa}{R_\mu} \tag{3.274}$$

都是灵活可调的。当 $R_5 = R_6 = R_7 = R_\mu$, $R_8 = R_9 = R_\kappa$ 时, 上面的纳维-斯托克斯方程组 (3.272a)~(3.272d) 可写为

$$\frac{\partial \rho}{\partial t} + \frac{\partial \rho u_\alpha}{\partial r_\alpha} = 0, \tag{3.275a}$$

$$\frac{\partial \rho u_\alpha}{\partial t} + \frac{\partial P}{\partial r_\alpha} + \frac{\partial \rho u_\alpha u_\beta}{\partial r_\beta} = -\frac{\partial P'_{\alpha\beta}}{\partial r_\beta}, \tag{3.275b}$$

$$\frac{\partial E_T}{\partial t} + \frac{\partial (E_T + P)u_\alpha}{\partial r_\alpha} = \rho F(\lambda) Q + \frac{\partial}{\partial r_\beta} \left(\kappa \frac{\partial T}{\partial r_\beta} - P'_{\alpha\beta} u_\alpha \right), \tag{3.275c}$$

其中

$$P'_{\alpha\beta} = -\mu \left(\frac{\partial u_\alpha}{\partial r_\beta} + \frac{\partial u_\beta}{\partial r_\alpha} - \frac{2}{3} \frac{\partial u_\chi}{\partial r_\chi} \delta_{\alpha\beta} \right) - \mu_B \frac{\partial u_\chi}{\partial r_\chi} \delta_{\alpha\beta}, \tag{3.276}$$

$$\mu_B = \mu \left(\frac{2}{3} - \frac{2}{D+I} \right). \tag{3.277}$$

再具体一点，$P_{xx} = \hat{f}_5^{(1)}$，$P_{xy} = P_{yx} = \hat{f}_6^{(1)}$，$P_{yy} = \hat{f}_7^{(1)}$。除了直接分析黏性项和热传项导致的效应，系统的热动非平衡行为也可以由 f_i 和 f_i^{eq} 的非守恒动理学矩 [即 $\boldsymbol{M}(f_i)$ 与 $\boldsymbol{M}(f_i^{\text{eq}})$] 的差异来描述。在多松弛因子离散玻尔兹曼模型中，定义

$$\Delta_k = \hat{f}_k - \hat{f}_k^{\text{eq}}. \tag{3.278}$$

由于在碰撞过程中，密度、动量、能量守恒，所以当 $k = 1, 2, 3, 4$ 时，$\Delta_k = 0$。其余的 20 个 Δ_k 均具有确定的物理含义，均从自己的角度度量系统偏离热动平衡的程度，描述系统偏离热动平衡之后的效应。这些非平衡效应 Δ_k 放大 R_k 倍后以 $R_k \Delta_k$ 的形式进入系统演化方程，影响系统演化。除了直接分析每个 Δ_k 的大小与含义之外，还可以引入一个"到平衡态距离"或"热动非平衡强度":

$$d = \sqrt{\sum_1^N \Delta_k^2}, \tag{3.279}$$

来获得一个对系统热动非平衡程度的更加粗粒化的描述。显然，在使用这个定义之前，需要将 Δ_k 做无量纲化处理。

在具体研究过程中，可以根据实际需要将上述 Δ_k 适当组合，构造出满足特定需求的非平衡量。为了对爆轰过程中的部分非平衡效应进行初探，这里，引入如下定义: $\Delta_{v_x v_x} = \Delta_5$，$\Delta_{v_x v_y} = \Delta_6$，$\Delta_{v_y v_y} = \Delta_7$，$\Delta_{\eta^2} = \Delta_4 - \Delta_5 - \Delta_7$，$\Delta_{(v^2 + \eta^2) v_x} = \Delta_8$，$\Delta_{(v^2 + \eta^2) v_y} = \Delta_9$，$\Delta_{v_x v_x v_x} = \Delta_{10}$，$\Delta_{v_x v_x v_y} = \Delta_{11}$，$\Delta_{v_x v_y v_y} = \Delta_{12}$，$\Delta_{v_y v_y v_y} = \Delta_{13}$。模型验证与校验的算例包括一个一维稳态爆轰、三个黎曼问题、一个冲击波反射、一个 Couette 流。在后三类算例中，反应热 $Q = 0$。在 Couette 流算例中，比热比 γ 和 Pr 是可调的。

就一维稳态爆轰情形，图 3.44 给出了如下初始条件:

$$\begin{cases} (\rho, T, u_x, u_y, \lambda)_L = (1.38837, 1.57856, 0.577350, 0, 1), \\ (\rho, T, u_x, u_y, \lambda)_R = (1, 1, 0, 0, 0) \end{cases} \tag{3.280}$$

引起的在 $t = 0.39$ 时刻冯·诺伊曼压强峰前后相关物理量的空间分布图。其中下角标"L"和"R"分别代表左 $(0 \leqslant x \leqslant 0.2)$ 和右 $(0.2 < x \leqslant 1)$ 两部分。图 3.44 (a)~(e) 分别给出 ρ、T、P、u_r、λ 在 x 方向的分布。图中分别给出 DBM 模拟结果 (带点的红色实线)、CJ 理论的结果 (绿色虚线) 和 ZND 理论的结果 (蓝色实线)。可见，三者在冯·诺伊曼压强峰后相互验证;但在冯·诺伊曼压强峰前沿表现出差异。因为 CJ 理论没有考虑反应区的厚度，所以没有冯·诺伊曼峰。除了化学反应进程参数外，其余物理量的分布与纯冲击波情形极为相似。峰后 DBM 模拟结果为 $(\rho, T, u_x, u_\theta, \lambda) = (1.38997, 1.57597, 0.577874, 0, 1)$，与 CJ 理论结果符合得很好。因为 ZND 理论考虑了反应区的存在，合理描述了冯·诺伊曼压强峰的存在，所以在冯·诺伊曼压强峰后反应区内 DBM 模拟结果与 ZND 结果符合很好。但 ZND 理论没有考虑冲击波的厚度，所以在冯·诺伊曼压强峰前的压缩阶段，DBM 模拟结果在物理上更加合理。随着黏性和热传导系数的减小，冲击波的厚度逐渐减小，与 ZND 理论的差异逐渐减小。图 3.45 给出了一维稳态爆轰过程中三个不同时刻 ($t = 0.29$，$t = 0.34$，

$t = 0.39$) 压强 P 沿 x 方向的分布。根据 DBM 模拟结果，爆轰波速为 $v_D = 2.055$，而解析结果为 $v_D = 2.06395$；相对误差为 0.43%。

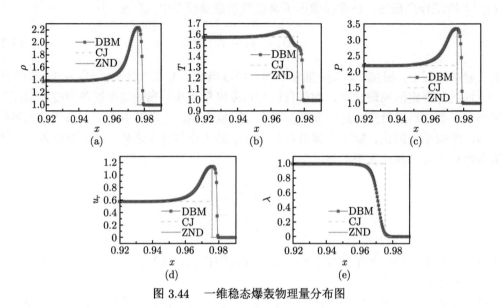

图 3.44　一维稳态爆轰物理量分布图

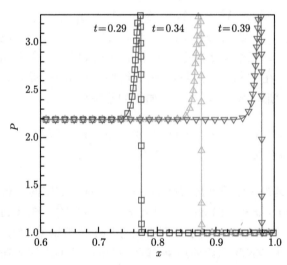

图 3.45　一维稳态爆轰过程中不同时刻压强 P 的空间分布

鉴于篇幅，激波管问题和冲击波反射问题的数值校验不在这里展示。为了展示本模型对低速近似不可压流体的适用性，以及比热比 γ、Pr 可调的功能，模拟两组低速 Couette 流的算例。上下两壁之间的距离为 $H = 0.2$。上壁以流速 u_0 运动，下壁保持静止。在左右两侧使用周期边界条件。上下壁采用非平衡外插边界条件。

在第一组中只有一个算例。初始条件为 $\rho = 1$，$T = 1$，$u_x = u_y = 0$。黏性剪切应力将动量从上边界逐渐输运到系统内部。图 3.46 给出水平速度分量 u_x 在时刻 $t = 1, 5, 30$ 时

的分布。可见，模拟结果与下面解析结果

$$u = \frac{y}{H}u_0 + \frac{2}{\pi}u_0 \sum_{n=1}^{\infty}\left[\frac{(-1)^n}{n}\exp\left(-n^2\pi^2\frac{\mu t}{\rho H^2}\right)\sin\left(\frac{n\pi y}{H}\right)\right] \tag{3.281}$$

符合较好。

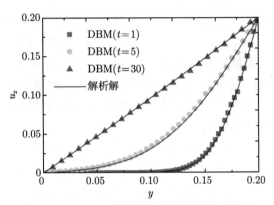

图 3.46　Couette 流不同时刻的水平速度分布

　　第二组有四个算例，图 3.47 给出这 4 次 Couette 流中的温度分布。图中同时给出 $t = 0.01$ 时刻不同比热比 γ 和不同 Pr 条件下的 DBM 结果和解析结果。为了尽快获得稳态流模拟结果，使用了如下的初始温度场：

$$T = T_1 + (T_2 - T_1)\frac{x}{H} + \frac{\mu}{2\kappa}u_0^2\frac{x}{H}\left(1 - \frac{x}{H}\right), \tag{3.282}$$

其中，$T_1\ (= 1.0)$ 和 $T_2\ (= 1.01)$ 分别为下壁和上壁的温度。初始速度轮廓取为

$$u = u_0 y/H. \tag{3.283}$$

图 3.47 (a) 和 (b) 分别对应 $\gamma = 1.4$ 和 $\gamma = 1.5$ 两种情形。在图 3.47 (a) 和 (b) 中又分别给出 $Pr = 0.2$ 和 $Pr = 5.0$ 两种情形的结果，可以看到，模拟结果均与解析结果一致。

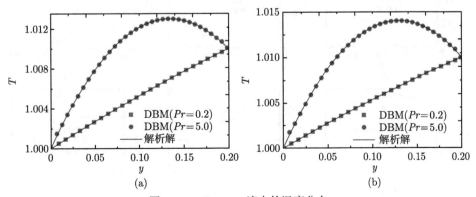

图 3.47　Couette 流中的温度分布

　　需要强调指出的是，在数值实验过程中，所选用的时间和空间步长必须足够小，以至于数值黏性远小于物理黏性。这样，真实结果才不会被数值误差所淹没。一种检测方法就是，逐步减小时间和空间步长，直至计算结果几乎不再变化。在图 3.48 所示的算例中，物理量 $(\rho, T, u_x, u_y, \lambda)$ 的初始值与前面模拟一维稳态爆轰时的算例相同，即由式(3.280)确定。图 3.48 (a)~(o) 分别给出 $t = 0.35$ 时刻下列物理量沿 x 方向的分布：ρ，T，P，u_r，λ，$\Delta_{v_x v_x}$，$\Delta_{v_x v_y}$，$\Delta_{v_y v_y}$，Δ_{η^2}，$\Delta_{v_x v_x v_x}$，$\Delta_{v_x v_x v_y}$，$\Delta_{v_x v_y v_y}$，$\Delta_{v_y v_y v_y}$，$\Delta_{(v^2+\eta^2)v_x}$，$\Delta_{(v^2+\eta^2)v_y}$。在每个分图中竖直虚线标注的是压强峰值的位置 $x = 0.8345$。这里，$v_a = 2.7$，$v_b = 2.2$，$v_c = 1.2$，$\eta_a = 1.5$，$\eta_b = 0.5$，$\eta_c = 5.0$，$I = 3$，$Q = 1$，碰撞参数皆取为 $R_i = 100$。图中给出三种时间、空间步长的模拟结果：① $\Delta x = \Delta y = 10^{-3}$，$\Delta t = 10^{-5}$；② $\Delta x = \Delta y = 10^{-3}$，$\Delta t = 10^{-6}$；③ $\Delta x = \Delta y = 10^{-4}$，$\Delta t = 10^{-6}$。显然，三种情形下的模拟结果已没有明显差异。这一方面说明，时间、空间步长的第一种选取方式已经足够小；同时，它说明了模拟所得非平衡行为是物理上合理的。

　　关于图 3.48 所示模拟结果，做如下说明：① 在 $t = 0.35$ 时刻，系统尚未达到稳定爆轰状态，在冯·诺伊曼压强峰处的压强值还将继续增加。而在图 3.45 所示情形，在 $t = 0.35$ 时刻，爆轰已经到达稳定状态。其原因是：这里的物理黏性比图 3.45 所示情形大得多。系统的黏性越大，由同一初态出发，演化到稳定状态所需的时间越长。② 图 3.48(a)~(e) 表明，在该算例中，密度、温度、压强和流速在爆轰波运行方向上的峰值点并不重合。这里，我们将冯·诺伊曼峰定义为压强曲线的峰。压强峰出现在 $0 < \lambda < 1$ 之间即化学反应快完毕

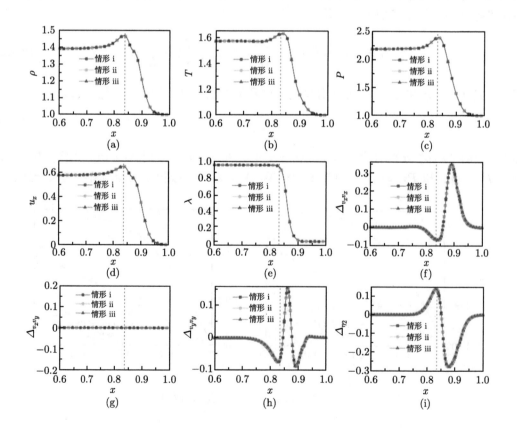

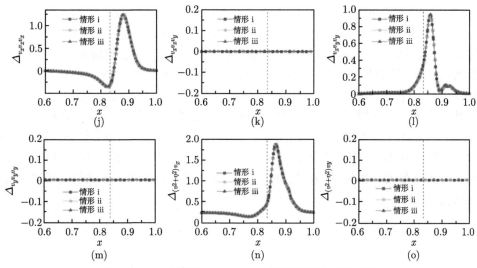

图 3.48　三种情形下 $t = 0.35$ 时刻物理量的空间分布

之前。③ 由图 3.48(f)、(h)、(i) 可见，非平衡量 $\Delta_{v_x v_x}$、$\Delta_{v_y v_y}$ 和 Δ_{η^2} 的模拟结果满足关系式：$\Delta_{v_x v_x} + \Delta_{v_y v_y} + \Delta_{\eta^2} = 0$。从物理上来说，当系统偏离热动平衡时，系统在不同自由度上的内能便不再均分，但各自由度内能偏离其平衡态值的和自然为零。这里，松弛因子 R_5 和 R_7 描述的是 x 和 y 自由度上内能趋于其平均值的快慢。④ 非平衡量 $\Delta_{v_x v_x}$ 和 Δ_{η^2} 在反应区内表现出一个峰和一个谷，$\Delta_{v_y v_y}$ 表现出一个峰和两个谷。在爆轰波通过时，$\Delta_{v_x v_x}$ 先逐渐达到峰值，然后开始下降，直到谷底，然后回升。而 Δ_{η^2} 则表现出相反的行为，$\Delta_{v_y v_y}$ 的峰出现在两个谷之间。从物理上来说，在冲击压缩过程中，相对于其他自由度，压缩波所在自由度即 x 自由度上的内能先增加。在这三个非平衡量 $\Delta_{v_x v_x}$、$\Delta_{v_y v_y}$ 和 Δ_{η^2} 中，第一个量 $\Delta_{v_x v_x}$ 的幅度最大。⑤ 由图 3.48 (g)、(k)、(m) 和 (o) 可见，非平衡量 $\Delta_{v_x v_y}$、$\Delta_{v_x v_x v_y}$、$\Delta_{v_y v_y v_y}$、$\Delta_{(v^2+\eta^2)v_y}$ 皆为零。从物理上来说，$\Delta_{v_x v_y}$ 描述的是剪切效应，$\Delta_{v_x v_x v_y}$、$\Delta_{v_y v_y v_y}$、$\Delta_{(v^2+\eta^2)v_y}$ 描述的是沿 y 方向的"微能量流"。因为该模拟系统实际上是一维系统，在 y 方向是均匀的，所以在 y 方向的剪切和"微能量流"均为零。⑥ 由图 3.48 (j)、(l)、(n) 可见，$\Delta_{v_x v_x v_x}$、$\Delta_{v_x v_y v_y}$、$\Delta_{(v^2+\eta^2)v_x}$ 的大小不容忽视。从物理上来说，$\Delta_{v_x v_x v_x}$、$\Delta_{v_x v_y v_y}$、$\Delta_{(v^2+\eta^2)v_x}$ 描述的是沿 x 方向的微能量流。尽管化学能释放是连续的，但作用在反应区上的压强却是先增后减。这些效应使得化学反应区内分子的速度分布函数围绕平均流速不再对称。

关于不同碰撞参数条件下爆轰行为之间的异同，图 3.49 给出三种不同碰撞参数条件下 $t = 0.35$ 时刻压强 P 和 $\Delta_{v_x v_x}$ 沿 x 方向的分布。左中右三列分别对应 $R_i = 10^2$、$R_i = 10^3$ 和 $R_i = 10^4$ 三种情形。如果我们用 (x_m, P_m) 表示 x-P 二维空间中的压强最大值点，则在图 3.49 (a)~(c) 中三个压强最大值点分别为 (0.8345, 2.39850)、(0.8635, 3.01522) 和 (0.8745, 3.27748)。在每个分图中有三条竖直虚线：中间一条标注的是压强最大值位置 x_m，两侧的两条虚线粗略界定爆轰波的宽度。在最右边竖线的右侧，系统处于反应率为零的亚稳态；在最左边竖线的左侧，系统处于爆轰波后的稳态。围绕着爆轰波峰，系统处于热动非平衡状态。图 3.49 (d)~(f) 分别对应图 3.49 (a)~(c)。可见，① 图 3.49 (a)~(f) 皆表明，随着碰撞

参数 R_i 的增加，爆轰波的厚度变窄，特别是在冲击预压阶段。这是因为系统的物理黏性与 R_μ 成反比，黏性的作用是使冲击波的厚度变宽。随着爆轰波厚度的变宽，热动非平衡区域的厚度变宽。② 图 3.49 (a)~(c) 表明，从左到右，x_m 和 P_m 均逐渐增大。这表明，随着碰撞参数增大，即系统黏性减小，从冲击开始到稳定爆轰的距离在减小；同时，冯·诺伊曼峰变得更加锐利。③ 在图 3.49 (d)~(f) 中，被曲线 $\Delta_{v_x v_x}(x)$ 和直线 $\Delta_{v_x v_x} = 0$ 封闭的部分的面积从一个侧面描述爆轰波附近区域的整体非平衡效应。可见，随着碰撞参数 R_i 的增加，整体非平衡效应逐渐变弱。④ 在图 3.49 (d)~(f) 中，$\Delta_{v_x v_x}$ 的极小值分别为 -0.06759、-0.07112 和 -0.01437，极大值分别为 0.34753、0.42051 和 0.10255。$R = 10^3$ 情形的极小值最小，极大值最大。⑤ 随着 R_i 增加，$\Delta_{v_x v_x} = 0$ 的位置朝着冯·诺伊曼峰的位置移动，反应区的宽度变窄。

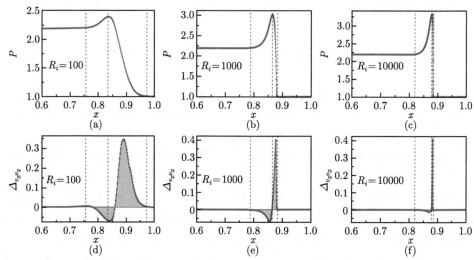

图 3.49 三套不同碰撞参数下 $t = 0.35$ 时刻 P 和 $\Delta_{v_x v_x}$ 沿 x 方向的分布

需要指出的是，多松弛因子模型也可以按如下思路构建：

$$\frac{\partial f_i}{\partial t} + v_{i\alpha}\frac{\partial f_i}{\partial r_\alpha} = -M_{il}^{-1}\left[\hat{R}_{lk}\left(\hat{f}_k - \hat{f}_k^{\mathrm{eq}}\right) + C_i + \hat{A}_l\right],$$
$$C_i = \hat{R}_{lk}\left(\hat{f}_k^{\mathrm{eq}} - \hat{f}_k^{*\mathrm{eq}}\right). \tag{3.284}$$

在这种思路下，模型所需要的离散速度数目可以降低；模型所提供的用于描述热动非平衡效应的非守恒矩的数目也随着降低。

3.7 等离子体系统的 DBM 建模

3.7.1 等离子体系统的动理学描述

等离子体是由大量处于非束缚态的带电粒子组成的具有宏观时间和空间尺度的体系。在等离子体中，时空尺度以及密度、温度等宏观状态量可以跨越 10 个数量级及以上的范围，这使得：① 相关的特征时间和空间尺度极其丰富，例如研究中常用到的空间尺度有德拜半径、拉莫尔半径等，常用到的时间尺度有朗缪尔振荡周期等；② 研究中使用的物理模型和方法从宏观到微观种类繁多，如磁流体力学、弗拉索夫 (Vlasov) 动理学方程、粒子模拟方法 (如质点网格法 (particle in cell，PIC)) 等。

受控热核聚变是解决人类能源问题的关键，其中等离子体的运动处于高温高密高压的极端环境，同时涉及多时空尺度的多场耦合及带电粒子间的碰撞输运过程，是人们关注的重点。在等离子体介观动理学模拟中，一般采用德拜半径作为特征空间尺度将等离子体间的相互作用划分为自洽电磁场 (长程外力项部分) 和碰撞 (短程输运部分)，描述方程为

$$\frac{\partial f^\alpha}{\partial t} + \boldsymbol{v} \cdot \frac{\partial f^\alpha}{\partial \boldsymbol{r}} + \frac{\boldsymbol{F}^\alpha}{m^\alpha} \cdot \frac{\partial f^\alpha}{\partial \boldsymbol{v}} + \frac{q^\alpha}{m^\alpha} \left(\boldsymbol{E} + \boldsymbol{v} \times \boldsymbol{B} \right) \cdot \frac{\partial f^\alpha}{\partial \boldsymbol{v}} = \sum_{\beta=e,i} \left(\frac{\partial f^\alpha}{\partial t} \right)_\beta, \qquad (3.285)$$

其中 α、β 代表等离子体中不同种类的带电粒子，左侧第三项为带电粒子所受的除洛伦兹力外的合力，左侧第四项为自洽电磁场部分 (需要耦合求解麦克斯韦方程组)，右侧为带电粒子间的碰撞效应，其中 i、e 分别表示离子和电子。

由于作用的时空尺度不同，人们往往在长程作用及碰撞输运作用中选其一进行研究，这种取舍一方面是基于部分物理现实问题的尺度分离 (具有合理性)，另一方面也是由于不同尺度耦合问题的复杂性和处理方法的不足甚至是缺乏 (具有无奈性)。但是，对于有些问题如静电激波阵面结构、惯性约束聚变中的流体不稳定性问题等，两种作用的时空尺度接近，无法将其中之一作为微扰，因而两种作用需要同时加以考虑。等离子体中自洽电磁场同等离子体运动相耦合，采用有限差分的麦克斯韦方程组解法主要有时域有限差分 (finite difference time domain, FDTD 或 Yee 格式)、交替方向隐式迭代时域有限差分 (alternating direction implicit-FDTD, ADI-FDTD) 及分裂算子时域有限差分 (splitting operator-FDTD, S-FDTD) 等。

等离子体中粒子间多体碰撞可以看作发生在德拜半径以内，根据适用的碰撞算子的复杂性可以分为玻尔兹曼算子、福克尔-普朗克算子、朗道 (Landau) 算子以及 BGK 算子，其中 BGK 算子由于较为简单适用性最为广泛。和多介质 DBM 类似，等离子体 DBM 也可以分为单步 (弛豫) 建模及多步 (弛豫) 建模。忽略中间动理学过程，基于 Andries 等[244] 发展的 Andries, Aoki 和 Perthame (AAP) 单步弛豫模型的等离子体动理学模型可表示为

$$\frac{\partial f^\alpha}{\partial t} + \boldsymbol{v} \cdot \frac{\partial f^\alpha}{\partial \boldsymbol{r}} + \boldsymbol{a}^\alpha \cdot \frac{\partial f^\alpha}{\partial \boldsymbol{v}} = -\frac{f^\alpha - f^{\alpha,\mathrm{AAP}}}{\tau^\alpha}, \qquad (3.286)$$

其中 $f^{\alpha,\mathrm{AAP}}$ 为第 α 种粒子经过不同种类型的碰撞后的平衡态分布，其形式为

$$f^{\alpha,\mathrm{AAP}} = n^\alpha \left(\frac{m^\alpha}{2\pi k \overline{T}^\alpha} \right)^{3/2} \exp \left(-\frac{m^\alpha |\boldsymbol{v} - \bar{\boldsymbol{u}}^\alpha|^2}{2k\overline{T}^\alpha} \right). \qquad (3.287)$$

若考虑不同种粒子间的碰撞弛豫 (中间动理学过程)，采用由 Haack 等[245] 发展的等离子体

动理学模型为

$$
\begin{cases}
\dfrac{\partial f^\alpha}{\partial t} + \boldsymbol{v} \cdot \dfrac{\partial f^\alpha}{\partial \boldsymbol{r}} + \boldsymbol{a}^\alpha \cdot \dfrac{\partial f^\alpha}{\partial \boldsymbol{v}} = \sum \nu^{\alpha\beta}(\boldsymbol{c})(M^{\alpha\beta} - f^\alpha), \\[2mm]
M^{\alpha\beta}(\boldsymbol{c}) = n^\alpha \left(\dfrac{m^\alpha}{2\pi k T^{\alpha\beta}}\right)^{3/2} \exp\left(-\dfrac{m^\alpha |\boldsymbol{v} - \boldsymbol{u}^{\alpha\beta}|^2}{2k T^{\alpha\beta}}\right),
\end{cases}
\tag{3.288}
$$

其中 $\nu^{\alpha\beta}(\boldsymbol{c})$ 为不同类型粒子间碰撞的频率，$T^{\alpha\beta}$ 和 $\boldsymbol{u}^{\alpha\beta}$ 分别为不同类型粒子间碰撞的中间弛豫温度和速度。对于同种粒子间的碰撞，$T^{\alpha\beta}$ 和 $\boldsymbol{u}^{\alpha\beta}$ 直接取该种粒子的宏观温度和速度。对于不同种粒子间的碰撞，需要耦合相应的温度及速度模型，如：

$$
\begin{cases}
\boldsymbol{u}^{\alpha\beta} = \dfrac{\boldsymbol{u}^\alpha + \boldsymbol{u}^\beta}{2}, \\[3mm]
T^{\alpha\beta} = \dfrac{m^\alpha T^\beta + m^\beta T^\alpha}{m^\alpha + m^\beta} + \dfrac{m^\alpha m^\beta}{6(m^\alpha + m^\beta)}(\boldsymbol{u}^\alpha - \boldsymbol{u}^\beta)^2,
\end{cases}
\tag{3.289}
$$

$$
\begin{cases}
\boldsymbol{u}^{\alpha\beta} = \dfrac{m^\alpha \boldsymbol{u}^\alpha + m^\beta \boldsymbol{u}^\beta}{m^\alpha + m^\beta}, \\[3mm]
T^{\alpha\beta} = \dfrac{T^\alpha + T^\beta}{2} + \dfrac{m^\alpha m^\beta}{6(m^\alpha + m^\beta)}(\boldsymbol{u}^\alpha - \boldsymbol{u}^\beta)^2.
\end{cases}
\tag{3.290}
$$

式(3.289)和(3.290)分别为满足动量弛豫约束的 BGK-EM 模型和满足能量弛豫约束的 BGK-ET 模型。目前，基于式(3.288)及有限差分的麦克斯韦方程组解法正用于等离子体静电激波及相关问题的研究 [82]。

在等离子体系统的动理学描述中，系统行为由相应的分布函数 f^α 来描述；而要确切地掌握分布函数 f^α，等价于确切地掌握分布函数 f^α 的所有可能的动理学矩。这对于很多实际情形，是既不可能，又不必要的。对于这些情形，只需要根据研究需求，抓主要矛盾，确切掌握分布函数 f^α 的部分动理学性质。因而，需要进一步对模型进行简化，简化过程中要遵循的原则是：描述这部分动理学性质的动理学矩其结果不因模型的简化而改变。这正是等离子体系统 DBM 建模的初衷和任务。DBM 主要针对的是非平衡效应较强，以至于传统流体建模失效，同时粒子之间碰撞效应又不能忽略的情形。

3.7.2　等离子体激波

等离子体激波是一种伴随电磁效应的激波，在等离子体中传播。等离子体激波的一个重要应用是激光驱动的惯性约束聚变，在高能激光和强激波的作用下，材料被电离，从而压缩球团和加热燃料。由于等离子体激波的复杂性，人们至今对其动理学行为的理解还非常薄弱[246,247]。

鉴于等离子体激波的复杂性，大多数文献选择一维碰撞等离子体激波进行研究。这些认识对于理解更复杂的等离子体激波具有基本的参考价值。在文献中，大多数工作集中在无外力情形激波在完全电离等离子体中的传播。采用流体力学和动理学模型研究了激波周围的稳态结构和相关宏观量特征。在早期的研究中，一些作者采用了基于 NS 方程的双流体等离子体模型，并获得了一些有趣的物理图像。例如，朱克斯 (Jukes)[248] 研究了激波中的速度和温度分布，发现电子的温度变化比离子的温度变化更缓慢。同时，离子温度上升到一个最大值，略高于最终平衡温度。然而，在该研究中忽略了电场，这意味着，只有当研究的流动行为尺度远远大于德拜长度 (电荷分离的特征尺度)λ_d 时，这些结果才有效。同时，其研究也忽略了电子黏度和离子热导率。Jaffrin 和 Probstein[249] 结合两流体 NS 方程和泊松方程，使用由 Spitzer[250] 和 Braginskii[251] 给出的输运系数，给出了等离子体激波峰的典型结构。结果表明，当 $Ma > 1.12$ 时，离子激波嵌入较宽的电子热层中。离子激波的厚度与下游离子的平均自由程成正比，并且在离子激波前存在一个电子温度高于离子温度的预热层。此外，当激波较强时 $(Ma = 10)$，在上游会出现一个前驱电激波层，其中电效应与流动相互作用。拉米雷斯 (Ramirez) 等[252] 将 Jaffrin 的结果推广到任意电离数 Z 下，研究了非局域电子热弛豫效应。结果表明，非局域电子热输运使预热层变宽，使电子温度分布变得平滑。Hu 和 Hu[253] 研究了激波前沿周围的电流、场和电荷等等离子体电特性，发现冲击所携带的微弱电流对冲击强度有明显影响。Masser[254] 利用双温度模型建立了半解析解，并发现连续解与间断解之间的边界取决于上游马赫数。在以上的文献中，只考虑了一种离子。之后，Simakov 和 Molvig[255-257] 将布拉金斯基 (Braginskii) 电子流体描述推广到多离子等离子体激波。

虽然基于宏观流体描述的等离子体研究已经取得了很大的进展，但这些理论和结果只有在考虑足够大的尺度时才有效。作为一种更基本的描述方法，基于分布函数的动理学理论更适合于研究等离子体激波的精细结构。Tidman[258] 采用玻尔兹曼-福克尔-普朗克方程，假设离子的分布函数是双麦克斯韦形式。这种形式是由莫特-史密斯 (Mott-Smith) 提出的[259]。其思想是分布函数从上游平衡态向下游平衡态转变，使得分布函数在激波阵面附近偏离平衡态。然而，Tidman 的工作忽略了电子的热导率；而由于电子-离子质量比较小，电子热导率对电子预热层的形成起着重要作用。Greenberg 和 Treve[260] 首次采用 Mott-Smith 双麦克斯韦形式研究了电荷分离引起的自诱导电场，但只考虑了离子与电子之间的动量交换。这样的处理是不够的，因为离子、电子的黏性和热导率等耗散效应在维持激波峰的连续性结构中起着重要作用。Casanova 等[261] 结合电子热方程，由离子的福克尔-普朗克方程得出，离子黏性和热传导系数远大于流体力学模拟中假定的经典输运系数，有效激波宽度与电子预热层宽度相当，比经典数值增加了一百倍。之后 Videl 等[262] 使用相同的模型，发现激波峰的扩大是由于高能离子从热而密的等离子体流到冷的等离子体。Keenan 等[263] 采用高保真度的弗拉索夫-福克尔-普朗克程序研究了不同马赫数和不同离子组成的激波结构。通过与多离子流体动力学模拟结果的比较，发现 $Ma \gg 1$ 激波饱和的动理学宽度及其渐近值取决于上游较轻的组分浓度。

不难发现，等离子体激波的研究正面临着两难的境地。一方面，基于 NS 的流体力学模型不足以描述等离子体的动理学行为；另一方面，纯粹的动理学模型在大多数情况下过于复杂而难以求解。建立物理描述能力介于流体动力学和纯粹的动理学模型之间的粗粒化动理学模型具有重要意义。DBM 是构建这种粗粒化动理学模型的方法之一。为了简化问题并与现有文献相一致，我们主要关注在没有外加电场和磁场的、完全电离、准中性、均匀、非磁化等离子体中传播的一维激波，同时忽略离子-电子复合效应；离子种类只有一种，且电荷数 $Z_i = 1$；忽略辐射效应，这意味着电荷粒子所受的外力仅是电荷分离产生的电场力。

　　假定电子是无惯性的，并且总是处于热力学平衡状态。离子的状态由分布函数 f 描述。离子与电子之间唯一需要考虑的相互作用是电荷分离产生的电场力。电场力 $\boldsymbol{a} = e\boldsymbol{e}$ 加入到外力项中，其中 e 是质子的电荷。当 f 偏离 f^{eq} 在外力项中所引起的效应不显著时，有

$$\boldsymbol{a} \cdot \frac{\partial f}{\partial \boldsymbol{v}} \approx \boldsymbol{a} \cdot \frac{\partial f^{\mathrm{eq}}}{\partial \boldsymbol{v}} = -e\boldsymbol{E} \cdot \frac{(\boldsymbol{v} - \boldsymbol{u})}{T} f^{\mathrm{eq}}. \tag{3.291}$$

这样，DBM 演化方程成为

$$\frac{\partial f_i}{\partial t} + v_{i\alpha} \frac{\partial f_i}{\partial r_\alpha} - e\boldsymbol{E} \cdot \frac{(\boldsymbol{v} - \boldsymbol{u})}{T} f_i^{\mathrm{eq}} = -\frac{1}{\tau}(f_i - f_i^{\mathrm{eq}}). \tag{3.292}$$

容易发现，方程组

$$\begin{cases} \dfrac{\partial \rho}{\partial t} + \nabla \cdot (\rho \boldsymbol{u}) = 0, \\[2mm] \dfrac{\partial \rho \boldsymbol{u}}{\partial t} + \nabla \cdot (\rho \boldsymbol{u}\boldsymbol{u}) + \nabla P = -\nabla \cdot \boldsymbol{P}' + \rho e \boldsymbol{E}, \\[2mm] \dfrac{\partial E_T}{\partial t} + \nabla \cdot [(E_T + p)\boldsymbol{u}] = \nabla \cdot [\kappa \nabla T + \boldsymbol{P}' \cdot \boldsymbol{u}] + \rho e \boldsymbol{E} \cdot \boldsymbol{u}, \end{cases} \tag{3.293}$$

描述的流体模型是 DBM 在连续极限的一个组成部分。其中 $P = \rho T$ 是压强；$\boldsymbol{P}'$ 是黏性应力项；$E_T = \rho e_{\mathrm{int}} + (\rho u^2)/2$ 是系统的能量密度，$e_{\mathrm{int}} = (n+2)T/2$ 是内能；$\mu = \tau P$ 和 $\kappa = c_p \tau P$ 分别是黏性和热传导系数。

　　考虑一维激波，因此电场力只存在于 x 方向上。可以得到如下演化方程：

$$\frac{\partial f_i}{\partial t} + v_{i\alpha} \frac{\partial f_i}{\partial r_\alpha} - \frac{eE_x(v_{ix} - u_x)}{T} f_i^{\mathrm{eq}} = -\frac{1}{\tau}(f_i - f_i^{\mathrm{eq}}). \tag{3.294}$$

根据泊松方程有

$$\frac{\mathrm{d}^2 \varphi}{\mathrm{d}x^2} = -\frac{e(n_i - n_e)}{\varepsilon_0}, \tag{3.295}$$

其中 φ 为空间势，n_i 为离子数密度 (等于质量密度 ρ_i)，n_e 为电子数密度，ε_0 为真空介电常量。假设电子始终处于热力学平衡状态，因此电子密度服从玻尔兹曼分布

$$n_e = n_{e0} \exp\left(\frac{e\varphi}{kT_e}\right), \tag{3.296}$$

其中 n_{e0} 是当 φ 等于 0 时的初始电子密度。$k = R/N_A$ 为玻尔兹曼常量，R 为气体常量，N_A 表示阿伏伽德罗常量，分别等于 1。将方程 (3.296)代入(3.295)，并假设真空介电常量 ε_0 为一个单位，则泊松方程成为

$$\frac{\mathrm{d}^2 \varphi}{\mathrm{d}x^2} = e n_{e0} \exp\left(\frac{e\varphi}{T_e}\right) - e n_i. \tag{3.297}$$

假设质子电量 e、电子温度 T_e 和初始电子数密度 n_{e0} 均为 1，则泊松方程进一步简化为

$$\frac{\mathrm{d}^2\varphi}{\mathrm{d}x^2} = \exp(\varphi) - n_i. \tag{3.298}$$

离散速度的具体取法如下：

$$\boldsymbol{v}_i = \begin{cases} v_1\left[\cos\dfrac{(i-1)\pi}{2}, \sin\dfrac{(i-1)\pi}{2}\right], & i = 1 \sim 4, \\[3mm] \sqrt{2}v_2\left[\cos\dfrac{(2i-1)\pi}{4}, \sin\dfrac{(2i-1)\pi}{4}\right], & i = 5 \sim 8, \\[3mm] \sqrt{2}v_3\left[\cos\dfrac{(2i-9)\pi}{4}, \sin\dfrac{(2i-9)\pi}{4}\right], & i = 9 \sim 12, \\[3mm] v_4\left[\cos\dfrac{(i-13)\pi}{2}, \sin\dfrac{(i-13)\pi}{2}\right], & i = 13 \sim 16. \end{cases} \tag{3.299}$$

当 $i = 5, 6, 7, 8$ 时，$\eta_i = \eta_0$，其余情形，$\eta_i = 0$。

3.7.2.1 模型校验

首先选择两个典型的一维黎曼问题来验证本模型对捕获流动中主要结构的有效性。分别采用正演欧拉有限差分格式和非振荡非自由耗散 (NND) 格式离散时间和空间导数。

1) Sod 激波管问题

初始条件如下：

$$\begin{cases} (\rho, T, u, v)_L = (1.0, 1.0, 0.0, 0.0), & x \leqslant 1, \\ (\rho, T, u, v)_R = (0.125, 0.8, 0.0, 0.0), & x > 1, \end{cases} \tag{3.300}$$

其中下角标 "L" 和 "R" 分别表示不连续界面的左右两侧。计算区域的网格数为 $[N_x \times N_y] = [2000 \times 1]$，初始界面位于 $x = 1$。网格大小为 $\Delta x = \Delta y = 1 \times 10^{-3}$，时间步长为 $\Delta t = 1 \times 10^{-5}$。离散速度参数为 $v_1 = 0.5$，$v_2 = 1.0$，$v_3 = 2.9$，$v_4 = 4.5$。额外自由度对应的参数是 $\eta_0 = 5$，其他参数是 $\tau = 2 \times 10^{-5}$，$n = 0\,(\gamma = 2)$。在 y 方向上采用周期边界。在 x 方向上假设左右边界始终处于初始平衡态，即

$$\begin{cases} f_{i,-1,t} = f_{i,0,t} = f_{i,1,t=0}^{\mathrm{eq}}, \\ f_{i,N_x+2,t} = f_{i,N_x+1,t} = f_{i,N_x,t=0}^{\mathrm{eq}}, \end{cases} \tag{3.301}$$

其中下角标 -1，0，$N_x + 1$ 和 $N_x + 2$ 代表左右两边的虚拟节点。图 3.50 为 $t = 0.1$ 时 Sod 激波管问题 DBM 结果与解析解的比较。显然，DBM 的结果与精确解吻合较好。这里的解析解是基于欧拉方程的，这意味着耗散效应如黏性和热传导都被忽略了。

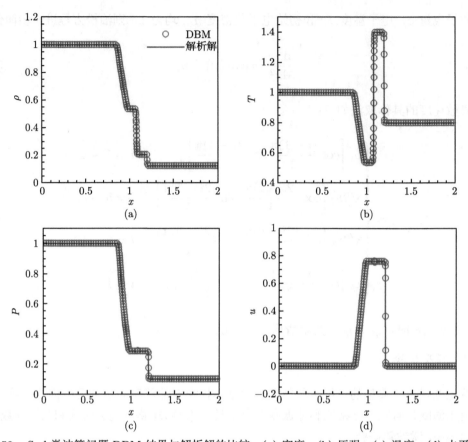

图 3.50　Sod 激波管问题 DBM 结果与解析解的比较：(a) 密度；(b) 压强；(c) 温度；(d) 水平速度

2) Lax 激波管问题

初始条件如下：

$$\begin{cases} (\rho, T, u, v)_L = (0.445, 7.928, 0.698, 0.0), & x \leqslant 1, \\ (\rho, T, u, v)_R = (0.5, 1.142, 0.0, 0.0), & x > 1. \end{cases} \tag{3.302}$$

图 3.51 为 $t = 0.1$ 时 x 方向的密度、温度、压强和水平速度的计算结果，其中蓝色圆圈为 DBM 结果，红色实线为基于欧拉方程的精确黎曼解。计算区域的网格数为 $[N_x \times N_y] = [2000 \times 1]$，初始界面也位于 $x = 1$。参数被设置为 $\Delta x = \Delta y = 1 \times 10^{-3}$，$\Delta t = 1 \times 10^{-5}$，$\tau = 2 \times 10^{-5}$，$\eta_0 = 5$，$n = 0\,(\gamma = 2\,)$，$v_1 = 0.5$，$v_2 = 1.0$，$v_3 = 2.9$，$v_4 = 4.5$。在 x 和 y 方向上的边界条件与 Sod 激波管问题中的设置是一致的。从图 3.51 中可以观察到，这两个结果是非常一致的。

3.7.2.2　兰金-于戈尼奥关系与参数设置

在等离子体激波模拟中，初始宏观量设置如下：

$$\begin{cases} (\rho, u_1, u_2, T)_L = (\rho_0, u_0, 0, T_0), & x \leqslant N_x/8, \\ (\rho, u_1, u_2, T)_R = (1.0, 0.0, 0.0, 1.0), & x > N_x/8, \end{cases} \tag{3.303}$$

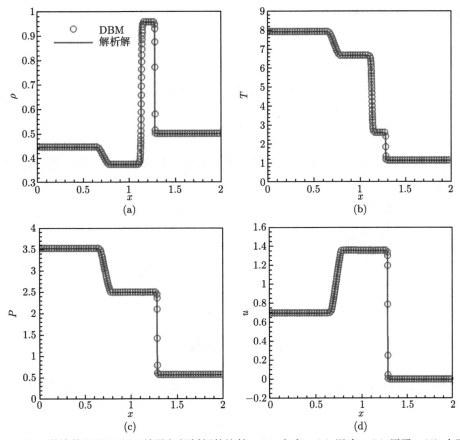

图 3.51 Lax 激波管问题 DBM 结果与解析解的比较：(a) 密度；(b) 温度；(c) 压强；(d) 水平速度

其中，下角标 "L" 和 "R" 分别表示激波的下游和上游。ρ_0、u_0、T_0 分别为下游初始密度、速度、温度。初始的上游和下游宏观量是由兰金-于戈尼奥 (Rankine-Hugoniot) 关系连接起来的，这个关系可以通过几个步骤从式 (3.293) 中推导出来。首先，将式 (3.298) 代入式 (3.293) 得到

$$\begin{cases} \dfrac{\partial \rho}{\partial t} + \nabla \cdot (\rho \boldsymbol{u}) = 0, \\[2mm] \dfrac{\partial \rho \boldsymbol{u}}{\partial t} + \nabla \cdot (\rho \boldsymbol{u} \boldsymbol{u}) + \nabla P = \left[\nabla^2 \varphi - \exp(\varphi) \right] \nabla \varphi, \\[2mm] \dfrac{\partial E_T}{\partial t} + \nabla \cdot \left[(E_T + P) \boldsymbol{u} \right] = -\rho u \nabla \varphi, \end{cases} \tag{3.304}$$

方程 (3.304) 可简化为

$$\begin{cases} \dfrac{\partial \rho}{\partial t} + \nabla \cdot (\rho \boldsymbol{u}) = 0, \\[2mm] \dfrac{\partial \rho \boldsymbol{u}}{\partial t} + \nabla \cdot \left[\rho \boldsymbol{u} \boldsymbol{u} + \left(P - \dfrac{(\nabla \varphi)^2}{2} + \exp(\varphi) \right) \boldsymbol{I} \right] = 0, \\[2mm] \dfrac{\partial E_T}{\partial t} + \varphi \dfrac{\partial \rho}{\partial t} + \nabla \cdot \left[(E_T + P + \rho \varphi) \boldsymbol{u} \right] = 0. \end{cases} \tag{3.305}$$

稳态时，方程 (3.305) 成为

$$\begin{cases} \nabla \cdot (\rho \boldsymbol{u}) = 0, \\ \nabla \cdot \left[\rho \boldsymbol{uu} + P - \dfrac{(\nabla \varphi)^2}{2} + \exp(\varphi) \right] = 0, \\ \nabla \cdot [(E_T + P + \rho \varphi) \boldsymbol{u}] = 0. \end{cases} \tag{3.306}$$

对于处于稳态的上下游流动，不存在电流和电荷分离，即 $\nabla \varphi = 0$。故可得兰金-于戈尼奥关系如下：

$$\begin{cases} \rho_1 u_1 = \rho_2 u_2, \\ \rho_1 u_1 u_1 + \rho_1 T_1 + \exp(\varphi_1) = \rho_2 u_2 u_2 + \rho_2 T_2 + \exp(\varphi_2), \\ \dfrac{\gamma}{\gamma - 1} T_1 + \dfrac{u_1^2}{2} + \varphi_1 = \dfrac{\gamma}{\gamma - 1} T_2 + \dfrac{u_2^2}{2} + \varphi_2, \end{cases} \tag{3.307}$$

其中 "1" 和 "2" 分别代表上、下游。泊松方程进一步写为

$$\rho_i = n_i = \exp(\varphi). \tag{3.308}$$

在设定初始条件后，计算整个计算域随时间演化的泊松方程。假设泊松的精确解如下：

$$\varphi = \varphi_0 + \delta \varphi. \tag{3.309}$$

将方程 (3.309) 代入方程 (3.298)，由泊松方程得

$$\partial^2{}_x(\varphi_0) + \partial^2{}_x(\delta \varphi) - \exp(\varphi_0 + \delta \varphi) + n_i = 0. \tag{3.310}$$

进一步假设

$$\partial^2{}_x(\varphi_0) - \exp(\varphi_0) + n_i = f_0, \tag{3.311}$$

则由泊松方程得

$$\partial^2{}_x(\delta \varphi) - \exp(\varphi_0) \delta \varphi = -f_0. \tag{3.312}$$

方程 (3.312) 可以采用追赶法进行数值求解。计算区域的网格数为 $[N_x \times N_y] = [10000 \times 1]$，初始界面位于 $N_x/8$。计算条件为 $\Delta x = \Delta y = 5 \times 10^{-3}$，$\Delta t = 1 \times 10^{-4}$，$\tau = 2 \times 10^{-4}$，$n = 0\,(\gamma = 2)$。为了保持模拟的稳定性，选择离散速度参数为 $v_1 = 0.5$，$v_2 = 1.0$，$v_3 = 2.9$，$v_4 = 4.5$，$\eta_0 = 5$。

3.7.2.3   结果和讨论

首先研究等离子体激波的稳态结构。图 3.52 和图 3.53 分别给出了 $Ma = 1.5$ 和 $Ma = 1.8$ 时，等离子体和中性流体在 x 方向的宏观量，包括密度、压强、温度和速度。

发现等离子体激波与中性流体中的激波有很大的不同，而与爆轰波有一定的相似之处。宏观量均呈现尖峰结构，在同一位置达到最大值，但这些宏观量的最大值均小于中性流体中相应下游激波值。此外，不仅温度，密度、速度和压强都出现了超过下游平衡值的最大值，这与以往的研究结果也有所不同，原因是在本模型中忽略了电子和离子之间的动量和能量交换。

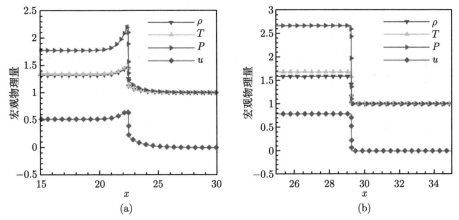

图 3.52　$Ma = 1.5$ 时宏观量的分布：(a) 等离子体激波，$t = 8$；(b) 中性流体激波，$t = 2$

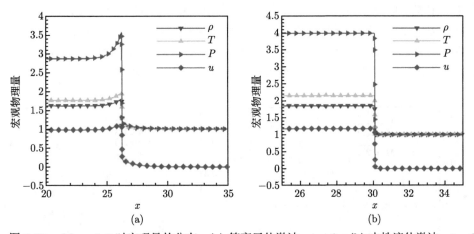

图 3.53　$Ma = 1.8$ 时宏观量的分布：(a) 等离子体激波，$t = 8$；(b) 中性流体激波，$t = 2$

图 3.54 描述了 $Ma = 1.5$ 和 $Ma = 1.8$ 时等离子体周围电场力、电势和净电荷沿 x 方向的分布情况。可以观察到电场力曲线也出现一个尖峰，但净电荷出现两个相反的尖峰。通过进一步的数据分析，可以发现电场力的峰值位置并不与宏观量重合，而是位于净电荷 $Q = 0$ 的位置。正净电荷的峰值位置与宏观量重合，而负净电荷的峰值位置位于上游。直观地看，净电荷代表电荷分离的程度。由于假设质子电荷 e 是一个单位，所以净电荷也等于净离子数密度。等离子体激波在运动过程中会发生电荷分离或产生密度差，在下游和上游分别形成离子和电子密集区。从净电荷的峰值幅度和宽度可以看出，正净电荷峰值大于负净电荷峰值，但负净电荷比正净电荷分布在更宽的区域，这是由于等离子体的总电荷为

零。净电荷的分布也表明，电子有向上游移动的趋势，离子有向下游移动的趋势。电子比离子质量小，因此电子的扩散面积比离子的扩散面积大。

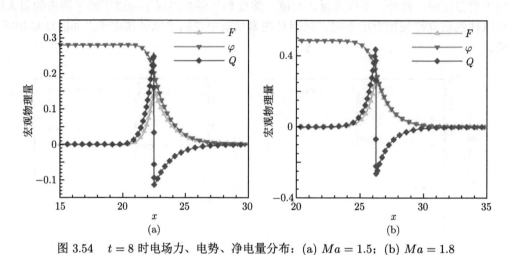

图 3.54　$t = 8$ 时电场力、电势、净电量分布：(a) $Ma = 1.5$；(b) $Ma = 1.8$

1) 等离子体激波周围的宏观量

关于宏观量随着 Ma 的变化，图 3.55 给出 $Ma = 1.5, 1.8, 2.0, 2.2, 2.5$ 情况下激波前沿周围的净电量和电场力分布，可见在激波前沿周围出现了电双层。离子的大惯性致使它们相对于电子运动滞后，因此波前电荷是负的，波后电荷是正的。左边的峰值大于右边的峰值，左边的宽度小于右边的宽度。随着 Ma 的增加，两侧的两个峰值都增大，电子有向激波上游移动的趋势。这种运动趋势使得电荷分离程度增大，电场力增大。

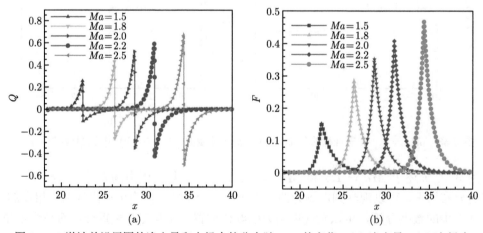

图 3.55　激波前沿周围的净电量和电场力的分布随 Ma 的变化：(a) 净电量；(b) 电场力

图 3.56 给出宏观量的峰值随 Ma 的变化。显然，这四个峰值随 Ma 近似线性增长。温度和压强的增长率随着 Ma 的增大缓慢增加，而密度和水平速度的增长率随着 Ma 的增大缓慢减小。

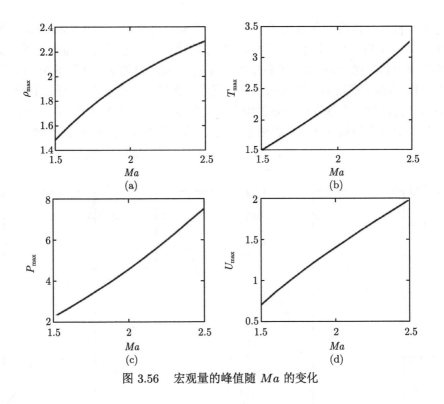

图 3.56   宏观量的峰值随 Ma 的变化

图 3.57 给出了宏观量峰值相对于下游值的高度随 Ma 的变化。随着 Ma 的增大，密

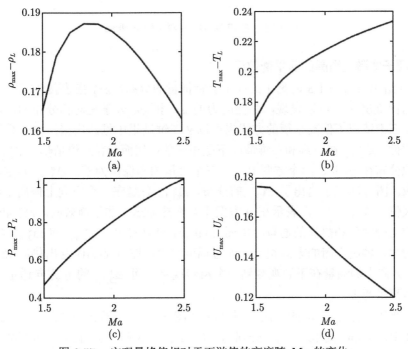

图 3.57   宏观量峰值相对于下游值的高度随 Ma 的变化

度差先增大后减小。温度和压强的差值随 Ma 的增大而增大。速度差随 Ma 近似线性减小。由图 3.57 (b) 和 (c) 可以看出，随着 Ma 的增加，两者的增长率逐渐降低，其中温度的增长率下降更快。图 3.58 展示了各电学量峰值与 Ma 的关系。从图 3.58 (a) 可以看出，电场力随 Ma 的增大而增大，这说明电荷分离程度在增大。电场力是激波内部电荷不均匀分布的表现，因此激波内部存在很强的电荷不均匀现象。从图 3.58 (b) 和 (c) 可以观察到，正电荷峰值和负电荷峰值的绝对值都随着 Ma 的增加不断增大，但两者的增长率都在逐渐减小。

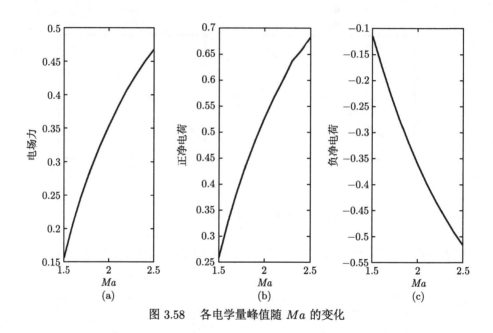

图 3.58　各电学量峰值随 Ma 的变化

2) 等离子体激波周围的非平衡效应

图 3.59 给出 $Ma = 1.8$ 时离子的非平衡特征量的分布。Δ_2^* 描述黏性应力，$\Delta_{3,1}^*$ 描述能量流。由图 3.59 (a) 可以发现，黏性应力的 xx 和 yy 分量是对称分布的。值得注意的是，系统在三维情况下偏离平衡的方式也可以从二维结果中推断出来：由于系统在 y 和 z 方向的对称性，$\Delta_{2,xx}^*$ 在二维和三维情况下是相同的；然而，在三维情形，$\Delta_{2,yy}^*$ 将一分为二，均匀地分布在 y 和 z 两个方向上，且三个分量的和保持为零。$\Delta_{2,xy}^*$ 为零，表示不存在剪切效应。图 3.59 (b) 给出了 $\Delta_{3,1}^*$ 的分布，$\Delta_{3,1x}^*$ 总是在一个方向上偏离平衡，并在波前达到最大值。$\Delta_{3,1y}^*$ 为零，表示在 y 方向不存在热流这一非平衡效应。Δ_3^* 和 $\Delta_{4,2}^*$ 分别对应黏性应力的通量和热流的通量。由图 3.59 (c) 可以看出，$\Delta_{2,xx}^*$ 和 $\Delta_{2,yy}^*$ 在 x 方向上的通量不为零，偏离平衡的方向相反，前者幅度较大。图 3.59 (d) 给出热流 $\Delta_{3,1}^*$ 的通量。$\Delta_{3,1x}^*$ 在 x 方向上的通量在下游观测到一个反转现象，而 $\Delta_{3,1y}^*$ 的 y 方向通量 ($\Delta_{4,2yy}^*$) 始终是单向偏离平衡态。

针对非平衡效应随 Ma 的变化，图 3.60~ 图 3.63 分别给出 Δ_2^*、$\Delta_{3,1}^*$、Δ_3^* 和 $\Delta_{4,2}^*$ 的分布。其中，从 (a) 到 (d)，Ma 分别为 1.5、1.8、2.0 和 2.5。首先，所有非零非平衡量的幅值都随 Ma 而增加。从图 3.61 可以看出，当 $Ma = 2.0$ 时，$\Delta_{3,1x}^*$ 出现两次反转。当

$Ma = 2.5$ 时，$\Delta_{3,1x}^*$ 再次变为恒为正值，并出现双峰结构，Ma 的增加导致了 x 方向热流的强度增强。最后，与爆轰波的一个明显区别是，等离子体激波的 $\boldsymbol{\Delta}_{4,2}^*$ 与 $\boldsymbol{\Delta}_2^*$ 两个量，在空间分布上没有相似性。更多研究结果参见文献 [116]。

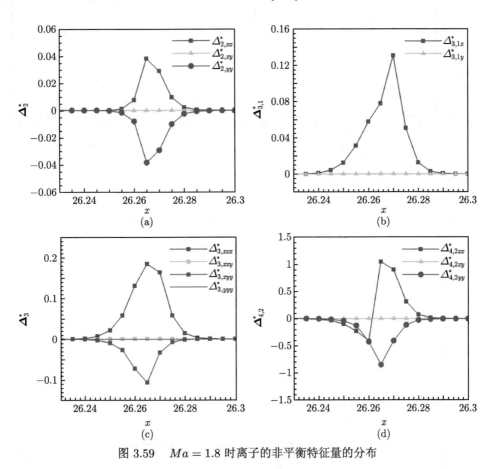

图 3.59　$Ma = 1.8$ 时离子的非平衡特征量的分布

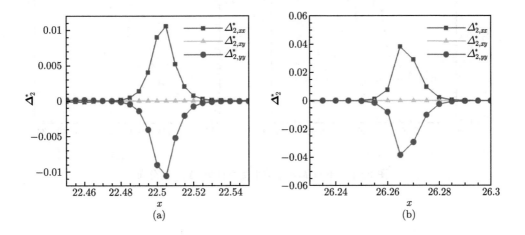

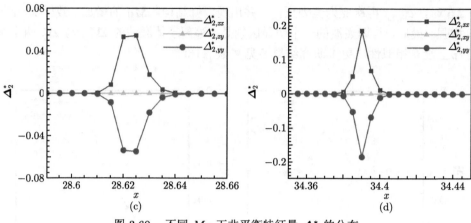

图 3.60   不同 Ma 下非平衡特征量 $\boldsymbol{\Delta}_2^*$ 的分布

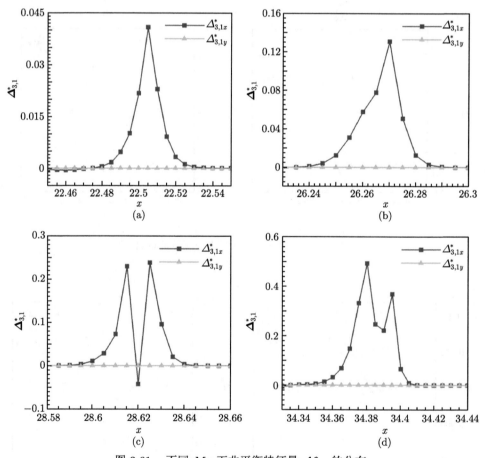

图 3.61   不同 Ma 下非平衡特征量 $\boldsymbol{\Delta}_{3,1}^*$ 的分布

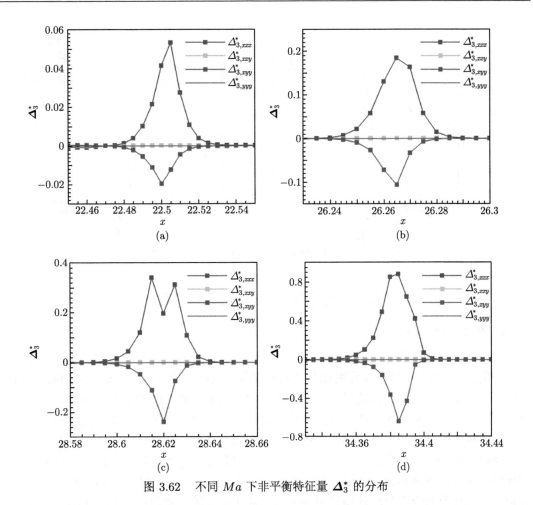

图 3.62 不同 Ma 下非平衡特征量 $\mathbf{\Delta}_3^*$ 的分布

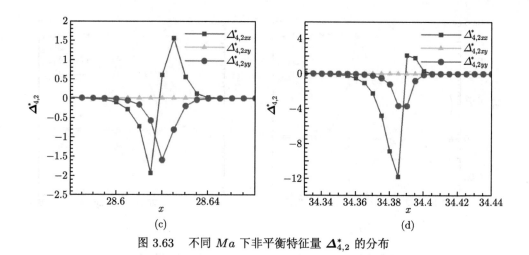

图 3.63   不同 Ma 下非平衡特征量 $\mathbf{\Delta}_{4,2}^*$ 的分布

3.8   多相流动的 DBM 建模

3.8.1   多相流动的研究

多相流动过程中往往同时涉及非平衡相变，相分离是多相流系统最常见的非平衡相变之一。相分离是指某一环境条件变化所导致的相与相之间出现分离的不稳定倾向和过程，它广泛存在于工业生产和人们的日常生活之中。常见的相分离有固液分离、液液分离、气液分离。固液分离在分离机行业上又经常称为澄清。液液分离指的是有某一属性不同、互不相溶的两种不同的溶液逐渐分离开来的过程，液液分离为二相分离，分离机行业上又经常称为净化。对于气液混合物，在一定的压力、温度条件下，经过足够长的时间就会形成一定比例和组成的气液两相。例如，高分子合金体系中的相分离机理主要是固液和气液分离。复杂材料往往具有介观尺度的微相分离结构，属于此类的有嵌段共聚高分子材料、微孔膜和纳孔膜、陶瓷增强高分子复合材料、狭缝或层柱型硅酸铝，以及分子筛、双层膜和囊泡、敏感性水凝胶，还有各种由纳米单元协同构成的纳米材料，等等。以嵌段共聚高分子材料为例，它由两种或多种不同性质的单体段聚合而成。当单体之间不相容时，它们倾向于发生相分离，但由于不同单体之间由化学键相连，不可能形成通常意义上的宏观相变，而只能形成纳米到微米尺度的相区，这种相分离通常称为微相分离，不同相区所形成的结构称为微相分离结构。所以，对相分离过程的充分理解与掌控不仅具有重要的科学意义，而且具有重要的工业应用价值。

相分离过程研究是多相流与非平衡流研究的核心内容之一[95,264-266]。从物理上讲，相分离过程又属于非平衡相变研究的范畴，是凝聚态与统计物理学 (特别是非平衡统计物理学) 研究的重要内容。本节简要概述离散玻尔兹曼建模的基本思路及其在相分离过程研究方面取得的进展，重点突出离散玻尔兹曼建模在各类非平衡行为描述方面的优势与目前获得的认识。鉴于 LBM 数值解法与 DBM 动理学模型的"形似"及其在多相流研究中的广泛应用，本节对传统流体模型的 LBM 数值解法也做简要介绍。需要注意的是，方程解法研究和物理建模研究中都使用"模型"的概念，但在这两类研究中，"模型"构建遵循的原则有所不同。

3.8 多相流动的 DBM 建模

LBM 数值解法研究最先针对的是理想气体系统的纳维-斯托克斯方程；DBM 动理学模型研究的起点是理想气体系统。因而，在推广至多相流系统方面，二者都面临着如何将非理想气体效应 (分子间作用力) 合理地加入演化方程的问题。尽管流体系统可能处于不同程度的非平衡状态，但状态方程 (equation of state, EOS) 描述，作为零级近似 (暂忽略非平衡效应)，是最基本的行为特征描述，它的首要和基础性地位是无法动摇的。因而，多相流 LBM 解法和 DBM 动理学模型构建最容易想到的方案就是通过外力项替换状态方程，用更实际的状态方程取代原来的理想气体状态方程，即加速度为

$$\boldsymbol{a} = -\nabla(P^{\text{real EOS}} - P^{\text{ideal EOS}}), \tag{3.313}$$

其中，$P^{\text{real EOS}}$ 和 $P^{\text{ideal EOS}}$ 分别是实际状态方程和理想气体状态方程给出的压强。压强差的负梯度就是需要添加的外力，单位质量承受的合外力等于加速度。

鉴于 LBM 的功能是数值求解已有的流体方程 (组)，所以它无须要求处理细节 (甚至控制方程) 都有物理对应，只要最终给出的结果在误差范围内是所求流体方程 (组) 的数值解即可。相对于 DBM 动理学模型，在物理对应方面，其构建规则相对灵活。作为多相流系统的一种介观物理建模，DBM 可以根据实际系统需要和可用物理信息，通过外力项引入合适的分子间作用力。

3.8.2 范德瓦耳斯理论

3.8.2.1 非理想气体状态方程

作为一个粗粒化模型和诸多问题的研究起点，玻尔兹曼方程描述的是理想气体系统。理想气体系统，在确定的温度和压强下，只能有一个密度，系统永远是单一态，是不可能发生相变的。因此，在涉及相变的多相流问题研究中一个关键的问题就是分子间作用力的引入。本节首先介绍多相流的范德瓦耳斯 (van der Waals, VDW) 理论，然后再来研究如何将其应用于多相流的离散玻尔兹曼建模中。VDW 理论考虑了分子间的相互作用 (吸引和排斥)，对理想气体模型进行了修正，比理想气体模型更接近于实际情况，一般称为 VDW 气体模型。

从微观分子相互作用势的角度来看，两分子之间的相互作用可以通过成对的势 (pairwise potential) $\phi(r)$ 来描述，作用势的大小只依赖于两分子间的距离。当分子之间的距离大于某一值 σ 时，作用势表现为吸引作用；当分子之间的距离小于 σ 时，作用势表现为排斥作用[265]。这两种形式可以统一包含在 Lenard-Jone 势函数中：

$$\phi(r) = 4\varepsilon\left[\left(\frac{\sigma}{r}\right)^{12} - \left(\frac{\sigma}{r}\right)^{6}\right], \tag{3.314}$$

式中 ε 和 σ 是两个待定参数，对于不同气体分子具有不同的值。在经典力学中，具有质量 m 的 N 个全同粒子其哈密顿量 H 为

$$H = \frac{1}{2m}\sum_{i}|\boldsymbol{p}_i|^2 + \sum_{\langle i,j\rangle}\phi(r_{ij}), \tag{3.315}$$

其中 $\boldsymbol{p}_i$ 表示第 i 个分子的动量矢量，r_{ij} 表示第 i 个分子和第 j 个分子之间的距离，$\langle i,j \rangle$ 表示对所有分子对求和。对于正则系综，N 粒子的配分函数 Z_N 可以写成[265]

$$Z_N = \frac{1}{N!(2\pi\hbar)^{DN}} \int\!\!\int \exp(-\beta H)\mathrm{d}\boldsymbol{p}_1 \cdots \mathrm{d}\boldsymbol{p}_N \mathrm{d}\boldsymbol{r}_1 \cdots \mathrm{d}\boldsymbol{r}_N$$

$$= \frac{1}{N!(\lambda_{\mathrm{th}})^{DN}} \int \exp\left[-\beta \sum_{\langle i,j \rangle} \phi(r_{ij}) \right] \mathrm{d}\boldsymbol{r}_1 \cdots \mathrm{d}\boldsymbol{r}_N, \tag{3.316}$$

式中 D 为空间维数，$\beta = 1/(kT)$，k 为玻尔兹曼常量，$\hbar$ 为约化的普朗克常量，λ_{th} 为德布罗意 (de Broglie) 波长，且有

$$\lambda_{\mathrm{th}} = \hbar\sqrt{\frac{2\pi}{mkT}}. \tag{3.317}$$

有了配分函数的表达式，我们就可以根据以下关系求出自由能 F 的表达式：

$$F = -\frac{1}{\beta} \ln Z_N. \tag{3.318}$$

由自由能可以进一步得到压强 P、内能密度 e 和单位粒子的熵 s 的形式，分别为

$$P = -\left(\frac{\partial F}{\partial V}\right)_{TN}, \tag{3.319a}$$

$$e = \left(\frac{\partial \beta F}{\partial \beta}\right)_{VN}, \tag{3.319b}$$

$$s = -\left(\frac{\partial F}{\partial T}\right)_{VN} \Big/ N, \tag{3.319c}$$

其中的下角标表示求导时不变的量。

VDW 理论提出对式(3.314)中的 Lenard-Jone 势进行简化，简化后的 N 粒子系统配分函数可以写成[265]

$$Z_N = \frac{1}{N!(\lambda_{\mathrm{th}})^{DN}} (V - v_0 N)^N \exp(\beta\varepsilon v_0 N^2/V), \tag{3.320}$$

其中 $v_0 = \sigma^3$ 表示硬核体积，这里的 σ 和 ε 与式(3.314)中的意义相同，然后基于上式就可以得到 VDW 气体的自由能为

$$F = NT\left[\ln(\lambda_{\mathrm{th}}^3) - 1 \right] + NT \ln\left(\frac{n}{1 - v_0 n} \right) - \varepsilon v_0 n N, \tag{3.321}$$

其中 $n = N/V$ 表示粒子数密度，式中用到了近似公式

$$\ln(N!) = N \ln(N) - N.$$

进一步根据式(3.319a)可以得到 VDW 气体的状态方程为

$$P = \frac{kTn}{1 - v_0 n} - \varepsilon v_0 n^2,$$ (3.322)

或者写成

$$P = \frac{kT}{v - b} - \frac{a}{v^2},$$ (3.323)

其中 $b = v_0$，$a = \varepsilon v_0$，比体积 $v = 1/n$。由状态方程的表达式，可以得到 VDW 气体发生相变的临界点，根据

$$\left(\frac{\partial p}{\partial v}\right)_T = 0,$$ (3.324a)

$$\left(\frac{\partial^2 p}{\partial v^2}\right)_T = 0.$$ (3.324b)

得到临界点的比体积 v_c、压强 P_c 和温度 T_c 值分别为[267]

$$v_c = 3b,$$ (3.325a)

$$P_c = \frac{a}{27b^2},$$ (3.325b)

$$kT_c = \frac{8a}{27b}.$$ (3.325c)

另外，根据式(3.319b)还可以得到 VDW 气体的内能密度为

$$e = \frac{D}{2}nkT - an^2.$$ (3.326)

根据式(3.319c)可以得到单位粒子的熵 (熵密度) 为

$$s = -\frac{D}{2}k\ln T + k\ln\left(\frac{1 - bn}{bn}\right) + \text{const.}$$ (3.327)

在不考虑表面张力的情况下，VDW 气体的质量、动量和能量守恒方程分别为

$$\frac{\partial n}{\partial t} + \frac{\partial (nu_\alpha)}{\partial r_\alpha} = 0,$$ (3.328a)

$$\frac{\partial (nu_\alpha)}{\partial t} + \frac{\partial (nu_\alpha u_\beta + P\delta_{\alpha\beta})}{\partial r_\beta} - \frac{\partial \sigma_{\alpha\beta}}{\partial r_\beta} = 0,$$ (3.328b)

$$\frac{\partial e_T}{\partial t} + \frac{\partial (e_T u_\alpha + Pu_\alpha)}{\partial r_\alpha} - \frac{\partial (\sigma_{\alpha\beta}u_\beta + j_\alpha)}{\partial r_\alpha} = 0,$$ (3.328c)

式中压强

$$P = \frac{nkT}{1 - bn} - an^2,$$ (3.329)

能量密度

$$e_T = \frac{D}{2} n k T - a n^2 + \frac{1}{2} n u^2,\tag{3.330}$$

其中 $\sigma_{\alpha\beta}$ 和 j_α 分别表示黏性应力和热流, 它们的形式与之前介绍的纳维-斯托克斯方程中的相同。可以看出 VDW 气体的守恒方程组与理想气体的纳维-斯托克斯方程组的区别就在于压强和能量密度的表达式。

3.8.2.2   考虑密度梯度贡献的广义热力学量

在熵和内能中考虑密度梯度的贡献时, 系统总的熵 S_b 和内能 E_b 的泛函形式可以写成[265,268,269]

$$S_b = \int \left[n s\left(n, e\right) - \frac{1}{2} C |\nabla n|^2 \right] \mathrm{d}\boldsymbol{r},\tag{3.331a}$$

$$E_b = \int \left(e + \frac{1}{2} K |\nabla n|^2 \right) \mathrm{d}\boldsymbol{r},\tag{3.331b}$$

其中积分域是整个物理空间, 泛函积分号内相应的熵密度 s_b 和内能密度 e_b 分别记为

$$s_b = n s\left(n, e\right) - \frac{1}{2} C |\nabla n|^2,\tag{3.332a}$$

$$e_b = e + \frac{1}{2} K |\nabla n|^2,\tag{3.332b}$$

其中 s 和 e 分别由式(3.327)和式(3.326) 给出, 梯度项表示由于密度的不均匀引起的熵的减少和内能的增加, 一般情形下系数 C 和 K 也是密度的函数, 即 $C = C(n)$, $K = K(n)$。根据热力学关系, 由式(3.331a) 中熵的表达式可以得到局域温度 T 的定义为

$$\frac{1}{T} = \left(\frac{\delta S_b}{\delta e} \right)_n = n \left(\frac{\partial s}{\partial e} \right)_n.\tag{3.333}$$

进一步可以定义包含密度梯度贡献时的单位粒子广义化学势 μ_b 为

$$\mu_b = -T \left(\frac{\delta S_b}{\delta n} \right)_{e_b}.\tag{3.334}$$

下面需要推导泛函导数 $\left(\dfrac{\delta S_b}{\delta n} \right)_{e_b}$ 的表达式, 根据附录六中泛函导数的第一种定义即式 (F6.1) 有

$$\int \left(\frac{\delta S_b}{\delta n} \phi \right)_{e_b} \mathrm{d}\boldsymbol{r} = \int \frac{\mathrm{d}}{\mathrm{d}\varepsilon} \left[(n + \varepsilon\phi) s\left(n + \varepsilon\phi, e_b\right) - \frac{1}{2} C |\nabla\left(n + \varepsilon\phi\right)|^2 \right]_{\varepsilon=0} \mathrm{d}\boldsymbol{r},\tag{3.335}$$

其中 ϕ 为关于密度 n 的任意函数, 这里 s 表示成 n 和 e_b 的函数。由于在式(3.327)中 s 是 n 和 T 的函数, 根据式(3.332b)和式(3.326)可以将 T 用 n 和 e_b 替换, 这样就得到

$$s\left(n, e_b\right) = k \frac{D}{2} \left[\ln\left(e_b - \frac{1}{2} K |\nabla n|^2 + a n^2 \right) - \ln\left(n\right) \right] + k \left[\ln\left(1 - b n\right) - \ln\left(b n\right) \right].\tag{3.336}$$

将其代入式(3.335)就得到等号右端为

$$\frac{\mathrm{d}}{\mathrm{d}\varepsilon}\left[(n+\varepsilon\phi)\,s\,(n+\varepsilon\phi,e_b)-\frac{1}{2}C|\nabla\,(n+\varepsilon\phi)|^2\right]_{\varepsilon=0}$$

$$=s\phi+(n+\varepsilon\phi)\left[\frac{\mathrm{d}s\,(n+\varepsilon\phi,e_b)}{\mathrm{d}\varepsilon}\right]_{\varepsilon=0}-\frac{1}{2}\frac{\mathrm{d}}{\mathrm{d}\varepsilon}\left[C|\nabla n|^2+2C\,(\nabla n\cdot\nabla\phi)\,\varepsilon+C|\nabla\phi|^2\varepsilon^2\right]_{\varepsilon=0}$$

$$=s\phi+(n+\varepsilon\phi)\left[\frac{\mathrm{d}s\,(n+\varepsilon\phi,e_b)}{\mathrm{d}\varepsilon}\right]_{\varepsilon=0}-\frac{1}{2}\frac{\mathrm{d}C}{\mathrm{d}n}|\nabla n|^2\phi-C\,(\nabla n\cdot\nabla\phi)\,. \tag{3.337}$$

其中等号右边第二项将式(3.336)中 $s\,(n,e_b)$ 的表达式代入可以得到

$$(n+\varepsilon\phi)\left[\frac{\mathrm{d}s\,(n+\varepsilon\phi,e_b)}{\mathrm{d}\varepsilon}\right]_{\varepsilon=0}$$

$$=\left(-\frac{1}{2T}\frac{\mathrm{d}K}{\mathrm{d}n}|\nabla n|^2\phi-\frac{K}{T}\nabla n\cdot\nabla\phi+\frac{2an\phi}{T}-\frac{D}{2}k\phi\right)-k\left(\frac{nb\phi}{1-bn}+\phi\right). \tag{3.338}$$

式中再次用到了 T 与 e_b 的关系。这样式(3.337)就变成

$$\frac{\mathrm{d}}{\mathrm{d}\varepsilon}\left[(n+\varepsilon\phi)\,s\,(n+\varepsilon\phi,e_b)-\frac{1}{2}C|\nabla\,(n+\varepsilon\phi)|^2\right]_{\varepsilon=0}$$

$$=s\phi-\frac{D}{2}k\phi+\frac{2an\phi}{T}-k\left(\frac{nb\phi}{1-bn}+\phi\right)-\left(\frac{K+CT}{T}\right)\nabla n\cdot\nabla\phi-\frac{1}{2T}\left(\frac{\mathrm{d}K}{\mathrm{d}n}+T\frac{\mathrm{d}C}{\mathrm{d}n}\right)|\nabla n|^2\phi$$

$$=s\phi-\frac{D}{2}k\phi+\frac{2an\phi}{T}-k\left(\frac{nb\phi}{1-bn}+\phi\right)-\nabla\cdot\left[\phi\left(\frac{K+CT}{T}\right)\nabla n\right]$$

$$+\nabla\cdot\left[\left(\frac{K+CT}{T}\right)\nabla n\right]\phi-\frac{1}{2T}\left(\frac{\mathrm{d}K}{\mathrm{d}n}+T\frac{\mathrm{d}C}{\mathrm{d}n}\right)|\nabla n|^2\phi. \tag{3.339}$$

将以上关系代入式(3.335)就得到

$$\int\left(\frac{\delta S_b}{\delta n}\phi\right)_{e_b}\mathrm{d}\boldsymbol{r}=\int\left\{s-\frac{D}{2}k+\frac{2an}{T}-k\left(\frac{nb}{1-bn}+1\right)\right.$$

$$\left.+\nabla\cdot\left[\frac{M}{T}\nabla n\right]-\frac{1}{2T}M'|\nabla n|^2\right\}\phi\mathrm{d}\boldsymbol{r}. \tag{3.340}$$

上一步用到了代换 $M=K+CT$，

$$M'=\left(\frac{\partial M}{\partial n}\right)_T,$$

还用到了关系

$$\int\nabla\cdot\left[\phi\left(\frac{K+CT}{T}\right)\nabla n\right]\mathrm{d}\boldsymbol{r}=0.$$

根据附录六中介绍的泛函导数的第一种定义就可以得到

$$\frac{\delta S_b}{\delta n} = s - \frac{D}{2}k + \frac{2an}{T} - k\left(\frac{nb}{1-bn} + 1\right) + \nabla \cdot \left[\frac{M}{T}\nabla n\right] - \frac{M'}{2T}|\nabla n|^2. \tag{3.341}$$

这样就得到了单粒子的广义化学势 μ_b 的表达式为

$$\mu_b = -T\left\{s - \frac{D}{2}k + \frac{2an}{T} - k\left(\frac{nb}{1-bn} + 1\right) + \nabla \cdot \left(\frac{M}{T}\nabla n\right)\right\} - \frac{M'}{2}|\nabla n|^2. \tag{3.342}$$

根据式(3.326)和式(3.323)可得

$$\frac{e+P}{n} = \frac{D}{2}kT + \frac{kT}{1-nb} - 2an. \tag{3.343}$$

这样式(3.342)就可以写成

$$\mu_b = \mu - T\nabla \cdot \left(\frac{M}{T}\nabla n\right) - \frac{M'}{2}|\nabla n|^2, \tag{3.344}$$

其中

$$\mu = \frac{e+P}{n} - Ts, \tag{3.345}$$

式中的 μ 是不考虑密度梯度效应时的单粒子化学势，这也是热力学中的关系，其在平衡态统计物理中定义为

$$\mu = -T\left[\frac{\partial(ns)}{\partial n}\right]_e. \tag{3.346}$$

将式(3.327)中 s 的表达式代入上式，并将其中的温度 T 换成内能密度 e ，就可以得到式(3.345)中的关系。现在将 S_b 看成关于 n 和 e_b 的泛函，那么 S_b 的变分可以写成

$$\delta S_b = \int\left[\left(\frac{\delta S_b}{\delta n}\right)_{e_b}\delta n + \left(\frac{\delta S_b}{\delta e_b}\right)_n\delta e_b\right]\mathrm{d}\boldsymbol{r}. \tag{3.347}$$

根据附录六中泛函导数的关系 1 结合式(3.336)可得

$$\left(\frac{\delta S_b}{\delta e_b}\right)_n = n\frac{\partial s(n,e_b)}{\partial e_b} = nk\frac{D}{2}\frac{1}{\left(e_b - \frac{1}{2}K|\nabla n|^2 + an^2\right)} = \frac{1}{T}. \tag{3.348}$$

再结合式(3.334)得到

$$\delta S_b = \int\left(-\frac{\mu_b}{T}\delta n + \frac{1}{T}\delta e_b\right)\mathrm{d}\boldsymbol{r}. \tag{3.349}$$

因此，泛函 S_b 的时间导数为

$$\frac{\mathrm{d}S_b}{\mathrm{d}t} = \int\left(-\frac{\mu_b}{T}\frac{\partial n}{\partial t} + \frac{1}{T}\frac{\partial e_b}{\partial t}\right)\mathrm{d}\boldsymbol{r}. \tag{3.350}$$

基于以上 S_b 时间导数的表达式，下面根据熵增原理，就可以推导出表面张力项的表达式。

3.8.2.3 表面张力效应

在前面 VDW 气体守恒方程组(3.328a)~(3.328c)的基础上，进一步考虑表面张力的贡献，可以得到流体动力学方程组为

$$\frac{\partial n}{\partial t} + \frac{\partial (nu_\alpha)}{\partial r_\alpha} = 0, \tag{3.351a}$$

$$\frac{\partial (nu_\alpha)}{\partial t} + \frac{\partial (nu_\alpha u_\beta + P\delta_{\alpha\beta})}{\partial r_\beta} + \frac{\partial (\Lambda_{\alpha\beta} - \sigma_{\alpha\beta})}{\partial r_\beta} = 0, \tag{3.351b}$$

$$\frac{\partial e_T}{\partial t} + \frac{\partial (e_T u_\alpha + Pu_\alpha)}{\partial r_\alpha} + \frac{\partial [(\Lambda_{\alpha\beta} - \sigma_{\alpha\beta})u_\beta]}{\partial r_\alpha} - \frac{\partial j_\alpha}{\partial r_\alpha} = 0, \tag{3.351c}$$

其中 $e_T = e_b + \frac{1}{2}nu^2$，$\Lambda_{\alpha\beta}$ 表示表面张力项，之前的文献中给出了几种不同的形式[265,269,270]，下面根据熵增原理来确定 $\Lambda_{\alpha\beta}$ 的具体表达式。

根据以上方程组可以得到

$$\frac{\partial n}{\partial t} = -\frac{\partial (nu_\alpha)}{\partial r_\alpha}, \tag{3.352}$$

$$\frac{\partial e_b}{\partial t} = -\frac{\partial (u_\alpha e_b)}{\partial r_\alpha} + \frac{\partial j_\alpha}{\partial r_\alpha} + (\sigma_{\alpha\beta} - P\delta_{\alpha\beta} - \Lambda_{\alpha\beta}) \frac{\partial u_\alpha}{\partial r_\beta}. \tag{3.353}$$

式(3.352)和式(3.353)代入式(3.350)得到泛函 S_b 的时间导数为

$$\begin{aligned}
\frac{\mathrm{d}S_b}{\mathrm{d}t} &= \int \left[\frac{\mu_b}{T} \frac{\partial (nu_\alpha)}{\partial r_\alpha} - \frac{1}{T} \frac{\partial (u_\alpha e_b)}{\partial r_\alpha} + \frac{1}{T} \frac{\partial j_\alpha}{\partial r_\alpha} + \frac{1}{T} (\sigma_{\alpha\beta} - P\delta_{\alpha\beta} - \Lambda_{\alpha\beta}) \frac{\partial u_\alpha}{\partial r_\beta} \right] \mathrm{d}\boldsymbol{r} \\
&= \int \left[-nu_\alpha \frac{\partial}{\partial r_\alpha}\left(\frac{\mu_b}{T}\right) + e_b u_\alpha \frac{\partial}{\partial r_\alpha}\left(\frac{1}{T}\right) + u_\alpha \frac{\partial}{\partial r_\beta}\left(\frac{1}{T}(P\delta_{\alpha\beta} + \Lambda_{\alpha\beta})\right) \right. \\
&\quad \left. + \frac{1}{T}\frac{\partial j_\alpha}{\partial r_\alpha} + \frac{1}{T}\sigma_{\alpha\beta}\frac{\partial u_\alpha}{\partial r_\beta} \right] \mathrm{d}\boldsymbol{r}.
\end{aligned} \tag{3.354}$$

考虑没有外部热流，那么上式要满足正定，这就需要[268]

$$\frac{\partial}{\partial r_\beta}\left(\frac{1}{T}(P\delta_{\alpha\beta} + \Lambda_{\alpha\beta})\right) = n\frac{\partial}{\partial r_\alpha}\left(\frac{\mu_b}{T}\right) - e_b\frac{\partial}{\partial r_\alpha}\left(\frac{1}{T}\right). \tag{3.355}$$

当表面张力不存在时，上式就变成

$$\frac{\partial}{\partial r_\alpha}\left(\frac{P}{T}\right) = n\frac{\partial}{\partial r_\alpha}\left(\frac{\mu}{T}\right) - e\frac{\partial}{\partial r_\alpha}\left(\frac{1}{T}\right). \tag{3.356}$$

这显然是成立的，可以由式(3.345)以及热力学的 Gibbs-Duhem 关系 $\mathrm{d}\mu = -s\mathrm{d}T + \mathrm{d}p/n$ 得到。当考虑表面张力效应时，式(3.355)中减去(3.356)的部分得到

$$\frac{\partial}{\partial r_\beta}\left(\frac{\Lambda_{\alpha\beta}}{T}\right) = n\frac{\partial}{\partial r_\alpha}\left(\frac{\mu_b - \mu}{T}\right) - (e_b - e)\frac{\partial}{\partial r_\alpha}\left(\frac{1}{T}\right). \tag{3.357}$$

将前面的 μ_b、μ、e_b 和 e 的表达式代入可得

$$\nabla \cdot \left(\frac{\boldsymbol{\Lambda}}{T}\right) = \nabla \left(-n\nabla \frac{M}{T} \cdot \nabla n - n\frac{M}{T}\nabla^2 n + \frac{nM' - M}{T}\frac{1}{2}|\nabla n|^2\right) + \nabla \cdot \left(\frac{M}{T}\nabla n\nabla n\right). \quad (3.358)$$

从而可以得到

$$\boldsymbol{\Lambda} = p_1 \boldsymbol{I} + M\nabla n\nabla n, \quad (3.359)$$

其中

$$p_1 = -nT\nabla \frac{M}{T} \cdot \nabla n - nM\nabla^2 n + (nM' - M)\frac{1}{2}|\nabla n|^2$$

$$= n\mu_b - e_b + Ts_b - P. \quad (3.360)$$

这样就得到表面张力的表达式。同时还可以得到系统总的熵变化率为

$$\frac{\mathrm{d}S_b}{\mathrm{d}t} = \int \left(\frac{1}{T}\frac{\partial j_\alpha}{\partial r_\alpha} + \frac{1}{T}\sigma_{\alpha\beta}\frac{\partial u_\alpha}{\partial r_\beta}\right)\mathrm{d}\boldsymbol{r}. \quad (3.361)$$

根据随体导数的关系得到，熵密度的时间偏导数为

$$\frac{\partial s_b}{\partial t} = -\frac{\partial}{\partial r_\alpha}\left(u_\alpha s_b\right) + \frac{1}{T}\frac{\partial j_\alpha}{\partial r_\alpha} + \frac{1}{T}\sigma_{\alpha\beta}\frac{\partial u_\alpha}{\partial r_\beta}$$

$$= -\frac{\partial}{\partial r_\alpha}\left(u_\alpha s_b - \frac{1}{T}j_\alpha\right) - j_\alpha\frac{\partial}{\partial r_\alpha}\left(\frac{1}{T}\right) + \frac{1}{T}\sigma_{\alpha\beta}\frac{\partial u_\alpha}{\partial r_\beta}. \quad (3.362)$$

3.8.3　传统模型的 LBM 解法

研究相分离行为的传统流体模型是相耦合的纳维-斯托克斯方程和 Cahn-Hilliard 或 Allen-Cahn 方程[271]。前者描述序参数守恒的系统，后者描述序参数不守恒的系统。在已有自由能 LBM 或相场 LBM 中，求解的都是相耦合的纳维-斯托克斯方程和 Cahn-Hilliard 方程。由于 LBM 的早期研究主要集中在等温、低速、不可压流体系统，所以早期的多相流 LBM 模型也主要集中在等温、低速、不可压流体系统。

提出较早且现在仍在广泛使用的 LBM 多相流模型有伪势模型[272] 和自由能模型[273-287]。近年来相场多相流 LBM 也有较大的进展[288-310]。伪势模型最初由 Shan 和 Chen 提出[272]，该模型通过引入粒子间非局域相互作用势即伪势来模拟两相流系统。相互作用的形式决定了状态方程的形式，当其选取合理时，两相间的分离与混合就可以合理地实现。从物理学角度，相互作用势 (或力) 描述、状态方程描述、相场和自由能描述是相通的；通过自由能描述可以获得其他类型的描述。所以，文献中所称的自由能 LBM 和相场 LBM 在物理建模层面上基本一致。前者需要求解 Cahn-Hilliard 方程，后者需要用到自由能泛函；其差异主要表现在算法层面。就自由能或相场 LBM，在物理建模方面，主要进展是由等温模型发展到温度自适应模型，由忽略相变潜热到考虑相变潜热。应用方面，在固液相分离研究中，研究了复杂条件下的枝晶迁移、生长等过程[293-298]；在液气相分离研究中，考虑了相变潜热效应，研究了气泡生长和热壁脱离等现象[299-303]。在算法设计方面，研究论文较多，因为

在这一部分与相场理论相关的 LBM 工作中，LBM 的功能是求解 Cahn-Hilliard 方程，所以近年来的主要进展是算法稳定性的提高和相界面捕捉能力的改进[304–310]。

自由能 LBM 模型最初由牛津大学 Yeomans 课题组于 1995 年提出[273]。在自由能模型中，系统的基态由自由能极小值来决定。在高温条件下，系统自由能只有一个极小值，系统处于均匀混合态。当系统温度降低至二相共存温度时，自由能的形式转变为具有两个相等的极小值，这时原来的均匀混合态失稳，从而发生相分离现象。

自由能模型在相分离研究中使用最为广泛[273]，最初版本是用于研究系统内没有周期结构的相分离过程的[273]。1997 年，Gonnella 等将其推广用于模拟系统内含周期结构的层状相形成和演化[281]。随后许爱国等进行了一些修正与发展：2003 年修正了原 1995 年模型[273] 中压强、迁移率等定义式，给出新的平衡态分布函数计算公式[283]；2004 年提出负反馈等机制来提高 LBM 模拟的稳定性[284]；2005 年修正了原 1997 年模型[281] 中压强、迁移率等定义式，给出新的平衡态分布函数计算公式[286]；2006 年提出 LBM 与有限差分相耦合的混合计算模式[287]。

这些大都是等温不可压模型，其功能都是数值逼近解法，只适用于传统流体模型已知的等温不可压相分离系统。2007 年 Gonnella、Lamura 和 Sofonea (GLS) 提出一个温度自适应的 LBM 模型[311]。GLS 模型是通过外力项实现状态方程的替换，是当时物理上最合理的热多相流 LBM 模型。我们课题组针对外力项中空间导数计算次数较多以至于数值耗散较大这一问题，借助快速傅里叶变换 (fast Fourier transformation, FFT) 来计算空间导数，构造了 FFT-LBM 模型，并构造了与 FFT 相适应的边界条件[312–315]。与先前的 GLS 模型相比，在 FFT-LBM 中，界面附近的虚假速度幅度明显减小，在可接受的误差范围内保证了总能量守恒，并且能够模拟的液气密度比得到了大幅度提升。

由于温度自适应 LBM 提出较晚，所以文献中多数模拟工作是针对等温、近似不可压相分离系统的。在这一方面，牛津大学 Yeomans 课题组以及与其相关的一些课题组做出了杰出的贡献[273–288]。例如，他们研究了二维流体的相分离和平衡界面溶解等动力学过程。研究内容大体分为两类：一类是系统内不存在固有周期结构的情形；一类是系统内存在固有周期结构的情形。后者是以高温无序相向层状相的转变为例来研究的。

近年来，随着 LBM 模拟含温度场流体系统能力的提高[94]，温度自适应系统相分离的 LBM 也逐渐成为一个新的研究热点。2007 年 Gonnella、Lamura 和 Sofonea 通过他们提出的新模型研究了与冷壁接触的范德瓦耳斯流体系统内的液气相分离过程。发现系统与冷壁之间的热交换对新相畴的形态演化具有重要影响[311]。

鉴于多相流 LBM 算法方面已有较多专著和文献，在本书中，重点介绍近期发展起来的 DBM 动理学建模。除了建模的基本思路，也给出部分传统流体建模不易给出的、对于我们从物理上把握非平衡系统有帮助的、与我们关注的宏观流动行为关系最密切的热动非平衡行为。

3.8.4 基于 DBM 的多相流模型

随着人们对多相流系统粗线条、主要特征的逐渐掌握，以前所忽视的各类微介观非平衡行为逐渐成为人们关注的热点。从物理上来讲，系统内密度、流速、温度等的不均匀和演化均是热动非平衡行为的驱动力。而多相流系统内存在大量的复杂界面，所以热动非平衡效应必定极其丰富、极其复杂。基于纳维-斯托克斯方程的传统流体模型不足以描述如此丰富、复杂的非平衡行为，而分子动力学或蒙特卡罗等方法能够模拟的时间和空间尺度又远远不能满足我们的需求。所以，人们对于相分离过程中非平衡行为的认识一直非常肤浅。为了深入研究这些非平衡行为，基于玻尔兹曼方程构建相关的动理学模型成为目前的主要思路之一。我们课题组近期的工作之一就是将 DBM 的思想推广应用于多相流系统，研究系统内流动非平衡和热动非平衡行为之间的相互作用、相互影响、相互牵制[106]。

从历史的角度，在 DBM 出现之前，曾出现一些风格不同的热多相流 LBM 模型。有些 LBM 使用两个分布函数来描述同一套流体力学量，例如，使用一个分布函数来描述密度和流速，使用另外一个分布函数来描述温度。显然，这类处理是非物理的。与这类双分布函数单流体 LBM 模型相比，GLS 模型遵循了同一套流体力学量 (密度、流速、温度等) 使用同一个分布函数来描述的物理原则；根据时空离散格式，GLS 模型属于有限差分 LBM；它是温度自适应的、可压的，是当时物理上最合理的液气相分离 LBM 模型[288]。我们课题组提出的 FFT-LBM 是 GLS 模型的改进和推广[106,312-315]。

我们课题组进一步将文献 [94] 中"使用 $f - f^{\mathrm{eq}}$ 的非守恒矩来描述系统非平衡状态和行为"的思想推广应用于含界面的多相流系统，使得改进后的模型成为一个研究非平衡相变过程中流动和热动非平衡行为的动理学模型；借助动理学矩空间中"到原点的距离"的概念给出了一个"非平衡程度"的粗粒化描述；将液气相分离系统中的非平衡行为分为由粒子间相互作用力引起的和由梯度力引起的两大类。这样，求解原始宏观流体方程不再是新模型的唯一功能；发展后的模型相当于一个传统流体模型外加一个关于热动非平衡行为的粗粒化模型。

借助新提出的 DBM 动理学模型，定量研究了温度场、黏性、热传导、Pr、表面张力等对相分离动理学过程的影响[106,312-315]。通过形态分析技术比较研究了等温和非等温相分离过程，获得一系列新的认识。例如，等温模型给出的新相畴增长速度偏快；相变潜热小的系统，相畴增长速度快。根据"亚稳相分解"阶段边界长度逐渐增大，"新相畴增长"阶段边界长度逐渐减小的特征，给出划分相分离过程中这两个阶段的一个合理的形态判据，并依据这一判据给出一些标度关系。进一步研究了等温和非等温液气相分离过程中各种非平衡驱动力之间的复杂相互作用。发现：① 热动非平衡强度可以作为划分"亚稳相分解"和"新相畴增长"两个阶段的一个物理判据；② 表面张力的效应有三，减缓亚稳相分解过程、加速新相畴增长速度、降低热动非平衡强度。在非平衡效应描述与检测方面，DBM 比传统动理学方法更简洁、高效。更多的结果留待第 5 章再做介绍。

下面给出几个多相流 DBM 构建的实例[107,115]。

3.8.4.1 基于 VDW 状态方程的 DBM

1) 演化方程

为了引入非理想气体状态方程和表面张力，采用如下形式的演化方程：

$$\frac{\partial f_{ki}}{\partial t} + \boldsymbol{v}_{ki} \cdot \nabla f_{ki} = -\frac{1}{\tau}(f_{ki} - f_{ki}^{\mathrm{eq}}) + I_{ki}, \tag{3.363}$$

其中 f_{ki} 表示离散速度 $\boldsymbol{v}_{ki}$ 对应的分布函数，f_{ki}^{eq} 为相应的局域平衡态分布函数，下角标 ki 表示离散速度编号，k 表示第 k 组离散速度，i 表示每一组离散速度中的第 i 个方向。I_{ki}

表示对碰撞项的修正项，用来表征粒子之间的相互作用，其形式为[317]

$$I_{ki} = -\left[A + \boldsymbol{B} \cdot \boldsymbol{c}_{ki} + (C + C_q)c_{ki}^2\right] f_{ki}^{\mathrm{eq}}, \tag{3.364}$$

其中 A、$\boldsymbol{B}$、C 和 C_q 是四个待定参数，它们由表面张力和状态方程的表达式共同决定，其中 $\boldsymbol{B}$ 是一个矢量，$\boldsymbol{c}_{ki} = \boldsymbol{v}_{ki} - \boldsymbol{u}$。

这里使用的离散速度模型如图 3.64 所示，一共 4 组，每一组有 8 个方向，此外还包含一个零速度。每一组离散速度具有相同的值，离散速度的表达式可以记作：

$$\boldsymbol{v}_{ki} = v_k \left[\cos\left(\frac{i-1}{4}\pi\right), \sin\left(\frac{i-1}{4}\pi\right)\right], \tag{3.365}$$

其中 $k = 0, 1, 2, 3, 4$，$i = 1, 2, \cdots, 8$，$k = 0$ 对应于零速度。在这种离散速度模型下，离散的平衡态分布函数 f_{ki}^{eq} 表达式为

$$\begin{aligned} f_{ki}^{\mathrm{eq}} = \rho F_k &\left[\left(1 - \frac{u^2}{2T} + \frac{u^4}{8T^2}\right) + \frac{\boldsymbol{v}_{ki} \cdot \boldsymbol{u}}{T}\left(1 - \frac{u^2}{2T}\right)\right.\\ &\left.+ \frac{(\boldsymbol{v}_{ki} \cdot \boldsymbol{u})^2}{2T^2}\left(1 - \frac{u^2}{2T}\right) + \frac{(\boldsymbol{v}_{ki} \cdot \boldsymbol{u})^3}{6T^3} + \frac{(\boldsymbol{v}_{ki} \cdot \boldsymbol{u})^4}{24T^4}\right], \end{aligned} \tag{3.366}$$

其中的权重系数 F_k 由每一组离散速度的值 v_k 决定，其表达式为

$$F_1 = \frac{48T^4 - 6(v_2^2 + v_3^2 + v_4^2)T^3 + (v_2^2v_3^2 + v_2^2v_4^2 + v_3^2v_4^2)T^2 - \frac{1}{4}v_2^2v_3^2v_4^2T}{v_1^2(v_1^2 - v_2^2)(v_1^2 - v_3^2)(v_1^2 - v_4^2)}, \tag{3.367a}$$

$$F_2 = \frac{48T^4 - 6(v_1^2 + v_3^2 + v_4^2)T^3 + (v_1^2v_3^2 + v_1^2v_4^2 + v_3^2v_4^2)T^2 - \frac{1}{4}v_1^2v_3^2v_4^2T}{v_2^2(v_2^2 - v_1^2)(v_2^2 - v_3^2)(v_2^2 - v_4^2)}, \tag{3.367b}$$

$$F_3 = \frac{48T^4 - 6(v_1^2 + v_2^2 + v_4^2)T^3 + (v_1^2v_2^2 + v_1^2v_4^2 + v_2^2v_4^2)T^2 - \frac{1}{4}v_1^2v_2^2v_4^2T}{v_3^2(v_3^2 - v_1^2)(v_3^2 - v_2^2)(v_3^2 - v_4^2)}, \tag{3.367c}$$

$$F_4 = \frac{48T^4 - 6(v_1^2 + v_2^2 + v_3^2)T^3 + (v_1^2v_2^2 + v_1^2v_3^2 + v_2^2v_3^2)T^2 - \frac{1}{4}v_1^2v_2^2v_3^2T}{v_4^2(v_4^2 - v_1^2)(v_4^2 - v_2^2)(v_4^2 - v_3^2)}, \tag{3.367d}$$

$$F_0 = 1 - 8(F_1 + F_2 + F_3 + F_4). \tag{3.367e}$$

如果没有修正项 I_{ki}，则基于查普曼-恩斯库格多尺度展开，以上 DBM 对应的守恒矩演化方程即为传统的纳维-斯托克斯方程组。这里加入修正项 I_{ki} 的目的是，基于查普曼-恩斯库格展开要得到包含表面张力效应的流体动力学方程组，即式(3.351a)~(3.351c)，其中表面张力项的形式由式(3.359)给出。这样就得到 I_{ki} 中的待定参数 A、$\boldsymbol{B}$、C 和 C_q 分别应取为[313]

$$A = -2(C + C_q)T, \tag{3.368a}$$

$$\boldsymbol{B} = \frac{1}{\rho T}\nabla \cdot \left[(P - \rho T)\boldsymbol{I} + \boldsymbol{\Lambda}\right], \tag{3.368b}$$

$$C = \frac{1}{2\rho T^2}\Bigg[\left(P - \rho T\right)\nabla \cdot \boldsymbol{u} + \boldsymbol{\varLambda} : \nabla\boldsymbol{u} + a\rho^2\nabla \cdot \boldsymbol{u}$$

$$- K\left(\frac{1}{2}\nabla\rho \cdot \nabla\rho\nabla \cdot \boldsymbol{u} + \rho\nabla\rho \cdot \nabla\left(\nabla \cdot \boldsymbol{u}\right) + \nabla\rho \cdot \nabla\boldsymbol{u} \cdot \nabla\rho\right)\Bigg], \tag{3.368c}$$

$$C_q = \frac{1}{\rho T^2}\nabla \cdot \left(q\rho T\nabla T\right), \tag{3.368d}$$

其中 P 在这里表示非理想气体压强,其表达式如式(3.323) 所示;这里的 K 等价于式(3.359) 中的 M,这里称之为表面张力系数。C_q 的表达式中 q 是一个可调参数,通过它可以调节 Pr。以上多相流 DBM 对应的纳维-斯托克斯流体方程中黏性系数和热传导系数分别为 $\mu = \tau\rho T$ 和 $\kappa = c_p(\tau - q)\rho T$,这样黏性系数和热传导系数不再是绑定的,且有 $Pr = \tau/(\tau - q)$,可以看到当黏性系数 (弛豫时间) 固定时,可以通过改变 q 的值来改变热传导系数。A、B、C 和 C_q 的表达式只与宏观量以及宏观量梯度有关,在 DBM 演化过程的每一步,有了宏观量的信息就可以计算出这些表达式。

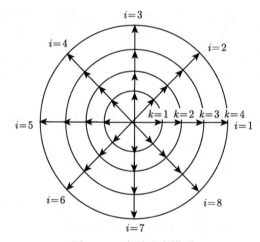

图 3.64　离散速度模型

另外在多相流模拟中,一个需要特别注意的问题是虚假速度的存在,特别是在相界面附近尤其显著,这种虚假速度主要是在空间求导过程中数值误差导致[313]。为了减少这种数值误差,差分格式的选取就显得非常重要。可以看到在多相流 DBM 中,除了演化方程中的对流项需要求空间导数外,修正项 I_{ki} 中也涉及很多一阶和二阶空间导数的求解。本章及第 5 章相分离 DBM 模拟中,对这些空间导数的求解采用了 9 点模板差分格式[316],可以较好地减少求导过程中的数值误差。

2) 非平衡特征量

该模型只考虑了一阶非平衡效应,平衡态分布函数和离散速度模型满足如下 7 个矩关系:

$$M_0^{\mathrm{eq}} = \sum_{ki} f_{ki}^{\mathrm{eq}} = \rho, \tag{3.369a}$$

$$\boldsymbol{M}_1^{\mathrm{eq}} = \sum_{ki} f_{ki}^{\mathrm{eq}}\boldsymbol{v}_{ki} = \rho\boldsymbol{u}, \tag{3.369b}$$

$$M_{2,0}^{\text{eq}} = \sum_{ki} \frac{1}{2} f_{ki}^{\text{eq}} \boldsymbol{v}_{ki} \cdot \boldsymbol{v}_{ki} = \rho \left(T + \frac{1}{2} \boldsymbol{u} \cdot \boldsymbol{u} \right), \tag{3.369c}$$

$$\boldsymbol{M}_2^{\text{eq}} = \sum_{ki} f_{ki}^{\text{eq}} \boldsymbol{v}_{ki} \boldsymbol{v}_{ki} = \rho (T\boldsymbol{I} + \boldsymbol{u}\boldsymbol{u}), \tag{3.369d}$$

$$\boldsymbol{M}_3^{\text{eq}} = \sum_{ki} f_{ki}^{\text{eq}} \boldsymbol{v}_{ki} \boldsymbol{v}_{ki} \boldsymbol{v}_{ki} = \rho [T(\boldsymbol{u}_\alpha \boldsymbol{e}_\beta \boldsymbol{e}_\gamma \delta_{\beta\gamma} + \boldsymbol{e}_\alpha \boldsymbol{u}_\beta \boldsymbol{e}_\gamma \delta_{\alpha\gamma} + \boldsymbol{e}_\alpha \boldsymbol{e}_\beta \boldsymbol{u}_\gamma \delta_{\alpha\beta}) + \boldsymbol{u}\boldsymbol{u}\boldsymbol{u}], \tag{3.369e}$$

$$\boldsymbol{M}_{3,1}^{\text{eq}} = \sum_{ki} \frac{1}{2} f_{ki}^{\text{eq}} \boldsymbol{v}_{ki} \cdot \boldsymbol{v}_{ki} \boldsymbol{v}_{ki} = \rho \boldsymbol{u} \left(2T + \frac{1}{2} \boldsymbol{u} \cdot \boldsymbol{u} \right), \tag{3.369f}$$

$$\boldsymbol{M}_{4,2}^{\text{eq}} = \sum_{ki} \frac{1}{2} f_{ki}^{\text{eq}} \boldsymbol{v}_{ki} \cdot \boldsymbol{v}_{ki} \boldsymbol{v}_{ki} \boldsymbol{v}_{ki} = \rho \left[\left(2T + \frac{\boldsymbol{u} \cdot \boldsymbol{u}}{2} \right) T\boldsymbol{I} + \boldsymbol{u}\boldsymbol{u} \left(3T + \frac{\boldsymbol{u} \cdot \boldsymbol{u}}{2} \right) \right], \tag{3.369g}$$

这里 $\boldsymbol{M}_{m,n}^{\text{eq}}$ 表示 m 阶张量缩并成 n 阶张量。上述 7 个矩关系中，只有在前 3 个矩关系中 f_{ki}^{eq} 可以被 f_{ki} 取代，这是因为系统趋于或离开局域热动平衡的过程中质量守恒、动量守恒、能量守恒。在其余 4 个矩关系中，如果 f_{ki}^{eq} 被 f_{ki} 所取代，那么方程的左右两侧就不再相等，即

$$\boldsymbol{\Delta}_m = \sum_{ki} (f_{ki} - f_{ki}^{\text{eq}}) \boldsymbol{v}_{ki}^m \neq 0. \tag{3.370}$$

这种不等或差异正是系统偏离热动平衡之后的宏观效应。按照上述要求构建的、对应纳维-斯托克斯方程的二维 DBM 动理学模型提供 16 个非平衡量，其中 10 个是独立的。这 10 个独立非平衡量从 10 个不同的角度描述系统偏离热动平衡的具体状态。由这 10 个非平衡效应量可以进一步构建更加方便分析和使用的非平衡效应量，比如非平衡强度

$$D = \sqrt{\sum_m \boldsymbol{\Delta}_m^2}. \tag{3.371}$$

由于在模拟的每一步都要计算 f_{ki}^{eq} 和 f_{ki}，宏观守恒量和非守恒量分别是分布函数的低阶矩和高阶矩，所以 DBM 可以同时给出宏观流动特征及其相伴随的、与我们关注的宏观行为关系最密切的那部分热力学非平衡效应。

在理想气体情形，流动和热动非平衡效应仅由宏观量梯度或者梯度力引起。在多相流情形，除了梯度力，粒子间的相互作用力是诱发非平衡的另一驱动力。引入该驱动力后，BGK 碰撞项可写成

$$-\frac{1}{\tau}[f_{ki} - (1 + \tau\theta)f_{ki}^{\text{eq}}] = -\frac{1}{\tau}[f_{ki} - f_{ki}^{\text{eq,NEW}}], \tag{3.372}$$

其中

$$\theta = -[A + \boldsymbol{B} \cdot (\boldsymbol{v}_{ki} - \boldsymbol{u}) + (C + C_q)(\boldsymbol{v}_{ki} - \boldsymbol{u})^2], \tag{3.373}$$

$$f_{ki}^{\text{eq,NEW}} = (1 + \tau\theta)f_{ki}^{\text{eq}}, \tag{3.374}$$

是引入外力后的平衡态分布函数。分子间相互作用力引起的非平衡量为

$$\boldsymbol{\Delta}_n^F = \boldsymbol{M}_n(\tau\theta f_{ki}^{\text{eq}}) = \boldsymbol{M}_n(\tau I_{ki}). \tag{3.375}$$

系统总的非平衡量为

$$\boldsymbol{\Delta}_n = \boldsymbol{M}_n(f_{ki}) - \boldsymbol{M}_n^{\mathrm{eq}}(f_{ki}^{\mathrm{eq}}) = \boldsymbol{\Delta}_n^F + \boldsymbol{\Delta}_n^G. \tag{3.376}$$

梯度力引起的非平衡量为

$$\boldsymbol{\Delta}_n^G = \boldsymbol{M}_n(f_{ki}) - \boldsymbol{M}_n^{\mathrm{eq}}(f_{ki}^{\mathrm{eq,NEW}}). \tag{3.377}$$

可见当粒子间作用力消失时：

$$\boldsymbol{\Delta}_n = \boldsymbol{\Delta}_n^G. \tag{3.378}$$

同理想气体情形一致。$\boldsymbol{M}_n$ 包含宏观流速 $\boldsymbol{u}$ 的信息，所以 $\boldsymbol{\Delta}_n$ 包含流动和热动非平衡效应。如果剔除掉 $\boldsymbol{u}$ 的信息：$\boldsymbol{M}_n^*(f_{ki}) = \sum f_{ki}(\boldsymbol{v}_{ki} - \boldsymbol{u})^n$，则 $\boldsymbol{\Delta}_n^*$ 仅描述热动非平衡效应。

3) 非平衡量与熵产生率的关系

对多相流 DBM 的演化方程(3.363)两边同时取零阶、一阶和二阶缩并矩，可以得到如下广义流体动力学方程组：

$$\frac{\partial \rho}{\partial t} + \nabla \cdot (\rho \boldsymbol{u}) = 0, \tag{3.379a}$$

$$\frac{\partial(\rho \boldsymbol{u})}{\partial t} + \nabla \cdot (\rho \boldsymbol{u}\boldsymbol{u} + P\boldsymbol{I}) + \nabla \cdot (\boldsymbol{\Lambda} + \boldsymbol{\Delta}_2^*) = 0, \tag{3.379b}$$

$$\frac{\partial e_T}{\partial t} + \nabla \cdot (e_T \boldsymbol{u} + P\boldsymbol{u}) + \nabla \cdot \left[(\boldsymbol{\Lambda} + \boldsymbol{\Delta}_2^*) \cdot \boldsymbol{u} + \boldsymbol{\Delta}_{3,1}^* \right] = 0, \tag{3.379c}$$

其中

$$e_T = \frac{D}{2}\rho T - a\rho^2 + \frac{1}{2}K|\nabla\rho|^2 + \frac{1}{2}\rho u^2, \tag{3.380}$$

$\boldsymbol{\Delta}_2^*$ 和 $\boldsymbol{\Delta}_{3,1}^*$ 表示前面定义的非平衡特征量，它们在流体动力学方程组中分别对应于黏性应力项和热流项，由于它们分别出现在动量方程和能量方程中，又分别称为无组织动量流 (NOMF) 和无组织能量流 (NOEF)。我们进一步考察多相流中，熵产生率与非平衡量之间的关系[①]。

将纳维-斯托克斯方程中的黏性应力项和热流项分别用这里的 $-\boldsymbol{\Delta}_2^*$ 和 $-\boldsymbol{\Delta}_{3,1}^*$ 替换，可以得到类似于式 (3.361) 中总的熵产生速率方程[107]：

$$\frac{\mathrm{d}S_b}{\mathrm{d}t} = \int \left(\boldsymbol{\Delta}_{3,1}^* \cdot \nabla \frac{1}{T} - \frac{1}{T}\boldsymbol{\Delta}_2^* : \nabla \boldsymbol{u} \right) \mathrm{d}\boldsymbol{r}, \tag{3.381}$$

其中积分区域是整个计算物理空间。可以看出对熵产生速率有直接贡献的只有两项：NOEF 项和 NOMF 项。这两项的熵产生速率分别用 $\dot{S}_{\mathrm{NOEF}}$ 和 $\dot{S}_{\mathrm{NOMF}}$ 来表示，它们的表达式分别为

$$\dot{S}_{\mathrm{NOEF}} = \int \boldsymbol{\Delta}_{3,1}^* \cdot \nabla \frac{1}{T} \mathrm{d}\boldsymbol{r}, \tag{3.382a}$$

---

① 由于本节介绍的多相流模型还可以进行热流修正，当 Pr 不为 1 时，$\boldsymbol{\Delta}_{3,1}^*$ 还要加上一项修正的热流项 $-c_p q \rho T \nabla T$ 才是总的热流，但这一修正项并不影响总体热流的变化趋势，为了保持简洁性我们这里仍用 $\boldsymbol{\Delta}_{3,1}^*$ 来代表热流项。

$$\dot{S}_{\text{NOMF}} = \int -\frac{1}{T}\boldsymbol{\Delta}_2^* : \nabla \boldsymbol{u} \mathrm{d}\boldsymbol{r}. \tag{3.382b}$$

总的熵产生速率 $\dot{S}_{\text{sum}}$ 为以上两部分的和, 即

$$\dot{S}_{\text{sum}} = \dot{S}_{\text{NOEF}} + \dot{S}_{\text{NOMF}}. \tag{3.383}$$

可以看出表面张力对熵产生没有直接贡献, 其原因是表面张力所做的功都是可逆功, 不引起熵产生。

相应地还可以定义由 NOEF 和 NOMF 导致的总的熵产生量, 分别记为 ΔS_{NOEF} 和 ΔS_{NOMF}, 它们的值是相对应的熵产生速率关于时间的积分, 表达式为

$$\Delta S_{\text{NOEF}} = \int \dot{S}_{\text{NOEF}} \mathrm{d}t, \tag{3.384a}$$

$$\Delta S_{\text{NOMF}} = \int \dot{S}_{\text{NOMF}} \mathrm{d}t. \tag{3.384b}$$

总的熵产生量为两部分的和, 记为 ΔS_{sum}, 有

$$\Delta S_{\text{sum}} = \Delta S_{\text{NOEF}} + \Delta S_{\text{NOMF}}. \tag{3.385}$$

4) 模型验证

为了验证前面介绍的 DBM 模拟非理想流体的能力, 首先对其提供的状态方程进行检验。首先模拟不同温度下的气液两相分离问题, 计算网格为 $N_x \times N_y = 200 \times 4$, 空间步长设置为 $\Delta x = \Delta y = 0.01$, 时间步长为 $\Delta t = 0.0001$, 弛豫时间为 $\tau = 0.02$, 上下和左右边界都采用周期边界条件。表面张力系数 $K = 5 \times 10^{-5}$, 状态方程中的参数分别为 $a = 9/8$ 和 $b = 1/3$, 这样得到相变临界点的密度和温度为 $\rho_c = T_c = 1$。

初始条件设置为

$$\begin{cases} (\rho, T, u_x, u_y)_L = (\rho_v, 0.9975, 0, 0), \\ (\rho, T, u_x, u_y)_M = (\rho_l, 0.9975, 0, 0), \\ (\rho, T, u_x, u_y)_R = (\rho_v, 0.9975, 0, 0), \end{cases} \tag{3.386}$$

其中下角标 "L" 表示 $x \leqslant N_x/4$ 区域, 下角标 "M" 表示 $N_x/4 < x \leqslant 3N_x/4$ 区域, 下角标 "R" 表示 $x > 3N_x/4$ 区域。$\rho_v = 0.955$ 和 $\rho_l = 1.045$ 分别是温度 $T = 0.9975$ 时基于 VDW 状态方程求出的气相和液相密度理论值。初始条件下系统是处于两相共存的平衡状态, 然后温度下降到 $T = 0.99$, 系统开始重新演化直到达到新的两相平衡, 此时可以得到 $T = 0.99$ 温度下对应的气相和液相的密度值。之后温度再下降 0.01, 等到系统再次达到平衡, 可以得到 $T = 0.98$ 温度下气相和液相密度值, 之后继续重复以上操作, 每次都将温度再降低 0.01, 等到系统达到新的平衡时, 记录下对应的气相和液相密度值, 一直计算到 $T = 0.85$, 这样就可以得到不同温度时对应的一系列两相共存点, 将它们画在密度温度相图上就构成了气液两相共存曲线, 如图 3.65 所示。图中符号表示多相流 DBM 计算结果, 实线代表基于麦克斯韦等面积法则得到的解析解[269], 可以看出 DBM 计算结果与解析解符合较好, 这就验证了多相流 DBM 中状态方程的准确性。

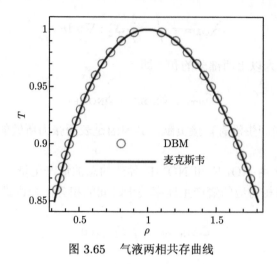

图 3.65 气液两相共存曲线

为了验证 DBM 中表面张力的准确性,我们还计算了 $T = 0.9$ 温度下气液两相过渡曲线,如图 3.66 所示。图中给出了三种不同表面张力系数情形的 DBM 计算结果并与解析解对比。其中解析解由下式给出[313,318]:

$$x - x_0 = -\frac{1}{\sqrt{2a/K}} \int_{\rho^*(x_0)}^{\rho^*(x)} \frac{1}{\sqrt{\Phi^*(\rho^*) - \Phi^*(\rho_l^*)}} \mathrm{d}\rho^*, \tag{3.387}$$

其中

$$\Phi^*(\rho^*) = \rho^*\xi - \rho^*T^* \left[\ln(1/\rho^* - 1) + 1\right] - (\rho^*)^2, \tag{3.388}$$

$$\xi = T^* \ln(1/\rho_s^* - 1) - \frac{\rho_s^* T^*}{1 - \rho_s^*} + 2\rho_s^*, \tag{3.389}$$

式中 ρ^* 表示约化密度, $\rho^* = b\rho$; T^* 表示约化温度, $T^* = bT/a$; ρ_s^* 表示温度 T^* 对应的两相平衡状态气相或液相的约化密度。图 3.66 中符号表示 DBM 计算结果,实线是解析解的结果,从图中可以看出 DBM 计算结果在三种不同表面张力情形下均与解析解符合较好,这就验证了 DBM 中表面张力的计算是准确的。

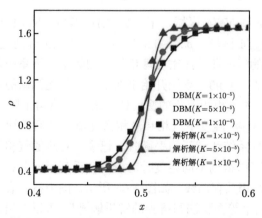

图 3.66 不同表面张力情形下气液两相过渡曲线

最后，再通过一个二维算例来对 DBM 中的表面张力进行检验，模拟一个悬浮在气体中的圆形液滴问题，初始条件设置为

$$\begin{cases} (\rho, T, u_x, u_y)_{\text{in}} = (1.5865, 0.92, 0, 0), \\ (\rho, T, u_x, u_y)_{\text{out}} = (0.4786, 0.92, 0, 0), \end{cases} \tag{3.390}$$

其中下角标 "in" 表示圆内的区域，下角标 "out" 表示圆外区域。其他模拟参数均与图 3.65 中的相同。根据 Laplace 定律，当表面张力固定时，稳态时液滴内外压强差 ΔP 应该是与液滴半径的倒数成正比的，即 $\Delta P = \sigma/r$，其中 σ 表示表面张力，r 表示稳态时的液滴半径。在模拟中，通过改变表面张力系数 K 分别计算了三种不同表面张力情形，每种表面张力下都计算了几种半径不同的液滴，模拟结果如图 3.67 所示。可以看出，在不同表面张力情形下，液滴内外压差与液滴半径的倒数之间均存在明显的线性关系，且随着表面张力的增强，斜率也是增大的，这说明 DBM 模拟结果与 Laplace 定律是一致的，也证明了 DBM 计算的表面张力的准确性。

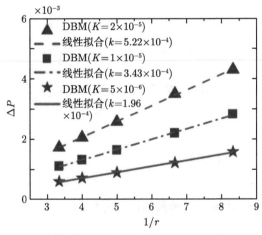

图 3.67　液滴内外压差与液滴半径的关系

3.8.4.2　基于 C-S 状态方程的 DBM

Carnhan-Starling (C-S) 状态方程修正了范德瓦耳斯状态方程的斥力项，能更准确地描述硬球相互作用[319]。基于 C-S 状态方程的 DBM 如下：

$$\frac{\partial f_{ki}}{\partial t} + \boldsymbol{v}_{ki} \cdot \frac{\partial f_{ki}}{\partial \boldsymbol{r}} = -\frac{1}{\tau}[f_{ki} - f_{ki}^{\text{eq}}] + I_{ki}, \tag{3.391}$$

式中 $I_{ki} = -[A + \boldsymbol{B} \cdot (\boldsymbol{v}_{ki} - \boldsymbol{u}) + (C + C_q)(\boldsymbol{v}_{ki} - \boldsymbol{u})^2] f_{ki}^{\text{eq}}$ 为外力项，系数分别为

$$A = -2(C + C_q)T, \tag{3.392a}$$

$$\boldsymbol{B} = \frac{1}{\rho T}[\nabla(P^{\text{cs}} - \rho T) + \nabla \cdot \boldsymbol{\Lambda} - \nabla(\zeta \nabla \cdot \boldsymbol{u})], \tag{3.392b}$$

$$C = \frac{1}{2\rho T^2}\bigg\{(P^{\mathrm{cs}} - \rho T)\nabla \cdot \boldsymbol{u} + \varLambda : \nabla\boldsymbol{u} - \zeta(\nabla \cdot \boldsymbol{u})^2 + a\rho^2\nabla \cdot \boldsymbol{u}$$

$$+ K\bigg[-\frac{1}{2}(\nabla\rho \cdot \nabla\rho)\nabla \cdot \boldsymbol{u} - \rho\nabla\rho \cdot \nabla(\nabla \cdot \boldsymbol{u}) - \nabla\rho \cdot \nabla\boldsymbol{u} \cdot \nabla\rho\bigg]\bigg\}, \tag{3.392c}$$

$$C_q = \frac{1}{\rho T^2}\nabla \cdot [q\rho T\nabla T], \tag{3.392d}$$

其中 ρ、$\boldsymbol{u}$、T 分别是局域密度、流速和温度，ζ 是体黏性系数。

$$\varLambda = K\nabla\rho\nabla\rho - K(\rho\nabla^2\rho + |\nabla\rho|^2/2)\boldsymbol{I} - [\rho T\nabla\rho \cdot \nabla(K/T)]\boldsymbol{I} \tag{3.392e}$$

是密度梯度 (或界面) 导致的压力张量，$\boldsymbol{I}$ 是单位张量，K 是表面张力系数。

$$P^{\mathrm{cs}} = \rho T(1 + \eta + \eta^2 - \eta^3)(1-\eta)^{-3} - a\rho^2, \tag{3.393}$$

表示 C-S 状态方程，其中 $\eta = b\rho/4$。a 和 b 分别是表示分子间引力和斥力的参数[319]。这样，系统总的能量密度为

$$e_T = \rho T - a\rho^2 + \frac{K}{2}|\nabla\rho|^2 + \frac{1}{2}\rho u^2. \tag{3.394}$$

数值实验表明[106]，在平衡态，DBM 模拟结果与理论结果符合很好. 该模型能够模拟的最大密度比达到 255 左右，能保证系统质量、动能很好地守恒，系统总能量的涨落在 10^{-7} 量级。

3.8.4.3　基于分子间作用势的 DBM

1) 恩斯库格方程简介

根据动理学理论，分子速度分布函数的演化方程为

$$\frac{\partial f}{\partial t} + \boldsymbol{v} \cdot \nabla f + \boldsymbol{a} \cdot \nabla_v f = \left(\frac{\partial f}{\partial t}\right)_c, \tag{3.395}$$

其中 $f = f(\boldsymbol{r}, \boldsymbol{v}, t)$ 是分子速度分布函数，$\boldsymbol{r}$ 和 $\boldsymbol{v}$ 分别是位置和速度矢量，$\boldsymbol{a}$ 是外力产生的加速度。$\left(\dfrac{\partial f}{\partial t}\right)_c$ 代表分子间碰撞导致的分布函数变化率。鉴于两个分子的碰撞概率远远大于三个或更多个分子同时碰在一起的概率，这里我们只考虑两个分子之间的碰撞。

基于弹性分子碰撞模型，当忽略分子体积效应时，玻尔兹曼方程中的碰撞项为[320]

$$\left(\frac{\partial f}{\partial t}\right)_c = \int_{-\infty}^{\infty}\int_0^{4\pi}(f^*f_1^* - ff_1)\,v_r\sigma\mathrm{d}\varOmega\mathrm{d}\boldsymbol{v}_1, \tag{3.396}$$

其中 f^* 和 f_1^* 分别代表碰撞后速度为 $\boldsymbol{v}^*$ 和 $\boldsymbol{v}_1^*$ 的分布函数，f 和 f_1 分别代表碰撞前速度为 $\boldsymbol{v}$ 和 $\boldsymbol{v}_1$ 的分布函数。$v_r = |\boldsymbol{v} - \boldsymbol{v}_1|$ 是相对分子速率，碰撞前后保持不变。σ 和 $\varOmega$ 分别代表微分碰撞截面和立体角。需要指出的是，在处理稠密气体或液体时，这个假设并不

合理。随着分子数密度的增加，相对于平均分子间距，分子的大小不再是可以忽略的小量，因而需要考虑分子的体积效应。作为玻尔兹曼碰撞算符的修正，恩斯库格碰撞算符可写为

$$\left(\frac{\partial f}{\partial t}\right)_E = \int_{-\infty}^{\infty} \int_0^{4\pi} \left[\chi\left(\boldsymbol{r}+\frac{d_0}{2}\hat{\boldsymbol{e}}_r\right) f^*\left(\boldsymbol{r}\right) f_1^*\left(\boldsymbol{r}+d_0\hat{\boldsymbol{e}}_r\right)\right.$$
$$\left.-\chi\left(\boldsymbol{r}-\frac{d_0}{2}\hat{\boldsymbol{e}}_r\right) f\left(\boldsymbol{r}\right) f_1\left(\boldsymbol{r}-d_0\hat{\boldsymbol{e}}_r\right)\right] v_r\sigma\mathrm{d}\Omega\mathrm{d}\boldsymbol{v}_1, \tag{3.397}$$

其中 $\hat{\boldsymbol{e}}_r$ 为分子中心相对位置的单位矢量，d_0 为硬球分子的直径，χ 为考虑分子体积效应的碰撞概率修正。通过泰勒展开式保持一阶导数，可以得到

$$\chi\left(\boldsymbol{r}+\frac{d_0}{2}\hat{\boldsymbol{e}}_r\right) = \chi\left(\boldsymbol{r}\right)+\frac{d_0}{2}\nabla\chi\cdot\hat{\boldsymbol{e}}_r,$$

$$\chi\left(\boldsymbol{r}-\frac{d_0}{2}\hat{\boldsymbol{e}}_r\right) = \chi\left(\boldsymbol{r}\right)-\frac{d_0}{2}\nabla\chi\cdot\hat{\boldsymbol{e}}_r,$$

$$f_1^*\left(\boldsymbol{r}+d_0\hat{\boldsymbol{e}}_r\right) = f_1^*\left(\boldsymbol{r}\right)+d_0\nabla f_1^*\cdot\hat{\boldsymbol{e}}_r,$$

$$f_1\left(\boldsymbol{r}-d_0\hat{\boldsymbol{e}}_r\right) = f_1\left(\boldsymbol{r}\right)-d_0\nabla f_1\cdot\hat{\boldsymbol{e}}_r.$$

因而，方程 (3.397) 中的碰撞项成为

$$\left(\frac{\partial f}{\partial t}\right)_E = \chi\int_{-\infty}^{\infty}\int_0^{4\pi}\left(f^*f_1^*-ff_1\right)v_r\sigma\mathrm{d}\Omega\mathrm{d}\boldsymbol{v}_1$$
$$+d_0\chi\int_{-\infty}^{\infty}\int_0^{4\pi}\left(f^*\nabla f_1^*+f\nabla f_1\right)\cdot\hat{\boldsymbol{e}}_r v_r\sigma\mathrm{d}\Omega\mathrm{d}\boldsymbol{v}_1$$
$$+\frac{1}{2}d_0\int_{-\infty}^{\infty}\int_0^{4\pi}\nabla\chi\cdot\hat{\boldsymbol{e}}_r\left(f^*f_1^*-ff_1\right)v_r\sigma\mathrm{d}\Omega\mathrm{d}\boldsymbol{v}_1, \tag{3.398}$$

其中 χ、f_1^* 和 f_1 均是在位置 $\boldsymbol{r}$ 的值。如果后两项中的 f 近似为局部平衡分布函数 f^{eq}：

$$f^{\mathrm{eq}} = \rho\frac{1}{\left(2\pi RT\right)^{3/2}}\exp\left[-\frac{\left(\boldsymbol{v}-\boldsymbol{u}\right)^2}{RT}\right], \tag{3.399}$$

则恩斯库格碰撞算符成为

$$\left(\frac{\partial f}{\partial t}\right)_E = \chi\int_{-\infty}^{\infty}\int_0^{4\pi}\left(f^*f_1^*-ff_1\right)v_r\sigma\mathrm{d}\Omega\mathrm{d}\boldsymbol{v}_1$$
$$-f^{\mathrm{eq}}b\rho\chi\left\{\left(\boldsymbol{v}-\boldsymbol{u}\right)\cdot\left[\frac{2}{\rho}\nabla\rho+\frac{1}{2T}\nabla T\left(\frac{3\left(\boldsymbol{v}-\boldsymbol{u}\right)^2}{5RT}-1\right)\right]\right.$$
$$\left.+\frac{2}{5RT}\left(\boldsymbol{v}-\boldsymbol{u}\right)\left(\boldsymbol{v}-\boldsymbol{u}\right):\nabla\boldsymbol{u}-\left(1-\frac{\left(\boldsymbol{v}-\boldsymbol{u}\right)^2}{5RT}\right)\nabla\cdot\boldsymbol{u}\right\}-f^{\mathrm{eq}}b\rho\left(\boldsymbol{v}-\boldsymbol{u}\right)\nabla\chi, \tag{3.400}$$

其中 $b\rho = \dfrac{2}{3}\pi n d_0{}^3$。

为方便起见，我们先考虑等温 (近似) 不可压系统情形。这时，碰撞项可进一步简化为

$$\left(\frac{\partial f}{\partial t}\right)_E = \chi \int_{-\infty}^{\infty} \int_0^{4\pi} (f^* f_1^* - f f_1)\, v_r \sigma \mathrm{d}\Omega \mathrm{d}\boldsymbol{v}_1$$

$$- f^{\mathrm{eq}} b\rho \chi \left(\boldsymbol{v} - \boldsymbol{u}\right) \cdot \frac{2}{\rho} \nabla \rho - f^{\mathrm{eq}} b\rho \left(\boldsymbol{v} - \boldsymbol{u}\right) \cdot \nabla \chi. \qquad (3.401)$$

正如玻尔兹曼方程的碰撞项可以用 BGK 模型近似，方程 (3.401) 中右侧第一项也可以用 BGK 模型近似，于是

$$\left(\frac{\partial f}{\partial t}\right)_E = -\frac{1}{\tau}\left(f - f^{\mathrm{eq}}\right) - f^{\mathrm{eq}} b\rho \chi \left(\boldsymbol{v} - \boldsymbol{u}\right) \cdot \nabla \ln \left(\rho^2 \chi\right). \qquad (3.402)$$

至此，我们获得了近似不可压、温度均匀系统的简化恩斯库格方程：

$$\frac{\partial f}{\partial t} + \boldsymbol{v} \cdot \nabla f + \boldsymbol{a} \cdot \nabla_{\boldsymbol{v}} f = -\frac{1}{\tau}\left(f - f^{\mathrm{eq}}\right) - f^{\mathrm{eq}} b\rho \chi \left(\boldsymbol{v} - \boldsymbol{u}\right) \cdot \nabla \ln \left(\rho^2 \chi\right). \qquad (3.403)$$

与以前的研究类似，这里我们仍然考虑外力项中的分布函数 f 可以用 f^{eq} 近似的情形，

$$\boldsymbol{a} \cdot \nabla_{\boldsymbol{v}} f = \frac{\boldsymbol{F}}{m} \cdot \nabla_{\boldsymbol{v}} f^{\mathrm{eq}} = -\frac{\boldsymbol{F} \cdot (\boldsymbol{v} - \boldsymbol{u})}{\rho R T} f^{\mathrm{eq}}, \qquad (3.404)$$

其中 m 是分子的质量。这样，简化的恩斯库格方程可写为

$$\frac{\partial f}{\partial t} + \boldsymbol{v} \cdot \nabla f - \frac{\boldsymbol{F} \cdot (\boldsymbol{v} - \boldsymbol{u})}{\rho R T} f^{\mathrm{eq}} = -\frac{1}{\tau}\left(f - f^{\mathrm{eq}}\right) - \frac{(\boldsymbol{v} - \boldsymbol{u}) \cdot \nabla (b\rho^2 R T \chi)}{\rho R T} f^{\mathrm{eq}}, \qquad (3.405)$$

右侧最后一项代表分子间的斥力相互作用，可视为分子大小效应。

2) 基于恩斯库格方程的多相流模型

前面我们通过用恩斯库格碰撞算符代替玻尔兹曼碰撞算符，引入了分子间的排斥作用，现在多相流 DBM 建模的关键就是引入分子间的引力。根据平均场理论，分子间的相互吸引可用平均力势[321]

$$\Phi(\boldsymbol{r}_1) = \int_{r_{12} > d_0} \phi_{\mathrm{attr}}(r_{12}) \rho(\boldsymbol{r}_2) \mathrm{d}\boldsymbol{r}_2 \qquad (3.406)$$

来描述，其中 $r_{12} = |\boldsymbol{r}_1 - \boldsymbol{r}_2|$ 是 $\boldsymbol{r}_1$ 和 $\boldsymbol{r}_2$ 两点间的距离，$\phi_{\mathrm{attr}}(r_{12})$ 代表分子间的吸引势。将 $\rho(\boldsymbol{r}_2)$ 在 $\boldsymbol{r}_1$ 点展开，忽略掉二阶以上的高阶项，则 $\Phi(\boldsymbol{r}_1)$ 可近似为

$$\Phi(\boldsymbol{r}_1) = -2a\rho - K\nabla^2 \rho, \qquad (3.407)$$

其中第一项通过 $a = -\dfrac{1}{2} \displaystyle\int_{r > d_0} \phi_{\mathrm{attr}}(\boldsymbol{r}) \mathrm{d}\boldsymbol{r}$ 影响状态方程，第二项贡献表面张力。在本节中，表面张力系数 $K = -\dfrac{1}{6} \displaystyle\int_{r > d_0} r^2 \phi_{\mathrm{attr}}(\boldsymbol{r}) \mathrm{d}\boldsymbol{r}$ 暂且视为常数。

基于方程 (3.407) 中 $\Phi(\boldsymbol{r})$ 的表达式，$\boldsymbol{r}$ 点分子所受合外力为

$$\boldsymbol{F} = -\rho\nabla\Phi = \nabla(a\rho^2) + \rho\nabla(K\nabla^2\rho). \tag{3.408}$$

将 $\boldsymbol{F}$ 的表达式代入方程 (3.405)，可得

$$\frac{\partial f}{\partial t} + \boldsymbol{v}\cdot\nabla f - \frac{\boldsymbol{F}'\cdot(\boldsymbol{v}-\boldsymbol{u})}{\rho RT}f^{\mathrm{eq}} = -\frac{1}{\tau}\left(f-f^{\mathrm{eq}}\right), \tag{3.409}$$

其中 $\boldsymbol{F}' = [-\nabla\psi + \rho\nabla(K\nabla^2\rho)]$，$\psi = b\rho^2 RT\chi - a\rho^2$。$\boldsymbol{F}'$ 表达式中第一项与状态方程有关，第二项与表面张力有关。根据查普曼-恩斯库格多尺度分析，方程 (3.409) 对应的纳维-斯托克斯方程组为

$$\frac{\partial\rho}{\partial t} + \nabla\cdot(\rho\boldsymbol{u}) = 0, \tag{3.410}$$

$$\frac{\partial(\rho\boldsymbol{u})}{\partial t} + \nabla\cdot(\rho\boldsymbol{u}\boldsymbol{u} + P\boldsymbol{I} + \boldsymbol{\Pi}) - \rho\nabla(K\nabla^2\rho) = 0, \tag{3.411}$$

其中 P 对应的是如下形式的状态方程：

$$P = \rho RT(1 + b\rho\chi) - a\rho^2. \tag{3.412}$$

当 $\chi = \dfrac{1-b\rho/8}{(1-b\rho/4)^3}$ 时，可得出 Carnahan-Starling 状态方程：

$$P^c = \rho RT\frac{1 + \eta + \eta^2 - \eta^3}{(1-\eta)^3} - a\rho^2, \tag{3.413}$$

其中 $\eta = \dfrac{b\rho}{4}$。当 $\chi = \dfrac{1}{1-b\rho}$ 时，由方程 (3.412) 可得出范德瓦耳斯状态方程：

$$P^v = \frac{\rho RT}{1-b\rho} - a\rho^2, \tag{3.414}$$

方程 (3.411) 中的 $\boldsymbol{\Pi}$ 为黏性应力，形式如下：

$$\boldsymbol{\Pi} = \mu\left(\nabla\boldsymbol{u} + \nabla^T\boldsymbol{u} - \frac{2}{3}\nabla\cdot\boldsymbol{u}\boldsymbol{I}\right), \tag{3.415}$$

其中 $\mu = \tau\rho RT$ 是动理学黏性系数。方程 (3.411) 左侧最后一项代表表面张力 $\boldsymbol{F}_s$，其形式等价于[322]：

$$\boldsymbol{F}_s = \nabla\left[\left(-\frac{K}{2}\nabla\rho\cdot\nabla\rho - K\rho\nabla^2\rho\right)\boldsymbol{I} + K\nabla\rho\nabla\rho\right]. \tag{3.416}$$

3) 基于恩斯库格方程的多相流 DBM

经过前面的推导，我们已获得多相流的动理学方程为 (3.409)。相应地，多相流 DBM 演化方程为

$$\frac{\partial f_{ki}}{\partial t} + \boldsymbol{v}_{ki}\cdot\nabla f_{ki} - \frac{(\boldsymbol{v}_{ki}-\boldsymbol{u})\cdot\boldsymbol{F}'}{\rho RT}f_{ki}^{\mathrm{eq}} = -\frac{1}{\tau}\left(f_{ki} - f_{ki}^{\mathrm{eq}}\right). \tag{3.417}$$

离散局域平衡态分布函数 f_{ki}^{eq} 由下式给出:

$$f_{ki}^{\mathrm{eq}} = \rho F_k \left[\left(1 - \frac{u^2}{2T} \right) + \frac{1}{1!} \left(1 - \frac{u^2}{2T} \right) \frac{\boldsymbol{v}_{ki} \cdot \boldsymbol{u}}{T} + \frac{1}{2!} \frac{(\boldsymbol{v}_{ki} \cdot \boldsymbol{u})^2}{T^2} + \frac{1}{3!} \frac{(\boldsymbol{v}_{ki} \cdot \boldsymbol{u})^3}{T^3} \right], \quad (3.418)$$

其中

$$F_1 = \frac{24T^3 - 4 \left(c_2^2 + c_3^2 \right) T^2 + c_2^2 c_3^2 T}{c_1^2 \left(c_1^2 - c_2^2 \right) \left(c_1^2 - c_3^2 \right)}, \quad (3.419)$$

$$F_2 = \frac{24T^3 - 4 \left(c_1^2 + c_3^2 \right) T^2 + c_1^2 c_3^2 T}{3c_2^2 \left(c_2^2 - c_1^2 \right) \left(c_2^2 - c_3^2 \right)}, \quad (3.420)$$

$$F_3 = \frac{24T^3 - 4 \left(c_2^2 + c_1^2 \right) T^2 + c_2^2 c_1^2 T}{3c_3^2 \left(c_3^2 - c_1^2 \right) \left(c_3^2 - c_2^2 \right)}, \quad (3.421)$$

$$F_0 = 1 - 6 \left(F_1 + F_2 + F_3 \right), \quad (3.422)$$

这里 c_1、c_2 和 c_3 分别是三组离散速度的大小。图 3.68 给出离散速度模型的一个示意图。c_k 的取值需要使得运算稳定进行。

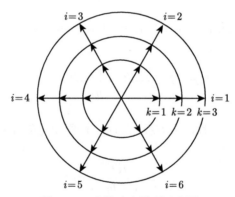

图 3.68　离散速度模型示意图

该 DBM 可以给出如下非平衡特征量:

$$\boldsymbol{\Delta}_2^* = \sum_{ki} (f_{ki}^* - f_{ki}^{\mathrm{eq}*})(\boldsymbol{v}_{ki} - \boldsymbol{u})(\boldsymbol{v}_{ki} - \boldsymbol{u}), \quad (3.423)$$

$$\boldsymbol{\Delta}_3^* = \sum_{ki} (f_{ki}^* - f_{ki}^{\mathrm{eq}*})(\boldsymbol{v}_{ki} - \boldsymbol{u})(\boldsymbol{v}_{ki} - \boldsymbol{u})(\boldsymbol{v}_{ki} - \boldsymbol{u}). \quad (3.424)$$

相应地, 我们可以定义如下两个非平衡强度量:

$$D_2^* = \sqrt{\left| \Delta_{2,xx}^* \right|^2 + \left| \Delta_{2,xy}^* \right|^2 + \left| \Delta_{2,yy}^* \right|^2}, \quad (3.425)$$

$$D_3^* = \sqrt{\left| \Delta_{3,xxx}^* \right|^2 + \left| \Delta_{3,xxy}^* \right|^2 + \left| \Delta_{3,xyy}^* \right|^2 + \left| \Delta_{3,yyy}^* \right|^2}. \quad (3.426)$$

在后面的数值模拟结果中，大家可以发现，随着应用的逐渐展开，这些非平衡特征量提供的认识及其可能的应用逐渐增多。

4) 模型校验

在文献 [115] 中给出了上述模型一系列校验和验证。这里我们只介绍其中的液滴碰撞模拟，因为其中的非平衡特征量为我们带来了新的认识。液滴碰撞问题涉及复杂的界面动力学，包括界面运动、融合和分离等。我们利用本节介绍的新模型模拟两液滴之间的迎面碰撞。两个速度相反的液滴悬浮在同一水平位置，左边的液滴以 U_0 的速度向右移动，而右边的液滴以同样的速度向左移动。根据初始速度 U_0，碰撞后有两种情况。如果 U_0 非常小，则这两个液滴最终会融合在一起；而如果 U_0 足够大，则它们会沿着垂直方向再次分离。

我们考察 $U_0 = 0.2$ 和 $U_0 = 0.5$ 两种情形。计算网格为 $N_x \times N_y = 60 \times 120$，空间步长为 $\Delta x = \Delta y = 0.02$。时间步长为 $\Delta t = 1 \times 10^{-4}$，弛豫时间为 $\tau = 2 \times 10^{-3}$。表面张力系数设为 $K = 2 \times 10^{-4}$，温度固定为 $T = 0.92$。边界条件和离散格式与之前的相分离模拟相同。两种情况下的碰撞过程，如图 3.69 和图 3.70 所示。由图 3.69 可见，当 $U_0 = 0.2$ 时两个液滴碰撞后液滴融合在一起。由图 3.70 可见，当 $U_0 = 0.5$ 时，两液滴碰撞后纵向分离。

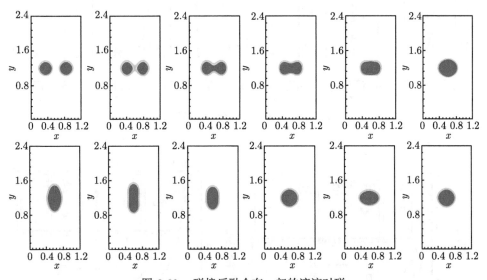

图 3.69　碰撞后融合在一起的液滴对碰

图 3.71 给出了两种非平衡强度 D_2^* 和 D_3^* 的时间演化，其中图 3.71 (a) 和 (b) 分别对应 $U_0 = 0.2$ 和 $U_0 = 0.5$ 两种情形。这里 $\bar{D}_2^*$ 和 $\bar{D}_3^*$ 代表如下定义的整体平均非平衡强度：

$$\bar{D}_m^* = \frac{1}{l_x l_y} \iint D_m^* \mathrm{d}x\mathrm{d}y, \qquad m = 2, 3, \tag{3.427}$$

其中 $l_x l_y$ 代表模拟区域的总面积。

由图 3.71 (a) 可见，根据平均非平衡强度 $\bar{D}_2^*$ 的特征，液滴碰撞过程大体可以分为五个阶段。在第一阶段，两个液滴逐渐靠近，$\bar{D}_2^*$ 逐渐减小，直至 $\bar{D}_2^*(t)$ 曲线中的 "A" 点。在第二阶段 ($\bar{D}_2^*(t)$ 曲线 AB 段)，两个液滴接触，界面开始融合，$\bar{D}_2^*$ 随时间增加。相界面融合完成后，第三阶段 (BC 段) 开始，融合的液滴垂直拉长，伴随 $\bar{D}_2^*$ 的减少。由于碰撞后的动能不足以克服表面张力的约束，融合后的液滴无法再次分离。因此，在第四阶段 (CD 段)，液滴垂直收缩，非平衡强度总体呈上升趋势。在第五阶段 (在 $\bar{D}_2^*(t)$ 曲线的 "D" 点之后)，液滴在水平和垂直方向交替伸长和收缩，最终趋于稳定状态。而 $\bar{D}_2^*$ 则呈现振荡衰减趋势，最终趋于稳定值。从 $\bar{D}_3^*(t)$ 的特征中，只能很好地识别出前三个阶段，说明不同视角下的非平衡强度作用是不同的。这种不同，也恰恰是互补的。

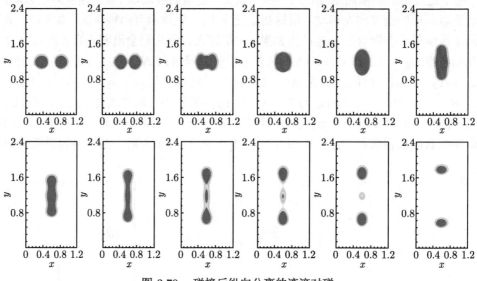

图 3.70　碰撞后纵向分离的液滴对碰

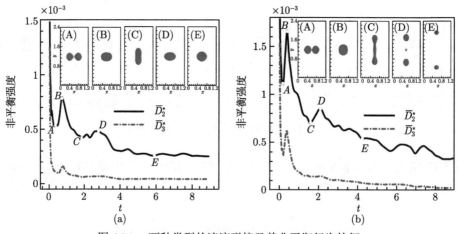

图 3.71　两种类型的液滴碰撞及其非平衡行为特征

图 3.71 (b) 给出了 $U_0 = 0.5$ 时的碰撞情形。在前四个阶段，$\bar{D}_2^*(t)$ 的特征与 $U_0 = 0.2$ 的情形非常类似。然而，在最后一个阶段，$\bar{D}_2^*$ 持续降低，直至 $t = 5$ 后两个液滴离开模拟区域。(图中 $t = 5$ 之后的曲线没有意义，因为两液滴已经离开模拟区域)。可见，$\bar{D}_2^*$ 的特征可用于液滴碰撞过程不同阶段的划分和识别，其在最后一个阶段的特征可用于很好地区

分这两种碰撞类型；而从 $\bar{D}_3^*(t)$ 曲线也可以很好地区分碰撞的前三个阶段，但不易通过它区别这两种碰撞类型。

3.8.4.4 多介质流体系统的 DBM

前面介绍的是单介质多相流的 DBM 建模，是单流体模型。与宏观双流体、多流体模型相对应，DBM 也有双流体、多流体模型。N 流体模型使用 N 个分布函数描述系统状态，每个分布函数描述一种介质。根据趋于平衡的次序，有单步 (弛豫) 碰撞模型和多步 (弛豫) 碰撞模型 (一般是两步碰撞模型)；根据弛豫时间的个数，有单弛豫时间模型和多弛豫时间模型。本节我们试图给出一个统一描述框架[117]。

为此，我们引入速度空间和动理学矩空间的离散分布函数 f_i^σ 和 $\hat{f}_i^\sigma$。这里的下角标 $i(=1,2,\cdots,N)$ 对应离散速度 $v_{i\alpha}^\sigma$。在本节的例子中总的离散速度数是 $N(=16)$，参见方程 (3.447)。上角标 σ 是流体系统中介质的编号。ρ^σ、n^σ、J_α^σ、u_α^σ 分别是介质 σ 的局域质量密度、粒子 (或摩尔) 数密度、动量和流速。

$$\rho^\sigma = m^\sigma n^\sigma = m^\sigma \sum_i f_i^\sigma, \tag{3.428}$$

$$J_\alpha^\sigma = \rho^\sigma u_\alpha^\sigma = m^\sigma \sum_i f_i^\sigma v_{i\alpha}^\sigma, \tag{3.429}$$

其中 m^σ 是粒子 (或摩尔) 质量。混合物局域的总质量密度 ρ、粒子 (或摩尔) 数密度 n、总动量 J_α 和平均流速 u_α 分别为

$$\rho = \sum_\sigma \rho^\sigma, \tag{3.430}$$

$$n = \sum_\sigma n^\sigma, \tag{3.431}$$

$$J_\alpha = \rho u_\alpha = \sum_\sigma J_\alpha^\sigma. \tag{3.432}$$

介质 σ 的局域能量和混合物总局域能量分别为

$$E^\sigma = \frac{1}{2} m^\sigma \sum_i f_i^\sigma \left((v_i^\sigma)^2 + (\eta_i^\sigma)^2 \right), \tag{3.433}$$

$$E = \sum_\sigma E^\sigma, \tag{3.434}$$

其中 v_i^σ 是介质 σ 第 i 个离散速度的大小，η_i^σ 用于描述介质 σ 分子内部自由度引发的额外能量，这里用于调节模型的比热比。

比单介质情形复杂的是：内能 (温度) 的定义依赖于作为参考的流速；在多介质情形，我们既有介质 σ 的流速 u_α^σ，又有混合物的 (平均) 流速 u_α。

首先，我们借助混合物的平均流速 u_α 定义介质 σ 的温度和混合物温度：

$$T^{\sigma*} = \frac{2E^\sigma - \rho^\sigma u^2}{(D+I^\sigma)n^\sigma}, \tag{3.435}$$

$$T = \frac{2E - \rho u^2}{\sum_\sigma (D + I^\sigma)\, n^\sigma},$$ (3.436)

这里 $D = 2$, I^σ 是介质 σ 额外自由度的数目。同时，我们定义介质 σ 相对于其自身流速 u_α^σ 的温度：

$$T^\sigma = \frac{2E^\sigma - \rho^\sigma (u^\sigma)^2}{(D + I^\sigma)\, n^\sigma}.$$ (3.437)

至此，我们引入了三种温度。**温度和压强之间由状态方程相联系。有几种温度，就有几种压强**。鉴于问题的复杂性，在本节讨论中我们暂且忽略分子间作用力，使用理想气体状态方程，给出一种建模思路。对于理想气体情形，我们首先定义介质 σ 基于混合物 (平均) 流速的压强

$$P^{\sigma*} = n^\sigma T^{\sigma*},$$ (3.438)

则混合物的压强

$$P = \sum_\sigma P^{\sigma*}.$$ (3.439)

同时，定义介质 σ 基于自己流速的压强

$$P^\sigma = n^\sigma T^\sigma,$$ (3.440)

可见，**如果将混合物 (平均) 流速作为参考，则混合物的总压强等于各介质的分压强之和**。

平衡态分布函数依赖于粒子数密度、流速和温度。温度的定义依赖于流速，这里有两种流速：介质 σ 的流速 u_α^σ 和混合物的 (平均) 流速 u_α。所以，**针对介质 σ，我们可以引入三种平衡态分布函数**：分别依赖于 $(n^\sigma, u_\alpha^\sigma, T_\alpha^\sigma)$、$(n^\sigma, u_\alpha, T_\alpha^{\sigma*})$、$(n^\sigma, u_\alpha, T)$，即

$$f_i^{\sigma,\mathrm{eq}} = f_i^{\sigma,\mathrm{eq}}(n^\sigma, u_\alpha^\sigma, T_\alpha^\sigma),$$ (3.441a)

$$f_i^{\sigma,\mathrm{eq}*} = f_i^{\sigma,\mathrm{eq}}(n^\sigma, u_\alpha, T_\alpha^{\sigma*}),$$ (3.441b)

$$f_i^{\sigma,\mathrm{meq}} = f_i^{\sigma,\mathrm{eq}}(n^\sigma, u_\alpha, T).$$ (3.441c)

与此对应，动理学矩空间的分布函数也有三种：

$$\hat{f}_i^{\sigma,\mathrm{eq}} = \hat{f}_i^{\sigma,\mathrm{eq}}(n^\sigma, u_\alpha^\sigma, T_\alpha^\sigma),$$ (3.442a)

$$\hat{f}_i^{\sigma,\mathrm{eq}*} = \hat{f}_i^{\sigma,\mathrm{eq}}(n^\sigma, u_\alpha, T_\alpha^{\sigma*}),$$ (3.442b)

$$\hat{f}_i^{\sigma,\mathrm{meq}} = \hat{f}_i^{\sigma,\mathrm{eq}}(n^\sigma, u_\alpha, T).$$ (3.442c)

在多介质流动中，分子碰撞的最终结果是使得 $f_i^\sigma = f_i^{\sigma,\mathrm{meq}}$，忽略中间动理学过程，只考虑这一最终结果的碰撞模型，即为**单步 (弛豫) 碰撞模型**：

$$\partial_t f_i^\sigma + v_{i\alpha}^\sigma \partial_\alpha f_i^\sigma = -\frac{1}{\tau^\sigma} \left(f_i^\sigma - f_i^{\sigma,\mathrm{meq}} \right).$$ (3.443)

两步 (弛豫) 碰撞模型的思路是: 介质内先平衡, 介质间再平衡。 演化方程可写为

$$\partial_t f_i^\sigma + v_{i\alpha}^\sigma \partial_\alpha f_i^\sigma = -\frac{1}{\tau_1^\sigma}\left(f_i^\sigma - f_i^{\sigma,\text{seq}}\right) - \frac{1}{\tau_2^\sigma}\left(f_i^{\sigma,\text{seq}} - f_i^{\sigma,\text{meq}}\right). \tag{3.444}$$

当 $\tau_1^\sigma = \tau_2^\sigma$ 时, 两步模型(3.444)回到单步模型(3.443)。问题是, **作为中间过渡的 $f_i^{\sigma,\text{seq}}$ 又有两种选择:** $f_i^{\sigma,\text{seq}} = f_i^{\sigma,\text{eq}}$ 或者 $f_i^{\sigma,\text{seq}} = f_i^{\sigma,\text{eq}*}$。两种选择在动理学细节描述上有一定差异。在本节下面的讨论中, 我们取 $f_i^{\sigma,\text{seq}} = f_i^{\sigma,\text{eq}}(n^\sigma, u_\alpha^\sigma, T_\alpha^\sigma)$。

对于多弛豫时间情形, 离散玻尔兹曼方程可写为

$$\partial_t f_i^\sigma + v_{i\alpha}^\sigma \partial_\alpha f_i^\sigma = -(M_{il}^\sigma)^{-1} S_{lk}^\sigma \left(\hat{f}_k^\sigma - \hat{f}_k^{\sigma,\text{eq}}\right) + A_i^\sigma. \tag{3.445}$$

右侧 S_{lk}^σ 是对角矩阵 $\boldsymbol{S}^\sigma = \text{diag}\left(S_1^\sigma\ S_2^\sigma\ \cdots\ S_N^\sigma\right)$ 的元素, 参数 S_i^σ 的倒数为 $\hat{f}_i^\sigma$ 趋于 $\hat{f}_i^{\sigma,\text{eq}}$ 的弛豫时间。$(M_{il}^\sigma)^{-1}$ 是方阵 $(\boldsymbol{M}^\sigma)^{-1}$ 的元素; $(\boldsymbol{M}^\sigma)^{-1}$ 是 $\boldsymbol{M}^\sigma$ 的逆矩阵; $\boldsymbol{M}^\sigma$ 的矩阵元为 M_{il}^σ; A_i^σ 是由方程 (3.448) 和 (3.449) 给出的修正项。

其实, 方程 (3.445) 是

$$\partial_t f_i^\sigma + v_{i\alpha}^\sigma \partial_\alpha f_i^\sigma = -(M_{il}^\sigma)^{-1}\left[S_{lk}^{\sigma s}\left(\hat{f}_k^\sigma - \hat{f}_k^{\sigma,\text{seq}}\right) + S_{lk}^\sigma\left(\hat{f}_k^{\sigma,\text{seq}} - \hat{f}_k^{\sigma,\text{eq}}\right)\right] + A_i^\sigma, \tag{3.446}$$

在 $S_{lk}^{\sigma s} = S_{lk}^\sigma$ 时的简化形式。方程 (3.445) 和 (3.446) 描述的分别为单步弛豫碰撞模型和两步弛豫碰撞模型。在单步弛豫碰撞模型 (3.445) 中, $\hat{f}_k^\sigma$ 直接趋于 $\hat{f}_k^{\sigma,\text{eq}}$, 弛豫时间为 S_{lk}^σ 的倒数。在两步弛豫碰撞模型 (3.446) 中, $\hat{f}_k^\sigma$ 首先趋于 $\hat{f}_k^{\sigma,\text{seq}}$, 弛豫时间为 $S_{lk}^{\sigma s}$ 的倒数; 然后 $\hat{f}_k^{\sigma,\text{seq}}$ 趋于 $\hat{f}_k^{\sigma,\text{eq}}$, 弛豫时间为 S_{lk}^σ 的倒数。

本节的介绍基于如图 3.72 所示的离散速度模型。两组离散速度的大小分别为 v_a^σ 和 v_b^σ。这个离散速度模型可用下式描述:

$$(v_{ix}^\sigma, v_{iy}^\sigma) = \begin{cases} v_a^\sigma\left(\cos\dfrac{i\pi}{4}, \sin\dfrac{i\pi}{4}\right), & 1 \leqslant i \leqslant 8, \\ v_b^\sigma\left(\cos\dfrac{i\pi}{4}, \sin\dfrac{i\pi}{4}\right), & 9 \leqslant i \leqslant N. \end{cases} \tag{3.447}$$

另外, 我们约定: 当 $1 \leqslant i \leqslant 4$ 时, $\eta_i^\sigma = \eta_a^\sigma$; 当 $9 \leqslant i \leqslant 12$ 时, $\eta_i^\sigma = \eta_b^\sigma$; 在其余情形, $\eta_i^\sigma = 0$。这里 v_a^σ、v_b^σ、η_a^σ 和 η_b^σ 都是可调参数, 用于优化 DBM 特性。

与单介质情形类似, 在多弛豫时间碰撞模型构建过程中, 需要考虑到同一系统内不同动理学弛豫过程之间的关联, 所以与单弛豫时间模型相比, 碰撞算符中需要添加修正项 A_i^σ。在只考虑一阶非平衡效应时,

$$A_8^\sigma = 2\left(S_8^\sigma - S_5^\sigma\right)u_x^\sigma \Delta_5^\sigma + 2\left(S_8^\sigma - S_6^\sigma\right)u_y^\sigma \Delta_6^\sigma, \tag{3.448}$$

$$A_9^\sigma = 2\left(S_9^\sigma - S_7^\sigma\right)u_y^\sigma \Delta_7^\sigma + 2\left(S_9^\sigma - S_6^\sigma\right)u_x^\sigma \Delta_6^\sigma, \tag{3.449}$$

其中

$$\Delta_5^\sigma = \frac{2n^\sigma T^\sigma}{S_5^\sigma m^\sigma}\left(\frac{1-D-I^\sigma}{D+I^\sigma}\partial_x u_x^\sigma + \frac{\partial_y u_y^\sigma}{D+I^\sigma}\right), \tag{3.450}$$

$$\Delta_6^\sigma = -\frac{n^\sigma T^\sigma}{S_6^\sigma m^\sigma}\left(\partial_y u_x^\sigma + \partial_x u_y^\sigma\right), \tag{3.451}$$

$$\Delta_7^\sigma = \frac{2n^\sigma T^\sigma}{S_7^\sigma m^\sigma}\left(\frac{\partial_x u_x^\sigma}{D+I^\sigma} + \frac{1-D-I^\sigma}{D+I^\sigma}\partial_y u_y^\sigma\right). \tag{3.452}$$

其余情形，$A_i^\sigma = 0$。

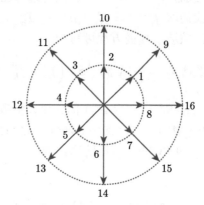

图 3.72   离散速度模型示意图

通过查普曼-恩斯库格多尺度分析可知，Fick 扩散定律、多介质 NS 方程已经作为特例包含在多介质 DBM 模型中。在只考虑一阶非平衡效应情形时，

$$\hat{f}_5^{\sigma,\mathrm{sneq}} = \Delta_5^\sigma - n^\sigma\left(u_x^{\sigma 2} - u_x^2\right) + \frac{2S_2^\sigma n^\sigma}{S_5^\sigma}u_x^\sigma\left(u_x^\sigma - u_x\right)$$

$$- \frac{S_4^\sigma n^\sigma}{S_5^\sigma}\frac{\left(u_x^\sigma - u_x\right)^2 + \left(u_y^\sigma - u_y\right)^2}{D+I^\sigma} + \left(S_4^\sigma - S_5^\sigma\right)n^\sigma\frac{T^\sigma - T}{S_5^\sigma m^\sigma}, \tag{3.453}$$

$$\hat{f}_6^{\sigma,\mathrm{sneq}} = \Delta_6^\sigma - n^\sigma\left(u_x^\sigma u_y^\sigma - u_x u_y\right)$$

$$+ \frac{S_2^\sigma n^\sigma}{S_6^\sigma}u_y^\sigma\left(u_x^\sigma - u_x\right) + \frac{S_3^\sigma n^\sigma}{S_6^\sigma}u_x^\sigma\left(u_y^\sigma - u_y\right), \tag{3.454}$$

$$\hat{f}_7^{\sigma,\mathrm{sneq}} = \Delta_7^\sigma - n^\sigma\left(u_y^{\sigma 2} - u_y^2\right) + 2\frac{S_3^\sigma n^\sigma}{S_7^\sigma}u_y^\sigma\left(u_y^\sigma - u_y\right)$$

$$- \frac{S_4^\sigma n^\sigma}{S_7^\sigma}\frac{\left(u_x^\sigma - u_x\right)^2 + \left(u_y^\sigma - u_y\right)^2}{D+I^\sigma} + \left(S_4^\sigma - S_7^\sigma\right)n^\sigma\frac{T^\sigma - T}{S_7^\sigma m^\sigma}. \tag{3.455}$$

当 $u_\alpha^\sigma = u_\alpha$，$T^\sigma = T$ 时，$\hat{f}_5^{\sigma,\mathrm{sneq}} = \Delta_5^\sigma$，$\hat{f}_6^{\sigma,\mathrm{sneq}} = \Delta_6^\sigma$，$\hat{f}_7^{\sigma,\mathrm{sneq}} = \Delta_7^\sigma$。在多介质情形，我们可以引入如下混合熵：

$$S_M = -\sum_\sigma n^\sigma \ln X^\sigma, \tag{3.456}$$

其中，X^σ 是介质 σ 的摩尔数。关于多介质 DBM 的更多讨论可参阅文献 [82, 100, 117, 235, 237, 323–325]。

　　我们已经看到，**动理学建模有两种类型：动理学宏观建模和动理学直接建模**。我们可以通过表 3.7 来小结一下目前对动理学宏观建模和动理学直接建模的理解。由单流体动理学理论到单流体 NS 方程组，因为只涉及一种介质、一阶非平衡，所以比较确定。到了二阶非平衡或双流体情形，推导过程中就要面临诸多抉择了，不同抉择给出的宏观流体方程组可能会有差异。那些所谓的不稳定或其他问题，很可能是因为中间某步所做的抉择物理上不合理。中间抉择不同，便会导致宏观模型方程组的不同。但只要所依赖的矩关系不变，DBM 就是唯一确定的。这是动理学宏观建模和 DBM 直接动理学建模的不同。在依赖的矩关系相同的前提下，中间不同抉择下得到的不同宏观流体模型都是同一 DBM 的特例，都可以作为解析解来检测 DBM 在相应情形下的模拟结果。动理学宏观建模过程中，需要梳理清楚自己的定义和抉择对应的物理图像，否则容易迷失。动理学宏观建模过程，有助于清晰地看到传统唯象宏观建模所隐含的假设，看清传统唯象宏观模型的适用边界。

表 3.7　动理学建模：宏观建模与直接建模

	宏观建模	直接建模
主要做法	基于动理学理论，通过查普曼-恩斯库格或 Sone 等多尺度分析方法来推导宏观流体方程组。通过求解所得到的宏观流体方程组来进行数值模拟	基于动理学理论，通过查普曼-恩斯库格、Sone 等多尺度分析或其他物理需求来快速确认建模过程中要保的动理学矩关系，无须推导出宏观流体方程组的具体形式。通过求解离散的玻尔兹曼方程来进行数值模拟
优点	数值模拟属于传统计算流体力学问题，计算方法相对成熟	中间抉择不同，便会导致宏观模型方程组的不同。但只要所依赖的矩关系不变，DBM 就是唯一确定的。DBM 动理学直接建模可以避开动理学宏观建模过程中的各种抉择与歧义，图像简单、清晰
缺点	对于双流体情形，推导过程中就要面临诸多抉择了：局域流速和温度取介质自身的还是混合物 (平均) 的？不同抉择给出的宏观流体方程组可能会有差异。即 DBM 与动理学宏观建模的关系可能是"一对多"	在传统流体模型有效、足矣的情形，必要性下降，可用可不用

3.9　DBM 建模与 LBM 解法的比较

　　从 20 世纪 90 年代初开始，作为偏微分方程数值解法的 LBM 引起了人们广泛的兴趣，获得了快速的进展。这里，我们对 LBM 和 DBM 的关系做一简单梳理。

　　(1) 这两类方法同源，但指向不同的目标。因为同源，所以在形式上存在诸多相似。因为目标不同，所以构建的规则不同，优劣的判据不同。 目标不同，导致了走的路线不可能相同，尽管有时靠得很近，甚至在某个区段用的还是同一"轨道"。LBM 是求解偏微分方程的数值计算方法，构建规则和优劣判据应该使用计算数学的规则和判据；而作为动理学建模的 DBM 是根据研究需求，抓主要矛盾而构建的描述系统主要特征的一种粗粒化模型，它的构建规则和优劣判据必须使用物理学的规则和判据。前者可以不受动理学理论的约束，根据求解方程的需要使用人为构造的"分布函数"和"玻尔兹曼方程"。例如，在有些双分布函数 DDF-LBM 中，一个分布函数描述密度和流速，另一个分布函数描述温度；在描述固体材料变形的 LBM 中，引入的"分布函数"和"玻尔兹曼方程"与气体动理学理论中的完全不同。而 DBM 使用的分布函数和玻尔兹曼方程必须与动理学理论一致。

(2) **从适用范围上**。解法研究关心的是方程类型及其数学性质，与该方程描述的现象和行为属于物理学的哪个分支学科无关。目前，固体力学小幅度扰动波动方程、弹性变形方程、量子力学基本方程、相对论力学相关方程等的 LBM 解法均有探索性研究[90–93]；而目前的 DBM 是基于玻尔兹曼方程二次粗粒化，外加非平衡状态描述方法和非平衡效应提取技术构成的物理模型，适用于宏观方程未知的、从物理图像上可视为"流动"的相关情形。二者，一个属于数学的范畴，一个属于物理学的范畴。

(3) **从物理功能上**。即便 LBM 求解的是流体动力学方程，不是其他类型的非流体动力学方程，那么这类 LBM 模拟的也只是原宏观流体模型所描述的流体行为。DBM 的主要目标是针对宏观流体建模在离散效应描述、非平衡效应描述方面表现出物理功能不足，而微观分子动力学模拟因适用尺度受限而无能为力的中间情形，同时捕捉系统中的流动与热动非平衡行为。其中，热动非平衡行为是我们物理上感兴趣、需要研究，而传统宏观流体模型所描述不好的，至少不能满足我们的物理需求的。

(4) **从查普曼-恩斯库格多尺度分析的作用上**[①]。对于 LBM，是基于需要求解的方程，反推需要选取或人为构建矩关系的途径，整个分析过程必须精确、完整，以在精度要求内获得待求解方程为目标；而对于 DBM，它只是根据需要研究的非平衡程度，根据 $f^{(n)}$ 对 $f^{(n-1)}, \ldots, f^{(1)}$ 对 $f^{(0)}$ 的依赖关系，快速确定建模过程中要保的底层矩关系 ($f^{(0)}$ 的矩关系) 的途径之一。其目标是找出建模过程中要保的底层系统性质 (由 $f^{(0)}$ 的动理学矩关系描述)，无须像 LBM 解法构建那样，进行后续烦琐的理论推导。

(5) **从唯一性、确定性上**。由单流体动理学理论到单流体 NS 方程组，因为只涉及一种介质、一阶非平衡，所以比较确定。但到了二阶非平衡或双流体情形，推导过程中就要面临诸多抉择了，不同抉择给出的宏观流体方程组可能会有差异。那些所谓的不稳定或其他问题，很可能是因为中间某步所做的抉择物理上不合理。中间抉择不同，便会导致宏观模型方程组的不同。但只要所依赖的矩关系不变，DBM 就是唯一确定的。所以，宏观流体方程跟 DBM 的对应关系可能是多对一的关系。这也是动理学宏观建模和 DBM 直接动理学建模的典型区别。在依赖的矩关系相同的前提下，中间不同抉择下得到的不同宏观流体模型都是同一 DBM 的特例，都可以作为解析解来检测 DBM 在相应情形下的模拟结果。

(6) **从构建过程或因果关系上**。LBM 解法构建是以知道需要求解方程的精确形式为前提的；而 **DBM 建模只是选取一个视角 (一组系统性质) 对系统进行研究，适用于宏观流体方程具体形式未知的情形，对应的宏观流体方程"是后知的结果而不是前提"**。

(7) **从核心价值上**。LBM 解法必须忠诚于原始模型，所以它的价值在于"相同"；而 DBM 必须具备传统流体模型所不具备的部分所需物理功能，所以它的价值在于"不同"。

(8) **从跨尺度方面**。DBM 是在玻尔兹曼方程基础上的粗粒化物理建模，部分继承了玻尔兹曼方程连接微观与宏观、跨尺度的物理功能；前者必须忠诚于原始模型，所以它的价值在于"相同"，不具备"连接微观与宏观、跨尺度"的物理功能。

---

① 或者 Sone 多尺度分析，京都大学 Sone 教授提供的动理学理论多尺度分析方法[326]。

(9) **从离散格式方面**。LBM 方程解法研究，关注数值精度，所以具体的 LBM 解法是与时间和空间 (包括位置空间和速度空间) 的具体离散格式绑定的，即具体离散格式是具体 LBM 解法的一部分；而 DBM 建模研究，给出的是物理问题对所用模型的一系列物理约束，它本身并不包含具体离散格式，它使用的是数值误差为零时的物理图像。

3.10 其他相关问题与小结

当我们研究复杂系统时，一般总是先了解其宏观 (系统) 尺度行为，然后再逐步深入其微观 (单元) 尺度的机制，并逐步试图建立这两者之间的关联。然而，直接建立这种关联往往是十分困难的，其原因是，在介于单元尺度和系统尺度之间的介观尺度上可能存在一个普适的主导原理，即不同控制机制在竞争中的协调。近年来，在李静海院士等一大批科研人员的推动下，"介科学"相关研究正在成为当前跨学科、跨领域的研究热点之一[327]。

本章及后面第 5 章 DBM 模拟部分介绍的研究工作可以归入时下的"介科学"范畴，主要关注复杂系统物理建模与模拟的相关问题，重点关注宏观流体建模失效或物理功能不足，而微观分子动力学模拟由于适用尺度受限而无能为力的"介尺度"情形。

复杂系统行为，可以用很多变量描述。粗略地说，这些变量可以分为慢变量和快变量。慢变量对时间的导数比较小，其极限情况是不随时间变化的。不随时间变化的量，习惯上叫参数。有些系统里某些参数可以调，给一个参数，观察系统的行为，过一会改变一下参数。所以，实际上参数也是一种变量，只是变得很慢。从这个意义上讲，参数和变量并没有太大差别。快变量受慢变量控制 (慢变量控制快变量这一规律，习惯上称为做奴役原理[328])。

复杂物理系统研究，最重要的一步就是关键物理量的选择。人们的认识是一个由简单到复杂，逐步深入的过程。越是不变、守恒的东西，越是容易把握。所以，首先获得科学描述的是各种守恒的性质 (物理量)，然后是一些慢变量。各种守恒定律在科学研究中居于核心地位。**各种守恒的物理量自然是所有物理量中最关键的核心物理量**。但如果只靠几个核心物理量，对于系统性质和行为的描述又是不够的。**随着系统行为变得更加复杂，或者随着对系统行为把握程度要求的提高，对系统行为的描述就不得不依赖更多的物理量**。

目前文献中和本书中讨论的 DBM 建模还都在查普曼-恩斯库格多尺度分析理论框架有效的范围内。但需要指出的是，在 DBM 建模过程中，查普曼-恩斯库格多尺度分析只是帮助确定要保的底层不变量 (底层动理学矩) 的途径之一；DBM 的核心是根据具体问题研究需求抓主要矛盾。只要能够通过物理分析确定要保的不变量、基本的守恒性和必要的对称性，即可进行建模和模拟，它本身并不依赖于宏观方程的存在与否。作为一种粗粒化物理建模方法，在一些实际问题研究中，DBM 往往还需要借助、结合一部分唯象模型 (这与实际系统宏观描述往往需要在理想流体模型基础上进行修正是一致的)，相对于传统宏观建模，在物理功能上它只是增加了部分关系最密切的热力学非平衡行为描述①。

---

① 在流体系统研究中，理想气体模型和玻尔兹曼方程自身的功能及作用往往仅是建模思考的出发点，需要根据实际系统的特点进行合理修正。

在跨尺度物理模拟研究中，往往需要对收益与代价进行综合考虑。如果在不同尺度上采用不同的物理建模，则容易引进新的挑战性科学问题——不同物理模型模拟结果之间的对接问题；而 DBM 建模理论框架统一，不存在不同尺度模拟结果之间的对接问题。在物理和工程模拟研究中，在计算资源相对充足的情形，如果一个模型或程序能够解决更多问题，这将给使用者带来极大的方便，那么这一模型或程序往往也是很有魅力的。

到这里，我们可以对 DBM 建模的背景、需求和特征进行如下小结了。

(1) 对于流体系统，非平衡统计物理描述比宏观连续建模更底层。宏观连续建模描述的是非平衡统计物理学所描述的流体系统中的一小部分：平衡和近平衡流体系统，抓住了平衡和近平衡系统中我们最熟悉 (实验上最容易观测和测量) 的特征 (ρ, u, T, P)。

(2) 从非平衡统计物理学的视角，多体系统的实际状态由 N 体分布函数来描述；在玻尔兹曼方程适用的相对简单情形，可以使用单体分布函数 f 来描述。鉴于目前的 (理论和数值) 处理能力和多数情形尚能满足需求 (可能需要经过适当修正)，研究和使用最多的是还是玻尔兹曼方程 (恩斯库格方程可以视为玻尔兹曼方程在硬球模型下的推广)。

(3) 在使用传统描述确定 (ρ, u, T, P) 之后，从非平衡统计物理学角度看，能确定的是与该宏观状态对应的热力学平衡态 f^{eq}。

(4) 在系统的实际状态 f 与 f^{eq} 相差很小时，掌握了 f^{eq}，就可近似认为已经掌握了 f。但随着 f 对 f^{eq} 偏离的增大，只掌握 f^{eq}，就越来越不能满足需求了。

(5) 因为客观存在的非平衡行为特征实在是太丰富，所以在很多情形，我们完全没有可能也没有必要掌握 f 的所有细节特征。我们实际关注的往往也只是非平衡流动的部分特征，相应地，只需掌握其中的守恒量、慢变量和少数极其相关的动理学矩，就基本能够满足研究问题的需求。

(6) 尽管总存在最外层一个或几个热力学非平衡检测量理论上不封闭，但 DBM 又总能根据依赖关系，通过添加需要保值的相应非守恒矩，封闭到热力学非平衡检测所需要的阶数。

(7) DBM 中涉及的热力学非平衡检测量，尽管是高阶矩，但其物理意义是清晰的。有些高阶矩在传统流体建模中不存在，那是传统流体建模丢失的信息，是传统流体建模描述不好离散效应、非平衡效应的原因。

(8) 复杂介质动态响应 (非平衡流动只是其中之一) 模拟获得的是海量数据、复杂物理场。如何对这些海量数据进行处理和分析，去伪存真，从而得出可靠的特征、机制和规律等 (特征结构、尺度、形态、熵仅是其中一部分)，成为这方面研究能否深入进行下去的关键。

(9) 需要指出的是，边界连接的是系统内部和外界。除了场力以外的作用力，基本上都可以通过边界条件引入。边界层内的非平衡效应与远离边界的系统内部的非平衡行为，在机理上可能存在较大差异。

(10) 思考和方案会随着工作逐步深入、完善。

这个小结也可用图 3.73 进行归纳。

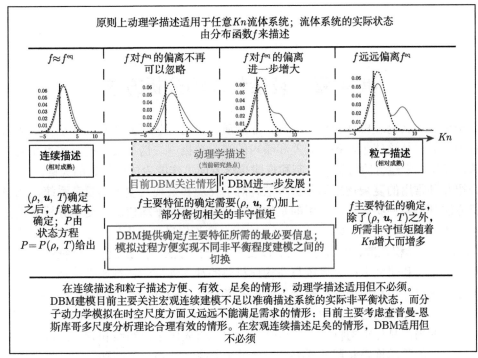

图 3.73 DBM 建模的研究背景、物理需求与基本特征

第 4 章　复杂物理场分析方法

　　无论使用什么物理模型和模拟工具，非均质材料动理学研究面对的都是海量数据和复杂物理场。如何从这些包含各类误差和噪声的海量数据中去伪存真，把真实可靠的信息提取出来，发现其中蕴含的特征、机制和规律是这方面工作能否进行下去的关键。在本章中，我们介绍几种常用的复杂物理场分析方法。对于介观和宏观尺度上的复杂系统，几乎所有的分析方法都是某种统计，最常用的是物理量及其涨落的平均值。流变学分析提供诸如空间相关、时间相关、时空相关、结构因子、特征尺度等信息[283,285,286]。在本书中，流变学描述、湍流混合、体积耗散、熵增等概念，以及形态分析方法和团簇识别、特征结构追踪等技术，将用于分析和研究多相流系统与非均质材料的冲击动理学特征[32,329-333]。分子动力学模拟部分，主要介绍和使用张广财等发展的共邻分析 (common neighbor analysis，CNA) 方法[334-336]。该方法通过计算中心原子的每个 n 邻键 (n-neighbor bound) 的三个特征数来识别原子的局部晶体结构特征。在这个方法中，首先确定位错线和方向；接着，围绕位错线选择合适的跨越堆叠断层面或完美晶体的伯格斯 (Burgers) 回路，确定相应的原子到原子的序列；最后，对最接近原子间矢量的汤普森 (Thompson) 四面体及其镜像矢量求和，得到位错的伯格斯矢量。流场模拟中的示踪粒子法[337]，不仅仅是流场中某些精细结构、物质粒子来源等的呈现方法，其不同视角的统计特征也为复杂流场的研究提供了一个全新的视角。

4.1　基于规则点的结构和物理场分析

　　为了分析基于有序点的场和结构，可以使用多种方案。例如，① 统计物理的一般方案；② 流变学描述；③ 形态学描述等。方案① 的例子包括平均值及其涨落、湍流耗散、体积耗散、熵增等。方案② 的例子包括空间关联、时间关联、时空关联、结构因子、特征长度和特征时间尺度等。方案③ 的例子包括闵可夫斯基 (Minkowskii) 泛函等 [338]。

4.1.1　流变学描述

　　研究系统中静态或动态的结构或"序"是凝聚态物质相关问题中最基本、最重要的课题之一，很多复杂流体系统也会在介观层次上表现出局域有序的结构。关于复杂流体系统在外力作用下的一些流变学行为，传统描述一般基于应力和应变关系假设，在这种描述中，流体中各种结构的地位不明显，基于序参数演化方程的介观描述成为一种必然和有效的手段。在本节中，主要介绍一些适用于流体系统行为演化的流变学描述方法，包括关联函数、结构因子和特征尺度等的定义。

　　对于流场中的序参数 $\phi(\boldsymbol{r}, t)$，其等时间关联函数定义为[339,340]

$$C(\boldsymbol{r}, t) = \langle \phi(\boldsymbol{x} + \boldsymbol{r}, t)\, \phi(\boldsymbol{x}, t) \rangle, \tag{4.1}$$

式中角括号表示系综平均，即

$$C\left(\boldsymbol{r},t\right) = \langle \phi\left(\boldsymbol{x}+\boldsymbol{r},t\right) \phi\left(\boldsymbol{x},t\right) \rangle = \frac{1}{V} \int \phi\left(\boldsymbol{x}+\boldsymbol{r},t\right) \phi\left(\boldsymbol{x},t\right) \mathrm{d}\boldsymbol{x}, \tag{4.2}$$

其中 $V = \int \mathrm{d}\boldsymbol{x}$ 表示整个物理空间的大小。$C\left(\boldsymbol{r},t\right)$ 反映了空间不同位置处序参数的关联特性，类似地，还可以定义不同时间序参数的自关联函数为

$$C\left(t\right) = \langle \phi\left(\boldsymbol{x},t\right) \phi\left(\boldsymbol{x},0\right) \rangle, \tag{4.3}$$

这种定义的关联函数表征了系统演化过程中的时间关联特性。关联函数的傅里叶变换称为结构因子[339,340]，例如等时间关联函数 $C\left(\boldsymbol{r},t\right)$ 的傅里叶变换为

$$S\left(\boldsymbol{k},t\right) = \langle \phi_{\boldsymbol{k}}\left(t\right) \phi_{-\boldsymbol{k}}\left(t\right) \rangle, \tag{4.4}$$

称为等时间结构因子。在多相流和相变的模拟研究中，常采用圆平均化的结构因子 $S\left(k_r,t\right)$ 来对相图的演化特征进行分析，它由序参数的傅里叶变换计算得到[283,285,286,339,340]，即

$$S\left(k_r,t\right) = \frac{\sum\limits_{\boldsymbol{k}} \varphi(\boldsymbol{k},t)\varphi(-\boldsymbol{k},t)}{\sum\limits_{\boldsymbol{k}} 1}, \tag{4.5}$$

这里的求和符号表示在圆环区域 $k_r \leqslant |\boldsymbol{k}| < k_r + \Delta k_r$ 上求平均，其中 $\boldsymbol{k}$ 表示傅里叶空间的波矢，其对应的模值为 k_r，$\varphi(\boldsymbol{k},t)$ 表示 t 时刻序参数的二维离散傅里叶变换。在相变中序参数一般选作密度或密度的波动，这样 $\varphi(\boldsymbol{k},t)$ 为

$$\varphi\left(\boldsymbol{k},t\right) = \frac{1}{N_x N_y (2\pi)^2} \sum_{\boldsymbol{r}} \left[\rho\left(\boldsymbol{r},t\right) - \bar{\rho}\left(t\right)\right] \mathrm{e}^{\mathrm{i}\boldsymbol{k}\cdot\boldsymbol{r}}, \tag{4.6}$$

其中

$$\boldsymbol{k} = 2\pi \left(\frac{m}{N_x} \boldsymbol{e}_x + \frac{n}{N_y} \boldsymbol{e}_y \right),$$

$m = 1,2,\cdots,N_x$，$n = 1,2,\cdots,N_y$，$\boldsymbol{e}_x$ 和 $\boldsymbol{e}_y$ 表示傅里叶空间的两个单位正交向量。基于式 (4.5) 就可以很方便地考察流场中结构因子的演化特性。

此外，我们还可以基于以上定义的圆平均化结构因子进一步得到流场内的特征尺度 $R(t)$，它可以由圆平均结构因子一阶矩的倒数求得，即

$$R\left(t\right) = 2\pi \frac{\sum\limits_{k_r} S\left(k_r,t\right)}{\sum\limits_{k_r} k_r S\left(k_r,t\right)}, \tag{4.7}$$

4.1.2 形态学描述

形态学是一种分析空间结构的理论, 它是基于集合理论、积分几何和网格代数等学科发展起来的, 最早源于 20 世纪 60 年代中期对于多孔介质透气性的几何学研究, 随后发展成为一种常用的图像处理和分析技术。近些年, 形态学分析技术也被引入到复杂物理场的研究中, 在诸如反应扩散系统、冲击波作用下的多孔介质动态响应, 以及复杂流体的相分离和相变过程等方面发挥了重要作用 [234,312,332,333,338,341-347], 该方法已逐渐发展成为一种有效的复杂物理场的数据分析和信息提取工具。

下面简单介绍闵可夫斯基泛函[338]。假设一个物理场可用 $\Theta(\boldsymbol{x})$ 表示, 其中 $\boldsymbol{x}$ 是空间位置, Θ 是我们关注的任一物理量。它可以是温度 T、密度 ρ、压强 P, 也可以是速度 $\boldsymbol{v}$ 的大小或者某一方向的分量、应力的某一分量, 等等。根据积分几何学 (integral geometry) 的一个定理, 满足形态特征 (平移不变性和可加性) 的 D 维凸集的所有特征都包含在 $D+1$ 个数当中 [332,341]。

满足条件 $\Theta(\boldsymbol{x}) \geqslant \Theta_{\mathrm{th}}$ 的所有格点 (成为白色, 否则成为黑色) 的集合构成一个二维 (或三维) 凸集 (取决于空间位置 $\boldsymbol{x}$ 是二维或三维), 它的所有形态特征都包含在 3 个 (或 4 个) 泛函当中, 其中 Θ_{th} 是某一给定的阈值。当空间位置 $\boldsymbol{x}$ 是二维或三维时, 对应的闵可夫斯基泛函具有确定的几何含义。当空间位置 $\boldsymbol{x}$ 是二维时, 这三个闵可夫斯基泛函分别是总的白色面积 A_w 所占总面积 A_{total} 的份额 A,

$$A = \frac{A_w}{A_{\mathrm{total}}}, \tag{4.8}$$

黑色和白色区域的边界总长度 L 和欧拉特征系数 (Euler characteristic)χ。边界总长度也经常定义为一个相对值,

$$L = \frac{L_w}{L_c}, \tag{4.9}$$

其中 L_c 可取为模拟区域的周长。这三个量分别从不同的角度来描述点集的特征, 相互补充而不能相互代替, 其中欧拉特征系数 χ 是从纯拓扑的角度来描述点集的特征。在以前的研究中, 形态学描述已被用于反应扩散系统中的斑图特征 [341]、相分离过程中的特征结构[342-344] 和冲击作用下非均质材料内复杂的温度场、压强场等 [234,332,333,345-347]。

在形态学描述中, 对于一个二维的正方网格, 一个格点具有 4 个相邻格点。连在一起的白色 ($\Theta(\boldsymbol{x}) \geqslant \Theta_{\mathrm{th}}$) 或黑色 ($\Theta(\boldsymbol{x}) < \Theta_{\mathrm{th}}$) 格点构成一个白色或黑色区域。相邻的白色和黑色区域之间有一条清晰的边界。随着阈值 Θ_{th} 从 Θ 的最小值到最大值逐渐增加, 白色面积所占份额 A 从 1 逐渐降低到 0, 边界长度 L 先从 0 逐渐增加, 达到最大值后, 又逐渐降低到 0。关于欧拉特征系数 χ 有不同的定义方式, 最简单的两种如下:

$$\chi = N_W - N_B, \tag{4.10}$$

或者

$$\chi = \frac{N_W - N_B}{N}, \tag{4.11}$$

其中 N_W (N_B) 是连在一起的白色 (黑色) 区域的个数，N 是总的格点数。这两个定义唯一的区别是前者保持 χ 是一个整数。与前两个闵可夫斯基泛函 A 和 L 不同，欧拉特征系数 χ 描述的是这些区域的连通性，是从纯拓扑的角度来描述斑图的特征。很显然，如果白色区域的个数多，则 χ 为正；如果黑色区域的个数多，则 χ 为负。欧拉特征系数 χ 越小，则这些斑图或结构的连接性越好。具体来说，在第一种定义中，如果在白色背景下只有一个黑色区域，则 $\chi = -1$；反过来，如果在黑色背景下只有一个白色区域，则 $\chi = +1$，因为环绕着白色 (黑色) 区域的连在一起的黑色 (白色) 区域不计数。另外，$\kappa = (N_W - N_B)/(NL)$，描述的是连接白色和黑色区域的边界的平均曲率。尽管欧拉特征系数 χ 具有整体的含义，但它也可以通过加法局域的计算[341]。

图 4.1 给出 Peak 函数的形态学表征示意图，这里假设密度场可用 Peak 函数来描述。图 4.1(a) 中给出了 Peak 函数的空间分布特征，直接在 Matlab 软件命令行中输入 "peak" 就可以得到这种图形，图 4.1(b)~(d) 分别为其对应的三个闵可夫斯基函数的特征，它们都是阈值 ρ_{th} 的函数。

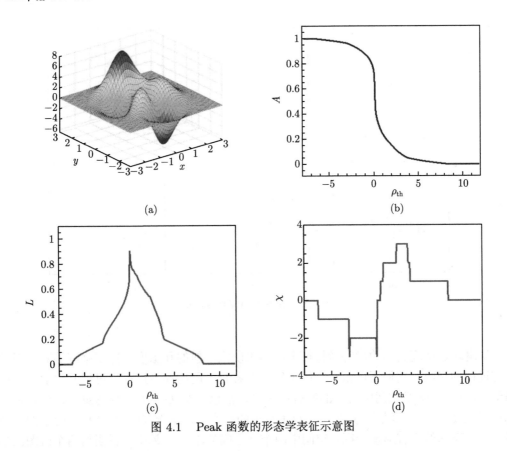

图 4.1　Peak 函数的形态学表征示意图

为了方便使用，在图 4.2 中给出不同像素点的情形。相应的形态学量计算方法如下：

(1) **情形 (a)**: $A_w = A_w + 1$。

(2) **情形 (b)**: $A_w = A_w + \Delta A_w$, $L_w = L_w + \Delta L_w$, $\chi = \chi - 1$。其中 $\Delta A_w = 1 - \delta x_1 \delta y_1/2$,

$$\Delta L_w = \sqrt{(\delta x_1)^2 + (\delta y_1)^2}.$$

(3) **情形 (c)**: $A_w = A_w + \Delta A_w$, $L_w = L_w + \Delta L_w$。其中 $\Delta A_w = \dfrac{1}{2}(\delta x_1 + \delta x_2)$, $\Delta L_w = \sqrt{(\delta x_2 - \delta x_1)^2 + 1}$。

(4) **情形 (d)**: $A_w = A_w + \Delta A_w$, $L_w = L_w + \Delta L_w$, $\chi = \chi + \Delta\chi$。其中 $\Delta L_w = \delta x_1 + \delta y_1 + \delta x_2 + \delta y_2$。当 $\Delta L_w < 2$ 时，$\Delta A_w = 1 - (\delta x_1 \delta y_1 + \delta x_2 \delta y_2)$, $\Delta\chi = -2$；当 $\Delta L_w = 2$ 时，$\Delta A_w = 0.5$, $\Delta\chi = -2$；当 $\Delta L_w > 2$ 时，$\Delta A_w = (1 - \delta x_1)(1 - \delta y_1) + (1 - \delta x_2)(1 - \delta y_2)$, $\Delta\chi = 2$。

(5) **情形 (e)**: $A_w = A_w + \Delta A_w$, $L_w = L_w + \Delta L_w$, $\chi = \chi + 1$。其中 $\Delta A_w = \dfrac{1}{2}\delta x_1 \delta y_1$, $\Delta L_w = \sqrt{(\delta x_1)^2 + (\delta y_1)^2}$。

(6) **情形 (f)**: 不执行任何操作。

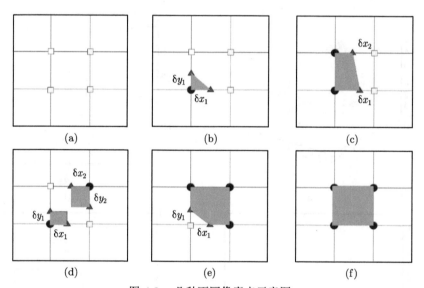

图 4.2   几种不同像素点示意图

温度场、密度场等的形态学特征可以用来研究材料的孔隙度、冲击强度等对材料动态响应过程的影响。它们还可以扩展用于研究在各种不同的冲击过程中可能发生的相关性和相似性。由于 D 维空间中斑图的所有形态属性都包含在 $D+1$ 个形态量中，所以可以考虑使用这 $D+1$ 个形态量张开一个 $D+1$ 维的相空间。这个 $D+1$ 维相空间中的一个点对应一个斑图的所有形态特征。空间中两个点之间的距离 d 越小，说明这两个斑图的形态特征越接近，即相似性越高。可见，距离 d 对这两个斑图的差异进行了粗粒化的描述。所以，许爱国等引入如下定义: 结构 (斑图) 相似度 $S = 1/d$, 如图 4.3所示。距离 $d = 0$ 时，两个斑图的形态特征完全相同，即相似度无穷高。如果这两个斑图都随着时间变化，则可以进一步定义这两个动力学过程在一段时间 (从 t_1 到 t_2) 内的相似度，简称过程相似度:

$$S_D = \int_{t_1}^{t_2} \mathrm{d}\,(t)\,\mathrm{d}t / (t_2 - t_1).$$

对二维斑图而言，斑图 1 和斑图 2 的形态区别可用如下的距离来粗粒化描述：

$$d = \sqrt{(A_2 - A_1)^2 + (L_2 - L_1)^2 + (\chi_2 - \chi_1)^2},$$

其中下角标 "1" 和 "2" 是斑图的序号，其示意图见图 4.4。

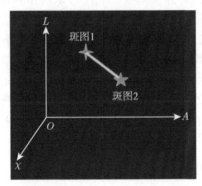

图 4.3   在形态学量张开的相空间中两个斑图的形态特征

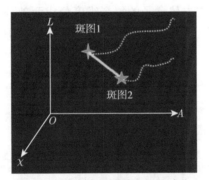

图 4.4   形态特征随着时间的演化

4.2   基于无规点的结构和物理场分析

结构分析是材料仿真和材料动力学研究的核心问题。金属材料的微观结构可能由偏离晶格的缺陷原子组成。理论上，缺陷原子可以通过分析相邻原子的规律性来识别。缺陷原子在空间中的分布一般是无序的。有必要找到一种有效的算法来识别和分析这些结构。这些复杂的算法包括各种搜索方案。在方案设计和编码中，基于缺陷原子的高维结构如位错、晶界、孔洞等的识别需要构造所谓的线、面、体。在过去的几年里，张广财小组设计了一个空间对象的通用索引 (general index of spatial objects，GISO) 程序 [330,331]。在本节中，我们将介绍 GISO 软件及其在各种微结构分析中的应用。

4.2.1　GISO 简介

在任何复杂的缺陷识别方法中，粒子间关系的复杂计算都是不可避免的。在传统方法中，随着系统规模的增大，计算时间会大大增加。在没有索引空间对象的情况下，搜索对象的计算量通常很大。如果一个系统包含 N 个对象，计与两个对象相关的计算复杂性是 N^2，与三个对象相关的计算复杂性是 N^3。如果对象的总数超过 10^4，则实际的计算复杂性是无法承受的。在这种情况下，有效存储和快速搜索对象的方案至关重要。为此，需要设计新的数据结构和索引算法，降低计算复杂度。利用背景网格和链表可以大大降低缺陷识别方法的计算复杂度。背景网格索引和链表数据结构适用于均匀分布点的管理。它已广泛应用于许多仿真结果的计算和分析中。非均匀系统中的复杂结构不仅指点，还指线、面、体。它们在空间中的分布通常是不均匀的。背景网格索引不能满足管理这些对象的需要，但是对空间进行多层次划分要有效得多。空间多级树 (space hierarchy tree，SHT) 是一种新提出的数据结构。它是一个强大的动态管理框架，适用于任何维度空间中的任何复杂对象。基于 SHT，可以创建结构复杂的对象索引。还可以设计相应的快速搜索方案，以满足各种搜索需求。

4.2.2　基于 SHT 的结构管理

SHT 数据结构类似于三维空间中的八叉树。更进一步，对于 n 维空间中的系统，设计了一个 n 维立方体来包含该系统。它是一维空间中的线段、二维空间中的矩形、三维空间中的立方体，等等。把这个立方体盒子的每个维度分成两部分，形成 2^n 个子盒子，但只保留其中包含对象的部分盒子。继续分解每个盒子，直到达到所需的分辨率。根据物体的位置和大小，将物体 (点、线、面、体) 放入相应的立方体盒子中 (见图 4.5)。根据它们的归属关系将保留的盒子连接在一起。至此就构建出如图 4.6所示的"空间多级树"。

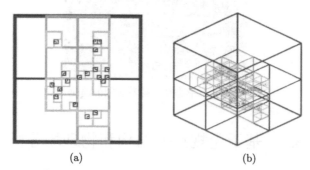

(a)　　　　　　　　　　　　　　　(b)

图 4.5　离散点空间多级树区域组织算法：(a) 二维点；(b) 三维点

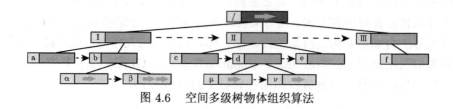

图 4.6　空间多级树物体组织算法

在实际应用中，SHT 是动态构建的，因为对象的数量可能是可变的。SHT 的动态管理过程包括以下三个基本操作：① 树的建立；② 向树中添加新对象；③ 从树中删除对象。在这些操作中，SHT 管理的机制会动态地改变。在管理大小完全不同、分布极其分散的各种对象时，SHT 显示了其有效性。

4.2.3 基于 SHT 的快速搜索法

在实际应用中，一般需要快速搜索满足一定要求的对象。对于遍历搜索，计算复杂度为 N。显然，处理大量的对象是不实际的。在这种情况下，需要设计快速搜索算法。通过对 SHT 的管理，可以轻松创建计算复杂度为 $\ln N$ 的快速搜索器。基本思想如下：不直接搜索对象，而是检查多维数据集并跳过那些没有对象的盒子。这样，搜索就被限制在一个小得多的范围内。根据应用的要求，提出了两种快速搜索算法：第一个称为条件搜索；第二个称为极小值搜索。条件搜索是搜索满足某些条件的对象，例如，查找给定区域中的对象。极小值搜索是搜索函数值最小的对象，例如，找到距离定点最近的对象。

4.2.3.1 条件搜索法

条件搜索法的基本思想如下：从最大的立方体到最小的立方体，依次检查一个盒子是否包含满足给定条件的对象。如果没有，跳过多维数据集 (包括它的所有子盒子和相应的对象)。

在搜索过程中，只有两个操作与空间维度和对象类型相关。这两个操作如下：① 检查一个对象是否是所需的对象；② 检查一个盒子是否是候选对象。因此，该算法可以构建在抽象层次上。条件搜索是通过提供条件函数和标识函数来实现的。条件函数用于检查是否需要对象。假设 "condition(o)" 是条件函数，参数 o 是对象，函数值是布尔编号。标识函数用于评估一个盒子是否是候选对象。假设 "maycontains(b)" 是标识函数，则参数 b 是盒子，函数值也是布尔编号。在定义了上述两个函数之后，可以很容易地实现满足任何给定条件的条件搜索。

4.2.3.2 极小值搜索法

在与空间对象相关的编程中，经常需要找到满足给定极端条件的对象。例如，从一组三维点中找到一个含有最大的 z 分量的点，或者搜索距离给定点最近的点，或者搜索距离平面最近的球面，等等。这样的搜索可以归类为最小搜索问题。对于空间对象，可以给每个对象分配一个与其位置和大小相关的函数值，使最小搜索变成寻找具有最小函数值的对象。

在此基础上设计了相应的快速搜索方案。其基本思想是：设计一个函数来评估具有一定位置和大小的立方体盒子中所有可能对象的函数值的范围。通过比较不同数据集的函数值的范围，首先可以排除一些数据集。例如，Σ 是一个区域内的一组离散点。我们需要搜索到给定点 A 距离最近的点。快速搜索是不计算 Σ 内每个点到 A 点的距离，而是评估盒子和 A 点之间距离的范围，从而排除掉距离较远的不必要搜索的盒子 (包括在这些盒子和子盒子内的点)。

在最小搜索中，除了计算一个对象的函数值和一个立方体盒子的范围外，其他操作与空间维度和对象类型无关，因此该算法也可以构建在抽象的层次上。与条件搜索类似，最小搜索是通过提供一个值查找函数和范围评估函数来实现的。寻值函数是计算对象的函数值。假设"value(o)"是一个值查找函数，那么参数 o 是一个对象，函数值是一个实数。距离求值函数用于计算立方体的距离。假设"M(b)"为上限值，"m(b)"为下限值，则函数的自变量为盒子 b，函数值为实数。在定义了上述两个函数之后，就可以轻松实现各种最小搜索。

4.2.4 GISO 的应用

本节重点阐述滚球法构造空间曲面的算法，而对于 GISO 的其他应用仅简要介绍其基本思想。

4.2.4.1 寻找界面的滚球法

在规则网格中，寻找物理域界面最常用的方法是利用相应物理域的轮廓。该方法适用于界面附近离散点分布均匀的情况。当离散点分布非常复杂时，很难保持所构造界面的光滑性，计算的界面将与实际界面有很大不同。更好的方法是使用滚球法。滚球法的基本思想是：在离散点上滚一个大小固定的球，每次滚动经过三个点，这些点构成界面的表面元素。滚动球经过整个区域后，构建物理界面。

在滚球法中，初始定位需要两种搜索方案，滚动过程需要另外两种搜索方案。四种搜索方案如下：

(1) 极小值搜索法 1 (minimum searcher 1，MS1)。

给定一个三角形的面 ABC 和其中的一个边 AB，在点树中搜索三角形 ABC 面上滚动球遇到的第一个点，滚球的半径为 r、旋转轴为 AB，构造求值函数，首先根据下面公式计算滚动球的初始中心 r_o 和局部坐标轴的方向 $\hat{x}$，$\hat{y}$ 和 $\hat{z}$：

$$r^2 = (\boldsymbol{r}_o - \boldsymbol{r}_A)^2,$$

$$r^2 = (\boldsymbol{r}_o - \boldsymbol{r}_B)^2,$$

$$r^2 = (\boldsymbol{r}_o - \boldsymbol{r}_C)^2,$$

$$\hat{\boldsymbol{x}} = \frac{\boldsymbol{P}_{xy} \cdot (\boldsymbol{r}_o - \boldsymbol{r}_A)}{|\boldsymbol{P}_{xy} \cdot (\boldsymbol{r}_o - \boldsymbol{r}_A)|},$$

$$\hat{\boldsymbol{y}} = \hat{\boldsymbol{z}} \times \hat{\boldsymbol{x}},$$

$$\hat{\boldsymbol{z}} = \frac{\boldsymbol{r}_B - \boldsymbol{r}_A}{|\boldsymbol{r}_B - \boldsymbol{r}_A|},$$

其中下角标"o"指"old"(旧的)，另外，

$$\boldsymbol{P}_{xy} = \boldsymbol{I} - \hat{\boldsymbol{z}}\hat{\boldsymbol{z}}.$$

旋转之后，根据下面公式计算滚球新的中心 r_n 和相应的局域坐标 x，y，z，即

$$r^2 = (\boldsymbol{r}_n - \boldsymbol{r}_A)^2,$$

$$r^2 = (\boldsymbol{r}_n - \boldsymbol{r}_B)^2,$$

$$r^2 = \left(\boldsymbol{r}_n - \boldsymbol{r}_P\right)^2,$$

和

$$x = \hat{\boldsymbol{x}} \cdot \left(\boldsymbol{r}_n - \boldsymbol{r}_A\right),$$

$$y = \hat{\boldsymbol{y}} \cdot \left(\boldsymbol{r}_n - \boldsymbol{r}_A\right),$$

$$z = \hat{\boldsymbol{z}} \cdot \left(\boldsymbol{r}_n - \boldsymbol{r}_A\right),$$

其中下角标 "n" 指 "new(新的)"。计算旋转角 (即寻值函数的值):

$$\text{value}(P) = \arctan 2(y, x).$$

图 4.7 给出了三角形 ABC 的旋转方案。构造距离寻值函数的过程如下，计算滚动球的切点 T 与立方体 b 的外球面的位置 $\boldsymbol{r}_T$，所需关系如下:

$$r^2 = \left|\boldsymbol{r}_T - \boldsymbol{r}_A\right|^2 = \left|\boldsymbol{r}_T - \boldsymbol{r}_B\right|^2,$$

$$\left|\boldsymbol{r}_T - \boldsymbol{c}_b\right| = r + \sqrt{3}d_b.$$

$\boldsymbol{r}_T$ 有两个根: $\boldsymbol{r}_{ML}$ 和 $\boldsymbol{r}_{mL}$，相应的切点是 ML 和 mL。幅度评估函数如下:

$$M\left(b\right) = \begin{cases} \text{value}\left(ML\right), & \text{如果上面的方程有实数解}, \\ \infty, & \text{否则}, \end{cases}$$

$$m\left(b\right) = \begin{cases} \text{value}\left(mL\right), & \text{如果上面的方程有实数解}, \\ \infty, & \text{否则}. \end{cases}$$

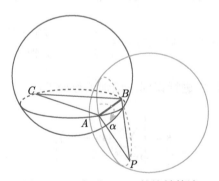

图 4.7   三角形 ABC 的旋转算法

图 4.8 显示了两种不同情况下的横截面图。在每一种情况下，立方体盒子 b 的球面和滚动球的球面是相切的。在这里，黑色圆圈代表立方体盒子 b 的外球面，蓝色、绿色和红色的圆圈代表滚动球。ML 和 mL 是对应的切点。滚珠的旋转角度在切线为 mL 时取最小值，切线为 ML 时取最大值。

(2) 极小值搜索法 2 (minimum searcher 2，MS2)。

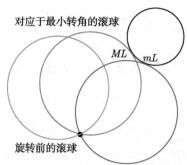

图 4.8　滚球与立方体 b 外球面两种切线情形的设置方法

给定一个点 r_0，在点树上搜索它的最近邻点 P。寻值函数为

$$\text{value}(P) = |r_P - r_0|,$$

其中 r_P 是 P 点的坐标。范围评估函数如下：

$$M(b) = |c_b - r_0| + \sqrt{3}d_b,$$

$$m(b) = \max(|c_b - r_0| - \sqrt{3}d_b, 0).$$

(3) 极小值搜索法 3 (minimum searcher 3，MS3)。

给定一个点和旋转轴，在点树中搜索大小固定的滚动球遇到的第一个点。算法与 MS1 几乎相同，这里不再赘述。

(4) 条件搜索法 (conditional searcher，CS1)。

给定两点：P_1 和 P_2，在分段树中搜索顶点为 P_1 和 P_2 的分段 BD。条件函数如下：

$$\text{maycontain}(b) = \begin{cases} \text{真}, & P_1, P_2 \in S, \\ \text{假}, & \text{其他}. \end{cases}$$

利用立方体 b 的外球面 S 进行识别。识别函数如下：

$$s = \left| \sum_{i \in 近邻} (r_i - r_0) \right|.$$

滚球算法如下：

(1) 初始化：从给定的离散点生成一个点树 tp，将滚珠的半径设为 r，中心设为 P_0，使用搜索器 MS2 搜索树 tp 中离 P_0 最近的点 P_1，使用搜索法 MS3 搜索 P_2 点，P_2 点是滚动球在树 tp 中绕 x 轴旋转时遇到的第一个点；使用搜索法 MS3 搜索一个点 P_3，它是滚动球在树 tp 中绕线段 P_1P_2 方向旋转时遇到的第一个点，从 P_1，P_2 和 P_3 生成一个三角形，构造三角形树 tt 和线段树 tb，将三角形 $P_1P_2P_3$ 放入 tp 中，将三角形的三条边放入 tb 中。

(2) 界面构造: 检查树 tb 是否为空, 如果是, 退出; 如果不是, 则将三角形 ABC 的边 AB 切掉; 使用搜索法 MS1 在树 tb 中搜索一个点 P, 使三角形 ABC 的外球面的旋转角度最小 (这里 AB 是旋转轴), 构造一个三角形 BAP, 并将其放入三角形树 tt 中, 使用 CS1 搜索法在树 tb 中搜索顶点为点 B 和点 p 的线段 L, 如果 L 存在, 从 tb 中删除它; 如果不是, 生成一个段 PB 并将其放入 tb 中; 对点 P 和点 a 执行相同的操作。

(3) 返回步骤 (2), 最终, 树 tt 中包含的三角形组成的曲面正是我们需要的物理界面。

由离散点构造的空穴界面如图 4.9 所示。由离散点构造空穴界面的过程如图 4.10 所示。

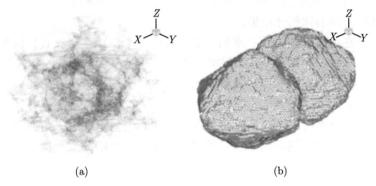

(a)   (b)

图 4.9   由离散点 (a) 构造的空穴界面 (b)

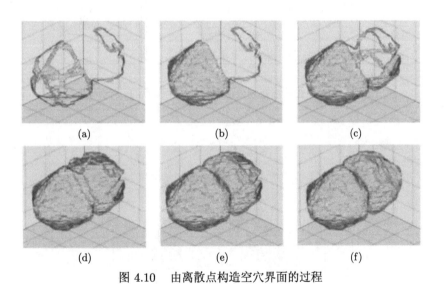

(a)   (b)   (c)

(d)   (e)   (f)

图 4.10   由离散点构造空穴界面的过程

4.2.4.2 德洛奈划分法

目前有很多二维空间中构造德洛奈 (Delaunay) 三角形和三维空间中构造四面体的算法。大多数算法的复杂性来自于无序数据的搜索过程。在这里, 介绍一种基于 GISO 的算法。该算法简单直观, 扩展到高维空间是很方便的。从离散点构造德洛奈划分法的算法如下: 首先, 创建一个点树 tp, 将所有的点放入 tp 中。tp 的最大立方体以 r_0 为中心, 大

小为 a。构造一个最大的四面体 T，其中包含局部区域的所有点。这个四面体是最初始的德洛奈四面体。这个四面体可以选择为以 r_0 为中心的普通四面体，具有足够大的尺寸，例如 $20a$。这样，树中的所有点都在 T 内。创建一个四面体树 tt，将第一个四面体 T 放入树 tt。其次，添加每个点来调整德洛奈的划分。从 tp 中取点 P，在 tt 中搜索其外球面包含 P 的四面体。使用一个集合 Q 来表示在上述过程中检出的所有四面体。Q 的四面体形成一个多面体。从 tt 中删除这些四面体。通过连接多面体的每个三角形表面和点 P，构造新的四面体。将这些新的四面体放入 tt 中。从 tp 中删除点 P。重复这个过程，直到 tp 为空。最后，搜索与 T 共享表面的四面体，并将它们从 tt 中删除。最终，tt 中的所有四面体组成就是德洛奈四面体划分结果。

　　图 4.11给出在德洛奈划分法中增加一个新点的三个步骤：① 寻找外接圆包含新添加点 P 的三角形；② 去掉三角形的内线，保留三角形的外线；③ 将每条左侧线与点 P 连接，形成新的三角形。其中，红色的点代表新添加的点 P。图 4.11(a) 中的绿色三角形是即将调整的三角形；图 4.11(b) 中的红色线段是保留的边界部分；图 4.11(c) 中蓝色的线段连接 P 点和边界顶点。在三维情况下，只需要用四面体代替三角形，用三角形面代替直线，用四面体代替三角形。图 4.12 展示的是由三维球面内随机分布的离散点根据德洛奈划分法得到的结果。

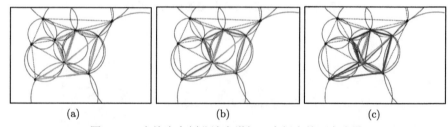

(a)　　　　　　　　　　　　(b)　　　　　　　　　　　　(c)

图 4.11　在德洛奈划分法中增加一个新点的三个步骤

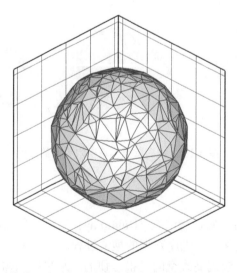

图 4.12　由三维球面内随机分布的离散点根据德洛奈划分法得到的结果

4.2.4.3 团簇构造和分析方法

对于离散点，团簇定义为距离较短的一组点。临界距离记为 d 是任意两个团簇之间的最小距离。构建团簇的算法如下：

(1) 利用德洛奈划分法构造包含德洛奈划四面体的四面体树 tt，在 tt 中搜索最小边大于 d 的四面体，并将它们从 tt 中删除，将 tt 中剩余的四面体根据它们的连接性分成不同的集合，创建一个包含所有集群的集群树 tcl。

(2) 创建一个四面体树 tc 来包含第一个集群中的所有四面体，为了便于描述，tc 也称为集群，创建一个三角形树 ttr 来包含集群的内表面，取下一个四面体 T 到 tt 中，把 T 放到 tc 中，把它的四个三角形表面分别放到 ttr 中。

(3) 从 ttr 中取出三角形 tr，在 tt 中搜索与 tr 重合的四面体，例如 T_1，如果找到 T_1，将其从 tt 中删除，并将其放入集群 tc 中。

(4) 将除 tr 之外的所有表面放入 ttr 中，重复这个过程，直到 ttr 为空。在此步骤之前，第一个集群 tc 已经完全构建完成，将集群 tc 放入集群树 tcl，然后，构造一个新的集群并将其放入 tcl，直到 ttr 为空。

图 4.13 展示的是由一个二维空间中 $[0,1] \times [0,1]$ 内 1000 个随机点构造的团簇结构。

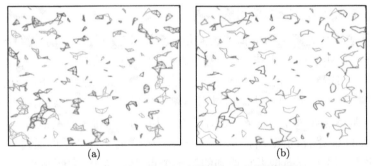

(a)   (b)

图 4.13   由二维空间中的随机点构造的团簇

4.2.4.4 缺陷原子的甄别方法

这里简要介绍三种方法。

(1) 多余能量法。

在这种方法中，缺陷原子被定义为势能超过临界值的原子。该方法要求分子动力学仿真不仅输出原子位置，而且输出原子间势。

(2) 中心对称参数法。

在中心对称参数 (centro-symmetry parameter，CSP) 法[348] 中，采用原子最近原子集合的几何对称性来识别缺陷原子。完美晶体中的所有原子都在其最近原子的几何中心，而缺陷原子则不在几何中心。因此，序参数的定义如下：

$$s = \left| \sum_{i \in 近邻} (\boldsymbol{r}_i - \boldsymbol{r}_0) \right|.$$

序参数 s 大于临界值 s_c 的原子定义为缺陷原子。

(3) 键对分析法。

中心对称参数法和多余能量法可用于缺陷原子的识别,但不能简单地用于缺陷原子的类型识别。基于局部拓扑连接的键对分析 (bond-pair analysis, BPA)[349] 可以更准确地识别原子类型。键对分析的概念是这样的:键的类型是根据所有原子与这两个原子之间的连接来标记的。原子类型是用它自身的键来表示的。图 4.14展示的是键对分析法确定的孔洞表面和位错。

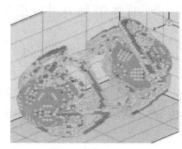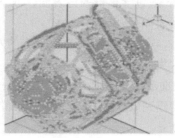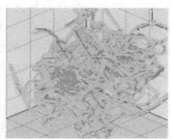

图 4.14　由键对分析法确定的孔洞表面和位错

4.2.4.5　物体表面构造的 "包装-雕刻法"

在计算几何中,从无序点构造物体表面是一个重要的问题。目前的算法可以分为四类:空间划分方法[350]、距离函数方法[351]、变形方法[352] 和生长方法[353]。空间划分一般是基于德洛奈划分。外部表面是通过在雕刻方法中去除一些德洛奈网格而生成的。下面介绍的 "包装-雕刻法" 是一种直观的方法,通过对填料凸包的动态造型,构造了外表面。

关于包装,基本思路如下:首先,创建一个点树 tp,并将所有的点放入树 tp 中。在 tp 中搜索具有最大的 x 坐标的点 P_1,从 tp 中删除 P_1。定义一个平面通过 P_1 垂直于 x 轴,沿 P_1 轴旋转平面,沿 y 方向搜索它遇到的第一个点 P_2,从 tp 中删除它。定义一个平面通过点 P_1 和 P_2,将平面绕 P_1P_2 旋转,搜索它遇到的第一个点 P_3。从 tp 中删除 P_3,通过连接 P_1,P_2,P_3 创建三角形 $P_1P_2P_3$。这是第一个三角形曲面。创建一个三角形树 tt,并将三角形 $P_1P_2P_3$ 放入其中。创建一个边界树 tb,并将 P_1P_2、P_2P_3、P_3P_1 放入其中。其次,取 tb 中的一个边界边 AB,定义一个与经过 AB 的三角形表面在同一平面上的半平面,该半平面包含三角形的对边区域。围绕 AB 旋转半平面,在 tp 中搜索它第一次遇到的点 P。创建三角形 BAP 并将其放入 tt 中。在 tb 中找到每条边:AB、PA 和 BP。如果找到一个,从 tb 中删除;否则,将其反向边缘 BA、AP 或 PB 放入 tb 中。重复这个过程,直到 tb 为空。这样,所有的填料表面都包含在 tp 中。

"雕刻" 的基本思想如下:定义一个尺寸 s,代表雕刻的深度。首先,创建一个三角形树 ts 来包含三角形表面。从曲面树 tt 中获取三角形曲面 ABC。定义一个球体 B 传递顶点 A、B、C 的三角形 ABC 和一个足够大的半径,例如 10^{100}。保持球体 B 通过点 A、B 和 C,减小球体 B 的半径,在 tp 中搜索球体 B 遇到的第一个点 P。如果在半径缩小到小于 s 之前找不到点 P,这意味着三角形表面 ABC 的雕刻不能再做了,将 ABC 从 tt 中移除并放入 ts 中。如果点 P 存在,可以从三角形表面 ABC 进行雕刻,从 tt 中删除 ABC。

在 tt 中查找每个三角形表面 ABC、CBP、BAP 和 ACP。如果找到一个，从 tt 中删除；如果没有，则将其反向三角形 BAC、BCP、ABP 或 CAP 放入 tt 中。重复这个过程，直到 tt 为空。这样，所有的表面都包含在 ts 中。图 4.15展示了"包装-雕刻"算法的主要过程，其中图 4.15(a) 展示的是离散点，图 4.15(b) 和 (c) 是包装的中间过程，图 4.15(d) 是雕刻过程，图 4.15(e) 是物体表面。

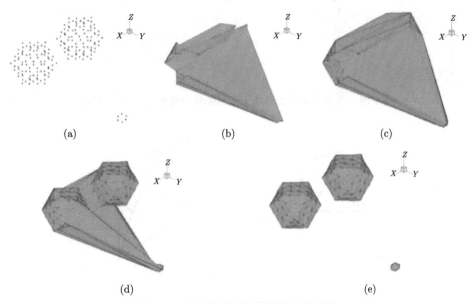

(a)　　　　　　　　　(b)　　　　　　　　　(c)

(d)　　　　　　　　　　　　　　(e)

图 4.15　　"包装-雕刻" 算法的主要过程

4.2.4.6　位错环伯格斯矢量的计算

基于汤普森 (Thompson) 四面体理论，提出了一种计算面心立方 (FCC) 晶体塑性变形过程中位错环伯格斯矢量的弗兰克 (Frank) 格式。伯格斯回路首先位于具有一个或多个位错的参考圆的变形晶体中。在无位错晶体中，对应于伯格斯回路的原子到原子序列是由汤普森四面体及其镜像的边缘向量决定的，而不是由局部参考晶格决定的。伯格斯矢量可以通过对伯格斯回路中连接相邻原子的矢量求和来计算。只要有相同的位错被包围，由其直接定义得到的最终伯格斯向量就是准确的。该方法可用于确定理想位错分解的伯格斯矢量和在单轴拉伸载荷作用下变形晶体中纳米空穴位错复杂反应的伯格斯矢量。

图 4.16 展示的是在单轴拉伸载荷作用下，变形晶体中纳米空穴的位错矢量，具体来说，$b_1 = [0,0,0]$；$b_2 = [1,2,-1]/6$；$b_3 = [-2,-1,1]$；$b_4 = [2,1,1]/6$；$b_5 = [-1,-2,-1]/6$；$b_6 = [0,0,0]$；$b_7 = [-1,1,-2]/6$；$b_8 = [-1,1,2]/6$；$b_9 = [1,-1,2]/6$；$b_{10} = [1,-1,-2]/6$；$b_{11} = [-2,-1,1]/6$；$b_{12} = [1,-1,-2]/6$；$b_{13} = [-2,-1,1]/6$；$b_{14} = [1,-1,-2]/6$。图 4.17给出的是相应的汤普森四面体及其镜像。

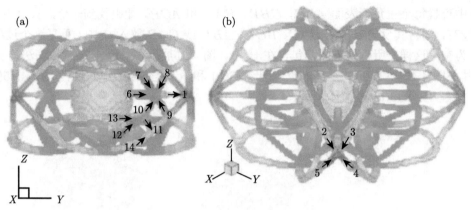

图 4.16   单轴拉伸载荷作用下变形晶体中纳米空穴的位错矢量

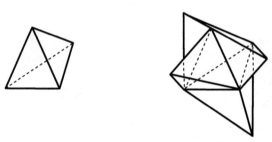

图 4.17   汤普森的四面体及其镜像

4.3   流场模拟中的示踪粒子法

4.3.1   示踪粒子的引入

人们总希望借助简单模型研究更多的问题。单流体模型是研究 RT、RM(Richtmyer Meshkov)、KH 等流体界面不稳定性的最简单模型。在这类研究中，单流体宏观模型的缺点之一就是：它只有一套流体力学量 (ρ、$\boldsymbol{u}$、T)，描述的是系统局域的总密度，无法识别混合过程中物质粒子究竟来自何方。单流体 DBM 只使用一个分布函数 f，对应一套流体力学量，所以继承了这个缺点。受到颗粒示踪实验的启发，张戈等发展了示踪粒子与 DBM 的耦合建模，从而在单流体模型框架下，实现了物质粒子的来源识别，更重要的是：示踪粒子的引入，为流场研究提供了一个新的视角[337]。下面介绍示踪粒子法，在第 5 章将进一步介绍通过该方法研究 RT 不稳定性所获得的一系列新认识。

在含示踪粒子的系统中，可以使用斯托克斯数 (Stokes number, Stk) 来描述该粒子的动力学状态，

$$Stk = \frac{u_0 \cdot \tau_p}{l_0}, \tag{4.12}$$

其中 τ_p 是粒子的特征弛豫时间，u_0 是当地的流动速度，l_0 是特征长度 (通常选取颗粒的直径)。当 $Stk > 1$ 时，粒子将由于惯性脱离当地流动而运动，特别是当流速变化剧烈的情况下；当 $Stk \ll 1$ 时，粒子紧紧贴着流线运动。通过调整 Stk 到足够小的数量级，使该粒

子能够作为流场的示踪粒子使用。假设粒子的弛豫时间 τ_p 接近于 0，则其惯性完全可以忽略，其运动速度瞬时达到当地流速因而完全跟随流体运动。

通过引入一批示踪粒子，沿着每一个示踪粒子的轨迹，可以给出拉格朗日视角的基于示踪粒子的描述。对于第 k 个示踪粒子来说，其运动方程如下：

$$\frac{\mathrm{d}\boldsymbol{r}_k}{\mathrm{d}t} = \boldsymbol{u}_p\left(\boldsymbol{r}_k\right), \tag{4.13}$$

其中 $\boldsymbol{r}_k$ 是第 k 个示踪粒子的空间位置，$\boldsymbol{u}_p$ 为示踪粒子的运动速度。

示踪粒子往往需要尽可能地小，假设其体积与质量极小，在流场中用一个点来表示，其与流体之间的动量交换在瞬时完成，那么示踪粒子的速度就直接由局域的流动速度决定，

$$\boldsymbol{u}_p\left(\boldsymbol{r}_k\right) = \int_D \boldsymbol{u}\left(\boldsymbol{r}\right) \cdot \delta\left(|\boldsymbol{r} - \boldsymbol{r}_k|\right) \mathrm{d}a, \tag{4.14}$$

其中 δ 是一个 Dirac 函数，在模拟中通常使用其离散形式 ψ 代替。第 k 个示踪粒子的速度将根据它所处的位置以及当地的流动速度决定，例如经过时间间隔 Δt，示踪粒子速度将从 $\boldsymbol{u}\left(\boldsymbol{r}_k^t\right)$ 变化为 $\boldsymbol{u}\left(\boldsymbol{r}_k^{t+\Delta t}\right)$。为了更新点颗粒的位置，可使用四阶龙格-库塔格式 (Runge-Kutta scheme) 求解离散颗粒的运动方程，详细步骤如下。

因为示踪粒子在运动过程中，很难刚好落在网格点上，所以，其速度需要根据它附近的流体网格点的速度确定 (如图 4.18所示)。具体而言，就是将附近的网格点上的速度根据网格点位置与示踪粒子位置的距离远近而作加权平均，在数学上通过使用离散的 Dirac 函数 (ψ) 来实现。

$$\boldsymbol{u}^t\left(\boldsymbol{r}_k\right) = \sum_{i,j} \boldsymbol{u}_{i,j}^t \psi\left(\boldsymbol{r}_{i,j}, \boldsymbol{r}_k\right). \tag{4.15}$$

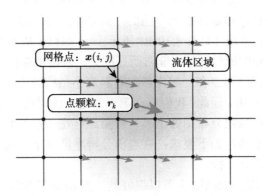

图 4.18 颗粒速度获取示意图 (阴影的明暗程度表示相应位置格点所占比重的大小)

在二维情况下，ψ 函数可以被分解为两部分，

$$\psi\left(\boldsymbol{r}_{i,j}, \boldsymbol{r}_k\right) = \psi\left(|\boldsymbol{r}_{i,j} - \boldsymbol{r}_k|\right) = \varphi\left(\Delta r_x\right) \cdot \varphi\left(\Delta r_y\right). \tag{4.16}$$

在文献 [354] 中张戈等所应用的权重函数 φ 为

$$\varphi\left(\Delta r_x\right) = \begin{cases} \left\{1 + \cos\left[\left(\Delta r_x/\Delta x\right) \cdot \pi/2\right]\right\}, & \Delta r_x \leqslant 2\Delta x, \\ 0, & \Delta r_x > 2\Delta x. \end{cases} \tag{4.17}$$

据此，示踪粒子从流场中获得了自身的运动速度。

在需要示踪粒子的流体力学实验中，示踪粒子需要尽可能少地受到惯性、布朗运动的影响，只有这样颗粒才能够更准确地反映实际流动状况。因而，上述过程中关于示踪粒子的理想化 (点颗粒，瞬时完成动量交换，对流场扰动忽略，忽略布朗运动等) 是合理的。模拟结果作为相关实验的参考。该示踪粒子法可直接推广应用于宏观流体模型。

4.3.2　应用举例

因为轻重流体的密度往往具有显著的差别，所以在以前的研究中，流体的密度分布常常被用于描述 RT 不稳定性 (Rayleigh-Taylor instability, RTI) 的发展过程。这种方式在近似不可压缩、不相掺混的轻重流体 RTI 中能够清晰地展示出 RTI 的发展过程。然而，现实的流体并非真正不可压缩、不相互掺混；同时，有些相互掺混发生在仅仅是密度或性质不同的单介质流体系统内部。轻重流体相互掺混并且具有可压缩性，意味着当地的密度可能会产生显著的改变并生成密度的过渡层。这就导致无法简单地通过密度分布的不同来对 RTI 进行识别。因此，针对可掺混流体或单介质流体的 RTI，有必要采用新的方法来准确地捕捉演化图像。这里尝试使用颗粒示踪技术来实现这一需求。

通过识别颗粒预先给定的标记 (例如，红和黑、0 与 1、type-a 与 type-b 等)，示踪粒子能够提供一个清晰的流体边界，这方面的一个实例如图 4.19 所示。在初始阶段 (图 4.19 (a)~(d))，流体的密度图 (左半部分) 和示踪颗粒的分布图 (右半部分) 几乎完全一致，有限的区别仅仅在于右半部分的界面图像更加锐利 (界面捕捉更加精确)。两种图像的相似性验证了示踪粒子方法的有效性。示踪粒子法的优点更加体现在 RTI 后期阶段的增长和混合过程，如图 4.19(e)~(h) 所示。当流体混合在一起之后，想要通过流场密度图像区分某处的流体来自于初始的重流体或轻流体是几乎不可能的。但是，通过示踪粒子的方式，即使在后期流场较为 "混乱" 的混合阶段 (如图 4.19(h) 所示)，示踪粒子依然提供了较为清晰的图像，虽然存在着大量支离破碎的流体区域。非常明显的是，通过示踪粒子的分布图像可以看出，在 RTI 后期阶段，轻重流体混合在一起，伴随着涡旋小结构的产生。这些小结构对于后期的 RTI 混合具有显著的作用。因此，我们将在第 5 章进一步讨论研究。值得注意的是，由于示踪粒子的离散特性，在颗粒分布图像上不可避免地存在一些类似于白噪声的点出现。因而，示踪粒子的数量需要满足如下要求：在当前分辨率情况下，这些类似于白噪声的点不会对识别流体特征造成太大干扰。

尽管双介质模型 (二流体模型) 也可以很好地识别和研究 RTI 及其所引起的物质混合问题，但是相对于单流体模型，双介质模型需要的计算量差不多要翻倍，并且需要通过复杂的物理分析来确定两种流体之间的作用关系。因此，当研究对象是两种可掺混的流体或单流体时，本节介绍的示踪粒子法更加方便和高效。

在 RTI 的发展和流体混合过程中，示踪粒子遵循当地流动情况输运，其从拉格朗日视角指示着流体系统的状态。借助全部 25 万个示踪粒子的信息，图 4.20展示了粒子速度空间中两种示踪粒子的分布。选取四个不同时刻 ($t = 0.5, 1.5, 2.5, 3.5$) 进行展示，分别大致对应图 4.19中 RTI 发展的不同阶段：RTI 开始，KH 不稳定性 (Kelvin-Helmhltz instability, KHI) 开始，KHI 发展，以及 RTI 混合。图 4.20(a1)、(b1)、(c1)、(d1) 对应 type-a 颗粒，使用红色标记；图 4.20(a2)、(b2)、(c2)、(d2) 对应 type-b 颗粒，使用蓝色标记；图框上方、右侧的直方图分别表示在 RTI 的引导下两个方向上速度 u_{px} 和 u_{py} 的分布情况，获得特定速

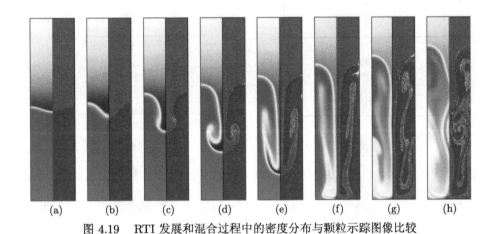

图 4.19 RTI 发展和混合过程中的密度分布与颗粒示踪图像比较

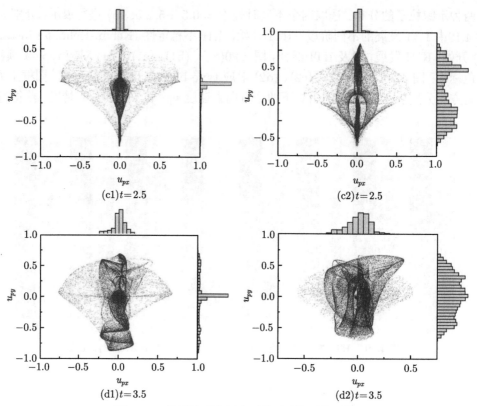

$$(c1)t=2.5 \qquad (c2)t=2.5$$

$$(d1)t=3.5 \qquad (d2)t=3.5$$

图 4.20   粒子速度空间中两种示踪粒子的分布

度的粒子群导致了不同颗粒速度分布 (partical velocity distribution, PVD) 特征图案的形成。在 RTI 演化的不同阶段，可以通过 PVD 识别不同的特征模式。因此，他们为 RTI 分析提供了一个视角：可以首先从形态上描述这些特征性 PVD 图案，然后尝试将它们与 RTI 的发展关联起来。

在 $t = 0.5$ 时刻，对应着 RTI 发生的早期，大多数粒子位于原点 (0,0) 的位置，这表明界面扰动尚未大规模地传递到轻重介质内部。此时，也有一些粒子获得了一定的速度，它们的 PVD 图像近似呈现为各向同性，在图 4.20(a1) 中形成一个环形分布图案，其中心稍微偏离了原点 (0,0) 位置。假如环中心在原点，则环形 PVD 图案上的粒子具有大致相等的动能。但是，由于重力的作用，重流体具有整体向下的运动趋势，因此环的中心向下偏离了原点。当忽略掉整体运动，则环形分布说明：一开始的 RTI 演化具有各向同性特征。在 $t = 1.5$ 时刻，粒子分布在若干层状结构上，并且 type-a 和 type-b 粒子的 PVD 中都形成了类似于 "洋葱" 的层状结构，如图 4.20(b1) 和 (b2) 所示，只是两个 "洋葱" 的内部结构有所不同。如图 4.20(b1) 所示，重流体区的 "洋葱" 尖端从原点开始发展，并被一层环包围。该 PVD 图像表明，与 RTI 对应的 type-a 颗粒的一小部分在 RTI 生长过程中穿过外围的 type-b 颗粒。对轻流体而言，两个 "蘑菇状" 的结构分别在 "包络层" 内垂直形成，并且表现出上大下小的形象 (如图 4.20(b2) 所示)，意味着大部分示踪粒子在向上运动。图 4.20(a1)、(a2)、(b1) 和 (b2) 中的直方图表示 type-a 和 type-b 颗粒的水平速度 u_{px} 和垂直速度 u_{py}

在 $t = 0.5$ 和 1.5 时的分布情况，尽管略有不同，但都接近于正态分布。在 $t = 2.5$ 时，图 4.20(c1) 和 (c2) 中显示出两个类似牵牛花的 PVD 图案。两个 PVD 的外部轮廓看起来像“花瓣”，中间带有的“花蕊”非常厚重，这表明许多粒子的水平速度为零，垂直方向速度分布的范围很大。另外，注意到 type-a 颗粒的“花蕊”比 type-b 颗粒的“花蕊”更加细长。这说明，当尖钉穿过轻流体时，尖钉能够更多地保持其流动方向；而当气泡被重流体阻挡时，气泡则更多地被迫四散开来形成钝端。从 $t = 2.5$ 时刻的 PVD 直方图中可看出，type-a 和 type-b 粒子的 u_{px} 分布峰值集中在 $(0,0)$ 处，整体接近正态分布。type-a 颗粒的 u_{py} 直方图为单峰状态，但在负方向上有一个小的隆起；type-b 粒子的 u_{py} 直方图呈现出明显的双峰分布，分别在 $u_{py} = 0.6$ 和 -0.25 处出现峰值。可见，KHI 在后期产生并伴随着 RTI 的发展，KHI 导致了轻重流体的涡旋运动，于是示踪粒子产生了两个方向相反的运动。type-a 颗粒的 u_{py} 直方图中的小隆起表明 KHI 涡旋仅由一小部分重流体组成；而 type-b 颗粒的 u_{py} 直方图中的双峰表明轻流体构成了 KHI 涡旋中的大部分。在 $t = 3.5$ 时刻，对应的发展图像中已经不继续存在明显的 RTI 尖钉和气泡结构 (如图 4.19 所示)，两个 PVD 均形成了螺旋形图案，如图 4.20(d1) 和 (d2) 所示。type-a 和 type-b 颗粒的 u_{px} 直方图都扩展到了较大的分布范围，这意味着更多的粒子获得了水平方向的速度。type-a 颗粒的 u_{py} 直方图也得到了扩展，但主峰仍然位于原点。type-b 颗粒的 u_{py} 直方图的每一列都较为接近并且在前一时刻出现的双峰结构消失，从而形成了具有高偏差的近似正态分布模式。

　　这里，我们只是初步展示一下：示踪粒子的引入为复杂流场精细结构的呈现、物质粒子的来源识别提供了方便，基于示踪粒子的流场分析为复杂流场研究提供了一个全新的视角。这里展示的示踪粒子法，虽然本节是以 DBM 模拟为例引入的，但其思路与使用方法容易推广应用于其他流体建模与模拟情形。我们将在第 5 章给出更多的图像解读和物理解释[337]。

第 5 章 复杂介质动态响应：模拟研究

在本书中，复杂介质动态响应模拟研究大致可以分为三类：微观行为、介观行为和宏观行为。关于微观尺度的动态响应，我们所探讨的问题仅限于分子动力学可以模拟的情形。在介观尺度上，又分为固体行为和流体行为。在固体情形，所探讨的问题仅限于只有一个或几个孔洞引发的局域行为。这些研究基于连续介质理论和物质点方法 (MPM)。流体模型主要是指摆脱连续介质假设的离散玻尔兹曼模型 (DBM)。基于 DBM，我们可以研究流动非平衡和热动非平衡行为，特别是界面附近的精细物理结构和非平衡行为特征。在本书中，宏观整体响应特性研究使用的也是 MPM 和 DBM。

5.1 物质点模拟：整体行为

基于 MPM 模拟的冲击多孔材料的整体行为是指那些平均或统计行为[32]。在这里，"整体" 是相对于 "局域" 而言的。后者是指只有一个或几个孔洞的情况，而前者是指有几千个或更多孔洞的情形。在数值实验中，多孔材料是一块随机嵌入大量孔洞的固体材料。MPM 的粒子特性使得初始配置的灵活设置很容易实现。

这里用 ρ 表示多孔材料的平均密度，用 ρ_0 表示固体密实部分的密度。孔隙度定义为 $\Delta = 1 - \rho/\rho_0$①。孔隙度 Δ 由总数量 N_{void} 和内嵌孔隙的平均大小 r 来控制。在数值实验中，有两种等效的冲击加载方案：一种是与具有对称构型的物体相碰撞；另一种是与同一材料的刚性壁面相碰撞。在整体行为的研究中，冲击是通过与刚性壁面的碰撞来加载的。在局部行为研究中，冲击是通过与具有对称构型的物体碰撞来加载的。在这些冲击行为数值实验中重力效应相对较弱，因而暂时忽略。刚性壁面水平放置，底部静力为零，目标多孔介质位于刚性壁面上部，以 v_{init} 的初始速度向刚性壁面运动，在 $t = 0$ 时刻开始接触刚性壁。在左右边界使用周期性边界条件。这种处理意味着所考虑的实际系统是由许多周期性地沿水平方向排列的模拟系统组成的。

在本书中，物质点模拟部分所使用的材料均为金属材料铝，参数如下：杨氏模量 $E = 69$ MPa，泊松比 $\nu = 0.33$，密度 $\rho_0 = 2700$ kg/m³，初始屈服应力 $\sigma_{Y0} = 120$ MPa，硬化系数 $E_{\text{tan}} = 384$ MPa，热传导系数 $k = 237$ W/(m·K)，声速 $c_0 = 5.35$ km/s，定容比热 $c_v = 880$ J/(Kg·K)，Gruneissen 系数 $\gamma_0 = 1.96$(在压强低于 270 GPa 时是有效的)，Hugoniot 速度关系 $U_s = c_0 + \lambda U_P$ 中的线性系数 $\lambda = 1.34$(U_s 和 U_P 分别是冲击波速和波后粒子速度)，初始温度设为 300 K。

5.1.1 平均行为及其涨落

在这一部分的研究中，孔隙度和冲击强度的影响是主要关注的问题；在相同孔隙度下，进一步研究了平均孔洞尺寸的影响。主要观测结果如下：局部体积耗散和湍流混合是动能

---

① 在早期部分文献中，使用 $\delta = \rho_0/\rho$ 描述孔隙度；二者的关系为 $\Delta = 1 - 1/\delta$。

转化为内能的主要机制。在孔隙度很小的情况下，冲击部分可以达到动态稳定状态；下游部分的孔洞反射稀疏波，使平均密度和平均压力轻微振荡；在孔隙度相同的情况下，平均孔洞尺寸越大，平均温度越高。在孔隙度较高的情况下，整个冲击加载过程中，密度、温度、压强等物理量随时间变化：初始阶段过后，平均密度和压强降低，但温度升高的速度加快。局部压强、温度、密度和粒子速度的分布一般为非高斯分布，且随时间变化。变化速率与冲击强度、孔隙度以及平均孔洞尺寸有关。随着冲击强度的增加，孔隙度效应更加明显[329]。下面给出了一些基于二维模拟的具体数值结果。

这里的计算单元宽度为 2 mm，由于主要关注加载过程，将多孔材料的高度设置为足够大的值，使上自由表面反射的稀疏波在研究时间尺度内对物理过程的影响不显著。冲击过程中两个时刻的情形，如图 5.1 所示，其中图 5.1(a) 为压强构型图，图 5.1(b) 为温度构型图。这里 $\Delta = 0.029$，$t = 250$ ns。图中的长度单位是 10 μm。从蓝到红，物理量的数值逐渐增加。压强的单位是 MPa，温度的单位是 K。飞片和耙的初始速度是 $v_{\mathrm{init}} = \pm 1000$ m/s。与理想固体材料的情况不同，孔隙材料中不存在稳定的冲击波 (激波)。当初始激波到达第一个空腔时，稀疏波被反射回来并在压缩部分内传播，破坏了压缩部分原有的可能的平衡态。两侧的激波继续向前传播，并在腔体前方再次相遇，波系开始变得复杂。当压缩波遇到新的空腔时，也会发生类似的现象。这样，多孔材料中的波系就变得非常复杂。为了便于描述，激波这个概念仍然被用作粗粒度描述。相应地，物理量的值如压力、粒子速度、温度、密度等，都是相应的在区域 Ω 和 $y_1 \leqslant y \leqslant y_2$ 中计算的平均值。

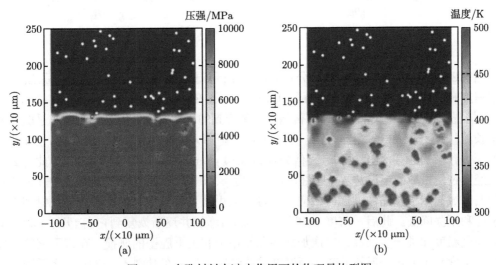

图 5.1 多孔材料在冲击作用下的物理量构型图

5.1.1.1 低孔隙度情形

图 5.2 显示了一种情况下的平均密度、压强、温度和粒子速度与时间的关系，其中 $\Delta = 0.029$，$r = 50$ μm，$v_{\mathrm{init}} = 1000$ m/s，多孔材料的高度为 5 mm。物理量的数值分别在底部和顶部区域动态测量。对于下部区域，我们选择 $y_1 = 100$ μm，对于上部区域，y_2 取物质粒子的最高 y 坐标。这里给出了三组实测结果，测量区域的高度分别为 $h = 800$ μm、

400 μm 和 100 μm。带实符号的线给出下部区域测量结果，带空符号的线给出上部区域的测量结果。

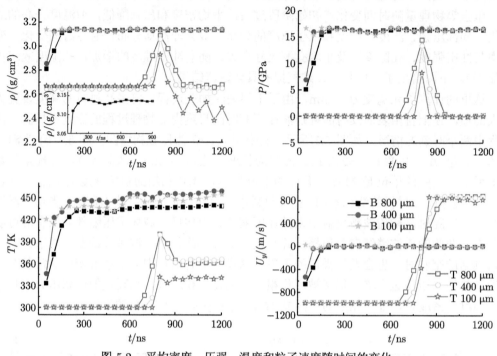

图 5.2 平均密度、压强、温度和粒子速度随时间的变化

图 5.2 的图例中 "B" 和 "T" 分别表明测量区域位于底部和上部。密度、压强、温度、粒子速度和时间的单位分别是 g/cm³、GPa、K、m/s 和 ns。模拟结果表明，在 $h = 800$ μm 的情况下，激波在底部区域 Ω_b 传播时，测量到的平均密度、压强和温度几乎随时间线性增长，直到 $t = 150$ ns 左右为止。在此之后，温度以更低的速率进一步升高。在时刻 $t = 150$ ns，密度、压强和温度达到最大值分别为 3.14 g/cm³、16.7 GPa 和 432 K。此时激波前沿已经穿过测量域的下游边界 (见图 5.1)。密度 ρ、压强 P 和温度 T 曲线上在 $t = 450$ ns 处的凹区域显示了压缩波的卸载效应，即稀疏波由测量区域相邻的下游空腔反射回来，使得密度和压强降低。此后，密度 ρ 和压强 P 的值增加并逐渐恢复到它们 (几乎) 稳定的数值，但是温度却进一步升高。二次加载现象是由于和上下腔壁的碰撞。在接下来的一段时间内，密度和压强几乎保持不变，而温度仍然缓慢增长。在时刻 $t = 650$ ns 之后密度、压强和温度曲线的弱波动是由测量域 Ω_b 上下两个边界传回的压缩波和稀疏波导致的。这些波系所做的黏塑性功使得这些区域的温度缓慢上升。由带空符号的线可以看到，冲击波到达顶部自由表面的时间大约为 $t = 800$ ns。在此之后，稀疏波又返回到受压材料中。在图中所示的时间间隔内，在测量高度 $h = 800$ μm 和 400 μm 两种情形，密度 (或压强) 恢复到略大于它的初始值，但温度却达到高于初始值 60 K 左右，且仍在增加；对于测量区域高度 $h = 100$ μm 的情形，在 $t = 900$ ns 后密度曲线出现明显的振荡。

为了更好地理解这一现象，在图 5.3中给出了时间 $t = 1.15$ μs 时的温度构型云图，温度单位为 K。图中可以在自由表面上发现物质粒子喷射现象。

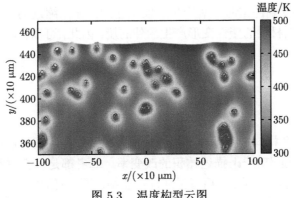

图 5.3 温度构型云图

根据图 5.1中的数据，可以得到这些物理量之间的相互依赖关系。最初的过渡阶段和最终的振荡稳态清晰可见。由于存在随机分布的空隙，拥有各种波矢和频率的波系在受压材料中传播。当测量区域进一步减小时，可以发现更加细致的波系结构，图 5.2清楚地展示了这一趋势。

图 5.4给出了从底部测量的上述四个物理量的标准差 (standard deviations，Std) 随时间的变化，长度和时间的单位分别为 μm 和 ns。这些量在初始阶段随时间迅速增加，然后几乎以指数形式减少到稳态值。u_y 的标准差大于 u_x，这意味着系统处于热力学非平衡态，且

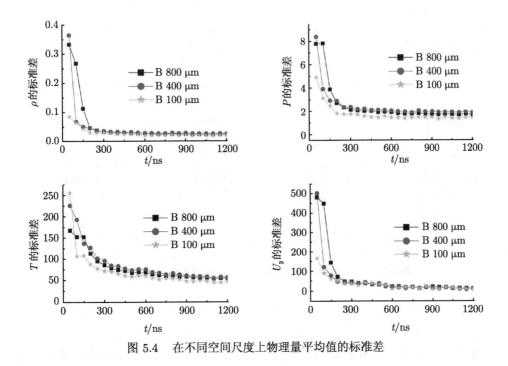

图 5.4 在不同空间尺度上物理量平均值的标准差

冲击方向所在自由度的内能高于横向自由度的内能。这些非零涨落的存在说明系统处于局域振荡的近稳定状态。

当理想晶体材料受到冲击时，熵产生只发生在冲击波压缩过的非平衡区域。在多孔材料的情况下，空腔周围材料的塑性变形产生额外的熵。因此，可以粗略地将局域旋转定义为

$$\mathrm{Rot} = |\nabla \times \boldsymbol{u}|,$$

局域散度定义为

$$\mathrm{Div} = |\nabla \cdot \boldsymbol{u}|.$$

局域旋转和散度在多孔材料冲击动理学描述中具有重要作用。局域散度 $|\nabla \times \boldsymbol{u}|$ 描述物质粒子的环流，局域散度 $|\nabla \cdot \boldsymbol{u}|$ 描述体积的改变率。二者都是多孔材料动理学中引起熵增的重要机制。前者描述湍流耗散，后者描述冲击压缩。图 5.5 给出它们的方均值与时间的关系。图例中 $\langle \cdots \rangle$ 指相应量的平均值。长度和时间的单位分别为 μm 和 ns。作为比较，还显示了应变率 (图中的 "StrR") $\dot{\varepsilon}$ 的行为。当冲击波通过测量区域 Ω 时，这三个量几乎都以指数形式下降到它们的稳态值。稳态应变率的幅值与旋转的幅值非常接近。这种情况下，散度的振幅要大一些。空腔坍塌和稀疏波导致的新的成腔是造成局部散度的主要原因。图 5.6 给出了 $t = 750$ ns 时密度构型、压强构型、温度构型云图和粒子速度场的一部分，粒子速度大小为箭头长度乘以 50。从中可以更好地理解局部密度、压强、温度、粒子速度的波动以及旋转和发散效应。

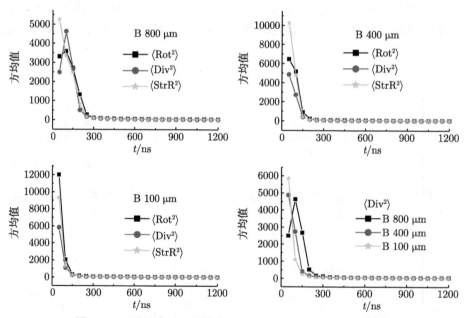

图 5.5   局域旋度、局域散度和应变率的方均值随时间的变化

在本例中，在位置 (510 μm, 280 μm) 处有一个孔洞。为了检验孔洞的尺寸效应，对不同孔洞大小的计算结果进行了比较。稳态时平均密度、压强和粒子速度无明显差异，但温度与孔隙大小呈显著的依赖关系。孔隙越大，平均温度越高，如图 5.7 所示，图例中给出了

平均孔径 r、位置和测量区域高度。长度和时间的单位分别是 µm 和 ns。对于孔洞大小对局域旋度和散度平均值的平方的影响，孔洞大小只在瞬态阶段对局域旋度和散度的方均值产生影响，如图 5.8所示，图例中给出了平均孔径 r，长度和时间的单位分别是 µm 和 ns。图中的两种情形，孔隙度相同，都是 $\Delta = 0.029$。

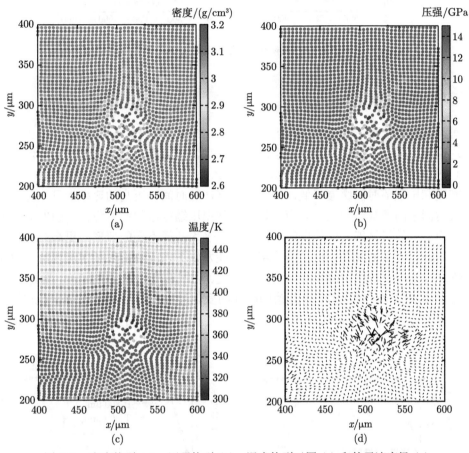

图 5.6　密度构型 (a)、压强构型 (b)、温度构型云图 (c) 和粒子速度场 (d)

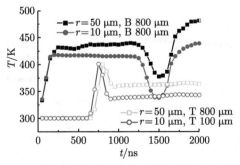

图 5.7　不同平均孔径情形下平均温度随时间的变化

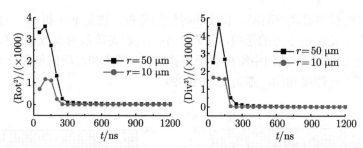

图 5.8　不同平均孔径情形下局域旋度和散度的方均值随时间的变化

5.1.1.2　高孔隙度情形

　　针对高孔隙度情形，在图 5.9中给出了 $\Delta = 0.286$，$r = 10\ \mu\text{m}$ 和 $v_{\text{init}} = 1000\ \text{m/s}$ 情形下平均密度、压强、温度和粒子速度随时间的变化。这里只是给出了在上下两个高度为 $h = 800\ \mu\text{m}$ 的测量区域内物理量的平均值。与 $\Delta = 0.029$ 时的低孔隙度情形不同，暂态过后平均密度和压强随时间缓慢降低，但平均温度却随时间以更高的速率上升。这是下游区域孔洞反射回来的稀疏波导致的效应。稀疏波使得压缩区域的密度降低，引发非零的局域散度，从而更多的机械能转化为内能。同时，在平均孔径不变的情形，更高的孔隙度意味着材料内镶嵌着更多的孔洞，在冲击作用下可能发生更多的物质粒子射流现象。射流现象和射流物质粒子与下游壁的碰撞均导致局域散度、局域旋度和温度的升高。图 5.10 给出了局域旋度、局域散度、应变率的方均值随时间的变化过程，时间单位是 ns。在初始暂态阶段，湍流耗散是温度升高的主要机制；进入稳态之后，这三者对温度升高的贡献几乎相同。

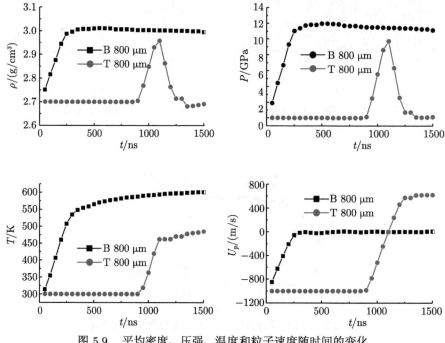

图 5.9　平均密度、压强、温度和粒子速度随时间的变化

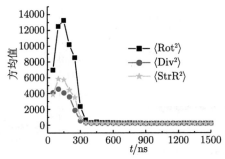

图 5.10 局域旋度、局域散度和应变率的方均值随时间的变化

为了进一步研究冲击压缩区域的非均质效应，在图 5.11 中给出了在时刻 $t = 1200$ ns、1250 ns 和 1300 ns 三个时刻的平均密度、压强、温度和粒子速度分布。很显然，它们的分布均偏离高斯分布。

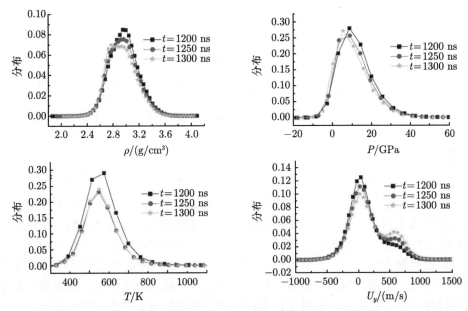

图 5.11 不同时刻平均密度、压强、温度和粒子速度的分布

图 5.12给出了不同冲击强度下平均密度、温度随时间的变化，初始速度 v_{init} 在图例中给出，各量的单位同图 5.2。可以看出，平均密度的降低速率、温度的提升速率均随着初始冲击速度的变大而增加。在研究孔隙度效应的数值模拟中，初始冲击强度固定。

图 5.13 给出了初始冲击速度 $v_{init} = 1000$ m/s 时不同孔隙度情形下平均密度和平均温度随时间的变化，图中不同曲线分别对应于 $\delta = 1.01$、1.02、1.1、1.4、1.7。在左图中与 $\delta = 1.1$、1.4 和 1.7 对应的曲线分别被上移 0.01、0.1 和 0.15。各量的单位同图 5.2。可见，在孔隙度较低时，平均密度随孔隙度降低的速率更大；在孔隙度较高时，平均密度的行为变得复杂。

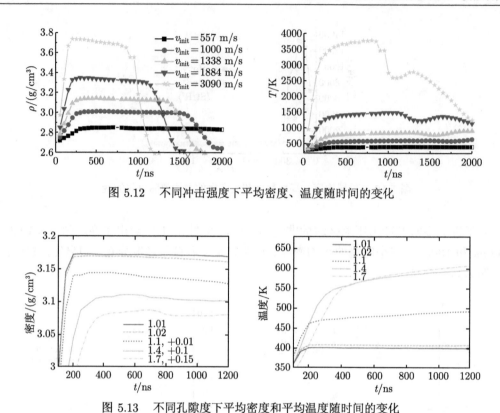

图 5.12　不同冲击强度下平均密度、温度随时间的变化

图 5.13　不同孔隙度下平均密度和平均温度随时间的变化

5.1.2　形态学分析

这里我们使用形态分析方法描述温度、压力、密度等场的几何和拓扑特性。冲击波在多孔材料中引起一系列复杂的压缩和稀疏现象。在温度场中，A 表示高温粒子的比例，它的增长速度大致相当于一个压缩波系列的速度，速度随温度阈值的增大而减小。在初始阶段，随着时间的推移，高温物质粒子所占份额 A 几乎呈抛物线增长。$A(t)$ 曲线在以下三种情况下表现出更强的线性：① 孔隙度 Δ 接近 0 时；② 初始冲击变得更强时；③ 阈值接近温度的最小值时。早期压缩波到达多孔材料下游表面，稀疏波返回后，高温物质粒子的比例仍可能继续增加。可推知，如果某含能材料需要较高的点火温度，则提高点火率首选较高的孔隙度，点火可能发生在前导压缩波扫描整个材料之后。在形态学分析中，我们通过几个系数来反映结果对实验条件的依赖。这里展示的是温度场的一些观测结果[332]。

5.1.2.1　整体图像

图 5.14 给出动力学过程的一组温度构型云图。这里 $\Delta = 0.5$，$v_{\mathrm{init}} = 1000$ m/s。从左到右，时间 t 分别是 500 ns、1500 ns、2000 ns 和 2500 ns，长度单位是 10 μm。从蓝色到红色，对应温度逐渐升高。前两幅图描述的是冲击加载过程，后两幅图描述的是压缩波的卸载过程。如前所述，当压缩波到达上自由表面时，稀疏波会反射回材料中。在稀疏波的作用下，材料的高度随时间增加。事实上，在压缩波到达上自由表面之前，材料内部已经发生了大量的局部压缩波卸载现象。材料内部的物理场和波系极其复杂，我们使用闵可夫斯基泛函来描述材料内部的物理场。

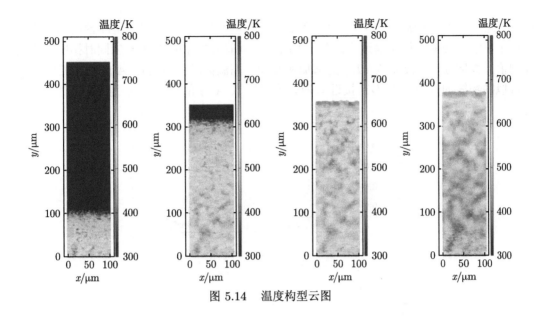

图 5.14 温度构型云图

在本书中，形态学分析方法的应用主要以温度场的描述和研究为例。要使用闵可夫斯基泛函，首先需要选择一个阈值温度 T_{th}，将温度场浓缩简化为两种区域：高温区域 $(T(\boldsymbol{x}) \geqslant T_{th})$ 和低温区域 $(T(\boldsymbol{x}) < T_{th})$。图 5.15 给出了图 5.14 中所示冲击过程的几组形态学分析。图例中给出了温度增量 DT 的数值，"DT"的含义是 $T_{th} - 300$。温度的单位是 K，时间单位是 ns。可以发现，当 DT 非常小时，波前几乎是一个平面，这类似于均匀固体材料的情况。当 $DT = 10$ K 时，高温区域所占份额 A 在 $t = 1600$ ns 时增加到将近 1，并保持这个饱和度，直到 $t = 2600$ ns 时才表现出轻微的下降。这表明：① 早期压缩波到达上自由表面大约在 $t = 1600$ ns(事实上在此之前)；② 几乎所有的物质粒子在接下来的 1000 ns 期间获得的温度都高于 310 K。卸载过程中由于稀疏波的作用，一小部分物质粒子的温度降低到 310 K 以下。高温区域所占份额 A 随着温度阈值的增大而减小。对于 $DT = 100$ K 的情形，在 $t = 1900$ ns 时，高温区域所占份额达到 (几乎) 稳定的值 0.96，表示在上述期间，物质粒子的温度不能超过 400 K。当压缩波到达空腔时，它被分解成许多成分。在空腔两侧固体部分的压缩波向前传播更快，而面向空腔的部分则可能导致射流现象的发生。当喷射材料颗粒撞击空腔下游壁面时，会产生新的压缩波。同时，腔体反射回稀疏波，使得空腔上游压缩区域的密度和压强降低。大量类似的过程发生在多孔材料内部。因此，冲击加载过程表现为一系列压缩波和稀疏波的共同作用。在冲击加载过程中，压缩波起主导作用。所有的塑性变形都导致温度的升高。同样可以解释 $DT = 200$ K 时的曲线。当 DT 从 200 K 增加到 300 K 时，高温区域所占份额的曲线表现出显著的变化。对于 $DT = 400$ K，在 $t = 3000$ ns 左右，高温区域所占份额达到 0.2。这表明，到目前为止 80% 的物质颗粒无法获得 700 K 及以上的温度。当 $DT = 500$ K 时，高温区域所占份额在整个检测期间内几乎保持为零，这表明，截止时刻 $t = 3000$ ns，所有物质粒子的局部温度都低于 800 K。对于 $DT = 300$ K、330 K、360 K 和 400 K 的情况，经过最初的缓慢增长期之后，高温区域显示出快速增长阶段。后者意味着前导压缩波导致的大量的小高温区域在此期间长大和出现

合并。此后，高温区域所占份额 A 的增长率出现一个缓慢下降现象。$A(t)$ 曲线的斜率大致代表了压缩效应的平均传播速度。当提到高温区域前沿的速度 D 时，应同时指明相应的温度阈值。很明显，$D(T_{\text{th}})$ 随 T_{th} 的增加而减少。高温区域所占份额 $A(t)$ 在初始阶段表现出近似抛物线的行为。当 DT 接近 0 时，高温区域 $A(t)$ 的曲线逐渐回归线性。

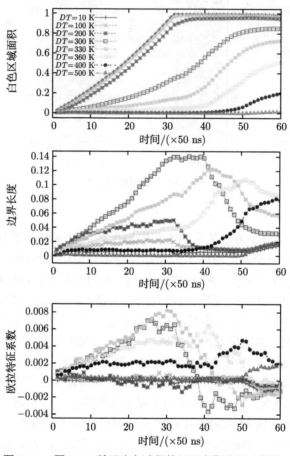

图 5.15　图 5.14 所示冲击过程的闵可夫斯基泛函描述

　　接下来分析第二个闵可夫斯基泛函边界长度 L 带给我们的信息。在 $DT = 10$ K 的情形，初始的增长期过后直到 $t = 2600$ ns，边界长度 L 保持在一个较小的值。边界长度 L 保持在一个较小的量，而高温区域所占份额 A 却在迅速增长，这说明压缩波在向前传播，且波前近似为一个平面。时刻 $t = 2600$ ns 之后边界长度 L 的增大伴随着高温区域所占份额 A 的降低，这说明在原高温区域内部出现一些局域的低温物质粒子团簇。$DT = 100$ K 和 $DT = 200$ K 的两条曲线变化趋势近似。它们首先因为压缩区域内出现局域的高温物质粒子团簇而增加，随后因为这些高温区域的长大、融合而逐渐降低，最后再因为在高温区域出现局域的低温物质粒子团簇而增大，最后的增大伴随着高温区域所占份额的轻微降低。$DT = 300$ K 对应的情形如下：在 1500 ns $< t <$ 2500 ns 期间，高温物质粒子所占份额 A 逐渐增加，而边界长度 L 近似维持在一个常数。这个现象表明：在这个阶段，压缩波在向

前传播，一些零散的高温物质粒子团簇出现在新压缩过的区域；同时，稍前产生的一些零散的高温物质粒子团簇出现融合。在 2500 ns 到 3000 ns 期间，高温物质粒子所占份额 A 增长非常缓慢，但边界长度 L 却快速减小。这个现象表明：高温区域所占份额 A 的增加主要是前导压缩波产生的零散的局域高温区域融合导致的。$DT = 330$ K 和 $DT = 360$ K 对应的曲线可作类似的解释。在这个冲击强度下，$t = 2000$ ns 之前几乎没有物质粒子可以获得 700 K 以上的温度，所以只有在 $t = 2000$ ns 之后，$DT = 400$ K 对应的边界长度 L 才获得较快速的增长。

当温度阈值 DT 非常小时，在压缩波扫过区域，几乎所有的物质粒子都满足 $T > T_{th}$，在压缩波未到区域，几乎所有物质粒子都满足 $T < T_{th}$。所以，在形态学描述中，浓缩简化后的温度斑图就是两块连通性极高的高温区域和低温区域。此时的欧拉特征系数 χ 在整个冲击加载过程中几乎为 0，平均曲率 κ 也几乎为 0。从图 5.15 中 $DT = 10$ K，$DT = 100$ K 和 $DT = 200$ K 对应的曲线可以看到，在冲击波卸载过程中，欧拉特征系数 χ 逐渐减小至小于 0，这意味着低温区域的个数增加。随着温度阈值 T_{th} 的增加，更多的高温区域变成低温区域。在冲击加载过程中，可以看到：在低温背景下出现一系列零散的高温区域，这时欧拉特征系数 χ 为正且随时间变大。如图 5.15 的 $DT = 300$ K，$DT = 330$ K 和 $DT = 360$ K 曲线所示。当温度阈值 T_{th} 提升至 700 K 时，相当一部分物质粒子的温度无法高于 T_{th}。在 550 ns $< t <$ 2100 ns 期间，欧拉特征系数 χ 的饱和现象表明，高温区域的数量和低温区域的数量以近似相同的方式变化。在 2100 ns $< t <$ 2500 ns 期间，欧拉特征系数 χ 的增长是由于稀疏波的介入使得材料内的平均温度降低，一些连在一起的高温区域出现分离。在 $DT = 500$ K 的情形，材料内几乎所有的物质粒子都被视为低温的，所以欧拉特征系数 χ 几乎为 0。

5.1.2.2　孔隙度效应

为了研究孔隙度效应，图 5.16 中给出了低孔隙度情形下一次冲击动力学响应过程的一组温度构型云图。这里 $\Delta = 0.286$，其他条件同图 5.14。从左到右，对应的时刻分别为 $t = 500$ ns、1100 ns、1400 ns 和 1700 ns。可以看到，压缩波的传播速度随着孔隙度降低而增大。在这种情形，在 $t = 500$ ns，压缩波就到达 $y = 1750$ μm 的位置。然而在 $\Delta = 0.5$ 的情形，在同一时间压缩波刚刚到达 $y = 1000$ μm 的位置。在图 5.16 所示的这种情形，在时刻 $t = 1400$ ns 之前压缩波就到达上自由表面，稀疏波从上自由表面返回材料内部；然而在 $\Delta = 0.5$ 的情形，$t = 1500$ ns 时冲击加载过程还未结束。

孔隙度效应可以借助形态学分析方法获得更加定量化的研究。在图 5.17 中给出一组冲击响应过程的形态学分析结果，这里孔隙度 $\Delta = 0.592$、0.5、0.412、0.286、0.180、0.130 和 0.091（对应 $\delta = 2.45$、2、1.7、1.4、1.22、1.15 和 1.1），温度阈值 $T_{th} = 400$ K。通过比较冲击加载过程中高温区域所占份额 $A(t)$ 曲线的斜率，可以看到高温区域前沿的传播速度 D 随着孔隙度增加而降低。边界长度最大值 L_{max} 随着孔隙度 Δ 的降低而增加。在 $\Delta = 0.091$ 的情形，边界长度 L 在大约 $t = 1250$ ns 时刻获得最大值。这个现象说明，在这个观测区间内冲击压缩区域的最高温度随着孔隙度降低而降低。当孔隙度 Δ 从 0.592 降低至 0.091 时，欧拉特征系数 χ 的值为负且变得更小，这意味着 $T < 400$ K 的区域相对于 $T \geqslant 400$ K 的区域个数变得更多。

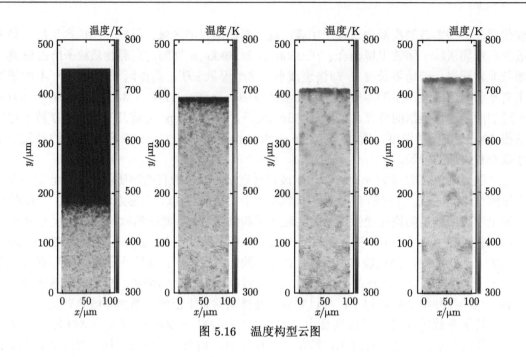

图 5.16   温度构型云图

通过比较图 5.18和图 5.19所示的结果，可以获得结果对温度阈值 T_{th} 依赖的一些信息。图 5.18和图 5.19就同一冲击动力学响应过程给出两组温度阈值 ($T_{th} = 500\,\text{K}$ 和 $T_{th} = 600\,\text{K}$) 更高的形态学分析结果。这些信息与图 5.17 互补。在孔隙度分别为 $\Delta = 0.286$、0.180、0.130 和 0.091 的情形，只有 88%、55%、36% 和 15% 的物质粒子获得高于 500 K 的温度。

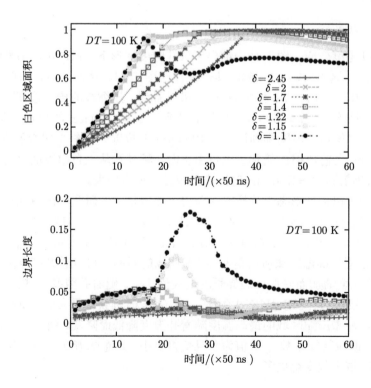

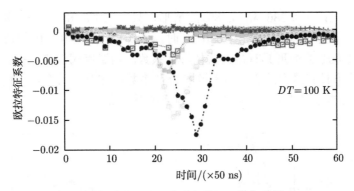

图 5.17 不同孔隙度情形下冲击动理学过程的闵可夫斯基描述 $(T_{\mathrm{th}} = 400\ \mathrm{K})$

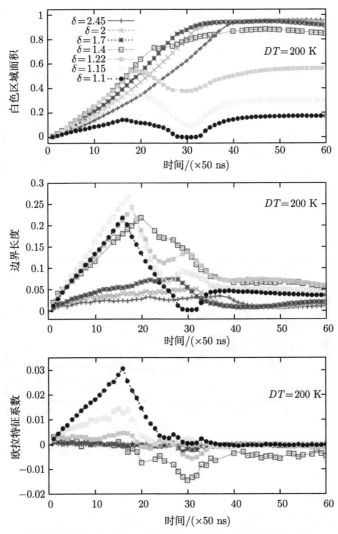

图 5.18 不同孔隙度情形下冲击动理学过程的闵可夫斯基描述 $(T_{\mathrm{th}} = 500\ \mathrm{K})$

在孔隙度分别为 $\Delta = 0.286$ 和 0.180 的情形，只有 16% 和 6% 的物质粒子获得超过 $600\ \mathrm{K}$ 的温度。在温度阈值 $T_{\mathrm{th}} = 500\ \mathrm{K}$ 时，孔隙度 $\Delta = 0.130$ 的情形具有最大边界长度，而 $\Delta = 0.091$ 的情形具有最大欧拉特征系数。当温度阈值 $T_{\mathrm{th}} = 600\ \mathrm{K}$ 时，孔隙度 $\Delta = 0.286$ 的情形具有最大边界长度和欧拉特征系数，这意味着在这种情形，大量温度高于 $T > 600\ \mathrm{K}$ 的热斑零散分布于温度 $T < 600\ \mathrm{K}$ 的背景中。

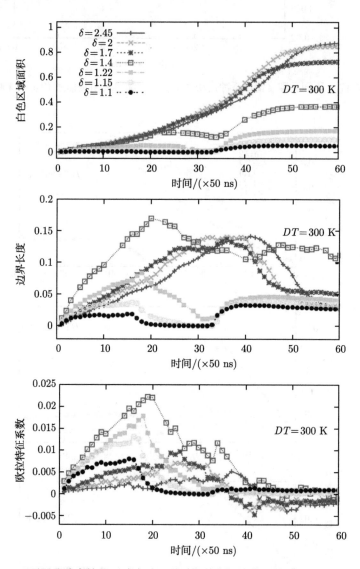

图 5.19　不同孔隙度情形下冲击动理学过程的闵可夫斯基描述 $(T_{\mathrm{th}} = 600\ \mathrm{K})$

5.1.2.3　冲击强度效应

在研究冲击强度效应时，固定孔隙度。图 5.20 给出孔隙度 $\Delta = 0.286$，初始冲击速度 $v_{\mathrm{init}} = 500\ \mathrm{m/s}$ 的冲击动力学响应过程中的一组温度构型云图，长度单位为 $10\ \mu\mathrm{m}$。从左到右，各图对应的时刻分别为 $t = 500\ \mathrm{ns}$、$1500\ \mathrm{ns}$、$2000\ \mathrm{ns}$ 和 $2500\ \mathrm{ns}$。前两个图描述的

是冲击加载过程，后两个图描述的是冲击卸载过程。与图 5.16 所示情形相对比可见，高温区域前沿的速度 D 和材料内的最高温度 T_{max} 都有所降低。

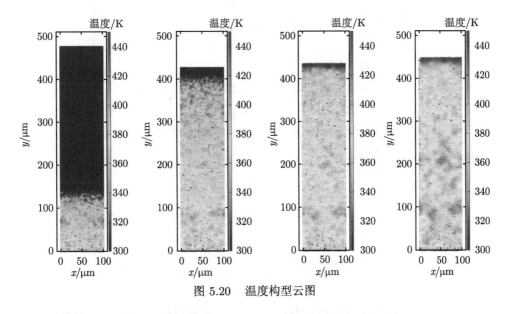

图 5.20 温度构型云图

图 5.21 给出这个冲击动力学响应过程的一组形态学分析，图例中给出了温度增量 DT 的数值。可见这样一个冲击过程无法产生温度高于 $T = 500$ K 的热斑。在前导压缩波扫过整个材料区域，部分稀疏波开始从上自由表面返回材料内后，高温区域的面积继续增加。截止时刻 $t = 3000$ ns，材料内温度高于 $T > 400$ K 的物质粒子达到 40%，温度高于 $T > 380$ K 的物质粒子达到 74%，温度高于 $T > 360$ K 的物质粒子为 91%。温度阈值 $T_{th} = 380$ K 时的边界长度在 $t = 1500$ ns 时获得最大值，这时大量温度高于 380 K 的热斑零散分布于温度低于 380 K 的背景中。图 5.22 和图 5.23 给出的是同一孔隙度但初始冲击速度较低的两种情形的形态学分析结果。在图 5.22 中，初始冲击速度 $v_{init} = 400$ m/s。在图 5.23 中，初始冲击速度 $v_{init} = 300$ m/s。随着初始冲击速度的降低，材料内的最高温度 T_{max} 降低。但对于温度阈值较低的情形例如 $T_{th} = 310$ K$(DT = 10$ K$)$，高温区域所占份额几乎是随着时间线性增加的。

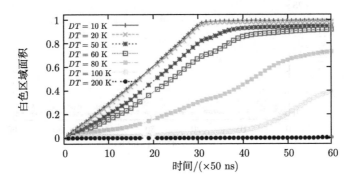

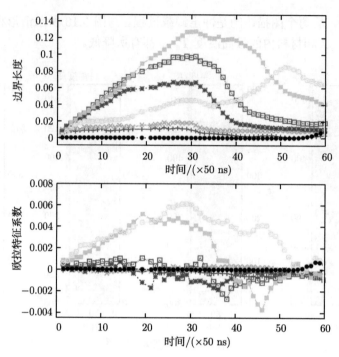

图 5.21　多孔材料冲击动理学过程的闵可夫斯基描述 (初始冲击速度为 500 m/s)

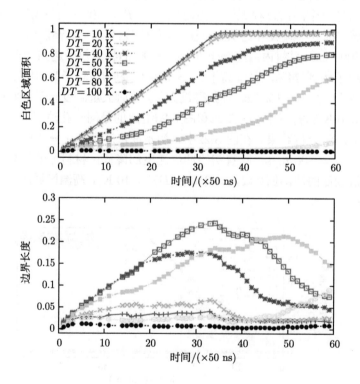

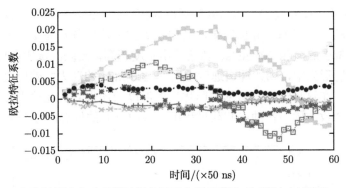

图 5.22　多孔材料冲击动理学过程的闵可夫斯基描述 (初始冲击速度为 400 m/s)

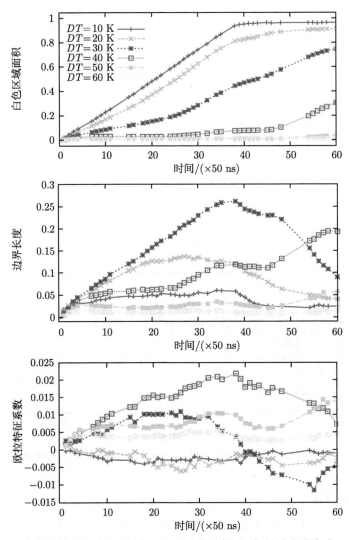

图 5.23　多孔材料冲击动理学过程的闵可夫斯基描述 (初始冲击速度为 300 m/s)

　　图 5.24 中就同一孔隙度 $\Delta = 0.286$ 和温度阈值 $T_{\text{th}} = 350\,\text{K}$ 给出不同初始冲击速度的动力学响应过程的一组形态学分析结果，其中初始冲击速度分别为 $v_{\text{init}} = 1000\,\text{m/s}$、$500\,\text{m/s}$、$400\,\text{m/s}$、$300\,\text{m/s}$ 和 $200\,\text{m/s}$。初始冲击强度越高，高温区域所占份额 $A(t)$ 的斜率越大。在这几种情形当中，初始冲击速度 $v_{\text{init}} = 400\,\text{m/s}$ 的动力学响应过程给出最大高低温区域边界长度。在这种情形，从浓缩简化后的温度云图来看，在冲击加载过程中，零散分布的高温热斑个数占优；在冲击卸载过程中，零散分布的低温区域个数占优。

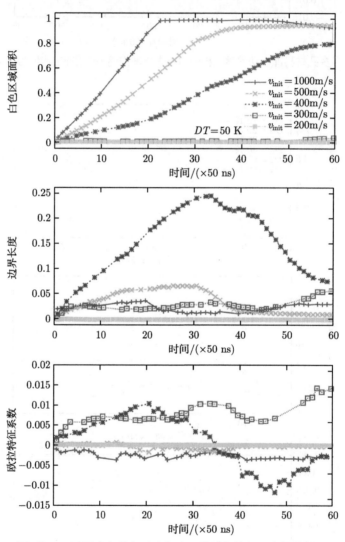

图 5.24　不同冲击强度下冲击动理学过程的闵可夫斯基描述

5.1.2.4　动理学相似性

　　为了更加深刻细致地理解多孔材料的冲击响应过程，本节介绍在动理学过程中呈现出的一些相似性及其演化规律[234]。图 5.25就孔隙度 $\Delta = 0.09$ 和初始冲击速度 $v_{\text{init}} = 800\,\text{m/s}$ 的情形给出了在三个形态学量张开的三维相空间中的一组分析结果。图中温度阈

值 $T_{\mathrm{th}} = 305$ K、330 K 和 360 K ($DT = 5$ K、30 K 和 60 K) 的曲线靠得较近，这表明这三个情形的温度斑图的形态特性 (高温物质粒子所占份额、边界长度、连通度) 在整个演化过程中呈现出较高的相似性。这些信息对于复杂动理学过程分类，以及相应结构材料的设计均具有启发与借鉴作用。当材料成分和结构确定后，温度斑图及其演化过程由初始冲击速度和温度阈值来决定。所以，可以使用 $(v_{\mathrm{init}}, T_{\mathrm{th}})$ 来标记相应温度斑图的演化过程。我们进一步引入下角标 "1" 或 "2" 来标记动理学演化过程。

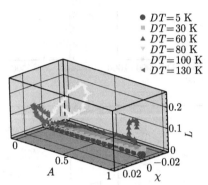

图 5.25　三个形态学量张开的三维相空间中冲击动理学过程的闵可夫斯基描述

首先针对孔隙度 $\Delta = 0.09$ 的情形，选择初始冲击速度 $v_{\mathrm{init}1} = 800\mathrm{m/s}$ 和温度阈值 $T_{\mathrm{th}1} = 408$ K 的温度斑图动理学过程作为参考和比较对象，然后研究它和 $(v_{\mathrm{init}2}, T_{\mathrm{th}2}) = (900\mathrm{m/s}, T_{\mathrm{th}2})$ 的动理学过程之间的相似程度 (形态学相空间距离 d_P 的倒数)。可见，在 $T_{\mathrm{th}2} = 442$ K 时，形态学相空间距离 d_P 获得最小值。另外，可见下述动理学过程：(300 m/s, 315 K)、(400 m/s, 326 K)、(500m/s, 340 K)、(600 m/s, 358 K)、(700 m/s, 381 K)、(1000 m/s, 489 K) 也都与参考过程 (800 m/s, 408 K) 呈现出较高的相似性。如果使用这八组 v_{init} 和 T_{th} 的结果来划出一条曲线的话，就获得了图 5.26 (c) 所示的标注为 "300∶15" 的曲线。这条曲线表明，曲线上这些点对应的温度斑图与 $v_{\mathrm{init}1} = 300$ m/s 和 $T_{\mathrm{th}} = 315$ K ($DT = 15$ K) 对应的情形在演化过程中呈现出并保持较高的相似性。

如果提升参考过程的温度阈值，以同样的方式便可获得图中其他曲线。图 5.26 (a)、(b) 和 (d) 分别对应 $\Delta = 0.03$，$\Delta = 0.18$ 和 $\Delta = 0.286$ 的三种情形。从图 5.26 中可以看到，当孔隙度较高时，$\sqrt{T_{\mathrm{th}} - 300}$ 的值与初始冲击速度 v_{init} 呈现出线性依赖关系。然而，当孔隙度较低时，$\sqrt{T_{\mathrm{th}} - 300}$ 的值随着 v_{init} 的增长率变得更大。物理原因如下：当孔隙度较高时，材料内物质粒子的温度提升机制主要是塑性功产热；当孔隙度较低时，材料内物质粒子的温度提升机制主要是冲击压缩[234]。

在研究孔隙度 Δ 对动力学相似性 S_P 的影响时，固定初始冲击速度 v_{init}。在这些研究中，我们使用 $(\Delta, T_{\mathrm{th}})$ 来标记一个温度斑图演化过程。考虑孔隙度分别为 $\Delta_1 = 0.09$ 和 $\Delta_2 = 0.01$，初始冲击速度 $v_{\mathrm{init}} = 800$ m/s 的情形。研究表明，阈值 $T_{\mathrm{th}1} = 315$ K、320 K，360 K，390 K，$\cdots$，630 K 的温度斑图与阈值 $T_{\mathrm{th}2} = 346$ K，347 K，350 K，353 K，$\cdots$，481 K 的温度斑图演化过程呈现出并保持较高的相似性。如果使用 $\Delta_1 = 0.09$ 时的温度阈值 $(T_{\mathrm{th}1} - 300)$ 作为横轴，$\Delta_2 = 0.01$ 时的温度阈值 $(T_{\mathrm{th}2} - 300)$ 作为纵轴，就获得了

图 5.27 中标注为"0.01"的曲线。横轴给出的是孔隙度 $\Delta_1 = 0.09$ 情形温度增量 DT 的数值，纵轴给出的是孔隙度为 Δ 情形温度增量 DT 的数值。

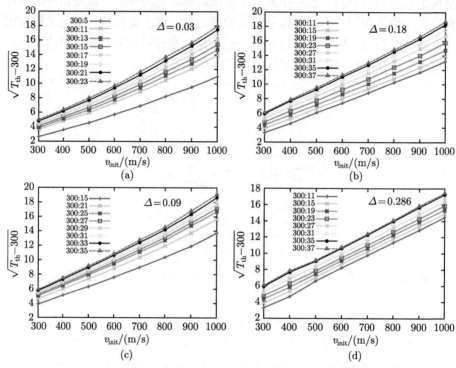

图 5.26　相似动力学过程中 $\sqrt{T_{\mathrm{th}} - 300}$ 和 v_{init} 的关系

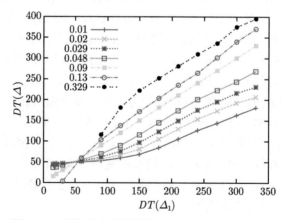

图 5.27　相似动力学过程的 $DT(\Delta)$-$DT(\Delta_1)$ 关系

　　图 5.27 也给出了 $\Delta_2 = 0.02$、0.029、0.048、0.09、0.13、0.329 情形的结果。图例中给出 Δ 的数值分别为 0.01、0.02、0.029、0.048、0.09、0.13 和 0.329。非常有趣的一个发现是：所有的曲线都相交于一点，这一点对应着密实材料在同样冲击波作用下材料内物质粒子温度的提升。

沿着这条思路，可以获得更多信息。在同样的冲击强度下，下述温度斑图 ($\Delta_2 = 0.01$, $T_{\text{th}2} - 300 = 144$ K)、($\Delta_2 = 0.02$, $T_{\text{th}2} - 300 = 173$ K)、($\Delta_2 = 0.029$, $T_{\text{th}2} - 300 = 195$ K)、$\cdots$、($\Delta_2 = 0.329$, $T_{\text{th}2} - 300 = 336$ K) 与 ($\Delta_1 = 0.09$, $T_{\text{th}1} - 300 = 270$ K) 的温度斑图在演化过程中呈现出并保持较高的相似性。如果将 ($T_{\text{th}} - 300$) 和 Δ 的结果做成对数-对数图，就获得了图 5.28 中标注为"270"的曲线。一个非常有趣的结果是：($T_{\text{th}} - 300$) 和 Δ 在一个相对较宽的范围内呈现出幂律行为；当孔隙度增大到一定程度时，该幂律不再满足。图 5.28 中也给出了 $T_{\text{th}} = 540$ K、510 K、480 K、450 K 和 420 K ($DT = 240$ K、210 K、180 K、150 K 和 120 K) 时的结果。

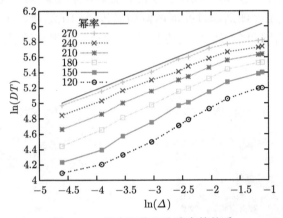

图 5.28 温度阈值和孔隙度的关系

总之，只要孔隙度、冲击强度、温度阈值合理选择，则相应的温度斑图演化过程就会在一定时间内呈现出并保持较高的相似性。

5.2 物质点模拟：局域行为

在本书中，物质点模拟相关的局域行为是指冲击加载和卸载过程中单个孔洞及其周围介质的动理学响应。

5.2.1 冲击加载

在模拟材料中设置了单一的孔洞，在水平方向使用周期边界条件，这意味着我们考虑的是一个由模拟单元在水平方向周期排布的很宽的系统，系统中有一排空腔。我们研究了冲击强度从强到弱不同情形下的局域响应行为。在强冲击情况下，射流的产生和"热点"的分布是主要关注对象，研究了空腔接近自由表面时自由表面发生物质粒子喷射的临界条件；在弱冲击情况下，研究了空腔尺寸、空腔中心到冲击界面的距离、材料的初始屈服应力等因素对孔洞塌缩过程的影响[68]。

这部分数值模拟的主要内容包括两部分：① 冲击强度和界面对孔洞塌缩对称性的影响；② 纯流体模型忽略的热力学行为。在弱冲击的情况下，一个有趣的现象是该空腔可能只会部分塌缩，并且该空腔可能以几乎各向同性的方式塌缩。在强冲击条件下，对物质粒子喷射的形成过程进行了详细的研究。具体的塌缩过程对冲击材料中"热点"的分布有重要影响。

图 5.29 中给出一个高强度冲击情形下孔洞塌陷过程中的一组温度构型云图。这里 $v_{init} = 1500$ m/s。从黑到黄，代表温度和塑性功的逐渐升高。空间单位为 μm，功的单位为 mJ。图 5.29(a) 和 (b) 分别对应 $t = 2$ ns 和 $t = 5$ ns。冲击的初始压力约为 30 GPa，小于临界值 270 GPa，因此所采用的物性参数值有效。整体图像如下：① 当冲击波到达孔洞的上游边界时，塑性变形开始发生。在空腔两侧的冲击波会向前传播一直到达自由表面。两面压缩波的传播速度大于空腔上游边界的变形速度。② 空腔继续塌缩，出现一个旋转 90° 的"C"字形构型。孔洞的受碰边界出现射流现象。温度最高的区域"热点"出现在射流的顶部，如图 5.29(a) 所示。③ 射流物质粒子的传播速度随着时间快速增加。在初始冲击方向上，射流物质粒子赶上并随后超过孔洞两侧向前传播的压缩波。④ 射流物质粒子撞击到下游壁，在下游区域引发两个方向相反的漩涡。"热点"出现在漩涡的中心，如图 5.29 (b) 所示。

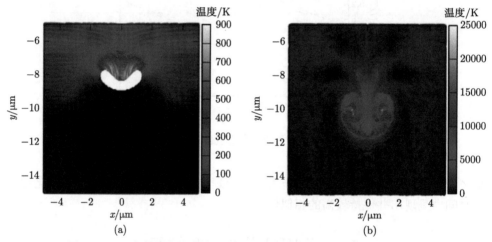

图 5.29   一个高强度冲击情形下孔洞塌陷过程中的一组温度构型云图

当孔洞在上自由表面附近且冲击作用足够强时，空腔内的射流物质粒子将冲破下游壁，从而在材料表面观测到物质粒子喷射。这种行为已经在实验上观测到，并且在一系列工程问题中成为关注焦点。图 5.30 给出这样一个过程的例子。这里孔洞初始位于上表面下方 $d = 4.5$ μm 处，初始半径 $r = 1.5$ μm，初始冲击速度 $v_{init} = 1120$ m/s。图 5.30(a)~(f) 对应的时间分别为 1.2 ns、1.6 ns、1.8 ns、2.0 ns、2.2 ns 和 12.0 ns，空间单位是 mm，压强单位是 MPa。图中的颜色从黑到黄代表压强的升高。

图 5.30(a) 展示的是冲击波已经扫过孔洞周围大部分区域时的构型压强云图。可以看到，这时的孔洞已经严重塌缩变形，孔洞下方的物质粒子已经构成射流之势。在 $t = 1.6$ ns 时，空腔已几乎被射流物质粒子填满，如图 5.30(b) 所示。然后两侧的压缩波首先到达上自由表面，稀疏波首先从两侧开始反射回材料内部。反射回的稀疏波使得压缩波扫过区域的密度和压强降低，并且在原先孔洞附近形成新的左右对称空腔，如图 5.30 (c)~(d) 所示。与两侧的物质粒子相比，中间部分的物质粒子具有更高的压强和动能。新产生的空腔随着

时间逐渐长大并且融合，如图 5.30(e) 所示。如果新生空腔的上自由表面获得足够高的动能，则会发生如图 5.30(f) 所示的断裂。

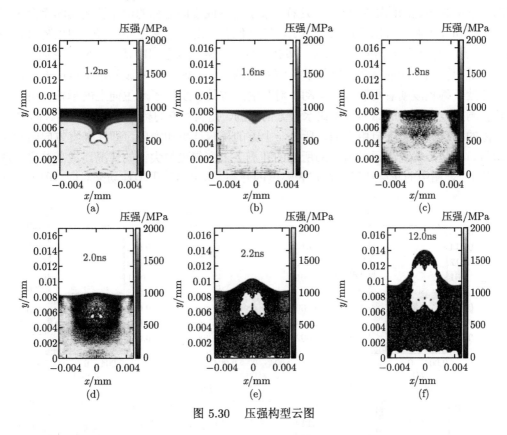

图 5.30 压强构型云图

图 5.31给出相应的温度构型云图，图中的颜色从黑到黄代表温度的升高。这部分研究中温度使用塑性功来对应，功的单位是 mJ。图中所示的 6 个时刻分别为 1.2 ns、1.6 ns、1.8 ns、2.0 ns、2.2 ns 和 12 ns，空间单位是 mm，温度单位是 K。从图 5.31(a) 可见，材料内的最高温度区域"热点"出现在射流顶部。从图 5.31(b)~(c) 可见，"热点"出现在射流物质粒子与下游壁的撞击处。当新的空腔形成后，"热点"出现在空腔的内表面，特别是空腔的上壁和下壁，如图 5.31(d)~(f) 所示。是否在材料上自由表面观测到物质粒子喷射取决于冲击强度和孔洞下游壁的厚度 d。在数值实验中观测到的临界初始冲击速度 u 以近似抛物线形式随着下游壁厚度 d 增大，如图 5.32 所示。图中符号对应的是模拟结果，曲线对应的是拟合结果。

随着冲击强度的降低，孔洞的塌缩过程变得更加缓慢。当初始冲击速度降低至 200 m/s 时，孔洞塌缩的动理学图像已经完全不一样。一个有趣的观测结果就是孔洞可能会发生不完全塌缩，并且孔洞最终的形态会随着孔洞到碰撞面的距离的不同而不同。图 5.33 展示的是一个左右对称但上下不对称的例子，图中的灰度从黑到白代表压强的升高。空间单位是 mm，压强单位是 MPa。图 5.33(a) $t = 1.0$ ns, (b) $t = 1.6$ ns, (c) $t = 2.2$ ns, (d) $t = 3.0$ ns, (e) $t = 5.4$ ns, (f) $t = 16.0$ ns。可见，孔洞靠近碰撞面的部分变得更加尖锐。这个过程的受力分析可以通过如下的"镜面反射"放大系统来实现：将碰撞面视作镜面，可以认为实际系统是关于碰撞面对称的。假设在水平方向左右两孔洞之间的距离为 d_H，竖直方向上下两孔洞之间的距离为 d_V。这样，关于边界或镜面对称的两个孔洞之间就会来回反射稀疏波和冲击波，且以稀疏效应为主，即降低孔洞之间的密度和压强。如果竖直方向的距离 d_V 远小于水平方向的距离 d_H，那么竖直方向两孔洞之间的稀疏效应会更加显著。这样，上下两孔洞之间的压强就会低于孔洞左右两侧。同时，压缩波到达上自由表面后反射回稀疏波，稀疏波朝着孔洞方向运动，对孔洞上方的物质粒子产生向上的牵拉作用。这就导致孔洞在竖直方向的塌缩程度比水平方向要弱。孔洞下方的稀疏波来自镜面对称的孔洞，而上方的稀疏波来自上自由表面。所以，上方的稀疏波更加宽广，即在竖直方向的牵拉更加均匀。于是，就观测到了图 5.34 所示的孔洞下方变得更加尖锐的情况。最高温度出现在孔洞的下部，图中的灰度从黑到白代表温度的升高。这里温度用塑性功来对应，单位是 mJ。

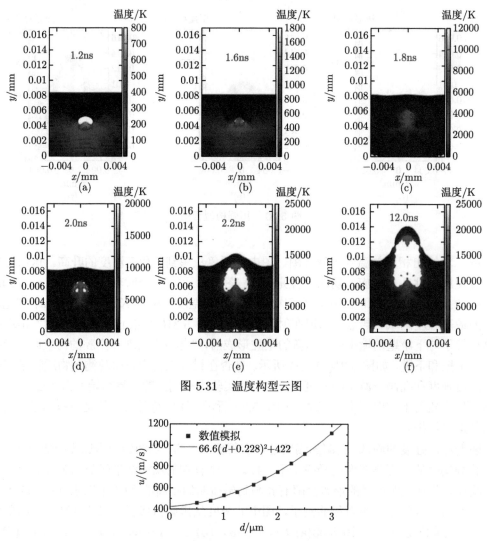

图 5.31　温度构型云图

图 5.32　临界碰撞速度对孔洞下游壁厚的依赖关系

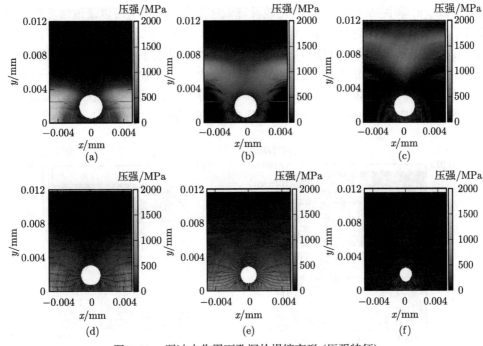

图 5.33 弱冲击作用下孔洞的塌缩变形 (压强特征)

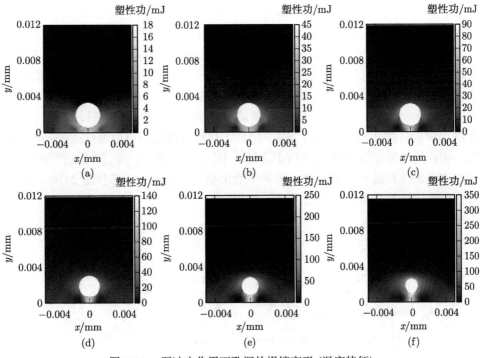

图 5.34 弱冲击作用下孔洞的塌缩变形 (温度特征)

　　从图 5.33(a) 和图 5.34(a) 可见，稀疏波降低密度和压强，但可以通过做塑性功提高温度。如果孔洞离碰撞面的距离减小，则在塌缩过程中，孔洞下部的变形更加显著，"热点"的温度更高。图 5.35(a) 展示了这样的一个稳态结果，这里孔洞下游壁刚好接触碰撞面。随着孔洞下游壁与碰撞面距离的增加，孔洞在塌缩过程中上下对称性逐渐增加，孔洞靠近碰撞面的部分变得尖锐。图 5.35(b) 给出一个近似对称塌缩的例子，孔洞塌缩后仍近似对称。图中的灰度从黑到白对应温度的升高。这里温度使用塑性功来对应，单位是 mJ，空间单位是 mm。

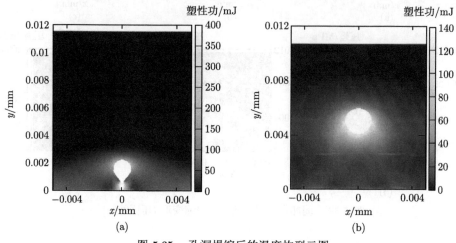

图 5.35　孔洞塌缩后的温度构型云图

　　在研究孔洞大小对塌缩过程的影响时，其他条件固定不变。图 5.36 给出孔洞的初始大小和材料的初始屈服强度对塌缩过程的影响。图 5.36(a) 给出不同初始半径的孔洞面积随时间的演化。图例中给出的是初始半径，单位是 μm。可见，在本次数值模拟检测的区间内，孔洞的可压缩性随着孔洞半径的减小而增加，这里只使用了四种不同的半径。如果定义可压缩性如下：$\Phi = (A_0 - A)/A_0$，那么 Φ 就随着孔洞半径的增加而降低，其中 A_0 和 A 分别是孔洞塌缩前后的面积，如图 5.36(b) 所示。材料强度效应可以通过改变初始屈服强度来研究。相应的结果如图 5.36(c) 和 (d) 所示。图 5.36(c) 给出不同初始屈服强度下，孔洞塌缩过程中孔洞面积随时间的变化。图例中给出初始屈服应力，单位是 MPa。图 5.36(d) 给出可压缩性随初始屈服应力的变化。

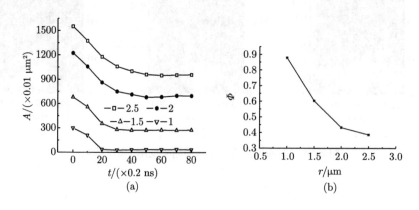

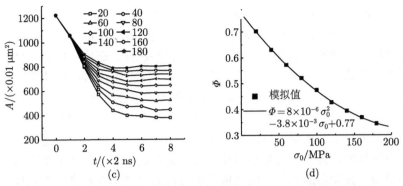

图 5.36 孔洞的初始大小和材料的初始屈服强度对塌缩过程的影响

5.2.2 冲击卸载

延性金属材料的动态拉伸破坏是武器物理学和工程学领域的一个重要基础研究课题。这一过程涉及微观、细观、宏观各种尺度物理和力学行为的互相耦合。整体来看，延性金属材料层裂是由微孔洞的成核、长大、贯通等典型过程来构成的。对微孔洞准静态长大的研究不胜枚举，但对孔洞的动态长大研究还远远不够。目前孔洞增长的研究还主要集中在与宏观力学量的联系上，而且其定量关系大多是通过实验中的波剖面来分析获得。这些唯象研究的一个不足之处就是对于孔洞增长的物理力学机制了解不够。微孔洞的连通是损伤从细观尺度到宏观破坏的最后阶段，也是人们认识最少的一个阶段。连续介质损伤力学采用流体或固体描述加上损伤建模，其中的损伤建模使用内变量来描述。其特点是损伤变量的定义与微结构真实损伤缺少联系，只是直接地将受损伤材料的力学性能变化作为损伤的度量。

早在 1972 年，Carroll 和 Holt 就用空心球模型研究了孔洞的静态和动态塌缩，假定材料对加载率不敏感并且为理想塑性，他们的结论指出弹性压缩效应对孔洞长大的影响很小[355]。1981 年，Johnson 利用线性的过应力模型把 Carroll 的工作推广到黏塑性材料[356]。1987 年，Becker 数值研究了孔隙非均匀分布对流场局域行为和材料破坏的影响[357]。在这项研究中，通过对部分冻结铁粉和烧结铁粉的测试，得到了铁粉的孔隙分布和性能。利用弹性黏塑性本构关系对多孔塑性固体进行了研究。该模型通过考虑孔洞体积分数与流场势的关系来考察局部材料的破坏。他们所模拟的区域是较大物体在各种应力条件下的一小部分。在一定的周期边界条件下，研究了平面应变和轴对称变形。结果表明，高孔隙度区域间的相互作用促进了塑性流动的局域化。局域破坏是通过带内孔洞的生长和融合而发生的。该研究提出了一种基于临界孔隙体积分数的破坏准则，后者对应力的历史依赖性较弱。临界孔隙度与初始孔隙分布和材料硬化特性有关。1992 年，Ortiz 和 Molinari 研究了无限大基体中孔洞的动态膨胀，指出惯性效应、硬化效应、孔隙度效应对孔洞的长大都有显著影响[358]。1997 年，Benson (随后是 2003 年 Ramesh 和 Wright) 等对弹塑性基体材料中孔洞的动态膨胀进行了研究，指出膨胀惯性是孔洞稳定长大的一个重要因素[359,360]。1998 年，Pardoen 等在局域方法有效的范围内研究了圆铜棒的韧性断裂，分析了两种损伤模型，比较研究了四种聚结准则[361]。两种损伤模型是 Rice-Tracey 模型和 Gurson-Leblond-Perrin 模型，这四个聚结准则分别是：① 损伤参数的临界值；② Brown 和 Embury 准则；③ Thomason

准则；④ 古尔森 (Gurson) 型模拟中基于达到最大冯·米泽斯 (von Mises) 等效应力的准则。同时考虑了椭球体孔洞的生长和孔洞的相互作用。在他们的研究中，从实验和物理分析中确定模型的所有参数。利用具有较大缺口半径的试样，研究了应力三轴性的影响。通过比较材料在冷拔状态和退火状态下的行为，分析了应变硬化对材料性能的影响。

2000 年，Pardoen 等提出了一个孔隙增长和聚结的扩展模型[362]。这个模型集成了两个现有的模型。第一个是 Gologanu-Leblond-Devaux 模型，它在古尔森模型中增加考虑了孔洞形状的效应。第二个是孔隙聚结开始的 Thomason 方案。每一个描述应变硬化工作的推进都是富有启发性的。为了补足聚结启动条件，他们提出了一种基于微观力学的孔隙聚结阶段的本构模型。强化后的古尔森模型依赖于材料的流动特性和空间单元代表体积元的尺寸比，考虑了孔隙形状、相对孔隙间距、应变硬化和孔隙度等因素的影响。2001 年，Orsini 等提出了非弹性速率相关的晶体本构方程和专门的计算方案 [363]。他们的目标是获得可能导致速率相关的晶体材料在有限非弹性变形下延性失效的物理机制。结果表明，平行于应力轴方向的孔洞生长和沿带 (along bands) 的孔洞相互作用都可能导致塑性破坏。前者导致与应力轴垂直方向的孔洞融合。后者具有强烈的剪切应变局域化特征，在试样缩颈区域与自由表面相交。在 2002 年，Tvergaard 和 Hutchinson 讨论了两种韧性断裂机理：单孔洞增长机制和多孔洞相互作用机制[364]；Zohdi 等用数值模拟方法研究了多孔材料中的塑性流动[365]。

在目前对空腔/孔洞生长的研究中，主要关注的是其与宏观行为的相关性 [355~365]，通过拟合实验结果得到定量关系。因此，这些研究不能揭示空腔/孔洞生长的具体物理机理。孔洞融合是层裂从介观尺度向宏观尺度发展的最后阶段[366]，但这个阶段也是目前了解最少的阶段[367~374]。连续损伤力学理论采用流体或固体模型，并辅以一定的损伤模型。损伤通常由内部变量来描述。内部变量一般由某些力学行为的变化来定义，它与特定结构没有动态关联。

5.2.2.1　整体图像

在数值模拟中，含孔洞铝材料与固定于底部 ($z = 0$) 的固壁相连，在 $t = 0$ 时刻孔洞材料以初速度 V_z 开始向上运动，从而在 $z = 0$ 的界面处产生拉伸或稀疏波；稀疏波在材料内向上传播。在这里的数值模拟中，材料模拟单元位于 $[-20, 20] \times [-20, 20] \times [0, 50]$ 的体积内，单位为 μm。初始时刻在位置 $(0, 0, z)$ 处设置一球形孔洞，半径为 5 μm。网格大小为 1 μm，物质点直径为 0.5 μm。在水平方向使用周期边界条件，在上自由面使用自由边界。模拟单元与静止于底部的固壁视为连在一起的同种材料，因而不涉及边界处理问题[375]。

图 5.37 给出 $z = 10$ μm、初始拉伸速度 $V_z = 100$ m/s 时四个时刻的拉伸方向速度场。图 5.37(a)~(d) 对应时刻分别为 0.8 ns、1.2 ns、2 ns 和 3 ns。图中给出了 $V_z = 0$ 的等值面。由于孔洞内没有物质粒子，所以网格点上的速度为 0，在稀疏波到达前围绕小孔的 $V_z = 0$ 等值面给出小孔的初始形态。在该图中，$V_z = 0$ 等值面的上升代表稀疏波的向上传播。由图 5.37(a) 可见，在 0.8 ns 时 $V_z = 0$ 等值面已接近小孔下边界，小孔下方的物质粒子速度已经有所降低。在 $V_z = 0$ 等值面下方出现向下的粒子速度。随着稀疏波上行，$V_z = 0$ 等值面与对应小孔的 $V_z = 0$ 等值面相连。稀疏波到达小孔后反射回压缩波，小孔下方物质粒子在反向压缩应力的持续作用下粒子速率逐渐增大 (如图 5.37(b) 和 (c) 所示)。小孔拉

伸变形的速率小于两侧稀疏波向上的传播速度。当稀疏波在小孔上方汇聚时产生更强的负压。小孔上方的物质粒子受到向上的应力作用而逐渐加速，在图 5.37 (d) 即 3 ns 时，在小孔上方观测到大于初始拉伸速度 100 m/s 的粒子速度。

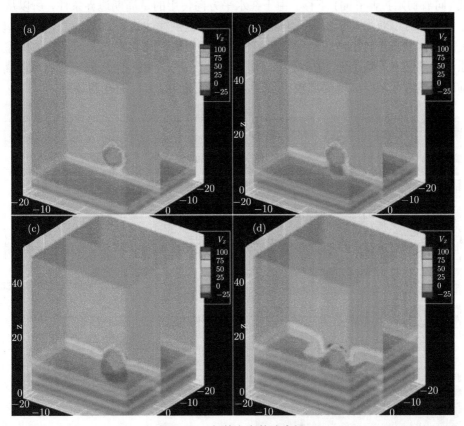

图 5.37　拉伸方向的速度场

图 5.38(a) 和 (c) 分别给出了 2 ns 和 3 ns 两个时刻面内的压强场和速度场。为了获得一个粒子速度数量级的概念，在图 5.38(b) 和 (d) 中分别给出了与图 5.38(a) 和 (c) 对应的 $x = 0$ 平面内拉伸方向粒子速度分量沿拉伸方向的分布图。在 2 ns 和 3 ns 两个时刻的反向粒子速度最大值分别达到 −200 m/s 和 −300 m/s。在 3 ns 时，在小孔上边缘处出现大于 100 m/s 的粒子速度。在图 5.38(a) 和 (c) 中颜色从蓝到红代表压强的升高，从图中可以观测到小孔的拉伸变形。其中的不规则性来源于以下三个方面：① 由粒子分布来设置的初始小孔并非严格球形；② 上述对称破缺导致的界面不稳定性；③ 与小孔的限度相比，背景网格较大。需强调的是，材料内的真实小孔往往也并非严格球形，所以定性上与这里模拟获得的图像具有一定程度的一致性。

随着小孔上方负压的增大，这部分区域物质粒子向上的加速度、速度逐渐增大。在 7.2 ns 时刻，整体稀疏波到达材料的上自由边界，小孔上方的最大正向粒子速度达到 430 m/s。此时，原球心以下存在一个反向高速粒子区域，最高粒子速度达到 325 m/s。在正向高速峰和整体稀疏波波前之间存在一个相对低速的谷，谷底最低粒子速度约为 6 m/s。稀疏波在上自由面卸载反射回压缩波，该压缩波扫过区域物质粒子获得向下的加速度。稀疏波卸载、压缩波返回的一个早期特征就是自由面粒子速度的降低和相对低速谷底的 (向着自由面) 上移；但谷底和原小孔球心之间区域的最大粒子速度还在增大；原小孔球心以下反向最大粒子速度区域 (向着初始拉伸界面) 下移。由于在水平方向使用的是周期边界条件，所以从单孔洞模拟结果中也可以获得关于相邻孔洞相互作用的一些规律性认识。从压强场图上可以看到，小孔之间的区域负压较小，较小的负压等值面发生贯通。相邻空穴之间反射的压缩波强度随着原稀疏波强度的增加而 (非线性) 增加。以至于在横向相邻空穴间出现局域正高压。在整体稀疏波扫过区域中出现局域较小负压甚至正高压点是典型的孔洞效应。

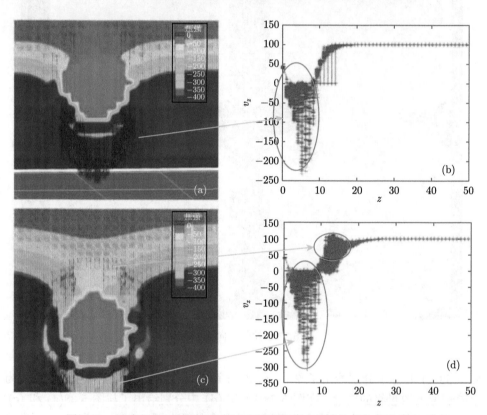

图 5.38　速度场和压强场及拉伸方向粒子速度分量沿拉伸方向的分布

需指出的是，上自由面反射回的整体压缩波到达小孔并对小孔的变形产生影响之前，小孔的变形仍主要是拉伸应力的效应。下面我们仔细研究 9 ns 和 11 ns 两个时刻材料内的压强分布情况。图 5.39 给出的是 9 ns 时刻不同压强等值面在材料内的分布。图 5.39(a)~(f) 等值面负压值分别为 −300 MPa、−350 MPa、−400 MPa、−450 MPa、−500 MPa、−550 MPa。可见，各小孔周围 −300 MPa 以下的等压面均连通。等压面连通是相邻小孔之间发生作用的一种表现。在 9 ns 时，在最近邻小孔之间靠近拉伸面区域还未形成正压。

图 5.40 给出的是 11 ns 时刻不同压强等值面在材料内的分布。图 5.40(a)~(f) 等值面负压值分别为 0 MPa、−50 MPa、−100 MPa、−150 MPa、−200 MPa、−250 MPa。先看小孔周围压强场特征：小孔界面压强为零；随着压强取值降低，等值面逐渐远离小孔界

面，等值面面积增大。在所检测情形中 −150 MPa 等值面最大。如果压强取值进一步降低，等值面减小。小孔下方拉伸面附近压强场特征为：在小孔四周拉伸面附近形成四个正压区，最近邻小孔之间的 −100 MPa 等压面连通，−150 MPa 等压面连通情况加剧，所有小孔的 −200 MPa、−250 MPa 等压面全部连通。小孔上方自由面附近压强场特征为：最高正压区域不在小孔正上方，而是在相邻小孔中心的上方。因为稀疏波在密实区域传播速度快，先到达自由面，先获得反射。数值越低的等压面越靠近拉伸面，且越接近平面。反射回的压缩波在密实区域的传播速度高于空穴变形速度，所以 (非完全球形) 小孔周围存在局域最大负压区。

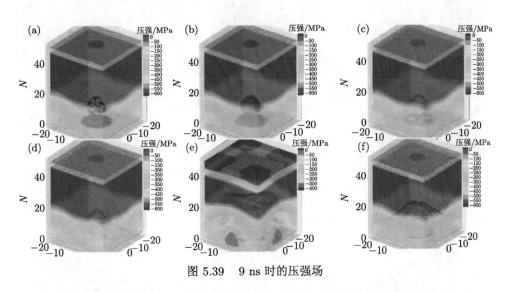

图 5.39　9 ns 时的压强场

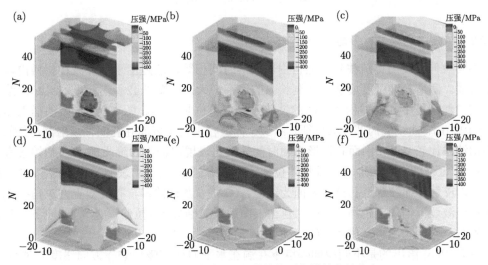

图 5.40　11 ns 时刻不同压强等值面在材料内的分布

图 5.41 给出 6 ns 时刻的温度场，其中的等值面分别对应于温度 310 K、320 K、330 K 和

340 K。相对于动力学过程，热传导过程很慢，因此热点的温度与分布主要由塑性功决定。

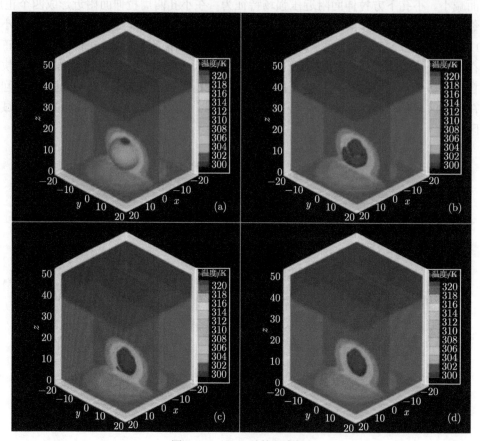

图 5.41　6 ns 时的温度场

5.2.2.2　拉伸强度效应：形态学分析

不同拉伸强度的稀疏波到达上自由表面的时间相等，这是由于稀疏波在材料内以声速向上传播。随着拉伸强度增加，孔洞长大的速率增大，如图 5.42 所示。图 5.42(a) 给出的是不同拉伸强度下孔洞体积随时间的演化，速度单位是 m/s。图 5.42(a) 中的插入图给出 $v_{z0} = 100$ m/s 曲线的局部放大特征。由于拉伸波在上自由表面和孔洞处反射回压缩波，材料内的波系比较复杂，因而孔洞形态随时间的演化表现出极强的阶段性：① 初始缓慢增长阶段；② 近似线性增长阶段，以整体拉伸 (稀疏) 波到达上自由表面为终点；③ 增长减速阶段，以反射压缩波到达孔洞上表面为终点；④ 增长加速阶段，孔洞斜上方对角孔洞中心处的高压波逐渐向周围传播，到达上自由表面后反射回稀疏 (拉伸) 波。拉伸波下行到达孔洞位置时，孔洞长大再次进入；⑤ 近似线性增长阶段。

图 5.42(b) 给出的是不同拉伸强度下孔洞在水平 (H) 和竖直 (V) 方向线度的时间演化。符号给出的是模拟结果，实线是为方便观测而画出的参考线。一个有趣的现象是：在绝大多数时间内，孔洞水平方向的增长比竖直 (拉伸) 方向快，这是孔洞之间密实部分在拉伸过程中的"缩颈"效应所致。同时可以看到，孔洞在水平和竖直方向的线度也存在一个近似

线性增长阶段。初始拉伸速度越大，增长越快。图 5.42(c) 给出图 5.42(a) 所示各种拉伸强度下孔洞体积最初近似线性增长阶段的增长率 (即斜率) 随拉伸速度 V_z 的变化。点对应的是图 5.42(a) 中第一个线性增长阶段的斜率，实线是拟合结果。很显然，在所测范围内，孔洞体积的增长速率与初始拉伸速度呈线性关系。

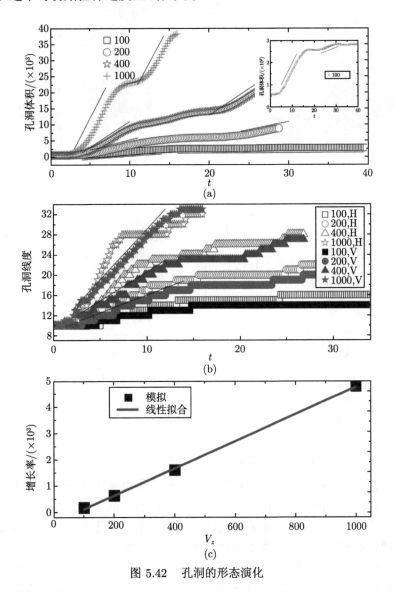

图 5.42　孔洞的形态演化

另外一个值得指出的特征是，随着拉伸的进行，孔洞下边缘向下扩张的同时逐渐变得与拉伸面平行，如图 5.43 所示，图中仅仅给出了 $-20 \leqslant x \leqslant 0$ 的一段。图 5.43 (a) 和 (b) 给出的 $V_z = 1000$ m/s 情形，分别是 7.2 ns 和 12 ns 两个时刻的密度场；图 5.43(c) 和 (d) 给出的分别是 7.2 ns 和 12 ns 两个时刻的压强场。从密度场和压强场可以很容易地观测到孔洞的形态演化。

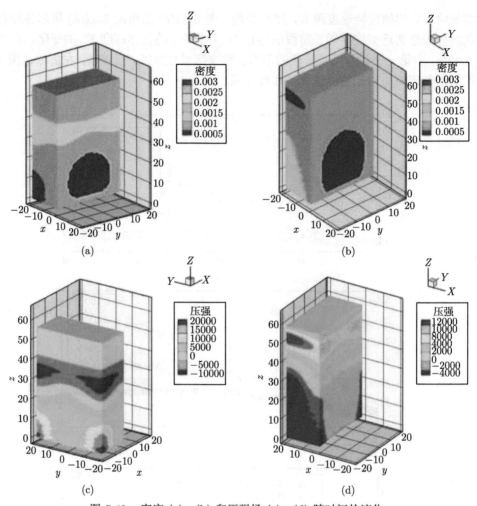

图 5.43　密度 (a)、(b) 和压强场 (c)、(d) 随时间的演化

5.2.2.3　拉伸强度效应：能量转化分析

在密实材料情形，拉伸过程中材料的动能逐渐转化为弹性势能和塑性功 (即热能)，并在与拉伸面平行的平面内均匀分配，材料虽然为三维的，但实际过程却是一维的。在含孔洞的材料中，情形变得复杂：材料初始动能的相当一部分转化为孔洞上下及周围的局域粒子动能；能量分布不再均匀，塑性功主要集中在孔洞周围。图 5.44 给出了 $V_z = 1000$ m/s 情形，7.2 ns 和 12 ns 两个时刻的温度场 (图 5.44(a) 和 (b))，以及速度竖直分量在材料内的分布 (图 5.44(c) 和 (d))，图中仅仅给出了 $-20 \leqslant x \leqslant 0$ 的一段。可以看到，孔洞边缘的温度明显高于周围，随着上自由表面处反射回的压缩波向着孔洞传播，孔洞上方高速粒子的分布范围逐渐变窄。

图 5.45 给出了 $V_z = 100$ m/s、200 m/s、400 m/s、1000 m/s 情形，7.2 ns 时孔洞上方最大正向粒子速度和孔洞下方最大反向粒子速度随着初始拉伸速度的变化。其中的实心符号代表模拟结果，实线为对数拟合结果。可见，正向和反向最大粒子速度都近似随着初始拉伸速度按对数方式增加。

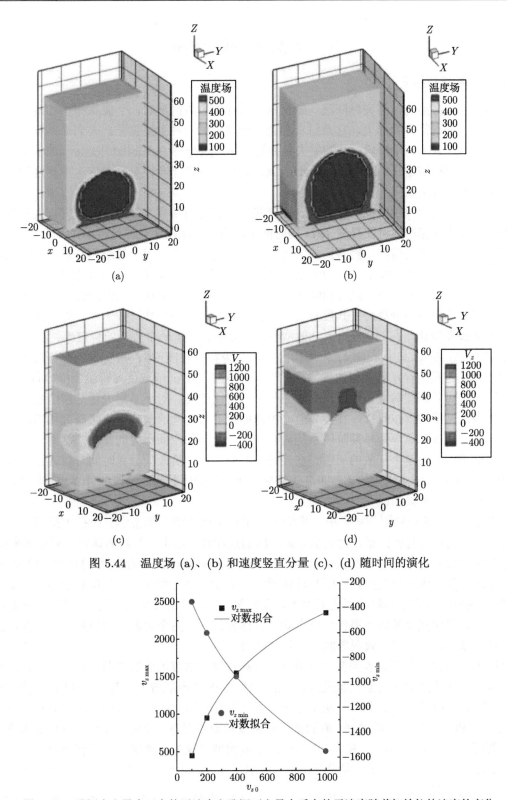

图 5.44   温度场 (a)、(b) 和速度竖直分量 (c)、(d) 随时间的演化

图 5.45   孔洞上方最大正向粒子速度和孔洞下方最大反向粒子速度随着初始拉伸速度的变化

5.3　离散玻尔兹曼模拟

5.3.1　多相流与相变

当物质由高温均匀态突然降温，降至两相共存的参数区域时，会发生相变和两相的分离，这种过程通常称为淬火，它是材料加工与合成中的一种重要工艺。人们通常将相分离过程粗略地划分为两个阶段：前期的失稳分解或旋节线分解 (spinodal decomposition, SD) 阶段和后期的相畴增长 (domain growth, DG) 阶段。这两个阶段分别对应于单相区域的形成和相区的融合生长[①]。

相分离后期阶段的特征，在理论、数值和实验等方面都有了较广泛的研究。人们发现在相畴增长阶段相畴的特征尺度 $R(t)$ 随时间 t 的增长呈现出明显的标度率，即 $R(t) \sim t^\alpha$。在温度变化不明显的情形，经常简化为等温相分离进行研究。对于等温相分离，有研究表明，短期的增长指数近似为 $\alpha = 1/2$，这时相畴的增长主要由表面张力和扩散作用驱动；长期的增长指数为 $\alpha = 2/3$，这时相畴增长主要由动力学作用驱动。人们通过数值模拟研究了各种剪切作用对相分离特征尺度标度行为的影响[274,281,283,285,286,315,376]。许爱国等针对层状相形成和演化，在低黏性 (流动效应显著) 情形给出了一个普适的标度率：$C(k,t) \propto L^\alpha f\left[(k - k_M)L\right]$，其中 $C(k,t)$ 为结构因子，L 为特征尺度[286]。事实上，非等温相分离 (热相分离) 过程也存在着类似的规律[312,315]，只不过指数 α 的取值与等温情形稍有不同。

与相分离后期相畴增长阶段研究较充分形成对比的是，对于早期失稳分解阶段的研究还比较少。早期的模拟研究，往往先忽略掉前面足够长时间的演化，直接研究相畴增长阶段的规律。其部分原因是早期阶段系统内存在大量复杂的空间和时间模式，这两个阶段分界点的准确确定还是个开放的问题。在传统研究中，两个阶段的分界时间可以通过特征尺度 $R(t)$ 的增长特征来大致给出，即可认为标度率开始的时刻为两阶段的分界点。显然，这种划分是非常粗粒化的。

在 2012 年的一项工作[315]中，我们课题组甘延标等借助形态学分析技术提出了一个划分这两个阶段的几何判据，对失稳分解阶段的统计特征给出一些新的认识。但总体来说，失稳分解阶段热力学非平衡相关的行为特征还远远没有获得充分的研究。DBM 就是应这类问题研究的需求而产生的。近期的研究[106,107]表明，热力学非平衡强度和熵增率在第一阶段 (失稳分解阶段) 均随时间逐渐增大，而在第二阶段 (相畴增长阶段) 均随时间逐渐减小，所以非平衡强度和熵增率极大值点均可以作为划分这两个阶段的物理判据。下面给出系统潜热效应、表面张力效应等的一些具体结果。

图 5.46 给出三种不同表面张力系数下相分离过程中密度场的演化图。从左往右，这三列密度构型图的区别是表征表面张力大小的系数 K 的值逐渐增大；图中三列的 K 值分别为 10^{-5}、3×10^{-5} 和 6×10^{-5}。从上往下，这三行密度构型图对应的时间分别是 $t = 0.045$，$t = 0.153$ 和 $t = 4.0$。可以看到，界面张力对密度构型的形态、演化速度和相分离的深度均有重要影响。当 $t = 0.045$，$K = 10^{-5}$ 时，密度构型呈现为密密麻麻的点状液滴和气泡分布。这说明演化已经进入了失稳分解阶段。而对于表面张力较大 (K 较大) 的情形，密度涨

---

① 前面已经提到，在强冲击下，非均质材料的许多行为可以使用流体模型来进行描述。液气相分离过程的认识有助于从形态特征和非平衡特征两方面理解金属材料在冲击下的固固相变。

落较小，密度涨落随着系数 K 的增大而减小。但在 $t = 0.153$ 时，三种情况下的平均相畴面积和相分离深度近似相同，它们都进入了相畴增长阶段。在之后的时间里，可以观察到，表面张力 (系数 K) 越大，相分离越快，相畴的平均尺寸越大；相应地，相畴数目越少，界面越宽。

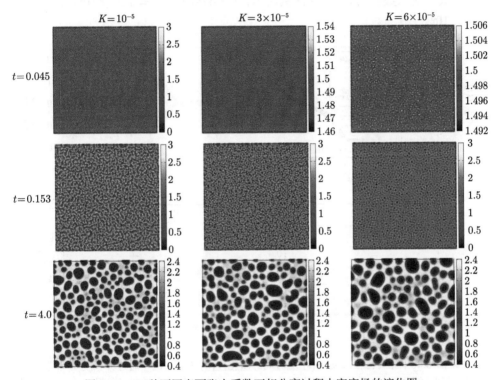

图 5.46 三种不同表面张力系数下相分离过程中密度场的演化图

这些观测结果可以通过特征尺度 $R(t)$ 的时间演化来定量研究。如图 5.47 (a) 所示，$R(t)$ 曲线作为相分离过程主要特征的一种粗略统计评估，其行为相似，根据 $R(t)$ 的主要特征可以近似地将相分离过程分为两个阶段。在第一个阶段，特征尺度 $R(t)$ 随时间增加，并到达一个由绿色箭头标记的平台。需要指出的是，标记点对应失稳分解阶段的结束。该平台依赖于初态设置时随机噪声的强度、温度淬火深度和表面张力大小。表面张力越大，失稳分解阶段的持续时间越长，这个阶段的相畴平均尺寸越大。

在相分离过程中，分子间相互作用势能转化为热能和界面能。物理图像如下：在粒子间势的作用下，液体 (蒸汽) 胚胎由于凝结 (蒸发) 而不断获得 (失去) 分子，然后界面出现，部分势能转化为界面能。由于界面能与系数 K 成正比，K 的增加意味着界面能的增加。由于界面张力总是抗拒新界面的出现，使界面能最小化，K 的增加意味着完成这种能量转换过程所需的时间 t_{SD} 的增加。因而，界面张力越大，形成清晰界面所需的时间越长。在第二阶段，在界面张力的作用下，相邻小液滴的融合使界面能降至最低。液滴大小 $R(t)$ 随时间不断增长。$R(t)$ 曲线的斜率给出相分离过程中相畴增长的速度 u_{DG}。可以发现，u_{DG} 随着 K 的增大而增大。因此，在第二阶段，界面张力显著加快了相分离过程。特别在这里，$R(t)$ 对

于 $K = 6 \times 10^{-5}$ 的曲线与其他两条曲线在时刻 $t = 0.153$ 交叉，然后迅速上升并超过前两条。当系数 K 在 10^{-5} 到 3×10^{-4} 之间变化时，分离速度 u_{SD} 对 K 的依赖关系可通过

$$u_{DG} = e + fK - (gK)^2 + (hK)^3 \tag{5.1}$$

拟合得到。其中的系数如图 5.47(a) 图例所示：$e = 0.00764$，$f = 1.51 \times 10^2$，$g = 8.06 \times 10^2$，$h = 1.02 \times 10^3$。

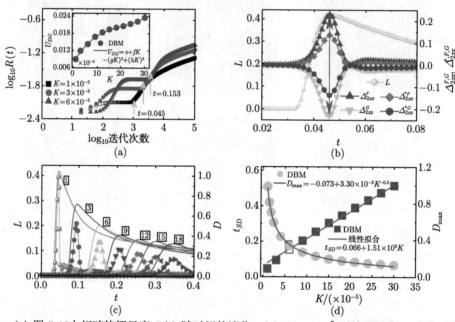

图 5.47　(a) 图 5.46 中相畴特征尺度 $R(t)$ 随时间的演化；(b) $K = 10^{-5}$ 时边界长度 L 和非平衡特征量 xx 分量随时间的演化；(c) 不同表面张力下边界长度 L 和相应的热力学非平衡强度 D 随时间的演化；(d) 失稳分解持续时间 t_{SD} 和最大非平衡强度 $D_{\max}$ 随表面张力系数 K 的变化

为了在数值上确定持续时间 t_{SD}，在图 5.47 (b) 中选择密度阈值 $\rho_{th} = 1.70$，研究第二个闵可夫斯基测度——密度场边界长度 $L(t)$ 的演化。因为在这种情形密度构型的边界长度最大。图中同时给出一些非平衡强度的演化。可以发现 $L(t)$ 曲线的峰值与热力学非平衡强度曲线的波峰或波谷很好地重合。因为 $\boldsymbol{\Delta}$ 或 $\boldsymbol{\Delta}^*$ 的每个独立分量都在从自己的角度描述系统偏离热力学平衡的方式和程度，所以我们可以借助相空间距离的概念定义如下的热力学非平衡强度：

$$D = \sqrt{\boldsymbol{\Delta}_2^{*2} + \boldsymbol{\Delta}_3^{*2} + \boldsymbol{\Delta}_{3,1}^{*2} + \boldsymbol{\Delta}_{4,2}^{*2}}. \tag{5.2}$$

该热力学强度 D 是对系统偏离热力学平衡程度的一个高度粗粒化，但也是非常有用的表征。位于同一球面上的所有状态都具有相同的非平衡强度。$D = 0$ 表明系统处于热力学平衡态，$D > 0$ 表明系统处于热力学非平衡状态。

当然，我们也可以研究

$$D' = \sqrt{\boldsymbol{\Delta}_2^2 + \boldsymbol{\Delta}_3^2 + \boldsymbol{\Delta}_{3,1}^2 + \boldsymbol{\Delta}_{4,2}^2} \tag{5.3}$$

定义的非平衡强度。

图 5.47(c) 给出了边界长度 $L(t)$(实线) 和非平衡强度 $D(t)$(带符号的实线) 随时间的演化, 其中 $D(t)$ 是由 Δ^{*F} 计算而来的。这里, L 曲线上所标注的 $1, 3, 6, \cdots, 18$ 表明系数 K 的数值分别为 $K = 10^{-5}$, 3×10^{-5}, 6×10^{-5}, $\cdots$, 1.8×10^{-4}。可以看到, 边界长度 $L(t)$ 和非平衡强度 $D(t)$ 的峰值刚好重合。这样, 非平衡强度 $D(t)$ 的峰值为划分失稳分解和相畴增长这两个阶段提供了一个物理判据。峰的左侧对应失稳分解阶段, 右侧对应相畴增长阶段。由图 5.47(c) 可见, 当 K 在 $[10^{-5}, 3 \times 10^{-4}]$ 范围内变化时, t_{SD} 和 K 之间的关系近似满足

$$t_{SD} = a + bK , \tag{5.4}$$

其中 $a = 0.066$, $b = 1.51 \times 10^3$。图 5.47(d) 给出具体拟合结果。

因为边界长度、相分离的深度、梯度力和粒子间相互作用力在失稳分解的结束阶段均达到它们的峰值, 所以热力学非平衡强度在这个时刻达到最大值。表面张力的效应之一是降低非平衡强度的极大值 $D_{\max}$。如图 5.47(d) 所示, $D_{\max}$ 和 K 的关系近似满足

$$D_{\max} = c + dK^{-0.5} , \tag{5.5}$$

其中 $c = -0.073$, $d = 3.30 \times 10^{-3}$。从物理学角度, Kn 经常用于描述系统的非平衡程度, 其定义为分子的平均自由程 λ 与我们关注的特征尺度 L 之比。在相分离研究中, L 可取为失稳分解结束时刻的 R_{SD}。这样, $Kn = \lambda/(2R_{SD})$。因为 R_{SD} 随着 K 的增大而增大, 所以 Kn 和非平衡强度随着 K 的增大而降低。这个现象也可以这样理解: 表面张力系数 K 越大, 界面越宽, 梯度力越小, 所以非平衡强度越低。更多结果可参见文献 [106]。

之后我们对等温和非等温两种不同的相分离情形进行模拟和分析, 初始条件设置为

$$(\rho, u_x, u_y, T) = (1 + \delta, 0.0, 0.0, 0.85), \tag{5.6}$$

其中 δ 表示加在密度上的幅值为 0.01 的随机白噪声。计算网格数为 $N_x \times N_y = 100 \times 100$, 网格的空间步长为 $\Delta x = \Delta y = 0.01$, 时间步长为 $\Delta t = 10^{-4}$, 弛豫时间为 $\tau = 0.02$。表面张力系数为 $K = 10^{-5}$, VDW 状态方程中的参数 a 和 b 分别为 $a = 9/8$ 和 $b = 1/3$。对流项和非理想气体修正项 I_{ki} 中涉及的一阶和二阶空间导数都采用九点模板差分格式, 时间导数的求解采用一阶向前差分格式, 上下和左右边界上都采用周期性边界条件。对于热相分离情形, 温度随着系统的演化可以自由改变, 即在演化过程中每一时间步的温度都可以由新的分布函数 f_{ki} 求出; 而在等温相分离中, 演化过程中每一步都将温度重置为 $T = 0.85$, 在物理上的对应是系统与一个大热源接触[377]。

图 5.48 给出了等温和非等温相分离过程中几个典型时刻的密度云图, 第一行的 (I) 图对应等温情形, 第二行的 (II) 图对应非等温情形。由于初始温度远低于相变的临界温度, 因此系统从初始状态开始会发生明显的两相分离。从第一列的 (a) 图中可以看到, 在 $t = 0.2$ 时刻流体分解成由高密度和低密度组成的小区域, 然后高密度区域的流体密度继续增加而低密度区域的流体密度继续减小。这里可以将高密度区域流体看成是液相, 低密度区域流体看成是气相。从第二列的 (b) 图可以看到, 在 $t = 0.4$ 时刻气液界面比 (a) 图中的界面更加清晰, 但气相或液相区域的特征尺度并没有发生明显的变化, 因为这时还处在相分离的

失稳分解阶段，特征尺度变化不明显。经过了失稳分解阶段，在表面张力的作用下小的相畴开始相互融合，逐渐形成大的相畴区，相畴的特征尺度迅速增大，这点可以从第三列和第四列的图中看出。对比两种相分离情形，演化过程的特征基本相似，但相比于热相分离情形，等温相分离的演化速率明显更快。

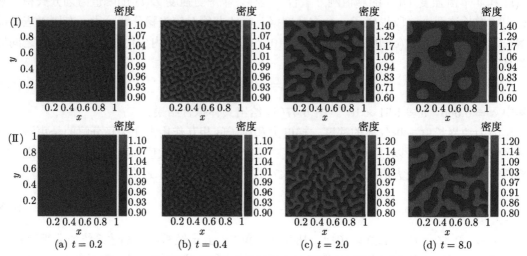

图 5.48　　　等温和非等温相分离过程中几个典型时刻的密度云图

　　为了进一步对相分离过程进行定量研究，接下来我们借助于复杂物理场分析方法对上述模拟结果进行分析。图 5.49 中给出了相分离过程中几种不同特征量随时间的演化，包括特征尺度、二阶热动非平衡强度、形态学边界长度和总的熵产生速率。图 5.49(a) 给出的是对数坐标下的曲线，其中特征尺度 $R(t)$ 的定义由式(4.7)给出，图中箭头标识的是相分离两个阶段的临界时间点。可以看到临界时间之后的增长速率存在明显的标度率，说明进入了相畴增长阶段。与等温相分离相比，热相分离对应的 t_{SD} 更大而相畴增长阶段的斜率更小，这表示热相分离的失稳分解阶段持续时间更长同时相畴增长阶段的相分离速率更慢，这与前面密度云图的演化过程是一致的。通过之前的研究，我们已经知道非平衡强度和形态学边界长度都可以作为划分相分离两个阶段的判据，如图 5.49(b) 和 (c) 所示。非平衡强度量提供的是一个物理判据而形态学边界长度给出的是一个几何判据，通过这两个判据都可以更准确地区分出相分离的失稳分解阶段和相畴增长阶段。图 5.49(d) 给出了总的熵产生速率随时间的演化曲线，可以看到在失稳分解阶段熵产生速率随时间增加，而在相畴增长阶段熵产生速率随时间降低，熵产生速率在失稳分解和相畴增长阶段的临界时刻达到极大值，因此它也可以作为区分相分离两个阶段的一个物理判据，熵产生速率的极大值点就对应临界时间。

　　需要指出的是，通过以上几种不同判据给出的相分离两个阶段的临界时间并不完全相同，这在物理上是合理的，它们恰恰反应了各自从不同角度观测到的复杂流动行为的不同特征。但总的来说，它们给出的结论是一致的，等温相分离的失稳分解阶段持续时间要比热相分离失稳分解阶段的持续时间短，等温相分离的演化速率比热相分离演化速率快。此外，从图 5.49(b) 和 (d) 中还可以看到，热相分离的非平衡强度弱于等温相分离情形，同时热相分离的熵产生速率也比等温相分离情形慢。

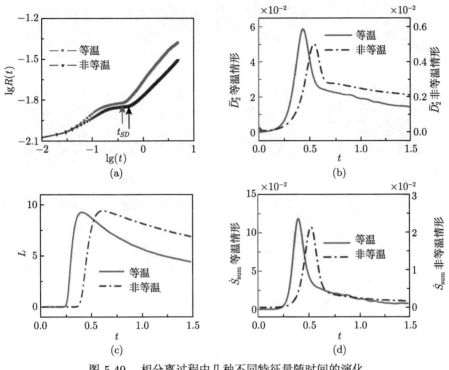

图 5.49   相分离过程中几种不同特征量随时间的演化

5.3.1.1 热流效应

1) 不同热传导系数情形的相分离

为了研究热流在相分离过程中的作用，模拟了几种不同热传导情形下的相分离过程。通常在基于 BGK 模型的单弛豫时间 DBM 中，黏性系数和热传导系数是绑定的，且 Pr 固定为 1，因此通常黏性效应和热流效应放在一起考虑。而在第 3 章中介绍的多相流 DBM，通过在碰撞修正项中引入一个参数使得模型的 Pr 可调。要研究黏性系数固定而热传导不同的情形，可以通过固定弛豫时间的同时调节 Pr，热传导系数与 Pr 成反比，因此可用 $1/Pr$ 来代表热传导系数。

这里的模拟条件除了热传导系数 (或 Pr) 外，其他都和前面热相分离情形相同，不同的热传导系数通过改变式 (3.364) 中 C_q 的值 (也即改变 q 的值) 得到。图 5.50 给出了三种不同热传导系数下的密度演化图。从上往下三行分别对应于 $Pr=1.0$，$Pr=0.5$ 和 $Pr=0.2$ 的情形，从左到右的四列分别对应于 $t=0.2$，$t=0.5$，$t=2.0$ 和 $t=8.0$ 时刻。从密度分布图上可以看到，Pr 越小对应相分离速度越快。对于黏性系数固定的情形，Pr 越小即对应热传导系数越大，因此可以得到热传导的作用是加速热相分离过程的演化，在失稳分解阶段，热传导促进气液相界面的形成；在相畴增长阶段，热传导有助于小的相畴之间的融合长大。

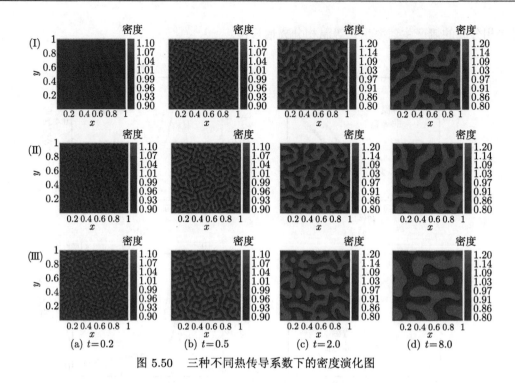

(a) $t=0.2$　　　(b) $t=0.5$　　　(c) $t=2.0$　　　(d) $t=8.0$

图 5.50　三种不同热传导系数下的密度演化图

　　为了进一步定量分析不同热传导下的相分离演化过程，图 5.51给出了相畴特征尺度 $R(t)$ 和熵产生速率 $\dot{S}_{\text{NOEF}}$、$\dot{S}_{\text{NOMF}}$ 和 $\dot{S}_{\text{sum}}$ 的时间演化特性。图 5.51(a) 中给出的是 $R(t)$ 在对数坐标下的演化曲线，它可以提供一个近似区分相分离两个阶段的判据。首先，$R(t)$ 随时间增加并达到一个稳定的水平高度，然后 $R(t)$ 稳定在这一高度直到失稳分解阶段结束，之后相分离进入到相畴增长阶段，$R(t)$ 呈幂率增长。在 $R(t)$ 曲线上，平台区结束的时刻就对应于相分离两个阶段的临界时间点 t_{SD}，在图 5.51(a) 中用箭头将其标出。从图 5.51(a) 中临界时间点的位置可以看出，Pr 越小 (热传导系数越大)，相分离失稳分解阶段持续时间越短，这说明热传导加速失稳分解过程，从而缩短这一阶段的持续时间，进而对相分离过程起促进作用。这一结论也可以从熵产生速率的极大值点的位置得到验证。

　　图 5.51(b)~(d) 中分别给出了熵产生速率 $\dot{S}_{\text{NOEF}}$、$\dot{S}_{\text{NOMF}}$ 和 $\dot{S}_{\text{sum}}$ 的演化曲线，从图 5.51(b) 中可以看到，随着热传导系数的增加 $\dot{S}_{\text{NOEF}}$ 曲线向左移动同时幅值降低，这说明热传导的作用是降低 NOEF 部分的熵产生速率。在图 5.51(c) 中，随着热传导系数的增加，$\dot{S}_{\text{NOMF}}$ 曲线也向左移动，而幅值却是增加的，这说明热传导的作用是增加 NOMF 部分的熵产生速率。此外还可以看到，NOMF 部分的熵产生主要发生在相分离早期很短的一段时间内，在后期 NOMF 部分的熵产生几乎停止。热传导系数越大，NOMF 部分的熵产生越集中于前期阶段。事实上，NOEF 部分的熵产生也具有类似的特征，只是其幅值较小导致熵产生的前期集中现象不太明显。总的熵产生速率 $\dot{S}_{\text{sum}}$ 是两种类型熵产生速率的叠加。由于 $\dot{S}_{\text{NOEF}}$ 随热传导系数增加而减少，$\dot{S}_{\text{NOMF}}$ 随热传导系数增加而增加，因此热传导在总的熵产生速率中的影响部分相互抵消。从图 5.51(d) 可以看到，Pr 的取值在 1 附近时，$\dot{S}_{\text{sum}}$ 的幅值几乎不随热传导系数变化，但当 $Pr < 0.8$ 时 $\dot{S}_{\text{sum}}$ 的幅值明显随热传导系

数的增加而增加。

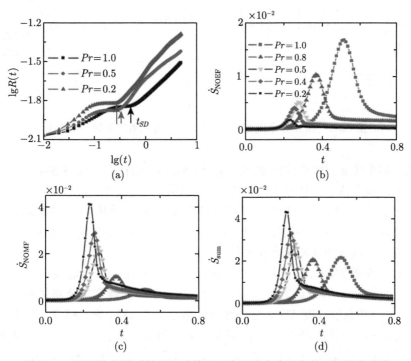

图 5.51　不同热传导系数下相畴特征尺度和熵产生速率的时间演化曲线

2) 热流对相分离失稳分解阶段和熵产生速率的影响

这里对更多不同热传导系数情形的相分离过程进行模拟, 来研究热流对于相分离失稳分解阶段的持续时间和两种类型的熵产生速率的影响。图 5.52(a) 给出了不同热传导系数对应的失稳分解阶段持续时间, 其中横坐标是用 $1/Pr$ 表示的热传导系数。当热传导系数在区间 $1 < 1/Pr < 5$ 内变化时, t_{SD} 随热传导系数的增加而降低, t_{SD} 和 $1/Pr$ 之间的关系可以用一个衰减的指数函数来拟合:

$$t_{SD} = C_1 \exp(-C_2/Pr) + C_0, \tag{5.7}$$

其中 $C_1 = 5.46$, $C_2 = 3.03$, $C_0 = 0.25$。C_0 表示 Pr 趋于零 (热传导系数趋于无穷大) 时 t_{SD} 的取值。C_0 不会为零, 这是因为即使热传导系数无穷大时, 相分离的失稳分解阶段也不会消失。从图中可以看出, 当 $1/Pr > 3$ 时失稳分解阶段的持续时间几乎不再发生变化, t_{SD} 的最小值约为 0.25。反过来, 当热传导系数趋于零时, 失稳分解阶段的持续时间趋于 $C_0 + C_1$。在热传导的作用下, t_{SD} 的最大值和最小值之间相差了约 20 倍。C_2 约为 3, 在 Pr 低于这个值时, 指数衰减效应开始变得显著。式(5.7)的拟合结果也证实了前面的结论, 即热传导有助于加速相分离的失稳分解阶段, 而且失稳分解阶段的持续时间随热传导系数近似呈指数衰减。

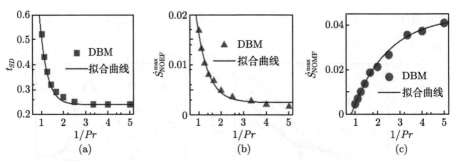

图 5.52   临界时间和熵产生速率与热传导系数之间的关系曲线

接下来考察热传导对熵产生速率 $\dot{S}_{\text{NOEF}}$ 和 $\dot{S}_{\text{NOMF}}$ 的作用，选用 $\dot{S}_{\text{NOEF}}$ 和 $\dot{S}_{\text{NOMF}}$ 时间演化曲线上的极大值点来代表它们的幅值，分别用 $\dot{S}_{\text{NOEF}}^{\max}$ 和 $\dot{S}_{\text{NOMF}}^{\max}$ 来表示。图 5.52(b) 和 (c) 分别给出了 $\dot{S}_{\text{NOEF}}^{\max}$ 和 $\dot{S}_{\text{NOMF}}^{\max}$ 与热传导系数 $1/Pr$ 之间的函数关系曲线。从图中可以看到，前者随热传导系数的增加而降低，而后者随热传导系数的增加而增加。这一现象可以分别从流场中温度梯度和速度梯度的空间分布来解释。

随着热传导系数的增加，热流效应增强，这就使得流场中的温度分布更加均匀。从式 (3.382a) 中 $\dot{S}_{\text{NOEF}}$ 的表达式可以看出，NOEF 部分的熵产生速率依赖于两方面，无组织能量流 $\boldsymbol{\Delta}_{3,1}^{*}$ 和温度梯度 ∇T。另外在连续极限下有 $\boldsymbol{\Delta}_{3,1}^{*} \approx -\kappa \nabla T$，其中 κ 表示热传导系数。这就说明温度梯度是 $\dot{S}_{\text{NOEF}}$ 的最主要影响因素，$\dot{S}_{\text{NOEF}}$ 表达式中的被积部分可以近似用 $\kappa |\nabla T|^2 / T^2$ 来表示。在图 5.53 (a) 中给出 $|\nabla T|^2$ 在空间上的平均值 $\overline{|\nabla T|^2}$。可以看到，不同 Pr 对应的 $\overline{|\nabla T|^2}$ 曲线与图 5.51 (b) 中的 $\dot{S}_{\text{NOEF}}$ 曲线非常相似。此外，图 5.53 (a) 中还给出了 $\overline{|\nabla T|^2}$ 的峰值点与 $1/Pr$ 之间的关系曲线，这与图 5.52 (b) 中 $\dot{S}_{\text{NOEF}}^{\max}$ 曲线的趋势很相近。从这里就可以证实前面的解释，热传导的作用是通过使流场中的温度分布更加均匀 (温度梯度更小) 来降低 NOEF 部分的熵产生速率。

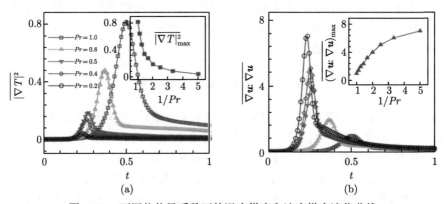

图 5.53   不同热传导系数下的温度梯度和速度梯度演化曲线

另外，从图 5.52(b) 中可以看到，$\dot{S}_{\text{NOEF}}^{\max}$ 与 $1/Pr$ 之间的关系可以用一个类似于式(5.7)的函数来拟合，拟合系数分别为 $C_1 = 0.094$，$C_2 = 1.93$，$C_0 = 0.0026$。可以看出，NOEF 部分的熵产生速率幅值随热传导系数的增加呈指数衰减。当热传导系数趋于无穷大时，$\dot{S}_{\text{NOEF}}^{\max}$

取最小值趋近于零[①]。原因是当热传导系数趋于无穷大时，流场中将不存在温度梯度，因此 NOEF 部分的熵产生也将不存在。当热传导系数趋于零时，$\dot{S}_{\text{NOEF}}^{\max}$ 的最大值约为 0.094。$1/C_2 \approx 0.52$ 是热传导系数的特征值，当热传导系数在这个值之上时，$\dot{S}_{\text{NOEF}}^{\max}$ 的指数衰减效应显著。

另一方面，由于热传导加速相分离过程，促进不同相畴之间相对运动，因此会增加流场中的速度梯度。从式 (3.382b) 中 $\dot{S}_{\text{NOMF}}$ 的表达式可以看到，NOMF 部分的熵产生依赖于无组织动量流 $\boldsymbol{\Delta}_2^*$ 和速度梯度 $\nabla \boldsymbol{u}$，且在连续极限下有

$$\boldsymbol{\Delta}_2^* \approx -\mu \left[\nabla \boldsymbol{u} + (\nabla \boldsymbol{u})^{\mathrm{T}} - (\nabla \cdot \boldsymbol{u}) \boldsymbol{I} \right], \tag{5.8}$$

其中 μ 表示黏性系数。这就可以看出速度梯度是影响 NOMF 部分熵产生速率的主要因素，且 $\dot{S}_{\text{NOMF}}$ 中被积部分可以近似表示为

$$\dot{S}_{\text{NOMF}}^{\text{int}} \approx \mu \left[\nabla \boldsymbol{u} : \nabla \boldsymbol{u} + (\nabla \boldsymbol{u})^{\mathrm{T}} \nabla \boldsymbol{u} - |\nabla \cdot \boldsymbol{u}|^2 \right] / T. \tag{5.9}$$

另外，我们还发现 $\left[\nabla \boldsymbol{u} : \nabla \boldsymbol{u} + (\nabla \boldsymbol{u})^{\mathrm{T}} \nabla \boldsymbol{u} - |\nabla \cdot \boldsymbol{u}|^2 \right]$ 与 $\nabla \boldsymbol{u} : \nabla \boldsymbol{u}$ 的空间分布特征非常相似，为了简化描述这里只对 $\overline{\nabla \boldsymbol{u} : \nabla \boldsymbol{u}}$ 的特征进行分析。$\overline{\nabla \boldsymbol{u} : \nabla \boldsymbol{u}}$ 定义为 $\nabla \boldsymbol{u} : \nabla \boldsymbol{u}$ 的空间平均值。图 5.53 (b) 给出了几种不同热传导系数下的 $\overline{\nabla \boldsymbol{u} : \nabla \boldsymbol{u}}$ 的演化曲线。图中不同 Pr 对应的曲线特征与图 5.51(c) 中 $\dot{S}_{\text{NOMF}}$ 的特征非常相似。同时在图 5.53(b) 中还画出了 $\overline{\nabla \boldsymbol{u} : \nabla \boldsymbol{u}}$ 的峰值与 $1/Pr$ 之间的关系曲线，可以看出 $\overline{\nabla \boldsymbol{u} : \nabla \boldsymbol{u}}$ 峰值点随热传导系数的增加而增加，这与 $\dot{S}_{\text{NOMF}}^{\max}$ 的特征一致。通过对 $\overline{\nabla \boldsymbol{u} : \nabla \boldsymbol{u}}$ 的特征分析可知，热传导的作用是通过加速空间中不同相畴之间的相对运动，增加流场的速度梯度分布，进而增加 NOMF 部分的熵产生速率。在图 5.52(c) 中 $\dot{S}_{\text{NOMF}}^{\max}$ 和 $1/Pr$ 之间的关系可以用一个指数增长函数来近似拟合，即

$$\dot{S}_{\text{NOMF}}^{\max} = -C_1 \exp\left(-C_2/Pr\right) + C_0, \tag{5.10}$$

其中 $C_1 = 0.074$，$C_2 = 0.634$，$C_0 = 0.044$，这说明 NOMF 部分的熵产生速率幅值随热传导系数的增加呈指数增长趋势。

3) 热流对熵产生量的影响

前面只是对熵产生速率的特性进行分析。然而对于较高熵产生速率的情形，总的熵产生量未必就高，因为熵产生量取决于熵产生速率和熵产生的持续时间两方面，如式 (3.384a) 和 (3.384b) 所示。这里进一步对不同热传导系数情形的熵产生量特性进行分析，图 5.54 给出了不同热传导系数下熵产生量 ΔS_{NOEF}、ΔS_{NOMF} 和 ΔS_{sum} 的时间演化曲线。熵产生量的值可以通过熵产生速率曲线与 x 坐标轴所围成的面积计算得到。

从图 5.54(a) 可以看出，在相分离的早期阶段，热传导系数越大，则 NOEF 部分的熵产生量越多。通过前面的分析，我们知道热传导促进相畴界面的形成，加速失稳分解过程。在失稳分解阶段相畴的形成导致了 ΔS_{NOEF} 的增加，而且热传导系数越大，早期 NOEF 部分的熵产生量就越多。之后，相比于较大的热传导系数情形，热传导系数越小越容易导致

[①] 因而 C_0 的理论值应为零，拟合结果中含数值误差。

流场中温度梯度的形成，因而热传导系数越小，对应 NOEF 部分的熵产生量越多。例如图中 $Pr = 1.0$ 对应热传导系数最小的情形，当 $t > 0.5$ 时其对应的熵产生量反而最多。从以上分析可知，热传导系数在失稳分解的开始阶段增加 NOEF 部分的熵产生量，而从长远来看热传导系数的作用是减少 NOEF 部分的熵产生量。另外从图中还可以看到，NOEF 部分的熵产生主要发生在相分离早期的很短一个阶段内，在相分离后期 ΔS_{NOEF} 曲线几乎是水平的，这一特征对于较大的热传导系数表现尤为显著。

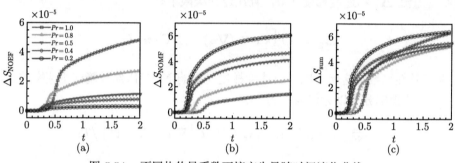

图 5.54　不同热传导系数下熵产生量随时间演化曲线

从图 5.54(b) 中可以看出，NOMF 部分的熵产生量 ΔS_{NOMF} 随热传导系数的增加而增多，这同 NOMF 的熵产生速率特征一致，在相分离的整个过程中都是热传导系数越大，NOMF 部分的熵产生量越多。总的熵产生量 ΔS_{sum} 是 NOEF 和 NOMF 两部分熵产生量的叠加。在开始的一小段时间内，ΔS_{NOEF} 和 ΔS_{NOMF} 都随热传导系数的增加而增加，因此总的熵产生量也随热传导系数单调增加。然而，当 $t > 0.5$ 后，由于 ΔS_{NOEF} 随热传导系数的增加而减少，而 ΔS_{NOMF} 随热传导系数的增加而增加，因此热传导对总的熵产生量的影响部分相互抵消。图 5.54 (c) 中给出了 ΔS_{sum} 的曲线，可以看出总的熵产生量随热传导系数的变化是非单调的。在早期阶段，热传导系数越小总的熵产生量越少，而到了后期阶段，较小的热传导系数反而可能对应更多的总熵产生量。

5.3.1.2　黏性效应

1) 不同黏性系数情形的热相分离

在本节，我们来考察黏性在相分离过程中的作用。这里的模拟条件除了黏性系数外，其他均与前面相同。不同的黏性系数通过改变弛豫时间 τ 来实现，因为弛豫时间与黏性系数之间的关系为 $\mu = \tau \rho T$，这里就用弛豫时间来表示黏性系数的大小。同时为了保持热传导系数 κ 不变，根据 $\kappa = \mu c_p / Pr$ 关系，模拟中的 Pr 也要随着弛豫时间的改变而相应的变化。

图 5.55 给出了三种不同黏性系数情形下相分离过程中的密度演化图。从上往下的三行分别对应：(I) $\tau = 0.02$, $Pr = 1.0$; (II) $\tau = 0.016$, $Pr = 0.8$; (III) $\tau = 0.01$, $Pr = 0.5$。图中从左到右四列分别对应于相分离过程中 $t = 0.2$, $t = 0.5$, $t = 2.0$ 和 $t = 8.0$ 四个时刻。首先从 $t = 0.2$ 时刻的密度分布图上可以看到，黏性系数越小对应的相界面越清晰，这说明黏性越弱相分离的失稳分解阶段进行的越快。在相畴增长阶段，黏性系数越小对应相畴的区域面积越大，这可以从 $t = 2.0$ 和 $t = 8.0$ 时刻的图上看出，在密度分布图上这一特征

不是非常显著，下面我们采用流变学参数进一步对其演化特征定量分析。

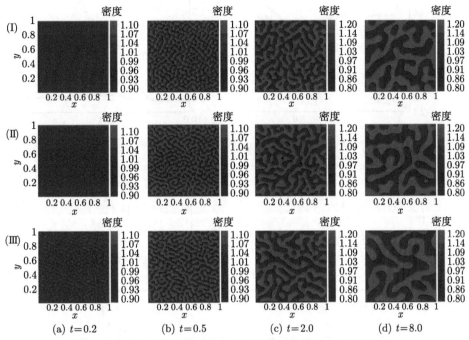

图 5.55 三种不同黏性系数情形下相分离过程中的密度演化图

图 5.56(a) 给出了在对数坐标下三种不同黏性系数情形下特征尺度的演化曲线，失稳分解阶段的持续时间在图中用箭头标出。可以看出，黏性的作用是抑制相界面的形成，从而延长失稳分解阶段的持续时间。相畴增长的速率可以近似由图中曲线的斜率来表示，可以看到黏性的改变对于相畴增长阶段的相畴增长速率几乎没有影响。原因是在这里的模拟中都属于高黏性情形，黏性系数在一定范围内的改变对于相畴增长速率影响不显著。根据之前的研究可知 [274, 281]，在相畴增长阶段相畴特征尺度的增长率具有 $R(t) \sim t^{\alpha}$ 的形式，对于高黏性的情形，指数取 $\alpha = 1/3$，对于低黏性的情形，指数取 $\alpha = 2/3$。而在一定的范围内指数 α 对黏性系数的改变不敏感。尽管之前的这一结论是基于等温相分离的研究得到的，我们发现在热相分离中也存在相似的性质。另外，不同黏性系数下的熵产生速率 $\dot{S}_{\mathrm{NOEF}}$、$\dot{S}_{\mathrm{NOMF}}$ 和 $\dot{S}_{\mathrm{sum}}$ 曲线分别在图 5.56(b)~(d) 中给出。熵产生速率的极大值点对应于相分离两阶段的临界时间点，从这里也可以看出黏性系数越大失稳分解阶段的持续时间越长。

从图 5.56(b) 中可以看到，随着黏性系数的增加，$\dot{S}_{\mathrm{NOEF}}$ 曲线向右移动并且幅值增大，这就说明黏性的作用是增加 NOEF 部分的熵产生速率。几种不同黏性系数对应的 $\dot{S}_{\mathrm{NOMF}}$ 曲线，如图 5.56(c) 所示，随着黏性系数的增加，$\dot{S}_{\mathrm{NOMF}}$ 的幅值降低，这说明黏性的作用是降低 NOMF 部分的熵产生速率。此外还可以看到，熵产生主要发生在相分离的早期阶段，这一特征可以解释为相分离的后期阶段主要是表面张力在起作用，而表面张力对于熵产生是没有贡献的，因此在后期阶段熵产生速率较低。黏性系数越小，熵产生的时间就越集中，因为对于较小的黏性系数情形，在相分离后期阶段黏性的作用相比于表面张力几乎可以忽略。

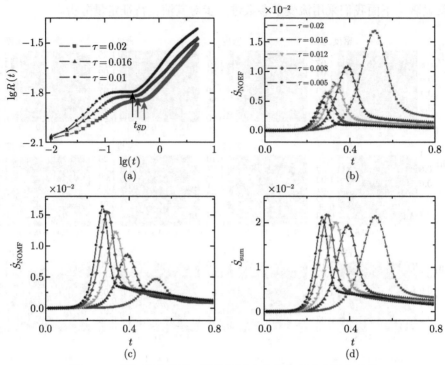

图 5.56 不同黏性系数下的特征尺度和熵产生速率演化曲线

总的熵产生速率 $\dot{S}_{\text{sum}}$ 是 NOEF 和 NOMF 两部分熵产生速率的总和。从图 5.56 (d) 可以看到不同黏性系数对应的 $\dot{S}_{\text{sum}}$ 幅值几乎没有差别。根据前面对于 $\dot{S}_{\text{NOEF}}$ 和 $\dot{S}_{\text{NOMF}}$ 的特性分析可知，随着黏性系数的增加 $\dot{S}_{\text{NOEF}}$ 的幅值增加而 $\dot{S}_{\text{NOMF}}$ 的幅值降低，二者部分相互抵消，因此黏性系数改变对总的熵产生速率幅值影响不明显。

2) 黏性对失稳分解阶段和熵产生速率的影响

为了进一步研究相分离过程中的黏性效应，在 $\tau \in [0.005, 0.02]$ 范围内对更多不同黏性系数情形的相分离过程进行模拟，并对失稳分解阶段的持续时间和熵产生速率与黏性系数之间的关系进行分析。

相分离失稳分解阶段的持续时间 t_{SD} 与黏性系数 τ 之间的关系，如图 5.57 (a) 所示，其中符号表示 DBM 结果，可以看出失稳分解阶段的持续时间 t_{SD} 随黏性系数的增加而增加。t_{SD} 与黏性系数 (用 τ 表示) 之间的关系可以近似由一个指数增长函数拟合，即

$$t_{SD} = C_1 \exp(C_2 \tau) + C_0, \tag{5.11}$$

其中 $C_1 = 0.0106$，$C_2 = 160.77$，$C_0 = 0.25$。图 5.57(a) 中实线表示拟合结果，可以看到失稳分解阶段的持续时间在我们的模拟参数范围内是随黏性系数的增加而指数增长的。$C_0 + C_1$ 是黏性系数趋于零时 t_{SD} 的值，它非常接近于热传导系数趋于无穷时的值。随着黏性系数的减小，t_{SD} 逐渐减小并最终趋于 0.25，反过来，随着黏性系数的增加，t_{SD} 迅速增加。$1/C_2$ 表示黏性系数的特征值约为 0.0062，当大于此值时 t_{SD} 随黏性系数的指数增长效应显著，C_1 表示指数增长函数的幅值。

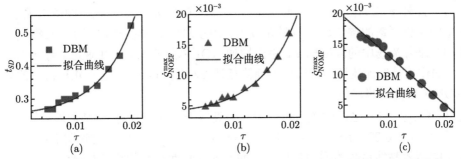

图 5.57 相分离失稳分解阶段的持续时间和熵产生速率与黏性系数之间的关系曲线

接下来分析黏性对于熵产生速率 $\dot{S}_{NOEF}$ 和 $\dot{S}_{NOMF}$ 的影响。同样选用熵产生速率的峰值点来表示其幅值,分别记作 $\dot{S}_{NOEF}^{max}$ 和 $\dot{S}_{NOMF}^{max}$,他们与黏性系数之间的关系曲线,如图 5.57 (b) 和 (c) 所示,符号表示 DBM 模拟结果,图中 $\dot{S}_{NOEF}$ 和 $\dot{S}_{NOMF}$ 的单位均为 10^{-3}。明显可以看出,$\dot{S}_{NOEF}^{max}$ 随黏性系数增加而增加,而 $\dot{S}_{NOMF}^{max}$ 随黏性系数增加而降低。

在前面关于热流效应的分析中,已经提到 NOEF 部分的熵产生速率主要取决于流场中的温度梯度,而 NOMF 部分的熵产生速率主要取决于流场中的速度梯度值。当黏性系数增加时,流场中的整体运动更加显著而不同相畴区域之间的相对运动变弱。在这里可以考虑一种极限情形,当流体的黏性系数为无穷大时,不同相畴区域之间不存在相互运动,这种情况下流场中不存在速度梯度。图 5.58(b) 中给出了流场中速度梯度方均值 $\overline{\nabla u : \nabla u}$ 的演化曲线,图中不同黏性系数对应的曲线特征与图 5.56(c) 中 $\dot{S}_{NOMF}$ 的特征非常相似。曲线 $\overline{\nabla u : \nabla u}$ 的峰值点与黏性系数之间的关系也在图 5.58(b) 中给出,可以看到 $\overline{\nabla u : \nabla u}$ 的峰值点也是随黏性系数的增加而降低的,变化趋势与图 5.57 (c) 中 $\dot{S}_{NOMF}^{max}$ 曲线类似。这样我们可以得到结论,即黏性的作用是通过降低流场的速度梯度来降低 NOMF 部分的熵产生速率。

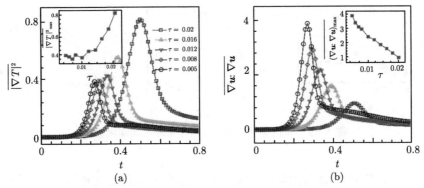

图 5.58 不同黏性系数下的温度梯度和速度梯度演化曲线

相应地,随着黏性的增强,由于流场中不同区域之间的相互运动减弱,导致对流换热不足,从而导致流场中的温度梯度增加。图 5.58(a) 中给出了几种不同黏性系数情形下流场中温度梯度方均值 $\overline{|\nabla T|^2}$ 的演化曲线,图中的曲线特征与图 5.56 (b) 中 $\dot{S}_{NOEF}$ 的特征

非常相似。此外图 5.58(a) 中还同时给出了 $\overline{|\nabla T|^2}$ 的极大值与 τ 之间的函数关系，$\overline{|\nabla T|^2}$ 的极大值随黏性系数的增长趋势与图 5.57(b) 中的 $\dot{S}_{\mathrm{NOEF}}^{\max}$ 曲线类似，因此可得到结论：黏性的作用是增加流场中的温度梯度，进而增加 NOEF 部分的熵产生速率。综合以上分析可知，黏性的作用是增加流场的温度梯度而降低速度梯度，因而增强 NOEF 部分的熵产生而减弱 NOMF 部分的熵产生。

此外，$\dot{S}_{\mathrm{NOEF}}^{\max}$ 与 τ 之间的关系可以用一个类似于式(5.11)的指数函数近似拟合，其中的拟合系数为 $C_1 = 6.09 \times 10^{-4}$，$C_2 = 1.53 \times 10^2$，$C_3 = 3.70 \times 10^{-3}$。这说明 NOEF 部分的熵产生速率幅值随黏性系数的增加是呈指数增长的。黏性系数的特征尺度为 $1/C_2 = 0.0065$，这与(5.11)中的值很相近，指数函数的幅值约为 $C_1 = 6.09 \times 10^{-4}$。$\dot{S}_{\mathrm{NOMF}}^{\max}$ 与 τ 之间的关系可以用一个斜率为 -0.747 的线性函数来近似拟合，这说明 NOMF 部分的熵产生速率幅值随黏性系数的增加是线性衰减的。

3) 黏性对熵产生量的影响

不同黏性系数情形下的熵产生量 ΔS_{NOEF}、ΔS_{NOMF} 和 ΔS_{sum} 的时间演化曲线分别在图 5.59(a)~(c) 中给出。从图 5.59(a) 中可以看到，在相分离最开始阶段，黏性系数越小对应 NOEF 部分的熵产生量 ΔS_{NOEF} 越多。由于黏性的作用是抑制相畴的形成和延长失稳分解阶段，而熵产生量在失稳分解阶段是随着相界面的形成而增加的。因此，黏性系数越大，相分离早期的熵产生量越少。随着相分离过程的进行，流场中的温度梯度效应逐渐增强。较大的黏性系数不利于热对流的进行，因而会导致流场中较大的温度梯度，进而导致 NOEF 部分的熵产生速率增加。在相分离的后期，黏性系数越大熵产生越多。从图中可以看出，当 $t > 0.5$ 后，NOEF 部分的熵产生速率幅值和熵产生量都随着黏性系数的增加而增加。这说明黏性的作用在失稳分解阶段早期是减少 NOEF 部分的熵产生量，而从长期来看是增加 NOEF 部分的熵产生量。

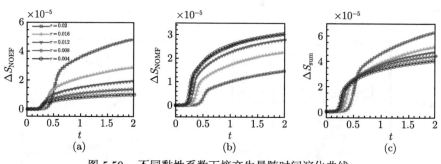

图 5.59　不同黏性系数下熵产生量随时间演化曲线

图 5.59(b) 是 NOMF 部分的熵产生量 ΔS_{NOMF} 随时间的演化曲线，可以看到 ΔS_{NOMF} 在相分离的整个过程中都是随黏性系数的增加而降低的。与 NOMF 部分熵产生速率的幅值一致，较小的黏性系数对应更多的熵产生量。同时，需要特别指出的是当黏性系数减小到一定值时，NOMF 部分的熵产生量几乎不再随黏性的变化而改变，不同黏性系数的 ΔS_{NOMF} 曲线几乎相互重合，例如图中 $\tau = 0.004$ 和 $\tau = 0.008$ 的情形。

总的熵产生量 ΔS_{sum} 是 ΔS_{NOEF} 和 ΔS_{NOMF} 的和。在相分离最开始的一段时间内，

熵产生量 ΔS_{NOEF} 和 ΔS_{NOMF} 都是随黏性系数的降低而增加的，因而总的熵产生量也是随黏性降低而增加的。然而当 $t > 0.5$ 后，由于随着黏性减弱 NOEF 部分的熵产生速率降低而 NOMF 部分的熵产生速率增加，黏性效应在总的熵产生量中的效应部分相互抵消。图 5.59(c) 中给出了熵产生量 ΔS_{sum} 的演化曲线，可以看出总的熵产生量演化特征可以分成两个阶段：在早期阶段，黏性系数越小，总的熵产生量越多；在后期阶段，黏性系数越小，总的熵产生量越少。

5.3.1.3 表面张力效应

1) 不同表面张力系数情形的热相分离

表面张力也是相分离过程中的一个重要影响因素。本节对不同表面张力系数情形下的热相分离过程进行模拟和分析。模拟条件除了表面张力系数 K 之外，其余都和前面的情形相同。

图 5.60 中给出了三种不同表面张力系数下热相分离演化过程几个典型时刻的密度分布图。从上至下三行分别对应于表面张力系数为 $K = 2 \times 10^{-5}$，$K = 1 \times 10^{-5}$ 和 $K = 5 \times 10^{-6}$ 的情形。从左至右四列依次对应 $t = 0.2$，$t = 0.5$，$t = 2.0$ 和 $t = 8.0$ 时刻。在之前的文献 [106] 中已经提到，表面张力的作用在相畴增长阶段是促进小的相畴融合长大。从图 5.60 (a) 和 (b) 中可以看到，表面张力在失稳分解阶段也起着重要作用。表面张力系数越小，两相界面越清晰，同时相畴的特征尺度也越小，这说明表面张力在失稳分解阶段是抑制相分离的，但可以促进分离出的相畴之间的相互融合。图 5.60 (c) 和 (d) 属于相畴增长阶段，可以看到表面张力越大，对应的相畴特征尺度也越大。

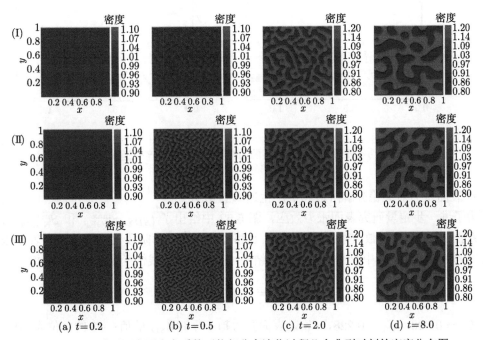

图 5.60 三种不同表面张力系数下热相分离演化过程几个典型时刻的密度分布图

几种不同表面张力系数情形下，相畴特征尺度 $R(t)$ 随时间的演化特征，如图 5.61(a)

所示。定性上可以看出，表面张力越强，$R(t)$ 越大。相分离失稳分解阶段的持续时间 t_{SD} 在图中用箭头标出，表面张力系数的值越大，对应失稳分解阶段持续时间越长。因此，类似于黏性效应，表面张力的作用也是抑制新相畴的形成，延长失稳分解阶段的持续时间。另外，表面张力还对失稳分解阶段 $R(t)$ 曲线的平台区域有显著影响。表面张力越弱，曲线上平台的高度和宽度值越小，当 $K = 5 \times 10^{-6}$ 时，平台区域几乎消失。几种不同表面张力系数对应的熵产生速率 $\dot{S}_{\text{NOEF}}$、$\dot{S}_{\text{NOMF}}$ 和 $\dot{S}_{\text{sum}}$ 曲线，如图 5.61 (b)~(d) 所示。它们的极大值点对应于图 5.61 (a) 中的 t_{SD} 点。另外可以发现，三种熵产生速率都随着表面张力的增大而降低。

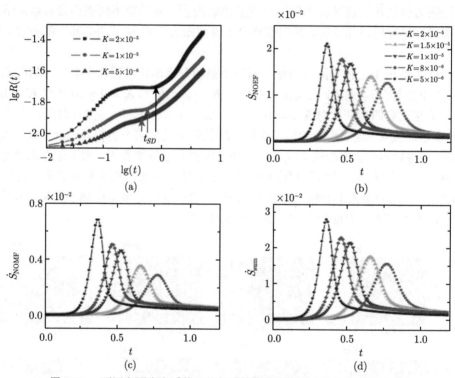

图 5.61　不同表面张力系数下的相畴特征尺度和熵产生速率演化曲线

2) 表面张力对失稳分解阶段和熵产生速率的影响

为了进一步定量研究表面张力效应，图 5.62 中给出了 t_{SD}、$\dot{S}_{\text{NOEF}}^{\max}$ 和 $\dot{S}_{\text{NOMF}}^{\max}$ 与表面张力系数 K 之间的函数关系。图 5.62(a) 是相分离失稳分解阶段的持续时间与表面张力系数之间的关系曲线，其中符号表示 DBM 结果，实线是采用线性函数拟合结果，拟合公式为

$$t_{SD} = C_1 K + C_0, \tag{5.12}$$

其中 $C_1 = 0.028$，$C_0 = 0.228$，C_0 是表面张力趋于零时 t_{SD} 的值；K 的单位为 10^{-6}，其变化范围为 $[4 \times 10^{-6}, 2 \times 10^{-5}]$。随着 K 的增加，相分离失稳分解阶段的持续时间线性增加，增长率约为 0.028。从这里可以看出，表面张力对 t_{SD} 的影响弱于热传导和黏性效应。

熵产生速率的幅值 $\dot{S}_{\text{NOEF}}^{\max}$ 和 $\dot{S}_{\text{NOMF}}^{\max}$ 在图 5.62(b) 和 (c) 中给出，符号表示 DBM 模拟

结果，$\dot{S}_{\text{NOEF}}^{\max}$ 和 $\dot{S}_{\text{NOMF}}^{\max}$ 的单位都是 10^{-3}，K 的单位为 10^{-6}。从图中可以看出，$\dot{S}_{\text{NOEF}}^{\max}$ 和 $\dot{S}_{\text{NOMF}}^{\max}$ 都是随着表面张力的增加而降低的。表面张力的作用在失稳分解阶段是抑制新的相界面形成，在相畴增长阶段有利于小界面之间的融合，因而总的来说表面张力越强，界面就越少。由于流场中的温度梯度和速度梯度主要存在于界面附近，流场中界面越少则温度和速度梯度效应也就越弱。因此，随着表面张力的增强，NOEF 和 NOMF 部分的熵产生速率都降低。为了证明这一解释，图 5.63 (a) 给出了不同表面张力系数下的形态学边界长度 L 曲线。从图中可以明显看出，表面张力越大，L 越小。

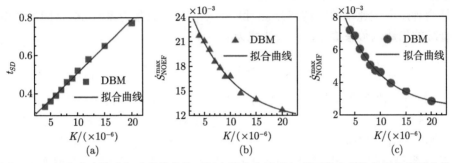

图 5.62　相分离失稳分解阶段的持续时间和熵产生速率与表面张力系数之间的关系曲线

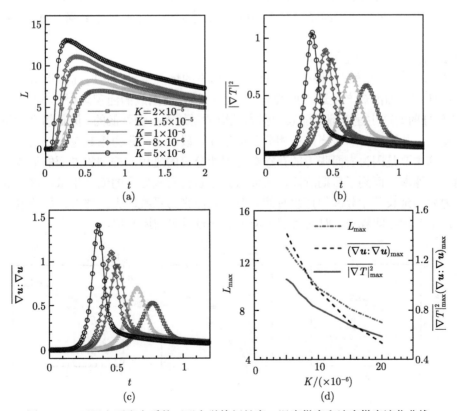

图 5.63　不同表面张力系数下形态学特征长度、温度梯度和速度梯度演化曲线

图 5.63(b) 和 (c) 分别给出了几种不同表面张力系数下的流场温度梯度平方平均值 $\overline{|\nabla T|^2}$ 和速度梯度平方平均值 $\overline{\nabla \boldsymbol{u} : \nabla \boldsymbol{u}}$ 的时间演化曲线, 可以看出这里 $\overline{|\Delta T|^2}$ 和 $\overline{\nabla \boldsymbol{u} : \nabla \boldsymbol{u}}$ 的曲线特征与图 5.61(b) 和 (c) 中 $\dot{S}_{\mathrm{NOEF}}$ 和 $\dot{S}_{\mathrm{NOMF}}$ 的特征非常相似。图 5.63 (d) 中给出了 L、$\overline{|\nabla T|^2}$ 和 $\overline{\nabla \boldsymbol{u} : \nabla \boldsymbol{u}}$ 的极大值 (幅值) 与表面张力系数 K 之间的关系曲线。可以看到, 随着表面张力系数的增加, L 的幅值降低, 相应地温度梯度和速度梯度的幅值也都同步降低。图中 $\overline{|\Delta T|^2}_{\max}$ 和 $\overline{\nabla \boldsymbol{u} : \nabla \boldsymbol{u}}_{\max}$ 曲线分别与图 5.62 (b) 和 (c) 中 $\dot{S}_{\mathrm{NOEF}}^{\max}$ 和 $\dot{S}_{\mathrm{NOMF}}^{\max}$ 随表面张力系数的变化趋势一致。这就说明表面张力是通过减少流场中界面的总长度来同时降低 NOEF 和 NOMF 部分的熵产生速率的。

另外两种熵产生速率的幅值 $\dot{S}_{\mathrm{NOEF}}^{\max}$ 和 $\dot{S}_{\mathrm{NOMF}}^{\max}$ 与表面张力系数 K 之间的关系都可以用一个衰减的指数函数来拟合, 其表达式为

$$\dot{S}_{\mathrm{NOEF/NOMF}}^{\max} = C_1 \exp(-C_2 K) + C_0, \tag{5.13}$$

其中对于 $\dot{S}_{\mathrm{NOEF}}^{\max}$ 拟合系数为 $C_1 = 18.0$, $C_2 = 0.122$, $C_3 = 11.1$；对于 $\dot{S}_{\mathrm{NOMF}}^{\max}$ 拟合系数为 $C_1 = 8.60$, $C_2 = 0.141$, $C_3 = 13.5$。从拟合结果可知, NOEF 和 NOMF 部分的熵产生速率幅值都随表面张力系数呈指数衰减趋势。当表面张力系数为无穷大时, $\dot{S}_{\mathrm{NOEF}}^{\max}$ 和 $\dot{S}_{\mathrm{NOMF}}^{\max}$ 均达到最小值, 其中 $\dot{S}_{\mathrm{NOEF}}^{\max} = 11.1$, $\dot{S}_{\mathrm{NOMF}}^{\max} = 13.5$。反过来, 当表面张力系数趋于零时, $\dot{S}_{\mathrm{NOEF}}^{\max}$ 和 $\dot{S}_{\mathrm{NOMF}}^{\max}$ 均达到最大值, 其中 $\dot{S}_{\mathrm{NOEF}}^{\max} = 29.1$, $\dot{S}_{\mathrm{NOMF}}^{\max} = 22.1$。表面张力系数对于 $\dot{S}_{\mathrm{NOEF}}^{\max}$ 和 $\dot{S}_{\mathrm{NOMF}}^{\max}$ 的特征尺度 $1/C_2$ 分别为 8.20 和 7.09, 它们非常接近。然而从指数函数的幅值 C_1 来看, 表面张力对于 NOEF 部分的熵产生速率影响强于对 NOMF 部分的熵产生速率的影响。

3) 表面张力对熵产生量的影响

图 5.64 给出了几种不同表面张力系数情形下的熵产生量关于时间的函数曲线, 熵产生量可以通过前面的熵产生速率曲线与时间坐标轴之间围成的面积求得。尽管 NOEF 和 NOMF 部分的熵产生速率都是随表面张力系数的增加而单调降低的, 但是熵产生量的特征却更加复杂。从图中可以看出, 在相分离的早期阶段, 表面张力系数越大, 对应的熵产生量越少, 这主要是因为表面张力的存在会延迟相分离的进程, 抑制相界面的形成, 从而降低了熵产生速率。而到了后期阶段, 表面张力越强会对应更多的熵产生量, 这主要是因为表面张力效应延长了相分离的持续时间。对于表面张力系数较大的情形, 尽管熵产生速率较低, 由于持续时间较长, 时间累积效应也会导致更多的熵产生。

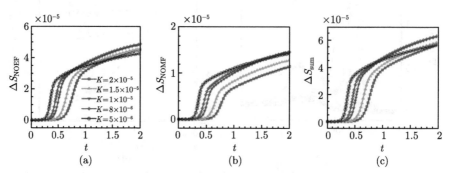

图 5.64　不同表面张力系数下的熵产生量关于时间的函数曲线

5.3.1.4 熵产生机制

在本节中，我们来研究两种不同的熵产生机制之间的竞争和协同关系，分别对不同热传导、黏性和表面张力系数情形下的 NOEF 和 NOMF 的熵产生速率以及熵产生量的变化特性进行分析。

1) 熵产生速率方面的表现

首先来考察在熵产生速率方面 NOEF 和 NOMF 之间的竞争与协同关系。在热传导系数变化情况下，熵产生速率幅值 $\dot{S}_{\text{NOEF}}^{\max}$ 和 $\dot{S}_{\text{NOMF}}^{\max}$ 的关系曲线，如图 5.65(a) 所示，图中箭头指向热传导系数增加的方向，符号是 DBM 模拟结果。可以看出，这种情况下 $\dot{S}_{\text{NOEF}}^{\max}$ 和 $\dot{S}_{\text{NOMF}}^{\max}$ 之间存在竞争关系。随着热传导系数的增加，$\dot{S}_{\text{NOMF}}^{\max}$ 增加，而 $\dot{S}_{\text{NOEF}}^{\max}$ 降低；反过来，当热传导系数降低时，$\dot{S}_{\text{NOMF}}^{\max}$ 降低，而 $\dot{S}_{\text{NOEF}}^{\max}$ 增加。$\dot{S}_{\text{NOEF}}^{\max}$ 和 $\dot{S}_{\text{NOMF}}^{\max}$ 之间的函数关系可以近似用以下方程拟合：

$$\dot{S}_{\text{NOMF}}^{\max} = \exp(-C_1 \dot{S}_{\text{NOEF}}^{\max} + C_0), \tag{5.14}$$

其中 $C_1 = 1.47$，$C_0 = 1.61$。从拟合结果得到，$\dot{S}_{\text{NOMF}}^{\max}$ 的增加 (降低) 量与 $\dot{S}_{\text{NOEF}}^{\max}$ 的降低 (增加) 量是指数相关的。

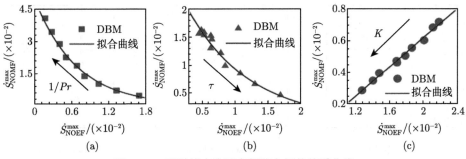

图 5.65　两种熵产生速率幅值之间的关系曲线

从图 5.65(b) 中我们注意到，当黏性系数变动时 $\dot{S}_{\text{NOEF}}^{\max}$ 和 $\dot{S}_{\text{NOMF}}^{\max}$ 之间存在与前面热传导情形类似的竞争关系。图中箭头指向黏性系数增加的方向，符号是 DBM 模拟结果，实线是采用类似于式(5.14)拟合得到的结果，其中拟合系数为 $C_1 = 1.06$，$C_0 = 0.997$。随着黏性系数的增加，$\dot{S}_{\text{NOMF}}^{\max}$ 降低而 $\dot{S}_{\text{NOEF}}^{\max}$ 增加，前者的降低量与后者的增加量是指数相关的。可以看到，黏性作用下 $\dot{S}_{\text{NOEF}}^{\max}$ 和 $\dot{S}_{\text{NOMF}}^{\max}$ 之间的竞争关系与热传导作用下相似，只是曲线的变化方向相反。事实上，热传导系数的减小和黏性系数的增加都等价于 Pr 的增加，因此结合以上两种情形可以得到，随着 Pr 的增加，$\dot{S}_{\text{NOMF}}^{\max}$ 降低而 $\dot{S}_{\text{NOEF}}^{\max}$ 增加，且二者指数相关。

一般来说，Pr 越大表示黏性作用越强而热传导作用越弱，然而在这里的结果却表明，Pr 越大对应的 NOMF 部分的熵产生速率越低而 NOEF 部分的熵产生速率越高。基于前面的分析可知，熵产生速率 $\dot{S}_{\text{NOEF}}$ 和 $\dot{S}_{\text{NOMF}}$ 的大小分别取决于流场中的温度梯度和速度梯度。随着黏性系数的增加或热传导系数的降低，速度梯度是降低的而温度梯度是增加的，因此，Pr 的增加就导致 $\dot{S}_{\text{NOMF}}^{\max}$ 降低而 $\dot{S}_{\text{NOEF}}^{\max}$ 增加。

图 5.65(c) 给出了表面张力系数变化情况下 $\dot{S}_{\mathrm{NOMF}}^{\max}$ 和 $\dot{S}_{\mathrm{NOEF}}^{\max}$ 的关系曲线，箭头指向表面张力系数增加的方向。图中符号是 DBM 模拟结果，可以看出随着表面张力的增强，$\dot{S}_{\mathrm{NOMF}}^{\max}$ 和 $\dot{S}_{\mathrm{NOEF}}^{\max}$ 是同步降低的。不同表面张力系数下 $\dot{S}_{\mathrm{NOMF}}^{\max}$ 和 $\dot{S}_{\mathrm{NOEF}}^{\max}$ 的关系可以用一个线性函数来近似拟合，即

$$\dot{S}_{\mathrm{NOMF}}^{\max} = C_1 \dot{S}_{\mathrm{NOEF}}^{\max} + C_0, \tag{5.15}$$

其中斜率为 $C_1 = 0.466$，截距为 $C_0 = -0.3$。从拟合结果可以看出，随着表面张力系数的增加，$\dot{S}_{\mathrm{NOMF}}^{\max}$ 和 $\dot{S}_{\mathrm{NOEF}}^{\max}$ 呈比例降低。另外，由于斜率小于 1，因此 $\dot{S}_{\mathrm{NOMF}}^{\max}$ 的变化量小于 $\dot{S}_{\mathrm{NOEF}}^{\max}$ 的变化量。由此可知，表面张力的作用是降低熵产生速率，它主要导致 NOEF 和 NOMF 之间的协同而非竞争。这一现象主要归因于流场中界面的变化。随着表面张力的增加，流场中界面长度减小，由于流场中温度梯度和速度梯度主要存在于界面附近，因此它们随着界面的减少同步降低。

2) 熵产生量方面的表现

下面我们再来考察在熵产生量方面 NOEF 和 NOMF 之间的竞争和协同关系。图 5.66 给出了不同热传导、黏性和表面张力系数下熵产生量 ΔS_{NOMF} 和 ΔS_{NOEF} 之间的关系曲线。

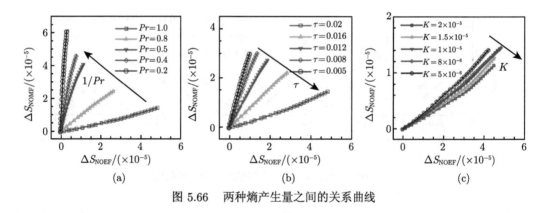

图 5.66　两种熵产生量之间的关系曲线

图 5.66(a) 是热传导系数变化时的情形，图中箭头指向热传导系数增加的方向。可以看到，ΔS_{NOMF} 和 ΔS_{NOEF} 都是随热传导系数增大而增加的，二者的增加量近似呈线性关系，而且斜率随着热传导系数的增加而增加。这说明随着热传导系数的增加，NOMF 在总的熵产生量中的贡献增加，而 NOEF 的贡献减少。图 5.66(b) 中给出了黏性系数变动时 ΔS_{NOMF} 和 ΔS_{NOEF} 之间的关系曲线，图中箭头指向黏性系数增加的方向。可以看到，ΔS_{NOMF} 随时间的变化量与 ΔS_{NOEF} 随时间的变化量也是近似呈线性关系的，但斜率随黏性系数的增加是降低的。这说明随着黏性的增强，NOMF 在总的熵产生量中的贡献减少，而 NOEF 的贡献增加。由于热传导系数的减小和黏性系数的增加都等价于 Pr 的增加，结合图 5.66(a) 和 (b) 得到，$\Delta S_{\mathrm{NOMF}} - \Delta S_{\mathrm{NOEF}}$ 曲线的斜率是随 Pr 增加而减小的。也就是说，Pr 的增加导致 NOMF 在总的熵产生中的贡献减少而 NOEF 在总的熵产生中的贡献增加。

图 5.66(c) 给出了表面张力系数变动情形下 ΔS_{NOMF} 和 ΔS_{NOEF} 的关系曲线，图中箭

头指向表面张力系数增加的方向。从图中可以发现,这种情况下 ΔS_{NOMF} 随时间的变化与 ΔS_{NOEF} 随时间的变化也是近似呈正比的。但相比于热传导和黏性变化的情形,表面张力系数的改变对于图中斜率的影响不大,这说明表面张力系数改变时,ΔS_{NOMF} 和 ΔS_{NOEF} 之间更多的是协同效应而非竞争,这也与图 5.65 (c) 中的结论是一致的。

5.3.1.5 小结

本节基于第 3、4 章介绍的多相流 DBM 模型和复杂物理场分析技术,模拟研究了热相分离过程,并重点关注了相分离过程中的熵产生特性。首先,对等温和非等温两种类型的相分离进行模拟,并对它们的特征尺度、形态学边界长度、非平衡量以及熵产生速率进行分析,发现热力学非平衡强度极大值点、熵产生速率极大值点分别可以作为划分相分离前后两个阶段的第一和第二物理判据。其次,分别考察了热传导、黏性和表面张力对于热相分离过程的影响,重点关注它们对于相分离第一阶段的持续时间、热力学非平衡强度、熵产生速率以及熵产生量的影响。最后,从熵产生速率和熵产生量两个方面分别对两种熵产生机制之间的竞争与协同机制进行了分析。主要结论如下:

(1) 熵产生速率在相分离的失稳分解阶段是随时间增加的,在相畴增长阶段是随时间降低的,熵产生速率的极大值点可以作为划分相分离两个阶段的一个物理判据。

(2) 热相分离的非平衡强度和熵产生速率都低于等温相分离情形,同时热相分离的演化速率也比等温相分离情形慢。

(3) 热流加速相分离的失稳分解阶段,失稳分解阶段的持续时间随热传导系数的增加近似指数衰减;NOEF 部分的熵产生速率随热传导系数增加而呈指数降低,NOMF 部分的熵产生速率随热传导系数增加而呈指数增加。其原因是 NOEF 部分的熵产生速率主要与温度梯度有关,NOMF 部分的熵产生速率主要与速度梯度有关。热传导系数越大,流场中温度梯度越小,同时速度梯度越大,因此 NOEF 部分熵产生速率越大,NOMF 部分熵产生速率越小。

(4) 黏性延缓相分离的失稳分解阶段,失稳分解阶段的持续时间随黏性系数的增加近似呈指数增加。NOEF 部分的熵产生速率随黏性系数增加而呈指数增加,NOMF 部分的熵产生速率随着黏性系数增加是呈线性降低的。原因是黏性会抑制流场中不同相区的相对运动,从而降低流场中的速度梯度,同时不利于对流换热,因而会增加流场中的温度梯度。

(5) 表面张力延缓相分离的失稳分解阶段,失稳分解阶段的持续时间随表面张力系数的增加呈线性增加。NOEF 和 NOMF 部分的熵产生速率随表面张力系数的增加都是指数降低的。原因是表面张力在失稳分解阶段会抑制相界面的产生,而在相畴增长阶段又会促进小的相畴之间的融合,总的效应就是减少流场中的相界面边界长度。由于流场中温度梯度和速度梯度主要存在于相界面附近,因此二者都会随着边界长度的减少同步降低。

(6) 在热传导和黏性变化情形,NOEF 和 NOMF 两种熵产生机制间表现为竞争关系,即前者的增加 (减少) 对应于后者的减少 (增加)。而在表面张力作用下,两种熵产生机制表现为协同作用,即随着表面张力的增加,二者呈比例同步降低。

5.3.2　燃烧与爆轰

5.3.2.1　一维内外爆动理学

现在我们来介绍使用 3.6 节中构建的 DBM 研究燃烧或爆炸过程中的部分非平衡行为特征[378]。

图 5.67对应下面的初始条件：

$$\begin{cases} (\rho, T, u_r, u_\theta, \lambda)_i = (1, 1, 0, 0, 0), \\ (\rho, T, u_r, u_\theta, \lambda)_o = (1.5, 1.55556, -0.666667, 0, 1), \end{cases} \tag{5.16}$$

引发的内爆过程中不同时刻的宏观量和一个非平衡量 $\Delta^*_{2,rr}$ 的空间分布。这里爆轰波前区域在内部：$0 \leqslant r \leqslant 0.098$；爆轰波后区域在外部：$0.098 < r \leqslant 0.1$。其他参数如下：$\tau = 2 \times 10^{-4}$，$\Delta t = 2.5 \times 10^{-6}$，$\omega_1 = 1$，$\omega_2 = 50$。从图中可以看到几何效应导致的与一维稳定爆轰情形的明显区别：① 整个过程可以大体分为两个阶段。在第一个阶段，爆轰波向内传播，波后的密度、温度、压强由于几何汇聚效应而升高。当爆轰波到达中心处那一瞬间，密度、温度、压强达到极大值，而速度降低到 0。第二阶段是压缩波的向外传播。② 非平衡效应也存在着一个向圆心运动，发生碰撞后反射向外传播的过程。③ 在化学反应结束后，爆轰波退变为纯粹的冲击波。站在冲击波前沿上看，波前粒子速度向内，波后粒子速度向外。④ 在高度对称的系统中，在中心处系统始终处于热动平衡态。

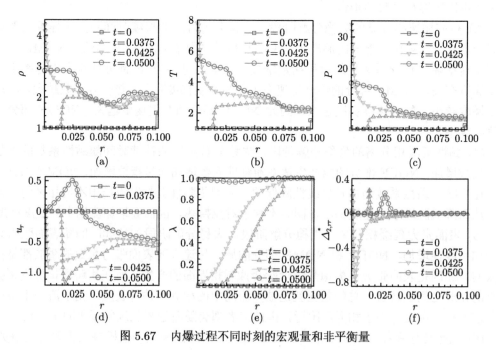

图 5.67　内爆过程不同时刻的宏观量和非平衡量

通过该模型，可在外爆过程中观测到熄爆、双向爆轰和稳定爆轰等现象。图 5.68～图 5.70对应于如下初始条件：

$$\begin{cases} (\rho, T, u_r, u_\theta, \lambda)_i = (1.5, 1.55556, 0.666667, 0, 1), \\ (\rho, T, u_r, u_\theta, \lambda)_o = (1, 1, 0, 0, 0), \end{cases} \tag{5.17}$$

引发的外爆过程。参数如下：$0 \leqslant r \leqslant R_1$ 为已起爆区域，$R_1 < r \leqslant R$ 为爆轰波前区域；$\tau = 2 \times 10^{-4}$，$\Delta t = 2.5 \times 10^{-6}$，$\omega_1 = 1$，$\omega_2 = 50$。从图 5.68 到图 5.70，位于中心的预先起爆区域逐渐增大。具体来说，在图 5.68 中 $R_1 = 0.015$，$R = 0.3$；在图 5.69 中 $R_1 = 0.023$，$R = 0.75$；在图 5.70 中 $R_1 = 0.050$，$R = 1.2$。在外爆过程中，随着爆轰波向外传播，爆轰波阵面的面积越来越大，所以内能变得越来越分散。这种几何发散效应有降低局域温度的作用。在图 5.68 中，由于预先起爆的区域太小，化学反应释放的热量太少，在向外传播的过程中几何发散效应导致波阵面附近温度低于起爆温度而熄火。而图 5.69 给出的是一个化学反应先减弱，后增强，进而发展为向内、向外双向爆轰的情形 (例如图中所示 $t = 0.3000$ 时刻的情形)。在向内的爆轰过程中，随着化学反应的结束，爆轰波退变为纯粹的冲击波。冲击波在中心汇聚、碰撞产生瞬间高温、高密、高压 (例如图中所示 $t = 0.3475$ 时刻的情形)。在 $t = 0.4000$ 时刻，密度、温度、压强、粒子速度曲线均出现明显的双峰结构。在双峰附近，系统偏离热动平衡的程度最高。在图 5.70 所示情形，由于预先爆轰的区域足够大，释放出的热量足以克服几何发散效应而引发稳定爆轰。在爆轰波位置附近，系统偏离热动平衡程度最高。

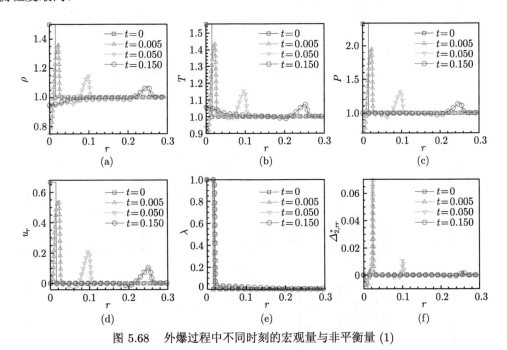

图 5.68　外爆过程中不同时刻的宏观量与非平衡量 (1)

　　显然，在外爆过程中，存在着化学反应、宏观物质输运、热传导和几何发散效应的竞争。化学反应释放的热量使得系统局域温度升高，而热传导和几何发散效应使得系统局域温度降低。如果之前的化学反应热足够多，则化学反应得以维持；如果热传导和几何发散效应占优势，则会出现熄爆现象。随着爆轰波向外传播，几何发散效应逐渐减弱，发生熄爆的可能性降低。另外，在高度对称的系统中，圆盘中心始终处于热动平衡态。围绕着爆轰波前沿，不同自由度上的内能不再均分。

　　通过该模型，还可研究压强对化学反应率的影响、冲击强度和反应速率对系统偏离热动平衡程度的影响等[378]。

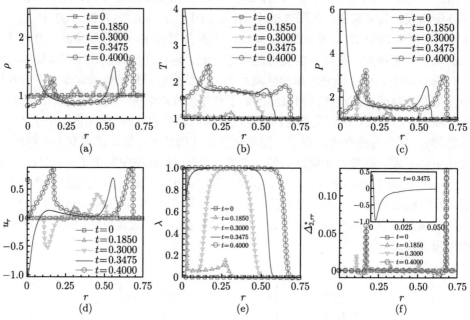

图 5.69　外爆过程中不同时刻的宏观量与非平衡量 (2)

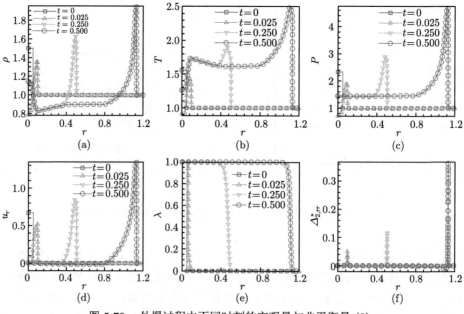

图 5.70　外爆过程中不同时刻的宏观量与非平衡量 (3)

5.3.2.2 反应速率特性对爆轰的影响

1) 反应速率对温度的依赖性

爆轰中涉及非常复杂的燃烧反应,在这个过程中通常涉及很多组分和中间反应。例如,甲烷与空气预混气体的燃烧过程涉及 53 种组分和 325 个反应[379],正庚烷与空气预混气体反应涉及 556 种组分和 2540 个可逆反应[380]。不同的反应条件,可能会激发不同的反应链,使反应进入不同的通道,从而会导致反应速率特性表现出巨大的差异。对于一个实际的爆轰过程,不同的冲击强度、不同的反应物种类以及不同的预混程度等都可能会导致反应进入不同的通道,从而在宏观性质上表现出较大的差异。其中的一种表现就是可能会出现反应速率随温度变化的非单调性,而不仅仅是像通常由 Arrhenius 模型所描述的那样,反应速率随温度的升高呈指数形式的增长。

事实上,关于反应速率负温度系数的情形已经在实验中多次观察到[189,380,381]。由于爆轰特性与反应速率关系密切,反应速率的负温度系数极有可能会导致爆轰过程呈现出一些特殊的现象。然而,目前关于爆轰过程中负温度系数的作用,一直没有得到很好的研究。本节基于 DBM 爆轰模型,初步讨论负温度系数在爆轰过程中可能出现的一些特征和规律[382]。为了研究问题的方便,这里选取如下的理想反应率模型:

$$\frac{d\lambda}{dt} = \begin{cases} k(1-\lambda)\lambda, & T \geqslant T_{\text{th}}\text{且}0 \leqslant \lambda \leqslant 1, \\ 0, & \text{其余情形}, \end{cases} \tag{5.18}$$

其中温度对化学反应速率的影响通过反应速率系数 k 起作用。在燃烧问题的研究中,经常采用 k 随温度升高呈指数增长的 Arrhenius 模型。然而,事实上反应速率系数随温度的变化有多种不同的类型,如图 5.71 所示。其中,图 5.71(a) 表示最常见的情况,反应速率随温度的升高而增加;图 5.71(b) 表示爆炸反应,温度一旦达到燃点,反应速率突然急剧升高;图 5.71(c) 表示酶催化的反应,当温度过高或者过低时都会降低酶的活性,抑制反应的进行;图 5.71(d) 表示含有较多的逆反应,当温度升高时由于逆反应的作用明显,使整体反应表现出复杂的特性;图 5.71(e) 表示反应速率的负温度系数情形,如 NO 的氧化反应。

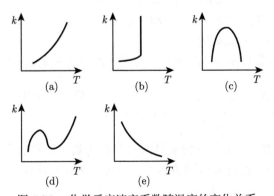

图 5.71 化学反应速率系数随温度的变化关系

　　为了便于描述反应速率系数随温度变化的一般情况，我们构造了一个如下的 $k(T)$ 函数：

$$k = a + b \int_0^T (t - T_1)(t - T_2)\mathrm{d}t, \tag{5.19}$$

式中

$$a = -\frac{-h_2 T_1{}^3 + 3h_2 T_1{}^2 T_2 - 3h_1 T_1 T_2{}^2 + h_1 T_2{}^3}{(T_1 - T_2)^3}, \tag{5.20}$$

$$b = -\frac{6(h_1 - h_2)}{(T_1 - T_2)^3}. \tag{5.21}$$

其函数图像如图 5.72 所示。式中 h_1、h_2、T_1、T_2 分别为图 5.72 中峰值点和谷值点对应的横、纵坐标值；当需要考察反应速率对温度的不同依赖特性时，只需调整这组参数，使反应区域的温度区间分别落在图 5.72 横坐标的不同区段上即可。

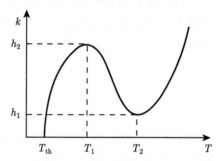

图 5.72　反应速率随温度变化的一般函数关系

　　作为实例，这里给出图 5.73(a)~(d) 所示的四种情形的部分数值结果。采用关系式(5.19)~(5.21) 描述反应率函数，式中参数分别设置如下：

情形 1：$T_1 = 1.1$，$T_2 = 1.6$，$h_1 = 2000$，$h_2 = 2000$；

情形 2：$T_1 = 1.1$，$T_2 = 1.6$，$h_1 = 10$，$h_2 = 2000$；

情形 3：$T_1 = 1.1$，$T_2 = 1.6$，$h_1 = 2000$，$h_2 = 10$；

情形 4：$T_1 = 1.25$，$T_2 = 1.6$，$h_1 = 2000$，$h_2 = 10$ 。

2) 不同反应速率特性对比研究

这里取额外自由度数目 $n = 3$，则对应的比热比为 $\gamma = 1.4$。初始条件设置如下：

$$\begin{cases} (\rho, u, v, T, \lambda)_L = (1.38837, 0.57735, 0, 1.57856, 1), \\ (\rho, u, v, T, \lambda)_R = (1, 0, 0, 1, 0), \end{cases} \tag{5.22}$$

式中下角标 "L" 和 "R" 分别代表物质界面的左右两侧，左侧是反应完成区域，右侧是未反应区域。上下边界条件设置为周期边界，左右边界采用自由流入流出边界条件。其他参数为：空间步长 $\Delta x = \Delta y = 0.0002$，时间步长 $\Delta t = 5 \times 10^{-6}$，弛豫时间 $\tau = 1 \times 10^{-5}$，爆热 $Q = 1.0$，化学反应温度阈值 $T_{\mathrm{th}} = 1.1$，网格数 $N_x \times N_y = 5000 \times 1$。下面将从宏观量、非平衡特性和熵产生三个方面对爆轰过程的模拟结果进行对比分析。

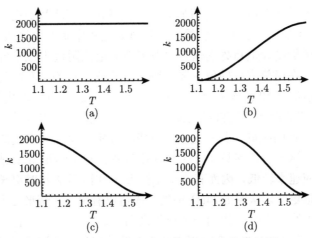

图 5.73　四种反应速率系数随温度变化特性图

A. 宏观量方面

四种反应速率特性下爆轰过程的宏观量分布, 如图 5.74 所示。从图 5.74 (I) 中可以看出情形 1 与情形 2 的曲线几乎完全一致。原因是情形 2 反应区域的温度所对应的反应速率系数与情形 1 很接近。另外从图 5.74 (I) 中的图 (d) 可以看出, 反应区域温度的变动很小, 因此反应速率系数也基本稳定在 $k = 2000$ 附近, 在整个反应过程中都与情形 1 下的反应速率很接近。

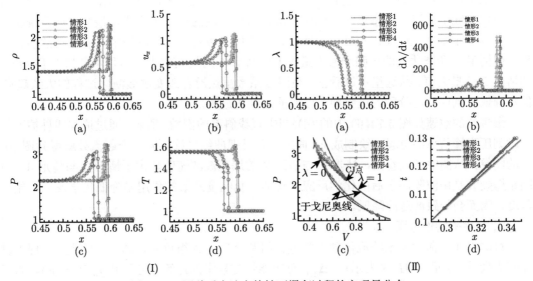

图 5.74　四种反应速率特性下爆轰过程的宏观量分布

从图 5.74(I)(a)~(c) 中可以看出, 对于宏观量密度 ρ, 速度 u_x, 压强 P 的空间分布, 与情形 1 和情形 2 相比, 情形 3 和情形 4 的冯·诺伊曼 (von Neumann) 峰值点较低, 在峰值点附近类似平台区域的宽度较宽。而且对于这一特征, 情形 3 比情形 4 更明显。这一点很容易理解, 情形 3 的反应速率是完全的负温度系数情形, 而情形 4 包含部分的负温度系数，情形 4 相当于是介于情形 2 与情形 3 之间的情况，因此其宏观表现的特征也应该是介于情形 2 与情形 3 之间。由此可以得出，在爆轰过程中负温度系数的作用是降低密度、速度和压强的冯·诺伊曼峰值点处的值，以及展宽峰值点附近类似平台区域的宽度。原因是宏观量 ρ、u_x、P 在峰值点处的值主要与爆轰波的波速有关，而爆轰波的波速受反应速率幅值的影响。在情形 3 和情形 4，爆轰波的波速较低 (这一点可以从图 5.74(II) 中的 (d) 看出)，因此情形 3 和情形 4 爆轰波的宏观量 ρ、u_x、P 的峰值点也较低。而宏观量 ρ、u_x、P 峰值点附近类似平台的区域，其实是由于反应刚开始时反应速率较低，可以近似看成没有化学反应的发生，这一阶段接近于一个纯冲击过程。对于情形 3 和情形 4，在反应刚开始的一段时间里反应速率较低，因而有一个比情形 1 和情形 2 相对更长的延迟期，峰值点附近类似平台区域也更宽。从图 5.74(I) 中的 (d) 可以看出，在情形 1 与情形 2，在爆轰波传播过程中，温度先快速上升，达到一个峰值之后再衰减到一个稳定状态。而在情形 3 与情形 4，温度是平缓地上升，在整个过程中并没有峰值出现。从这里可以看出，负温度系数的作用是使得爆轰过程中温度的变化变平缓，使得温度的冯·诺伊曼峰消失。其根本原因也是负温度系数导致反应速率降低，这一点很容易从图 5.74(II) 中的 (b) 看出。

从图 5.74(II) 中的 (a) 和 (b) 可以看出，对于情形 1 和情形 2，化学反应在很短的时间内快速完成，反应比较剧烈。然而对于情形 3 和情形 4，反应区域明显变宽，反应速率的幅值大大降低。从这里可以知道，负温度系数的作用是降低化学反应速率，延长反应时间，从而使得整体表现出来的反应剧烈程度降低。图 5.74(II) 中的 (c) 给出了四种情形下爆轰过程的 P-V 相图。从图中可以看出，爆轰波的演化过程是：首先，压强和密度沿着 $\lambda = 0$ 的于戈尼奥线持续增加，直到达到一个最大值，随后压强和密度开始从最大值点向 $\lambda = 1$ 的于戈尼奥线上的稳定状态过渡，化学反应在这个过渡的过程中完成，最终波后系统状态稳定在 $\lambda = 1$ 曲线上的 CJ 点处。很明显，从图中可以看出，四种情形具有相似的演化过程，但情形 3 所能达到的压强和密度最大值比情形 4 的最大值小，而且两者都小于情形 1 和情形 2 的最大值。从这里可以看出，负温度系数虽然没有改变爆轰演化过程的大致趋势，但却降低了预压冲击阶段的压强和密度所能达到的最大值。

爆轰波的波速如图 5.74(II) 中的 (d)(图中直线斜率的倒数) 所示。通过追踪四种情况每一时刻压强峰值点的位置，绘制成 x-t 曲线，并且把曲线平移到同一个起点处就得到图 (d) 中的图像。从图中可以看出，情形 1 与情形 2 的爆轰波波速明显大于情形 3 与情形 4。原因是爆轰波是由波阵面之后的化学反应驱动的，负温度系数的作用是降低化学反应的剧烈程度，因而会导致波速的降低。

B. 非平衡特性方面

对比用非平衡量表示的流体动力学方程组和 NS 方程组可知，$\boldsymbol{\Delta}_2^*$ 对应动量方程中黏性应力张量 (这里用 $\boldsymbol{\Pi}$ 来表示)；$\boldsymbol{\Delta}_{3,1}^*$ 对应能量方程中的热流 (这里用 $\boldsymbol{j}_q$ 来表示)。为了方便表述，这里我们将 $\boldsymbol{\Delta}_2^*$ 和 $\boldsymbol{\Delta}_{3,1}^*$ 分别称为 DBM 应力和 DBM 热流，将 $\boldsymbol{\Pi}$ 和 $\boldsymbol{j}_q$ 称为 NS 应力和 NS 热流。下面对比 DBM 应力、DBM 热流和 NS 应力、NS 热流的差异。这里以一维爆轰问题为例，所以只需考察非平衡量中的 $\Delta_{2,xx}^*$ 和 $\Delta_{3,1,x}^*$ 两个分量。图 5.75 给出了 DBM 应力 $\boldsymbol{\Delta}_2^*$ 与 NS 应力 $\boldsymbol{\Pi}$ 的对比，图 5.76 给出了 DBM 热流 $\Delta_{3,1,x}^*$ 与 NS 热流 j_{qx} 的对比。

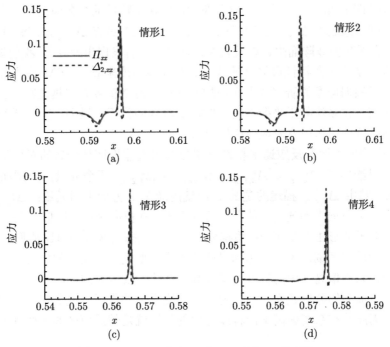

图 5.75   DBM 应力 $\boldsymbol{\Delta}_2^*$ 与 NS 应力 $\boldsymbol{\Pi}$ 的对比

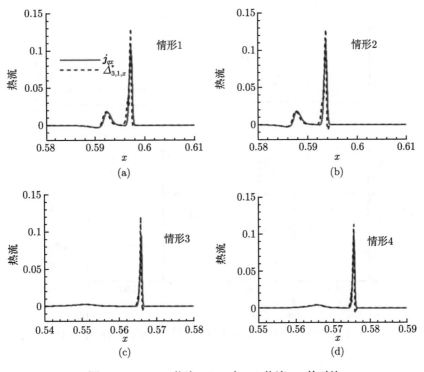

图 5.76   DBM 热流 $\Delta_{3,1,x}^*$ 与 NS 热流 j_{qx} 的对比

从图 5.75和图 5.76中可以看出，对于四种反应速率特性的爆轰波情形，在远离爆轰波波阵面区域，DBM 应力 $\Delta^*_{2,xx}$ 与 NS 应力 Π_{xx} 及 DBM 热流 $\Delta^*_{3,1,x}$ 与 NS 热流 j_{qx} 均符合得很好；而在爆轰波波阵面附近以及化学反应区，二者表现出差异[①]。我们知道，事实上在这些区域也正是非平衡特性最显著的地方。从建模角度来看，DBM 应力和热流包含的非平衡效应可以根据问题的研究需求而增加或减小；而 NS 应力和热流则只包含最低阶即一阶非平衡效应。在系统处于平衡态附近时，高阶项的作用很微弱；而当系统显著偏离平衡态时，这些高阶项的作用就表现得比较显著。

图 5.77 中给出了四种反应速率特性下爆轰波附近非平衡量分布的对比情况。针对一维问题，这里只给出了 $\Delta^*_{2,xx}$、$\Delta^*_{3,1,x}$、$\Delta^*_{3,xxx}$ 和 $\Delta^*_{4,2,xx}$ 四个分量，分别如图 5.77中的 (a)~(d) 所示。其中 $\Delta^*_{3,xxx}$ 描述的是 x 自由度内能在 x 方向上的通量；$\Delta^*_{4,2,xx}$ 描述的是 x 方向的热流在 x 方向上的通量。从图中可以看出，在反应区，情形 3 与情形 4 的非平衡效应都明显弱于情形 1 与情形 2；系统处于非平衡状态的区域明显比情形 1 与情形 2 要宽。由于在化学反应区域系统偏离热动平衡的大小主要受化学反应的影响，所以化学反应进行得越剧烈，系统偏离平衡的程度也就越高。在化学反应完成的区域，系统很快恢复到平衡状态。通过前面的分析我们已经知道，负温度系数的作用是使反应剧烈程度降低，反应区域变宽，因此其在系统偏离平衡程度方面的作用就是使反应区非平衡程度降低，非平衡区域增宽。

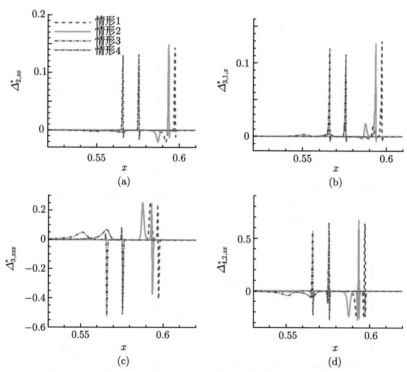

图 5.77　四种反应速率特性下爆轰波附近非平衡量分布的对比

---

① 差异大小取决于具体工况。

C. 熵产生方面

熵产生率由三部分组成：第一部分是由无组织能量流 (NOEF，对应 NS 热流) 引起的，这里记为 σ_{NOEF}；第二部分是由无组织动量流 (NOMF，对应 NS 应力) 引起的，这里记为 σ_{NOMF}；第三部分是由化学反应引起的，这里记为 σ_{CHEM}。它们分别有如下表达式：

$$\sigma_{\text{NOEF}} = \boldsymbol{\Delta}_{3,1}^* \cdot \nabla \left(\frac{1}{T} \right), \tag{5.23}$$

$$\sigma_{\text{NOMF}} = -\frac{1}{T} \boldsymbol{\Delta}_2^* : \nabla \boldsymbol{u}, \tag{5.24}$$

$$\sigma_{\text{CHEM}} = \rho \frac{Q}{T} \frac{\mathrm{d}\lambda}{\mathrm{d}t}. \tag{5.25}$$

对 σ_{NOEF} 在整个计算域内积分得到全局的熵产生率，记为 Δs_{NOEF}，

$$\Delta s_{\text{NOEF}} = \int \sigma_{\text{NOEF}} \mathrm{d}V. \tag{5.26}$$

用同样的方法可以求得 Δs_{NOMF} 和 Δs_{CHEM} 在整个计算域内积分得到的全局熵产生率，分别记为 Δs_{NOMF} 和 Δs_{CHEM}。

这里从局域熵产生率和全局熵产生率两个方面，对四种反应速率特性下的爆轰过程进行对比分析，考察负温度系数对爆轰过程熵产生率的影响。图 5.78 和图 5.79 中给出了四种反应率情形局域熵产生率 σ_{NOEF}、σ_{NOMF} 和 σ_{CHEM} 的对比情况。

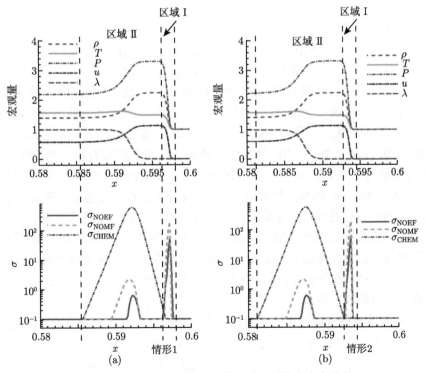

图 5.78 情形 1 与情形 2 下的三种局域熵产生率分布

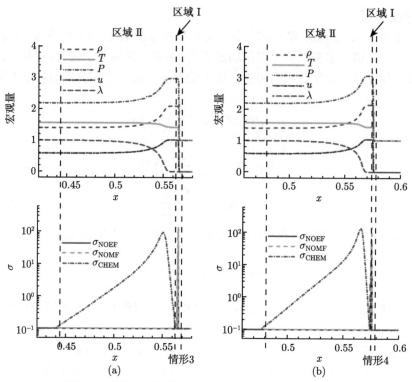

图 5.79　情形 3 与情形 4 下的三种局域熵产生率分布

首先从图 5.78 和图 5.79 中可以看出，爆轰过程中有明显熵产生的区域有两个：第一个是预压冲击区域 (图中标记的"区域 I")，在这一区域熵产生主要由 NOEF 和 NOMF 引起。由于这里所采用的反应率模型存在反应延迟期，因此在这一阶段化学反应几乎没有开始。第二个是化学反应区域 (图中标记的"区域 II")，这一阶段的熵产生主要由化学反应导致，同时在这一阶段还存在 NOEF 与 NOMF 引起的熵产生。从图中可以看出，在这一区域 NOMF 引起的熵产生率 σ_{NOMF} 大于 NOEF 引起的熵产生率 σ_{NOEF}。

对比图 5.78 和图 5.79 中的四种反应率情形，从图中容易看出：对于情形 1 和情形 2，化学反应引起的熵产生率 σ_{CHEM} 分布比较集中，幅值较大；同时 NOEF 引起的熵产生率 σ_{NOEF} 与 NOMF 引起的熵产生率 σ_{NOMF} 在反应区有明显的值。而对于情形 3 和情形 4，σ_{CHEM} 的分布相对稀疏，在反应区 σ_{NOEF} 与 σ_{NOMF} 的值非常小。特别需要说明的一点是，图中的数据是经过处理之后的值。因为在图 5.78 和图 5.79 中纵坐标采用了对数标度，这种显示很容易将接近于零的较小数值误差放大，造成图像中的干扰，因此作图之前对数据做了处理，将小于 0.1 的值置为 0.1。所以，图中"区域 II"的 σ_{NOEF} 与 σ_{NOMF} 并不完全为零，而是较小的值。

图 5.80 给出了不同反应速率情形爆轰过程全局熵产生率的对比情况。首先，在爆轰过程中，四种反应率情形都表现出：化学反应引起的全局熵产生率 Δs_{CHEM} 远大于 NOEF 和 NOMF 引起的全局熵产生率 Δs_{NOEF} 和 Δs_{NOMF}，并且 $\Delta s_{\mathrm{NOMF}} > \Delta s_{\mathrm{NOEF}}$。爆轰过程中 NOMF 引起的熵产生率大于 NOEF，说明黏性应力作用引起的熵产生率大于热流 (热

传导) 引起的熵产生率。原因如下：爆轰过程是一个高马赫数的传播过程，在熵产生方面黏性应力作用大于热流。随着马赫数的增加，黏性应力在熵产生方面的效应会更加显著。

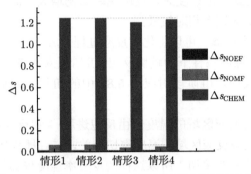

图 5.80 四种反应率情形下爆轰过程全局熵产生率

对比图 5.80中四种情形，还可以看出：情形 1 和情形 2 的三种全局熵产生率均大于情形 3 和情形 4 的，并且情形 4 的熵产生率大于情形 3 的。首先分析 Δs_{NOEF} 和 Δs_{NOMF}，由于负温度系数使得反应速率降低，反应区域温度等变化的剧烈程度降低，爆轰波的冲击强度降低，所以在反应速率包含负温度系数的情形爆轰过程更加接近于等熵过程，于是 NOEF 和 NOMF 引起的全局熵产生率 Δs_{NOEF} 和 Δs_{NOMF} 都降低。由于熵产生率反映了系统的不可逆性，在包含负温度系数的反应率情形，反应速率降低，系统的准静态程度增加，所以化学反应引起的全局熵产生率 Δs_{CHEM} 也降低。

5.3.2.3 特定反应速率下的非稳态爆轰

1) 非稳态爆轰的反应速率特性

为了便于研究不同反应速率温度依赖特性对爆轰过程的影响，我们构造了反应速率系数随温度变化的函数式(5.19)。在这里考察当反应速率系数随温度的升高先增加后减小之后又增加 (即如图 5.81 所示的) 情形，爆轰过程表现出的一些特性。这种情形对应在式(5.19)~(5.21) 中取如下参数：

$$T_1 = 1.14, \quad T_2 = 1.45, \quad h_1 = 2000, \quad h_2 = 10. \tag{5.27}$$

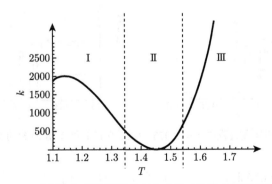

图 5.81 反应速率系数随温度变化曲线 (非稳态爆轰的情况)

为了方便分析，在图 5.81 中划分三个区域，分别记为 I 区域、II 区域和 III 区域。从图中可以看出，反应区域的温度值处在 I 和 III 区域的温度范围时，反应速率较大，特别是在 III 区域，当温度达到一定程度时，反应速率急剧增大。而当反应区域的温度值处在 II 区域的温度范围时，反应速率相对较低。

对应图 5.81 中的三个区域，可以将化学反应过程分成三个阶段：I 阶段对应图 5.81 中的 I 区域，此时属于较低温度条件下的较快反应。II 阶段对应图 5.81 中的 II 区域，此时属于较高温度条件的较慢反应。III 阶段对应图 5.81 中的 III 区域，此时属于较高温度条件下的快速剧烈反应。

由于爆轰过程中波后反应区域的温度值由反应进程 λ 和反应速率 $\mathrm{d}\lambda/\mathrm{d}t$ 的大小决定，而反应进程与反应速率又与反应区域的温度密切相关，二者耦合在一起，相互作用；另外，反应速率与温度之间的关系非单调，所以这样的反应率温度依赖特性可能导致爆轰过程呈现出一些独特的表现。

2) 非稳态爆轰过程分析

采用与 5.3.2.2 节中完全相同的模拟条件。反应速率模型仍采用式 (5.18) 的模型，式中 k 值通过式 (5.19)~(5.21)的公式及式(5.27) 中给定的参数确定。模拟结果表明，在图 5.81 的反应速率情形下，会出现非稳态爆轰现象。图 5.82~ 图 5.84 给出了爆轰波传播过程中几个典型时刻的爆轰波阵面附近的宏观量分布。

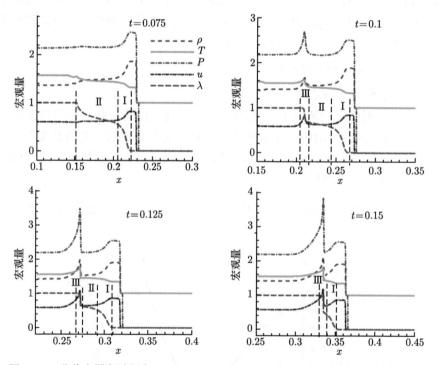

图 5.82　非稳态爆轰过程中 $t = 0.075$、0.1、0.125 和 0.15 时刻的宏观量空间分布

在图 5.82 中 $t = 0.075$ 时刻，从 λ 曲线可以看出，化学反应区域的反应速率明显分成两个阶段。靠近波阵面的一段区域内 λ 曲线的斜率较大，说明反应速率较快，这一阶段反

应区域的温度落在图 5.81 中的 I 区域, 温度处于上升期, 这一阶段发生的是 I 阶段的化学反应。随着温度的持续上升, 反应速率逐渐降低, 后一阶段 λ 曲线的斜率较小 (说明反应速率较小)。这一阶段反应区域温度处在图 5.81 中的 II 区域, 温度仍处于上升期, 这一阶段发生的是 II 阶段的化学反应。在第二阶段的末端, 由于温度的继续上升, 在反应接近完成区域, 温度落在了图 5.81 中的 III 区域, 然而这时反应物的浓度已经很低, 反应很快结束, 因此这一阶段未能发生 III 阶段的反应。

在 $t = 0.1$ 时刻时, 可以看到反应速率的变化明显分成三段。从波阵面后方开始, 第一段由于温度较低, 反应速率系数值处于图 5.81 中的 I 区域, 这时发生 I 阶段的化学反应。随着温度的升高, 反应区域的温度逐渐达到 II 区域, 在这一区域反应速率较低, 因此从图中可以看出这一阶段 λ 曲线的斜率较小。之后, 由于温度的继续升高, 反应速率系数的变化进入 III 区域, 反应速率迅速升高, 在局部形成一个高温区域, 此时温度的升高进一步导致反应速率的提高, 二者相互促进使得经前两个阶段反应剩下的可燃物迅速反应完成, 在局部出现了一个压缩波。新出现的压缩波具有较高的传播速度, 逐渐追赶上前面的爆轰波。

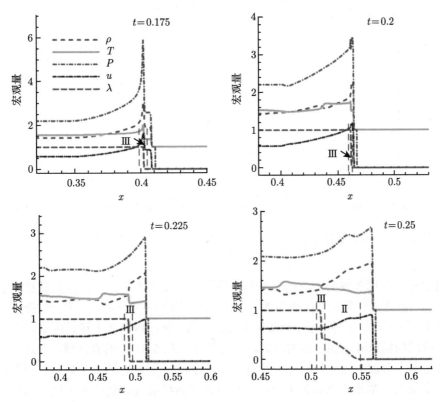

图 5.83 非稳态爆轰过程中 $t = 0.175$、0.2、0.225 和 0.25 时刻的宏观量空间分布

从 $t = 0.125$ 时刻的图可以看出, 新出现压缩波的波阵面处温度出现峰值, 呈现类似包含冯·诺伊曼峰的爆轰波结构, 逐渐成长为一个新的爆轰波, 且与前面爆轰波波阵面的距离逐渐缩短。这时新出现的爆轰波波阵面处温度有一个跳变, 反应速率系数随温度的变化情况从图 5.81 中的 II 区域快速转为 III 区域, 且随着新爆轰波波阵面的继续向前推移, 发

生 II 阶段化学反应的反应区域逐渐缩短。至 $t = 0.15$ 时刻，II 阶段的反应基本消失。反应从 I 阶段迅速直接进入 III 阶段，新出现的爆轰波继续追赶前面的爆轰波阵面。此后，发生 I 阶段反应的区域逐渐缩短，发生 III 阶段反应的区域逐渐增加。至图 5.83 中的 $t = 0.175$ 时刻，新出现的爆轰波追赶上前面的爆轰波，二者重叠在一起，使前面的爆轰波得到加强，这时出现了过驱爆轰 (强爆轰) 的现象，此时的反应区域发生的完全是 III 阶段的反应。

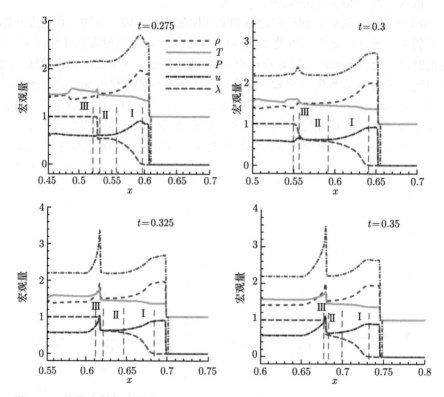

图 5.84　非稳态爆轰过程中 $t = 0.275$、0.3、0.325 和 0.35 时刻的宏观量空间分布

我们知道，强爆轰波后的流动速度与波阵面的速度差小于声速，波后的扰动会追赶上爆轰波阵面，因此强爆轰是不能自持的。在图 5.83 中的 $t = 0.2$ 时刻，由于过驱爆轰波的传播速度较大，波后产生了稀疏波，稀疏波向波后传播，使波后出现了稀疏区域。在 $t = 0.2$ 时刻，爆轰波后的稀疏波达到之后的区域，温度降低到图 5.81 中的 II 区域，在这一区域反应速率系数较低，再加上反应开始时刻接近于零，导致 $\lambda(1 - \lambda)$ 的值也较小，因此在这一区域反应速率极低，基本可以认为无反应。在爆轰波后稀疏波未到达的区域，温度仍然处于图 5.81 中的 III 区域，在这一区域发生 III 阶段的化学反应，反应很快完成。

到 $t = 0.225$ 时刻，爆轰波后产生的稀疏波进一步向波后传播，稀疏波到达的区域增加，因此与 $t = 0.2$ 时刻相比，波后无反应的区域增加。在爆轰波后稀疏波未到达的区域，仍发生 III 阶段的化学反应，反应很快完成。到 $t = 0.25$ 时刻时，由于稀疏波扫过的区域增加，在爆轰波扫过较早区域的温度降低至图 5.81 中的 I 区域，在这一区域反应速率系数较高，且在这一较宽的区域内，经过一段孕育期之后，反应逐渐开始，$\lambda(1 - \lambda)$ 的值很快升高, 在这一区域出现了 I 阶段的化学反应。但经过 I 阶段反应后, 可燃物没有反应完成, 于是紧接着在稀疏波未达到的区域仍然发生 III 阶段的化学反应。

在图 5.84 中 $t = 0.275$ 时刻, 稀疏波扫过的区域继续增加, 在稀疏波扫过较早区域的温度降低至图 5.81 中的 I 区域, 在这一区域发生 I 阶段的化学反应, 稀疏波扫过相对较晚区域的温度处在图 5.81 中的 II 区域, 在这一区域发生 II 阶段的化学反应。同样, 在稀疏波扫过的区域内可燃物没有完成反应, 随后进入稀疏波未到达的区域, 这一区域的温度处在图 5.81 中的 III 区域, 发生 III 阶段的化学反应。这时爆轰波后的反应过程与 $t = 0.175$ 时刻有些类似。随着稀疏波扫过的区域持续增加, 化学反应在稀疏波扫过的区域内完成, 这时反应区域只发生第一阶段和第二阶段的化学反应, 这时就又回到与 $t = 0.075$ 时刻类似的状态。

由于发生第一阶段和第二阶段化学反应的区域增加, 爆轰波波阵面之后的整体化学反应速率降低, 反应的剧烈程度降低, 从而会导致由化学反应驱动的爆轰波波速降低。此时, 很容易在波后的反应区域内再次形成局部的热点, 使温度处在图 5.81 中的 III 区域, 发生第三阶段的化学反应, 如图 5.84 中 $t = 0.325$ 时刻的图像所示, 从而再次产生局部的压缩波, 压缩波逐渐增强形成新的爆轰波并追赶前面的爆轰波阵面, 如图 5.84 中 $t = 0.35$ 时刻的图像所示, 又重复出现前面的非稳态爆轰过程。以上所分析的非稳态爆轰的演化过程可以用图 5.85 所示的示意图表示。

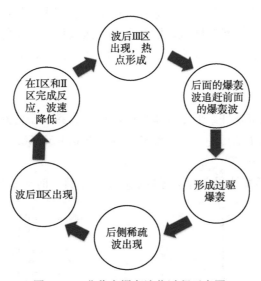

图 5.85 非稳态爆轰演化过程示意图

3) 边界对非稳态爆轰的影响

在前面的模拟中, 爆轰波后的边界条件为自由入流出流边界。这里讨论的波后边界条件为固壁边界和活塞边界两种情况, 以便与自由入流出流边界进行对比。

A. 固壁边界

左边界条件设置成固壁边界, 具体参数设置为:

宏观边界: $(\rho, u, v, T, \lambda)_{-1,0} = (1.38837, 0, 0, 1.57856, 1)$。

介观边界：$f_i|_{-1,0} = f_i^{\text{eq}}|_{-1,0}$。

下角标 "−1" 和 "0" 分别表示 −1 层和 0 层上虚拟网格点的参数设置。其余模拟条件不变。图 5.86 中给出了这一条件下爆轰演化过程中几个典型时刻压强的空间分布图。

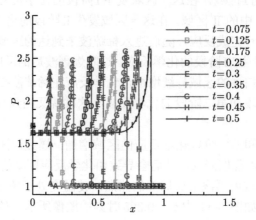

图 5.86   固壁边界条件下爆轰过程中几个典型时刻压强的空间分布

从图 5.86 中可以看出，固壁边界条件下，初始的冲击波逐渐发展成稳定爆轰波并维持下去，并不会出现像自由入流出流边界条件下的非稳态爆轰。原因是在爆轰波的波阵面到固壁之间会产生很长的一段稀疏区域，因此在波后区域里温度不能达到图 5.81 中的 III 区域，因此无法形成局域的热点和压缩波，在这种情况下的爆轰特性与 5.3.2.2 节中的情形 4 有些类似。

B. 活塞边界

继续采用同样的模拟条件，但边界条件采用活塞边界。左边界的参数具体设置为：

宏观边界：$(\rho, u, v, T, \lambda)_{-1,0} = (1.38837, 0.57735, 0, 1.57856, 1)$。

介观边界：$f_i|_{-1,0} = f_i^{\text{eq}}|_{-1,0}$。

图 5.87 中给出了活塞边界条件下爆轰过程中几个典型时刻压强的空间分布。

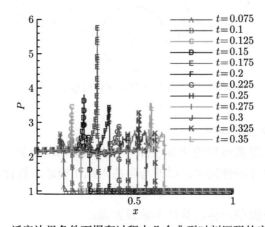

图 5.87   活塞边界条件下爆轰过程中几个典型时刻压强的空间分布

从图 5.87 中可以看出,在这种边界条件下得到的是与前面分析的一样的非稳态爆轰过程,原因是波后的温度可以达到图 5.81 中的 III 区域,满足在波后形成局域热点和压缩波的条件,所以经过某一个时刻的触发,就会出现非稳态爆轰的演化。从三种边界条件的对比可以看出,这里得到的非稳态爆轰现象是不能够自持的。出现非稳态爆轰结构需要在某一时刻在波后反应区域的某一处温度达到图 5.81 中的 III 区域,产生局部热点;这时,在此处发生 III 阶段的化学反应,形成局部的压缩波,之后压缩波增强形成新的爆轰波,并追赶前面的爆轰波。若波后存在稀疏作用,在波后的反应区域内温度不能达到触发形成局部热点和局部压缩波的值,就不能形成前面所分析的非稳态爆轰波的结构。而当爆轰波阵面之后不存在稀疏区域时,波后的反应区域内容易形成局部的热点和压缩波,这样就会循环出现前面的非稳态爆轰的演化过程。

对于 DBM 在爆轰系统的应用,研究尚处于起始阶段。作为初步应用,探讨了一维爆轰过程中爆轰波的各种非平衡行为。结果表明,在冯·诺伊曼压强峰处,系统处于接近局部热力学平衡的状态;在冯·诺伊曼压强峰值前后,系统偏离热力学平衡态的方向相反。模拟结果清晰地展示了不同系统的自由度之间、分子的位移与内部自由度之间的内能交换。发现,系统的黏性 (或热导率) 降低局部热力学非平衡效应,但增加爆轰前后的全局热力学非平衡效应。即使在局域行为中,系统黏性 (或热导率) 也导致两个相互竞争的趋势:因为黏性 (或热导率) 本身就是热力学非平衡强度的标志之一,其增加对应着非平衡强度的增加;但另一方面,黏性 (或热导率) 的增加又使得流速 (或温度) 梯度降低,从而使得非平衡强度降低[100]。

5.3.3 流体不稳定性

流体界面不稳定性 (经常简称流体不稳定性) 与物质混合现象广泛存在于自然界、惯性约束聚变和武器物理等领域。武器实验室和惯性约束聚变实验室关注的流体不稳定性主要有三种:RM 不稳定性 (Richtmyer-Meshkov instability, RMI)、RT 不稳定性 (Rayleigh-Taylor instability, RTI) 和 KH 不稳定性 (Kelvin-Helmhltz instability, KHI)。当轻流体支撑重流体或者轻流体加速重流体的时候,界面如果受到微扰,则扰动不会消失,而是会随时间增长,这一类界面不稳定性称为 RT 不稳定性;当冲击波扫过物质界面时,界面上的扰动也会随着时间增长,这类界面不稳定性称为 RM 不稳定性。当界面两侧存在切向速度差时,界面扰动随时间增长而诱发的流体界面不稳定性称为 KH 不稳定性。流体不稳定性在诸如天体物理、能源动力、航空航天、化工与新材料等研究与发展中也占有基础性地位。一方面,流体不稳定性能够加速物质混合,有利于内燃机、航空发动机、超声速冲压发动机中液体燃料的混合和燃烧,在炸药起爆等方面起着重要作用;另一方面,流体不稳定性也是影响 ICF 点火成功和武器性能的关键因素;同时,流体不稳定性也可以用来诊断物质在高应变、高应力条件下的力学特性。流体不稳定性,作为满足一定条件时必然发生的一种物理现象,其处理原则是有利则强之,有弊则抑之。充分用之和抑之的前提是充分掌握其在发生、发展各个阶段的特征、机制和规律。

这些系统具有如下特点:其本身可能是宏观尺度的,但其内部存在大量的中间尺度的空间结构和动理学模式;这些结构和模式的存在与演化极大地影响着系统的物理性能和功能。这类系统的内部往往具有大量界面,包括物质界面和力学界面 (冲击波、稀疏波、爆轰波等)，系统内部的受力和响应过程非常复杂。这些系统研究面临如下问题：其中的大尺度缓变行为可以使用 NS 方程很好地描述，但在一些锐利的界面 (例如，冲击波、爆轰波、边界层等) 处，流体的平均分子间距相对于界面尺度已经不再是可以忽略的小量，即出现 (相对) 稀薄效应、离散效应，基于连续介质假设的 NS 描述受到挑战；在一些快变流动模式描述方面，流体系统趋于热力学平衡的弛豫时间相对于该流动的特征时间来讲，不再是可以忽略的小量，热力学非平衡效应较强，只考虑一阶热力学非平衡效应的 NS 描述不再能满足需求。其宏观表现往往是：密度、温度、流速、压强等宏观量的数值本身不够准确；冲击波、爆轰波、边界层等锐利界面的精细物理结构没有给出等。目前，热力学非平衡相关的动理学模式与行为特征尚远未获得充分研究。近期快速发展起来的离散玻尔兹曼方法为研究这些 NS 遗漏的复杂流动行为特征提供了一条方便、有效的途径。

　　从物理建模角度，DBM 描述相对于玻尔兹曼方程粗略，但相对于 NS 方程细致；需要根据准备研究的非平衡程度和选定研究的具体非平衡行为特征来"有所保，有所丢"，通过抓主要矛盾来构建满足需求的最精简形式。DBM 的原则是：根据问题研究需求确定描述的广度与深度；描述的广度即研究视角的宽度，指的是从多少个不同的动理学性质方面来描述系统；描述的深度指模型所包含的流体行为的非平衡程度、离散程度，通常可用 Kn 来表征。因为物理模型的描述能力从某个角度提升一步，就会带来大量新的物理问题需要研究，所以目前基于 DBM 的复杂流动研究采取分步走策略：第一步是基于只考虑一阶热力学非平衡效应构建 DBM，除了 NS 可以描述的流体行为，重点关注 NS 遗漏的非平衡行为特征 (例如，驱动与响应、各类关联，黏性、热传导、普朗特数、马赫数等对上述效应和关联的影响，等等)；然后逐步考虑更高阶次非平衡效应。

5.3.3.1　RT 不稳定性系统

　　赖惠林等首次实现了 RT 不稳定性系统的单弛豫时间 DBM 建模与模拟，除了宏观层面的流体行为，重点研究了流体界面不稳定性演化过程中的热力学非平衡效应[105,383]。发现，可压性对 RT 界面演化呈现出"先抑制、减速，后促进、加速"的阶段性，这一阶段性可从能量转换角度获得很好的解释；在每个时刻，所有非平衡动理学模式均随可压性增强而增强；随着可压性增强，可观测的非平衡效应越来越丰富，后期高阶非平衡动理学模式慢慢凸显出来；在不同阶段，非平衡模式之间相对强弱会发生改变；某些非平衡动理学模式的强度始终较小。

　　陈锋等使用多弛豫时间 (multiple-relaxation-time-DBM, MRT-DBM) 从宏观和非平衡特征两个角度研究 RT 不稳定性问题，尤其探讨了：① 系统内密度、流速、温度、压强等宏观量的不均匀度与各种不同形式的非平衡行为之间的关联度；② 黏性、热传导、普朗特数对界面扰动增长过程、对上述各类关联的影响[108]。为了粗略地描述各个不同视角的非平衡强度，该工作引入了如下定义的整体平均热力学非平衡强度 D_{TNE}、整体平均无组织动量通量强度 D_2 和无组织能量通量强度 $D_{(3,1)}$：

$$D_{\text{TNE}} = \bar{d} = \overline{\sqrt{\Delta_{2\alpha\beta}^{*2}/T^2 + \Delta_{(3,1)\alpha}^{*2}/T^3 + \Delta_{3\alpha\beta\gamma}^{*2}/T^3 + \Delta_{(4,2)\alpha}^{*2}/T^4}}, \tag{5.28a}$$

$$D_2 = \overline{d_2} = \overline{\sqrt{\Delta_{2\alpha\beta}^{*2}}}, \tag{5.28b}$$

$$D_{(3,1)} = \overline{d_{3,1}} = \overline{\sqrt{\Delta^{*2}_{(3,1)\alpha}}}. \tag{5.28c}$$

相比于单弛豫时间 DBM，在 MRT-DBM 中，不同非守恒动理学矩的弛豫时间可以相对独立地调节，因而 Pr 不再固定为常数。模拟发现：① 黏性和热传导 (进而 Pr) 效应非常丰富、复杂，但又有规律可循：它们对界面扰动幅度增长、对各类非平衡行为之间关联度的影响均表现出阶段性，但涉及的阶段却可能是从不同角度去划分的。② 黏性和热传导对界面扰动幅度增长速率的影响表现出阶段性：在进入再加速阶段以前，二者的影响较小；进入再加速阶段后，二者均表现显著的抑制作用，且 Pr 效应不单调 (如图 5.88 所示)；黏性、热传导对 RT 不稳定性的抑制作用主要通过抑制 KH 不稳定性的发展来实现 (如图 5.89所示)。③ 远离界面的地方，密度不均匀度和热力学非平衡强度均近似为 0；两者的特征一致性较高 (如图 5.90所示)。④ 密度不均匀度和全局平均非平衡强度之间、温度不均匀度和全局平均无组织能量流强度之间都存在相当高的相关度，近似为 1；速度不均匀度和全局平均无组织动量流强度之间的相关度也相对较高 (如图 5.91所示)。⑤ 黏性和热传导对上述前两组特征之间 (密度不均匀度和全局平均非平衡强度之间、温度不均匀度和全局平均无组织能量流强度之间) 的相关度有影响，且黏性和热传导二者的影响表现出不同的特征。⑥ 就密度不均匀度和全局平均非平衡强度之间的相关度而言，在湍流混合阶段之前热传导起主要作用，而黏性的影响主要体现在湍流混合阶段。具体来说，第一，在湍流混合阶段之前，热传导率越大，相关度越高，随着热传导的增加，相关度逐渐趋于 1，该趋势可以用热导率的指数衰减函数表示；第二，进入湍流混合阶段之后，若热导率保持不变，则黏性系数越大，相关度越高 (如图 5.92所示)。⑦ 就温度不均匀度和全局平均无组织能量流强度之间的相关度而言，在扰动幅度随时间增长的线性阶段热传导效应起主要作用，热传导越强，相关

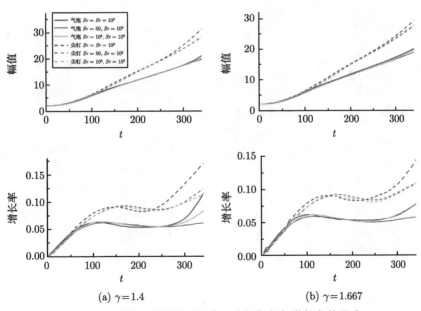

图 5.88　黏性、热传导对气泡、尖钉振幅与增长率的影响

度越高，黏性效应的影响较弱；在扰动幅度随时间的增长进入非线性阶段后，黏性效应开始更加显著 (如图 5.93 所示)。⑧ 相关度近似为 1 的两组非平衡行为特征之间存在 (近似) 线性关系，热传导影响的是该线性关系的斜率，且这两组线性关系的斜率均随着热传导率增大而升高 (如图 5.92 和图 5.93 所示)。更多细节可参阅文献 [108]。

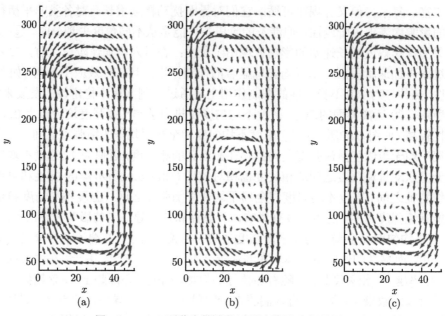

图 5.89　RT 不稳定性演化过程中的速度矢量图

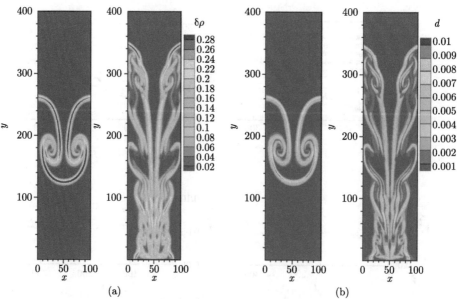

图 5.90　密度不均匀度和热力学非平衡强度在 $t = 200$ 和 $t = 400$ 时的空间分布图；(a) 密度不均匀度；(b) 热力学非平衡强度

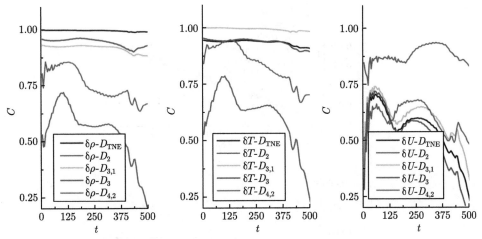

图 5.91 密度、温度、流速不均匀度与各类非平衡强度之间的相关度

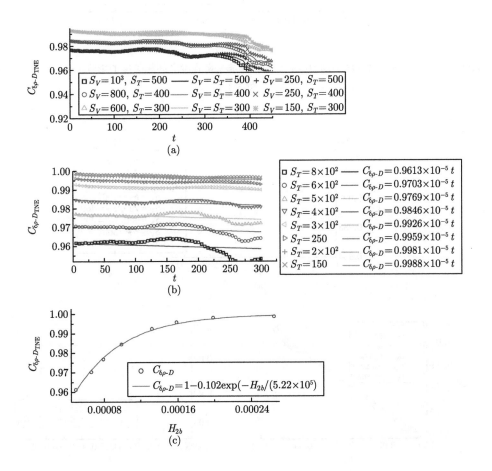

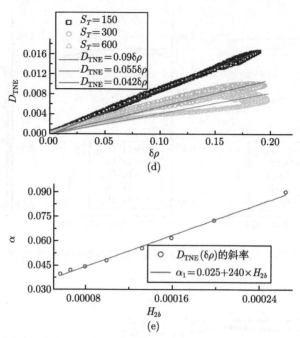

图 5.92　黏性、热传导对密度不均匀度和全局平均非平衡强度之间相关度的影响 (H_{2b} 是无量纲热传导率)

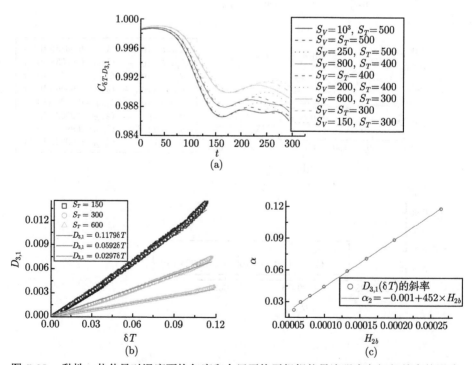

图 5.93　黏性、热传导对温度不均匀度和全局平均无组织能量流强度之间相关度的影响

张戈等通过 DBM 与示踪粒子耦合建模研究 RT 不稳定性,基于示踪粒子,引入一个新的局域混合度 (local mixedness)χ_p,定义为[354]

$$\chi_p(x,y) = 4\frac{c_a(x,y) \cdot c_b(x,y)}{[c_a(x,y) + c_b(x,y)]^2}, \tag{5.29}$$

其中 c_a 和 c_b 分别是 a 类和 b 类示踪粒子的局域数密度。当 a 类或 b 类不存在时,χ_p 取最小值 0;当 $c_a = c_b$ 时,χ_p 取最大值 1.0。这样,χ_p 的取值从 0 到 1.0 便对应从无混合到充分混合。为了评估整个系统的混合程度,定义了如下的平均混合度 $\overline{\chi}_p$:

$$\overline{\chi}_p = \frac{1}{\Omega}\int_\Omega \chi_p(x,y)\,\mathrm{d}\Omega, \tag{5.30}$$

其中 Ω 代表整个系统。沿着 y 方向的平均混合度 $\widetilde{\chi}_p$ 为

$$\widetilde{\chi}_p(x) = \frac{1}{L_y}\int_{L_y} \chi_p(x,y)\,\mathrm{d}s_y. \tag{5.31}$$

这里有一个关键步骤:将离散颗粒信息在一定大小单元内统计,从而获得颗粒密度的分布。统计单元在这一过程中起到连接离散与连续的作用,关系到能否准确地展示流体混合的特征。

图 5.94 给出不同时刻 $\widetilde{\chi}_p$ 沿 x 方向的分布,这里统计单元大小为在每个方向上取 2 个网格。最初,$\widetilde{\chi}_p$ 几乎是零,只是沿 x 方向有些小幅度涨落。随着 RT 不稳定性发展,$\widetilde{\chi}_p(x)$ 曲线上出现两组峰值。通过比较这两组峰值出现的时间、位置与相应的密度云图,可以发现:这两组峰值的出现是 KH 不稳定性的出现导致的。这两组峰值随着时间的增长对应着 KH 不稳定性涡的发展。后期阶段,$\widetilde{\chi}_p(x)$ 曲线逐渐变得平坦,表明 KHI 涡逐渐消失,演化进入小尺度混合阶段。

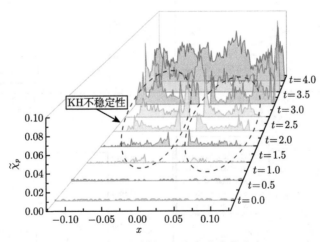

图 5.94　不同时刻 $\widetilde{\chi}_p$ 沿 x 方向的分布

5.3.3.2　RM 与 RTRM 不稳定性系统

与 RT 不稳定性情形类似,在 RM 不稳定性演化过程中,系统内的温度不均匀度和整体无组织能量流之间、密度不均匀度和整体热动非平衡强度之间的相关度较高,接近 1;

速度不均匀度和无组织动量流之间相关度也相对较高 (见图 5.95)；热传导是影响相关度的重要因素 (见图 5.96)。相比于 RT 不稳定性系统，在 RM 不稳定性系统中，冲击波的透射和

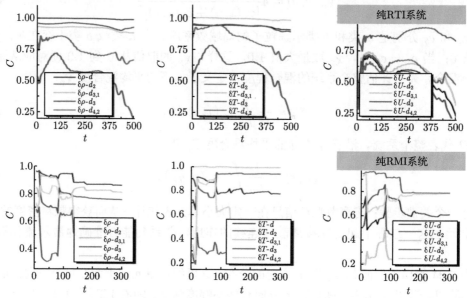

图 5.95　RT 与 RM 不稳定性演化过程中系统内不同类型的非平衡强度与密度、温度、流速不均匀度之间关联程度的对比

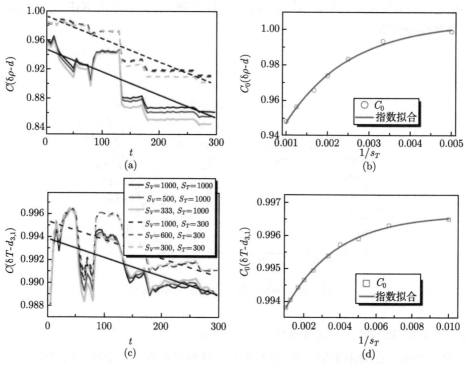

图 5.96　RM 不稳定性演化过程中热传导对相关度的影响

反射使得相关度演化曲线出现"跳变"(见图 5.95)。在 RT 不稳定性与 RM 不稳定性共存的系统中,重力加速度和冲击波强度之间合作、竞争,共同主导着界面演化与物质和能量混合过程;在 RM 不稳定性主导的情形,初始扰动界面会出现反转 (见图 5.97 和图 5.98)。图 5.99 给出了 RT 不稳定性和 RM 不稳定性分别主导的参数区间。重力加速度对非平衡行为特征的影响表现出阶段性 (见图 5.100);随着马赫数的增加,系统的整体非平衡强度指数增加,而温度不均匀度与无组织能量流的相关度指数衰减 (见图 5.101)[108,109]。

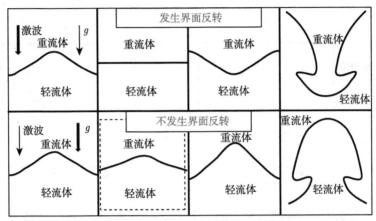

图 5.97 RTI 与 RMI 共存系统界面反转现象出现机制的示意图

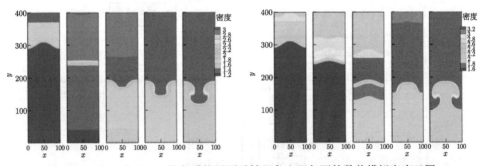

图 5.98 RTI 与 RMI 共存系统界面反转现象出现与否的数值模拟密度云图

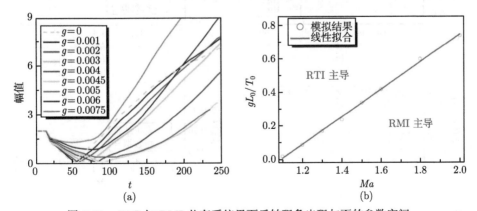

图 5.99 RTI 与 RMI 共存系统界面反转现象出现与否的参数空间

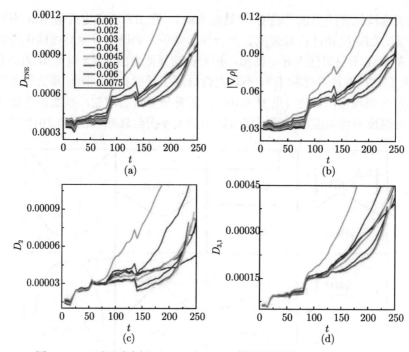

图 5.100　不同重力场下 RTI 与 RMI 共存系统的非平衡行为特征

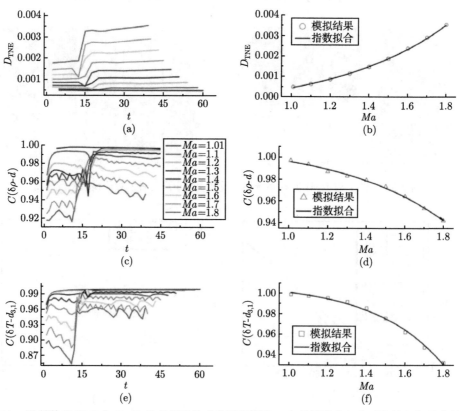

图 5.101　马赫数对 RTI 与 RMI 共存系统热动非平衡强度、宏观量梯度与非平衡特征相关度的影响

5.3.3.3 KH 与 RTKH 不稳定性系统

甘延标等借助 DBM 研究了 KH 不稳定性系统的流变和形态特征[110]。重点研究了传统流体建模所忽略,而分子动力学模拟因适用时空尺度受限而无法直接研究的热动非平衡行为和效应。同时,为了解决 KH 不稳定性演化过程中各类复杂物理场的分析问题,他们提出了通过追踪非平衡行为特征和形态分析技术[312,332] 相结合,进行特征结构或模式的物理甄别与追踪技术设计、定量表征 KH 混合层宽度和发展速率的新途径。发现混合层宽度、非平衡强度和界面边界长度呈现高度的时空相关性。典型非平衡特征黏性,与无组织动量流高度关联,抑制 KH 发展速率,延长线性阶段持续时间,降低最大扰动动能,提升整体和局域热动非平衡强度,拓展非平衡范围 (如图 5.102~ 图 5.104 所示)。总体来说,热传导 (与无组织能量流高度关联的另一典型非平衡特征) 与黏性效应一致,抑制 KH 不稳定性演化过程中的小波长增长,从而使得系统更容易形成大尺度结构。从扰动幅度增长情况来看,

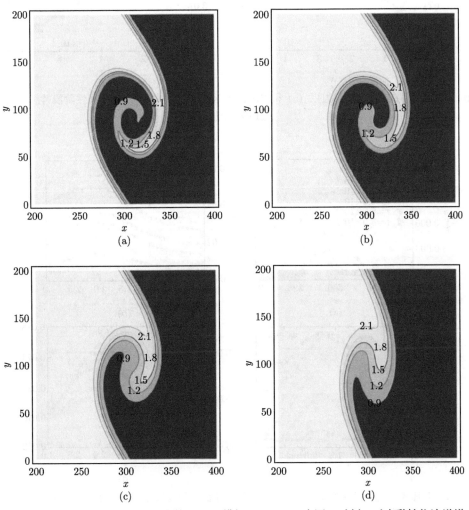

图 5.102　KH 不稳定性黏性效应的 DBM 模拟: (a)~(d) 为同一时刻,对应黏性依次递增

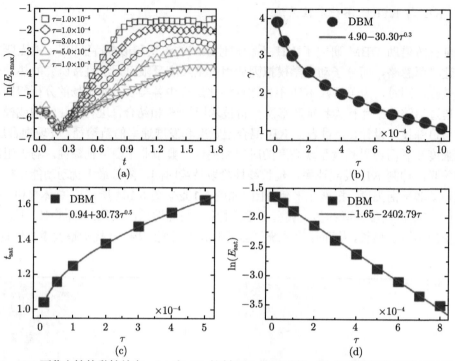

图 5.103　KH 不稳定性的黏性效应：(a) 和 (b) 抑制 KH 发展速率；(c) 延长线性阶段持续时间；(d) 降低最大扰动动能

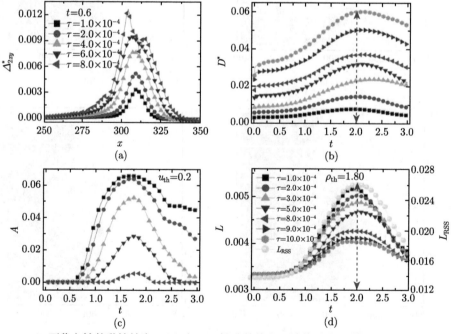

图 5.104　KH 不稳定性的黏性效应：(a) 和 (b) 提升整体和局域热动非平衡强度，拓展非平衡范围；(c) 抑制宏观流速；(b) 和 (d) 非平衡强度和界面长度呈现高度的时空相关性

不同于黏性对 KH 的一致抑制性, 大热导率情形下, 观测到热传导效应的先抑后扬阶段性作用。抑制是由于热传导拓展界面宽度, 降低宏观量梯度和非平衡驱动力强度, 增强是由于展宽的密度过渡层使得 KH 更容易从两侧流体吸收能量[161], 从而增强 KH 不稳定性。这两种效应的竞争伴随着 KH 不稳定性演化的整个过程, 前期抑制效应占优, 后期增强效应占优 (如图 5.105 所示)。

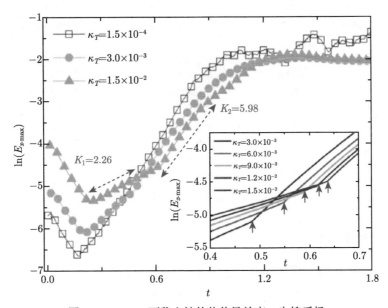

图 5.105 KH 不稳定性的热传导效应: 先抑后扬

2020 年, 基于多弛豫时间 DBM, 结合形态学分析、时空关联等方法, 陈锋等进一步对耦合瑞利-泰勒-开尔文-亥姆霍兹不稳定性 (RTKHI) 系统进行了研究[112]。下面我们作为典型实例, 较仔细地介绍这一工作。

研究发现, 形态量边界长度 L 在描述流体不稳定性系统演化和物质混合方面最为直观、方便。我们将注意力集中到形态量边界长度 L 张开的一维子空间中, 关注两点 (1 和 2) 之间的距离

$$\text{Dist} = \sqrt{(L_2 - L_1)^2}. \qquad (5.32)$$

图 5.106(a)~(f) 代表了不同的像素分布, 并给出了每种情况下边界长度的增量计算。图中的白色方块 (黑色圆圈) 表示这些网格点上的值高于 (低于) 阈值。红色三角形表示标记位置上的值等于阈值, 位置是通过对相邻网格点上的值进行线性插值确定的。为了方便对比研究, 纯 RTI、纯 KHI 和耦合 RTKHI 系统中扰动幅度 A 定义为混合宽度的一半。实际上扰动幅度描述也是形态分析的一种, 只是不基于闵可夫斯基泛函。在结果分析时, 可认为振幅 A 主要描述系统不稳定性混合区域的宽度, 而形态学边界长度 L 能够表示不稳定性发展/介质混合的程度。

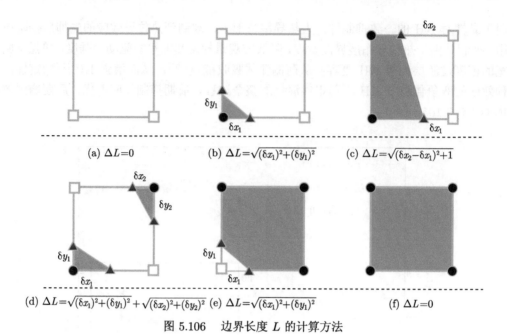

$$(a)\ \Delta L=0 \qquad (b)\ \Delta L=\sqrt{(\delta x_1)^2+(\delta y_1)^2} \qquad (c)\ \Delta L=\sqrt{(\delta x_2-\delta x_1)^2+1}$$

$$(d)\ \Delta L=\sqrt{(\delta x_1)^2+(\delta y_1)^2}+\sqrt{(\delta x_2)^2+(\delta y_2)^2} \quad (e)\ \Delta L=\sqrt{(\delta x_1)^2+(\delta y_1)^2} \qquad (f)\ \Delta L=0$$

图 5.106　边界长度 L 的计算方法

本研究的初始条件如下：

$$T(y) = T_u,\ \rho(y) = \rho_u \exp(-g(y-y_s)/T_u),$$
$$u_x(y) = u_0,\ u_y(y) = 0, \qquad\qquad y \geqslant y_s,$$
$$T(y) = T_b,\ \rho(y) = \rho_b \exp(-g(y-y_s)/T_b),$$
$$u_x(y) = -u_0,\ u_y(y) = 0, \qquad\qquad y < y_s, \tag{5.33}$$

其中 $y_s = 40 + 2\cos(0.1\pi x)$ 描述含有初始扰动的界面。二维计算域的大小为高 $H = 80$，宽 $W = 20$。在界面处，上下两侧压强相等[①]：

$$p_0 = \rho_u T_u = \rho_b T_b, \tag{5.34}$$

其中 $T_u < T_b$，$\rho_u > \rho_b$。为了使得上下两层流体的界面具有有限宽度，初始温度设置为

$$T(y) = (T_u + T_b)/2 + (T_u - T_b)/2 \times \tanh((y-y_s)/w), \tag{5.35}$$

其中 w 为界面的初始宽度。初始密度分布 $\rho(y)$ 由方程组 (5.33)~(5.35)确定。在模拟中，左右使用周期边界条件，上下均使用固壁边界条件；时间积分使用三阶龙格-库塔方法，空间导数计算使用 5 阶加权本质无振荡 (weighted essentially non-oscillatory, WENO) 方法。

1) 纯 RTI 与纯 KHI 系统

为了便于分析耦合 RTKHI 系统，图 5.107和图 5.108分别给出了纯 RTI 系统 (重力加速度 $g = 0.005$，界面两侧初始切向速度差 $u_0 = 0$) 和纯 KHI 系统 (重力加速度 $g = 0$，$u_0 = 0.125$)，在几个关键时刻 ($t = 100, 150, 200, 250, 300$) 的温度场图灵斑图和相应的

---

① 更精确的压强设置需满足：$\mathrm{d}p/\mathrm{d}y = -\rho g$。压强相等为零级近似。

形态分析结果。上排图形 (a)~(e) 给出的是几个典型时刻的温度场图灵斑图，对应的温度阈值为 $T_{\mathrm{th}} = 1.0$。在图 5.107中，上排图形 (a)~(e) 每图均分为左右两侧，分别对应较低黏性 ($s_V = 10^3$) 和较高黏性 ($s_V = 10^2$) 时的图像；下排图形 (a) 和 (c) 给出扰动振幅 A 和黑白区域边界长度 L 随时间的演化；(b) 和 (d) 分别给出扰动振幅变化率 $\mathrm{d}A/\mathrm{d}t$ 和黑白区域边界长度变化率 $\mathrm{d}L/\mathrm{d}t$ 随时间的演化曲线。图例中 s 和 s_V 的倒数对应系统黏性 (与黏性成正比)。在图 5.108中，上排图形 (a)~(e) 每图均分为上下两行，分别对应较低黏性 ($s_V = 10^3$) 和较高黏性 ($s_V = 10^2$) 时的图像。下排图形 (a) 和 (c) 给出扰动振幅 A 和黑白区域边界长度 L 随时间的演化；(b) 和 (d) 分别给出扰动振幅变化率 $\mathrm{d}A/\mathrm{d}t$ 和黑白区域边界长度变化率 $\mathrm{d}L/\mathrm{d}t$ 随时间的演化曲线。图例中 s 和 s_V 的倒数对应系统黏性 (与黏性成正比)。

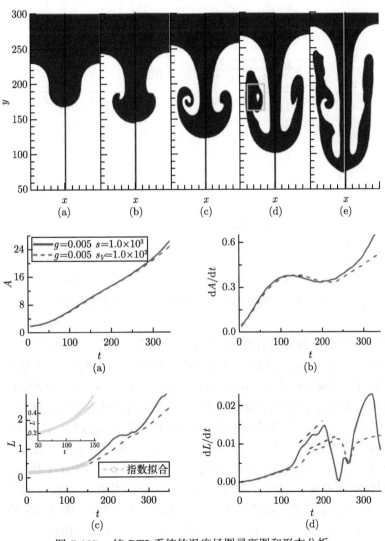

图 5.107　纯 RTI 系统的温度场图灵斑图和形态分析

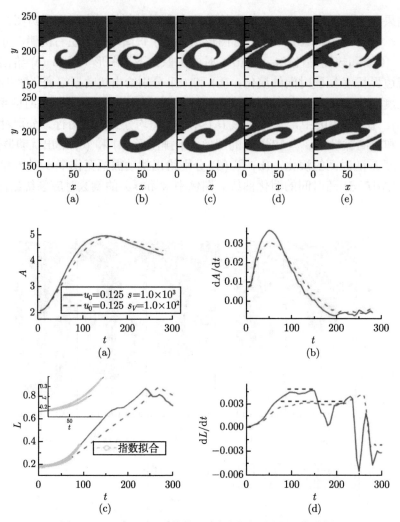

图 5.108　纯 KHI 系统的温度场图灵斑图和形态分析

　　在许多耦合 RTKHI 的实验研究中，为了计算混合区宽度，往往选择 5% 和 95% (或者 10% 和 90%) 体积份额等值线 (相对于底流流体) 分别作为定位这上、下边缘的判据。这一标准已在 1996 年由 Snider 和 Andrews 进行了论证[384]，并在许多论著中使用[385-387]。在本次数值实验中，底部轻流体的初始温度为 1.4，顶部重流体的初始温度为 0.6。tanh 函数用于界面平滑过渡。所以，在形态分析中，温度 T 的范围是 $0.6 \leqslant T \leqslant 1.4$。在这个范围内，10% 和 90% 分别对应于 $T = 0.68$ 和 $T = 1.32$，分别作为定位上边缘和下边缘来计算混合宽度的判据。图 5.109 给出了不同判据在不同情况下 ($g = 0.005$ 和 $u_0 = 0.1$) 得到的振幅曲线。黑色实线对应于 10% ~ 90% 判据，红色圆圈对应于 20% ~ 80% 判据，绿色三角形对应于 5% ~ 95% 判据。这些结果是很一致的。图 5.107和图 5.108 的下半部分分别为纯 RTI 和纯 KHI 阈值 $T_{\text{th}} = 1.0$ 下的振幅和形态边界长度的时间演化。

　　如图 5.107所示，纯 RTI 系统中，扰动幅度 A 最初随时间指数增加。随着轻重流体的相互穿插，逐渐形成气泡-尖钉结构；扰动幅度随时间的增长逐渐由指数型转为线性。随后，由于 KHI 的作用，尖钉顶部逐渐形成蘑菇状结构，此时扰动幅值生长速率略有下降；之后，两侧的挤压导致二次尖钉的形成，生长速率再次增加 (再加速阶段)。在初始条件和模型参数固定的情况下，高黏度通过抑制尖钉两侧 KHI 的发展来抑制 RTI 的发展。在纯 KHI 的演化过程中 (如图 5.108所示)，在初始扰动和切向速度的作用下，扰动逐渐发展为弯曲结构，然后是卷起的涡。最后，正常涡结构崩塌为非规则结构，系统发展进入湍流阶段。在保持其他条件和设置不变的情况下，黏度越大，KHI 越弱，旋涡的形成和塌陷越晚。与常用的振幅 A 和振幅增长速率 $\mathrm{d}A/\mathrm{d}t$ 描述相比，利用形态边界长度 L 可以从不同角度分析不稳定性系统的发展。

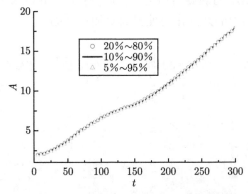

图 5.109　不同判据下扰动幅度 A 的时间演化

首先比较图 5.107中 $s_V = 10^3$ 情形，纯 RTI 的振幅 A 和形态边界长度 L 的蓝色曲线。扰动幅值 A 呈现平滑上升曲线，幅值增长速率 $\mathrm{d}A/\mathrm{d}t$ 在 $t = 250$ 时迅速增加，表明系统已进入再加速阶段。但此时在形态边界长度 L 上出现了一个较小的平台。造成该平台的原因有两个：一是 RTI 的不断发展增加了 (因素一)；二是蘑菇两侧 KHI 涡结构的破坏减少了 (因素二)。二者在趋势上相互抵消。随着黏度的增加，边界长度 L 减小，物质混合程度减小。此外，由于黏性的抑制作用，上述因素二的作用减弱，使平台近似消失。从图 5.108中可以看出，在湍流充分发展阶段之前，KHI 的混合层宽度 A 和边界长度 L 都是先增大后减小的，黏性延迟了峰值的出现。当混合层宽度达到最大时，涡结构继续发展，形态边界长度继续增加。下降的拐点 (在 $t = 240$ 和 $t = 270$) 意味着 KHI 涡的整体结构开始断裂。比较纯 RTI 和纯 KHI 系统边界长度 L 及其增长率 $\mathrm{d}L/\mathrm{d}t$ 曲线，发现最初的指数增长阶段，KHI 的边界长度有一个恒定的速度增长阶段 (蓝色虚线标注)，这是不同于纯 RTI 的地方；黏性的增加有助于延长这一过程。

2) 耦合 RTKHI 系统

下面使用形态学描述来研究耦合 RTKHI 系统。图 5.110~ 图 5.112 的图 (a) 和 (b) 给出了不同 RTKHI 系统的温度场图像和相应的图灵斑图；作为对比，图 5.110~ 图 5.112 的图 (c) 给出同等初始剪切速度下的纯 KHI 温度场的图形斑图。这里温度阈值 $T_{\mathrm{th}} = 1.0$。图 5.110 描述的是情形一 ($g = 0.005$，$u_0 = 0.05$)。与纯 RTI 和纯 KHI 情形相比，可以看到，在图 5.110(a) 和 (b) 中从始至终都能看到倾斜的、不对称的气泡、尖刺甚至蘑菇状结构。图 5.110(c) 中的演化远远滞后于图 5.110(a) 和 (b) 中的情形。因此，虽然 KHI 一直存在于该系统中, 但 RTI 起着主要作用。剪切速度的存在主要是为了破坏 RTI 结构的对称性。图 5.111 给出了情形二 (初始切向速度差增大为 $u_0 = 0.1$ 时) 的对应结果。早期阶段, 耦合系统的界面、涡旋增长与 $g = 0.005$ 的纯 RTI 以及 $u_0 = 0.1$ 的纯 KHI 表现出相似量级, 在此过程中, RTI 和 KHI 的作用均不可忽略; 后期阶段, 系统的涡旋结构被破坏 (绿色方框标识), 并同时产生非对称的蘑菇头形状 (RTI 的代表性结构), 此时 RTI 起主要作用。图 5.112 给出情形三 (初始切向速度差进一步增大为 $u_0 = 0.15$ 时) 的对应结果。在图 5.112(a) 和 (b) 中, 在早期阶段可清楚地看到具有自由剪切流特征的翼展式涡旋结构, 因此 KHI 在初始阶段起着主要作用。随着时间的增加, 更多的流体被带入涡旋结构, 次级 RTI 沿着涡旋臂迅速发展。此后, KHI 的涡旋结构迅速伸展和扩散, RTI 驱动混合层的生长。在湍流阶段, 重力加速度和剪切力的共同作用使界面更加不规则。

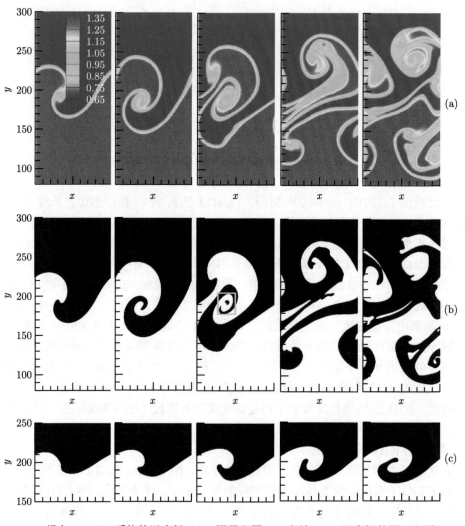

图 5.110　耦合 RTKHI 系统的温度场 (a)、图灵斑图 (b) 和纯 KHI 温度场的图形斑图 (c)(1)

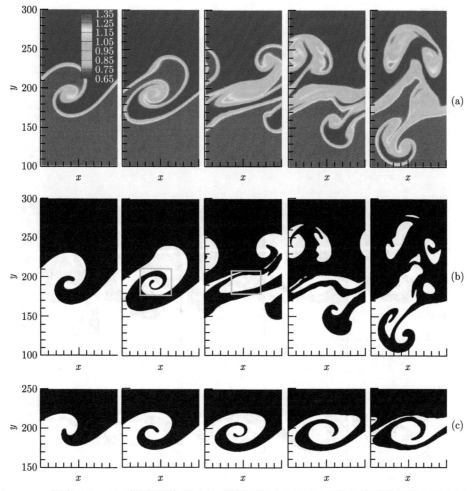

图 5.111 耦合 RTKHI 系统的温度场 (a)、图灵斑图 (b) 和纯 KHI 温度场的图形斑图 (c)(2)

接下来工作重点转向了两个判断: ① 定性地说, 对于耦合 RTKHI 系统的早期阶段, 当剪切效应相对较小时, RTI 占主导地位; 当剪切效应较大时, KHI 起主要作用。如何定量判断剪切效应大小? ② 对于 KHI 主导早期、RTI 主导后期情况, 如何确定 KHI 主导向 RTI 主导的过渡点? 针对不同情形量化这些转换点、给出发生转换的判据无疑是极其重要的。

图 5.113给出了扰动幅度 A 和边界长度 L 的时间演化。为了便于比较, 以不同的形式给出了耦合 RTKHI、纯 RTI 和纯 KHI 系统的结果。图 5.113(a) 和 (b) 给出了各种情况下的扰动幅度和形态边界长度。图 5.113(c)~(e) 给出耦合 RTKHI 系统在 $u_0 = 0.2$, $u_0 = 0.15$ 和 $u_0 = 0.125$ 情形下 A、$\mathrm{d}A/\mathrm{d}t$ 和 L 三个量的时间演化。图中的黑色、红色和绿色实线分别描述 A、$\mathrm{d}A/\mathrm{d}t$ 和 L 的时间演化。为了便于比较, 在图 5.113(c)~(e) 中都给出了对应纯 KHI 情形幅度 A 的演化曲线。剪切作用在 RTI 上的叠加使混合宽度和边界长度在早期增加, 而在后期则没有这种影响。后期形态边界长度曲线复杂多变, 这些复杂变化是由于涡旋的发展和变形以及冷热域的合并。从扰动幅度曲线可以看出, 系统在后期有类似于

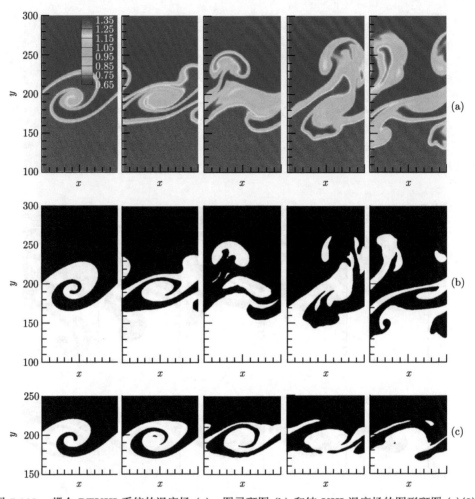

图 5.112　耦合 RTKHI 系统的温度场 (a)、图灵斑图 (b) 和纯 KHI 温度场的图形斑图 (c)(3)

纯 RTI 的增长趋势，再次验证了上述定性描述的可靠性。对于早期以 KHI 为主、后期以 RTI 为主的情况，其演化过程大致可分为剪切主导阶段和浮力主导阶段。从剪切主导到浮力主导的过渡状态称为过渡点。从图中可以看出，L^{RTKHI} 最初呈指数增长，然后呈线性增长 (紫色虚线)。L^{RTKHI} 线性增长的终点近似等同于 RTKHI 系统振幅增长速率 $\mathrm{d}A/\mathrm{d}t$ 的最小点和相应的纯 KHI 系统的振幅 A 最大值。从这一刻起，RTI 开始发挥主要作用。这个时刻被称为过渡点，在图中用垂直虚线和圆点来标记。因此，L^{RTKHI} 线性增长的终点可以作为这两个阶段转换的几何判据。剪切速率越高，过渡出现的时间越早。

根据下式[385–388]：

$$Ri = \frac{-g(\partial\rho/\partial y)}{\rho(\partial u/\partial y)^2} \approx -\frac{2hg\Delta\rho}{\rho(\Delta U)^2} = -\frac{4ghAt}{(\Delta U)^2}, \tag{5.36}$$

计算了过渡点对应的理查森数 (Ri)，其中 $2h$ 是混合层宽度，$\Delta\rho$、ΔU 分别是密度、速度差，ρ 是平均密度，$At = (\rho_u - \rho_b)/(\rho_u + \rho_b) = \Delta\rho/(2\rho)$ 是阿特伍德数。图 5.113(c)~(e)

对应的理查森数分别为 $Ri_c = -0.295$，$Ri_d = -0.587$，$Ri_e = -0.9344$。理查森数绝对值越小，剪切效应越强。这里的结果与 Finn 的结果[388] 相互验证。

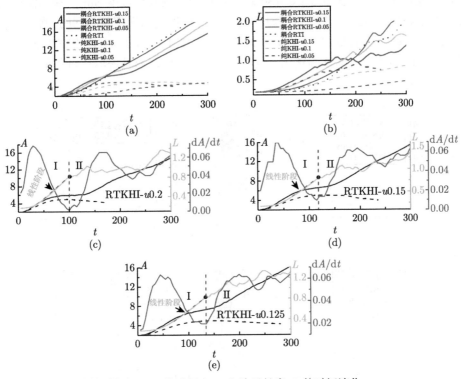

图 5.113　扰动幅度 A 和边界长度 L 的时间演化

　　然后将重点放在 RTKHI 系统的早期阶段。在 RTKHI 系统中，RTI 始终在后期发挥着主要作用，而早期的主要机制取决于浮力和剪切强度的对比 (即重力加速度 g 和剪切速度 u_0 的对比)。也就是说，这两种不稳定性都是随时间发展的，但由于强弱的不同，就有主要的和次要的。对于一个给定的重力加速度 g，存在一个临界剪切速度 u_C。在相应的重力加速度 g 和临界剪切速度 u_C 耦合系统中，浮力和剪切作用得到平衡。当 RTKHI 体系的剪切速度 u_0 大于 u_C 时，体系早期的剪切效应更强，因而 KHI 在早期占主导 (如图 5.112所示)；当 RTKHI 体系的剪切速度 u_0 小于 u_C 时，剪切效应较弱，导致早期 RTI 占主导 (如图 5.110所示)。

　　图 5.114为纯 RTI 和纯 KHI 系统温度场图灵斑图的形态与主导机制分析。图 5.114(a) 和 (b) 为纯 RTI 和不同纯 KHI 的边界长度比较。在图 (a) 中，纯 RTI 情形的黑色曲线与纯 KHI 情形的绿色曲线相交于 P_1 点；在图 (b) 中，纯 RTI 情形的黑色曲线与纯 KHI 情形的绿色曲线相交于 P_3 点。图 (a) 右侧给出了 P_1 点对应的纯 RTI 和纯 KHI 情形的温度场图灵斑图；图 (b) 右侧给出了 P_3 点对应的纯 RTI 和纯 KHI 情形的温度场图灵斑图。

　　为方便描述，使用典型的双参数 (g, u_0) 标签对应的系统/过程。在图 5.114(a) 和 (b) 对应的纯 KHI 情形，在早期阶段边界长度 L 随剪切速度 u_0 的增加而增加。在图 5.114(a) 中，$g = 0.003$ 的纯 RTI 体系的边界长度 (黑线) 与 $u_0 = 0.08$ 的纯 KHI 体系边界长度 (绿

线) 在 P_1 点相交之前保持接近。在 $t = 180$ 时，$L^{\text{RTI}} = L^{\text{KHI}}$, $\text{Dist} = \left| L^{\text{RTI}} - L^{\text{KHI}} \right| = 0$,
此时的温度场图灵斑图形态相似度 $\text{Sim} = \infty$。也就是说，这两个系统/过程在 $t = 180$ 这一
刻的混合程度是相同的。在 $0 \leqslant t \leqslant 180$ 这段过程中，过程相似度 Sim_P 基本保持在 ∞ 不
变。从这个角度来看，在 $t = 180$ 这一时刻之前的混合程度几乎都是相同的。图中 $u_0 = 0.05$
的纯 KHI 情形 L 曲线 (红线) 位于 $g = 0.003$ 的纯 RTI 情形 L 曲线 (黑线) 的下面。这两
条曲线之间的距离随着时间逐渐增大，也就是说，这两种情形系统演化过程的相似度 Sim_P
随着时间降低。

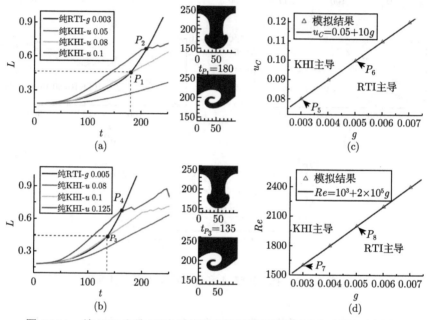

图 5.114　纯 RTI 和纯 KHI 系统温度场图灵斑图的形态与主导机制分析

对应于 $u_0 = 0.1$ 的纯 KHI 的 L 曲线 (蓝线) 与 $g = 0.003$ 的纯 RTI 的 L 曲线
(黑线) 相交于 P_2 点。需要指出的是，尽管在 P_2 点这一时刻，有 $L^{\text{RTI}} = L^{\text{KHI}}$, $\text{Dist} =$
$\left| L^{\text{RTI}} - L^{\text{KHI}} \right| = 0$, 结构相似性 $\text{Sim} = \infty$, 但也可以清楚地看到，$g = 0.003$, $u_0 = 0.1$
这一对过程的相似度 Sim_P 远低于 $g = 0.003$, $u_0 = 0.08$ 这一对。数值结果表明，相对于
$g = 0.003$ 的纯 RTI 情形，$u_0 = 0.08$ 的纯 KHI 与其过程相似度 Sim_P 最高，初始剪切速度
偏离 $|u_0 - 0.08|$ 越大，则对应纯 KHI 过程的相似度越低。所以，把 $u_0 = 0.08$ 作为 $g = 0.003$
的临界剪切速度，并用 u_C 表示，即 $u_C(g = 0.003) = 0.08$。这就是图 5.114(c) 中 P_5 点
的含义。图 5.114(b) 中用类似方式给出了另外一组数值结果，作为参考的是 $g = 0.005$ 的
纯 RTI 过程。可见，初始速度 $u_0 = 0.1$ 的纯 KHI 情形与之过程相似度 Sim_P 最高，所以
$u_C(g = 0.005) = 0.1$。这就是图 5.114(c) 中 P_6 点的含义。图 5.114(c) 中的其他点均以同
样方式得到。一个有趣的发现是：u_C 对 g 呈现出线性依赖关系。在以参数 g 和 u_C 为基，
张开的二维空间中，u_C-g 曲线上面的参数空间对应 KHI 主导的情形，下面的参数空间对
应 RTI 主导的情形。如果引入雷诺数 $Re = \rho u_C \lambda / \mu$, 其中 λ 取界面初始扰动的波长，黏
性系数 $\mu = \rho T / s_V$, T 取系统的平均温度 $T = 1.0$, 则图 5.114(c) 中的五个点便转换为图

5.114(d) 中的五个点。由图 5.114(d) 可见，Re 与重力加速度 g 也呈线性关系。曲线以上为 KHI 主导的参数空间，曲线以下为 RTI 主导的参数空间。因此，形态总边界长度 L 的值可以有效地反映界面不稳定性发展的程度或物质混合程度。此外，温度场图灵斑图的变化可以用来测量浮力与抗剪强度的比值，从而定量判断 RTKHI 系统早期的主要机理。具体来说，当 $L^{\mathrm{KHI}} > L^{\mathrm{RTI}}$ ($L^{\mathrm{KHI}} < L^{\mathrm{RTI}}$) 时，KHI (RTI) 主导；当 $L^{\mathrm{KHI}} = L^{\mathrm{RTI}}$ 时，KHI 与 RTI 两种机制的作用持平。

另外需要注意的是图 5.114(a) 和 (b) 中的点 P_1、P_2、P_3 和 P_4(纯 KHI 与纯 RTI 的 L 曲线交点) 并不是 RTKHI 系统的过渡点。转换点的概念只存在于 $u_0 > u_C$、早期以 KHI 为主、后期以 RTI 为主的 RTKHI 系统中。对于这类系统，虽然在早期 KHI 起主要作用，但浮力始终存在。浮力和剪切力的共同作用必然会导致 RTKHI 比纯 KHI 或纯 RTI 体系发展得更快。因此，过渡点早于图 5.114 中 L 曲线的交点。当重力加速度一定时，剪切速率越大，过渡点出现的时间越早，如图 5.113(c)~(e) 所示。

3) RTKHI 系统的非平衡特征

流体不稳定性系统是一个典型的非平衡流动系统。因此，充分理解这样一个系统的各种非平衡行为特征是有意义的。在本节中，将讨论 RTKHI 的非平衡特性。在流体界面失稳演化过程中，非平衡效应在界面附近明显，在远离界面的均匀区域不存在。图 5.115 上下两行分别给出了 $t = 150$ 和 $t = 250$ 时的非平衡分量 $\Delta^*_{3,1x}$、$\Delta^*_{3,1y}$ 和对应的 NOEF 强度 $d_{(3,1)}$ 分布云图。$\Delta^*_{3,1x}$ 和 $\Delta^*_{3,1y}$ 分别对应于 x 方向和 y 方向上的热流。从图 5.115(a1)、(a2)、(b1)、(b2) 可以发现，负热流和正热流交替出现。离螺旋界面中心越近，非平衡量越弱。在图 5.115(c1)、(c2) 中，可以看到一个清晰的 $d_{(3,1)}$ 双螺旋结构。这些信息和结构无法或不易从如图 5.111(a1)、(a2) 所示的温度云图中找到。与单个非平衡量相比，NOEF 强度 $d_{(3,1)}$ 提供了一个高分辨率的界面，可以很好地描述 RTKHI 模拟中界面的完整轮廓。

图 5.116(a)~(d) 展示了非平衡特性在早期主机制判断中的应用。与图 5.116 (a) 和 (c) 所示的全局平均 TNE 强度相比，图 5.116 (b) 和 (d) 所示的全局平均 NOEF 强度能够更准确地判断早期的主要机制，结论与形态边界长度一致 (如图 5.114所示)。具体来说，当 KHI(RTI) 在 RTKHI 系统早期占主导地位时，$D^{\mathrm{KHI}}_{3,1} > D^{\mathrm{RTI}}_{3,1}$ ($D^{\mathrm{KHI}}_{3,1} < D^{\mathrm{RTI}}_{3,1}$)；当 KHI 和 RTI 作用平衡时，$D^{\mathrm{KHI}}_{3,1} = D^{\mathrm{RTI}}_{3,1}$。不能用全局平均 TNE 强度 D_{TNE} 作为判别标准，因为全局平均 TNE 强度 D_{TNE} 与密度的不均匀性密切相关，而 RTI 的初始密度是加速度 g 的函数，这与 KHI 的密度设置完全不同。

由于形态量和非平衡量在从不同的角度描述同一物理过程，所以它们之间必然存在某种关联。值得研究的是哪些量是强关联的，哪些量是弱关联的。这是我们之前几项工作的核心任务。在前面的介绍中，我们已经明确了平均无组织能量通量 $D_{3,1}$ 和平均温度非均匀性有很高的相关性，几乎为 1。总边界长度 L 和平均无组织能量通量 $D_{3,1}$ 之间的关联确定自然就成为一个有趣的问题。在图 5.116(e) 和 (f) 中，显示了 $D_{3,1}$ 与边界长度 L 相似的行为。采用相关函数 C 来表示这种相似性：$C = \dfrac{\overline{(L - \overline{L})(D_{3,1} - \overline{D_{3,1}})}}{\sqrt{\overline{(L - \overline{L})^2} \cdot \overline{(D_{3,1} - \overline{D_{3,1}})^2}}}$，其中 $\overline{L}$ 和

$\overline{D_{3,1}}$ 分别是 L 和 $D_{3,1}$ 的时间平均值。研究发现，L 和 $D_{3,1}$ 总是呈现出高度的相关性，特别是在早期阶段。在图 5.116(e) 和 (f) 中，$D_{3,1}$ 和 L 的整体相关度分别是 0.985、0.967，

早期阶段的相关度均达到 0.999；在第二阶段分别降低到 0.716 和 0.269。物理原因如下：
$D_{3,1}$ 对应的是热流强度，它与温度梯度密切相关。宏观量梯度，例如温度梯度，主要存在
于界面附近。界面长度 L 越大，热流强度 $D_{3,1}$ 越大。所以 $D_{3,1}$ 的特征可用于捕捉 KHI
主导到 RTI 主导的物理判据 (如图 5.116(e) 和 (f) 中的竖直黑线所示)。当 $D_{3,1}$ 偏离其常
速度增长模式时，系统演化进入第二个阶段。所以，$D_{3,1}$ 线性增长的终点可以作为划分第
一、第二两个阶段的物理判据。L 和 $D_{3,1}$ 在早期阶段的高度相关意味着 L 和 $D_{3,1}$ 之间近
似满足一个线性依赖关系。图 5.117 展示了早期阶段 L 和 $D_{3,1}$ 之间的线性依赖关系。其中
图 5.117(a) 和 (b) 分别展示黏性和热传导大小对该线性依赖关系的影响。实线为线性拟合
结果。可以看到，热传导大小对该线性依赖关系影响较大。随着黏性增加，该线性关系的截
距和斜率都近似线性增加 (如图 5.117(c) 和 (d) 所示)。最近，陈锋等模拟研究了不同类型
的初始扰动对 RTKHI 系统演化过程的影响[389]；李晗蔚等借助示踪粒子与 DBM 的耦合建
模，进一步发展相空间描述方法，对多模扰动下的 RT 不稳定性系统进行了模拟研究[390]。

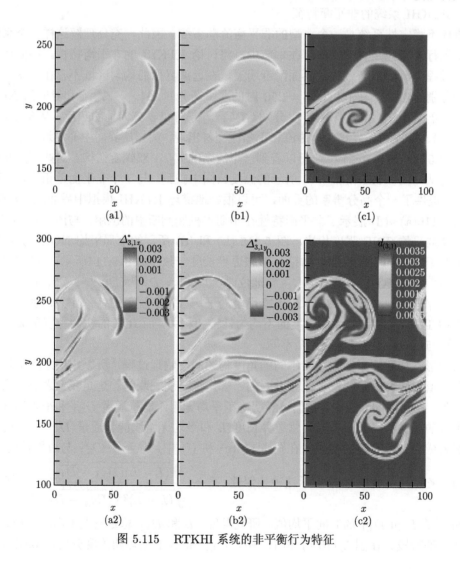

图 5.115   RTKHI 系统的非平衡行为特征

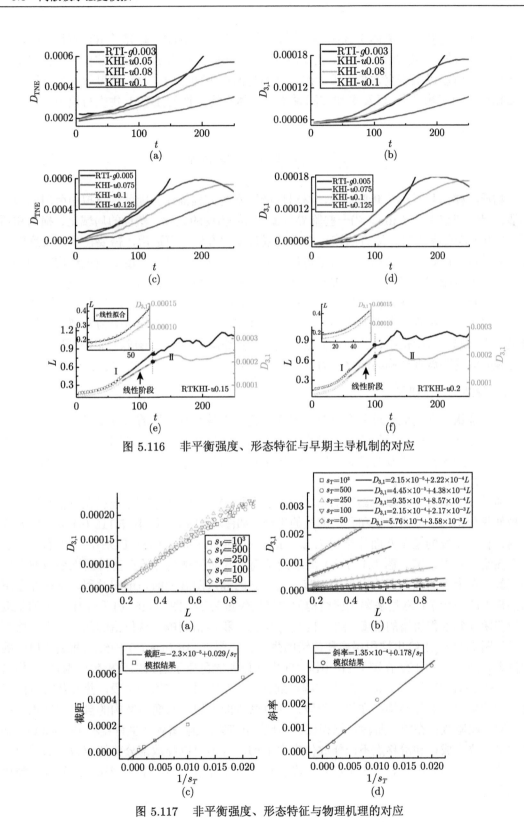

图 5.116　非平衡强度、形态特征与早期主导机制的对应

图 5.117　非平衡强度、形态特征与物理机理的对应

以上研究均基于单流体 DBM，林传栋等借助双介质 DBM 研究了 RT 不稳定性系统的非平衡特性[325]。需要指出的是，由于流体界面不稳定性系统的 DBM 建模与模拟尚处于起步阶段，所以以上研究均是基于理想气体模型的；表面张力、材料强度等对流体不稳定性演化过程的影响[391]，以及更加实际系统中流体不稳定性的 DBM 建模与模拟正在进行中[392]。

5.4　分子动力学模拟

物质点模拟基于连续介质理论，材料性能由本构方程描述。因此，模拟中所用的最小物质点尺度应该大于 1 μm。当一些临界现象 (比如相变的激发、塑性的局域化、损伤和断裂的发生) 需要考虑时，原有的连续介质模型和本构方程不再适用，需要在更小尺度的基础上对其进行改进。分子动力学模拟可以研究纳米尺度和亚纳秒尺度下微观结构的动态行为。建立连接微观分子动力学模拟与介观物质点模拟的桥梁，在当今仍然是一个巨大的挑战。我们希望通过一些粗粒化技术将这些临界现象的微观演化机制纳入到大尺度模型中。

本书主要介绍张广财课题组的分子动力学模拟工作。这些工作可分为两部分：第一部分是研究金属材料中位错、孔洞、空腔、新相晶粒等微观结构的形成机理[334,393,394]；第二部分是研究这些微观结构的演化行为[335,336,395,396]。

5.4.1　微结构产生机制

由于位错和孔洞成核过程在材料动态断裂建模中具有基础性的重要意义，因此引发了广泛的理论和实验研究。位错产生过程中自组织原子集体运动的物理图景，以及围绕位错核的结构构型中孔洞成核的机制，由于其极端的多样性，一直都是一个悬而未决的问题，至今没有获得很好的阐释。

通过分子动力学模拟，张广财课题组研究了面心立方 (FCC) 韧性金属在单轴高应变速率拉伸载荷作用下位错产生和孔洞成核的机理。如图 5.118 所示，图 5.118 (a) 展示的是金属内最初热激发的扁平八面体结构 (flattened octahedral structure, FOS)，其中右上方的插入图给出更多细节。图 5.118 (b) 展示的是扁平八面体结构开始在密排面堆积成双层缺陷团簇，左上方的插入图给出更多细节，右上方的插入图展示的是堆积过程。正如在左下角的插入图中所示：双层缺陷团簇结构的伯格斯矢量为零。图 5.118 (c) 和 (d) 展示的是双层缺陷团簇到堆积层错的转变。图 5.118 (e) 给出堆积层错周围成核位错的几个非零伯格斯矢量。图 5.118 (f) 给出堆积层错和位错的生长。在图 5.118 (a)~(c) 中红色和绿色原子的配位数分别是 3 和 12。在图 5.118 (d)~(f) 中红色和绿色原子的共邻分析数分别是 5 (位错原子) 和 2 (HCP 原子)。位错产生过程可划分为三个阶段：在第一阶段，热涨落随机激活材料中的扁平八面体结构；在第二阶段，通过密排面上扁平八面体结构的自组织堆积，产生了双层缺陷簇；在第三阶段，堆积层错出现，由双层缺陷团簇产生肖克利 (Shockley) 部分位错。位错成核和滑移点不能释放体应力 (负压)，但可以释放部分剪切应力。随着拉伸应变的增大，体系中积累了大量能量。在材料的薄弱环节，会产生一些孔洞或裂纹，释放出积累的能量。

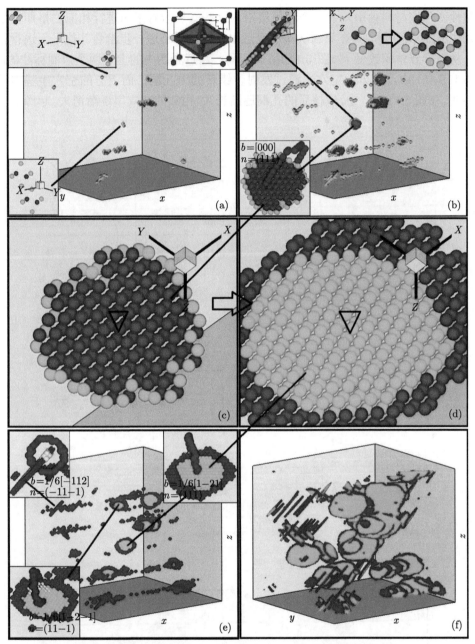

图 5.118　位错生成的物理图像和相应非零伯格斯矢量

　　孔洞成腔过程可以由以下两个阶段来描述：在第一阶段，拥有不同法向的堆积层错演化和相交；在交点处产生柱状空穴串，如图 5.119 所示。图 5.119 (a) 和 (b) 给出了孔洞成核机制；图 5.119 (c)~(f) 给出了切片中这些原子的演化过程，其中的插图是堆积层错产生和空位串形成的示意图。在第二阶段，这些空穴串通过发射位错形成孔洞；孔洞成核释放应力，抑制相邻空穴串的生长。上述空穴串形成过程可看成是前后两次塑性变形。第一次塑性变形在材料内引入了一个堆积层错，这些原子沿着平面进行相应伯格斯矢量的位移 (如图 5.119(c) 所示)。在第二次塑性变形中，这些原子进一步沿着其他平面进行相应的位移，从而导致体积改变 (如图 5.119(d) 所示)，注意看图中的上下两个黑圈标注的区域)。在图 5.119 (e) 中，上方的空穴串通过发射位错转变为孔洞，而下方的空穴串基本维持其大小不变。在图 5.119 (f) 中，成核后的孔洞逐渐长大，相邻的空穴串逐渐消失。起源于堆积层

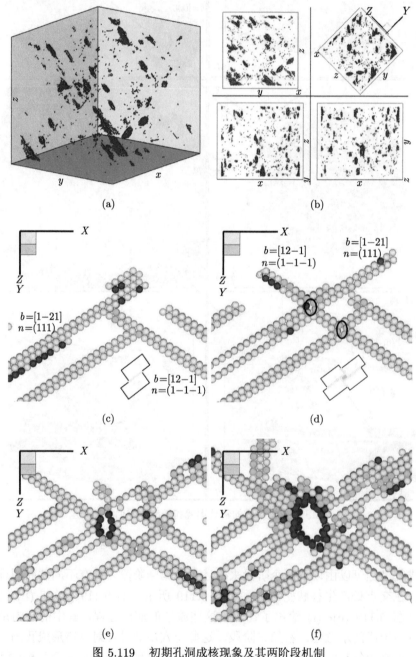

图 5.119　初期孔洞成核现象及其两阶段机制

错的塑性变形可以通过下述扭曲张量来描述：$\boldsymbol{\beta} = \delta(\Sigma)\boldsymbol{b} = \iint_{\Sigma} ds'\delta(r'-r)\boldsymbol{b}$, 其中 $\delta(\Sigma)$ 是表面狄拉克函数, Σ 是堆积层错面, $\boldsymbol{b}$ 是伯格斯矢量。相对体积变化是 $\delta V/V = \mathrm{Tr}(\boldsymbol{\beta})$。在单个堆积层错的情形, $\mathrm{Tr}(\boldsymbol{\beta}) = \delta(\Sigma)\cdot\boldsymbol{b} = 0$, 所以系统的密度没有变化。在两个堆积层错相交的情形, 扭曲张量为 $\boldsymbol{\beta} = \boldsymbol{\beta}_1 + \boldsymbol{\beta}_2\cdot(\boldsymbol{I}+\boldsymbol{\beta}_1)$, 其中 $\boldsymbol{\beta}_1$ 和 $\boldsymbol{\beta}_2$ 分别是这两个堆积层错的扭曲张量。所以, 体积变化是 $\delta V = \int dV\mathrm{Tr}(\boldsymbol{\beta}_1\cdot\boldsymbol{\beta}_2) = (\boldsymbol{b}_2\cdot\boldsymbol{n}_1)(\boldsymbol{b}_1\cdot\boldsymbol{n}_2)L/|\boldsymbol{n}_1\times\boldsymbol{n}_2|$, 其中 $\boldsymbol{n}_1$ 和 $\boldsymbol{n}_2$ 是这两个堆积层错的法向, L 是空穴串的长度。这样就获得了两个堆积层错相交导致的空穴串截面 $(\boldsymbol{b}_2\cdot\boldsymbol{n}_1)(\boldsymbol{b}_1\cdot\boldsymbol{n}_2)/|\boldsymbol{n}_1\times\boldsymbol{n}_2|$ 和空穴串的方向 $\boldsymbol{n}_1\times\boldsymbol{n}_2$。

双层缺陷团簇产生的位错均为肖克利部分位错。因为相应的伯格斯矢量已经获得, 所以初始空穴串具有典型的截面面积 $\sqrt{2}a^2/36$, 其中 a 是晶格常数。它们具有 6 个可能的分布方向, 但在图 5.119(a) 中只观测到两种类型的孔洞, 相应的方向是 [011] 和 [0$\bar{1}$1], 这两个方向均与加载方向垂直。物理原因如下：空穴串增长释放的能量为 $\iint ds\cdot\boldsymbol{\sigma}\cdot\delta\boldsymbol{r}$, 其中 $\delta\boldsymbol{r}$ 是增长位移, $\boldsymbol{s}$ 是空穴串的表面积, $\boldsymbol{\sigma}$ 是施加的应力。在数值模拟中, 外加应力的方向是 σ_{xx}。只有当空穴串与方向 [100] 正交时, 它才释放更多的能量, 演化成孔洞。

随着高压技术的发展, 金属的结构相变引起了人们的广泛关注, 成为材料物理学研究的热点之一。在冲击压强超过 13 GPa 时, 金属材料铁的晶格结构会由 BCC 变化成 HCP。之前, 虽然人们对金属结构的相变过程已经有了大致的了解, 但是对于相变是如何触发的, 以及新的相畴如何成核, 仍然很不清楚。分子动力学模拟表明, 与位错成核类似, 新相晶粒的成核过程也可以用三个阶段来描述。在第一阶段, 如图 5.120所示, 在热涨落的作用下, 一些原子偏离其平衡位置, 在局部区域形成具有两个不同变形方向的扁平八面体结构。图 5.120(a) 给出所形成的扁平八面体结构, 图 5.120(b) 给出 HCP 相畴的成核, 图 5.120(c) 给出 HCP 相畴的生长。在第二阶段, 如图 5.121 (a) 和 (b) 所示, 不同变形方向的扁平八面体结构融合形成薄层状结构, 类似双晶结构。在图 5.121(a) 中, 一些扁平八面体结构融合成一个薄层结构, 在图 5.121(b) 中, 中间层中心区域的原子转变成 HCP 结构。在第三阶段, 如图 5.121(c) 所示, 薄层状构造经历相对滑移, 形成新的 HCP 相。

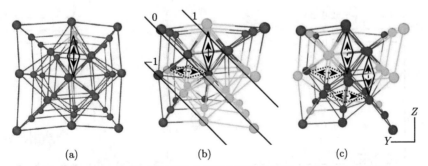

(a)　　　　　　　　(b)　　　　　　　　(c)

图 5.120　HCP 相畴通过形成扁平八面体结构而成核和长大的机制

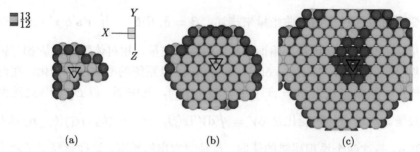

图 5.121　从相平面法线方向观察到的原子层间相对滑移过程

5.4.2　微结构演化机制

在建立损伤和微断裂模型时，必须考虑孔隙的生长和融合。张广财课题组研究了在单轴拉伸作用下，沿加载方向的一对孔洞的动力学行为。不同尺寸的孔洞通过位错形核在孔洞表面生长并相互融合。在早期的弹性阶段，孔洞沿加载方向增大，然后沿垂直方向增大，最终在塑性阶段形成八面体结构。临界屈服应力随孔洞尺寸的减小而增大，如图 5.122 所示。当半径较大时，位错成核并对称迁移。孔洞沿加载方向伸长，演化过程相似。如果半径小，位错成核不对称，则孔洞沿垂直方向伸长。孔洞的生长过程具有弹性变形、独立生长、融合和稳定增长等特征，如图 5.123 所示。

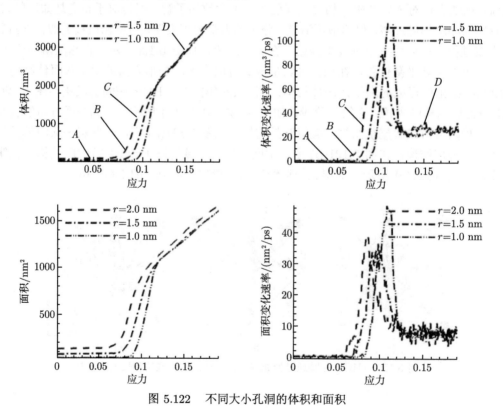

图 5.122　不同大小孔洞的体积和面积

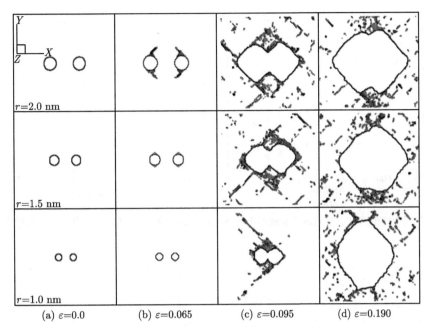

(a) ε=0.0　　　　(b) ε=0.065　　　　(c) ε=0.095　　　　(d) ε=0.190

图 5.123　不同大小孔洞的生长和融合

随着孔洞尺寸的减小，独立生长期逐渐变短。目前新相畴的生长机理尚未得到定量描述，主要原因是缺乏精确确定新相域的技术。为了计算和分析 HCP 相域的形态和生长速度，张广财课题组设计了中心矩法和滚球算法。为了阐明导出的相域生长规律，提出了一个相变模型。研究表明，新相演化过程经历了 HCP 相分数随时间尺度的三个不同阶段。在独立生长的初始阶段，相畴的形态是椭球形的，三个主轴分别沿着 [100]、[011] 和 [01$\bar{1}$] 方向。这三个方向具有不同的生长速度，如图 5.124(a) 和 (b) 所示。符号给出的是分子动力学模拟结果，线为拟合结果。相畴的增长速度与其形态有关，单个 HCP 相畴的增长是超声速的，在 $5\times10^3 \sim 4\times10^4$ m/s，如图 5.124(c) 和 (d) 所示。其大小、表面积和体积的增长分别近似符合如下幂律：$L\sim t^{0.465}$、$A\sim t^{0.930}$、$V\sim t^{1.395}$，如图 5.125所示。符号给出的是分

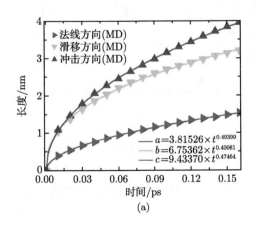

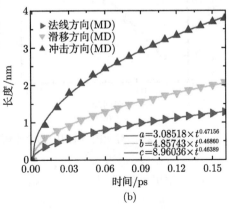

(a)　　　　　　　　　　　　　(b)

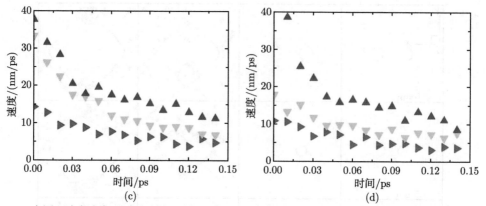

图 5.124　在同一冲击速度下不同时刻形成的两个 HCP 相畴的主轴长度 (a) 和 (b) 及生长速度 (c) 和 (d)

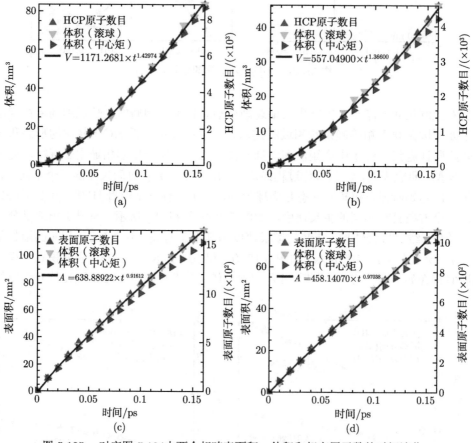

图 5.125　对应图 5.124中两个相畴表面积、体积和相应原子数的时间演化

子动力学模拟结果，线是拟合结果。扁平八面体结构是 HCP 相域界面和胚核的主要结构单元。通过形成扁平八面体结构，界面能降低；HCP 相畴通过沿着相边界形成新的扁平八面体结构而增长。单个相畴的增长率依赖于冲击的加载方式和发生时间。

5.4.3　从微观到介观：粗粒化建模

作为从微观到介观粗粒化建模的一个具体实例，张广财等以金兹堡-朗道序参数理论为基础，提出了一种描述铁中激发态动力学过程的相变模型。这个模型选择晶格的滑移量 ξ 作为序参数，在 BCC 结构中 $\xi = 0$，在 HCP 结构中 $\xi = 1$，如图 5.126(a) 所示，其中横轴代表离开相界面的距离。如果让均匀金属材料铁通过晶格滑移发生由 BCC 到 HCP 的结构相变，则系统要克服一个图 5.126(b) 所示的势垒[397]。然而，在实验和模拟中观测到的都不是均匀结构相变，而是新相畴形成和生长的复杂动理学过程。所以，仅靠均匀相变的描述是不够的。一个合理的相变模型应当考虑相畴效应。在新相畴成核阶段，在应力集中区内，原子借助集体热涨落克服势垒。模拟结果表明，在相畴的生长阶段，生长速度为超声速，应力波没有足够的时间在 HCP 相域中传播，主要是界面能在驱动新相畴的生长。图 5.126(e) 给出模拟系统中一个切片内的势能场，其中红色代表 BCC 相，蓝色代表 HCP 相，其余颜色代表边界结构。HCP 相和 BCC 相之间的界面区域势能如图 5.126(c) 所示。从图 5.126(d) 可见，界面能是负的，主要是界面能在降低两相之间的势垒，从而使相变过程变得相对容易。

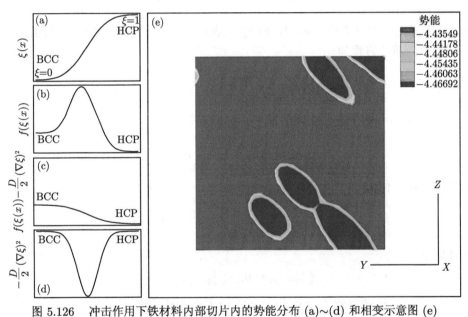

图 5.126　冲击作用下铁材料内部切片内的势能分布 (a)~(d) 和相变示意图 (e)

根据这个物理图像，系统的能量和序参数之间的关系可以粗略表示为

$$F = \int \left[f(\xi) - \frac{D}{2}(\nabla\xi)^2 \right] \mathrm{d}^3\boldsymbol{r}, \tag{5.37}$$

被积函数中的第一、二项分别代表体积自由能 (内部自由能) 和界面能。具体来说，

$$f(\xi) = \frac{a}{2}\xi^2 - \frac{a+1}{3}\xi^3 + \frac{1}{4}\xi^4$$

是一个具有两个稳定点 ($\xi = 0$ 和 $\xi = 1$) 的双稳函数。这里，体积自由能对温度和压强的依赖关系由参数 a 描述。在低压下，$a > 1/2$，BCC 相稳定；而在高压下，$a < 1/2$，HCP

相稳定。为了简单起见，忽略了界面能可能的各向异性。序参数的演化方程为

$$\partial_t \xi = \frac{\delta F}{\delta \xi} = f'(\xi) - D\nabla^2 \xi. \tag{5.38}$$

对于一维相畴的稳态增长，

$$\xi = \xi(\eta) \equiv \xi(x - c_0 t).$$

它满足如下本征值方程：

$$\begin{cases} f'(\xi) - D\partial_\eta^2 \xi + c_0 \partial_\eta \xi = 0, \\ \xi \mid_{\eta \to -\infty} = 0, \\ \xi \mid_{\eta \to +\infty} = 1, \end{cases} \tag{5.39}$$

其中 c_0 是 HCP 相的增长速度 (而不是声速)。为了方便描述三维相畴的增长，这里使用局域坐标系 (而不是笛卡儿坐标系)：

$$\boldsymbol{r} = \boldsymbol{r}_0 + \lambda \boldsymbol{n} + \mu \boldsymbol{t}_1 + \nu \boldsymbol{t}_2,$$

其中 $\boldsymbol{r}_0$ 代表界面上的一个点，$\boldsymbol{n}$、$\boldsymbol{t}_1$ 和 $\boldsymbol{t}_2$ 代表位置 $\boldsymbol{r}_0$ 处界面上单位矢量的法向和两个切向。序参数的演化方程为

$$\partial_t \xi = f'(\xi) - D(\partial_\lambda^2 + \partial_\mu^2 + \partial_\nu^2 + (k_1 + k_2)\partial_\lambda - k_1 \partial_\mu - k_2 \partial_\nu)\xi, \tag{5.40}$$

其中 k_1 和 k_2 是沿着两个主要切向的曲率。根据关系式

$$\xi = \xi(\eta) \equiv \xi(\lambda - vt),$$

上面的表达式可简化为

$$f'(\xi) - D\partial_\eta^2 \xi + (-Dk + v)\partial_\eta \xi = 0, \tag{5.41}$$

边界条件如下：

$$\xi \mid_{\eta \to -\infty} = 0, \quad \xi \mid_{\eta \to +\infty} = 1,$$

其中 $k = k_1 + k_2$。比较方程 (5.39) 和 (5.41) 给出新相畴的增长速度

$$v = c_0 + Dk. \tag{5.42}$$

　　对于冲击作用引起的结构相变，界面能与相域周围的压力有关，所以参数 D 是压强的函数。模拟结果和理论分析表明，在相域生长过程中，生长速度是超声速的，D 的值几乎是一个常数。方程 (5.42) 表明，相畴的增长速度是局域曲率的函数。在初始阶段，新相畴体积很小，曲率很大，触发相变的能量相对集中，所以相畴增长相对较快。随着新相畴的增长，表面积越来越大，局域曲率降低，所以相畴增长的速度也就相对慢了下来。对于椭球体相域，相域表面的局部曲率是不均匀的，曲率越大的部分增长得越快。随着时间的推移，相域变得越来越平坦。事实上，图 5.127 中的模拟结果肯定了后期不同的相畴可能演变成

碟形、球形、柱形、加长形等不同形状。图 5.127(a)~(e) 展示的是相变机制，图 5.127(f) 和 (g) 展示的是在冲击波扫过区域形成的几个新相畴。现在，进一步对相畴增长给出一个简单但清晰的评估。为此，假设相畴是球形的，半径是 R，方程 (5.42) 给出增长速率

$$\dot{R} = c_0 + 2D/R.$$

进一步假设 $c_0 \to 0$，则

$$R(t) = \sqrt{4Dt}.$$

分子动力学模拟结果表明，椭球相畴的线性增长近似遵从幂律 $L \sim t^{0.465}$，与解析公式的结果接近。这里的幂指数是 0.465 而非 0.5，主要是由于球形和椭球形的曲率差异引起的。

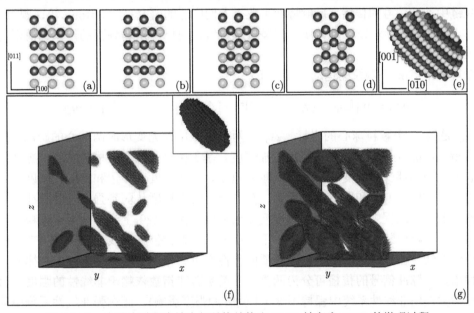

图 5.127　在冲击过程中铁内部晶格结构由 BCC 转变为 HCP 的微观过程

5.5　类分子动力学模拟

颗粒介质无处不在，了解波动信号在颗粒介质中的传播、反射和透射特性在许多工业领域中具有非常重要的价值[398]。从这些特性中，人们还可以进一步获得颗粒介质内部的构成、质量等信息。颗粒介质既不像通常的液体，又不像通常的固体，而是一种特殊的物质状态。固体颗粒介质内部的力链非常复杂，弹性信号很容易沿其传播。颗粒之间的接触力一般是非线性的，比较典型的是幂律型[399-401]。

尽管颗粒介质中的力链非常复杂，但我们还是可以通过一些简单的一维模型来获得一些基本的认识。在本节中考虑的是由等质量的球形颗粒通过赫兹 (Hertz) 型接触力连接而构成的一维链。球形和椭球形颗粒之间的接触力 F 一般是赫兹型的，可表示为 $F \propto \delta^{3/2}$，其中 δ 是颗粒变形导致的颗粒间距的降低，幂指数 3/2 是由接触面的几何特征决定的。沙粒、土壤和其他不规则颗粒之间的接触力幂指数一般是 2，珠子和其他球形颗粒物之间的

接触力幂指数在一定压力范围内也是 2。因为接触力的类型决定了颗粒系统的动力学行为，所以有必要研究任意幂指数接触力颗粒链的动力学响应特征[401,402]。

Nesterenko 对具有赫兹接触力的水平颗粒链进行了研究，发现在高度非线性区域脉冲信号是以一种孤子形式进行传播的，这种孤子不同于科特韦格-德-弗里斯 (Korteweg-de Vries, KDV) 方程所给的孤子。Nesterenko 的研究还得到了强脉冲情形的一个类颗粒运动方程[403,404]。MacKay 从理论上证明了在水平赫兹链中孤子波的存在[405]。Ji 和 Hong 课题组将 MacKay 的证明推广到一般幂指数情形[406]。Manciu 等对一般幂指数型颗粒链进行了数值研究[407]。在水平赫兹颗粒链中孤子的存在也得到了一系列钢珠实验的验证[408,409]。

有些颗粒介质可能处于电场、磁场或重力场中。当这个力场不随时间变化时，沿着力场方向颗粒之间的接触力逐渐增大，介质的弹性系数可能会随着接触力的增大而变化。这类颗粒链中波动信号的传播、反射特性引发了人们广泛的研究兴趣。Hong 等课题组 (包括本书作者的工作) 针对处于重力场中的竖直颗粒链，对脉冲从弱到强的一系列情形进行了系统的研究[410–414]。

颗粒链中第 n 个颗粒的运动方程如下：

$$m\ddot{z}_n = \eta \left\{ [\Delta_0 - (z_n - z_{n-1})]^p - [\Delta_0 - (z_{n+1} - z_n)]^p \right\} + mg, \tag{5.43}$$

其中 z_n 是第 n 个颗粒球心的坐标，Δ_0 是两个颗粒单元无变形时两球心的距离，p 是接触力幂指数，m 是颗粒质量，g 是重力加速度。基于类分子动力学模拟发现，脉冲信号的速度和形状随传播深度的变化而变化。颗粒速度、传播速度、振幅和宽度在深度上均服从幂律分布，如图 5.128 和图 5.129 所示。图 5.128 给出幅度从弱到强的三种脉冲信号在颗粒材料内的传播过程中颗粒速度随深度变化的曲线。图 5.129 上半部分给出颗粒速度曲线上第一和第二峰值随深度的变化曲线，下半部分给出颗粒位移曲线上第一和第二峰值随深度的变化曲线。在物理上，这是由于介质的弹性在重力作用下随深度表现出幂律变化。根据幂律指数，脉冲信号的传播可分为两类：一类是幂律指数依赖于非线性的强度；另一类是幂律指数在弱非线性系统中保持不变 (不受脉冲强度影响)，而在强非线性系统中随脉冲强度的变化而变化[411,412]。图 5.130(a) 给出的是最大颗粒速度随初始脉冲速度的变化曲线，图 5.130(b) 给出的是脉冲信号传播速度随初始脉冲速度的变化曲线。图 5.131给出颗粒速度和颗粒位移的幂指数对接触力幂指数的依赖特性[411,412]。

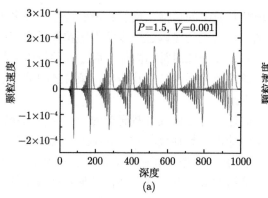

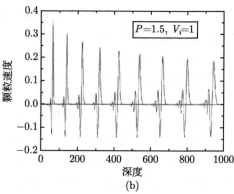

(a)　　　　　　　　　　　　　　　　　　　　　(b)

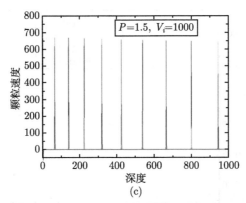

图 5.128 幅度从弱到强的三种脉冲信号在颗粒材料内的传播过程中颗粒速度随深度变化的曲线

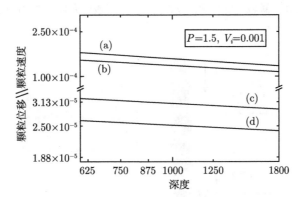

图 5.129 颗粒速度 (位移) 曲线上第一和第二峰值随深度的变化曲线

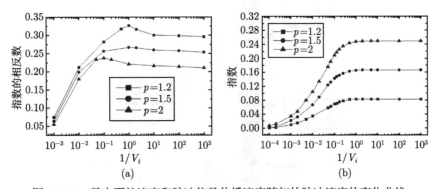

图 5.130 最大颗粒速度和脉冲信号传播速度随初始脉冲速度的变化曲线

各种形式的无伤探测技术在各个领域 (例如医学体检、地质探测等) 一直是人们追求的目标。这些无伤探测往往是通过对待测对象施加脉冲信号，然后检测反射信号的特征来实现的。颗粒介质也是这种无伤探测技术的研究模型之一。在这种情形，弹性脉冲就可作为一个方便有效的探针。在这种背景下，本书作者和 Hong 教授合作采用数值和解析方法研究了含杂质层的颗粒链，如图 5.132 所示。在这个模型中，杂质层的颗粒质量与其他颗粒不同。

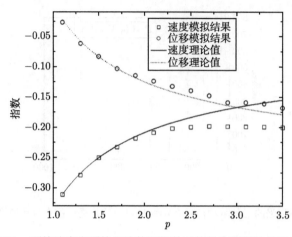

图 5.131　颗粒速度和颗粒位移的幂指数对接触力幂指数的依赖特性

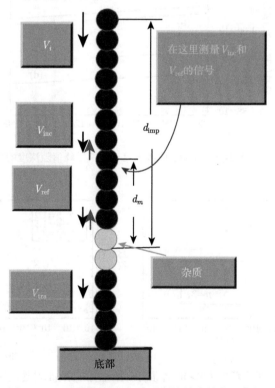

图 5.132　脉冲信号在杂质层颗粒链中的传播特性

在数值模拟中，$p = 3/2$；长度、质量和时间单位分别为 10^{-5} m、2.36×10^{-5} kg 和 1.0102×10^{-3} s；$g = 1$，杂质之外的颗粒质量为 1，杂质颗粒的质量为 m，$\eta = 5657$；杂质层使用 5 个颗粒，杂质颗粒质量 m 的取值范围是 $0.01 \leqslant m \leqslant 10$；杂质层的中心在第 500 个颗粒，即在示意图 5.132 中 $d_{\mathrm{imp}} = z_{500}$；提取入射和反射信号的位置是第 300 个颗粒，即在示意图 5.132 中 $d_m = z_{300}$。

对于重力作用下竖直颗粒链内含有杂质的情况, 模拟研究发现, 随着初始脉冲强度逐渐增加, 反射信号的行为因杂质质量相对于周围介质质量的高低而显现出差异。为了研究初始脉冲强度带来的变化, 考察了初始脉冲速度 V_i 在范围 $10^{-2} \leqslant V_i \leqslant 10^4$ 内的各种情形。有趣的现象发生在中等强度的非线性区域 $10^1 \leqslant V_i \leqslant 10^2$。当 $V_i \geqslant 10^1$ 时, 系统开始偏离弱非线性区域; 当 $V_i \leqslant 10^2$ 时, 系统开始偏离强非线性区域, 如图 5.133 所示。图 5.134 和图 5.135 分别给出了两种典型情况下四个不同时刻的颗粒速度曲线, 通过它们可以研究脉冲信号的传播、透射和反射情况, 这里 $V_i = 100$。图 5.134 对应的是 $m = 5$ 的重杂质情形; 图 5.135 对应的是 $m = 0.1$ 的轻杂质情形。对比图 5.134(d) 和图 5.135(d), 可以看到部分信号能量被限制 (最终会被消耗) 在轻杂质层区域; 而重杂质层不具有这种捕获、截留脉冲信号能量的功能。

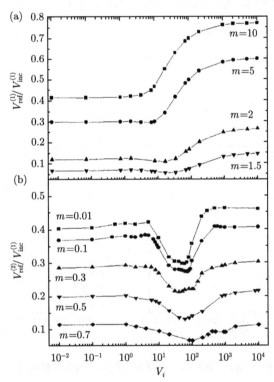

图 5.133　不同质量杂质反射颗粒速度与初始脉冲速度的关系: (a) 重杂质; (b) 轻杂质

图 5.133 给出不同杂质质量下反射信号特征随着初始入射脉冲强度的变化规律, 初始脉冲强度从弱非线性区域一直变化到强非线性区域。图 5.133(a) 对应的是重杂质情形, 图 5.133(b) 对应的是轻杂质情形。在轻杂质情形, 因为反射信号的第一峰值太弱, 所以在数值研究中测量的是第二峰值, 因此在图 5.133(b) 中纵轴代表的是 $V_{ref}^{(2)}/V_{inc}^{(1)}$, 而图 5.133(a) 中纵轴代表的是 $V_{ref}^{(1)}/V_{inc}^{(1)}$; 其中上标 (1) 和 (2) 分别表示第一和第二峰值。容易看到, 有趣的结果出现在中等强度非线性区域: 从这一区域的左侧往右, 线性波特性开始丧失; 从这一区域的右侧往左, 孤子波特性开始丧失。在图 5.133(a) 和 (b) 中, 左侧部分的曲线都是较平坦的。理论分析指出, 这是弱非线性区域, 可用线性色散波 (linear dispersive wave)

描述。因为线性波的反射特性独立于初始信号强度，所以图 5.133(a) 和 (b) 中左侧部分曲线都较平坦是可以理解的。在图 5.133(a) 和 (b) 中，右侧部分的平坦曲线对应的是强非线性区域，孤子的传播具有粒子特性。因为粒子的反射特性独立于其动能，所以图 5.133(a) 和 (b) 中右侧部分曲线都较平坦也是可以理解的。在图 5.133(a) 中，相对于左侧的线性波区域，右侧孤子区域的反射入射强度比相对较高。这可以通过比较波和粒子的特性来理解：线性波比粒子更加容易通过界面。

在图 5.133(b) 中轻杂质反射入射比曲线上可以看到一个更加特殊的反射现象：在中间部分有一个"谷"，这个现象在图 5.133(a) 中不存在，"谷"的深度随着杂质质量变小而增加。这个现象可以通过图 5.135所示的轻杂质截留信号能量来理解：杂质质量越小，杂质层截留的信号能量越多，所以反射回的能量越少。因为图 5.134所示的重杂质层不具有截留信号能量的功能，所以在图 5.133(a) 所示曲线上不存在这样一个"谷"。

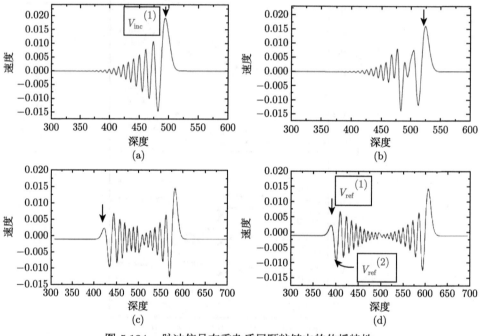

图 5.134　脉冲信号在重杂质层颗粒链中的传播特性

关于这个"谷"为什么出现在从弱非线性区到强非线性区的中部，也可以通过如下的理论分析来理解。为此，引入一个新变量 $\psi_n = z_n - n\Delta_0 + \sum_{l=1}^{n} (mgl/\eta)^{1/p}$ 来代表第 n 个颗粒离开其平衡位置的距离。在弱非线性情形 ($|\psi_{n-1} - \psi_n| \ll (mgl/\eta)^{1/p}$)，运动方程 (5.43) 的连续形式可写为

$$\rho \frac{\partial^2}{\partial t^2} \psi(h,t) = \frac{\partial}{\partial h} \left\{ \tau(h) \frac{\partial \psi}{\partial h} \left[1 - N(h)\right] \tau(h) \frac{\partial \psi}{\partial h} \right\}, \tag{5.44}$$

其中 $\rho = m/\Delta_0$ 是密度，$\tau(h) = \tau_1 (h/\Delta_0)^{1-1/p}$ 是深度 h 处的应力，$\tau_1 = \mu\Delta_0$ 是在第一个接触点处的应力，$N(h) = \frac{1}{2}\left[1 - (1/p)\right](1/(\rho gh))$ 是非线性系数。在强非线性区域

$(|\psi_{n-1} - \psi_n| \gg (mgl/\eta)^{1/p})$，运动方程 (5.43) 的连续形式可写为

$$\rho \frac{\partial^2}{\partial t^2} \psi(h, t) = -\eta \frac{\partial}{\partial h} \left[A - D(h) \frac{\partial A}{\partial \psi} \right], \tag{5.45}$$

其中 $A = (-\partial\psi/\partial h)^p$ 和 $D(h) = (\rho g h/\eta)^{1/p}$ 代表色散系数。

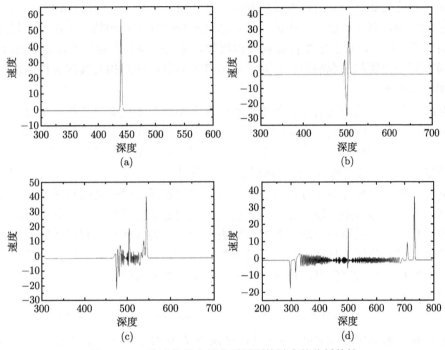

图 5.135　脉冲信号在轻杂质层颗粒链中的传播特性

　　方程 (5.43) 和 (5.44) 的最后一项分别代表非线性和色散。如果最后一项不存在，则图 5.133 中左右两侧的平坦曲线将向右或左延伸，一直穿过整个区域。因为方程 (5.43) 和 (5.44) 中的非线性和色散项对信号幅度的贡献为负，所以当 V_i 进入中部区域时，在图 5.133(b) 中的曲线上会出现向下的弯曲。至此，我们理解了图 5.133(b) 中曲线上存在一个"谷"的原因。从物理上看，孤子可以被限制在轻杂质区域，而不能被限制在重杂质区域，这是造成这种差异的原因。这种差异可用于颗粒介质中杂质的无损检测，以区分轻杂质和重杂质；也可用于颗粒保护层的设计[413,414]。

第 6 章 结论与展望

复杂介质的宏观热力学特性不仅依赖于各种作用的加载/卸载过程, 而且依赖于其中的稳定或缓变结构, 例如塑性变形中的位错、相变过程中的新相相畴、损伤或断裂过程中的空穴和剪切带、冲击波后的非平衡漩涡和射流等。这些结构通常涵盖了较宽广的时空尺度。理解和模拟复杂介质的宏观响应特性时, 必须考虑到其中的结构及其演变机制, 以及它们的产能和耗散方式。

复杂结构和物理场研究需要各种模型和仿真方案。对于这类典型的多尺度问题, 目前主要有两类优势互补的研究。在第一类中, 主要关注相邻尺度建模之间的桥接, 如分子动力学与有限元方法的桥接等。在第二类中, 则是首先将复杂问题进行分解, 分解到不同的尺度和角度; 根据尺度 (角度) 和在该尺度 (角度) 下起作用的主要机制来构造/选择模型; 使用相对成熟的模型和方案进行数值模拟; 相邻尺度建模与模拟之间传递的是物理参数等信息; 较小尺度模拟结果的统计拟合等向更大尺度的物理建模提供本构关系。除了微观分子动力学模型, 介观模型和宏观模型都可以进一步划分为固体模型和流体模型两大类。无论使用哪种模型和仿真工具, 得到的都是海量数据。如何对复杂数据进行分析, 筛选、提取出可靠的结构或模式等信息, 对这类研究起着至关重要的作用, 这个问题的解决方法是进一步研究的基石。

本书第 2、3 章主要介绍了建模方法, 第 4 章介绍了复杂物理场分析技术, 第 5 章则从强度、惯性和耗散三个方面对非均质材料的动态响应进行了研究。为了获得强度特性与效应, 利用分子动力学模拟微观结构的演化, 如位错、相域、均匀变形和冲击载荷下的微观孔洞; 采用物质点法模拟了冲击载荷作用下空穴的细观行为。为了获得惯性和耗散特性, 采用离散玻尔兹曼方法模拟了非平衡相变动理学过程, 采用物质点法研究了冲击作用下的多孔介质材料。研究表明, 晶体微观结构的产生和演化主要取决于局部活性区域的性质。例如, 位错往往发生在扁平八面体结构致密的区域; 微观孔洞往往出现在缺陷堆叠交叉的区域; 在相畴附近的扁平八面体结构使得相变更加容易。塌缩过程中介观孔洞的形态是由各种波系之间复杂的相互作用共同决定的。例如, 当压缩波较弱时, 孔洞可能会保持其球形结构; 当压缩波较强时, 波集中在孔洞周围, 孔洞严重变形, 甚至可能会出现射流。在相变过程中, 新相畴的增长是由相变能、表面能和内能的竞争共同决定的。例如, 在亚稳相分解过程中, 会出现更多的表面, 因此质量流和能量流所产生的非平衡效应会随着时间的推移而更加明显; 由于相变过程中的不可逆性, 熵产生速率表现出类似的行为。这两个新的观测结果可作为鉴别相变过程中失稳分解和相畴增长两个阶段的新的物理判据。在冲击作用下的多孔材料中, 由于不同的孔洞尺寸、冲击强度等, 冲击波扫过区域各孔洞所产生的旋涡和射流等具有一定的相似性, 因此, 冲击作用下多孔材料的整体响应特性具有一定的结构、模式等动理学相似性。例如, 在孔隙度和冲击强度不同的冲击过程中, 满足一定条件的温度场可能表现出相似性。基于离散玻尔兹曼方法的相分离研究所获得的认识也有助于理解金属材料在冲击下发生的结构相变。

　　复杂介质动理学模拟研究,尽管进行了这么多年,取得了如此多的进展,但问题本身的复杂性和认知发展的阶段性决定了我们现阶段研究仍然面临如下两方面的挑战:第一是如何模拟:如何把系统存在的、我们感兴趣的结构和过程客观地模拟出来?第二是如何把握:数值模拟给出的是海量数据、复杂物理场,信息量极大,如何将其中更多的特征、机制和规律提取出来?模拟方法、分析方法的局限性决定了我们目前获得的认知相对于系统本身的复杂性而言,仍然是少得可怜,绝大多数信息仍然处于沉睡和待认知状态。和计算模拟相关的注意事项 (至少) 包括:数值模拟是以在相应的尺度上物理模型有效和具备所需功能为前提的;网格大小和时间步长是以物理模型的最小有效尺度为下限的;物理建模层面的误差是无法通过算法精度的提高来弥补的。与结果分析相关的注意事项 (至少) 包括:复杂物理场往往是"横看成岭侧成峰"。

　　任何一种方法都是从一定角度和尺度对系统进行描述,这些描述合在一起,构成我们对系统行为的一个相对完备的认识。例如:在系统整体行为描述方面,传统流体力学和固体力学控制方程就是质量、动量和能量这三个守恒量的演化方程,外靠状态方程和本构方程来封闭,基于连续介质假设;DBM 控制方程是离散的玻尔兹曼方程,相当于在传统流体力学控制方程的基础上,外加了部分关系最密切的非守恒矩演化方程;不依赖连续介质假设。在流体系统的非平衡行为特征描述方面,除了在 $f - f^{eq}$ 非守恒矩张开的高维相空间 (及其子空间) 中,借助状态点到原点的距离定义的各种非平衡程度之外,Kn、黏性、热传导等也都从自己的角度描述系统的非平衡程度。对于复杂物理场描述,不同粗粒化程度的描述往往是互补的,正如"一篇报告,细节和纲要都需要"。在目前和可以预见的将来,我们并不能找到一种方法对复杂系统的信息进行完备描述,但我们总可以根据具体情况,想到一些办法,将研究逐渐推向深入。

　　从数学建模角度,DBM 与传统流体模型的典型差异就是使用离散玻尔兹曼方程取代原来的纳维-斯托克斯 (NS) 方程,但从物理建模和算法设计角度,这一取代是有"增益"的:物理性质的描述更加宽泛;性质描述具有跨尺度自适应性;易于编程。具体来说,就是:在 NS 有效的区域,相当于一个 NS + 相关热动非平衡效应的粗粒化模型;在 NS 失效的区域,相当于一个修正的 NS + 相关热动非平衡效应的粗粒化模型;在模拟方面,DBM 比修正的 NS 模拟易于编程,方便实现不同非平衡程度建模之间的切换。随着系统非平衡程度或离散程度加深,与物理功能等价的动理学宏观建模与模拟相比,DBM 建模与模拟的复杂度上升相对缓慢。在方法论层面,DBM 是非平衡统计物理学粗粒化建模理论在流体力学领域的具体应用之一,是相空间描述方法在离散玻尔兹曼方程形式下的进一步发展。它选取一个视角,研究系统的一组动理学性质,因而要求描述这组性质的动理学矩在模型简化中保值;以相关非守恒矩的独立分量等行为特征量为基,构建相空间,使用该相空间和其子空间来描述系统的非平衡行为特征;研究视角和建模精度随着研究推进而调整。借助DBM,可以更准确地描述离散程度更高、非平衡程度更高的近连续、近离散流动;可以研究流动或反应过程中不同自由度内能之间的不平衡和相互转换等 NS 模型无法给出的动理学过程 [415-423]。

　　物理学是一门实验科学。模拟或仿真结果需要直接或间接地与实验结果进行核对,并用于预测可能的新结果。由于问题的复杂性，实际研究过程中需要考虑、借助一些唯象或半唯象模型。到目前为止，所获认识都是基于对相关结构的直观理解。如何定量地架起介观结构与宏观热力学性能之间的桥梁，仍然是一个具有挑战性和开放性的问题！这涉及两个重要且互补的问题：介观结构的粗粒化建模和复杂结构系统的均匀化处理。前者与介观结构、能量关系和耗散机制的参数化有关；后者与相邻尺度之间的平均和过渡有关。这两个问题的研究需要相关领域科学家的共同努力。可喜的是，这些问题已经引起科学界和工程界的共同关注，所以可以预期：非均匀复杂介质的动态响应研究在未来一段时期将会获得长足的进展。

参 考 文 献

[1] Nemat-Nasser S, Hori M. Micromechanics: Overall Properties of Heterogeneous Materials. Oxford: Elsevier, 1999.

[2] Nesterenko V F. Dynamics of Heterogeneous Materials. New York: Springer-Verlag, 2001.

[3] 子弹飞行时的冲击波. https://mp.weixin.qq.com/s/lkegh3tK4cG5HW5FlZfWFQ. [2022-12-2].

[4] 弹道之痕 (六): 激波阻力. https://www.sohu.com/a/65238562_335714. [2022-12-2].

[5] Zukas J A, Introduction to Hydrocodes. Oxford: Elsevier, 2004.

[6] 车得福, 李会雄. 多相流及其应用. 西安: 西安交通大学出版社, 2007.

[7] 钱学森. 物理力学讲义. 上海: 上海交通大学出版社, 1960.

[8] 钱学森. 论技术科学. 科学通报, 1957, 4: 97-104.

[9] Tsien H. Physical mechanics, a new field in engineering science. J. Amer. Rocket Soc., 1953, 23: 14.

[10] 崔季平. 钱学森与物理力学. 钱学森科学贡献暨学术思想研讨会论文集, 2003: 142-145.

[11] Einstein A. Autobiographical Notes//Schilpp P A. Albert Einstein, Philosopher-Scientist. New York: Tudor Publishing Compant, 1949.

[12] 杨义峰. 如汤探冷热——热的历史与热力学第零定律. https://mp.weixin.qq.com/s/6F6m8c7-jrI3WV2sKpbxyjA.[2022-12-2].

[13] 林宗涵. 热力学与统计物理. 北京: 北京大学出版社, 2007.

[14] 沈维道, 蒋智敏, 童钧耕. 工程热力学. 北京: 高等教育出版社, 1982.

[15] 徐祖耀, 李麟. 金属材料热力学. 北京: 科学出版社, 2005.

[16] 陈光旨. 热力学统计物理基础. 桂林: 广西师范大学出版社, 1989.

[17] Prigogine I. Introduction to Thermodynamics of Irreversible Processes. New York: Wisley-Interscience, 1967.

[18] Rysselberghe P. Thermodynamics of Irreversible Processes. Paris: Hermann, 1963.

[19] Michael J. Engineering Thermodynamics. Boca Raton: CRC Press LLC, 1999.

[20] 艾树涛. 非平衡热力学概论. 北京: 清华大学出版社, 2017.

[21] 李如生. 非平衡态热力学和耗散结构. 北京: 清华大学出版社, 1986.

[22] 翟玉春. 非平衡态热力学. 北京: 科学出版社, 2017.

[23] 尼科利斯, 普里戈京. 非平衡系统的自组织. 徐锡申, 陈式刚, 王光瑞, 陈雅深, 译. 北京: 科学出版社, 1986.

[24] 瑞利-贝纳德对流. https://www.zhihu.com/question/21672213.[2022-12-2].

[25] 隐生宙. 有什么证据证明太阳不能有生物生存? https://www.sohu.com/a/8468499_114810. [2022-12-2].

[26] Balescu R. Equilibrium and Nonequilibrium Statistical Mechanics. New York: Wisley-Interscience, 1975.

[27] Balescu R. 平衡和非平衡统计力学 (上册, 下册). 陈光旨, 吴宝路, 张奎, 安庆吉, 译. 桂林: 广西师范大学出版社, 1987.

[28] 陈式刚. 非平衡统计力学. 北京: 科学出版社, 2010.

[29] 黄祖洽, 丁鄂江. 输运理论. 北京: 科学出版社, 2008.

[30] 沈惠川. 统计力学. 合肥: 中国科学和技术大学出版社, 2011.

[31] 苏汝铿. 统计物理学. 北京: 高等教育出版社, 2004.

[32] Xu A, Zhang G, Ying Y, et al. Complex fields in heterogeneous materials under shock: modeling, simulation and analysis. Sci. China-Phys. Mech. Astron., 2016, 59: 650501.

[33] Alder B, Wainwright T. Phase transition for a hard sphere system. J. Chem. Phys., 1957, 27: 1208.

[34] Alder B, Wainwright T. Studies in molecular dynamics. I. general method. J. Chem. Phys., 1959, 31: 459.

[35] Rahman A. Correlations in the motion of atoms in liquid argon. Phys. Rev., 1964, 136: A405-A411.

[36] Rahman A, Stillinger F H. Molecular dynamics study of liquid water. J. Chem. Phys., 1971, 55: 3336.

[37] Ryckaert J, Ciccotti G, Berendsen H. Numerical integration of the cartesian equations of motion of a system with constraints: molecular dynamics of n-alkanes. J. Comput. Phys., 1977, 23: 327.

[38] van Gunsteren W, Berendsen H. Algorithms for macromolecular dynamics and constraint dynamics. Mol. Phys., 1977, 34: 1311.

[39] Andersen H. Molecular dynamics simulations at constant pressure and/or temperature. J. Chem. Phys., 1980, 72: 2384-2393.

[40] Parrinello M, Rahman A. Crystal structure and pair potentials: a molecular-dynamics study. Physical Review Letter, 1980, 45: 1196.

[41] Gillan M, Dixon M. The calculation of thermal conductivities by perturbed molecular dynamics simulation. J. Phys. C, 1983, 16: 869-878.

[42] Ashurst W, Hoover W. Argon shear viscosity via a Lennard-Jones potential with equilibrium and nonequilibrium molecular dynamics. Physical Review Letter, 1973, 31: 206.

[43] Evans D, Streett W. Transport properties of homonuclear diatomics. Mol. Phys., 1978, 36(1): 161-176.

[44] Evans D. The frequency dependent shear viscosity of methane. Molecular Physics, 1979, 37(6): 1745-1754.

[45] Evans D. Rheological properties of simple fluids by computer simulation. Physical Review A, 1981, 23: 1988.

[46] Evans D. Homogeneous NEMD algorithm for thermal conductivity—application of non-canonical linear response theory. Physics Letters A, 1982, 91(9): 457-460.

[47] Berendsen H, Postma J, van Gunsteren W, et al. Molecular dynamics with coupling to an external bath. J. Chem. Phys., 1984, 81: 3684.

[48] Nose S. A unified formulation of the constant temperature molecular dynamics methods. J. Chem. Phys., 1984, 81: 511.

[49] Hoover W. Canonical dynamics: equilibrium phase-space distributions. Physical Review A, 1985, 31: 1695.

[50] Car R, Parrinello M. Unified approach for molecular dynamics and density-functional theory. Physical Review Letter, 1985, 55: 2471.

[51] Galli G, Parrinello M. Computer simulation in materials science. NATO ASI Series E: Applied Sciences, 1991: 560.

[52] Cagin T, Montgomery Pettitt B. Grand molecular dynamics: a method for open systems. Molecular Simulation, 1991, 6: 5-26.

[53] Daw M, Baskes M. Embedded-atom method: derivation and application to impurities, surfaces, and other defects in metals. Phys. Rev. B, 1984, 29: 6443-6453.

[54] Harrison R, Voter A, Chen S. Atomistic Simulation of Materials. New York: Plenum Press, 1989: 219-222.

[55] 卢果, 方步青, 张广财, 等. 有限温度下位错环的脱体现象. 物理学报, 2009, 58(11): 7934-7946.

[56] 谢锡麟. 现代张量分析及其在连续介质力学中的应用. 上海: 复旦大学出版社, 2014.

[57] 黄筑平. 连续介质力学基础. 2 版. 北京: 高等教育出版社, 2012.

[58] 尹祥础. 固体力学. 北京: 地震出版社, 2011.

[59] 李海阳. 固体力学原理. 北京: 国防工业出版社, 2016.

[60] 王仁, 黄文彬, 黄筑平. 塑性力学引论. 北京: 北京大学出版社, 1992.

[61] Auricchio F, da Veiga L. On a new integration scheme for von-Mises plasticity with linear hardening. Int. J. Numer. Meth. Eng., 2003, 56: 1375-1396.

[62] 张雄, 廉艳平, 刘岩, 等. 物质点法. 北京: 清华大学出版社, 2013.

[63] Harlow F. Methods for Computational Physics. New York: Academic Press, 1964.

[64] Burgess D, Sulsky D, Brackbill J. Mass matrix formulation of the FLIP particle-in-cell method. J. Comput. Phys., 1992, 103: 1-15.

[65] Bardenhagen S, Brackbill J, Sulsky D. The material-point method for granular materials. Comput. Methods Appl. Mech. Eng., 2000, 187: 529-541.

[66] Guo Y, Nairn J. Three-dimensional dynamic fracture analysis using the material point method. Computer Modeling in Engineering & Sciences, 2006, 1: 11-25.

[67] Daphalapurkar N, Lu H, Coker D, et al. Simulation of dynamic crack growth using the generalized interpolation material point (GIMP) method. Int. J. Fract, 2007, 143: 79-102.

[68] Xu A, Pan X, Zhang G, et al. Material-point simulation of cavity collapse under shock. J. Phys: Condens Matter, 2007, 19: 326212.

[69] Pan X, Xu A, Zhang G, et al. Three-dimensional multi-mesh material point method for solving collision problems. Commun. Theor. Phys., 2008, 49: 1129-1138.

[70] Pan X, Xu A, Zhang G, et al. Generalized interpolation material point approach to high melting explosive with cavities under shock. J. Phys. D: Appl. Phys., 2008, 41: 015401.

[71] Liu M, Liu G. Smoothed particle hydrodynamics (SPH): an overview and recent developments. Arch. Computat. Methods Eng., 2010, 17: 25-76.

[72] Ma S, Zhang X, Qiu X. Comparison study of MPM and SPH in modeling hypervelocity impact problems. Int. J. Impact Engineering, 2009, 36: 272-282.

[73] Cundall P. A computer model for simulating progressive large-scale movements in blocky rock systems. Proc. Int. Symp. on Rock Fracture, 1971, 1: 11-18.

[74] 王泳嘉, 邢纪波. 离散单元法及其在岩土力学中的应用. 沈阳: 东北大学出版社, 1991.

[75] Yu A. Discrete element method: an effective way for particle scale research of particulate matter. Engineering Computations, 2004, 21: 205-214.

[76] 吴望一. 流体力学 (上册, 下册). 北京: 北京大学出版社, 2013.

[77] 刘沛清. 流体力学通论. 北京: 科学出版社, 2017.

[78] 王洪伟. 我所理解的流体力学. 北京: 国防工业出版社, 2016.

[79] 普朗特. 流体力学概论. 郭永怀, 陆士嘉, 译. 北京: 科学出版社, 1981.

[80] 许爱国, 张广财, 应阳君. 燃烧系统的离散 Boltzmann 建模与模拟研究进展. 物理学报, 2015, 64: 184701.

[81] Kyzas G Z, Mitropoulos A C. Chapter 2 in Kinetic Theory//Xu A, Zhang G, Zhang Y. Discrete Boltzmann Modeling of Compressible Flows. Croatia: InTech, 2018.

[82] 许爱国, 陈杰, 宋家辉, 等. 多相流系统的离散玻尔兹曼研究进展. 空气动力学报, 2021, 39(3): 138-169.

[83] 许爱国, 宋家辉, 陈锋, 等. 基于相空间的复杂物理场建模与分析方法. 计算物理, 2021, 38(6): 631-660.

[84] 许爱国, 单奕铭, 陈锋, 等. 燃烧多相流的介尺度动理学建模研究进展. 航空学报, 2021, 42(12): 625842.

[85] Barry M, McCoy. Advanced Statistical Mechanics. Oxford: Oxford University Press, 2010.

[86] Lee Z, Yang C. Statistical theory of equations of state and phase transition. II. lattice gas and Ising model. Physical Review, 1952, 87: 410.

[87] 聂小波. 模拟可压缩流体的二维格子气模型. 北京: 应用物理与计算数学研究所, 1988.

[88] Chopard B, Droz M. Cellular Automata Modeling of Physical Systems. Cambridge: Cambridge University Press, 1998.

[89] Frisch U, Hasslacher B, Pomeau Y. Lattice-gas automata for the Navier-Stokes equation. Physical Review Letter, 1986, 56(14): 1505.

[90] Sauro S. The Lattice Boltzmann Equation for Fluid Dynamics and Beyond. Oxford: Oxford University Press, 2001.

[91] 郭照立, 郑楚光, 李青, 等. 流体动力学的格子 Boltzmann 方法. 武汉: 湖北科学技术出版社, 2002.

[92] 何雅玲, 王勇, 李庆. 格子 Boltzmann 方法的理论及应用. 北京: 科学出版社, 2009.

[93] Huang H, Sukop M, Lu X. Multiphase Lattice Boltzmann Methods: Theory and Application. New Jersey: Wiley-Blackwell, 2015.

[94] Xu A, Zhang G, Gan Y, et al. Lattice Boltzmann modeling and simulation of compressible flows. Frontiers of Physics, 2012, 7: 582-600.

[95] 许爱国, 张广财, 李英骏, 等. 非平衡与多相复杂系统模拟研究——Lattice Boltzmann 动理学理论与应用. 物理学进展, 2014, 34: 136-167.

[96] Dong Y, Zhang G, Xu A, et al. Cellular automata model for elastic solid material. Commun. Theor. Phys., 2013, 59: 59-67.

[97] Marconi S. Mesoscopical Modelling of Complex Systems. Genèva: Université de Genèva, 2003.

[98] Lin Z, Fang H, Xu J, et al. Lattice Boltzmann model for photonic band gap materials. Physical Review E, 2003, 67: 025701.

[99] Xiao S. A lattice Boltzmann method for shock wave propagation in solids. Commun. Numer. Meth. Eng., 2007, 23: 71.

[100] Lin C, Xu A, Zhang G, et al. Double-distribution-function discrete Boltzmann model for combustion. Combustion and Flame, 2016, 164: 137-151.

[101] Zhang Y, Xu A, Zhang G, et al. Kinetic modeling of detonation and effects of negative temperature coefficient. Combustion and Flame, 2016, 173: 483-492.

[102] Lin C, Xu A, Zhang G, et al. Polar-coordinate lattice Boltzmann modeling of compressible flows. Physical Review E, 2014, 89: 013307.

[103] Xu A, Lin C, Zhang G, et al. Multiple-relaxation-time lattice Boltzmann kinetic model for combustion. Physical Review E, 2015, 91: 043306.

[104] Zhang Y, Xu A, Zhang G, et al. Discrete ellipsoidal statistical BGK model and Burnett equations. Frontiers of Physics, 2018, 13(3): 135101.

[105] Lai H, Xu A, Zhang G, et al. Non-equilibrium thermohydrodynamic effects on the Rayleigh-Taylor instability in compressible flows. Physical Review E, 2016, 94: 023106.

[106] Gan Y, Xu A, Zhang G, et al. Discrete Boltzmann modeling of multiphase flows: hydrodynamic and thermodynamic nonequilibrium effects. Soft Matter, 2015, 11: 5336-5345.

[107] Zhang Y, Xu A, Gan Y, et al. Entropy production in thermal phase separation: a kinetic-theory approach. Soft Matter, 2019, 15: 2245-2259.

[108] Chen F, Xu A, Zhang G. Viscosity, heat conductivity, and Prandtl number effects in the Rayleigh-Taylor Instability. Frontiers of Physics, 2016, 11(6): 114703.

[109] Chen F, Xu A, Zhang G. Collaboration and competition between Richtmyer-Meshkov instability and Rayleigh-Taylor instability. Physics of Fluids, 2018, 30: 102105.

[110] Gan Y, Xu A, Zhang G, et al. Nonequilibrium and morphological characterizations of Kelvin-Helmholtz instability in compressible flows. Front. Phys., 2019, 14(4): 43602.

[111] Zhang Y, Xu A, Zhang G, et al. Discrete Boltzmann method for non-equilibrium flows: based on Shakhov model. Computer Physics Communications, 2019, 238: 50-65.

[112] Chen F, Xu A, Zhang Y, et al. Morphological and non-equilibrium analysis of coupled Rayleigh-Taylor-Kelvin-Helmholtz instability. Physics of Fluids, 2020, 32: 104111.

[113] Ye H, Lai H, Li D, et al. Knudsen number effects on two-dimensional Rayleigh-Taylor instability in compressi-ble fluid: based on a discrete Boltzmann method. Entropy, 2020, 22(5): 500.

[114] Chen L, Lai H, Lin C, et al. Specific heat ratio effects of compressible Rayleigh-Taylor instability studied by discrete Boltzmann method. Frontiers of Physics, 2021, 16(5): 52500.

[115] Zhang Y, Xu A, Qiu J, et al. Kinetic modeling of multiphase flow based on simplified Enskog equation. Frontiers of Physics, 2020, 15(6): 62503.

[116] Liu Z, Song J, Xu A, et al. Discrete Boltzmann modeling of plasma shock wave. Proceedings of the Institution of Mechanical Engineers, Part C: Journal of Mechanical Engineering Science, April 2022, doi:10.1177/09544062221075943.

[117] Zhang D, Xu A, Zhang Y, et al. Two-fluid discrete Boltzmann model for compressible flows: based on ellipsoidal statistical Bhatnagar-Gross-Krook. Phys. Fluids, 2020, 32: 126110.

[118] Gan Y, Xu A, Zhang G, et al. Discrete Boltzmann trans-scale modeling of high-speed compressible flows. Physical Review E, 2018, 97: 053312.

[119] 陈伟芳, 赵文文. 稀薄气体动力学矩方法及数值模拟. 北京: 科学出版社, 2017.

[120] 维塞特 W G, 小克鲁格 G H. 物理气体动力学引论. 物理气体动力学引论翻译组, 译. 北京: 科学出版社, 1978.

[121] Chapman S, Cowling T G, Burnett D. The Mathematical Theory of Non-uniform Gases: An Account of the Kinetic Theory of Viscosity, Thermal Conduction and Diffusion in Gases. Cambridge: Cambridge University Press, 1990.

[122] 沈青. 稀薄气体动力学. 北京: 国防工业出版社, 2003.

[123] Wu L, White C, Scanlon T, et al. Deterministic numerical solutions of the Boltzmann equation using the fast spectral method. Journal of Computational Physics, 2013, 250: 27-52.

[124] Bird G A. Molecular Gas Dynamics and the Direct Simulation of Gas Flows. Oxford: Clarendon Press, 1994.

[125] Koura K, Matsumoto H. Variable soft sphere molecular model for inverse-power-law or Lennard-Jones potential. Physics of Fluids A: Fluid Dynamics, 1991, 3(10): 2459-2465.

[126] Bhatnagar P, Gross E, Krook M. A model for collision processes in gases. I. Small amplitude processes in charged and neutral one-component systems. Physical Review, 1954, 94(3): 511-525.

[127] Holway Jr L H. New statistical models for kinetic theory: methods of construction. The Physics of Fluids, 1966, 9(9): 1658-1673.

[128] Shakhov E. Generalization of the Krook kinetic relaxation equation. Fluid Dynamics, 1968, 3(5): 95-96.

[129] Rykov V. Model kinetic equation of a gas with rotational degrees of freedom. Fluid Dynamic, 1975, 10:959-966.

[130] Liu G. A method for constructing a model form for the Boltzmann equation. Physics of Fluids A: Fluid Dynamics, 1990, 2(2): 277-280.

[131] 许爱国. 冲击与爆轰相关的非平衡复杂流动研究. 爆炸科学与技术国家重点实验室学术年会暨第十二届全国强动载效应及防护学术会议, 2021. https://www.koushare.com/video/videodetail/20173. [2022-12-2].

[132] Karniadakis G E, Beskok A. Micro Flows: Fundamentals and Simulation. Berlin: Springer-Verlag, 2006.

[133] Guo Z, Shi B, Zheng C G. An extended Navier-Stokes formulation for gas flows in the Knudsen layer near a wall. EPL (Europhysics Letters), 2007, 80(2): 24001.

[134] Stops D. The mean free path of gas molecules in the transition regime. Journal of Physics D: Applied Physics, 1970, 3(5): 685.

[135] Watari M, Tsutahara M. Two-dimensional thermal model of the finite-difference lattice Boltzmann method with high spatial isotropy. Physical Review E, 2003, 67(3): 036306.

[136] Watari M. Velocity slip and temperature jump simulations by the three-dimensional thermal finitedifference lattice Boltzmann method. Physical Review E, 2009, 79(6): 066706.

[137] Zhang Y, Xu A, Zhang G, et al. Discrete Boltzmann method with Maxwell-type boundary condition for slip flow. Communications in Theoretical Physics, 2018, 69(1): 77.

[138] Sone Y. Molecular Gas Dynamics: Theory, Techniques, and Applications. Boston: Birkhauser, 2007.

[139] Onishi Y. A rarefied gas flow over a flat wall. Bulletin of University of Osaka Prefecture, Series A, Engineering and Natural Sciences, 1974, 22(2): 91-99.

[140] Hadjiconstantinou N. Comment on Cercignani's second-order slip coefficient. Physics of Fluids, 2003, 15(8): 2352-2354.

[141] Zhang Y, Xu A, Chen F, et al. Non-equilibrium characteristics of mass and heat transfers in the slip flow. AIP advances, 2022, 12: 035347.

[142] Colin S, Lalonde P, Caen R. Validation of a second-order slip flow model in rectangular microchannels. Heat Transfer Engineering, 2004, 25: 23-30.

[143] Struchtrup H. Macroscopic Transport Equations for Rarefied Gas Flows. Berlin, Heidelberg: Springer, 2005: 145-160.

[144] Zheng Y, Struchtrup H. Burnett equations for the ellipsoidal statistical BGK model. Continuum Mechanics and Thermodynamics, 2004, 16(1-2): 97-108.

[145] Xu K. A gas-kinetic BGK scheme for the Navier-Stokes equations and its connection with artificial dissipation and Godunov method. Journal of Computational Physics, 2001, 171(1): 289-335.

[146] Woodward P, Colella P. The numerical simulation of two-dimensional fluid flow with strong shocks. Journal of Computational Physics, 1984, 54(1): 115-173.

[147] Shan X, Yuan X F, Chen H. Kinetic theory representation of hydrodynamics: a way beyond the Navier–Stokes equation. Journal of Fluid Mechanics, 2006, 550: 413-441.

[148] Meng J, Zhang Y, Hadjiconstantinou N G, et al. Lattice ellipsoidal statistical BGK model for thermal non-equilibrium flows. Journal of Fluid Mechanics, 2013, 718: 347-370.

[149] Watari M. Is the lattice boltzmann method applicable to rarefied gas flows? Comprehensive evaluation of the higher-order models. Journal of Fluids Engineering, 2016, 138(1): 011202.

[150] Manela A, Hadjiconstantinou N. Gas-flow animation by unsteady heating in a microchannel. Physics of Fluids, 2010, 22(6): 062001.

[151] Homolle T, Hadjiconstantinou N. Low-variance deviational simulation Monte Carlo. Physics of Fluids, 2007, 19(4): 041701.

[152] Homolle T, Hadjiconstantinou N. A low-variance deviational simulation Monte Carlo for the Boltzmann equation. Journal of Computational Physics, 2007, 226(2): 2341-2358.

[153] Radtke G A, Hadjiconstantinou N G, Wagner W. Low-noise Monte Carlo simulation of the variable hard sphere gas. Physics of fluids, 2011, 23(3): 030606.

[154] Shankar P N, Deshpande M D. Fluid mechanics in the driven cavity. Annual Review of Fluid Mechanics, 2000, 32(1): 93-136.

[155] John B, Gu X J, Emerson D R. Effects of incomplete surface accommodation on non-equilibrium heat transfer in cavity flow: a parallel DSMC study. Computers & Fluids, 2011, 45(1): 197-201.

[156] Huang J C, Xu K, Yu P. A unified gas-kinetic scheme for continuum and rarefied flows II: multidimensional cases. Communications in Computational Physics, 2012, 12(3): 662-690.

[157] Hasegawa H, Fujimoto M, Phan T D, et al. Transport of solar wind into Earth's magnetosphere through rolled-up Kelvin–Helmholtz vortices. Nature, 2004, 430(7001): 755.

[158] Hurricane O, Hansen J, Robey H, et al. A high energy density shock driven Kelvin–Helmholtz shear layer experiment. Physics of Plasmas, 2009, 16(5): 056305.

[159] Wang L, Ye W, Li Y. Combined effect of the density and velocity gradients in the combination of Kelvin–Helmholtz and Rayleigh–Taylor instabilities. Physics of Plasmas, 2010, 17(4): 042103.

[160] Hurricane O. Design for a high energy density Kelvin–Helmholtz experiment. High Energy Density Physics, 2008, 4(3-4): 97-102.

[161] Gan Y, Xu A, Zhang G, et al. Lattice Boltzmann study on Kelvin-Helmholtz instability: roles of velocity and density gradients. Physical Review E, 2011, 83(5): 056704.

[162] 许爱国. 复杂流动的粗粒化物理建模: 从元胞自动机到离散波尔兹曼. 京师物理, 2018. https://mp.weixin.qq.com/s/zxq7TayUH-JuspgqzwpC8A. [2022-12-2].

[163] Xu A. Note on DBM for Non-Equilibrium Flows. Flows: Physics and Beyond, CFDPM (2018)1002, 2018. https://mp.weixin.qq.com/s/WdtPUvhegckQn88KJUMy7g. [2022-12-2].

[164] 许爱国. DBM 建模与模拟的几个问题. 风流知音, CFDPM (2018) 1043, 2018. https://mp.weixin.qq.com/s/hSsNKOk8m8aUcm3vSSO9mw. [2022-12-2].

[165] Ju Y. Recent progress and challenges in fundamental combustion research. Adv. Mech., 2014, 44: 201402.

[166] Chapman D. On the rate of explosion in gases. Philosophical Magazine, 1899, 47: 90.

[167] Jouguet E. Sur la propagation des réactions chimiques dans les gaz. Journal de Mathématiques Pures et Appliquées, 1905, 1: 347.

[168] Zeldovich Y. On the theory of the propagation of detonation in gaseous systems. Journal of Experimental and Theoretical Physics, 1940, 10: 542.

[169] von Neumann J. Theory of Detonation Waves. New York: Macmillan, 1942.

[170] Doering W. On detonation processes in gases. Ann. Phys., 1943, 43: 421.

[171] Chu S, Majumdar A. Opportunities and challenges for a sustainable energy future. Nature, 2012, 488: 294.

[172] Jangsawang W, Fungtammasan B, Kerdsuwan S. Effects of operating parameters on the combustion of medical waste in a controlled air incinerator. Energ. Convers. Manage., 2005, 46: 3137.

[173] Schott G. Observations of the structure of spinning detonation. Phys. Fluids, 1965, 8: 850.

[174] Bykovskii F, Zhdan S, Vedernikov E. Continuous spin detonations. Journal of Propulsion and Power, 2006, 22: 1204.

[175] Ju Y, Maruta K. Microscale combustion: technology development and fundamental research. Progress in Energy and Combustion Science, 2011, 37: 669.

[176] Fernandez-Pello A C. Micropower generation using combustion: issues and approaches. Proceedings of the Combustion Institute, 2002, 29: 883.

[177] Sabourin J L, Dabbs D M, Yetter R A, et al. Functionalized graphene sheet colloids for enhanced fuel/propellant combustion. ACS Nano, 2009, 3: 3945.

[178] Ohkura Y, Rao P, Zheng X. Flash ignition of Al nanoparticles: mechanism and applications. Combust. Flame, 2011, 158: 2544.

[179] Dec J. Advanced compression-ignition engines—understanding the in-cylinder processes. Proc. Combust. Inst., 2009, 32: 2727.

[180] Starikovskiy A, Aleksandrov N. Plasma-assisted ignition and combustion. Progress in Energy and Combustion Science, 2012, 39: 61.

[181] Uddi M, Jiang N, Mintusov E, et al. Atomic oxygen measurements in air and air/fuel nanosecond pulse discharges by two photon laser induced fluorescence. Proceedings of the Combustion Institute, 2009, 32: 929.

[182] Sun W, Chen Z, Gou X, et al. A path flux analysis method for the reduction of detailed chemical kinetic mechanisms. Combust. Flame, 2010, 157: 1298.

[183] Ombrello T, Qin X, Ju Y, et al. Combustion enhancement via stabilized piecewise nonequilibrium gliding arc plasma discharge. AIAA Journal, 2006, 44: 142.

[184] Won S H, Windom B, Jiang B, et al. The role of low temperature fuel chemistry on turbulent flame propagation. Combust. Flame, 2014, 161: 475.

[185] Sun W, Uddi M, Won S H, et al. Kinetic effects of non-equilibrium plasma-assisted methane oxidation on diffusion flame extinction limits. Combust. Flame, 2012, 159: 221.

[186] Sun W, Ju Y. Nonequilibrium plasma-assisted combustion: a review of recent progress. J. Plasma Fusion Res., 2013, 89: 208.

[187] Fickett W, Davis W C. Detonation: Theory and Experiment. New York: Dover PubLications, 2000.

[188] Chen Z. Studies on the Initiation, Propagation, and Extinction of Premixed Flames. Princeton: Princeton University, 2009.

[189] Dai P, Chen Z, Chen S, et al. Numerical experiments on reaction front propagation in n-heptane/air mixture with temperature gradient. Proc. Combust. Inst., 2015, 35: 3045.

[190] Yu H, Han W, Santner J, et al. Radiation-induced uncertainty in laminar flame speed measured from propagating spherical flames. Combust. Flame, 2014, 161: 2815.

[191] Bai B, Chen Z, Zhang H, et al. Flame propagation in a tube with wall quenching of radicals. Combust. Flame, 2013, 160: 2810.

[192] Ren Z, Lu Z, Hou L, et al. Numerical simulation of turbulent combustion: scientific challenges. Sci. China-Phys. Mech. Astron., 2014, 57: 1495.

[193] 黄雪峰, 李盛姬, 周东辉, 等. 介观尺度下活性炭微粒的光镊捕捉, 点火和扩散燃烧特性研究. 物理学报, 2014, 63: 178802.

[194] 杨晋朝, 夏智勋, 胡建新. 镁颗粒群着火和燃烧过程数值模拟. 物理学报, 2013, 62: 074701.

[195] 施研博, 应阳君, 李金鸿. 粒子的慢化过程对 D-T 等离子体聚变燃烧的影响. 物理学报, 2007, 56: 6911.

[196] 龚学余, 石秉仁, 龙勇兴. 高性能自持燃烧的氘氚等离子体. 物理学报, 2003, 52: 896.

[197] Benzi R, Succi S, Vergassola M. The lattice Boltzmann equation: theory and applications. Physics Reports, 1992, 222: 145.

[198] Succi S. The Lattice Boltzmann Equation for Fluid Dynamics and Beyond. New York: Oxford University Press, 2001.

[199] Succi S, Karlin I V, Chen H. Colloquium: role of the H theorem in lattice Boltzmann hydrodynamic simulations. Rev. Mod. Phys., 2002, 74: 1203.

[200] Chen H, Kandasamy S, Orszag S, et al. Extended Boltzmann kinetic equation for turbulent flows. Science, 2003, 301: 633.

[201] Succi S, Bella G, Papetti F. Lattice kinetic theory for numerical combustion. Journal of Scientific Computing, 1997, 12(4): 395-408.

[202] Filippova O, Haenel D. Lattice-BGK model for low Mach number combustion. International Journal of Modern Physics C, 1998, 9(8): 1439-1445.

[203] Filippova O, Haenel D. A novel lattice BGK approach for low Mach number combustion. Journal of Computational Physics, 2000, 158(2): 139-160.

[204] Filippova O, Haenel D. A novel numerical scheme for reactive flows at low mach numbers. Computer Physics Communications, 2000, 129(1-3): 267-274.

[205] Yu H, Luo L, Girimaji S. Scalar mixing and chemical reaction simulations using lattice Boltzmann method. International Journal of Computational Engineering Science, 2002, 3(1): 73-87.

[206] Yamamoto K, He X, Doolen G. Simulation of combustion field with lattice Boltzmann method. Journal of Statistical Physics, 2002, 107(1-2): 367-383.

[207] Yamamoto K. LB simulation on combustion with turbulence. International Journal of Modern Physics B, 2003, 17: 197-200.

[208] Yamamoto K, Takada N, Misawa M. Combustion simulation with Lattice Boltzmann method in a three-dimensional porous structure. Proceedings of the Combustion Institute, 2005, 30(1): 1509-1515.

[209] Lee T, Lin C, Chen L. A lattice Boltzmann algorithm for calculation of the laminar jet diffusion flame. Journal of Computational Physics, 2006, 215(1): 133-152.

[210] Chiavazzo E, Karlin I, Gorban A, et al. Coupling of the model reduction technique with the lattice Boltzmann method for combustion simulations. Combustion and Flame, 2010, 157(10): 1833-1849.

[211] Chen S, Liu Z, Zhang C, et al. A novel coupled lattice Boltzmann model for low Mach number combustion simulation. Applied Mathematics and Computation, 2007, 193(1): 266-284.

[212] Chen S, Liu Z, Tian Z, et al. A simple lattice Boltzmann scheme for combustion simulation. Computers & Mathematics with Applications, 2008, 55(7): 1424-1432.

[213] Chen S, Krafczyk M. Entropy generation in turbulent natural convection due to internal heat generation. International Journal of Thermal Sciences, 2009, 48(10): 1978-1987.

[214] Chen S. Analysis of entropy generation in counter-flow premixed hydrogen–air combustion. International Journal of Hydrogen Energy, 2010, 35(3): 1401-1411.

[215] Chen S, Li J, Han H, et al. Effects of hydrogen addition on entropy generation in ultra-lean counter-flow methane-air premixed combustion. International Journal of Hydrogen Energy, 2010, 35(8): 3891-3902.

[216] Chen S, Han H, Liu Z, et al. Analysis of entropy generation in non-premixed hydrogen versus heated air counter-flow combustion. International Journal of Hydrogen Energy, 2010, 35(10): 4736-4746.

[217] Chen S, Zheng C. Counterflow diffusion flame of hydrogen-enriched biogas under MILD oxy-fuel condition. International Journal of Hydrogen Energy, 2011, 36(23): 15403-15413.

[218] Chen S, Mi J, Liu H, et al. First and second thermodynamic-law analyses of hydrogen-air counter-flow diffusion combustion in various combustion modes. International Journal of Hydrogen Energy, 2012, 37(6): 5234-5245.

[219] 孙锦山, 朱建士. 理论爆轰物理. 北京: 国防工业出版社, 1995.

[220] Cochran S, Chan J. Shock initiation and detonation models in one and two dimensions. Lawrence Livermore National Laboratory Report UCID-18024, 1979.

[221] Lee E, Tarver C. Phenomenological model of shock initiation in heterogeneous explosives. The Physics of Fluids, 1980, 23(12): 2362-2372.

[222] Gou X, Sun W, Chen Z, et al. A dynamic multi-timescale method for combustion modeling with detailed and reduced chemical kinetic mechanisms. Combustion and Flame, 2010, 157(6): 1111-1121.

[223] Pan X, Xu A, Zhang G, et al. Lattice Boltzmann approach to high-speed compressible flows. International Journal of Modern Physics C, 2007, 18(11): 1747-1764.

[224] Gan Y, Xu A, Zhang G, et al. Two-dimensional lattice Boltzmann model for compressible flows with high Mach number. Physica A: Statistical Mechanics and its Applications, 2008, 387(8-9): 1721-1732.

[225] Chen F, Xu A, Zhang G, et al. Multiple-relaxation-time lattice Boltzmann approach to compressible flows with flexible specific-heat ratio and Prandtl number. EPL (Europhysics Letters), 2010, 90(5): 54003.

[226] Chen F, Xu A, Zhang G, et al. Multiple-relaxation-time Lattice Boltzmann approach to Richtmyer-Meshkov instability. Communications in Theoretical Physics, 2011, 55: 325-334.

[227] Gan Y, Xu A, Zhang G, et al. Lattice BGK kinetic model for high-speed compressible flows: hydrodynamic and nonequilibrium behaviors. EPL (Europhysics Letters), 2013, 103(2): 24003.

[228] Chen F, Xu A, Zhang G, et al. Flux limiter Lattice Boltzmann for compressible flows. Communications in Theoretical Physics, 2011, 56(2): 333-338.

[229] Chen F, Xu A, Zhang G, et al. Prandtl number effects in MRT lattice Boltzmann models for shocked and unshocked compressible fluids. Theoretical and Applied Mechanics Letters, 2011, 1(5): 052004.

[230] Gan Y, Xu A, Zhang G, et al. Flux limiter Lattice Boltzmann scheme approach to compressible flows with flexible specific-heat ratio and Prandtl number. Communications in Theoretical Physics, 2011, 56(3): 490-498.

[231] Yan B, Xu A, Zhang G, et al. Lattice Boltzmann model for combustion and detonation. Frontiers of Physics, 2013, 8: 94-110.

[232] Lin C, Xu A, Zhang G, et al. Polar coordinate Lattice Boltzmann kinetic modeling of detonation phenomena. Commun. Theor. Phys., 2014, 62: 737-748.

[233] Xu A, Zhang G, Zhang Y, et al. Discrete Boltzmann model for implosion and explosion related compressible flow with spherical symmetry. Frontiers of Physics, 2018, 13(5): 135102.

[234] Xu A, Zhang G, Li H, et al. Temperature pattern dynamics in shocked porous materials. Sci. China: Phys. Mech. Astron., 2010, 53(8): 1466-1474.

[235] Lin C, Luo K, Fei L, et al. A multi-component discrete Boltzmann model for nonequilibrium reactive flows. Scientific Reports, 2017, 7: 14580.

[236] Zhang Y, Xu A, Zhang G, et al. A One-dimensional discrete Boltzmann model for detonation and an abnormal detonation phenomenon. Commun. Theor. Phys., 2019, 71: 117-126.

[237] Lin C, Luo K. Mesoscopic simulation of nonequilibrium detonation with discrete Boltzmann method. Combustion and Flame, 2018, 198: 356-362.

[238] Lin C , Luo K. MRT discrete Boltzmann method for compressible exothermic reactive flows. Computers and Fluids, 2018, 166: 176-183.

[239] Lin C, Luo K. Discrete Boltzmann modeling of unsteady reactive flows with nonequilibrium effects. Physical Review E, 2019, 99: 012142.

[240] Lin C, Luo K. Kinetic simulation of unsteady detonation with thermodynamic nonequilibrium effects. Combustion, Explosion, and Shock Waves, 2020, 56: 435-443.

[241] Ng H D, Radulescu M I, Higgins A J, et al. Numerical investiga-tion of the instability for one-dimensional Chapman–Jouguet detonations with Chain-Branching kinetics. Combustion Theory and Modelling, 2005, 9(3): 385-401.

[242] Lin C, Su X, Zhang Y. Hydrodynamic and thermodynamic nonequilibrium effects around shock waves: based on a discrete Boltzmann method. Entropy, 2020, 22(12): 1397.

[243] Ji Y, Lin C, Luo K. Three-dimensional multiple-relaxation-time discrete Boltzmann model of com-pressible reactive flows with nonequilibrium effects. AIP Advances, 2021, 11(4): 045217.

[244] Andries P, Aoki K, Perthame B. A consistent BGK-type model for gas mixtures. Journal of Statistical Physics, 2002, 106(5-6): 993-1018.

[245] Haack J R, Hauck C D, Murillo M S. A Conservative, entropic multispecies BGK model. Journal of Statistical Physics, 2017, 168(9): 1-31.

[246] Craxton R, Anderson K, Boehly T, et al. Direct-drive inertial confinement fusion: a review. Physics of Plasmas, 2015, 22(11): 110501.

[247] Betti R, Hurricane O. Inertial-confinement fusion with lasers. Nature Physics, 2016, 12(5): 435-448.

[248] Jukes J. The structure of a shock wave in a fully ionized gas. Journal of Fluid Mechanics, 1957, 3(3): 275-285.

[249] Jaffrin M Y, Probstein R F. Structure of a plasma shock wave. Physics of Fluids, 1964, 7(10): 1658-1674.

[250] Spitzer L. Physics of Fully Ionized Gases. New York: Interscience Publishers Inc., 1956.

[251] Braginskii S. Transport Processes In A Plasma//Leontovich M A. Reviews of Plasma Physics. New York: Consultants Bureau, 1965.

[252] Ramirez J, Sanmartin J, Fernandez-Feria R. Nonlocal electron heat relaxation in a plasma shock at arbitrary ionization number. Physics of Fluids B: Plasma Physics, 1993, 5(5): 1485-1490.

[253] Hu Y, Hu X. The properties and structure of a plasma nonneutral shock. Physics of Plasmas, 2003, 10(7): 2704-2711.

[254] Masser T, Wohlbier J, Lowrie R. Shock wave structure for a fully ionized plasma. Shock Waves, 2011, 21(4): 367-381.

[255] Simakov A N, Molvig K. Electron transport in a collisional plasma with multiple ion species. Physics of Plasmas, 2014, 21(2): 024503.

[256] Simakov A, Molvig K. Hydrodynamic description of an unmagnetized plasma with multiple ion species. i. general formulation. Physics of Plasmas, 2016, 23(3): 032115.

[257] Simakov A, Molvig K. Hydrodynamic description of an unmagnetized plasma with multiple ion species. ii. two and three ion species plasmas. Physics of Plasmas, 2016, 23(3): 032116.

[258] Tidman D. Structure of a shock wave in fully ionized hydrogen. Physical Review, 1958, 111(6): 1439-1446.

[259] Mott-Smith H. The solution of the boltzmann equation for a shock wave. Physical Review, 1951, 82(6): 885.

[260] Greenberg O, Treve Y. Shock wave and solitary wave structure in a plasma. The Physics of Fluids, 1960, 3(5): 769-785.

[261] Casanova M, Larroche O, Matte J. Kinetic simulation of a collisional shock wave in a plasma. Physical Review Letters, 1991, 67(16): 2143.

[262] Vidal F, Matte J, Casanova M, et al. Ion kinetic simulations of the formation and propagation of a planar collisional shock wave in a plasma. Physics of Fluids B: Plasma Physics, 1993, 5(9): 3182-3190.

[263] Keenan B, Simakov A, Chacon L, et al. Deciphering the kinetic structure of multi-ion plasma shocks. Physical Review E, 2017, 96(5): 053203.

[264] Brennen C. Fundamentals of Multiphase Flow. Cambridge: Cambridge University Press, 2005.

[265] Onuki A. Phase Transition Dynamics. Cambridge: Cambridge University Press, 2002.

[266] Puri S, Wadhawan V. Kinetic of Phase Transitions. Florida: CRC Press, 2009.

[267] 林宗涵. 热力学与统计物理学. 北京: 北京大学出版社, 2007.

[268] Onuki A. Dynamic van der waals theory of two-phase fluids in heat flow. Physical Review Letter, 2005, 94: 054501.

[269] Onuki A. Dynamic van der Waals theory. Physical Review E, 2007, 75(3): 036304.

[270] Shan X. Pressure tensor calculation in a class of nonideal gas lattice Boltzmann models. Physical Review E, 2008, 77(6): 066702.

[271] Bray A. Theory of phase-ordering kinetics. Advances in Physics, 1994, 43(3): 357-459.

[272] Shan X, Chen H. Lattice Boltzmann model for simulating flows with multiple phases and components. Physical Review E, 1993, 47(3): 1815-1819.

[273] Swift M, Osborn W, Yeomans J. Lattice Boltzmann simulation of nonideal fluids. Physical Review Letters, 1995, 75(5): 830-833.

[274] Osborn W, Orlandini E, Swift M, et al. Lattice Boltzmann study of hydrodynamic spinodal decomposition. Physical Review Letters, 1995, 75(22): 4031-4034.

[275] Wagner A, Yeomans J. Breakdown of scale invariance in the coarsening of phase-separating binary fluids. Physical Review Letters, 1998, 80(7): 1429-1432.

[276] Wagner A, Pooley C. Interface width and bulk stability: requirements for the simulation of deeply quenched liquid-gas systems. Physical Review E, 2007, 76(4): 045702.

[277] Vrancken R, Blow M, Kusumaatmaja H, et al. Anisotropic wetting and de-wetting of drops on substrates patterned with polygonal posts. Soft Matter, 2012, 9(3): 674-683.

[278] Miller J, Usselman A, Anthony R, et al. Phase separation and the "coffee-ring" effect in polymer-nanocrystal mixtures. Soft Matter, 2014, 10(11): 1665-1675.

[279] Ledesma-Aguilar R, Vellaa D, Yeomans J. Lattice-Boltzmann simulations of droplet evaporation. Soft Matter, 2014, 10(41): 8267-8275.

[280] Liu Y, Moevius L, Xu X, et al. Pancake bouncing on superhydrophobic surfaces. Nature Physics, 2014, 10(7): 515-519.

[281] Gonnella G, Orlandini E, Yeomans J. Spinodal decomposition to a lamellar phase: effects of hydrodynamic flow. Physical Review Letters, 1997, 78(9): 1695-1698.

[282] Kendon V, Cates M, Desplat J, et al. Inertial effects in three dimensional spinodal decomposition of a symmetric binary fluid mixture: a lattice Boltzmann study. Journal of Fluid Mechanics, 2001, 440: 147-203.

[283] Xu A, Gonnella G, Lamura A. Phase-separating binary fluids under oscillatory shear. Physical Review E, 2003, 67(2): 056105.

[284] Xu A, Gonnella G, Lamura A. Phase separation of incompressible binary fluids with lattice Boltzmann methods. Physica A, 2004, 331(1-2): 10-22.

[285] Xu A, Gonnella G, Lamura A. Morphologies and flow patterns in quenching of lamellar systems with shear. Physical Review E, 2006, 74(1): 011505.

[286] Xu A, Gonnella G, Lamura A, et al. Scaling and hydrodynamic effects in lamellar ordering. Europhysics Letters, 2005, 71(4): 651-657.

[287] Xu A, Gonnella G, Lamura A. Simulations of complex fluids by mixed lattice Boltzmann—finite difference methods. Physica A, 2006, 362(3): 42-47.

[288] Li Q, Luo K, Kang Q, et al. Lattice Boltzmann methods for multiphase flow and phase-change heat transfer. Progress in Energy and Combustion Science, 2016, 52: 62-105.

[289] Li Q, Luo K, Gao Y, et al. Additional interfacial force in lattice Boltzmann models for incompressible multiphase flows. Physical Review E, 2012, 85(2): 026704.

[290] Liang H, Shi B, Guo Z, et al. Phase-field-based multiple-relaxation-time lattice Boltzmann model for incompressible multiphase flows. Physical Review E, 2014, 89: 053320.

[291] Liang H, Chai Z, Shi B, et al. Phase-field-based lattice Boltzmann model for axisymmetric multiphase flows. Physical Review E, 2014, 90(6): 063311.

[292] Liu H, Valocchi A, Zhang Y, et al. Phase-field-based lattice Boltzmann finite-difference model for simulating thermocapillary flows. Physical Review E, 2013, 87(1): 013010.

[293] Sun D, Zhu M, Wang J, et al. Lattice Boltzmann modeling of bubble formation and dendritic growth in solidification of binary alloys. International Journal of Heat and Mass Transfer, 2016, 94: 474-478.

[294] Kamali M, Gillissen J, van den Akker H, et al. Lattice-Boltzmann-based two-phase thermal model for simulating phase change. Physical Review E, 2013, 88(3): 03302.

[295] Miller M, Succi S, Mansutti D. Lattice Boltzmann model for anisotropic liquid-solid phase transition. Physical Review Letters, 2001, 86(16): 3578-3581.

[296] Rasin I, Miller M, Succi S. Phase-field lattice kinetic scheme for the numerical simulation of dendritic growth. Physical Review E, 2005, 72(6): 066705.

[297] Sun D, Zhu M, Pan S, et al. Lattice Boltzmann modeling of dendritic growth in a forced melt convection. Acta. Materialia, 2009, 57(6): 1755-1767.

[298] Zhu M, Sun D, Pan S, et al. Modelling of dendritic growth during alloy solidification under natural convection. Modelling and Simulation in Materials Science and Engineering, 2014, 22(3): 034006.

[299] Dong Z, Li W, Song Y. Lattice Boltzmann simulation of growth and deformation for a rising vapor bubble through superheated liquid. Numerical Heat Transfer, Part A: Applications, 2009, 55(4): 381-400.

[300] Dong Z, Li W, Song Y. A numerical investigation of bubble growth on and departure from a superheated wall by lattice Boltzmann method. International Journal of Heat and Mass Transfer, 2010, 53(21-22): 4908-4916.

[301] Sun T, Li W. Three-dimensional numerical simulation of nucleate boiling bubble by lattice Boltzmann method. Computers & Fluids, 2013, 88: 400-409.

[302] Safari H, Rahimian M, Krafczyk M. Extended lattice Boltzmann method for numerical simulation of thermal phase change in two-phase fluid flow. Physical Review E, 2013, 88(1): 013304.

[303] Tanaka Y, Yoshino M, Hirata T. Lattice Boltzmann simulation of nucleate pool boiling in saturated liquid. Communications in Computational Physics, 2011, 9(5): 1347-1361.

[304] Inamuro T, Ogata T, Tajima S, et al. A lattice Boltzmann method for incompressible two-phase flows with large density differences. Journal of Computational Physics, 2004, 198(2): 628-644.

[305] Lee T, Lin C. A lattice Boltzmann model for multiphase flows with large density ratio. Journal of Computational Physics, 2005, 206(1): 16-47.

[306] Zheng H, Shu C, Chew Y. A stable discretization of the lattice Boltzmann equation for simulation of incompressible two-phase flows at high density ratio. Journal of Computational Physics, 2006, 218(1): 353-371.

[307] Zu Y, He S. Phase-field-based lattice Boltzmann model for incompressible binary fluid systems with density and viscosity contrasts. Physical Review E, 2013, 87(4): 043301.

[308] Shao J, Shu C, Huang H, et al. Free-energy-based lattice Boltzmann model for the simulation of multiphase flows with density contrast. Physical Review E, 2014, 89(3): 033309.

[309] Wang Y, Shu C, Huang H, et al. Multiphase lattice Boltzmann flux solver for incompressible multiphase flows with large density ratio. Journal of Computational Physics, 2015, 280(1): 404-423.

[310] Liang H, Shi B, Guo Z, et al. Phase-field-based multiple-relaxation-time lattice Boltzmann model for incompressible multiphase flows. Physical Review E, 2014, 89(5): 053320.

[311] Gonnella G, Lamura A, Sofonea V. Lattice Boltzmann simulation of thermal nonideal fluids. Physical Review E, 2007, 76: 036703.

[312] Gan Y, Xu A, Zhang G, et al. Phase separation in thermal systems: a lattice Boltzmann study and morphological characterization. Physical Review E, 2011, 84(2): 046715.

[313] Gan Y, Xu A, Zhang G, et al. FFT-LB modeling of thermal liquid-vapor system. Communications in Theoretical Physics, 2012, 57(4): 681-694.

[314] Gan Y, Xu A, Zhang G, et al. Physical modeling of multiphase flow via lattice Boltzmann method: numerical effects, equation of state and boundary conditions. Frontiers of Physics, 2012, 7(4): 481-490.

[315] Gan Y, Xu A, Zhang G, et al. Lattice Boltzmann study of thermal phase separation: effects of heat conduction, viscosity and Prandtl number. Europhysics Letters, 2012, 97(4): 44002.

[316] Tiribocchi A, Stella N, Gonnella G, et al. Hybrid lattice Boltzmann model for binary fluid mixtures. Physical Review E, 2009, 80(2): 026701.

[317] Klimontovich Y. Kinetic Theory of Nonideal Gases and Nonideal Plasmas. Oxford: Pergamon, 1982.

[318] Bongiorno V, Davis H T. Modified van der Waals theory of fluid interfaces. Physical Review A, 1975, 12(5): 2213.

[319] Carnahan N, Starling K. Equation of state for nonattracting rigid spheres. J. Chem. Phys., 1969, 51: 635-636.

[320] Shen Q. Rarefied Gas Dynamics: Fundamentals, Simulations and Micro Flows. New York: Springer, 2005.

[321] He X, Chen S, Zhang R. A lattice Boltzmann scheme for incompressible multiphase flow and its application in simulation of Rayleigh-Taylor instability. J. Comput. Phys., 1999, 152(2): 642-663.

[322] Timm K, Kusumaatmaja H, Kuzmin A, et al. The Lattice Boltzmann Method - Principles and Practice. New York: Springer, 2017.

[323] Xu A. Finite-difference lattice Boltzmann methods for binary mixture. Physical Review E, 2005, 71: 066706.

[324] Lin C, Luo K, Gan Y, et al. Thermodyanmic nonequilibrium features in binary diffusion. Commun. Theor. Phys., 2018, 69: 722-726.

[325] Lin C, Xu A, Zhang G, et al. Discrete Boltzmann modeling of Rayleigh-Taylor instability in two-component compressible flows. Physical Review E, 2017, 96: 053305.

[326] Sone Y. Kinetic Theory and Fluid Dynamics. New York: Springer Science & Business Media, 2002.

[327] Huang W, Li J, Edwards P. Mesoscience: exploring the common principle at mesoscales. National Science Review, 2018, 5(3): 321-326.

[328] 郝柏林. 奋斗机遇物理 (上). 物理, 2020, 49(8): 555-562.

[329] Xu A, Zhang G, Pan X, et al. Simulation study of shock reaction on porous material. Commun. Theor. Phys., 2009, 51: 691-699.

[330] Zhang G, Xu A, Lu G. General index and its application in MD Simulations. Molecular Interactions, Croatia: Intech, 2012.

[331] Zhang G, Xu A, Lu G, et al. Cluster identification and characterization of physical fields. Science China Physics, Mechanics and Astronomy, 2010, 53: 1610-1618.

[332] Xu A, Zhang G, Pan X, et al. Morphological characterization of shocked porous material. J. Phys. D: Appl. Phys., 2009, 42: 075409.

[333] Xu A, Zhang G, Zhang P, et al. Dynamics and thermodynamics of porous HMX-like material under shock. Commun. Theor. Phys., 2009, 52: 901-908.

[334] Pang W, Zhang P, Zhang G, et al. Dislocation creation and void nucleation in FCC ductile metals under tensile loading: a general microscopic picture. Scientific Reports, 2014, 4: 6981.

[335] Pang W, Zhang P, Zhang G, et al. Morphology and growth speed of HCP domains during shock-induced phase transition in iron. Scientific Reports, 2014, 4: 3628.

[336] Pang W, Zhang P, Zhang G, et al. Nucleation and growth mechanisms of HCP domains in compressed iron. Scientific Reports, 2014, 4: 5273.

[337] Zhang G, Xu A, Zhang D, et al. Particle tracking manifestation of compressible flow and mixing induced by Rayleigh-Taylor instability. Phys. Fluids, 2021, 33: 076105.

[338] Serra J. Image Analysis and Mathematical Morphology, Vols. 1, 2. London: Academic Press, 1982.

[339] Bray A J. Theory of phase-ordering kinetics. Advances in Physics, 2002, 51(2): 481-587.

[340] Puri S, Wadhawan V. Kinetics of Phase Transition. Boca Raton: CRC Press, 2009.

[341] Mecke K R. Morphological characterization of patterns in reaction-diffusion systems. Physical Review E, 1996, 53: 4794.

[342] Aksimentiev A, Moorthi K, Holyst R. Scaling properties of the morphological measures at the early and intermediate stages of the spinodal decomposition in homopolymer blends. J. Chem. Phys., 2000, 112: 6049.

[343] Mecke K, Sofonea V. Morphology of spinodal decomposition. Physical Review E, 1997, 56: R3761-R3764.

[344] Gozdz W, Holyst R. High Genus periodic gyroid surfaces of nonpositive Gaussian curvature. Physical Review Letter, 1996, 76: 2726.

[345] Xu A, Zhang G, Ying Y, et al. Shock wave response of porous materials: from plasticity to elasticity. Phys. Scr., 2010, 81: 055805.

[346] Xu A, Zhang G, Li H, et al. Comparison study on characteristic regimes in shocked porous materials. Chinese Physics Letters, 2010, 27(2): 026201.

[347] Xu A, Zhang G, Li H, et al. Dynamical similarity in shock wave response of porous material: from the view of pressure. Computers & Mathematics with Applications, 2011, 61: 3618.

[348] Kelchner C, Plimpton S, Hamilton J. Dislocation nucleation and defect structure during surface indentation. Physical Review B, 1998, 58: 11085-11088.

[349] Faken D, Jonsson H. Systematic analysis of local atomic structure combined with 3D computer graphics. Computational Materials Science, 1994, 2: 279-286.

[350] Boissonant J. Geometric structures for three dimensional shape representation. ACM Transactions on Graphics, 1984, 3: 266-286.

[351] Hoppe H, DeRose T, Duchanp T, et al. Surface reconstruction from unorganized points. ACM Computer Graphics, 1992, 26: 71-78.

[352] Zhao H, Osher S, Merriman B, et al. Implicit, non-parametric shape recontruction from unorganized points using variational level set method. Computer Vision and Image Processing, 2002, 80: 295-314.

[353] Bernardini F, Mittlelman J, Rushmeir H, et al. The ball-pivoting algorithm for surface reconstruction. IEEE Trans Visual Comput Graphics, 1999, 5: 349-359.

[354] Zhang G, Xu A, Zhang D, et al. Delineation of the flow and mixing induced by Rayleigh-Taylor instability through tracers. Physics of Fluids, 2021, 33: 076105.

[355] Carroll M, Holt A. Static and dynamic pore-collapse relations for ductile porous materials. Journal of Applied Physics, 1972, 27(3): 1626-1636.

[356] Johnson J N. Dynamic fracture and spallation in ductile solids. Journal of Applied Physics, 1981, 52: 2812-2825.

[357] Becker R. The Effect of Porosity distribution on ductile failure. Journal of the Mechanics & Physics of Solids, 1987, 35(5): 577-599.

[358] Ortiz M, Molinari A. Effect of strain hardening and rate sensitivity on the dynamic growth of a void in a plastic material. Journal of Applied Mechanics, 1992, 59(1): 48-53.

[359] Benson D J. The Numerical Simulation of the Dynamic Compaction of Powders. New York: Springer, 1997: 233-255.

[360] Wu X, Ramesh K, Wright T. The dynamic growth of a single void in a viscoplastic material under transient hydrostatic loading. Journal of Mechanics Physics of Solids, 2003, 51(1): 1-26.

[361] Pardoen T, Doghri I, Delannay F. Experimental and numerical comparison of void growth models and void coalescence criteria for the prediction of ductile fracture in copper bars. Acta Materialia, 1998, 46(2): 541-552.

[362] Pardoen T, Hutchinson J W. An extended model for void growth and coalescence. J. Mech. Phys. Solids, 2000, 48(12): 2467-2512.

[363] Orsini V C, Zikry M A. Void growth and interaction in crystalline materials. Int. J. Plast, 2001, 17(10): 1393-1417.

[364] Tvergaard V, Hutchinson J W. Two mechanisms of ductile fracture: void by void growth versus multiple void interaction. International Journal of Solids & Structures, 2002, 39(13): 3581-3597.

[365] Zohdi T, Kachanov M, Sevostianov I. On perfectly plastic flow in porous material. International Journal of Plasticity, 2002, 18(12): 1649-1659.

[366] Curran D, Seaman L, Shockey D. Dynamic failure of solids. Physics Today, 1977, 30: 46.

[367] Seppala E, Belak J. Onset of void coalescence during dynamic fracture of ductile metals. Physical Review Letter, 2004, 93: 245503.

[368] Zurek A, Thissell W, Johnson J, et al. Micromechanics of spall and damage in tantalum. Journal of Materials Processing Technology, 1996, 60: 261-267.

[369] Zurek A, Embury J, Kelly A, et al. Microstructure of depleted uranium under uniaxial strain conditions. AIP Conference Proceedings, 1998, 429: 423-426.

[370] Tonks D, Zurek A, Thissell W. Void coalescence model for ductile damage. AIP Conference Proceedings, 2002, 620: 611-614.

[371] Bandstra J, Goto D, Koss D. Ductile failure as a result of a void-sheet instability: experiment and computational modeling. Materials Science and Engineering: A, 1998, 249: 46-54.

[372] Bandstra J, Koss D. Modeling the ductile fracture process of void coalescence by void-sheet formation. Materials Science and Engineering: A, 2001, 319-321: 490-495.

[373] Bandstra J, Koss D, Geltmacher A, et al. Modeling void coalescence during ductile fracture of a steel. Materials Science and Engineering: A, 2004, 366: 269-281.

[374] Horstemeyer M, Matalanis M, Sieber A, et al. Micromechanical finite element calculations of temperature and void configuration effects on void growth and coalescence. International Journal of Plasticity, 2000, 16: 979-1015.

[375] Xu A, Zhang G, Ying Y, et al. Simulation study on cavity growth in ductile metal materials under dynamic loading. Frontiers of Physics, 2013, 8: 394-404.

[376] Xu A. Rheology and structure of quenched binary mixtures under oscillatory shear. Communications in Theoretical Physics, 2003, 39(6): 729.

[377] 张玉东. 非平衡与多相流的建模与模拟: 基于离散 Boltzmann 方法. 南京: 南京理工大学, 2019.

[378] 林传栋. 燃烧现象的离散玻尔兹曼方法研究. 北京: 中国矿业大学, 2016.

[379] Liang Y, Zeng W. Kinetic characteristics and influencing factors of gas explosion induced by shock wave. Explosion & Shock Waves, 2010, 30(4): 370-376.

[380] Liu S, Hewson J, Chen J, et al. Effects of strain rate on high-pressure nonpremixed n-heptane autoignition in counterflow. Combustion & Flame, 2004, 137(3): 320-339.

[381] Wu F, Kelley A, Law C. Laminar flame speeds of cyclohexane and mono-alkylated cyclohexanes at elevated pressures. Combustion & Flame, 2012, 159(4): 1417-1425.

[382] 张玉东. 爆轰问题的离散 Boltzmann 方法建模与研究. 北京: 北京航空航天大学, 2015.

[383] 李德梅, 赖惠林, 许爱国, 等. 可压流体 Rayleigh-Taylor 不稳定性的离散 Boltzmann 模拟. 物理学报, 2018, 67: 080501.

[384] Snider D, Andrews M. The structure of shear driven mixing with an unstable thermal stratification. Journal of Fluids Engineering, 1996, 118: 55-60.

[385] Akula B, Andrews M, Ranjan D. Effect of shear on Rayleigh-Taylor mixing at small Atwood number. Physical Review E, 2013, 87: 033013.

[386] Akula B, Ranjan D. Dynamics of buoyancy-driven flows at moderately high Atwood numbers. Journal of Fluid Mechanics, 2016, 795: 313-355.

[387] Akula B, Suchandra P, Mikhaeil M, et al. Dynamics of unstably stratified free shear flows: an experimental investigation of coupled Kelvin–Helmholtz and Rayleigh–Taylor instability. Journal of Fluid Mechanics, 2017, 816: 619-660.

[388] Finn T. Experimental study and computational turbulence modeling of combined Rayleigh-Taylor and Kelvin-Helmholtz mixing with complex stratification. College Station: Texas A & M University, 2014.

[389] Chen F, Xu A, Zhang Y, et al. Effects of the initial perturbations on the Rayleigh–Taylor–Kelvin-Helmholtz instability system. Frontiers of Physics, 2022, 17(3): 33505.

[390] Li H, Xu A, Zhang G, et al. Rayleigh-Taylor instability under multi-mode perturbation: discrete Boltzmann modeling with tracers. Commun. Theor. Phys., 2022, 74: 115601.

[391] Chen J, Xu A, Zhang Y, et al. Discrete Boltzmann modeling of Rayleigh-Taylor instability: effects of interfacial tension, viscosity, and heat conductivity. Physical Review E, 2022, 106(1): 015102.

[392] Shan Y, Xu A, Wang L, et al. Nonequilibrium kinetics effects in Richtmyer-Meshkov instability and reshock process. arXiv: 2210.08706.

[393] Pang W, Zhang G, Xu A, et al. Size effect in void growth and coalescence of face-centered cubic copper crystals (in Chinese). Chin. J. Comp. Phys., 2011, 28: 540-546.

[394] Pang W, Zhang P, Zhang G, et al. The nucleation and growth of nanovoids under high tensile strain rate (in Chinese). Sci. Sin-Phys. Mech. Astron., 2012, 42: 464-474.

[395] Yang Q, Zhang G, Xu A. Molecular dynamics simulation of shock-induced collapse in single crystal cooper with nano-viod inclusion. Acta. Physica. Sinica., 2008, 57: 940-946.

[396] Pang W, Zhang G, Xu A, et al. Dynamic fracture of ductile metals at high strain rate. Adv. Mater. Research, 2013, 790: 65-68.

[397] Liu J, Johnson D. BCC-to-HCP transformation pathways for iron versus hydrostatic pressure: coupled shuffle and shear modes. Physic Review B, 2009, 79: 134113.

[398] Herrman H, Hovi J, Luding S. Physics of Dry Granular Media. Dordrecht: Kluwer Academic Publishers, 1998.

[399] Goddard J. Nonlinear elasticity and pressure-dependent wave speeds in granular media. Proc. R. Soc. London. A, 1990, 430: 105.

[400] Jaeger H M, Nagel S R. Physics of the granular state. Science, 1995, 255: 1523.

[401] Jaeger H, Nagel S, Behringer R. Granular solids, liquids, and gases. Reviews of Modern Physics, 1996, 68: 1259.

[402] Landau L, Lifshitz E. Theory of Elasticity. Oxford: Pergamon, 1970.

[403] Nesterenko V. Propagation of nonlinear compression pulses in granular media. Journal of Applied Mechanics and Technical Physics, 1983, 24: 733.

[404] Nesterenko V. Solitary waves in discrete media with anomalous compressibility and similar to "sonic vacuum". Journal de Physique IV, 1994, 55: 729-734.

[405] MacKay R. Solitary waves in a chain of beads under Hertz contact. Physics Letters A, 1999, 251: 191.

[406] Ji J, Hong J. Existence criterion of solitary waves in a chain of grains. Physics Letters A, 1999, 260: 60.

[407] Manciu M, Tehan V, Sen S. Discrete Hertzian chains and solitons. Physica A, 1999, 268: 644.

[408] Lazaridi A, Nesterenko V. Observation of a new type of solitary waves in a one-dimensional granular medium. J. Appl. Mech. Tech. Phys., 1985, 26: 405.

[409] Coste C, Falcon E, Fauve S. Solitary waves in a chain of beads under Hertz contact. Physical Review E, 1997, 56: 6104.

[410] Hong J, Ji J, Kim H. Power laws in nonlinear granular chain under gravity. Physical Review Letter, 1999, 82: 3058.

[411] Hong J, Xu A. Effects of gravity and nonlinearity on the waves in the granular chain. Physical Review E, 2001, 63: 061310.

[412] Xu A, Hong G. Power-law in depth-dependence of signal speed in vertical granular chain. Commun. Theor. Phys., 2001, 36: 199-202.

[413] Hong J, Xu A. Nondestructive identification of impurities in granular medium. Appl. Phys. Lett., 2002, 81: 4868-4870.

[414] Xu A, Hong G. Power-law behavior in signal scattering process in vertical granular chain with light impurities. Commun. Theor. Phys., 2001, 36: 699-704.

[415] 许爱国. 近连续/离散流动的 DBM 建模. 北京应用物理与计算数学研究所第五研究室讲座，2022 年 7 月 7 日. https://www.koushare.com/post/postdetail/8217.

[416] 许爱国. Discrete Boltzmann modeling of non-equilibrium flows. https://www.koushare.com/video/videodetail/33190. [2022-08-24].

[417] Chen F, Xu A, Zhang Y, et al. Effects of the initial perturbations on the Rayleigh-Taylor-Kelvin-Helmholtz instability system. Front. Phys., 2022, 17(3): 33505.

[418] Li Y, Lai H, Lin C, et al. Influence of the tangential velocity on the compressible Kelvin-Helmholtz instability with nonequilibrium effects. Front. Phys., 2022, 17(6): 63500.

[419] Gan Y, Xu A, Lai H, et al. Discrete Boltzmann multi-scale modeling of non-equilibrium multiphase flows. J. Fluid Mech., 2022, 951, A8.

[420] Zhang D, Xu A, Zhang Y, et al. Discrete Boltzmann modeling of high-speed compressible flows with various depths of non-equilibrium. Phys. Fluids, 2022, 34: 086104.

[421] Sun G, Gan Y, Xu A, et al. Thermodynamic nonequilibrium effects in bubble coalescence: a discrete Boltzmann study. Phys. Rev. E, 2022, 106: 035101.

[422] Chen J, Xu A, Chen D, et al. Discrete Boltzmann modeling of Rayleigh-Taylor instability: effects of interfacial tension, viscosity, and heat conductivity. Phys. Rev. E, 2022, 106: 015102.

[423] Ji Y, Lin C, Luo K, et al. A three-dimensional discrete Boltzmann model for steady and unsteady detonation. J. Comput. Phys., 2022, 455: 111002.

附录一　关于 DBM 的几个常见问题

　　根据我们近些年学术交流的经验,不少读者在阅读完本书关于 DBM 建模与模拟的介绍之后,还可能会有如下一些问题,例如:①"你们的离散速度模型跟常见的 D2Q9、D3Q15、D3Q18 等很不一样。在你们的情形,一个方向有不止一个速度,粒子是怎么'传播'的?"②"你们使用 DBM 求解的宏观流体方程是什么?"③"有些人在发展偏微分方程 (partial differential equations, PDE) 的 LBM 解法,原因之一是 LBM 基于非平衡统计物理学基本方程,联系微观与宏观,所以跨尺度等。你们怎么看?"④"DBM 跟 LBM 到底有什么不一样?"⑤"DBM 粗粒化建模与模拟是否只是粗略地看一下,很不准确?",等等。

　　这些都是非常好的问题!深深地感激让我们有机会再来强调一遍。我们首先来简单回顾一些相关背景。尽管是从格子气模型发展而来,但在 DBM(discrete Boltzmann method/model/modeling) 中已经不再使用"传播 + 碰撞"这一由格子气模型继承来的简单图像。这里,粒子速度空间离散化要保的不变量是建模需求的部分动理学矩:求和计算结果等于积分计算结果。与偏微分方程的 LBM 解法 (LBM for solving PDE) 不同,DBM 求解的是离散玻尔兹曼方程,而不是宏观流体方程。与传统计算流体力学 (computational fluid dynamics, CFD) 一样,偏微分方程的 LBM 解法也需要预先知道需要求解的偏微分方程的具体形式,然后根据偏微分方程具体形式设计解法;而 DBM 建模是根据物理问题研究需求来确定要保的矩关系,将矩关系由积分转化为求和进行计算,无须知道流体方程的具体细节。偏微分方程的 LBM 解法看重的是忠诚和效率。解法必须忠诚于原始模型,如果给出原始模型之外的结果,那是算法出了严重问题。另外,偏微分方程的 LBM 解法可以使用形式上的、非统计物理学意义下的"玻尔兹曼方程"、"动理学矩关系"——这些都是作为数值解法相对灵活的地方,但需要注意:这些处理在物理上是没有对应的。相对于传统 CFD,偏微分方程的 LBM 解法提供了一个全新的视角和求解思路,但不具有超越原始偏微分方程的物理功能。

　　前面问题的回答已经部分回答了 DBM 与 LBM 的区别。补充回答如下:DBM 和 LBM 有相同 (都使用离散玻尔兹曼方程),也有不同 (后者使用的"玻尔兹曼方程"、"矩关系"可能只是形式上的,与统计物理学意义下的对应概念并不相同,即二者重名)。DBM 是从 LBM 发展而来的,但 DBM 不再使用"传播 + 碰撞"这一简单图像。"LBM"的叫法已被 LBM for solving PDE 占用。大家可能已经看到,从"格子气"开始,统计物理学领域和计算流体力学领域对这一类方法或模型的定位就并不完全一致;前者是粗粒化物理建模,后者是全新的数值解法。既然 DBM 已经不再使用"传播 + 碰撞"这一"格子气"图像,在名称中使用"lattice"有时会引起误解。在附录三中,我们将进一步介绍 DBM 作为空间描述方法的内涵。更多的解释参见《京师物理》2018 年 8 月 28 日的短文"复杂流动的粗粒化物理建模:从原胞自动机到离散玻尔兹曼"(https://mp.weixin.qq.com/s/zxq7TayUH-JuspgqzwpC8A)。

　　现在大家都在讲"高精度模拟"。我们必须客观看待某些宣传中的用词。精度和粗粒化程度的高低都是相对的。从物理描述细致程度上来看，DBM 相对于微观分子动力学 (molecular dynamics，MD) 和玻尔兹曼方程自身来讲是粗粒化的，但相对于纳维-斯托克斯 (NS) 来讲又是更加细粒化的。物理建模和算法设计是高精度模拟的两个基本环节。粗粒化物理建模是一个根据需求"有所保，有所丢"的过程。在"保"的部分，必须是精确的。在非平衡行为描述能力方面，DBM 超越 NS：在 NS 有效的近平衡情形，可以给出更加细致的非平衡动理学信息；在 NS 失效的部分更深层次非平衡行为研究方面，DBM 取代 NS 成为更加合理的选择 (当然可能还有其他可选方法)，与 NS 相比 DBM 贡献的是更合理的物理建模，其物理描述精度和适用范围都可超越 NS，贡献的是高精度模拟。

　　从数学建模型角度，DBM 与传统流体模型的典型差异就是使用离散玻尔兹曼方程取代原来的 NS 方程；但从物理建模角度，这一取代是有"增益"的，即一个 DBM 模型相当于一个连续流体模型外加一个其他相关非平衡效应的粗粒化模型。其中，这个连续模型可以相当于，也可以超越 NS 模型。DBM 已在复杂流动非平衡行为研究方面带来一些新的认识 (部分新认识已获得实际应用)。

　　DBM 在物理描述能力方面超越 NS，是不是说 NS 将来就不需要存在了？相对于传统流体建模，动理学建模是：理解层面的提升，适用范围的拓宽，技术层面的补充，而绝非取代！理解层面的提升：非平衡统计物理学的最基本方程刘维尔方程，等效于没有做任何简化的分子动力学描述 (实际研究使用的分子动力学方法都含有一些近似和简化)，可视为基于分子层次的"全息描述"，既适用于流体，也适用于固体。动理学理论，比基于连续假设、准或近平衡近似的传统流体力学理论更加基础、底层，因而可以帮助更好地理解宏观流体建模何时合理，何时出现不足。适用范围的拓宽：除了涵盖 NS 的适用范围之外，还可向着更小的结构 (或更加稀薄)、更快的模式延伸。技术层面的补充：传统流体建模方便、有效、足矣的情形，传统流体建模还是绝大多数实践中的第一选择。因为与它相关的理论、方法、软件等更加完善。自身方便程度，也是用户做选择的重要考量。从应用角度来说，大家对新模型新方法的一般态度是："完全没有必要见到新手机就买。满足需求，即可！"在传统流体建模中物理功能遇到挑战的情形 (例如，复杂流动研究中，关注热力学非平衡效应时；随着追踪研究的"涡"等结构越来越小，以至于相对于该行为的尺度而言平均分子间距不再是可以忽略的小量时；随着追踪研究的动理学模式越来越快，以至于该模式演化过程中系统越来越没有足够的时间恢复到热力学平衡态时)，才是动理学建模更能体现自身物理功能优势，有望在物理层面提供更多实质性帮助的地方。

　　但这里又有一个基础问题必须回答：随着关注行为的时空尺度的减小，还沿袭传统模式，只关注 NS 中那几个量，还是足够的吗？当然不够，不够的程度随着离散程度、偏离热力学平衡程度而提升。系统行为变得更加复杂之后，不需要增加物理量，还可以描述得合理程度不降低，这确实是理想。但凭直觉，就有问题。只是，问题出在什么地方？动理学理论可以帮我们理解：在动理学理论中，系统行为使用分布函数或其动理学矩来描述。在系统处于热力学平衡态时，只需三个守恒矩 (密度、动量和能量)，就可以确定分布函数和其所有动理学矩，即确定全部系统行为；在系统行为偏离热力学平衡程度较低时，只借助三个守恒矩，也可以近似给出分布函数主要特征 (因为 $f \approx f^{eq}$)，即大体确定系统行为；但随着系统行为偏离热力学平衡程度升高，要同等合理地描述系统的主要特征，我们将不得

附录一 关于 DBM 的几个常见问题

不需要借助部分非守恒矩；且需要的阶数随着非平衡程度加深而提升。鉴于实际需求的多样性，DBM 建模要求：研究中关注的动理学性质不能因为模型简化而改变，即描述这组性质的动理学矩其结果在模型简化中必须保持不变。不关注的部分，可以灵活处理。

　　DBM 能否描述极其稀薄 (Kn 极高) 的情形？相对于原始玻尔兹曼方程，DBM 经历了二次粗粒化物理建模 (碰撞算法简约化和粒子速度空间离散化)。模型简化的直接结果是适用范围的降低；目前版本的 DBM 尚工作在查普曼-恩斯库格多尺度分析适用的范围内，具有一定程度的跨尺度 (非平衡程度、离散程度) 自适应性；查普曼-恩斯库格多尺度分析失效的稀薄情形，我们也有些初步思考，但不成熟：基本思路是将复杂问题分解研究，根据具体需求，抓主要矛盾。(如果 Kn 真的极高，即极其稀薄，又好办了。因为极其稀薄时，关注尺度内的粒子数就少了，少到一定程度，分子动力学就可以派上用场了。) 需要指出的是，模型在某一方面描述能力的一步提升，往往就带来一大批新的物理问题需要研究；同时，系统行为的复杂程度往往随着非平衡程度急剧上升。所以，从非平衡流动物理认识推进角度来看，查普曼-恩斯库格多尺度分析有效的区间就能提供足够多的物理问题供一个不太短的阶段来研究。DBM 研究非平衡复杂流动的策略是分步走。为了方便跟工程研究中的宏观模拟接轨，DBM 目前的主要思路是由 NS 有效的近平衡情形出发，研究 NS 遗漏的特征、机制和规律；然后，逐步增加非平衡效应、离散效应。

　　统计力学中的相空间跟 DBM 中的相空间是同一个含义吗？统计力学的核心概念是指在相空间上的分布，用分布函数 f_N 来描述，这里的 N 是系统内的总粒子数；相空间一般是指 $6N$ 维的 (位置，速度或动量) 相空间；在玻尔兹曼方程情形，系统内各个粒子的统计性质等价，系统状态使用单体分布函数 f_1 来描述，相空间一般是指 6 维的 (位置，速度) 相空间。(请注意，这里的下角标 N 和 1 是粒子数，不是 DBM 或 LBM 中的离散速度编号。) 作为玻尔兹曼方程的进一步粗粒化建模，DBM 自然继承了玻尔兹曼方程上述的 (位置，速度) 相空间概念。但在非平衡状态、行为 (效应) 描述方面，将研究视角又转到 $f - f^{\text{eq}}$ 非守恒矩独立分量张开的相空间。在非守恒矩张开的相空间及其子空间中，借助到原点的距离 (D) 提出相应的 "非平衡强度" 概念，借助两点间距离 (d) 描述两个状态的区别，借助其倒数提出 "非平衡状态相似度" ($S = 1/d$)；借助某个时段内两点间距离的平均值 ($\bar{d}$) 描述两个过程之间的区别，借助其倒数提出 "动理学过程相似度" ($S^{\text{Process}} = 1/\bar{d}$) 等概念。在线性化玻尔兹曼方程情形，$f - f^{\text{eq}}$ 的非守恒矩有无穷多个，其独立分量张开的相空间是无穷多维；DBM 所做的是选取一个研究视角，根据研究需求抓主要矛盾，只关注 $f - f^{\text{eq}}$ 的有限、少数几个非守恒矩，其独立分量张开的相空间是线性化玻尔兹曼方程情形相空间的一个维度很低的有限维子空间。另外，在附录三中我们将看到，DBM 在分析数据、提取信息时，相空间的基可以是我们根据问题研究方便选取的任意一组行为特征量。

　　更多问题与思考，请参阅《寇享学术》"DBM 问答" 系列：例如，2022 年 3 月 4 日推文 (https://www.koushare.com/post/postdetail/5267)、3 月 9 日推文 (https://www.koushare.com/post/postdetail/5301)、3 月 17 日推文 (https://www.koushare.com/post/postdetail/5393)、6 月 6 日推文 (https://www.koushare.com/post/postdetail/6712)、《风流知音》2021 年 4 月 27 日推文："DBM 建模与模拟的几个问题 (续)" (https://mp.weixin.qq.com/s/yPZZWVwRCvkkj3ePyNdW2Q) 和 2022 年 1 月 8 日推文："DBM 笔

记：问题与思考 (续)"(https://mp.weixin.qq.com/s/8Uipc3W52L0uR6aLnpovEg)。

另外，部分相关学术报告讲座视频网页链接如下：

许爱国. Discrete Boltzmann modeling of non-equilibrium flows[OL]. (2022-08-24).

https://www.koushare.com/video/videodetail/33190

许爱国. "冲击与爆轰相关的非平衡复杂流动研究 [OL]. (2021-12-26) 北京.

https://www.koushare.com/video/videodetail/20173

许爱国. 复杂流动的离散玻尔兹曼建模与机理研究 (I)[OL]. (2021-10-18).

https://www.koushare.com/video/videodetail/17130

张玉东. 复杂流动的离散 Boltzmann 建模与机理研究 (II)[OL]. (2021-10-22).

https://www.koushare.com/video/videodetail/17296

许爱国. "介尺度" 传热传质的流体动理学建模 [OL]. (2021-8-7) 昆明.

https://www.koushare.com/video/videodetail/15094

张玉东. 微纳尺度非平衡流动与传热的离散 Boltzmann 建模与模拟研究 [OL]. (2021-8-14).

https://www.koushare.com/video/videodetail/14684

许爱国. 复杂流动 "介尺度" 建模的物理思考 [OL]. (2021-5-22) 珠海.

https://www.koushare.com/video/videodetail/12151

甘延标. 我的 LBM 历程：从 LBM 模拟到 DBM 多尺度建模 [OL]. (2021-5-22) 珠海.

https://www.koushare.com/video/videodetail/12298

陈锋. 不稳定流体系统内的物质混合与非平衡行为研究 [OL]. (2021-5-22) 珠海.

https://www.koushare.com/video/videodetail/12237

陈锋. 流体不稳定性系统中的物质混合与非平衡研究 [OL]. (2022-04-09).

https://www.koushare.com/video/videodetail/25526

张德佳. 过渡流下的椭圆统计 BGK 双流体 discrete Boltzmann model (DBM) 的建立 [OL]. (2021-5-23) 珠海.

https://www.koushare.com/video/videodetail/12161

宋家辉. 静电激波的离散玻尔兹曼仿真研究 [OL]. (2021-5-23) 珠海.

https://www.koushare.com/video/videodetail/12182

宋家辉. 碰撞等离子体激波的离散玻尔兹曼模拟研究 [OL]. (2021-8-2).

https://www.koushare.com/video/videodetail/14096

许爱国. 非平衡多相复杂流动的动理学研究 [OL]. (2020-12-10) 昆明.

https://www.koushare.com/video/videodetail/8995

许爱国. 复杂流动动理学建模研究中相关物理问题的思考 [OL]. (2020-6-18).

https://www.koushare.com/video/videodetail/5714

许爱国. Non-equilibrium behaviors in hydrodynamic instability: discrete Boltzmann modeling[OL]. (2020-1-16) 华侨大学.

https://www.koushare.com/video/videodetail/4432

赖惠林. DBM study on Rayleigh-Taylor instability in compressible flows[OL]. (2020-1-16) 华侨大学.

https://www.koushare.com/video/videodetail/4424

赖惠林. Study of compressible Rayleigh-Taylor instability with nonequilibrium effects by using discrete Boltzmann method[OL]. (2022-08-25).

https://www.koushare.com/video/videodetail/33409

张德佳, 许爱国, 张玉东, 等. 基于椭圆统计 BGK 的双流体 discrete Boltzmann model (DBM) 建模 [OL]. (2020-11-21).

https://www.koushare.com/video/videodetail/8718

宋家辉, 赵子靖, 许爱国, 等. 静电激波的离散玻尔兹曼仿真模拟 [OL]. (2020-11-21).

https://www.koushare.com/video/videodetail/8720

林传栋. Application of discrete Boltzmann method to nonequilibrium reactive flows [OL]. (2019-7-29) 中国科学技术大学.

https://www.koushare.com/video/videodetail/3914

林传栋. Discrete Boltzmann modeling of compressible nonequilibrium flows with or without chemical reactions[OL]. (2022-08-23).

https://www.koushare.com/video/videodetail/34523

单奕铭. 考虑表面张力效应的 Rayleigh-Taylor 不稳定性的 DBM 研究 [OL]. (2019-7-28) 中国科学技术大学.

https://www.koushare.com/video/videodetail/2107

部分科普文章、导读、学术报告讲座文件等网页链接如下:

许爱国. "复杂流动的粗粒化物理建模: 从元胞自动机到离散玻尔兹曼".《寇享学术》2020 年 12 月 2 日.

https://mp.weixin.qq.com/s/MDBscRRiCqlOavZu75A_XQ

许爱国在第十九届全国激波与激波管学术会议上的报告文件 "多尺度复杂流动的 DBM 建模与模拟".

https://mp.weixin.qq.com/s/7SOLut2ZnUp2fq8F7XuExQ

张玉东在第八届全国 LBM 学术论坛和第十一届全国流体力学会议的报告文件 "微纳米尺度非平衡流动与传热的 DBM 建模与模拟".

https://mp.weixin.qq.com/s/igBhP9K3yYBBPM1H34SpZA

陈锋在第十六届全国复杂网络学术会议 "复杂系统与交叉应用" 分会的报告文件 "耦合 Rayleigh-Taylor-Kelvin-Helmholtz 不稳定系统的形态学特征和非平衡分析".

https://mp.weixin.qq.com/s/eMJ_OUFUatrBOANSc3DGAA

陈锋 2020 年 12 月 19 日在山东大学土建与水利学院博士高端讲坛的讲座文件 "格子/离散玻尔兹曼方法及其在流体不稳定性系统中的应用".

https://mp.weixin.qq.com/s/AsdNWgb8jqbbvldY-wQy6w

许爱国在 The 31st International Symposium on Rarefied Gas Dynamics 的报告文件 "Discrete Boltzmann modeling of non-equilibrium effects in multiphase flow".

https://mp.weixin.qq.com/s/WwHnZNX42f7taw_zSxZ05g

许爱国在 31st International Conference on Discrete Simulation of Fluid Dynamics (DSFD 2022) in conjunction with the 10th Chinese National Conference of Lattice Boltzmann Method and Applications 的报告文件 "Discrete Boltzmann Modeling of Non-Equilibrium Flows".

https://mp.weixin.qq.com/s/SiRQsxJfOgkb5p04pHaFQA.

《力学人》微信公众号 2021 年 12 月 17 日 "界面不稳定性与物质混合研究：DBM 与示踪粒子的耦合建模".

https://mp.weixin.qq.com/s/LdBi9sWHNRCSyNGDpSFAdQ

《空气动力学学报》微信公众号 2021 年 7 月 1 日 "多相流系统的离散玻尔兹曼研究进展" 导读.

https://mp.weixin.qq.com/s/hO1O621kISVsAOHDGWNn4w

《物理学报》"中国物理学会 2021 年度最有影响论文" 清单.

http://wulixb.iphy.ac.cn/news/hotyear/f4914556-a6cc-41e4-a1aa-86e191ede934.htm

Communications in Theoretical Physics 2018 年度亮点文章清单.

http://iopscience.iop.org/journal/0253-6102/page/Highlights-of-2018

《理论物理通讯》Editor's suggestion "Maxwell 类型边界的滑移流离散 Boltzmann 方法" 导读.

https://ctp.itp.ac.cn/EN/news/news4.shtml

Frontiers of Physics 2019 年封面文章 "Nonequilibrium and morphological characterizations of Kelvin-Helmholtz instability in compressible flows" 导读.

https://mp.weixin.qq.com/s/aH9blVMnkxjnLcdj8Bd7xA

Frontiers of Physics 2019 Outstanding Paper Awards 获奖论文 "Viscosity, heat conductivity, and Prandtl number effects in the Rayleigh-Taylor Instability" 导读.

https://mp.weixin.qq.com/s/06q5K6dErxcKsd2qRKN_ZQ

附录二 两类动理学方法

　　基于或借鉴动理学理论的方法粗略地划分为两类：方程的数值解法和物理模型构建方法。

　　动理学方程解法的典型代表之一是 LBM。经过 30 年左右的迅猛发展，LBM 已经快速成长为计算流体力学领域中的重要组成部分。LBM 方法与应用方面的研究论文，其作者的学习、研究背景涵盖领域极广，因而同一个词汇在不同的文献里承载的内涵也许并不相同。文献中的很多 LBM 是以恢复或者求解流体力学方程为目的和功能的；但作为一种全新的数值解法，一大批非流体方程例如波动方程、对流-扩散方程、Benjamin 方程、Poisson 方程、Laplace 方程、Lorenz 方程、Fisher 方程、Korteweg-de Vries (KdV) 方程、Klein-Gordon-Zakharov 方程、Zakharov-Kuznetsov 方程、Burgers 方程、Ginzburg-Landau 方程、Kuramoto-Sivashinsky 方程、Richards 方程、Schrödinger 方程等的 LBM 解法也引起了人们广泛的兴趣，获得了广泛研究。因为恢复或者求解的方程并不是一般意义下的流体力学方程 (组)，所以这部分 LBM 所用的 "玻尔兹曼方程"、"矩关系" 也并不是非平衡统计物理学意义下的玻尔兹曼方程、矩关系。这部分 LBM 是纯计算数学意义下的偏微分方程 (partial differential equation, PDE) 数值解法。即便是恢复或者求解流体力学方程 (组) 的 LBM 中，有些 LBM 使用的 "玻尔兹曼方程" 和 "矩关系" 是与非平衡统计物理学理论一致的，有些则不一致或者部分不一致。这些具体处理方法的不同，展现的是 LBM 方法内涵的多样性；只要处理得当，LBM 便可满足相应的需求。

　　在复杂流体数值研究中，物理模型构建和方程解法设计是缺一不可的两个重要环节。在传统计算流体力学中，物理建模和算法设计的界限是清晰的，后者为数值求解前者所获方程或方程组提供离散格式和步骤。近几十年来，元胞自动机-格子气-格子玻尔兹曼系列方法的出现，让二者在某些情形的界限变得模糊。因为从不同的视角看，这些方法便具有不同的功能。或者说，这些方法本身就可以朝着不同的方向发展。一方面，从物理学视角，长期以来，元胞自动机-格子气模型就是一大类复杂系统研究的理想化模型，统计物理与复杂系统的很多研究就是基于这类理想化模型的；另一方面，近 30 年来，格子气-格子玻尔兹曼又被作为一种全新的方程解法，在计算数学的规范下获得了广泛的研究。因为目标不同，决定了构建规则不可能完全相同，所以朝着不同目标发展的这两个方向成为这类方法研究的重要内容。在目前的绝大多数文献中，LBM 的功能是恢复或者求解相应的偏微分方程，因而 LBM 在很大程度上成为 "偏微分方程数值解法 LBM" 的简称。

　　在物理建模方面，又可粗略地分为两种情形：①传统模型存在、合理、物理功能足矣且方便有效的情形；②传统模型不存在 (以前未涉猎的新领域)、不再合理或物理功能不足的情形。元胞自动机-格子气-格子玻尔兹曼系列方法在情形①和情形②均适用。在情形①中，这些方法自然又可视为求解传统模型方程或方程组的一种全新方法 (其求解思路与传统解法完全不同)。因为数值解法研究和物理建模研究目标不同，所以需要遵循的规则不会完全相同；即便是从同一起点出发，即便有重叠，二者的发展轨迹也不会完全相同；二者时而近时而远，在相互启发中发展。

本书重点讨论流体系统的物理建模，重点关注传统模型描述不了或描述不好，而分子动力学又由于其适用尺度的限制，而无能为力的"介尺度"情形。这类"介尺度"物理问题的研究需求是离散玻尔兹曼方法 (discrete Boltzmann method, DBM) 产生的背景和驱动力。在不产生歧义的情形，DBM 又可视为离散玻尔兹曼模型 (discrete Boltzmann model)、离散玻尔兹曼建模方法 (discrete Boltzmann modeling method) 的简称。

广义地讲，将玻尔兹曼方程在某些方面做些离散而做进一步研究的方法，甚至基于玻尔兹曼方程发展起来的离散方法都可以顾名思义地称为离散玻尔兹曼方法 (DBM)。这些 DBM 可以是理论物理中的建模方法，也可以是计算数学中的方程解法。由于可以根据理论或模拟研究需要，分别将时间、空间和粒子速度这三个自变量之一、之二或之三进行离散，所以 DBM 的含义可以很广。有些 DBM 是包含离散速度图像的 (例如 LBM)，也有些并不包含 (例如，计算流体力学中的有些动理学方法充分借助麦克斯韦分布函数动理学矩的解析解，并不使用离散速度图像，其中的离散指的可以是时间和空间的离散)。为方便描述，在本文中，如果没有特殊说明，DBM 特指针对上述"介尺度"、"两难"情形而构建的一类相对具体的理论模型或方法，其中的离散指的是粒子速度空间的离散。

具体来说，本书重点介绍的 DBM，是非平衡统计物理学粗粒化建模理论在流体力学领域的具体应用之一，是相空间描述方法在离散玻尔兹曼方程形式下的进一步发展，是理论物理范畴下的模型构建方法：它选取一个视角，研究系统的一组动理学性质，因而要求描述这组性质的动理学矩其计算结果不能因为模型简化而改变；除了分布函数 f 的守恒矩 (质量、动量和能量)，DBM 同时关注部分关系最密切的非守恒矩的时空演化，在非平衡行为描述方面，可以从广度和深度两个方面超越 NS 描述；以 $f - f^{eq}$ 非守恒动理学矩的独立分量为基，构建相空间，使用该相空间和其子空间来描述系统的非平衡行为特征；研究视角和建模精度随着研究推进而调整。可见，除了为实现模拟而进行的抓主要矛盾和粗粒化建模，DBM 同时关注模拟之后的复杂物理场分析 (复杂物理场分析，也需要通过建模来提取更多有价值的信息)，它本身自带一套复杂物理场分析方法或技术。

广义的 DBM 包含 LBM，LBM 是其中使用离散速度的一类。本书重点介绍的这类具体的 DBM 也可以视为广义的 LBM 系列中物理建模这一类的进一步发展。鉴于目前 LBM 在很大程度上已经成为"偏微分方程解法 LBM"的简称，所以在本书中，如果没有特殊说明，在不引起误解的情形，我们将沿用这一简称。在这些约定下，DBM 和 LBM 各自的内涵是具体的、清晰的。

在方法论层面，DBM 正在做的努力是：基于系统行为的介观 (或介尺度) 特性，考虑描述方案的介观特性 (仅守恒矩不够，考虑所有矩又不可能)，根据需求和可行分解问题，动理学理论与平均场理论相结合，寻找合适空间 (例如非守恒矩相空间)，让原本复杂的系统状态和行为获得直观的几何图像对应，从而让理解和描述变得相对便捷，使得一些以前无法或不易提取的信息得以分层次、定量化研究。

附录三　基于相空间的建模与描述方法

"横看成岭侧成峰，远近高低各不同"是复杂结构和复杂行为的典型特征。对各类复杂物理场进行建模与分析的手段决定着我们的研究能力与研究深度。本书介绍了两个基于相空间的建模与分析方法及其应用：第一个是基于闵可夫斯基泛函的形态分析方法；第二个是基于离散玻尔兹曼方程的建模与分析方法。两者均是统计物理学相空间描述方法的进一步发展：以相对独立的行为特征量为基，构建相空间，使用该相空间和其子空间来描述系统的行为特征；该相空间中的一个点对应系统的一组行为特征 (或一个状态)；坐标原点对应该组行为特征不存在的情形；该点到坐标原点的距离可用来描述该组行为特征的强度；两点间的距离 d 可用来描述两组行为特征的差异，其倒数可用来描述两组行为特征的相似度 ($S = 1/d$)；一段时间内两点间距离的平均值 $\bar{d}$ 可用来描述两个动理学过程的差异，其倒数可用来描述这两个动理学过程的相似度 ($S^p = 1/\bar{d}$)。如果两点间的距离 $d = 0$，则意味着：基于这种描述方法，无法区别这两组行为特征 (或两个状态)，故看到的是：相似度无穷高，即全同。

相空间的引入使得我们可以以一组行为特征量为元素，进一步引入行为特征矢量的概念。例如，鉴于任何非平衡强度的定义都依赖于研究视角，使用单一视角的非平衡强度来描述系统的非平衡行为是不完备的、往往是丢失大量信息的，甚至是挂一漏万的，所以引入非平衡强度矢量 (其每个元素都从自己的视角描述系统偏离平衡的程度)，对系统的非平衡状态进行多视角描述是有帮助的 [1]。因为分布函数的非守恒矩有无穷多，任何一个非守恒矩的每个独立分量都可以提供一个相应视角的非平衡强度，另外，密度、温度、流速、压强等任何一个物理量的时间或空间变化率都可以提供一个相应视角的非平衡强度，不同界面对应的 Kn、任何一个非守恒矩的弛豫时间等都可以提供一个相应视角的非平衡强度，所以研究问题时基于几个不同视角的非平衡强度构建的非平衡强度矢量对应的还只是系统非平衡行为描述的一个视角。在文献 [2] 中设计数值算例时，便采用了不同视角非平衡强度矢量的描述方法。

从历史角度，基于闵可夫斯基泛函的形态相空间分析方法在先，接受其启发是离散玻尔兹曼方法朝着相空间描述方法发展过程中的关键环节。形态分析方法独立于数据来源，因而离散玻尔兹曼模拟得到的结果，除了可以使用其自带的分析功能之外，还可进一步使用形态分析方法获得另一个层面或视角的认识。在复杂介质动理学研究中，这两个方法，从不同的视角，使得许多以前无法提取的信息得以分层次、定量化研究。

目前的 DBM 处于两条思路发展的交汇处，所以沿着这两条思路中的任何一条都可以到达。图 F3.1 给出了形态学和 DBM 两种相空间描述方法的主要发展历程。第一条思路也是目前的主思路认为，DBM 是非平衡统计物理学粗粒化建模方法在流体力学领域的具体应用，是理论物理范畴下的模型构建方法，是统计物理学相空间描述方法在离散玻尔兹曼方程形式下的进一步发展：它根据研究需求，抓主要矛盾，选取一个视角，研究系统的一组动理学性质，因而它要求描述这组动理学性质的动理学矩的计算结果不能因为模型简化而改变。在该思路下，研究视角和建模精度需要随着研究推进而调整。另一条思路则是从"格子气"方法出发，经过一系列发展来得到。图 F3.2 给出了从 LBM 到目前版本 DBM 的主要发展历程。DBM 由 LBM 物理建模方法一支发展而来，突破传统流体建模的连续性假设和近平衡近似，彻底抛弃了标准 LBM 的"格子气"图像，随着时间引入更多的信息提取技术和复杂物理场分析技术。

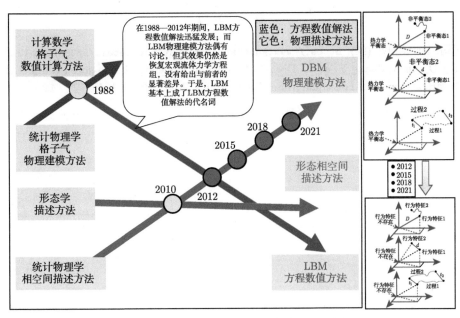

图 F3.1　两种相空间描述方法的发展示意图

图 F3.2　从 LBM 到目前版本 DBM 的主要发展历程示意图

与作为方程解法的 LBM 不同，DBM 旨在回答：①如何模拟出系统的主要特征？②如何从数据中提取出更多有价值的信息 + 如何分析？③系统行为描述对离散格式有哪些物理约束？所以，DBM 包含的是：①系统行为描述对所用模型的一系列物理约束；②提取数据、分析数据的一系列技术和方法；③对数值离散格式的一系列物理约束，但不包含具体的离散格式本身。作为非平衡复杂流动的一种物理模型，DBM 动理学行为描述自然涉及横向广度与纵向深度 (或强度) 两个方面。DBM 建模涉及的横向广度指的是所包括的 (或者说能描述的) 动理学性质的多少，代表的是研究视角的宽度；纵向深度 (或强度) 指的是非平衡的程度、离散的程度。而非平衡程度与离散程度是高度关联的，均可由 Kn 来描述 (作为重新标度的平均分子间距，Kn 的倒数可以描述系统的离散程度；作为重新标度的热力学弛豫时间，Kn 可以描述系统偏离热力学平衡的程度)。随着 Kn 增大，系统的离散程度和非平衡程度提升，系统状态和行为的复杂度急剧上升，其描述所需要的动理学矩需要随之增加，即研究视角需要随之增宽。离散和非平衡行为描述的深度与广度直接关联。

<h1 style="text-align:center">参 考 文 献</h1>

[1] 许爱国. DBM 问答 (续). https://www.koushare.com/post/postdetail/5838.[2022-12-2].

[2] Zhang D, Xu A, Zhang Y, et al. Discrete Boltzmann modeling of high-speed compressible flows with various depths of non-equilibrium. Phys. Fluids, 2022, 34: 086104.

附录四　DBM 程序示例与说明

DBM 是针对 NS 模型在物理描述能力方面不能满足需求，而 MD 模拟是在时空尺度方面不能满足需求而建立的介观动理学建模方法；非平衡行为描述、非平衡信息提取、非平衡机制与宏观效应等是关注的重点。我们在前面章节中提供的是一系列 DBM 建模需要遵守的原则，我们在下面给出一个简单的一维示例程序。需要说明的是，示例程序中展示的仅仅是我们解决自己物理问题时使用的版本，满足我们自己某些具体物理问题研究的需求。读者在使用 DBM 研究具体问题时，具体功能与细节部分还需读者根据具体物理问题研究的需求自己完成；其中一些具体细节部分 (例如 DVM 具体取法、FD/FE/FV 的具体格式、时间积分方法等) 需要随着问题的改变而适当调整。需要强调的是，因为 DBM 的目的是更好地研究各类非平衡行为 (相对于 NS)，所以模型构建所依赖的方程和矩关系都需要有物理对应。

F4.1　主　函　数

```
1        PROGRAM main
2        include 'DBM_Global.for'
3
4   c== 离散速度初始化
5        call DVM
6   c== 调用输入文件
7        call Input_par
8   c== 初始化逆矩阵
9        call Invm7x7
10  c== 计算保存数据间隔 itc, 总迭代次数 itmax
11       itc=nint(dtc/dt)
12       itmax=nint(tmax/dt)
13  c== 数据初始化
14       call Initial
15  c== 显示初始化的相关设置, 确认无误后, 按 Enter 键继续执行
16       call Initial_Check
17
18  c== 进入主循环
19  cc===========Main loop===========cc
20       do 1000 it=itmin, itmax
21  c== 由分布函数计算宏观量
22           call Moment
23  c== 计算结果间隔时间输出
```

```
24          if((mod(it,itc).eq.0)) then
25              write(*,*)'===========****  it=',it,'  ************='
26              call Output
27              call Nonequilibrium_quantities
28          endif
29    c== 由宏观量计算当前时刻离散局域平衡态分布函数
30          call Equilibrium_feq
31    c== 边界处理
32          call Boundary_f
33    c== 分布函数演化
34          call DBM_Evolution
35
36    1000 continue
37
38      write(*,*)'==========The Calculations are finished!==========='
39
40      stop
41      end
```

F4.2　各子函数

全局变量存放文件 "DBM_Global.for"

```
1       implicit none
2
3       integer NX,NI
4       parameter(NX=500,NI=7)
5
6       integer ix,ii,it,itc,itmin,itmax,Dimen
7       common/index/ ix,ii,it,itc,itmin,itmax,Dimen
8
9       real*8 tau11,Xm1,dx,dy,dt,dtc,tmax
10      common/discretize/ tau11,Xm1,dx,dy,dt,dtc,tmax
11
12      real*8 c1(NI),eta(NI),c1_eta(NI)
13      common/Velocity/ c1,eta,c1_eta
14
15      real*8 Invm2(NI,NI),cx1,eta0,n_extra
16      common/Invm/Invm2,cx1,eta0,n_extra
17
18      real*8 Xn1(-1:NX+2),rho1(-1:NX+2),
19     $        uu1(-1:NX+2),Theta1(-1:NX+2),
20     $        PP1(-1:NX+2)
21      common /Macro/Xn1,rho1,uu1,Theta1,PP1
22
```

```
23    real*8 feq1(-1:NX+2,NI),f1(-1:NX+2,NI)
24    common/distribution/ feq1,f1
```

构造离散速度模型子程序 "DVM.for"

```
1     SUBROUTINE DVM
2     include 'DBM_Global.for'
3     real*8 gen2
4
5     gen2=1.414213562373095d0
6     cx1 = 1.2d0
7     eta0= 3.0d0
8
9     do ii=1,NI
10        eta(ii) = 0.d0
11    end do
12
13    do ii=1,3
14        eta(ii) = eta0
15    end do
16
17    c1(:) = [0.d0, cx1, -cx1, gen2*cx1, -gen2*cx1, 2*cx1, -2*cx1]
18
19    do ii = 1, NI
20        c1_eta(ii) = c1(ii)*c1(ii) + eta(ii)*eta(ii)
21    end do
22
23    return
24    end
```

读取输入文件子程序 "Input.for"

```
1     SUBROUTINE input_par
2     include 'DBM_Global.for'
3     character*30 dum
4
5     open(11,file='DBM_input.inp', status='old')
6  c== 空间维度
7     read(11,'(a)')dum
8     read(11,*)Dimen
9  c== 热力学弛豫时间（耗散项）
10    read(11,'(a)')dum
11    read(11,*)tau11
12 c== Xm1 是对应流体的分子质量
13    read(11,'(a)')dum
14    read(11,*)Xm1
15 c== 空间步长和时间步长
```

```
16        read(11,'(a)')dum
17        read(11,*)dx,dt
18  c== 数据保存时间间隔
19        read(11,'(a)')dum
20        read(11,*)dtc
21  c== 最长迭代时间
22        read(11,'(a)')dum
23        read(11,*)tmax
24  c== 粒子额外自由度个数
25        read(11,'(a)')dum
26        read(11,*) n_extra
27        close(11)
28
29        return
30        end
```

系数矩阵求逆程序 "Invm7x7.for"

```
1         SUBROUTINE Invm7x7
2         include 'DBM_Global.for'
3         real*8 gen2
4         real*8 cx1_2,cx1_3,cx1_4,eta0_2,eta0_4
5
6         gen2=1.414213562373095d0
7         cx1_2 = cx1**2
8         cx1_3 = cx1**3
9         cx1_4 = cx1**4
10        eta0_2 = eta0**2
11        eta0_4 = eta0**4
12
13  c== 矩关系方程组中系数矩阵 M 的逆矩阵
14        Invm2(1,1) = 2.d0*(4.d0*cx1_2) / (5.d0*cx1_2-eta0_2)
15        Invm2(2,1) = -Invm2(1,1) / 2.d0
16        Invm2(3,1) = -Invm2(1,1) / 2.d0
17        Invm2(4,1) = (3.d0*cx1_2-eta0_2) / (5.d0*cx1_2-eta0_2)
18        Invm2(5,1) = Invm2(4,1)
19        Invm2(6,1) = (eta0_2-cx1_2) / (10.d0*cx1_2-2.d0*eta0_2)
20        Invm2(7,1) = Invm2(6,1)
21
22        Invm2(1,2) = 0.d0
23        Invm2(2,2) = Invm2(1,2)
24        Invm2(3,2) = Invm2(1,2)
25        Invm2(4,2) = 1.d0 /(gen2*cx1)
26        Invm2(5,2) = -Invm2(4,2)
27        Invm2(6,2) = -1.d0 / (4*cx1)
28        Invm2(7,2) = -Invm2(6,2)
```

```
29
30      Invm2(1,3) = 2*(3.d0*cx1_2+eta0_2) / (eta0_4-5.d0*cx1_2*eta0_2)
31      Invm2(2,3) = -8.d0*cx1_2 / (eta0_4-5.d0*cx1_2*eta0_2)
32      Invm2(3,3) = Invm2(2,3)
33      Invm2(4,3) = (6.d0*cx1_2-2.d0*eta0_2) / (eta0_4-5.d0*cx1_2*eta0_2)
34      Invm2(5,3) = Invm2(4,3)
35      Invm2(6,3) = (eta0_2-cx1_2) / (eta0_4-5.d0*cx1_2*eta0_2)
36      Invm2(7,3) = Invm2(6,3)
37
38      Invm2(1,4) = (5.d0*eta0_2-3.d0*cx1_2) / (eta0_4-5.d0*cx1_2*eta0_2)
39      Invm2(2,4) = (4.d0*cx1_2-3.d0*eta0_2) / (eta0_4-5.d0*cx1_2*eta0_2)
40      Invm2(3,4) = Invm2(2,4)
41      Invm2(4,4) = (12d0*cx1_4 -3.d0*eta0_2*cx1_2+eta0_4) /
42     $             (20.d0*cx1_4*eta0_2-4.d0*cx1_2*eta0_4)
43      Invm2(5,4) = Invm2(4,4)
44      Invm2(6,4) = -(2d0*cx1_4 -eta0_2*cx1_2+eta0_4) /
45     $             (20.d0*cx1_4*eta0_2-4.d0*cx1_2*eta0_4)
46      Invm2(7,4) = Invm2(6,4)
47
48      Invm2(1,5) = 0.d0
49      Invm2(2,5) = 1.d0 / (cx1*eta0_2)
50      Invm2(3,5) = -Invm2(2,5)
51      Invm2(4,5) = -3.d0 / (2.d0*gen2*cx1*eta0_2)
52      Invm2(5,5) = -Invm2(4,5)
53      Invm2(6,5) = 1.d0 / (4.d0*cx1*eta0_2)
54      Invm2(7,5) = -Invm2(6,5)
55
56      Invm2(1,6) = 0
57      Invm2(2,6) = -1.d0 / (2*cx1*eta0_2)
58      Invm2(3,6) = -Invm2(2,6)
59      Invm2(4,6) = (3d0*cx1_2 -eta0_2) / (4.d0*gen2*cx1_3*eta0_2)
60      Invm2(5,6) = -Invm2(4,6)
61      Invm2(6,6) = (eta0_2 -cx1_2) / (8.d0*cx1_3*eta0_2)
62      Invm2(7,6) = -Invm2(6,6)
63
64      Invm2(1,7) = 2.d0 / (5.d0*cx1_4-cx1_2*eta0_2)
65      Invm2(2,7) = -Invm2(1,7) / 2.d0
66      Invm2(3,7) = -Invm2(1,7) / 2.d0
67      Invm2(4,7) = -Invm2(1,7) / 4.d0
68      Invm2(5,7) = -Invm2(1,7) / 4.d0
69      Invm2(6,7) = Invm2(1,7) / 4.d0
70      Invm2(7,7) = Invm2(1,7) / 4.d0
71
72      return
73      end
```

流场初始化程序 "Initial.for"

```fortran
1        SUBROUTINE Initial
2        include 'DBM_Global.for'
3
4        do ix=1,Nx/2
5            Xn1(ix)=1.0
6            Theta1(ix)=1.0
7            uu1(ix)=0.0
8        end do
9
10       do ix=Nx/2+1,Nx
11           Xn1(ix)=0.125
12           Theta1(ix)=0.8
13           uu1(ix)=0.0
14       end do
15
16       call Equilibrium_feq
17
18       do ix=1,NX
19           do ii=1,NI
20               f1(ix,ii) = feq1(ix,ii)
21           end do
22       end do
23
24 90000    format(i9.9)
25       return
26       end
```

计算参数检查程序 "Initial__Check.for"

```fortran
1        SUBROUTINE Initial_Check
2        include 'DBM_Global.for'
3
4        write(*,*) 'NX=',NX,     'DX=',DX
5        write(*,*) 'DT=',DT,     'TAU11=',TAU11
6        write(*,*) ' 边界条件：自由流入、流出'
7        write(*,*) ' 差分格式：二阶 NND'
8        pause
9        write(*,*)"====Now the calculation is in progress!====="
10
11       return
12       end
```

由分布函数计算宏观量程序 "Moment.for"

```fortran
1        SUBROUTINE Moment
```

```
2        include 'DBM_Global.for'
3        real*8 temp1,temp2,u2
4
5        do ix=1,NX
6            Xn1(ix)=0.d0
7            temp1=0.d0
8            temp2=0.d0
9            do ii=1,NI
10               Xn1(ix)=Xn1(ix)+f1(ix,ii)                    !0 阶矩---> 数密度
11               temp1 = temp1 + f1(ix,ii)*c1(ii)             !1 阶矩---> 动量
12               temp2=temp2+0.5*c1_eta(ii)*f1(ix,ii)         !2 阶索并矩---> 能量
13           end do
14   c=======================================
15           if(Xn1(ix).eq.0)then
16               write(*,*)'Xn1=0'
17           end if
18   c=======================================
19           rho1(ix)=Xn1(ix)*Xm1        ! 质量密度 = 数密度 * 分子质量
20           uu1(ix)=temp1/Xn1(ix)       ! 速度 = 动量/质量
21           u2=uu1(ix)*uu1(ix)
22           Theta1(ix)=2*(temp2/Xn1(ix)-0.5*u2)/(Dimen+n_extra)
23           ! 温度 =2* 内能/自由度
24   c== for ideal gas
25           PP1(ix)= rho1(ix)*theta1(ix)
26           end do
27
28       return
29       end
```

计算离散局域平衡态分布函数程序 "Equilibrium_feq.for"

```
1        SUBROUTINE Equilibrium_feq
2        include 'DBM_Global.for'
3        real*8 fcapeq(1:NX,NI)
4        real*8 ux2,uxuy,uxuy2,theta2,ppp
5        integer i,KK,n_total
6        n_total=Dimen+n_extra
7
8        do ix=1,NX
9            ux2    = uu1(ix)**2.d0
10           theta2 = theta1(ix)**2.d0
11           ppp    = xn1(ix)*theta1(ix)
12           do i=1,7
13               fcapeq(ix,i)=0.d0
14           end do
15
```

```
16          fcapeq(ix,1) = xn1(ix)
17          fcapeq(ix,2) = xn1(ix)*uu1(ix)
18          fcapeq(ix,3) = xn1(ix)*( n_total*theta1(ix)/2.d0 + ux2/2.d0 )
19          fcapeq(ix,4) = xn1(ix)*ux2 + ppp
20          fcapeq(ix,5) = xn1(ix)*uu1(ix)
21      $                    *( (n_total+2.d0)/2.d0*theta1(ix)+ux2/2.d0 )
22          fcapeq(ix,6) = xn1(ix)*uu1(ix)*(3.d0*theta1(ix)+ux2)
23          fcapeq(ix,7) = xn1(ix)*theta2*(n_total+2.d0)/2.d0
24      $                    +ppp*ux2/2.d0+ (n_total+4.d0)/2*ux2*ppp
25      $                    + xn1(ix)*ux2*ux2
26      end do
27
28  c== 对 fcapeq 求逆得到 feq
29      do ix=1,NX
30          do i=1,NI
31              feq1(ix,i)=0.d0
32              do KK=1,NI
33                  feq1(ix,i) = feq1(ix,i) + Invm2(i,KK)*fcapeq(ix,KK)
34              end do
35          end do
36      end do
37
38      return
39      end
```

边界条件设置程序 "Boundary_f.for"

```
1       SUBROUTINE Boundary_f
2       include 'DBM_Global.for'
3
4   c== 左边界
5       do ix=0,-1,-1
6           do ii=1,NI
7               f1(ix,ii) = f1(ix+1,ii)
8           end do
9       end do
10
11  c== 右边界
12      do ix=NX+1,NX+2
13          do ii=1,NI
14              f1(ix,ii) =f1(ix-1,ii)
15          end do
16      end do
17
18      return
19      end
```

离散分布函数演化程序 "DBM_Evolution.for"

```fortran
1       SUBROUTINE DBM_Evolution
2       include 'DBM_Global.for'
3
4       real*8 f_t(-2:2),df_t(-2:2)
5       real*8 Q11,term2_1x
6       real*8 f1_temp(NX,NI)
7       integer ixm1,ixm2,ixp1,ixp2
8
9       do ix=1,Nx
10          ixm1 = ix-1
11          ixm2 = ix-2
12          ixp1 = ix+1
13          ixp2 = ix+2
14
15          do ii=1,NI
16  c== 碰撞项
17              Q11 = -1.0/tau11*(f1(ix,ii)-feq1(ix,ii))
18  c== 用二阶 NND 格式计算查分项，迎风方向根据离散速度 c1 方向判断
19              f_t(-2)=f1(ixm2,ii)
20              f_t(-1)=f1(ixm1,ii)
21              f_t(0)=f1(ix,ii)
22              f_t(1)=f1(ixp1,ii)
23              f_t(2)=f1(ixp2,ii)
24
25              if(c1(ii).ge.0) then
26                  call NND_SCHEME(f_t,df_t,dx,5,1)
27              else
28                  call NND_SCHEME(f_t,df_t,dx,5,0)
29              end if
30              term2_1x=c1(ii)*df_t(0)*dt
31  c== evolution
32              f1_temp(ix,ii) = f1(ix,ii)+ Q11*dt-term2_1x
33          end do
34      end do
35
36      do ix=1,Nx
37          do ii=1,NI
38              f1(ix,ii)=f1_temp(ix,ii)
39          end do
40      end do
41
42      return
43      end
```

```
44
45   c=====================================================
46   c== 用 NND 方法来计算导数
47   c== f: 函数值, df: 待求导数, dx: 空间步长, NN: 点数, Tag: 1 正方向,0 负方向
48   c=====================================================
49        SUBROUTINE NND_SCHEME(f,df,dx,NN,Tag)
50        implicit none
51        integer*4 NN,Tag
52        real*8 f(NN),df(NN),dx,dx_1
53        real*8 MinMod
54        real*8 temp1(NN),temp2(NN),H(NN)
55        integer*4 i
56
57        dx_1=1.d0/dx
58
59        do i=2,NN,1
60            temp1(i)=f(i)-f(i-1)
61        end do
62
63        do i=2,NN-1,1
64            temp2(i)=0.5d0*MinMod(temp1(i),temp1(i+1))
65        end do
66
67        if(Tag.eq.1) then
68            do i=2,NN-1,1
69                H(i)=f(i)+temp2(i)
70            end do
71        else
72            do i=1,NN-2,1
73                H(i)=f(i+1)-temp2(i+1)
74            end do
75        end if
76
77        do i=3,NN-2,1
78            df(i)=(H(i)-H(i-1))*dx_1
79        end do
80
81        end subroutine
82
83   c=====================================================
84   c== Function of MinMod
85   c=====================================================
86        real*8 function MinMod(x,y)
87        implicit none
88        real*8 x,y
```

```
89
90      if(x*y.le.0.d0) then
91          MinMod=0.d0
92      else
93          if(dabs(x).lt.dabs(y)) then
94              MinMod=x
95          else
96              MinMod=y
97          end if
98      end if
99
100     end function MinMod
```

计算结果输出程序 "Output.for"

```
1       SUBROUTINE Output
2       include 'DBM_Global.for'
3       character*30 fileppr
4
5       fileppr='pro.xxxxxxxxx'
6       write(fileppr(5:13),90000)it
7       open(19,file=fileppr,status='unknown')
8       write(19,*) 'TITLE="Macro quantities"'
9       write(19,*) 'VARIABLES="x","rho","Ux","T","P"'
10      do ix=1,NX
11          write(19,260)ix*dx,rho1(ix),uu1(ix),Theta1(ix),PP1(ix)
12      end do
13      close(19)
14
15 260     format(10(5x,f25.15))
16 90000   format(i9.9)
17
18      return
19      end
```

非平衡特征量计算与输出程序 "Nonequilibrum_quantities.for"

```
1       SUBROUTINE Nonequilibrium_quantities
2       include 'DBM_Global.for'
3       real*8 c1_ux
4       real*8 Momentf2_xx(NX),Momentf31_x(NX),Momentf3_xxx(NX)
5       real*8 Momentf42_xx(NX)
6       real*8 Momentfeq2_xx(NX),Momentfeq31_x(NX)
7       real*8 Momentfeq3_xxx(NX),Momentfeq42_xx(NX)
8       real*8 Deltaxing2_xx(NX), Deltaxing31_x(NX)
9       real*8 Deltaxing3_xxx(NX), Deltaxing42_xx(NX)
10      character*30 fileppr2
```

```
11
12      do ix=1,NX
13          Momentf2_xx(ix) =0.0d0
14          Momentf31_x(ix) =0.0d0
15          Momentf3_xxx(ix)=0.0d0
16          Momentf42_xx(ix) =0.d0
17
18          Momentfeq2_xx(ix) =0.0d0
19          Momentfeq31_x(ix) =0.0d0
20          Momentfeq3_xxx(ix)=0.0d0
21          Momentfeq42_xx(ix) =0.d0
22
23          do ii=1,NI
24  c== 这里求的是中心距
25              c1_ux = c1(ii)-uu1(ix)
26  c==================================
27              Momentf2_xx(ix)=Momentf2_xx(ix)
28      $                       +f1(ix,ii)*c1_ux**2
29              Momentfeq2_xx(ix)=Momentfeq2_xx(ix)
30      $                       +feq1(ix,ii)*c1_ux**2
31
32              Momentf31_x(ix) =Momentf31_x(ix)
33      $                   + f1(ix,ii)
34      $               *(c1_ux**2+eta(ii)**2)*c1_ux/2
35              Momentfeq31_x(ix) =Momentfeq31_x(ix)
36      $                   + feq1(ix,ii)
37      $               *(c1_ux**2+eta(ii)**2)*c1_ux/2
38
39              Momentf3_xxx(ix)=Momentf3_xxx(ix)
40      $                       +f1(ix,ii)*c1_ux**3
41              Momentfeq3_xxx(ix)=Momentfeq3_xxx(ix)
42      $                       +feq1(ix,ii)*c1_ux**3
43
44              Momentf42_xx(ix) =Momentf42_xx(ix)
45      $                   + f1(ix,ii)
46      $               *(c1_ux**2+eta(ii)**2)*c1_ux**2/2
47              Momentfeq42_xx(ix) =Momentfeq42_xx(ix)
48      $                   + feq1(ix,ii)
49      $               *(c1_ux**2+eta(ii)**2)*c1_ux**2/2
50          end do
51      Deltaxing2_xx(ix)=Momentf2_xx(ix)-Momentfeq2_xx(ix)
52      Deltaxing31_x(ix)=Momentf31_x(ix)-Momentfeq31_x(ix)
53      Deltaxing3_xxx(ix)=Momentf3_xxx(ix)-Momentfeq3_xxx(ix)
54      Deltaxing42_xx(ix)=Momentf42_xx(ix)-Momentfeq42_xx(ix)
55
```

```
56        end do
57
58  c== 将非平衡量保存到文件中
59        fileppr2='Deltaxing.xxxxxxxxx'
60        write(fileppr2(11:19),90000)it
61        open(19,file=fileppr2,status='unknown')
62        write(19,*) 'TITLE="Non-equilibrium quantities"'
63        write(19,*) 'VARIABLES="x","D2xx","D31x","D3xxx","D42xx"'
64        do ix=1,NX
65            write(19,260)ix*dx,Deltaxing2_xx(ix),Deltaxing31_x(ix)
66    $                      ,Deltaxing3_xxx(ix),Deltaxing42_xx(ix)
67        end do
68        close(19)
69
70  260       format(10(5x,f25.15))
71  90000     format(i9.9)
72
73        return
74        end
```

输入数据文件 "DBM_input.inp"

```
1   Dimen
2   1
3   tau11
4   2.0d-4
5   Xm1
6   1
7   dx,  dt
8   0.002d0, 2.d-5
9   dtc1
10  2.d-2
11  tmax
12  2.d-1
13  n_extra
14  4
```

附录五　DBM 与高阶有限差分 LBM

DBM 与高阶有限差分 (finite-difference, FD)LBM 有什么区别？鉴于目前文献中 DBM 与 FDLBM 在某些方面的"形似"，这个问题值得用一个附录来专门回答。这个问题的答案取决于我们怎么定义 FDLBM。

我们知道，文献中的 LBM 其实有两类：一类是作为偏微分方程的数值解法出现的；另一类则是作为流体系统的一种更底层的物理模型构建方法出现的 (相对于宏观建模而言)。两类 LBM 的目标或任务不同，尽管它们可能是从同一起点出发。对于这种现象，我们更倾向于使用如下表述，LBM 有两个不同的发展方向：一个是偏微分方程解法；另一个是物理模型构建方法。目标或任务不同，决定了这两类 LBM 的构建规则不会完全相同。关于 FDLBM 与 LBM 的关系，我们认为 FDLBM 是 LBM 中的一类。当然，有些计算数学家使用的是不同的分类规则。这并不奇怪，物理学和数学在研究方法和使用规则方面并不完全相同。

下面我们给出 DBM 的描述性定义：DBM 是非平衡统计物理学粗粒化建模理论在流体力学领域的具体应用之一，是相空间描述方法在离散玻尔兹曼方程形式下的进一步发展。它选取一个视角，研究系统的一组动理学性质，因而要求描述这组性质的动理学矩在模型简化中保值；以 $f - f^{eq}$ 的非守恒动理学矩的独立分量为基，构建相空间，使用该相空间和其子空间来描述系统的非平衡行为特征；研究视角和建模精度随着研究推进而调整。借助 DBM 可以研究流动或反应过程中不同自由度内能之间的不平衡和相互转换等纳维-斯托克斯模型无法模拟的动理学过程。同时，传统流体建模是使用宏观量来描述三大守恒定律 (质量守恒、动量守恒和能量守恒)，其控制方程描述的是密度、动量和能量的演化。动理学理论使用分布函数 f 来描述系统状态和行为，f 的守恒动理学矩是密度、动量和能量。从动理学理论视角，知道了密度、动量和能量 (等价地，知道了密度 n、流速 $\boldsymbol{u}$ 和温度 T)，我们知道的只是平衡态分布函数 $f^{eq} = f^{eq}(n, \boldsymbol{u}, T)$，所以系统偏离热力学平衡的方式和幅度仍然完全未知。要把握分布函数 f，等价于要把握 f 的所有的动理学矩。这对绝大多数情形，是既不可能又不必要的。我们需要的只是把握 f 的主要特征，等价地，需要知道的只是 f 的一部分动理学矩。哪部分动理学矩是必须要知道的？这是 DBM 必须回答的问题之一。

首先，守恒矩肯定是必要的。所以问题成为，哪部分非守恒矩也是必要的？我们还要回到动理学理论。动理学理论使用分布函数来描述系统状态和行为，系统的动理学性质由动理学矩来描述 [①]。动理学矩描述的是系统的动理学性质，所以，"哪部分非守恒矩也是必要的"取决于我们关注、要研究哪些动理学性质！这组动理学性质构成或者对应着我们的一个研究视角。我们要研究的性质 (动理学矩)，不能随着模型简化而改变 (即需要保值)。复杂系统，往往需要多视角研究。随着研究推进，我们的视角可能需要逐步调整。这意味

---

① 根据分布函数可否由其所有动理学矩来唯一确定，系统行为可分为两类：矩能确定型和矩不能确定型 [1]。DBM 目前关注的是矩能确定型。

着，在这种情形我们需要知道的动理学矩在随着研究推进而调整。原则上，查普曼-恩斯库格 (CE) 多尺度分析并不是 DBM 建模的唯一依据，只要我们有办法 (例如在跟其他方法配合研究的过程中，借助其他方法或者应其他方法的要求) 确定需要保值的动理学矩，即可。但鉴于围绕 CE 多尺度分析的研究最为系统，所以目前已发表的 DBM 研究均是依据 CE 展开来确定要保值的动理学矩。这是研究的阶段性决定的。

另外，为了更直观地描述系统的非平衡状态和行为，DBM 进一步发展统计物理学相空间的概念和描述方法：使用 $f - f^{\text{eq}}$ 的非守恒矩为基，张开高维相空间，其原点对应热力学平衡态，其余任意一点对应的 (描述的) 都是系统偏离热力学平衡的某一具体状态。借助相空间及其子空间中"距离"的概念，引入各种不同视角的"非平衡强度"、"相似度"等概念。

与内含既定离散格式的 LBM 建模与模拟不同，DBM 建模与模拟回归传统建模与模拟方式，将物理模型构建和方程解法研究分开考虑，将方程解法研究留给计算数学家。DBM 建模，给出的是物理问题研究对所需模型的一系列物理约束，使用的是不含数值误差的物理图像，并不包含具体的离散格式。获得了 DBM 模型，跟获得了纳维-斯托克斯等其他模型一样，需要选用合适的离散格式进行模拟，自然欢迎更加忠诚于物理的离散格式。有限差分、有限体积、有限元等，大家可以根据具体问题的特点和自己的方便程度来选定。我们在示例程序中使用了有限差分。有限差分是目前已发表 DBM 文章中使用的离散格式，这与作者需要研究的问题和作者自己的习惯有关。关于高阶，首先我们需要理清是离散格式 (如有限差分) 的阶数，还是物理建模的阶数 (包含非平衡效应的阶数)。DBM 模型内不存在离散格式层面的阶数问题，但存在建模精度，即包含非平衡效应的阶数 (在依据 CE 展开建模情形，指的是保留到 Kn 的阶数) 问题。建模精度，需根据具体问题研究的需求而定。

概念，自然有广义与狭义之分；有原始的，也可能有推广之后的。如果我们将 FDLBM 视为物理模型构建方法 (而不是某些方程的解法)，而且也是按照这个思路来发展的 (例如，再加上同样的相空间等非平衡行为描述方法与概念)，则这样发展而来的 FDLBM 就已经很接近 DBM 了，但还不完全是。再强调一遍，DBM 内不含具体离散格式，使用的是不含数值误差的物理图像，将离散格式研究留给计算数学家。(我们知道，有些计算数学家把FDLBM 定义为某些偏微分方程的数值求解方法。其方法构建走的是相关但不同的路线，因而使用的规则并不完全相同。) 两类 LBM，目标各异，各自合理。我们乐见，两类 LBM 均获得更多进展，做出更多贡献。

参 考 文 献

[1] Stoyanov J. Moment properties of probability distributions used in stochastic financial models. Recent Advances in Financial Engineering, 2016, 2014: 1-27.

附录六　基本泛函理论

在推导多相流 DBM 时会用到泛函的一些运算关系，这里对文中需要用到的一些泛函的基本理论做简要介绍。简单来说，泛函是指函数的函数，也就是说泛函的自变量也是一个函数。对于一个函数 $\varphi(x)$，其泛函一般表示为 $F[\varphi(x)]$，一旦函数 $\varphi(x)$ 的具体形式确定了，$F[\varphi(x)]$ 就是一个确定值，泛函通常具有积分形式。

统计力学的密度泛函理论以分子的密度分布 $\rho(\boldsymbol{r})$ 为基本变量，在系综理论和配分函数的基础上构建自由能的密度泛函。根据统计力学的基本原理，有了自由能泛函就相当于有了配分函数，然后就可以利用泛函的导数和微分原理，得到相关热力学函数的表达式，比如内能、压强、化学势等。泛函作为一种特殊的函数，其导数和微分规则与一般函数有些不同，这里首先对一些基本泛函微分理论做简要介绍。

F6.1　泛函的导数

一般函数的导数是沿某一变量或矢量方向求导得到，而泛函的导数则是在函数空间沿着某一函数变化的方向求导，泛函导数一般表示为 $\delta F[\varphi(\boldsymbol{r})]/\delta\varphi(\boldsymbol{r})$。泛函的导数有多种形式的定义，不同定义之间本质上是等价的，只是使用时的方便程度不同，这里我们只介绍本文中用得到的两种定义 [1]。

定义 1　泛函导数对任意测试函数有以下关系

$$\int \frac{\delta F[\varphi(\boldsymbol{r})]}{\delta\varphi(\boldsymbol{r})}v(\boldsymbol{r})\mathrm{d}\boldsymbol{r} = \lim_{\varepsilon=0}\frac{F[\varphi(\boldsymbol{r})+\varepsilon v(\boldsymbol{r})]-F[\varphi(\boldsymbol{r})]}{\varepsilon} = \frac{\mathrm{d}}{\mathrm{d}\varepsilon}F[\varphi(\boldsymbol{r})+\varepsilon v(\boldsymbol{r})]|_{\varepsilon=0}. \quad (\text{F6.1})$$

通常已知泛函 $F[\varphi(x)]$ 的表达式，则根据等号右端的运算可以得到等号左侧的形式，一般右端得到的形式中也含有积分，那么对应的从积分号中提取出 $\delta F[\varphi(\boldsymbol{r})]/\delta\varphi(\boldsymbol{r})$ 部分就得到了泛函导数。这里需要注意，泛函 $F[\varphi(\boldsymbol{r})]$ 是一个标量，不随空间位置变化，而 $\delta F[\varphi(\boldsymbol{r})]/\delta\varphi(\boldsymbol{r})$ 则是一个函数，随空间位置 $\boldsymbol{r}$ 变化。

定义 2　将 $\varepsilon v(\boldsymbol{r})|_{\varepsilon\to 0}$ 看成是函数 $\varphi(\boldsymbol{r})$ 的微变，此时式(F6.1)就变成

$$\frac{1}{\varepsilon}\int\frac{\delta F[\varphi(\boldsymbol{r})]}{\delta\varphi(\boldsymbol{r})}\delta\varphi(\boldsymbol{r})\mathrm{d}\boldsymbol{r} = \lim_{\varepsilon=0}\frac{1}{\varepsilon}\frac{F[\varphi(\boldsymbol{r})+\delta\varphi(\boldsymbol{r})]-F[\varphi(\boldsymbol{r})]}{\delta\varphi(\boldsymbol{r})}\delta\varphi(\boldsymbol{r}). \quad (\text{F6.2})$$

同样，已知泛函 $F[\varphi(x)]$ 的形式，根据右端的运算就可以得到相应的表达式，再对应提取出 $\delta F[\varphi(\boldsymbol{r})]/\delta\varphi(\boldsymbol{r})$ 部分就得到泛函导数。

为了方便对以上两种定义的理解，下面给出两个例子来说明泛函导数的具体求法。

例 1　某位置 $\boldsymbol{r}_0$ 处的电势 $V(\boldsymbol{r}_0)$ 是电荷密度分布 $\rho(\boldsymbol{r})$ 的函数，也就是说 $\boldsymbol{r}_0$ 处的电

势是一个泛函 $V[\rho(\boldsymbol{r})]$, 其表达式为

$$V[\rho(\boldsymbol{r})] = \frac{1}{4\pi\varepsilon_0} \int \frac{\rho(\boldsymbol{r})}{|\boldsymbol{r}_0 - \boldsymbol{r}|} \mathrm{d}\boldsymbol{r}. \tag{F6.3}$$

求泛函 $V[\rho(\boldsymbol{r})]$ 的导数。

解 根据定义 1 等式 (F6.1)右边可写成

$$\frac{\mathrm{d}}{\mathrm{d}\varepsilon} \frac{1}{4\pi\varepsilon_0} \int \frac{\rho(\boldsymbol{r}) + \varepsilon v(\boldsymbol{r})}{|\boldsymbol{r}_0 - \boldsymbol{r}|} \mathrm{d}\boldsymbol{r} \bigg|_{\varepsilon=0} = \frac{1}{4\pi\varepsilon_0} \int \frac{v(\boldsymbol{r})}{|\boldsymbol{r}_0 - \boldsymbol{r}|} \mathrm{d}\boldsymbol{r}. \tag{F6.4}$$

将以上结果代入式(F6.1)得到

$$\int \frac{\delta V[\rho(\boldsymbol{r})]}{\delta\rho(\boldsymbol{r})} v(\boldsymbol{r}) \mathrm{d}\boldsymbol{r} = \frac{1}{4\pi\varepsilon_0} \int \frac{v(\boldsymbol{r})}{|\boldsymbol{r}_0 - \boldsymbol{r}|} \mathrm{d}\boldsymbol{r}. \tag{F6.5}$$

对比等号左右两边积分号内的项可得

$$\frac{\delta V[\rho(\boldsymbol{r})]}{\delta\rho(\boldsymbol{r})} = \frac{1}{4\pi\varepsilon_0} \frac{1}{|\boldsymbol{r}_0 - \boldsymbol{r}|}. \tag{F6.6}$$

例 2 求泛函

$$T_w[\rho(\boldsymbol{r})] = \int \frac{\nabla\rho(\boldsymbol{r}) \cdot \nabla\rho(\boldsymbol{r})}{\rho(\boldsymbol{r})} \mathrm{d}\boldsymbol{r}$$

的导数。

解 根据泛函导数的第二种定义,对函数 $\rho(\boldsymbol{r})$ 加上微变 $\delta\rho(\boldsymbol{r})$,然后将 $T_w[\rho(\boldsymbol{r}) + \delta\rho(\boldsymbol{r})]$ 展开保留微变一阶项可得到

$$\begin{aligned} T_w[\rho(\boldsymbol{r}) + \delta\rho(\boldsymbol{r})] &= \int \frac{\nabla[\rho(\boldsymbol{r}) + \delta\rho(\boldsymbol{r})] \cdot \nabla[\rho(\boldsymbol{r}) + \delta\rho(\boldsymbol{r})]}{\rho(\boldsymbol{r}) + \delta\rho(\boldsymbol{r})} \mathrm{d}\boldsymbol{r} \\ &= \int \frac{\nabla\rho(\boldsymbol{r}) \cdot \nabla\rho(\boldsymbol{r}) + 2\nabla\rho(\boldsymbol{r}) \cdot \nabla[\delta\rho(\boldsymbol{r})]}{\rho(\boldsymbol{r})} \left(1 - \frac{\delta\rho(\boldsymbol{r})}{\rho(\boldsymbol{r})}\right) \\ &= T_w[\rho(\boldsymbol{r})] - 2 \int \frac{\nabla^2\rho(\boldsymbol{r})}{\rho(\boldsymbol{r})} \delta\rho(\boldsymbol{r}) \mathrm{d}\boldsymbol{r} + \int \frac{\nabla\rho(\boldsymbol{r}) \cdot \nabla\rho(\boldsymbol{r})}{\rho^2(\boldsymbol{r})} \delta\rho(\boldsymbol{r}) \mathrm{d}\boldsymbol{r} \end{aligned} \tag{F6.7}$$

从而可以得到

$$T_w[\rho(\boldsymbol{r}) + \delta\rho(\boldsymbol{r})] - T_w[\rho(\boldsymbol{r})] = -2 \int \frac{\nabla^2\rho(\boldsymbol{r})}{\rho(\boldsymbol{r})} \delta\rho(\boldsymbol{r}) \mathrm{d}\boldsymbol{r} + \int \frac{\nabla\rho(\boldsymbol{r}) \cdot \nabla\rho(\boldsymbol{r})}{\rho^2(\boldsymbol{r})} \delta\rho(\boldsymbol{r}) \mathrm{d}\boldsymbol{r}. \tag{F6.8}$$

对应式(F6.2)中的定义, 即

$$\frac{1}{\varepsilon} \int \frac{\delta T_w[\rho(\boldsymbol{r})]}{\delta\rho(\boldsymbol{r})} \delta\rho(\boldsymbol{r}) \mathrm{d}\boldsymbol{r} = \lim_{\varepsilon=0} \frac{1}{\varepsilon} \left[-2 \int \frac{\nabla^2\rho(\boldsymbol{r})}{\rho(\boldsymbol{r})} \delta\rho(\boldsymbol{r}) \mathrm{d}\boldsymbol{r} + \int \frac{\nabla\rho(\boldsymbol{r}) \cdot \nabla\rho(\boldsymbol{r})}{\rho^2(\boldsymbol{r})} \delta\rho(\boldsymbol{r}) \mathrm{d}\boldsymbol{r} \right]. \tag{F6.9}$$

积分号内对应项相等就可以得到

$$\frac{\delta T_w[\rho(\boldsymbol{r})]}{\delta\rho(\boldsymbol{r})} = -2 \frac{\nabla^2\rho(\boldsymbol{r})}{\rho(\boldsymbol{r})} + \frac{\nabla\rho(\boldsymbol{r}) \cdot \nabla\rho(\boldsymbol{r})}{\rho^2(\boldsymbol{r})}. \tag{F6.10}$$

F6.2　泛函导数的几个重要关系

关系 1　对于泛函 $F[\varphi(\boldsymbol{r})] = \int f[\boldsymbol{r}, \varphi(\boldsymbol{r})]\,\mathrm{d}\boldsymbol{r}$，如果被积函数 $f[\boldsymbol{r}, \varphi(\boldsymbol{r})]$ 对函数 $\varphi(\boldsymbol{r})$ 可导，其导数记为 $\partial f/\partial \varphi$，那么根据泛函的第一种定义形式可以得到

$$
\begin{aligned}
\int \frac{\delta F[\varphi(\boldsymbol{r})]}{\delta \varphi(\boldsymbol{r})} v(\boldsymbol{r})\,\mathrm{d}\boldsymbol{r} &= \frac{\mathrm{d}}{\mathrm{d}\varepsilon} \int f[\boldsymbol{r}, \varphi(\boldsymbol{r}) + \varepsilon v(\boldsymbol{r})]\,\mathrm{d}\boldsymbol{r}\Big|_{\varepsilon=0} \\
&= \int \frac{\partial f[\boldsymbol{r}, \varphi(\boldsymbol{r}) + \varepsilon v(\boldsymbol{r})]}{\partial [\varphi(\boldsymbol{r}) + \varepsilon v(\boldsymbol{r})]} \frac{\partial [\varphi(\boldsymbol{r}) + \varepsilon v(\boldsymbol{r})]}{\partial \varepsilon}\,\mathrm{d}\boldsymbol{r}\Big|_{\varepsilon=0} \\
&= \int \frac{\partial f[\varphi(\boldsymbol{r})]}{\partial \varphi(\boldsymbol{r})} v(\boldsymbol{r})\,\mathrm{d}\boldsymbol{r}\Big|_{\varepsilon=0}.
\end{aligned}
\tag{F6.11}
$$

这样就得到

$$
\frac{\delta F[\varphi(\boldsymbol{r})]}{\delta \varphi(\boldsymbol{r})} = \frac{\partial f[\varphi(\boldsymbol{r})]}{\partial \varphi(\boldsymbol{r})}.
\tag{F6.12}
$$

也就是说泛函的被积函数可导时，泛函导数就是被积函数的导数。

关系 2　当泛函的被积函数中含有梯度时，即 $F[\varphi(x)] = \int f(\boldsymbol{r}, \varphi(\boldsymbol{r}), \nabla\varphi(\boldsymbol{r}))\,\mathrm{d}\boldsymbol{r}$，此时关系 1 不再适用，需要重新推导泛函导数的求法。利用泛函的第一种定义有

$$
\begin{aligned}
&\int \frac{\delta F[\varphi(\boldsymbol{r})]}{\delta \varphi(\boldsymbol{r})} v(\boldsymbol{r})\,\mathrm{d}\boldsymbol{r} \\
&= \lim_{\varepsilon=0} \int \frac{f[\boldsymbol{r}, \varphi(\boldsymbol{r}) + \varepsilon v(\boldsymbol{r}), \nabla\varphi(\boldsymbol{r}) + \varepsilon\nabla v(\boldsymbol{r})] - f[\boldsymbol{r}, \varphi(\boldsymbol{r}), \nabla\varphi(\boldsymbol{r})]}{\varepsilon}\,\mathrm{d}\boldsymbol{r} \\
&= \int \frac{\partial f}{\partial \varphi} v + \frac{\partial f}{\partial \nabla\varphi} \nabla v\,\mathrm{d}\boldsymbol{r} = \int \frac{\partial f}{\partial \varphi} v + \nabla\left(\frac{\partial f}{\partial \nabla\varphi} v\right) - \nabla\left(\frac{\partial f}{\partial \nabla\varphi}\right) v\,\mathrm{d}\boldsymbol{r} \\
&= \int \frac{\partial f}{\partial \varphi} v - \nabla\left(\frac{\partial f}{\partial \nabla\varphi}\right) v\,\mathrm{d}\boldsymbol{r},
\end{aligned}
\tag{F6.13}
$$

式中用到了多元函数偏导数关系，将 φ 和 $\nabla\varphi$ 看成了两个变量，其中 $f = f[\boldsymbol{r}, \varphi(\boldsymbol{r}), \nabla\varphi(\boldsymbol{r})]$，$\varphi = \varphi(\boldsymbol{r})$，$\nabla\varphi = \nabla\varphi(\boldsymbol{r})$，$v = v(\boldsymbol{r})$。推导中第三步用到了分部积分，第四步用到了假设边界处，此假设对于一般的实际物理问题都是成立的，这样就得到

$$
\frac{\delta F[\varphi(\boldsymbol{r})]}{\delta \varphi(\boldsymbol{r})} = \frac{\partial f}{\partial \varphi} - \nabla\left(\frac{\partial f}{\partial \nabla\varphi}\right).
\tag{F6.14}
$$

参 考 文 献

[1]　胡英, 刘洪来. 密度泛函理论. 北京：科学出版社, 2016.

附录七　中英文人名对照表

阿基米德 (Archimedes)

阿特伍德 (Atwood)

埃尔米特 (Charles Hermite)

爱因斯坦 (Albert Einstein)

昂萨格 (Lars Onsager)

贝洛索夫 (Belousov)

贝纳尔 (Bernard)

玻尔 (Niels Henrik David Bohr)

玻尔兹曼 (Ludwig Edward Boltzmann)

玻意耳 (Robert Boyle)

伯格斯 (Burgers)

伯内特 (D. Burnett)

布拉金斯基 (Braginskii)

布朗 (Robert Brown)

布西内斯克 (Joseph Valentin Boussinesq)

查布廷斯基 (Zhabotinsky)

查普曼 (Sidney Chapman)

达·芬奇 (Leonardo da Vinci)

达朗贝尔 (Jean le Rond d'Alembert)

丹尼尔·伯努利 (Daniel Bernoulli)

德洛奈 (Delaunay)

狄拉克 (Paul Adrien Maurice Dirac)

笛卡儿 (René Descartes)

恩斯库格 (David Enskog)

范德瓦耳斯 (Johannes Diderik van der Waals)

费米 (Enrico Fermi)

冯·米泽斯 (von Mises)

冯·诺伊曼 (John von Neumann)

弗拉索夫 (Andrey Andreyevich Vlasov)

福克尔 (Fokker)

伽利略 (Galilei Galileo)

海森伯 (Werner Karl Heisenberg)

亥姆霍兹 (Hermann von Helmholtz)

赫兹 (Heinrich Rudolf Hertz)

胡克 (Robert Hooke)

居里 (Pierre Curie)

开尔文 (Baron Kelvin)

科尔莫戈罗夫 (Andrey Nikolaevich Kolmogorov)

科特韦格-德-弗里斯 (Korteweg-de Vries)

克拉默斯 (Krammers)

克劳修斯 (Rudolf Julius Emanuel Clausius)

克努森 (Knudsen)

拉格朗日 (Joseph-Louis Lagrange)

拉米雷斯 (Ramirez)

拉普拉斯 (Pierre-Simon Laplace)

兰金 (William John Macquorn Rankine)

朗道 (Lev Davidovich Landau)

朗之万 (Paul Langevin)

雷诺 (Osborne Reynolds)

黎曼 (Georg Friedrich Bernhard Riemann)

李雅普诺夫 (Aleksandr Mikhailovich Lyapunov)

李政道 (Tsung-Dao Lee)

理查森 (Owen Willans Richardson)

刘维尔 (Joseph Liouville)

伦纳德-琼斯 (John Lennard-Jones)

马尔可夫 (Andrey Andreyevich Markov)

马赫 (Ernst Mach)

麦克斯韦 (James Clerk Maxwell)

闵可夫斯基 (Hermann Minkowski)

莫尔斯 (Philip M. Morse)

莫特-史密斯 (Mott-Smith)

纳维 (Claude-Louis-Marie-Henri Navier)

牛顿 (Isaac Newton)

欧拉 (Leonhard Euler)

帕斯卡 (Blaise Pascal)

泡利 (Wolfgang Ernst Pauli)

皮托 (Henri Pitot)

普朗克 (Max Karl Ernst Ludwig Planck)

普朗特 (Ludwig Prandtl)

普利高津 (Ilya Prigogine)

瑞利 (Baron Rayleigh)

施勒格尔 (Schlgöl)

施特鲁哈尔 (Vincenc Strouhal)

斯托克斯 (George Gabriel Stokes)

泰勒 (Brook Taylor)

汤普森 (Thompson)

瓦特 (James Watt)
韦伯 (Webber)
香农 (Claude Elwood Shannon)
肖克利 (William Shockley)

薛定谔 (Erwin Schrödinger)
杨振宁 (Chen-Ning Yang)
于戈尼奥 (Pierre Henri Hugoniot)